Sándor Vajna
Christian Weber
Jürgen Schlingensiepen
Dietrich Schlottmann

CAD/CAM für Ingenieure

Hardware – Software – Strategien

Sándor Vajna
Christian Weber
Jürgen Schlingensiepen
Dietrich Schlottmann

CAD/CAM für Ingenieure

Hardware,
Software,
Strategien

Mit 178 Abbildungen

Die Deutsche Bibliothek – CIP-Einheitsaufnahme

CAD/CAM für Ingenieure: Hardware, Software, Strategien /
Sándor Vajna ... – Springer Fachmedien Wiesbaden

NE: Vajna, Sándor

Umschlaggestaltung: Klaus Birk, Wiesbaden

Gedruckt auf säurefreiem Papier
 ISBN 978-3-528-06476-1   ISBN 978-3-663-05807-6 (eBook)
 DOI 10.1007/978-3-663-05807-6

Vorwort

CAD (*Computer Aided Design*, rechnerunterstütztes Konstruieren/Entwerfen), CAP (*Computer Aided Planning*, rechnerunterstützte Arbeitsplanung) und CAM (*Computer Aided Manufacturing*, rechnerunterstütztes Fertigen/Montieren) können heute als gut eingeführte und weit verbreitete Werkzeuge des Konstrukteurs, Arbeitsplaners und Fertigungsingenieurs angesehen werden, die in zahlreichen, selbst kleinsten Unternehmen des Maschinen-, Fahrzeug- und Anlagenbaus einschließlich der Zulieferunternehmen und der dienstleistenden Ingenieurbüros angewendet werden. Dennoch ist das in diesen Werkzeugen steckende Potential noch bei weitem nicht ausgeschöpft (man möchte hinzufügen: weder in quantitativer noch in qualitativer Hinsicht), was auch jüngere Untersuchungen des VDMA und des VDI gezeigt haben.

Es besteht deshalb – insbesondere in kleinen und mittleren Unternehmen – nach wie vor ein Informationsbedarf bezüglich der Einführung und rationellen Anwendung von CAD/CAM-Systemen. Hinzu kommt, daß sowohl auf der Hardware- als auch auf der Softwareseite ein gewisser Wechsel der Systemgenerationen zu beobachten ist (Stichworte z.B.: RISC-Rechner, Standardisierung der Betriebssysteme, Standardisierung der betriebssystemnahen graphischen Benutzeroberflächen, Verfügbarkeit und verstärkte Nutzung praxisgerechter dreidimensionaler Applikationen, objektorientiertes CAD/CAM, wissensbasierte Systeme/Expertensysteme, neue Schnittstellen- und Integrationskonzepte), der auch manchen CAD/CAM-erfahrenen Praktiker zu einer kritischen Sichtung und Neubewertung der Situation veranlaßt.

Dieser spezielle Informationsbedarf ist in den letzten Jahren durch die Diskussion über allgemeinere, eher strategische Lösungskonzepte wie z.B. CIM (*Computer Integrated Manufacturing*), *Lean Production* („schlanke" Produktion) oder TQM (*Total Quality Management*) nur unzureichend berücksichtigt worden. Die Bemühungen um die Verwirklichung dieser Konzepte in der Unternehmenspraxis führen jedoch dazu, daß Fragen bezüglich der Einführung, Anwendung und Integration von CAD/CAM-Systemen wieder stärker in den Vordergrund rücken.

Das vorliegende Buch leistet einen Beitrag zur Deckung des angesprochenen Informationsbedarfes, indem es in knapper und übersichtlicher, gleichwohl wissenschaftlich und praktisch fundierter Form einen systemneutralen Überblick über die Eigenschaften, die erfolgreiche Einführung und Anwendung und die sich abzeichnenden Zukunftsperspektiven von CAD/CAM-Systemen vermittelt. Grundlagen von CAD/CAM-Systemen, Marktübersichten oder gar systemspezifische Einzelheiten können und sollen hier nicht dargestellt werden.

Das Buch eignet sich deshalb für einen breiten Adressatenkreis:

- *Studenten* an Universitäten, Technischen Hochschulen und Fachhochschulen, wo die CAD/CAM-Ausbildung mittlerweile einen festen Platz in den Lehrplänen einnimmt, finden systemneutrale Darstellungen zur Unterstützung der Lehre.
- *Einsteiger*, die gerade mit der CAD/CAM-Anwendung beginnen und deswegen fundierte Informationen benötigen, werden das ihnen Nützliche den Kapiteln 1 bis 6 entnehmen können.

- *Führungskräfte*, die über den CAD/CAM-Einsatz entscheiden, werden die für sie wichtigen Informationen vor allem in den Kapiteln 6 bis 9 finden.
- *CAD/CAM-Anwender* mit einschlägigen Erfahrungen können ihr Wissen durch gezielten Zugriff auf verschiedene Kapitel oder Abschnitte auf ausgewählten Gebieten aktualisieren.

Nach dem Verzeichnis der im Text zitierten Literaturquellen enthält das Buch Empfehlungen geeigneter Fachzeitschriften sowie im Anhang ein ausführliches Sachwortverzeichnis.

Für die kritische Durchsicht einiger Kapitel und zahlreiche konstruktive Beiträge sei Herrn Dipl.-Informatiker *Michael Muth*, wissenschaftlicher Mitarbeiter am Lehrstuhl für Konstruktionstechnik/CAD der Universität des Saarlandes, gedankt. Dem Verlag Vieweg, auf dessen Initiative und Anregung die Idee zu diesem Buch zurückgeht, sei für die reibungslose und konstruktive Zusammenarbeit gedankt. Dank gilt auch unseren Familien für die ideelle Unterstützung der Arbeit.

Januar 1994   **Sándor Vajna, Weinheim**
                                                     Christian Weber, Saarbrücken
                                                 Jürgen Schlingensiepen, Wuppertal
                                                   Dietrich Schlottmann, Rostock

Inhaltsverzeichnis

1 CAD/CAM-Systeme – warum und wozu?

Im einleitenden Kapitel 1 werden die Beweggründe zur Entwicklung von CAD/CAM-Systemen sowie die aus heutiger Sicht vorrangigen Ziele des CAD/CAM-Einsatzes dargestellt. Das Kapitel beginnt mit einem historischen Überblick (Abschnitt 1.1) und faßt anschließend die aus heutiger Sicht wesentlichen Ziele des CAD/CAM-Einsatzes zusammen (Abschnitt 1.2). Zum Schluß wird auf das Konzept der rechnerintegrierten Produktion (CIM, Computer Integrated Manufacturing) eingegangen, in das sich auch und gerade CAD/CAM organisch einzufügen hat und das deshalb die Weiterentwicklung und den praktischen Einsatz von CAD/CAM-Systemen maßgeblich beeinflußt (Abschnitt 1.3).

1.1 Historische Betrachtungen

Betrachtet man die Historie der CAD/CAM-Entwicklung (siehe hierzu auch [GrLR92, Vajn-93], so liegt deren Ursprung in der Fertigungstechnik, und zwar bei Aufgabenstellungen, die man im heutigen Sprachgebrauch den Bereichen CAP und CAM[1] zurechnen würde. Die ersten Forschungsarbeiten wurden Anfang der 50er Jahre am Massachusetts Institute of Technology (MIT) durchgeführt und waren auf dem Gebiet numerisch gesteuerter Werkzeugmaschinen angesiedelt. Ziel war es damals, geometrisch komplexe Bauteile (Schaufeln für militärische Flugtriebwerke) ökonomischer, in kürzerer Zeit und mit höherer Qualität (mit besserer Fertigungsgenauigkeit) herzustellen, als dies auf konventionellem Weg, d.h. mit manuell bedienten Werkzeugmaschinen möglich war. Die Bearbeitung dieses von der US-amerikanischen Luftwaffe finanzierten Projektes führte im Jahr 1952 zur Demonstration der ersten NC-Werkzeugmaschine am MIT und ab 1955 zur regelmäßigen Nutzung der neuen Technik (NC-Fräsen) in den USA, wenn auch zunächst weiterhin beschränkt auf den militärischen Bereich. In den folgenden Jahren wurden dann die Voraussetzungen dazu geschaffen, die NC-Technik in breitere Kreise der Wirtschaft einzuführen:

– Verbesserung der NC-Steuerungen (maßgeblich beeinflußt auch durch die zeitlich parallel laufenden Fortschritte auf den Gebieten Elektronik und Computertechnik)
– Entwicklung der ersten Teileprogrammiersprache APT[2] (ebenfalls am MIT)
– Ausdehnung der NC-Technik auf immer mehr Fertigungstechnologien (bereits 1963 neben NC-Maschinen für spanende Fertigungsverfahren auch schon erste NC-Schweißmaschinen, Bestückungsautomaten und Wickelmaschinen [Chil82])
– Vorstellung von DNC- und CNC-Konzepten (im Jahr 1968 bzw. 1976)

Gegen Ende der 60er Jahre kam das Kürzel CAM in seiner bis heute gültigen Bedeutung auf, nämlich die Rechnerunterstützung bei der Erstellung aller Unterlagen und bei allen erforderlichen Tätigkeiten zum Initiieren, Steuern und Überwachen von Fertigungs- und Montagevor-

---

[1] Erläuterung der Abkürzungen CAD, CAP, CAM, CAQ usw. siehe Abschnitt 1.3

[2] APT: Automatically Programmed Tool, automatisch programmierte Werkzeuge. APT liegt vielen heute noch sehr gebräuchlichen Sprachen zur Programmierung numerisch gesteuerter Werkzeugmaschinen zugrunde (z.B. EXAPT, SIEAPT, TCAPT).

gängen (einschließlich der rechnerunterstützten Erstellung von NC-Verfahrweginformationen).

Das Kürzel CAD wurde erstmals im Jahr 1956 von Douglas T. Ross, der ab 1955 am MIT die Entwicklung der Teileprogrammiersprache APT leitete, in einem Vortrag auf der Western Joint Computer Conference der AFIPS[3] in San Francisco geprägt [Ross56]. Es erhält bis 1959 seinen bis heute gültigen Begriffsinhalt, nämlich Computer Aided Design, also rechnerunterstütztes *Konstruieren* und *Entwerfen,* und nicht Computer Aided Drafting, also rechnerunterstützte *Zeichnungserstellung.* Ein im Jahr 1960 erschienenes Memorandum [Ross60] brachte in den USA eigenständige Forschungs- und Entwicklungsaktivitäten auf dem Gebiet des rechnerunterstützten Konstruierens in Gang, die noch in den 60er Jahren zu ersten Projekten des CAD-Einsatzes in der Praxis führten. Am MIT wurden diese Arbeiten von Steven A. Coons geleitet, der später auch Verfahren zur mathematischen Beschreibung von komplexen dreidimensionalen Oberflächen entwickelte („Coons-Patches", [Coon67]). Ein Mitarbeiter der MIT-Forschergruppe, Ivan E. Sutherland, stellte 1963 mit SKETCHPAD ein CAD-System vor, an dem durch den Einsatz von graphischem Bildschirm und Lichtgriffel zum erstenmal mit der heute üblichen interaktiven Vorgehensweise gearbeitet werden konnte [Suth-63].

Seitens der Praxis waren auch an den CAD-Projekten zunächst ausschließlich Großunternehmen aus militärischen und anderen Hochtechnologiebereichen beteiligt, die zum Teil später selbst als Entwickler und Anbieter von CAD-Systemen in Erscheinung getreten sind. So entstand beispielsweise bei dem Flugzeughersteller Lockheed das CAD-System CADAM und bei McDonnell Douglas das System UNIGRAPHICS. Eine ähnliche Entwicklung ist etwas später auch in Frankreich zu beobachten, was noch heute an den führenden französischen CAD/CAM-Systemanbietern ablesbar ist (z.B. CAD/CAM-Systeme EUCLID von Matra und CATIA von Dassault).

Ende der 60er Jahre wurden in den USA die ersten Unternehmen speziell für die Entwicklung und Vermarktung von CAD/CAM-Systemen für allgemeine branchenbezogene Anwendungen gegründet, so z.B. 1969 Applicon, Gerber und Computervision an der Ostküste, 1970 Calma an der Westküste. Computervision in Bedford bei Boston war ein typischer Spin-Off des MIT, wobei die Zusammenarbeit auch nach der Unternehmensgründung fortgeführt wurde, z.B. mit der Entwicklung neuer Algorithmen und Funktionen zur einfacheren Bemaßung und Parametrisierung komplexer Geometrien [Ligh80].

In Deutschland begannen die ersten Arbeiten auf dem Gebiet CAD/CAM Ende der 60er bis Anfang der 70er Jahre, und zwar zunächst überwiegend an Universitäten. Die Schwerpunkte der universitären Forschung lagen an der Rheinisch-Westfälischen Technischen Hochschule Aachen und an der Technischen Universität Berlin, die beide eher der fertigungsorientierten Richtung zugeordnet werden können, sowie an der Ruhr-Universität Bochum und an der Universität Karlsruhe, die eher für die konstruktions- und produktorientierte Richtung stehen. Weitere Schwerpunkte finden sich heute z.B. an der Technischen Universität München, an der Technischen Hochschule Darmstadt und an der Friedrich-Alexander-Universität Erlan-

---

[3]   AFIPS: American Federation of Information Processing Societies, amerikanische Vereinigung der Gesellschaften für Informationsverarbeitung mit Sitz in New York

gen-Nürnberg. An der RWTH Aachen hat man sich am Anfang insbesondere mit der Weiterentwicklung der Teileprogrammiersprache APT beschäftigt, woraus die erweiterte, heute noch sehr weit verbreitete Version EXAPT (Extended APT) resultierte. Beispiele für an den genannten deutschen Hochschulen von Grund auf entwickelte CAD/CAM-Systeme sind etwa COMPAC und APS von der TU Berlin, DICAD von der Universität Karlsruhe, DETAIL2 von der RWTH Aachen und PROREN von der Ruhr-Universität Bochum. Von diesen schaffte am ehesten PROREN den Sprung in eine breite kommerzielle Anwendung, nachdem im Jahr 1979 die Firma ISYKON als Spin-Off der Ruhr-Universität Bochum gegründet worden war.

Gegen Ende des Jahres 1972 wurde in der Bundesrepublik Deutschland das erste kommerziell genutzte CAD/CAM-System installiert, und zwar bei der Firma BBC (heute ABB) in Mannheim. Interessant ist, daß man nach ersten Versuchen mit den damals allgemein üblichen Großrechnern (Mainframes) für die CAD/CAM-Anwendung bereits ein dezentrales Arbeitsplatzkonzept bevorzugte (sogenanntes Turnkey-System, wie es zu dieser Zeit stark propagiert wurde[4]).

Der im Jahr 1972 bei BBC installierte CAD/CAM-Arbeitsplatz, ein CADDS1-System von Computervision, ist in **Bild 1.1** gezeigt. Das System war bis 1987 im Einsatz und steht heute im Deutschen Museum in München. Die Leistungsdaten des Systems (**Tabelle 1.1**) mögen heute zum Schmunzeln anregen, findet man doch in einem CAD/CAM-tauglichen Personalcomputer (PC) etwa das 1000fache an Arbeitsspeicher- und mehr als das 300fache an Massenspeicherkapazität. Jedoch muß man berücksichtigen, daß die in Tabelle 1.1 genannten Daten vor mehr als zwanzig Jahren im Vergleich zu den damals sonst üblichen Großrechnern (Mainframes) einen Quantensprung in bezug auf Leistungsfähigkeit, Betriebssicherheit, Komfort, physikalische Größe und Preis bedeuteten.

Ende der 70er Jahre hatten Hard- und Software einen technischen Stand und eine Preisregion erreicht, die den CAD/CAM-Einsatz für eine große Zahl auch mittlerer und kleiner Unternehmen erwägenswert erscheinen ließen. Entsprechend rasant wuchs die Zahl der installierten Systeme an, die Anbieter erzielten jährliche Umsatzzuwächse bis zu 100 %.

Die CAD/CAM-Entwicklung bis Anfang der 90er Jahre läßt sich in Kürze wie folgt zusammenfassen:

- Die Leistungsfähigkeit der CAD/CAM-Systeme wurde bei gleichzeitig sinkenden Preisen kontinuierlich gesteigert.

---

[4] Turnkey-System: Schlüsselfertiges System. Durch eine geschickte Kombination besonderer Hard- und Software-Komponenten sollten solche Systeme zweckgerichtet so konfiguriert sein, daß zur Inbetriebnahme nur das „Drehen eines Schlüssels" erforderlich und praktisch sofort ein produktiver Einsatz möglich war. Da die Komponenten sehr eng miteinander verzahnt werden mußten, bildeten sie ein geschlossenes System und waren anderweitig nicht verwendbar. Andererseits ermöglichte dieses Konzept erhebliche Preisreduktionen gegenüber bis dahin gängigen Lösungen.

Bild 1.1   CADDS1-System der Firma Computervision von 1972
[Quelle: ABB, Mannheim]

Rechnertyp, Wortlänge	NOVA 1200; 16 Bit, wortweise extern über Schalter programmierbar; Teletype-Fernschreiber als Systemkonsole
Hersteller	Data General (USA)
Arbeitsspeicher	8 kByte; Kernspeicher mit Ferritringen
Externe Speicher	Festplatte mit 256 kByte; Magnetband-Laufwerk 24 MByte; Magnetkassetten-Laufwerk
Bildschirmarbeitsplatz	Tektronix 4011 Speicherbildschirm (Bildschirmdiagonale 11 Zoll, d.h. kleiner als Querformat DIN A4); Thermodrukker zur Eingabe und Dokumentation der Kommandos; Eingabetablett mit Magnetgriffel; Konservieren des aktuellen Bildschirminhaltes durch Hardcopy-Gerät
Zeichenmaschine	Interact II, kombinierter Digitalisierer/Stiftplotter; mit der Digitalisierfunktion sollten Handskizzen in das System eingegeben werden, was sich aber wirtschaftlich als nicht sinnvoll erwies
Werkstückmodell	2D-Linienmodell; Ladedauer der Software 6 h

Tabelle 1.1   Leistungsdaten des CADDS1-Systems von 1972

- Die Benutzerschnittstellen und damit die Handhabbarkeit von CAD/CAM-Systemen wurden durch Einführung und Perfektionierung graphisch-interaktiver Dialogtechniken erheblich verbessert.

- Die Rechnerleistung wurde dezentralisiert. Vernetzbare Workstations und wenig später auch Personalcomputer (PCs) lösten die zuvor dominierenden Mehrplatzsysteme ab, bei denen mehrere CAD/CAM- und vielleicht auch andere Arbeitsplätze an einen Zentralrechner (Großrechner/Mainframe oder Minicomputer) angeschlossen waren. Heute liegt der Marktanteil der PCs im CAD/CAM-Bereich bei 57 % und der von Workstations bei 42 %, während nur noch 1 % der CAD/CAM-Arbeitsplätze Mehrplatzsysteme sind [Dres92].

- Mit dieser Entwicklung verbunden war eine zunehmende Vereinheitlichung der Betriebssysteme (UNIX für Workstations, DOS für PCs, siehe Abschnitt 4.1), die wiederum zu einer sinkenden Hardwareabhängigkeit der CAD/CAM-Systeme geführt hat.

- CAD/CAM-Systeme verbreiteten sich auch in mittleren und kleinen Unternehmen sehr stark. In der Bundesrepublik Deutschland wurde dies nicht zuletzt auch durch entsprechende Förderprogramme des Bundesministers für Forschung und Technologie (BMFT) begünstigt. Ein anderer Grund war auch die Verfügbarkeit von relativ preisgünstigen PC-CAD-Systemen, die vor allem kleinen Unternehmen den Weg zur Nutzung der neuen Techniken ermöglichten. Der weltweit erfolgreichste Anbieter, Autodesk aus Kalifornien, wuchs seit 1982 von 12 auf 1300 Mitarbeiter, entwickelte mit dem Produkt Auto-CAD einen Marktrenner mit derzeit etwa 1 Million Installationen und setzte damit einen De-Facto-Standard für PC-CAD-Systeme.

- In der zweiten Hälfte der 80er Jahre setzte ein deutlicher Verdrängungswettbewerb unter den Systemanbietern ein, der in der letzten Zeit zu einer zunehmenden Anzahl an strategischen Allianzen, Übernahmen und auch Konkursen geführt hat.

- Insbesondere in der Kraftfahrzeug- und Luftfahrtindustrie wurde und wird ein zunehmender Druck auf die Zulieferunternehmen ausgeübt, sich den informationstechnischen Vorgaben der auftraggebenden Großunternehmen anzupassen, um z.B. den Austausch von digital abgespeicherten Konstruktions- und/oder Fertigungsdaten zu ermöglichen. Da dies am einfachsten geht, wenn der Zulieferer das gleiche System verwendet wie der Auftraggeber, werden in manchen Zulieferunternehmen zwei bis drei Systeme parallel eingesetzt, um den Vorgaben verschiedener Auftraggeber zu genügen.

- Zur Vereinfachung, teilweise überhaupt erst zur Ermöglichung des Datenaustausches zwischen unterschiedlichen CAD/CAM-Systemen erlangte die Definition von Schnittstellenstandards, deren Ursprung ausnahmslos in den 80er Jahren liegt, eine besondere Bedeutung. *IGES* war hier der erste pragmatische Ansatz zur Übertragung von Geometriedaten und ist heute in unterschiedlicher Leistungsfähigkeit für nahezu alle Systeme verfügbar. Später traten länderbezogene Lösungen wie *VDAFS*, *VDAIS* und *VDAPS* (Deutschland) und *SET* (Frankreich) hinzu, die jetzt in den sehr umfassenden, weltweit genormten Standard *STEP* eingehen sollen (siehe hierzu Abschnitt 7.1).

- Es wurden zahlreiche, im allgemeinen relativ kleine Beratungs- und Softwareunternehmen gegründet, die auf bekannten CAD/CAM-Basissystemen aufsetzende branchen-, technologie- und unternehmensspezifische Spezialmodule entwickeln und vertreiben und damit einen wichtigen Beitrag zur optimalen Anpassung der Systeme an die Anforderungen unterschiedlicher Anwendungsgebiete und -fälle leisten.

- Die 80er Jahre brachten schließlich auch die Entwicklung und Propagierung von Konzepten für die vollständig rechnerintegrierte Produktion (CIM) [Sche90, Vajn90a]. Gerade Konstruktion und Arbeitsplanung mit ihren Hilfsmitteln CAD und CAP spielen im Rahmen von CIM eine besondere Rolle, weil hier die produktbezogenen Daten ihren Ursprung haben, die im weiteren Verlauf des rechnerintegrierten Produktentstehungsprozesses an nachfolgende technische Bereiche (z.B. NC-Programmierung, Maschinensteuerung, Qualitätssicherung) und an parallel arbeitende betriebswirtschaftlich-planerische Bereiche (Produktionsplanung und -steuerung) übergeben werden [Seif86b]. (Auf die Einordnung von CAD, CAP und CAM in das CIM-Umfeld geht Abschnitt 1.3 gesondert ein.) Neben CIM kamen noch einige weitere Stichworte auf, z.B. Just-in-Time, SPC (Statistical Process Control) oder TQM (Total Quality Management), die ihrerseits ergänzende Anforderungen an die CAD/CAM-Systeme stellen.

Heute können CAD, CAP und CAM als gut eingeführte und weit verbreitete Werkzeuge des Konstrukteurs, Arbeitsplaners und Fertigungsingenieurs angesehen werden, die in zahlreichen, selbst kleinsten Unternehmen des Maschinen-, Fahrzeug- und Anlagenbaus einschließlich der Zulieferunternehmen und der dienstleistenden Konstruktionsbüros angewendet werden. Demzufolge ist in den Unternehmen ein breites Wissen über CAD/CAM vorhanden, die Anwendung von CAD/CAM-Systemen ist alltäglich geworden und – zumindest für gängige Aufgabenstellungen – keine Sache von Spezialisten mehr. In **Tabelle 1.2** sind die Ergebnisse einer Untersuchung des VDMA[5] über die Verbreitung von CAD/CAM-Systemen im deutschen Maschinen- und Anlagenbau im Jahr 1988 (damals noch „alte" Bundesrepublik) dargestellt [VDMA89]. Dabei wurde das gesamte Spektrum vom einfachsten PC-CAD-System bis zu CAD/CAM-Systemen mit 3D-Modellierern berücksichtigt. Im Vergleich zu einer ähnlichen Untersuchung im Jahr 1986 hat sich die Zahl der Anwendungen etwa verdoppelt. Eine im Jahr 1992 im Auftrag eines führenden Systemanbieters durchgeführte Umfrage deutet darauf hin, daß sich die genannten Zahlen seither nicht nennenswert vergrößert haben [NN93a].

Unternehmensgröße	CAD/CAM-Verbreitung
≤ 299 Beschäftigte	42,6 %
300-999 Beschäftigte	57,4 %
≥ 1000 Beschäftigte	59,0 %

Tabelle 1.2 Verbreitung von CAD/CAM-Systemen im Maschinen- und Anlagenbau (nach [VDMA89])

---

[5]   Verband Deutscher Maschinen- und Anlagenbau e.V., Frankfurt a.M.

Trotz der hohen Verbreitung von CAD/CAM in der Praxis gibt es jedoch noch erhebliche Entwicklungspotentiale (sowohl quantitativer als auch qualitativer Art):

- In Fachkreisen geht man davon aus, daß erst etwa 15-20 % aller mit CAD/CAM durchführbaren Tätigkeiten tatsächlich auch mit CAD/CAM erledigt werden [Abel90, Vajn-90b].

- Die heute üblichen CAD-Systeme unterstützen den Entwicklungs- und Konstruktionsprozeß nur in der Beschreibung einer vorher ausgedachten Lösung und eignen sich daher primär für einen Einsatz in der Konstruktionsphase *Ausarbeiten* sowie für bestimmte Teile der Konstruktionsphase *Entwerfen*[6]. Sie entlasten den Konstrukteur nahezu ausschließlich bei der Durchführung geometrisch-gestaltender Routinetätigkeiten. In der Konstruktionsphase *Konzipieren* wird keine, in der Konstruktionsphase *Entwerfen* nur eine eingeschränkte Unterstützung angeboten.

- Die Zahl der Anwendungen von zweidimensionalen CAD-Systemen übersteigt die Zahl der Anwendungen von dreidimensionalen CAD-Systemen zahlenmäßig bei weitem. Schätzungen nennen als aktuellen Stand Verhältnisse bis zu 85:15 zugunsten der zweidimensionalen Systeme [Vajn91]. CAD wird also in den meisten Fällen zur Unterstützung der reinen Zeichnungserstellung eingesetzt, ist letztlich also nur Ersatz für die klassischen Werkzeuge Zeichenbrett, Lineal und Stift. Dies läßt sich selbst auf Anwendungsgebieten beobachten, in denen eine dreidimensionale Modellierung große Vorteile bieten würde.

- CAD und CAM sind in zahlreichen Unternehmen zwar beide vorhanden, werden aber (immer noch) völlig isoliert voneinander betrieben. Durch Daten- und Funktionsintegration mögliche Rationalisierungspotentiale werden nicht erschlossen.

- Aufgrund der vorgenannten Punkte ist die Wirtschaftlichkeit des CAD/CAM-Einsatzes in vielen Fällen zweifelhaft, obwohl Hinweise zur Einführung zweckentsprechender CAD/CAM-Systeme und zu ihrem wirtschaftlichen Einsatz von zahlreichen Institutionen gesammelt und zur Verfügung gestellt werden (z.B. [VDI2216]).

1.2 Ziel und Zweck von CAD/CAM-Systemen

Der Hauptstrom der Informationen in einem Unternehmen fließt von den produktdefinierenden Bereichen (Entwicklung, Konstruktion, Arbeitsvorbereitung) in die Fertigungsbereiche. Um die Produktqualität zu verbessern, die Durchlaufzeiten zu verkürzen, die Flexibilität zu steigern und damit Wirtschaftlichkeit und Wettbewerbsfähigkeit insgesamt zu erhöhen, müssen in allen Abschnitten des Produktentstehungsprozesses Rationalisierungsmöglichkeiten gesucht und genutzt werden (siehe hierzu Abschnitt 8.1). Besonders hoch ist das Rationalisierungspotential in den produktdefinierenden Bereichen: Seit Anfang des Jahrhunderts wurde die Effektivität der Fertigungsbereiche durch neue Verfahren und Vorgehensweisen um ein Vielfaches (genannt werden zum Teil mehr als 1000 %), die der produktdefinierenden Bereiche jedoch nur um etwa 20 % gesteigert. Andererseits legen Entwicklung und Konstruktion

---

[6] Erläuterungen zu den Konstruktionsphasen folgen in Kapitel 2.

rund 75 % und Arbeitsvorbereitung rund 10 % der späteren Gesamtkosten eines Produktes fest, **Bild 1.2**. Die genannten Bereiche tragen damit eine große Produktverantwortung, verursachen aber nur etwa 15 % der gesamten Kosten des Produktentstehungsprozesses selbst.

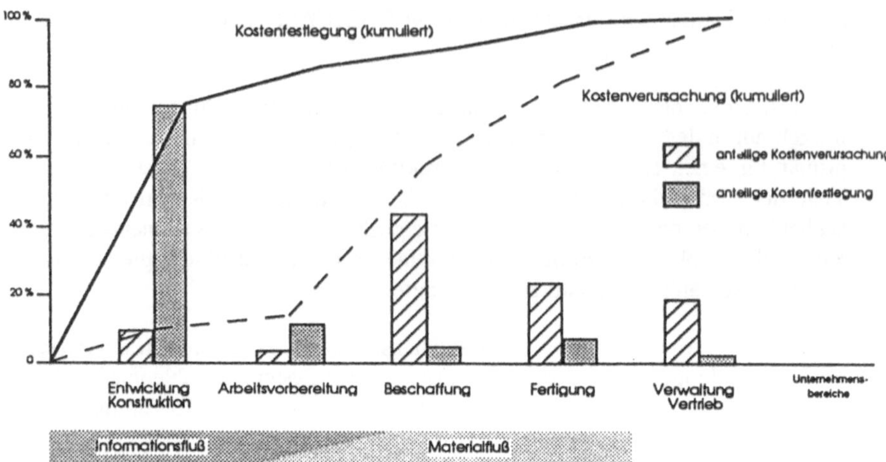

Bild 1.2   Kostenfestlegung und -verursachung in verschiedenen Bereichen des Produktentstehungsprozesses

Ermittelt man das Tätigkeitsprofil eines Mitarbeiters in den produktdefinierenden Bereichen, so stellt man fest, daß der Anteil der manuell-schematischen Tätigkeiten, die als Routine ausgeführt werden, hoch ist. So zeigt z.B. **Bild 1.3** auf der linken Seite das typische Tätigkeitsprofil eines Mitarbeiters in der Konstruktion. Der Anteil der manuell-schematischen Tätigkeiten liegt hier bei etwa 50 %. Tätigkeiten dieser Art lassen sich, da sie mit festen Algorithmen beschrieben werden können, generell auf rechnerunterstützte Systeme, im Falle der Produktdefinition auf CAD/CAM-Systeme, übertragen.

Als wesentliches Ziel des Einsatzes der CAD/CAM-Technik kann heute die *Verbesserung der Produktqualität* gelten. In erster Linie müssen dazu Fehler rechtzeitig erkannt und behoben werden, so daß sie sich in benachbarten oder nachgeschalteten Funktionsbereichen des Produktentstehungsprozesses nicht fortpflanzen können. Je weiter man in der Entstehung eines Produktes fortgeschritten ist, desto weniger Fehler können gefunden werden und desto aufwendiger und kostenintensiver wird ihre Behebung, **Bild 1.4**. Sinnvoll sind also möglichst früh einsetzende präventive Maßnahmen zum Auffinden von Fehlern (z.B. FMEA[7]).

---

[7]   FMEA: Failure Modes and Effects Analysis, Fehlermöglichkeits- und -Einflußanalyse. Die FMEA ist eine Methode zur Analyse und Minimierung potentieller Fehler und Risiken im Rahmen der präventiven Qualitätssicherung [Kers90]. Zu diesem Zweck wird systematisch jede Komponente eines Produktes (bei der Konstruktions-FMEA) bzw. eines Fertigungsprozesses (bei der Prozeß-FMEA) daraufhin hinterfragt, welche Fehler auftreten können, welche Auswirkungen auf den Kunden diese Fehler haben können und was die Ursachen der einzelnen Fehler sind. Außerdem wird für jeden potentiellen Fehler mit Hilfe der sogenannten Risikoprioritätszahl (RPZ) eine quantitative Bewertung vorgenommen (RPZ = Produkt aus Auftretenswahrscheinlichkeit A des Fehlers, Bedeutung/„Schwere" S des Fehlers und Entdeckungswahrscheinlichkeit E des Fehlers). Die Risikoprioritätszahlen geben Hinweise darauf, in welcher Reihenfolge bei der gezielten Verminderung bzw. Beseitigung von Fehlern vorzugehen ist.

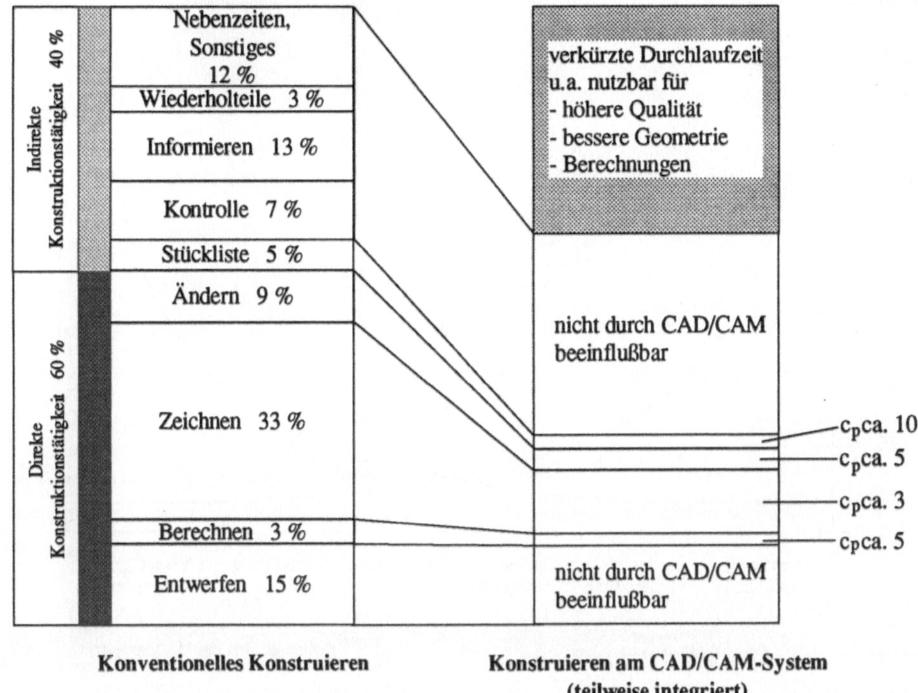

Bild 1.3   Auswirkungen des CAD-Einsatzes auf das Tätigkeitsprofil in der Konstruktion

CAD/CAM-Systeme können bei der Verbesserung der Produktqualität helfen durch:

–   exaktere Gestaltung und Auslegung von Produkten durch neue, nur mit Rechnerunterstützung mögliche Verfahren (z.B. dreidimensionale Produktmodellierung, schnellere und genauere Berechnungen)
–   schnellere und exaktere Erstellung (norm- und fertigungsgerechter) Unterlagen
–   flexiblere Konstruktion und Fertigung

Diese Ziele gelten in jedem Fall, unabhängig davon, ob das CAD/CAM-System als Insellösung oder als Bestandteil einer CIM-Realisierung (siehe hierzu Abschnitt 1.3) betrachtet wird. Hinzu kommen weitere Zielsetzungen, die zum Teil eine Einbindung von CAD/CAM in ein integriertes informationstechnisches Gesamtkonzept voraussetzen:

•   Die Fülle kundenspezifischer Sonderlösungen nimmt generell zu. Mit einem CAD/CAM-System kann in allen Phasen der Produktentwicklung eine *flexiblere Reaktion auf Kundenwünsche* sichergestellt werden, da Änderungen an vorhandenen Daten oder Standardlösungen rasch durchgeführt werden können und sich die Auswirkungen solcher Änderungen auf alle Fertigungsunterlagen leichter verfolgen lassen.

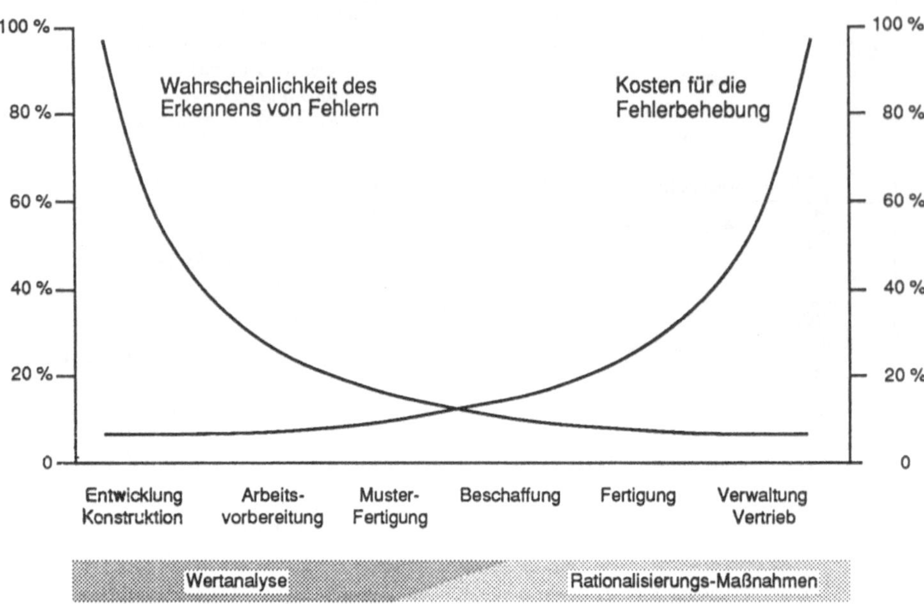

Bild 1.4   Möglichkeiten der Fehlererkennung und Kosten der Fehlerbehebung im Verlauf des
Produktentstehungsprozesses

- Gleichzeitig ermöglicht CAD/CAM eine *Vereinheitlichung der Arbeitsergebnisse* von
  Entwicklung, Konstruktion und Arbeitsvorbereitung, zumindest wenn die zur Verfügung
  stehenden Werkzeuge der Makro-/Variantentechnik konsequent genutzt werden (siehe
  hierzu auch Abschnitt 4.3).

- In Deutschland (wie insgesamt in Europa) sind die Durchlaufzeiten zu hoch [WoJR92].
  Sie werden durch den CAD/CAM-Einsatz gesenkt, da Routinetätigkeiten mit CAD/
  CAM-Unterstützung schneller durchgeführt werden können als auf herkömmliche Art
  (*Beschleunigung und Erleichterung der Arbeit in den produktdefinierenden Bereichen*).
  Überstunden und Termindruck werden gemindert bzw. können gar nicht entstehen.
  Fremdvergaben lassen sich vermeiden.

- Aus Zeitgründen wird häufig nicht die beste, sondern die erstbeste Lösung entwickelt.
  Durch den CAD/CAM-Einsatz läßt sich Zeit gewinnen (Tätigkeitsprofil auf der rechten
  Seite von Bild 1.3), die man für das *Entwickeln und Bewerten mehrerer Lösungsalterna-*
  tiven verwenden kann. Dadurch lassen sich z.T. schon in der Konzeptions- bzw. Projek-
  tierungsphase bessere Ergebnisse finden.

- Der CAD/CAM-Einsatz ermöglicht die *weitere Nutzung der einmal in den Rechner ge-*
  brachten Produktdaten in benachbarten oder nachfolgenden Funktionsbereichen des Produktentstehungsprozesses (z.B. Geometriedatenübergabe von der Konstruktion an die
  Arbeitsplanung, Fertigung, Montage). Dadurch entfallen manuelle Interpretations- und

Konvertierungsschritte (z.B. Lesen der technischen Zeichnung, Neueingabe der Daten in das NC-Programmiersystem), die nicht nur Zeit kosten, sondern erfahrungsgemäß auch bedeutende Fehlerquellen sind.

- Unternehmen, die selbst bereits eine hohe CAD/CAM-Durchdringung haben, setzen bei ihren Zulieferern in immer stärkerem Maße voraus, daß Produktunterlagen in digitaler Form gelesen und geschrieben werden können. (Sehr weit fortgeschritten sind diese Bestrebungen z.B. im Automobil- und im Luftfahrtbereich.) Manchmal wird zu diesem Zweck sogar die Verwendung des gleichen CAD/CAM-Systems zur Pflicht gemacht (siehe Abschnitt 9.2.5). Wenn solche Vorgaben existieren, ist der CAD/CAM-Einsatz eine unverzichtbare Voraussetzung zur *Erhaltung oder Steigerung der Wettbewerbsfähigkeit* eines Unternehmens.

- In vielen Unternehmen werden die Fluktuation der Ingenieure und der Mangel an Nachwuchs zum Problem. Der CAD/CAM-Einsatz fördert die *systematische Abspeicherung von Unternehmens-know-how* und damit die Erhaltung von Wissen beim Weggang von Mitarbeitern. Außerdem lassen sich neue Mitarbeiter schneller einarbeiten als ohne CAD/CAM.

Aus diesen Gründen geht hervor, daß die Einführung eines CAD/CAM-Systems keine Maßnahme ist, um kurzfristig Personal einzusparen. Ganz im Gegenteil: Einerseits muß die Benutzung des CAD/CAM-Systems erst erlernt werden, und andererseits erfordert eine fundierte Einsatzvorbereitung (insbesondere die benutzerspezifische Anpassung des Systems) am Anfang einen nicht unerheblichen Aufwand, der sich erst später auszahlt (siehe hierzu auch die Kapitel 8 und 9). Deswegen müssen Behauptungen, daß durch die CAD/CAM-Einführung kurzfristige Einsparungen möglich sind, als unseriös zurückgewiesen werden.

Stattdessen sollten als Hauptvorteile der Nutzung von CAD/CAM-Systemen, besonders bei der ganzheitlichen Realisierung im Rahmen von CIM, die Verbesserung des Informationsflusses im Unternehmen und die Förderung des Innovationspotentiales der Mitarbeiter gesehen werden. Letzteres ist am einfachsten durch Entlastung der Mitarbeiter von Routinetätigkeiten möglich (deren Anteil an der Tätigkeit insgesamt bis zu 90 % betragen kann). Indem Routinetätigkeiten vom CAD/CAM-System übernommen werden, entsteht ein ausreichender Freiraum für kreative Tätigkeiten. Gleichzeitig eröffnen sich am CAD/CAM-System völlig neue Möglichkeiten für die Produktgestaltung und -optimierung.

Zusammenfassend ist es durch den Einsatz eines CAD/CAM-Systems möglich, schneller und billiger bessere Produkte zu entwickeln, die durch ihre größere Kundennähe auch in der Zukunft gute Marktchancen aufweisen.

Der Einsatz von CAD/CAM ist heute wirtschaftlich möglich (Kapitel 9), so daß die *CAD/CAM-Technik* auch *als Ausgangspunkt für die Realisierung von CIM* angesehen werden kann. Allerdings ist es dazu erforderlich, die CAD/CAM-Systeme mit den anderen im Unternehmen eingesetzten Informationssystemen zu vernetzen (Kapitel 5) und geeignete Datenaustauschmöglichkeiten zu schaffen (Abschnitt 7.1).

1.3   CIM als Integrationskonzept

In den vorangegangenen Abschnitten 1.1 und 1.2 wurde bereits darauf hingewiesen, daß CAD/CAM-Systeme heute als integraler Bestandteil der vollständig *rechnerintegrierten Produktion* (*CIM, Computer Integrated Manufacturing*) aufzufassen sind. Deswegen sollen die wesentlichen Merkmale von CIM und seinen Komponenten in diesem Abschnitt kurz beschrieben werden.

Das bekannteste CIM-Modell, das sogenannte Y-Modell, stammt von Scheer [Sche90] und ist in **Bild 1.5** dargestellt. Es zeigt die in einem Produktionsbetrieb einsetzbaren Informationssysteme (CAE, CAD, CAP, CAM, CAQ, PPS) mit den jeweils von ihnen unterstützten Funktionsbereichen. Das Modell gliedert sich dabei in den linken Schenkel, der die primär betriebswirtschaftlich-planerischen Funktionen umfaßt (mit PPS als dem wesentlichen informationstechnischen Unterstützungssystem), und in den rechten Schenkel, der die primär technischen Funktionen umfaßt (mit den verschiedenen CA-Systemen als informationstechnischen Unterstützungssystemen).

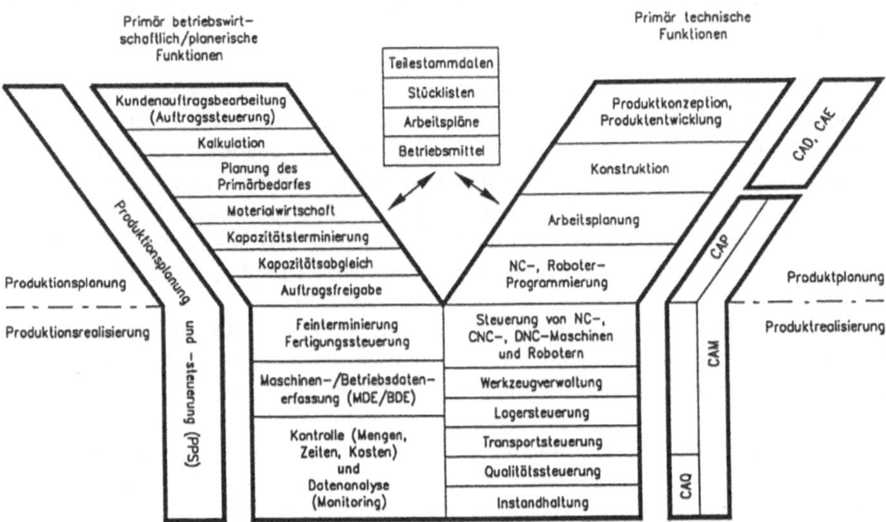

Bild 1.5   CIM-Modell (Y-Modell) nach Scheer
[Vorlage: Institut für Wirtschaftsinformatik (IWi), Saarbrücken]

Die einzelnen Informationssysteme innerhalb von CIM lassen sich nun wie folgt charakterisieren:

CAD: Computer Aided Design, rechnerunterstütztes Konstruieren

Die Tätigkeiten Entwickeln und Konstruieren dienen dazu, neue, verbesserte oder abgewandelte technische Produkte zu kreieren (siehe hierzu auch Kapitel 2). Das Ergebnis des Entwicklungs- und Konstruktionsprozesses sind geometrische, numerische und technologische Daten zu den Einzelteilen des konstruierten Produktes (Zeichnungen, Berechnungsergebnisse, Werkstoffe, Toleranzen usw.), Erzeugnisstrukturdaten (Stücklisten) sowie unter Umständen auch experimentelle Ergebnisse (z.B. Meßprotokolle) und ergänzende Textinformationen (z.B. Berichte, Bedienungs-, Wartungs-, Reparatur- und Montageanleitungen).

Rechnerunterstütztes Konstruieren (CAD) bedeutet im Prinzip, die zur Verfügung stehenden informationstechnischen Hilfsmittel (Hardware, Software) zur Lösung aller beim Konstruieren anstehenden Teilaufgaben möglichst optimal einzusetzen. Allerdings beschränkt sich der Begriff rechnerunterstütztes Konstruieren bzw. CAD bis heute überwiegend auf die geometrisch-gestaltenden Aufgaben in den Konstruktionsphasen Entwerfen und Ausarbeiten. In diesem (eingeschränkten) Sinne wird CAD auch im Rahmen des vorliegenden Buches behandelt, obwohl gerade in letzter Zeit verstärkte Bemühungen zur Integration auch anderer (nicht primär geometrischer) Funktionen in CAD-Systeme zu beobachten sind (z.B. Integration von Entwurf und Berechnung, Entwicklung von wissensbasierten Systemen zur Unterstützung der dem Entwerfen und Ausarbeiten vorgelagerten Konstruktionsphase Konzipieren). Schließlich ist noch zu beachten, daß die mit CAD in der Konstruktion erzeugten Daten so aufbereitet werden sollen, daß sie den Informationssystemen der anderen Funktionsbereiche (CAP, CAM, CAQ, PPS) möglichst unmittelbar zugänglich sind und nicht erst manuell interpretiert und umgeschlüsselt werden müssen.

Eine noch weiter eingeschränkte Interpretation des Kürzels CAD, nämlich Computer Aided Drafting bzw. rechnerunterstützte Zeichnungserstellung, die man häufig im Zusammenhang mit rein zweidimensionalen Zeichnungssystemen auf Personalcomputern (PCs) vorfindet, wird im Rahmen dieses Buches nicht verwendet.

CAE: Computer Aided Engineering, rechnerunterstütztes Auslegen

Ordnet man – den gängigen Gepflogenheiten folgend – den Begriff rechnerunterstütztes Konstruieren bzw. CAD primär den geometrieorientierten Aufgabenstellungen beim Entwerfen und Ausarbeiten zu (siehe oben), so ist es üblich, daß unter CAE das rechnerunterstützte Auslegen von technischen Produkten im Rahmen des Entwicklungs- und Konstruktionsprozesses verstanden wird. Bei CAE geht es dann einerseits um die rechnerunterstützte Lösung von Berechnungsaufgaben (Nachrechnung bestimmter Kenngrößen oder prospektive Dimensionierung/Auslegung bestimmter Konstruktionsparameter mit Berechnungssystemen verschiedener Art, darunter FEM-Systeme) und andererseits um die rechnerunterstützte Lösung von Optimierungsaufgaben (Parameteroptimierung: Festlegung der Konstruktionsparameter so, daß eine bestimmte Zielfunktion optimal erfüllt wird).

In jedem Fall besteht funktional eine enge Kopplung zwischen CAE und CAD, indem in vielen Fällen die mit CAD erstellte Geometrie Basis für CAE ist und umgekehrt die Ergebnisse der Berechnung häufig auf den Entwurf zurückwirken (Festlegung bzw. Änderung der Geometrie aufgrund von Berechnungsergebnissen).

Es sei darauf hingewiesen, daß abweichend von der vorstehenden Definition in manchen Publikationen mit CAE die Rechnerunterstützung für die Summe aller ingenieursmäßigen Tätigkeiten gemeint ist (z.B. CAE = CAD + CAM nach [Seif86b]). Berechnung und Optimierung als Teilaspekte des Entwicklungs- und Konstruktionsprozesses würden dann unter das der Bedeutung nach entsprechend zu erweiternde Kürzel CAD fallen.

CAP: Computer Aided Planning, rechnerunterstützte Arbeitsplanung

Die aus der Konstruktion resultierenden geometrischen, numerischen, technologischen und strukturellen Daten werden in der Arbeitsplanung in Organisations- und Steuerungsdaten für die Fertigung, die Montage und die Qualitätssicherung umgesetzt (Fertigungs-, Montage-, Prüfplanung). Im einzelnen sind die erforderlichen Fertigungs-, Montage- und Prüfverfahren, die Betriebsmittel, die Arbeitsfolgen sowie die sich daraus ergebenden Zeiten und Materialien festzulegen. Manchmal werden der Arbeitsplanung auch Teile der Kosten- und Investitionsplanung zugerechnet. Das Ergebnis der Arbeitsplanung sind Arbeitspläne und – sofern sich ganz oder teilweise rechnerunterstützte Fertigungs-, Montage- und Qualitätssicherungsprozesse anschließen – auch NC-, Roboter- und Prüfprogramme.

Bei der rechnerunterstützten Arbeitsplanung (CAP) geht es darum, die genannten Tätigkeiten unter Nutzung informationstechnischer Hilfsmittel zu bewältigen. Außerdem soll der Datenfluß von der Konstruktion in die Arbeitsplanung sowie von dort weiter in die Bereiche Fertigung, Montage und Qualitätssicherung optimiert werden.

CAQ: Computer Aided Quality Assurance, rechnerunterstützte Qualitätssicherung

Die Begriffe, Ziele und Konzepte im Bereich der Qualitätssicherung haben sich gerade im letzten Jahrzehnt stürmisch weiterentwickelt, da die Qualität von Produkten und Dienstleistungen ein entscheidender Wettbewerbsfaktor geworden ist [WeSt92]. Dies manifestiert sich auch in entsprechenden internationalen Normungsaktivitäten der letzten Zeit (siehe z.B. die Normenfamilie [ISO9000] bis [ISO9004] sowie [ISO8402]).

In der Vergangenheit stand nahezu ausschließlich die *Qualitätsprüfung* (Qualitätskontrolle) im Vordergrund, also die nachträgliche Feststellung, ob hergestellte Komponenten und Produkte die festgelegten oder vorausgesetzten geometrischen, technologischen oder funktionalen Merkmale erfüllen. Im Verlauf der Zeit traten nacheinander die Begriffe Qualitätslenkung und Qualitätsplanung hinzu. Mit *Qualitätslenkung* (auch: Qualitätssteuerung) ist gemeint, Qualitätsaspekte in die Steuerung der Herstellungsprozesse einfließen zu lassen und die Ergebnisse der Qualitätsprüfung in der Art eines Regelkreises möglichst unmittelbar auf die laufenden Herstellungsprozesse zurückzukoppeln. *Qualitätsplanung* bedeutet, im Produktentstehungsprozeß von Anfang an den Gesichtspunkt der Qualität zu berücksichtigen. Damit werden auch die planerisch tätigen Bereiche eines Unternehmens (Entwicklung, Konstruktion, Arbeitsplanung) in die Qualitätssicherung mit einbezogen. Schließlich gehört auch der Bereich Instandhaltung zur (vorbeugenden) Qualitätssicherung.

Als Oberbegriff zu allen vorgenannten Stichworten wird heute der Begriff des *Qualitätsmanagements* gesetzt [ISO8402, Mayr92], um zu verdeutlichen, daß nicht nur die am Produktentstehungsprozeß beteiligten technischen Bereiche für die Produktqualität verantwortlich sind, sondern daß im Extremfall das gesamte Unternehmen zum Erreichen der Qualitätsziele ausgerichtet werden muß (*TQM, Total Quality Management*, [Schi93]).

Rechnerunterstützte Qualitätssicherung (CAQ) bedeutet im Prinzip, bei der Lösung aller im Rahmen der Qualitätssicherung durchzuführenden Aufgaben geeignete informationstechnische Hilfsmittel einzusetzen [Bläs90]. Jedoch ist der heutige Stand im Bereich CAQ dadurch

gekennzeichnet, daß (immer noch) überwiegend Teilaufgaben aus dem Bereich der Qualitätsprüfung (Prüfplanung, Prüfausführung und -auswertung einschließlich SPC[8]), Prüfmittelver-
waltung und -überwachung) unterstützt werden können [BüHe92]. In weitaus geringerem
Maße (wenn auch mit steigender Tendenz) werden bestimmte Funktionen aus dem Bereich
der Qualitätsplanung angeboten (z.B. rechnerunterstützte FMEA, siehe Anmerkungen weiter
oben).

CAM: Computer Aided Manufacturing, rechnerunterstütztes Fertigen (und Montieren)

Der Begriff rechnerunterstütztes Fertigen (und Montieren) umfaßt neben den zuvor erläuterten Stichworten rechnerunterstützte Arbeitsplanung und rechnerunterstützte Qualitätssicherung auch die Steuerung der Werkzeugmaschinen, Handhabungsgeräte (Roboter) und Prüfmittel (z.B. Koordinatenmeßmaschinen), die Verwaltung der zugehörigen Betriebsmittel
(z.B. Werkzeuge) sowie die Steuerung der Lager- und Transportsysteme auf der operativen
Ebene. Manchmal rechnet man auch einige dispositive Aufgaben dem CAM-Bereich zu (insbesondere Feinterminierung und dispositive Fertigungssteuerung). In dem Y-Modell nach
Bild 1.5 sind diese allerdings dem linken, eher betriebswirtschaftlich-planerisch orientierten
Schenkel zugeordnet [Sche90].

Unter dieser Voraussetzung geht es bei CAM im wesentlichen um die Umsetzung der in der
Arbeitsplanung erstellten Organisations- und Steuerungsdaten in den konkreten Fertigungs-,
Montage- und Prüfprozeß. Hierbei spielen Technik und Steuerung der Werkzeugmaschinen,
Handhabungsgeräte und Prüfeinrichtungen, aber auch auf der Werkstattebene angesiedelte
administrative Funktionen eine wichtige Rolle. Teilaufgaben von CAM sind die Verwaltung
von NC- und anderen Programmen, die Verwaltung von Maschinen, Werkzeugen und Prüfmitteln, die Lagersteuerung, die Materialflußsteuerung (Transportsteuerung), die Qualitätsprüfung und -lenkung sowie die Instandhaltung.

PPS: Produktionsplanung und -steuerung

Aufgabe der Produktionsplanung und -steuerung (PPS) ist es, die betriebswirtschaftlich-planerischen bzw. dispositiven Aspekte des Produktentstehungsprozesses zu bearbeiten, wobei
wegen der Komplexität der Aufgabenstellung heute in der Regel rechnerunterstützte Systeme
zum Einsatz kommen (PPS-Systeme). Ziel ist es, den Ablauf der Produktion von der Ange-
botserstellung bis zum Versand des fertigen Produktes organisatorisch zu planen, zu steuern
und zu überwachen, wobei nicht technische, sondern Mengen-, Termin- und Kapazitätskriterien im Vordergrund stehen.

Die Produktionsplanung und -steuerung läßt sich weiter untergliedern nach dem Zeithorizont
der jeweiligen Planungs- bzw. Steuerungstätigkeit:

- Langfristiger Plan (Planungshorizont bis zu fünf Jahren): Dieser sogenannte Firmenstrategieplan legt fest, welche neuen Produkte entwickelt werden sollen, welche Betriebsmittel zu beschaffen sind und welche Veränderungen bezüglich Unternehmensstruktur und
  Zahl der Mitarbeiter vorausgesehen werden.

---

[8]   SPC: Statistical Process Control, statistische Prozeßkontrolle

- Mittelfristiger Plan (Planungshorizont etwa ein Jahr): Hierbei wird ausgehend von Nachfrageprognosen und gegebenenfalls vorhandenen Lagerbeständen sowie unter Berücksichtigung der verfügbaren Kapazitäten (Personal, Maschinen und sonstige Betriebsmittel) grob vorausgeplant, welcher Primärbedarf (Arten und Mengen an Fertigerzeugnissen) und welcher Sekundärbedarf (Arten und Mengen an Rohstoffen, Halbzeugen, Zukaufteilen/-baugruppen, Einzelteilen/Baugruppen aus eigener Fertigung) zu welchem Termin benötigt werden.

- Kurzfristiger Plan (Planungshorizont einige Stunden bis eine Woche): Ausgehend von den konkret vorhandenen Kundenaufträgen werden Werkstattaufträge (Fertigungs-/Montage-/Prüfaufträge) gebildet und eingeplant (Feinterminierung). Hierbei kann nach unterschiedlichen, sich zum Teil widersprechenden Zielvorgaben vorgegangen werden (z.B. höchstmögliche Termintreue, kürzeste Durchlaufzeiten, möglichst gleichmäßige Kapazitätsauslastung, minimale Rüstzeiten, minimale Lagerbestände [BeSc91]). Ein weiterer Aspekt ist die (aktualisierte) Materialdisposition (Lagerwesen, Bestellwesen). Schließlich sind die angestoßenen Aufträge bezüglich der Mengen, Zeiten/Termine und Kosten zu überwachen, wobei im Fall von Störungen (z.B. Personal-, Maschinenausfall) korrigierend eingegriffen werden muß. Die Auftragsüberwachung setzt eine geeignete Maschinen- und Betriebsdatenerfassung (MDE/BDE) voraus und sollte gleichermaßen eine kundenauftragsbezogene, eine fertigungsauftragsbezogene und eine maschinen- bzw. arbeitsplatzbezogene Datenaufbereitung gestatten.

In der Vergangenheit wurden die Planungs- und Steuerungsaufgaben mit kurzfristigem Planungshorizont der *Arbeitssteuerung* zugerechnet, die gemeinsam mit der weiter oben erläuterten Arbeitsplanung die *Arbeitsvorbereitung* bildete. Mit der Verbreitung von PPS-Systemen wurden die entsprechenden Funktionen hierin integriert, so daß auf der Seite der technischen Funktionen von der früheren Arbeitsvorbereitung nur noch die Arbeitsplanung übrigblieb. Heute ist – wenn auch gegenüber der Vergangenheit in stark modifizierter Form – fast wieder die gegenteilige Entwicklung zu beobachten, indem man die kurzfristigen Planungs- und Steuerungsaufgaben dezentralen, d.h. werkstattnahen Fertigungsleitständen oder -leitsystemen übertragen will, die vor allem im Hinblick auf die Flexibilität der Fertigung Vorteile versprechen [BeSc91, BlJo92]. Das PPS-System wäre nach diesem Konzept das übergreifende Grobplanungs- und -steuerungsinstrument mit nicht allzu kurzfristigem Planungshorizont (etwa zwei Tage bis eine Woche). Die Realisierung des Konzeptes setzt eine klare Aufgabenverteilung (**Tabelle 1.3**) und eine reibungslose Zusammenarbeit zwischen PPS-System und Fertigungsleittechnik voraus.

Kriterium	PPS-System	Fertigungsleitsystem
Planungshorizont	groß (Wochen, Monate)	klein (Min. bis Tage)
Datenmenge	groß	relativ klein
Reaktionszeit	relativ lang	sehr kurz

Tabelle 1.3   Gegenüberstellung der Eigenschaften von PPS- und Fertigungsleitsystemen (nach [BeSc91])

Ansatz und Ziele von CIM lassen sich nun wie folgt zusammenfassen [Seif86b, Sche90, Vajn-90a, VaSc90, Geit91, Paul91, NeSt91]:

Der Produktentstehungsprozeß umfaßt die Summe der bisher genannten Funktionsbereiche, er reicht also vom Entwickeln und Konstruieren über die arbeitsplanerischen Tätigkeiten, das Fertigen und Montieren bis zur Qualitätssicherung und schließt auch die begleitenden betriebswirtschaftlich-planerischen Funktionen ein. Das Konzept der rechnerintegrierten Produktion (CIM) sieht nun vor, alle diese Tätigkeiten mit Hilfe der modernen Informationstechnik miteinander zu verzahnen (siehe Bild 1.5). Der auf CIM aufbauende Produktentstehungsprozeß wird gelegentlich auch mit dem Schlagwort *Fabrik der Zukunft* umschrieben.

Insbesondere zwei Ziele werden mit einem CIM-Konzept verfolgt:

- Bisher getrennte Unternehmensbereiche sollen stärker integriert werden:
  Vom CIM-System kann (zumindest für die Zukunft) erwartet werden, daß es durch „intelligente" Datenaufbereitung zum Abbau klassischer Grenzen zwischen Unternehmensbereichen beitragen wird (z.B. zwischen Entwurf und Berechnung, zwischen Konstruktion und Arbeitsplanung). Durch eine solche Re-Integration von Arbeitsvorgängen, die auf der Basis des Tayloristischen[9] Prinzips der Arbeitsteilung heute noch weitgehend getrennt voneinander ablaufen, werden die Informationen in einem Unternehmen breiter gestreut und lassen sich effektiver einsetzen. Das Tayloristische Argument der zu starken Belastung des Menschen durch eine zu große Informationsmenge läßt sich nicht mehr aufrecht erhalten, wenn der Einsatz von Hard- und Softwaresystemen konsequent auf den Problemkreis der Re-Integration ausgerichtet wird.
  Es ist einzusehen, daß es bei der Re-Integration auf eine besondere Ausbildung der Schnittstellen zwischen den beteiligten Programmsystemen und vor allem auf die Benutzeroberfläche eines solchen vereinheitlichten Systems ankommt, denn letztere muß wissensunterstützend gestaltet werden, damit jeder Benutzer den Eindruck hat, in einer geschlossenen Fachwelt tätig zu sein, innerhalb derer der Übergang von einem Arbeitsgang in den nächsten fließend ist, ohne daß unterschiedliche Wissensstrukturen belastend wirken (siehe Abschnitt 7.1).

- Es sollen ein durchgängiger Datenfluß zwischen den unterschiedlichen Bereichen eines Unternehmens mit Hilfe eines integrierten Informationssystems und gleichzeitig eine Abstimmung und Konzentration des Datenhaushaltes erreicht werden:
  Untersuchungen kommen zu dem Ergebnis, daß allein durch die damit verbundene Rationalisierung des Datentransportes zwischen verschiedenen Unternehmensbereichen und durch den Wegfall von (heute oft noch manuell durchgeführten) Datenumschlüsselungen an den Schnittstellen zwischen den Bereichen Zeitersparnisse von bis zu 70 % gegenüber

---

[9] Frederick Winslow Taylor (geboren 1856, gestorben 1915 in den USA). Taylor, der von Hause aus Ingenieur war, gilt als der Begründer der wissenschaftlichen Betriebsführung und hat insbesondere auf dem Gebiet der Arbeits- und Zeitstudien richtungsweisende Grundlagen geschaffen. Auf Taylor geht unter anderem auch die klare Trennung von planenden und ausführenden Aufgaben im Produktionsprozeß sowie die (heute eher kritisch beurteilte) strenge weitere Aufgabenteilung hauptsächlich nach dem Kriterium der Zeit- und damit Kostenminimierung zurück.

der „klassischen" Arbeitsweise möglich sind [Sche90]. Außerdem treten weniger Fehler
und Unklarheiten (Rückfragen!) auf.
CIM ist vor diesem Hintergrund gleichzusetzen mit der Einführung der integrierten Datenverarbeitung im Produktentstehungsprozeß durch Bereitstellung einer gemeinsamen
Datenbasis. Die Datenbasis enthält alle zur Herstellung eines Produktes notwendigen Informationen (sowohl technische als auch betriebswirtschaftliche) in Form eines abstrak-
ten Produktmodells. Alle produktrelevanten Daten werden nur einmal erzeugt, in der
Datenbasis abgelegt, und stehen in direktem Zugriff allen am Produktentstehungsprozeß
beteiligten Stellen mit ihren jeweiligen Datenverarbeitungssystemen zur Weiterverarbeitung zur Verfügung. Weitere Vorteile einer solchen einheitlichen Datenbasis sind die
leichtere Einhaltung der Datenkonsistenz und -integrität sowie die Vermeidung von Datenredundanzen (siehe Abschnitt 7.2).

Zusammenfassend soll der Produktentstehungsprozeß durch CIM nicht nur rationalisiert,
sondern vor allem auch flexibilisiert werden, damit sich die Unternehmen schneller als bisher
an die Bedürfnisse des Marktes anpassen und konkurrenzfähig bleiben können. Dies wird insbesondere vor dem Hintergrund des wachsenden internationalen Wettbewerbs immer wichtiger.

Die Probleme, die zur Realisierung von CIM zu lösen sind, betreffen sowohl methodische
Fragen (z.B. Zusammenspiel zwischen Entwurf und Berechnung beim Konstruieren oder
Übergang vom Konstruieren zur Arbeitsplanung) als auch organisatorische Fragen (wer hat
Zugang zu welchen Daten, wer darf welche Daten ändern?) als auch informationstechnische
Fragen (Datenbanken, Datenschnittstellen, Kommunikation zwischen unterschiedlichen Hard-
ware- und Softwaresystemen, Netzwerke). (Zu den organisatorischen Aspekten der Integration siehe Abschnitte 6.2.5 und 8.3.4.) Hinzu kommt die Schwierigkeit, daß CIM nicht „von
der Stange"gekauft werden kann, sondern daß praktisch jedes einzelne Unternehmen eine in-
dividuelle Konzeptrealisierung benötigt, wenn der Datenhaushalt und die Informationsflüsse
optimal sein sollen.

2 Methodische Grundlagen

Neben Natur und Gesellschaft bildet die *Technik* in diesem Jahrhundert das wesentliche Umfeld der Menschen. Dabei haben Ingenieure und speziell Konstrukteure grundlegend zur Entwicklung der Technik beigetragen, die dem Menschen heute als nahezu unüberschaubare Vielfalt unterschiedlichster technischer Produkte und Systeme zur Umsetzung von Materie (Stoff), Energie und Information (Signal) zur Verfügung steht. In diesem Kapitel sollen die methodischen Grundlagen des Produktentstehungsprozesses und die sich daraus ergebenden Schlußfolgerungen für die Unterstützung dieses Prozesses durch Informationssysteme dargestellt werden. Dabei steht der Bereich Entwicklung und Konstruktion im Vordergrund der Betrachtungen, weil er am Anfang des Produktentstehungsprozesses steht und die maßgeblichen Weichenstellungen hier erfolgen.

2.1 Der Entwicklungs- und Konstruktionsprozeß

Die Tätigkeiten *Entwickeln* und *Konstruieren* lassen sich in Anlehnung an [VDI2221] definieren als:

> *... die Summe aller Tätigkeiten, mit denen man ausgehend von vorgegebenen Forderungen und/oder Funktionen, die in der Aufgabenstellung (auch „Pflichtenheft" oder „Lastenheft" genannt) erfaßt sind, die technischen Informationen erarbeitet, die zur Herstellung und Nutzung eines die Forderungen erfüllenden technischen Produktes (oder Systems) notwendig sind.*

Den Anstoß für die Entwicklung eines neuen Produktes gibt in erster Linie der Markt (*innovatives Bedürfnis, Marktlücke*). Daneben spielen auch unternehmensinterne Vorgaben eine Rolle (Unternehmensziele und -potentiale, Produktplanung, Firmenstrategieplan). Im Verlauf des auf die Aufgabenformulierung folgenden Entwicklungs- und Konstruktionsprozesses denkt der Konstrukteur die real noch gar nicht existierende Lösung voraus und erstellt die Unterlagen zu ihrer Herstellung und Nutzung.

Diese Unterlagen, die das Ergebnis des Entwicklungs- und Konstruktionsprozesses sind, werden bei herkömmlicher, d.h. ganz oder überwiegend manueller Arbeitsweise als *Produktdokumentation* bezeichnet [VDI2221]. Im Zusammenhang mit dem rechnerunterstützten Konstruieren, Arbeitsplanen, Fertigen/Montieren, Qualitätssichern usw. (CAD, CAP, CAM, CAQ, siehe Kapitel 1) sollte man die Produktdokumentation besser als Kern des sogenannten *Produktmodells* auffassen (siehe Abschnitt 2.3).

Die in Entwicklung und Konstruktion erarbeiteten und im Produktmodell zusammengefaßten Informationen werden an die nachfolgenden technischen und die begleitenden betriebswirtschaftlich-planerischen Funktionsbereiche des Produktentstehungsprozesses übergeben, dort weiterverarbeitet und ergänzt ([Krau88, Krau89, GI89, Ande89, AnCa90], siehe auch Abschnitt 1.3).

Bild 2.1 zeigt in Anlehnung an [VDI2221], wie sich Entwicklung, Konstruktion, Fertigung, Montage, Prüfung und Qualitätssicherung in den gesamten Lebenszyklus eines Produktes einordnen, wobei darauf hingewiesen sei, daß das Bild 2.1 nur die technischen und nicht auch

die dispositiven Informationsflüsse wiedergibt. Außerdem sei angemerkt, daß der Funktionsbereich Arbeitsplanung in Bild 2.1 nicht explizit auftaucht, weil er – je nach dem theoreti-
schen Konzept und/oder der Unternehmenspraxis – entweder dem Funktionsbereich Ferti-
gung/Montage/Prüfung (klassische Sichtweise) oder dem vorgelagerten produktdefinierenden
Funktionsbereich Konstruktion (gerade im Rahmen der CAD/CAM-Technik häufig propa-
gierte neue Sichtweise) zugerechnet werden kann.

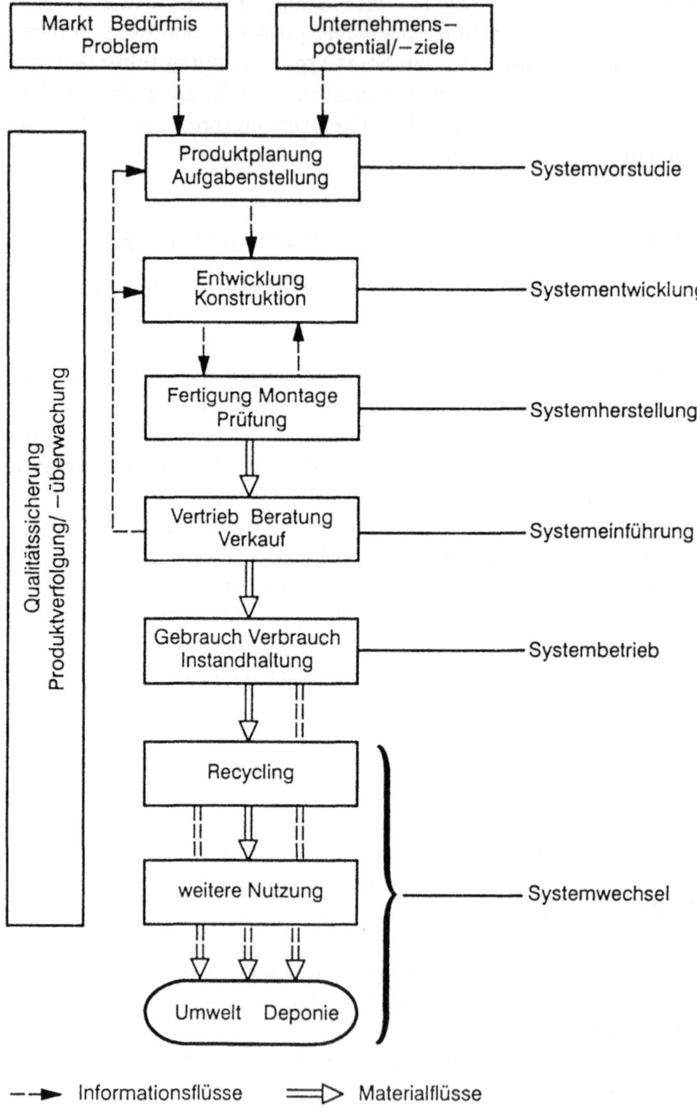

Bild 2.1   Lebenszyklus eines technischen Produktes (in Anlehnung an [VDI2221])

Wie in Kapitel 1 bereits ausgeführt (siehe dort Bild 1.2), legen Entwicklung/Konstruktion und Arbeitsplanung rund 85 % der Kosten des Produktes fest, verursachen selbst aber nur etwa 15 % der Kosten des Produktentstehungsprozesses. Auch sei wiederholt, daß in diesen Bereichen während der letzten hundert Jahre nur geringe Steigerungen der Produktivität zu beobachten waren, während sich im gleichen Zeitraum die Produktivität der Fertigungsbereiche vervielfacht hat.

Dies hat seine Ursache unter anderem darin, daß der Prozeß vom Erkennen des innovativen Bedürfnisses bis zum Beginn der Herstellung des Produktes über Jahrhunderte hinweg nahezu ausschließlich durch Intuition und Empirie geprägt, ja teilweise geradezu als künstlerischer Prozeß betrachtet wurde. Erst um die Mitte dieses Jahrhunderts wurde damit begonnen, den Entwicklungs- und Konstruktionsprozeß systematisch zu erforschen (z.B. [Wöge43, BiHa53, Kess58, Gora62]). Diese Arbeiten wurden vor dem Hintergrund des „Engpasses Konstruktion" [ADKI67] in den 60er und 70er Jahren intensiviert (siehe z.B. [Müll67, Rode66, Roth68, Rode70a, Roth70, Koll71, Schl73a, PaBe74]) und führten schließlich zu einigen grundlegenden Sach- und Lehrbüchern, die größtenteils noch heute Gültigkeit haben (z.B. [Hans66, Müll70, Rode70b, Hubk73, Hans74, Koll76, Hubk76, PaBe77, Roth82, Müll90, HuEd92]). Die diesbezüglichen Forschungsarbeiten, die unter dem Begriff *Methodisches Konstruieren* eine methodische, nachvollziehbare und damit insgesamt rationellere Vorgehensweise beim Konstruieren erarbeiten wollen, sind auch heute noch nicht abgeschlossen. Ein nicht geringer Anteil der derzeit laufenden Projekte beschäftigt sich mit der Einbeziehung denkpsychologischer Aspekte in die Konstruktionsforschung, wobei – teilweise im Zusammenwirken mit Wissenschaftlern anderer Disziplinen – unter anderem auch empirisch-experimentelle Untersuchungen durchgeführt werden [Pahl85, Müll85, Müll86, EhRu85, Rutz85, EhDy89, Dyll90, EhDy91].

Das einheitliche Grundverständnis über die Phasen und Arbeitsschritte beim Entwickeln und Konstruieren wurde in den 70er Jahren in der VDI-Richtlinie 2222 [VDI2222] niedergelegt, wobei der Schwerpunkt klar auf der Konstruktionsphase *Konzipieren* lag. Diese ist den gegenständlich-gestaltenden Phasen *Entwerfen* und *Ausarbeiten* vorgelagert, ihre wissenschaftliche Durchdringung war zunächst eines der Hauptziele der Forschungsarbeiten. Später wurde mit der VDI-Richtlinie 2221 [VDI2221] ein Rahmenkonzept für *alle* Phasen des Entwicklungs- und Konstruktionsprozesses vorgestellt, das im übrigen auch deutlich über den Kernbereich der Entwicklung/Konstruktion mechanischer Produkte hinausgeht und beispielsweise auch die Softwareentwicklung mit einschließt.

Bild 2.2 zeigt die allgemeine Gliederung des Entwicklungs- und Konstruktionsprozesses in insgesamt sieben Arbeitsabschnitte nach [VDI2221]. Diese Arbeitsabschnitte lassen sich auch zu den sich überlappenden Phasen *Planen* (Arbeitsabschnitt 1), *Konzipieren* (Arbeitsabschnitte 1 bis 4), *Entwerfen* (Arbeitsabschnitte 4 bis 6) und *Ausarbeiten* (Arbeitsabschnitte 6 bis 7), wie sie in [VDI2222] beschrieben sind, zusammenfassen.

Beim Entwickeln und Konstruieren sind in der Regel vielfältige Iterationen zwischen den einzelnen Arbeitsabschnitten nötig – in dem Modell nach Bild 2.2 an den nach rückwärts gerichteten Pfeilen erkennbar –, welche die scheinbar algorithmisch starre Ablauffolge entscheidend überlagern und auflösen. Außerdem ist zu berücksichtigen, daß je nach der konkreten Aufgabenstellung einzelne Arbeitsabschnitte gar nicht oder nur verkürzt durchlaufen werden.

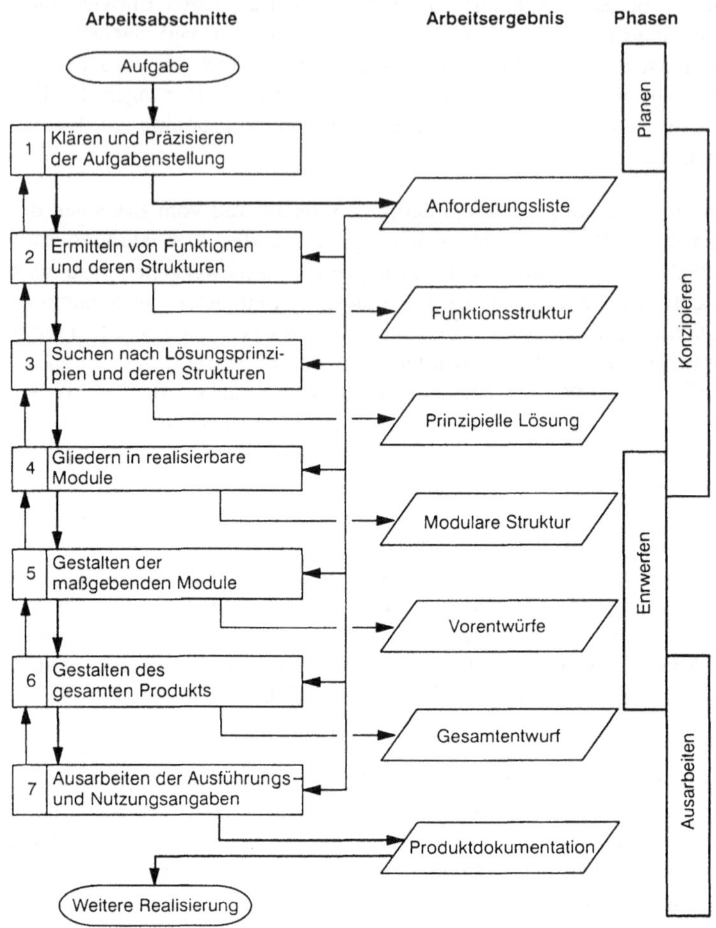

Bild 2.2   Ablauforientiertes Modell des Entwicklungs- und Konstruktionsprozesses (nach [VDI2221])

In diesem Zusammenhang unterscheidet man grundsätzlich zwischen folgenden Konstruktionsarten [PaBe77, Vajn82, Seif86c]:

- *Neukonstruktion*: Dieser Begriff kennzeichnet das Konstruieren völlig ohne Rückgriff auf Vorgänger-/Vorbildlösungen. Eine Neukonstruktion muß durchgeführt werden, wenn eine neue Aufgabenstellung gegeben ist. Dies gilt unabhängig davon, ob die Lösung durch (neue) Auswahl und Kombination an sich bekannter Lösungsprinzipien entsteht oder auch die Erarbeitung neuer Lösungsprinzipien erfordert. Neukonstruktionen können auch durchgeführt werden, um eine bekannte oder nur wenig geänderte Aufgabenstellung auf der Basis neuer Lösungsprinzipien zu lösen.

- *Anpassungskonstruktion*: Der Konstruktionsprozeß geht hierbei zwar von bekannten Vorgängern/Vorbildern aus, jedoch sind die Anforderungen quantitativ und/oder qualitativ erheblich erweitert und machen in Teilbereichen neue Lösungen notwendig (partielle Neukonstruktion).

- *Variantenkonstruktion*: Hiermit wird das Konstruieren durch Variation bekannter Vorgänger/Vorbilder bezeichnet. Im allgemeinen konstruktionsmethodischen Sinne steht bei der Variantenkonstruktion die prinzipielle Lösung fest, die Gestalt der Bauteile und Baugruppen kann jedoch mit Hilfe der allgemeingültigen Variationsregeln (z.B. Größen-, Form-, Zahl- und Lagewechsel nach [Rode70b], siehe hierzu auch [Koll85]) noch verändert und optimiert werden[10]. Gelegentlich wird auch von *Prinzipkonstruktion* gesprochen, womit in der Regel eine auf den Größenwechsel eingeschränkte Variantenkonstruktion gemeint ist (Variation nur der Bauteilabmessungen im Rahmen eines prinzipiell unveränderten Entwurfes, [PaBe77]).

Nach [FKM74] entfallen etwa 24 % der Konstruktionsaktivitäten in der Maschinenbaupraxis auf Neukonstruktionen, etwa 55 % auf Anpassungskonstruktionen und etwa 21 % auf Variantenkonstruktionen. Allerdings dürften die angegebenen Zahlen mit einer gewissen Vorsicht zu betrachten sein, da in der Praxis die Definitionen der Begriffe Neu-, Anpassungs- und Variantenkonstruktion nicht einheitlich sind.

Nur im Extremfall der Neukonstruktion ist eine Bearbeitung sämtlicher Arbeitsabschnitte nach Bild 2.2 mit maximaler Intensität und Gewichtung erforderlich. Demgegenüber kommen bei der Variantenkonstruktion insbesondere die Arbeitsabschnitte 2 bis 4 im allgemeinen gar nicht und bei der Anpassungskonstruktion nur beschränkt auf bestimmte Teilaspekte vor.

Das in Bild 2.2 dargestellte Ablaufmodell des Konstruktionsprozesses nach [VDI2221] ist bewußt sehr allgemein gehalten, um möglichst alle nur denkbaren Aufgabenstellungen und Produkte erfassen zu können. Beschränkt man die Betrachtung auf Konstruktionsprozesse für bestimmte Produktklassen oder Produkte, so kann das Ablaufmodell weiter aufgeschlüsselt werden, wobei zwar die Allgemeingültigkeit verlorengeht, jedoch Informationsgehalt und Anwendungsnähe zunehmen.

Der Konstruktionsprozeß ist in erster Linie ein *informationsumsetzender Prozeß*, indem aus den in der Aufgabenstellung enthaltenen Informationen (explizite und implizite) die zunächst noch fehlenden Informationen der Produktdokumentation (des Produktmodells) abgeleitet werden müssen. Sein primäres Ziel ist die *Synthese abgewandelter, verbesserter* oder *neuer technischer Produkte*.

Nach [VDI2221] kann man den Begriff Konstruieren als Oberbegriff für alle mit dieser Zielsetzung verbundenen Tätigkeiten ansehen. Im allgemeinen Sprachgebrauch haben sich allerdings auch noch andere Begriffe eingebürgert, die unterschiedliche Nuancierungen oder Spezialisierungen des Begriffes Konstruieren beschreiben. Auf einige dieser Begriffe sei im folgenden kurz eingegangen:

---

[10] Der Begriff Variantenkonstruktion wird hier allgemein aus der Sicht der Konstruktionsmethodik gesehen. Im Bereich des rechnerunterstützten Konstruierens ist eine engere Sicht gebräuchlich, indem bei CAD-Variantenkonstruktionen das Variantenspektrum eingeschränkt und/oder im voraus vollständig festgelegt ist (siehe Abschnitt 2.2).

- *Entwickeln*: Der Begriff Entwickeln ist so eng mit dem Begriff Konstruieren verwandt, daß beide in vielen Fällen fast synonym verwendet werden. Allerdings werden primär diejenigen Syntheseprozesse mit dem Begriff Entwickeln belegt, die einen relativ großen Anteil an Grundlagenarbeiten beinhalten, bei denen also Intensität und Gewichtung der Arbeitsabschnitte 2 bis 4 nach Bild 2.2 hoch sind. Oft ist dann die Bedeutung des Begriffes Konstruieren zu den näher am konkreten Objekt gelegenen Arbeitsabschnitten 4 bis 7 verschoben [Roth82].

- *Konfigurieren*: Hiermit sind in der Regel Syntheseprozesse gemeint, bei denen die Aufgabenstellung im wesentlichen durch Kombination bekannter Elemente gelöst wird. Die bekannten Elemente, aus denen sich die Lösung zusammensetzt, sind selbst fertige technische Produkte, so daß man sich beim Konfigurieren weitestgehend auf die Kombination, die Auswahl und die Anpassung geeigneter Elemente konzentrieren kann. Das Konfigurieren entspricht damit etwa der sogenannten Baukastenkonstruktion [Koll76].

- *Projektieren*: Der Begriff Projektieren bezeichnet eine Synthesetätigkeit, die mit dem Konfigurieren eng verwandt ist [Müll70, Schl83, Müll90]. In vielen Fällen versteht man unter Projektieren eine Art „vorläufiges Konstruieren"im Rahmen der technischen Angebotsbearbeitung, wobei der Detaillierungsgrad der hierbei erarbeiteten Unterlagen relativ gering sein darf [Koch85, Trop89].

2.2 Tätigkeiten beim Konstruieren und Rechnerunterstützung

Die in den 60er Jahren einsetzende stürmische Entwicklung der Rechnertechnik und der Datenverarbeitungssysteme sowie der Einzug von Informationssystemen in die Unternehmen (wenn auch zuerst in die administrativen Bereiche) eröffneten für die Unterstützung und Realisierung auch des Konstruktionsprozesses völlig neue Möglichkeiten. Dabei stellte sich rasch die Frage, für welche Tätigkeiten beim Entwickeln und Konstruieren der Einsatz von informationstechnischen Unterstützungssystemen überhaupt möglich und sinnvoll ist. Um diese Frage beantworten zu können, muß man die Tätigkeiten innerhalb des Entwicklungs- und Konstruktionsprozesses näher analysieren.

Grundsätzlich lassen sich alle Tätigkeiten einteilen in formalgeistige Tätigkeiten einerseits (verschiedentlich auch manuell-schematische, algorithmische oder Routinetätigkeiten genannt) und in schöpferische Tätigkeiten andererseits (auch heuristische, kreative oder Denktätigkeiten genannt, [Müll67, Schl73b, Müll90]). Eine etwas differenziertere Aufstellung der Tätigkeiten beim Entwickeln und Konstruieren liefert folgendes (nicht überlappungsfreies) Ergebnis (siehe auch [VDI/GI92]):

- Durchführung schöpferischer Tätigkeiten (kreative Denkoperationen, „Nachdenken")
- Durchführung geometrisch-gestaltender Tätigkeiten, häufig verbunden mit zeichnerischen Tätigkeiten (Skizzieren, Entwerfen, Ausarbeiten, „Modellieren")
- Sammeln, Verknüpfen, Auswerten und Bereitstellen von Informationen (z.B. Anforderungslisten, Zeichnungen, Stücklisten, Berichte, Arbeits-/Prüfpläne, Standards, Normen)
- Berechnen und Optimieren (z.B. Durchführung von Nachweisrechnungen, Simulationen)
- Beurteilen (Bewerten, Entscheiden, Auswählen)

- Kommunizieren (Austauschen von Informationen zwischen und innerhalb von Unternehmen, „Simultaneous Engineering")
- Experimentieren (am realen Produkt, an Prototypen, an einzelnen Baugruppen/Bauteilen, an Modellen)

Für eine Rechnerunterstützung kommen natürlich in erster Linie die formalgeistigen (manuell-schematischen, algorithmischen) Tätigkeiten in Frage. Im Entwicklungs- und Konstruktionsprozeß treten diese vor allem in den Phasen Entwerfen und Ausarbeiten häufig auf, und zwar zu besonders großen Anteilen bei Varianten- und Anpassungskonstruktionen. Demgegenüber enthält die Phase Konzipieren des Entwicklungs- und Konstruktionsprozesses, die ohnehin hauptsächlich im Rahmen von Neukonstruktionen zu bearbeiten ist, große Anteile an schöpferischen Tätigkeiten. Dies gilt in besonderem Maße für den Arbeitsabschnitt 3 nach Bild 2.2 (Suchen nach Lösungsprinzipien und deren Strukturen).

Tatsächlich waren die ersten informationstechnischen Unterstützungssysteme für den Entwicklungs- und Konstruktionsprozeß auf die formalgeistigen Tätigkeiten in den Phasen Entwerfen und Ausarbeiten gerichtet. Wie **Bild 2.3** zeigt, wurden dabei zuerst berechnende Unterstützungsfunktionen realisiert. Erst später traten Funktionen zur Unterstützung der geometrisch-gestaltenden Tätigkeiten hinzu (zunächst zwei-, später auch dreidimensional). Die Fähigkeit zur Geometriemodellierung dürfte dabei überhaupt erst den Weg für die mittlerweile weit fortgeschrittene Einführung von Rechnern und zugehöriger Anwendungssoftware als neuartige Hilfsmittel des Konstrukteurs erschlossen haben, weil den geometrisch-gestaltenden Tätigkeiten beim Entwerfen und Ausarbeiten eine herausragende Rolle zukommt [HLMM89] und weil gerade diese Phasen in den praxisrelevanten Konstruktionsprozessen am häufigsten auftreten. Auch heute noch liegt der Schwerpunkt der CAD-Technik überwiegend, wenn nicht sogar ausschließlich, auf dem Gebiet der Geometriedatenerfassung und -verarbeitung.

Im Prinzip ist die Bereitstellung und Verwaltung von großen Informationsbeständen eine weitere Domäne der Rechnerunterstützung. Allerdings waren bis vor kurzem (und sind zum Teil noch) die entsprechenden Funktionen im CAD/CAM-Bereich zu systemspezifisch, um ein über den engeren Funktionsbereich des jeweiligen (Teil-) Systems hinausgehendes Informationsmanagement zu ermöglichen. Erst in der letzten Zeit rückt die Frage des sogenannten *Engineering Data Management (EDM)* in den Vordergrund des Interesses, und auf dem Markt lassen sich Lösungen mit breiterer Anwendbarkeit ausmachen ([BiFr92], siehe hierzu auch Abschnitt 7.2).

Auch system-, bereichs- und unternehmensübergreifende Kommunikationsfunktionen konnten CAD/CAM-Systeme in der Anfangszeit kaum erfüllen, weil sie zu abgeschlossen waren (und teilweise noch sind). Erst die Definition geeigneter Schnittstellenstandards, die ihren Ursprung sämtlich (erst) in den 80er Jahren haben (z.B. IGES, VDAFS, VDAIS, VDAPS, SET), hat hier zu Verbesserungen geführt. Heute findet gerade der Übergang von den genannten, ausschließlich oder überwiegend geometrieorientierten und untereinander weitgehend unverträglichen Datenaustauschformaten zu dem weltweit genormten Standard *STEP*[11]

---

[11]   STEP: Standard for the Exchange of Product Model Data, Standard für den Austausch von Produktmodelldaten

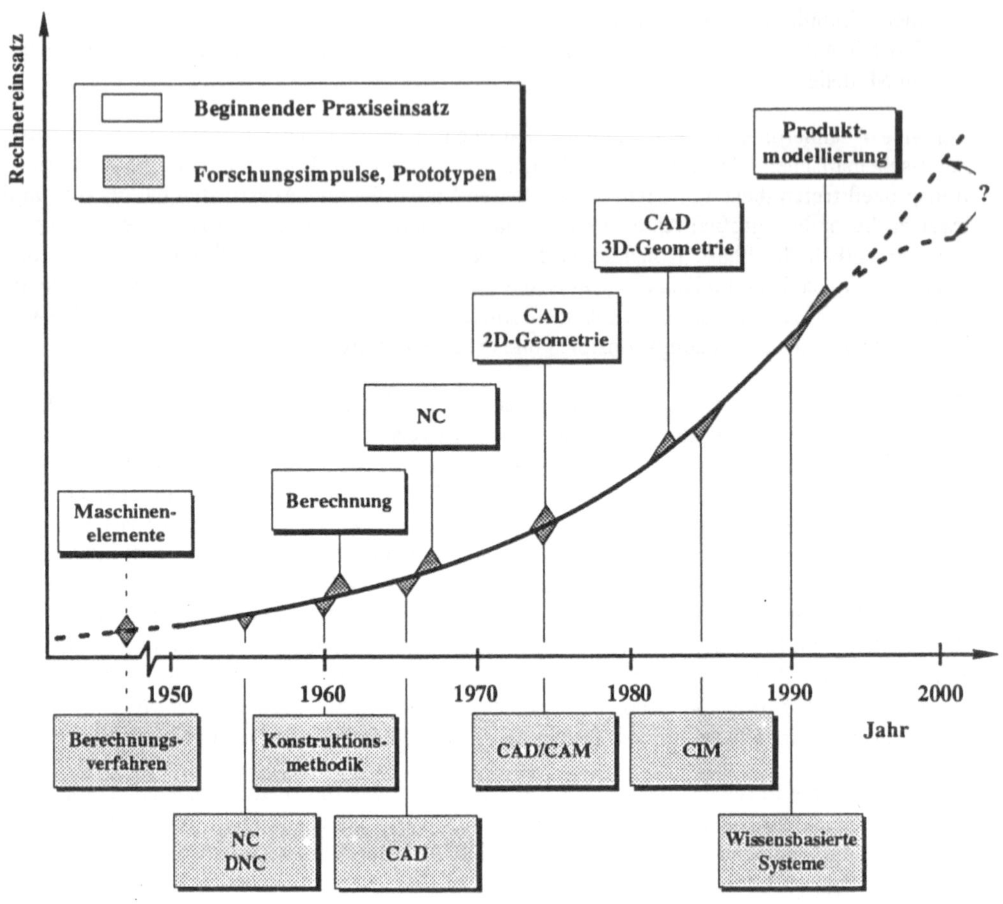

Bild 2.3   Entwicklung der Rechnerunterstützung für den Konstruktions- und Fertigungsprozeß

statt. Dieser bemüht sich als erster um die Erfassung nicht nur der geometrischen, sondern auch der anderen Produktmodelldaten (siehe hierzu auch Abschnitt 7.1).

Die Darstellung in Bild 2.3 läßt es bewußt offen, ob verbesserte Systeme (z.B. auch unter Einschluß der Wissensverarbeitung) in der Zukunft zu einer weiteren starken Zunahme des Rechnereinsatzes in Entwicklung, Konstruktion und Fertigung führen werden oder ob sich – wie ebenfalls verschiedentlich prognostiziert – rechnerunterstützte und rechnerintegrierte Arbeitsweisen in den technischen Funktionsbereichen des Produktentstehungsprozesses etwa bis zur Jahrtausendwende auf einem etwa konstanten Niveau einpendeln werden.

Es ist bereits angeklungen, daß sich die Rechnerunterstützung des Entwicklungs- und Konstruktionsprozesses auf dem Gebiet der Variantenkonstruktion besonders erfolgreich durchsetzen konnte. Dabei bedeutet Variantenkonstruktion im Zusammenhang mit CAD, daß die

Geometrien aller Bauteile eines technischen Produktes gegenüber dem Vorgänger qualitativ gleich bleiben und aufgrund der Forderungen nur die Abmessungen geändert werden (Größenvariation) oder daß allenfalls noch eine bestimmte (feststehende) Palette unterschiedlicher gestalterischer Ausführungen von Bauteilen zu berücksichtigen ist (Gestaltvariation, meist in Kombination mit der Größenvariation). Für Variantenkonstruktionen dieser Art wurden auch die Begriffe Parameterkonstruktionen und vollständig algorithmierbare Konstruktionen geprägt [Fran76, Frit82]. Sie deuten darauf hin, daß für den Konstruktionsablauf ein geschlossener Algorithmus angegeben werden kann. Dieser läßt sich in ein Rechnerprogramm überführen, das im Extremfall alle Konstruktionsaufgaben aus dem Gültigkeitsbereich des aufgestellten Algorithmus automatisch bearbeiten kann.

Bild 2.4 zeigt hierzu ein Beispiel aus dem Gebiet der Schiffsbetriebsanlagen. Das Beispiel repräsentiert darüber hinaus die sogenannte *Subtraktionsmethodik* als interessanten Ansatz für die rechnerunterstützte Variantenkonstruktion [Schl73a, Schl82]. Ähnlich wie bei der klassi-

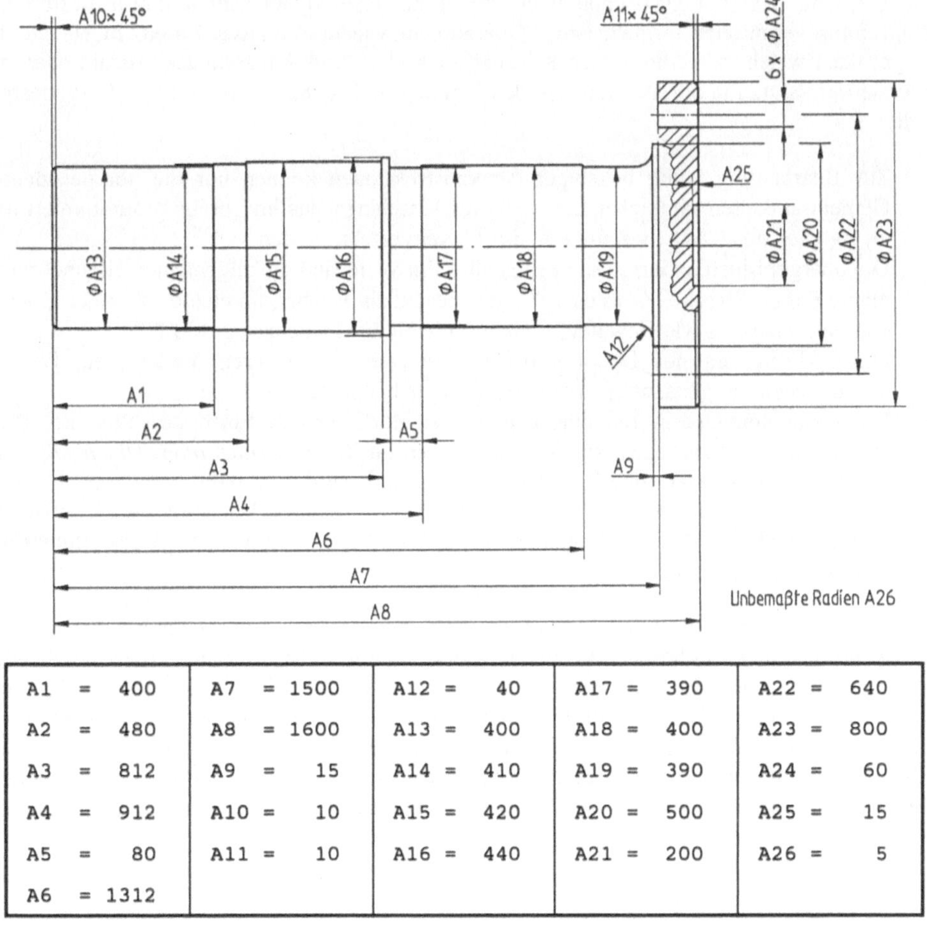

A1	=	400	A7	=	1500	A12	=	40	A17	=	390	A22	=	640
A2	=	480	A8	=	1600	A13	=	400	A18	=	400	A23	=	800
A3	=	812	A9	=	15	A14	=	410	A19	=	390	A24	=	60
A4	=	912	A10	=	10	A15	=	420	A20	=	500	A25	=	15
A5	=	80	A11	=	10	A16	=	440	A21	=	200	A26	=	5
A6	=	1312												

Bild 2.4   Grundentwurf einer Schiffsgetriebewelle mit Parameterzuordnung

schen Baureihenkonstruktion wird hierbei zunächst ein Maximalentwurf der von dem Variantenprogramm zu erfassenden Bauteil- bzw. Baugruppenklasse als Grundentwurf erstellt. Dieser läßt sich einerseits nach dem Ähnlichkeitsprinzip durch quantitatives Variieren der zugrundeliegenden Parameter an veränderte Bedingungen anpassen (Größenvariation). Andererseits besteht die Möglichkeit des Weglassens von Elementen (daher der Name Subtraktionsmethodik), um in qualitativer Hinsicht variierte Lösungen zu erzeugen (Gestaltvariation). Auf der Basis dieser Methode können sehr effektive CAD-Lösungen für spezielle Anwendungen entwickelt werden.

Es sei noch darauf hingewiesen, daß Variantenprogramme – je nach dem in ihre Erstellung investierten Aufwand – neben geometriemodellierenden auch nahezu beliebige andere Teilschritte aus den Bereichen Konstruktion und Arbeitsplanung enthalten können, z.B. zur Berechnung, zur Stücklistengenerierung, zur Erstellung sonstiger Dokumente, zur Generierung von (Varianten-) Arbeitsplänen und (Varianten-) NC-Programmen.

Die Tatsache, daß sich ein Computer im Prinzip nur dazu eignet, einmal ihm in Form eines Programms vermittelte formalgeistige Operationen wiederholt auszuführen, führte zu der Frage, nach welchem methodischen Konzept auch Neu- und Anpassungskonstruktionen mit Rechnerunterstützung durchgeführt werden könnten. In [Seif82] wird zu dieser Frage festgestellt:

– Zur Bearbeitung völlig beliebiger Neukonstruktionen können nur die übergeordneten Gemeinsamkeiten sämtlicher Entwürfe des Maschinenbaus im voraus programmiert und im Rahmen des CAD-Systems auf Abruf bereitgestellt werden.
– Die übergeordneten Gemeinsamkeiten aller Entwürfe sind die allgemeinen Geometrieelemente Punkt, Strecke, Kreis usw.[12], gegebenenfalls ergänzt um einige oft vorkommende Geometriemakros wie Gewinde, Wellenelemente, Einstiche usw., **Bild 2.5**.
– Das CAD-System muß Operatoren zum Erzeugen, Modifizieren, Verknüpfen, Trennen und Löschen der genannten Geometrieelemente beinhalten.
– Die genannten Operatoren dürfen nicht „en bloc", also in Form geschlossener Programmbausteine vorliegen, sondern sie müssen im Rahmen eines *interaktiven Dialoges* zwischen Konstrukteur und Rechner frei aufgerufen werden können.
– Um die Akzeptanz und die Wirtschaftlichkeit des gesamten Verfahrens sicherzustellen, müssen erhebliche Anforderungen an die Form und die Geschwindigkeit des interaktiven Dialoges gestellt und erfüllt werden.

Wenn man die Betrachtung auf die geometrieerfassenden und -verarbeitenden Aspekte des Konstruktionsprozesses beschränkt (wie in [Seif82] geschehen), so können die vorstehenden Aussagen auch heute noch als gültig angesehen werden. Allerdings haben sich in der Zwischenzeit einerseits die informationstechnischen Unterstützungssysteme für den Entwicklungs- und Konstruktionsprozeß in Richtung auf eine Berücksichtigung auch nicht-geometrischer Aspekte fortentwickelt (siehe hierzu die Abschnitte 2.3 und 7.1), und andererseits hat die Informatik neue Programm- und Programmierkonzepte verfügbar gemacht (insbesondere

---

[12] Die Ausführungen beziehen sich auf den zweidimensionalen Bereich.

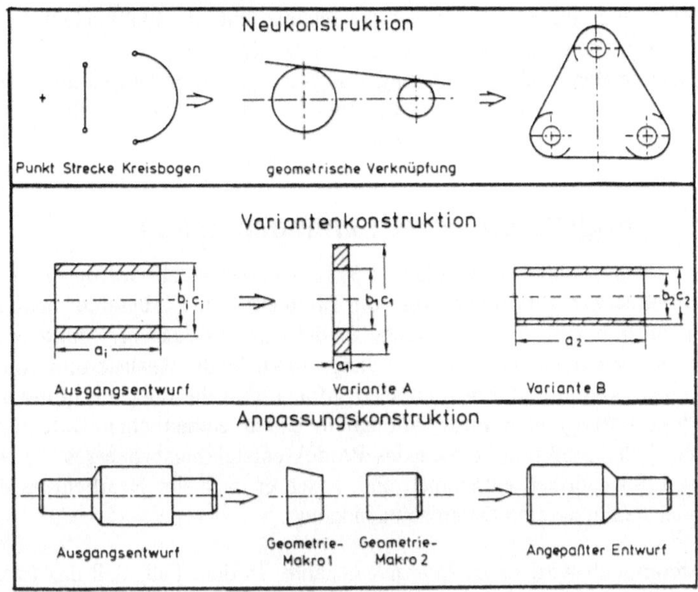

Bild 2.5   CAD-Neu-, -Varianten- und -Anpassungskonstruktion [Seif82]

objektorientierte und wissensbasierte Systeme, siehe hierzu die Abschnitte 2.4, 7.4 und 7.5), die eine Erweiterung des zitierten Standpunktes möglich erscheinen lassen. Im Rahmen des vorliegenden Buches wird CAD jedoch nach wie vor als ein hauptsächlich geometrieorientiertes Werkzeug des Konstrukteurs betrachtet, was dem gegenwärtigen Stand des Praxiseinsatzes entspricht.

Der interaktive Dialog zwischen Konstrukteur und Rechner im Rahmen der Neu- und Anpassungskonstruktion wird heute üblicherweise mit Hilfe einer graphikorientierten Menütechnik realisiert. Abschnitt 3.2 wird die hier gängigen technischen Lösungen (Digitalisiertablett mit aufgelegtem Befehlsmenü oder Maus mit Bildschirmmenüs) vorstellen und vergleichen. Aufgrund der gerade in den letzten Jahren stark gestiegenen Leistungsfähigkeit der Hardware stellen auch die früher oft kritischen Antwortzeiten des Systems (besonders im dreidimensionalen Fall) kein Problem mehr dar. Die erweiterten Hardwaremöglichkeiten und die scharfe Konkurrenz auf dem CAD/CAM-Markt haben auch dazu geführt, daß die Systemanbieter wieder mehr Aufwand in die Entwicklung komfortabler Benutzeroberflächen investieren, die in zunehmendem Maße sogar eine gewisse Kontextsensivität aufweisen. Beispiele hierfür sind:

— flexiblere (nicht an eine starre Reihenfolge gebundene) Eingabedialoge als früher üblich (das System „merkt" anhand der Benutzereingaben selbst, was gemeint ist)
— „intelligente" Vorbelegungsstrategien für Parametereingaben (z.B. automatische Übernahme von Parameterwerten in den nächsten gleichartigen Befehl)
— Definitionsmöglichkeiten für häufig vorkommende benutzerspezifische Befehlssequenzen (teilweise durch freies Belegen von Funktionstasten bzw. „Hotkeys", teilweise sogar durch frei definierbare graphische Symbole)

– Bereitstellung einer elektronischen Skizzentechnik mit anschließendem automatischen Ausrichten („Trimmen") der skizzierten Geometrieelemente
– bei dreidimensionalen CAD-Anwendungen Einsatz spezieller Graphikprozessoren (Graphikbeschleuniger), die – in der Regel gesteuert durch Drehknöpfe – fließende, fast filmartige Bewegungen des dargestellten Objektes ermöglichen

2.3 Produktmodelle und Produktmodellierung

Wie in Kapitel 1 (insbesondere in Abschnitt 1.3) bereits dargestellt wurde, muß CAD/CAM heute als Schlüsseltechnik zur Integration von Tätigkeiten und Abläufen nicht nur in Entwicklung, Konstruktion und Arbeitsplanung, sondern im Produktentstehungsprozeß insgesamt angesehen werden (CAD/CAM als Ausgangspunkt für die Realisierung von CIM). Die Integration von Tätigkeiten und Abläufen setzt voraus, daß die über ein in der Bearbeitung stehendes Produkt vorliegenden Informationen in einem einheitlichen Datenmodell erfaßt werden, aus dem jeder Funktionsbereich des Produktentstehungsprozesses die für ihn relevanten Ausgangsinformationen entnehmen und in den er nach der Bearbeitung die von ihm modifizierten oder neu erzeugten Daten ablegen kann.

Ein solches Datenmodell wird *Produktmodell* genannt. In dem Fall, daß das Produktmodell alle Phasen des Lebenszyklus eines Produktes überspannt (d.h. neben der Produktentstehung mit den Phasen Produktplanung, Produktentwicklung und Produktherstellung auch die Phasen Produkteinführung, Produktbetrieb und Produktentsorgung, siehe auch Bild 2.1), spricht man auch von einem *integrierten Produktmodell* [Seil85, Ande89, VDI/GI92]. Den Umfang der im integrierten Produktmodell zu erfassenden Informationen verdeutlicht die Auflistung der im konventionellen Produktentstehungsprozeß anfallenden Dokumente, **Bild 2.6**.

Die informationstechnischen Unterstützungssysteme, mit deren Hilfe das Produktmodell generiert und bearbeitet wird, darunter auch und gerade die CAD/CAM-Systeme, werden dieser Aufgabe nur dann sinnvoll gerecht werden können, wenn sie sich wandeln von abgeschlossenen Einzelsystemen („Inseln") mit jeweils eigener Philosophie und eigenem Datenbestand zu offenen *Werkzeugen der Produktmodellierung*. Jedes einzelne dieser Werkzeuge muß dabei innerhalb der Produktmodellierung spezifische Aufgaben bearbeiten, mit den Werkzeugen der benachbarten Aufgabenbereiche kommunizieren können und Zugriffe auf ein gemeinsames, möglichst standardisiertes Produktmodell erlauben.

Die Auffassungen zum Thema Produktmodell und Produktmodellstrukturen sind heute (noch) nicht einheitlich. Eine sehr informative Übersicht gerade über die in Entwicklung, Konstruktion und Arbeitsplanung relevanten Aspekte und Lösungsansätze gibt [VDI/GI92]. Unabhängig von der konkreten Ausprägung können die folgenden Anforderungen an ein Produktmodell gerichtet werden, das Integrationskern für alle Phasen des Produktlebenszyklus sein soll [Seil85, VDI/GI92]:

– Es müssen die Zusammenhänge der verschiedenen (Teil-) Objekte des Produktmodells semantisch plausibel abgebildet werden können.
– Die kontinuierliche Fortschreibung des Produktmodells in den einzelnen Phasen des Produktlebenszyklus soll ohne Modelltransformationen erfolgen, um Informationsverluste zu vermeiden (Prinzip der Modellkohärenz).

Bild 2.6   Dokumente im Produktlebenszyklus [AnCa90]

–   Alle für das Produkt relevanten Informationen, die sich nicht aus anderen Informations-
    elementen ableiten lassen, müssen im Produktmodell explizit abgebildet werden (Prinzip
    der Datenakkumulation).
–   Die Ableitbarkeit implizit enthaltener Informationen muß durch Formulierung entspre-
    chender Ableitungsregeln sichergestellt sein (Assoziationsprinzip).

Weiterhin ist davon auszugehen, daß das Produktmodell in mehrere sogenannte *Partialmodelle* zu zerlegen ist, um sinnvoll handhabbar zu sein. Die Partialmodelle können dabei nach
systemtechnischen Gesichtspunkten strukturiert werden. In jedem Fall sollte der Informationsinhalt der einzelnen Partialmodelle überlappungs- und damit redundanzfrei sein.

Bei der praktischen Implementierung von Produktmodellen lassen sich heute (und wohl auch
noch in der absehbaren Zukunft) Kompromisse gegenüber dem Idealzustand des allgemeingültigen, offenen, vollständigen, eindeutigen, redundanzfreien und ohne Transformations-
schritte auskommenden Produktmodells nicht ganz vermeiden. Dies liegt zum einen daran,
daß man zur Produktmodellierung nun einmal die vorhandenen Werkzeuge (z.B. vorhandene
CAD/CAM-Systeme) benutzen muß, die aufgrund ihrer Historie die oben formulierten Anforderungen an den idealen Produktmodellierer (noch) nicht vollständig erfüllen können. Zum
anderen legen häufig datenverarbeitungstechnische Gegebenheiten bestimmte Zugeständnisse
nahe (z.B. Zulassung begrenzter Datenredundanzen, weil verteilte Datenbanken nicht einge-

setzt werden können/sollen oder weil das Ableiten implizit enthaltener Informationen zuviel Rechenzeit kostet).

Als Beispiel für einen durchaus pragmatischen Ansatz zur Strukturierung und Realisierung eines Produktmodells sei das Produktmodell von DICAD[13] vorgestellt, **Bild 2.7**. Es beschränkt sich derzeit auf die Funktionsbereiche Entwicklung, Konstruktion und Arbeitsplanung, d.h. auf die produktdefinierenden Phasen des Produktentstehungsprozesses.

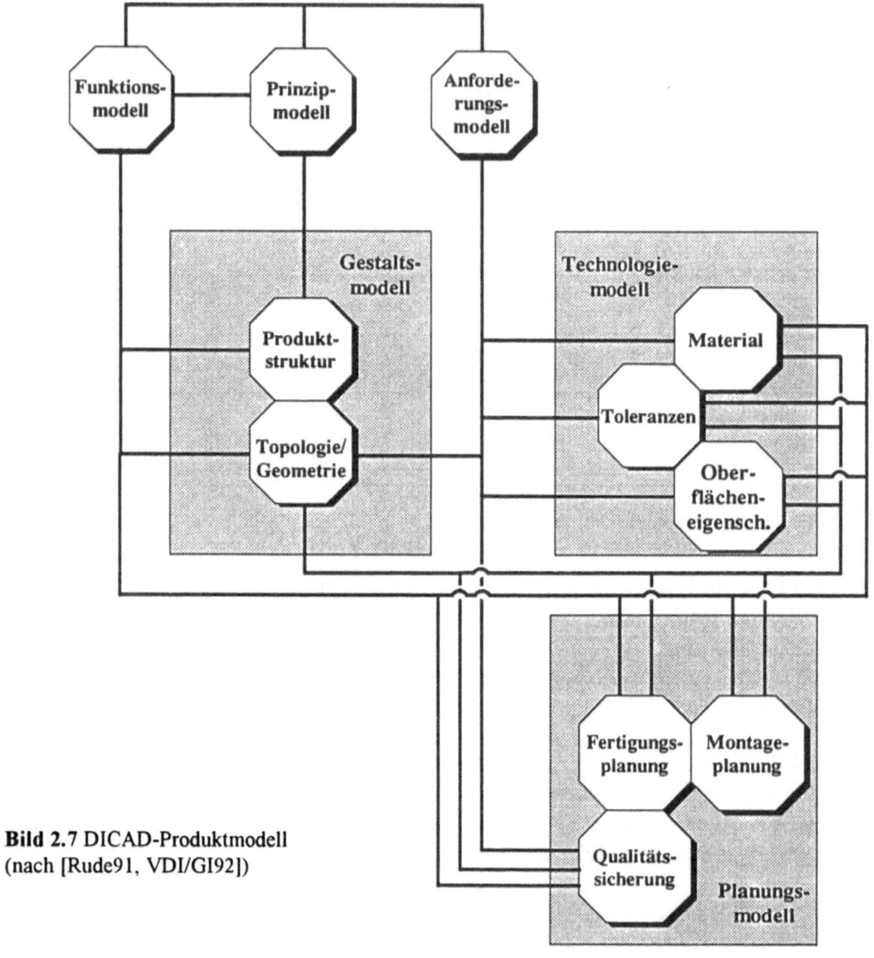

Bild 2.7 DICAD-Produktmodell
(nach [Rude91, VDI/GI92])

---

[13] DICAD: Dialog-orientiertes integriertes CAD-System des Instituts für Rechneranwendung in Planung und Konstruktion (RPK) der Universität Karlsruhe

Es sei hier nicht auf die konkrete Implementierung des Produktmodells im DICAD-System eingegangen. Vielmehr soll die Struktur des DICAD-Produktmodells nach Bild 2.7 dazu herangezogen werden, den gegenwärtigen Stand praxisüblicher CAD/CAM-Systeme zu charakterisieren. Hier läßt sich zunächst feststellen, daß heute gängige CAD-Systeme im wesentlichen diejenigen Informationen erfassen, die Inhalt des Gestaltsmodells sind (Geometrie, Topologie, Produktstruktur). Viele CAD-Systeme können auch bestimmte Teile des Technologiemodells abbilden (z.B. Toleranzangaben), wenn auch in der Regel nur in attributiver Form. Bestandteile des Technologiemodells findet man auch in den heutigen CAP- und NC-Programmiersystemen, vielfach allerdings nur als implizite Informationen. Ebenso decken die CAP- und NC-Programmiersysteme Teile des Planungsmodells ab. Alle genannten Systeme bedienen sich dabei ihrer eigenen, in der Regel nicht einmal offengelegten Modellstrukturen. Zur Erfassung der Partialmodelle Anforderungsmodell, Funktionsmodell und Prinzipmodell, deren Gliederung sich an den methodischen Konstruktionsprozeß anlehnt (siehe Bild 2.2), sind derzeit nur eher prototyphafte Forschungsergebnisse verfügbar (siehe z.B. [BaDS89, FrPe92, Stür90, Benz90, Rude91]). Bis zur Verfügbarkeit umfassender und allgemeingültiger Produktmodelle dürfte daher noch einige Entwicklungsarbeit notwendig sein, obwohl in Teilbereichen heute durchaus schon Umsetzungen möglich sind.

Wesentliche Impulse sind hier von dem internationalen Standard *STEP* zu erwarten [GrAS89, Ande92], dessen Inhalt in der gegenwärtigen (ersten) Version durch die internationale Vornorm ISO DIS 10 303 geregelt werden soll[14]. STEP ist gegenüber den heute gebräuchlichen Schnittstellenstandards insofern ein erheblich erweiterter Ansatz, als man hiermit erstmals die Möglichkeit schaffen will, *vollständige* Produktmodelle nach einheitlichen Kriterien zu archivieren und auszutauschen. Abschnitt 7.1 geht im einzelnen auf STEP und die zeitlich vorangegangenen Schnittstellenstandards ein.

2.4   Einsatz wissensbasierter Systeme

Seit Beginn der 80er Jahre hat innerhalb der Informatik das Teilgebiet Künstliche Intelligenz (KI) einen raschen Aufschwung genommen[15]. Die KI-Forschung teilt sich ihrerseits weiter auf in die Disziplinen natürlichsprachliche Systeme, wissensbasierte Systeme[16], Deduktionssysteme, Robotersysteme und Bilderkennung [Siek88]. Im CAD/CAM-Bereich wurden vor allem die Erkenntnisse und Techniken auf dem Gebiet der wissensbasierten Systeme aufgegriffen und im Hinblick auf ihre Anwendbarkeit zur Entwicklung neuartiger, „intelligenter" CAD/CAM-Systeme untersucht. Auch andere KI-Disziplinen, insbesondere die Robotersysteme und die Bilderkennung, versprechen nutzbringende Anwendungsmöglichkeiten im Produktentstehungsprozeß, jedoch sei dies hier nicht im einzelnen ausgeführt.

---

[14]   ISO DIS: International Organization for Standardization; Draft International Standard = Vornorm

[15]   Der Begriff „Künstliche Intelligenz" ist eine eher unzutreffende Übersetzung des Terminus „Artificial Intelligence" (AI), da das englische Wort „Intelligence" eine andere Bedeutung hat als das deutsche Wort „Intelligenz".

[16]   Wissensbasierte Systeme wurden früher auch oft als Expertensysteme bezeichnet. Zur Vermeidung von Mißverständnissen sollte man jedoch dem Begriff „wissensbasierte Systeme" den Vorzug geben.

Die Untersuchungen, die sich mit der Anwendung der Wissensverarbeitung im CAD/CAM-Bereich beschäftigen, zielen darauf ab, künftige CAD/CAM-Systeme mit mehr anwendungsspezifischem „Wissen" auszustatten, durch dessen automatische Verarbeitung erheblich erweiterte Unterstützungsfunktionen realisierbar erscheinen (Schlagwort „Wissensverarbeitung statt Datenverarbeitung").

Grundsätzlich kann man wissensbasierte Systeme nach der Klasse der jeweils bearbeitbaren Aufgabenstellung einteilen [Pupp88]:

- *Analytische Aufgabenstellungen* (im Bereich der KI-Forschung oft mit den Stichworten Diagnostik, Überwachung und Interpretation bezeichnet):

  Hierbei wird aus bestimmten konkret vorgegebenen Merkmalen (Zuständen, Symptomen) auf dahinter stehende abstraktere Zusammenhänge geschlossen. Ein erstes Beispiel für analytische Aufgabenstellungen, die mit wissensbasierten Systemen bearbeitet werden können, ist die Ermittlung der möglichen Ursachen eines Fehlersymptoms im Rahmen sowohl der medizinischen als auch der technischen Diagnose (z.B. [Shor76, HeKW85, RiPf90]). Die Analyse ist dabei häufig mit der Generierung von Therapievorschlägen gekoppelt. Ein weiteres Beispiel ist die Objekterkennung/-klassifizierung anhand bestimmter Merkmale. Eine analytische Fragestellung im weiteren Sinne ist schließlich die für den Bereich der maschinenbaulichen Konstruktion sehr interessante Untersuchung von Entwürfen im Hinblick auf Fertigungs- und/oder Montagegerechtheit (z.B. [MeFi89, YoCK-89]). In die Kategorie analysierender Systeme gehört auch die Bilderkennung („Computer Vision"), für die es zahlreiche, auch schon in die Praxis umgesetzte Beispiele gibt.

- *Synthetische Aufgabenstellungen* (im Bereich der KI-Forschung oft mit den Stichworten Konstruktion, Design, Planung oder Konfigurierung bezeichnet[17])):

  Bekannte Teillösungen (Bausteine) sind so zu kombinieren, daß die entstehende Gesamtlösung bestimmte vorgegebene Eigenschaften hat. Dabei müssen in der Regel Restriktionen (sogenannte Constraints, z.B. Verträglichkeitsbedingungen) beachtet werden.

  Die Klasse der synthetischen Aufgabenstellungen wird in der KI-Forschung weiter gegliedert in Zuordnungsaufgaben und Transformationsaufgaben. Bei Zuordnungsaufgaben geht es um die Verknüpfung feststehender Basiselemente zu einer Gesamtlösung, während Transformationsaufgaben die Festlegung einer zunächst noch unbekannten Folge von Operatoren, die einen gegebenen Anfangszustand in einen gewünschten Zielzustand überführen, zum Inhalt haben. Die Zuordnungsaufgaben im KI-Sinne entsprechen demnach den Konfigurationsaufgaben im ingenieurwissenschaftlichen Sinne, während man die Transformationsaufgaben des KI-Bereiches in den Ingenieurwissenschaften eher als Konstruktionsaufgaben bezeichnen würde.

  Die ersten synthetische Aufgabenstellungen, zu deren Bearbeitung man wissensbasierte Systeme erstellt hat, waren die Konfigurierung von Computersystemen [McDe81] und

---

[17] Die Begriffe Konstruktion, Design, Planung und Konfiguration werden im KI-Bereich weitgehend synonym verwendet. Ihre Bedeutung ist hier allerdings eine andere als in den Ingenieurwissenschaften.

die Planung molekulargenetischer Experimente [Stef80]. Jüngere Beispiele aus dem Maschinenbau, speziell aus dem Bereich der Konstruktion, sind etwa Auswahl und Auslegung von Lagerungen [Faga87], der Entwurf von Drehmaschinen [SpKL87] sowie die Projektierung von Schiffsgetrieben [EhTr89], fördertechnischen Systemen [KlKS90] und Reinigungsanlagen [AhBS91]. Im Bereich der maschinenbaulichen Fertigung/Montage bzw. Fertigungs-/Montageplanung reichen die Beispiele von der wissensbasierten Arbeitsplanerstellung (z.B. [FeHJ90, AnSP90, BKLS92, HeKö89, TöMP91]) bis zur wissensbasierten Bewegungsplanung und -steuerung autonomer mobiler Roboter (z.B. [ReDi90]), wobei auf dem letztgenannten Anwendungsgebiet das synthetische Planungs- und Steuerungssystem häufig auch ein analytisches Bilderkennungssystem beinhalten muß.

Neben den oben zitierten existieren noch zahlreiche weitere Beispiele für die Entwicklung und Anwendung wissensbasierter Systeme auf bestimmten Teilgebieten des Produktentstehungsprozesses, die hier nicht alle gewürdigt werden können. Erwähnt sei lediglich noch, daß verschiedene Forscher den Standpunkt vertreten, neuartige Formen der Unterstützung des Konstruktionsprozesses, die erstens durch alle Phasen durchgängig, zweitens flexibel, d.h. nicht an bestimmte vorausgedachte Objekte gebunden und drittens im Rahmen von CIM-Konzepten integrationsfähig sind, seien nur mit geeigneten Wissensverarbeitungstechniken realisierbar (z.B. [Beit86, Seif89, Feld89, Lehm89, FGSS90, Beit90, Groe92]).

Einen Überblick über die Einsatzmöglichkeiten wissensbasierter Systeme im Produktentstehungsprozeß sowie über ausgeführte Beispiele geben die Publikationen [BuWL89, Spec89, Krem89, BuKo90, MeBG90], in kompakterer Form auch [BeHV90, HeOW90]. Ergebnisse überwiegend aus laufenden Forschungsprojekten gehen aus den Berichten [VDI775, VDI-903] hervor, die auf entsprechenden VDI-Tagungen beruhen. Schließlich enthält auch [VDI/GI92] einige Systembeispiele, ist jedoch noch stärker darauf ausgelegt, potentiellen Anwendern von Wissensverarbeitungssystemen in Entwicklung, Konstruktion und Arbeitsplanung Hintergrundwissen für eine gesicherte Evaluierung der sich abzeichnenden Möglichkeiten zu vermitteln.

Wichtige Voraussetzung zur Entwicklung wissensbasierter Systeme für den Produktentstehungsprozeß ist eine geeignete Strukturierung („Taxonomie") des relevanten Wissens. Hierzu muß festgestellt werden, daß zum gegenwärtigen Zeitpunkt abschließende und einheitliche Erkenntnisse (noch) nicht vorliegen, daß diese Frage in der aktuellen wissenschaftlichen Diskussion aber einen relativ breiten Raum einnimmt (siehe z.B. [Krau89, KoBe90, Lu91, StWe-91]). Im einzelnen sei hierauf nicht eingegangen. Sicher kann man folgende, noch sehr allgemeine Unterscheidung treffen:

- *Produktwissen* (auch *deklaratives Wissen* oder *Faktenwissen* genannt): Ziel ist hier die strukturierte Erfassung der über Produkte (sowohl in der Vergangenheit als auch in der Gegenwart bearbeitete) vorliegenden Informationen im Sinne eines integrierten Produktmodells, wie es im vorangegangenen Abschnitt 2.3 vorgestellt wurde.

- *Prozeßwissen* (auch *prozedurales, algorithmisches*[18], *Methoden-* oder *Problemlösungswissen* genannt): Hierbei geht es um die strukturierte Erfassung der Prozeßschritte (Teiloperationen, Einzeltätigkeiten) und ihrer gegenseitigen Bezüge, die zur Bearbeitung einer bestimmter Klasse von Aufgabenstellungen (z.B. Entwicklung/Konstruktion neuer Produkte) zweckmäßig sind.

Neben der Erfassung und Verarbeitung der genannten Wissensarten selbst müssen schließlich auch noch die Bezüge zwischen den einzelnen Wissenselementen berücksichtigt werden.

Es ist kaum zweifelhaft, daß es den heute üblichen CAD/CAM-Systemen gerade an ausreichendem Wissen in den genannten Wissenskategorien mangelt und daß man von „intelligenten" CAD/CAM-Systemen nur dann sprechen können wird, wenn es gelingt, entsprechende Informationen darin einzubringen und zu verarbeiten. Die vorgestellte Einteilung zeigt auch, daß ein geeignetes Produktmodell unverzichtbare Voraussetzung zur Realisierung „intelligenter" CAD/CAM-Systeme ist.

In verschiedenen Publikationen findet man nun über die oben genannte Einteilung in Produkt- und Prozeßwissen hinausgehende Strukturierungsvorschläge des in wissensbasierten Systemen für den Produktentstehungsprozeß erforderlichen Wissens. Häufig wird *Erfahrungswissen*, das sich sowohl aus produkt- als auch aus prozeßbezogenen Elementen zusammensetzen kann, als eigenständige Kategorie definiert, was aber wohl hauptsächlich damit zusammenhängt, daß Erfahrungswissen oft in relativ unscharfer Form vorliegt („vages Wissen') und dann besondere Verarbeitungstechniken bedingt. In [KoBe90] wird allgemein gefordert, daß ein Gliederungssystem für das in wissensbasierten Systemen für den Entwicklungs- und Konstruktionsprozeß zu repräsentierende Wissen folgende Eigenschaften besitzen muß:

- eindeutig
- allgemeingültig
- erweiterbar
- modular

Das gleiche gilt auch für Wissenssammlungen, die sich auf andere Bereiche des Produktentstehungsprozesses (z.B. Arbeitsplanung, Fertigung und Montage) beziehen.

Zur rechnerunterstützten Verarbeitung von Wissen steht mittlerweile eine Reihe von Techniken zur Verfügung. Einen Überblick geben [Lu91, VDI/GI92] sowie auch der Abschnitt 7.5 dieses Buches. Am bekanntesten und als Grundlage ausgeführter wissensbasierter Systeme

---

[18] Die Begriffe „prozedurales Wissen" und „algorithmisches Wissen" bergen hier eine gewisse Gefahr des Mißverständnisses in sich, die hauptsächlich auf der unterschiedlichen Verwendung gleicher Vokabeln in unterschiedlichen Fachdisziplinen beruht. So werden in der Informatik prozedurale Programmiertechniken und -sprachen (z.B. FORTRAN, C) *als Gegensatz* zu deskriptiven Programmiertechniken und -sprachen (z.B. PROLOG) angesehen, die wiederum wichtige Grundlage von KI-Systemen sind [Schn91]. Bei dem Terminus „Algorithmus" ist nicht klar, ob er - wie in der Informatik [Schn91] - in dem strengen Sinne eines geschlossenen, eindeutigen und stets zum Ergebnis führenden Verfahrens zur Lösung einer Klasse gleichartiger Aufgabenstellungen zu interpretieren ist, oder ob auch sogenannte heuristische, d.h. streckenweise unscharfe und unter anderem kreative Zwischenschritte beinhaltende Verfahren hierunter verstanden werden dürfen [Müll67, Müll70, Müll90].

am weitesten verbreitet sind regelbasierte Verfahren, die kaskadenförmig nach dem „Wenn-Dann"-Schema, einer der Grundoperationen der formalen Logik, arbeiten (siehe hierzu auch [GrRu91]).

Die Anwendung derartiger Verfahren auf synthetische Aufgabenstellungen sieht im Prinzip so aus, daß zu einem bestimmten Zeitpunkt der aktuelle Stand des Produktwissens eine bestimmte Bedingungslage definiert, d.h. den Wenn-Teil mindestens einer Regel erfüllt, woraufhin die betreffende Regel, die selbst dem Prozeßwissen zuzurechnen ist, aufgrund ihres Dann-Teiles neue Schlußfolgerungen ableitet, **Bild 2.8**. Diese führen zu einer veränderten Bedingungslage, aufgrund derer die nächste Regel zur Anwendung kommt („feuert"). Der Prozeß kommt zum Stillstand, wenn der aktuelle Stand des Produktwissens keinen neuen Schlußfolgerungszyklus mehr in Gang setzen kann. Dies ist unter anderem auch dann der Fall, wenn das regelbasierte System mehrere Alternativvorschläge zur Lösung eines Teilproblems erarbeitet hat, jedoch Auswahl- und Entscheidungsverfahren nicht Bestandteil des Prozeßwissens sind. Falls das endgültige Ziel der Aufgabenstellung noch nicht erreicht ist, muß dann der Benutzer eingreifen und durch weitere Vorgaben oder Entscheidungen das Produktwissen so weit ergänzen, daß wieder Regeln zur Anwendung kommen können [StWe91].

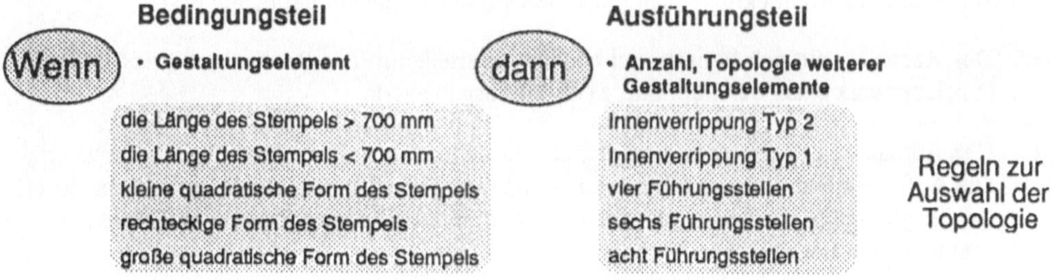

Bild 2.8   Beispiel zur Regelverarbeitung (Konstruktion eines Ziehwerkzeuges, [GrRu91])

Bei eindeutigen Zuordnungen (eine feste Zahl von unabhängigen Bedingungen führt zu einer festen, vorher festlegbaren Zahl von Lösungen) ergibt sich als Lösungsstruktur die *Entscheidungstabelle* (näheres siehe z.B. in [Thom90]).

Zusammenfassend läßt sich festhalten, daß die Anwendung von Wissensverarbeitungstechniken zur Erstellung neuartiger, „intelligenter" CAD/CAM-Systeme gerade erst am Anfang steht. Dies zeigt sich daran, daß die heute vorliegenden Ergebnisse in der Regel nur relativ eng gefaßte Aufgabenbereiche abdecken, gleichzeitig aber noch einen hohen Entwicklungs- und Pflegeaufwand erfordern und in gewisser Weise oft selbst noch Studienobjekte zur Analyse und Weiterentwicklung der eingeschlagenen Lösungswege sind. Dennoch kann man davon ausgehen, daß durch die Einbeziehung der Wissensverarbeitung in Zukunft ein Qualitätssprung von CAD/CAM-Systemen erfolgen und sich dadurch eine völlig neue Dimension der Rechnerunterstützung im Produktentstehungsprozeß eröffnen wird.

3 Hardware

Im vorliegenden Kapitel werden die Hardwarekomponenten vorgestellt, die zum Betrieb eines CAD/CAM-Systems erforderlich sind. Nach einer kurzen Einführung in den prinzipiellen Aufbau von Digitalrechnern werden zunächst die für CAD/CAM eingesetzten Rechnertypen, Prozessoren, Speicher und Datenträger beschrieben (Abschnitt 3.1). Der nachfolgende Abschnitt 3.2 geht dann auf die Konfiguration und auf die Komponenten von CAD/CAM-Bildschirmarbeitsplätzen ein (Bildschirme, Tastaturen, graphische Eingabegeräte). Ein Überblick über die wichtigsten CAD/CAM-spezifischen Peripheriegeräte (z.B. Drucker, Zeichenmaschinen, Digitalisierer) rundet die Ausführungen ab (Abschnitt 3.3). Dabei werden – soweit die kurzen Innovationszyklen in der Rechnertechnik dies zulassen – stets möglichst konkrete Hinweise zum aktuellen und in der näheren Zukunft zu erwartenden Stand der Technik gegeben.

3.1 Allgemeiner Aufbau

Der Aufbau eines (Digital-) Rechners folgt auch heute noch der in den 40er Jahren entwickelten von-Neumann-Architektur[19], die folgende Grundprinzipien umfaßt [Schn91]:

- Der Rechner läßt sich logisch und baulich unterteilen in das Rechenwerk, das Register (Speicherwerk), das Leitwerk und das Ein-/Ausgabewerk.

- Der Aufbau des Rechners ist von den zu bearbeitenden Aufgabenstellungen unabhängig. Die Aufgaben und die Algorithmen zu ihrer Lösung werden dem Rechner vielmehr durch ein Programm von außen vorgegeben (Programmierbarkeit des Rechners). Erst das Programm macht den Rechner arbeitsfähig.

- Programme und Daten werden in einem einheitlichen Speicher abgelegt. Sie sind innerhalb des Speichers nicht a priori unterscheidbar.

- Der Speicher ist durch eine Aufteilung in Zellen mit eindeutigen Adreßnummern organisiert.

- Neben der sequentiellen Abarbeitung von Befehlen (Holen der nacheinander zu bearbeitenden Befehle aus Speicherzellen mit aufeinander folgenden Adreßnummern) sind auch direkte und bedingte Sprunganweisungen ausführbar (Holen von Befehlen mit beliebigen Adreßnummern).

- Es wird das duale (binäre) Zahlensystem verwendet.

---

[19] John (eigentlich János) von Neumann, geboren 1903 in Budapest/Ungarn, gestorben 1957 in Washington/USA, gilt als geistiger Urheber der US-amerikanischen Computertechnik.

Die aktuelle Ausprägung der hierauf aufbauenden Rechnerarchitektur ist in **Bild 3.1** schematisch wiedergegeben. Das Kernstück ist die *zentrale Prozessoreinheit* (CPU = Central Processing Unit oder einfach nur Prozessor), die sich nach dem von-Neumann-Prinzip in das Leitwerk (auch Steuerwerk genannt), das Rechenwerk und das Register weiter untergliedert. Das *Leitwerk* dient der Steuerung des Rechnersystems, indem es Befehle und Daten von den einzelnen Komponenten aufnimmt, ent- bzw. verschlüsselt und an andere Komponenten weitergibt. Diese Vorgänge laufen in festen Zeitzyklen ab, deren Frequenz vom (separaten) *Taktgenerator* vorgegeben wird. Die Rechengeschwindigkeit des Prozessors ist daher der Frequenz des Taktgenerators proportional. Das *Rechenwerk* führt abhängig von den vom Leitwerk aufbereiteten Befehlen und unter Berücksichtigung der angegebenen Daten entsprechende arithmetische und/oder logische Operationen aus. Das *Register* ist ein dem Prozessor direkt zugeordneter, relativ kleiner Speicherbereich mit extrem kurzen Zugriffszeiten, der vom Rechenwerk zur Zwischenspeicherung von Befehlen und Daten während des Ablaufes der einzelnen Operationen genutzt wird.

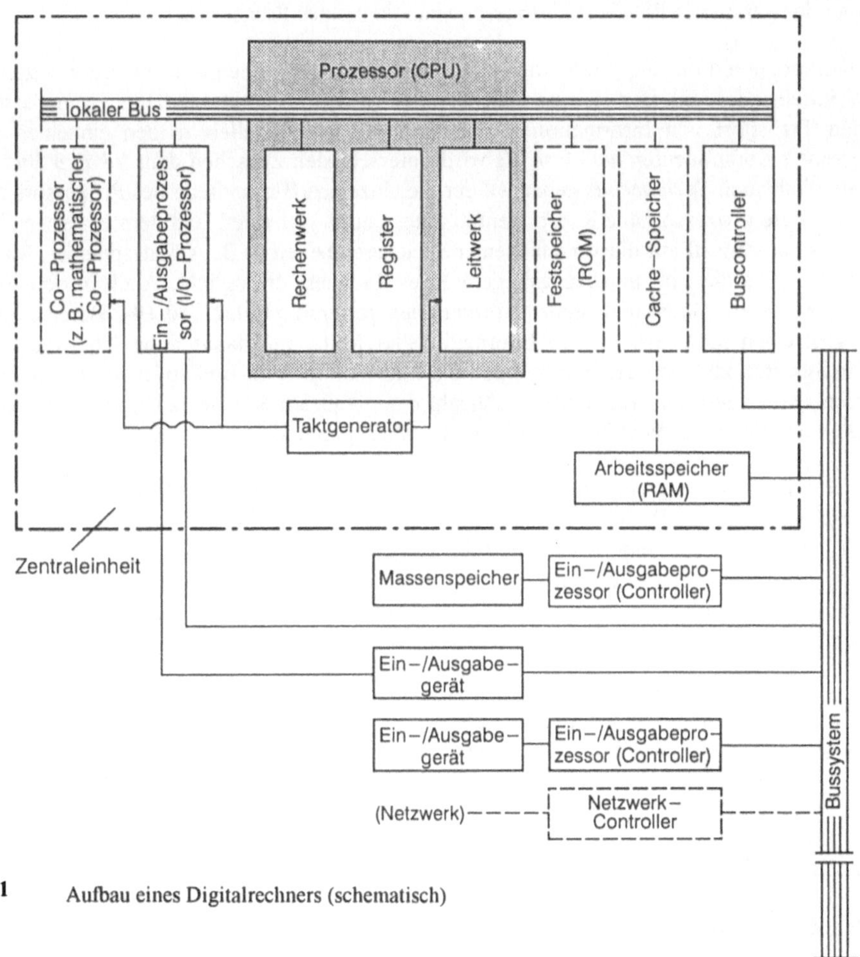

Bild 3.1   Aufbau eines Digitalrechners (schematisch)

Die Kommunikation des Prozessors mit der Außenwelt erfolgt nicht streng sequentiell (seriell) Bit für Bit[20], vielmehr können über eine entsprechende Anzahl äußerer Anschlüsse des Prozessors (Pins) aus mehreren Bit bestehende Einheiten (*Wörter*) auf einmal gelesen bzw. geschrieben werden. Die Prozessoren werden häufig nach der Anzahl der in einem einzigen Arbeitszyklus parallel verarbeitbaren Binärsignale klassifiziert (nach der sogenannten Wortlänge oder Datenbreite), wobei man üblicherweise zwischen Adreß- und Datenwörtern unterscheidet. (Neben Adressen und Daten müssen noch Steuerinformationen übertragen werden, was ebenfalls über mehrere binäre Kanäle parallel geschieht, wegen des andersartigen Mechanismus hier jedoch nicht weiter berücksichtigt sei.)

So bezieht sich die Angabe „16-Bit-Prozessor" oder „32-Bit-Prozessor" in der Regel darauf, daß der Austausch von Daten parallel über 16 bzw. 32 Kanäle, d.h. mit Wörtern der Länge 16 Bit bzw. 32 Bit vorgenommen wird. Die Wortlänge für Adressen liegt zumeist in einer ähnlichen Größenordnung. Sollen längere Wörter übertragen werden, so müssen sie auf mehrere Arbeitszyklen verteilt werden, was nicht nur Zeit, sondern auch Ver- und Entschlüsselungsaufwand kostet. Deswegen ist die Wortlänge neben der Taktfrequenz ein weiterer bestimmender Parameter für die Rechengeschwindigkeit eines Prozessors.

Alle Komponenten des Rechnersystems kommunizieren über einen oder mehrere sogenannte *Busse* miteinander. Ein Bus ist eine üblicherweise an den Enden begrenzte „Sammelschiene" für den Transport von Informationen, die definierte Schnittstellen zu den einzelnen angeschlossenen Komponenten aufweist. Es wird unterschieden zwischen dem *lokalen Bus* (verschiedentlich auch *Speicherbus* genannt), der die einzelnen Bestandteile des Prozessors sowie einige weitere prozessornahe Komponenten miteinander verbindet, und dem externen *Bussystem*, das den Zugriff auf die verschiedenen Speichereinheiten (z.B. Arbeitsspeicher, Massenspeicher) sowie die Ein- und Ausgabegeräte des Rechners ermöglicht. Auch in den Bussen werden Adressen, Daten und Steuerinformationen getrennt geführt (Adreß-, Daten-, Steuerbus). Um einen möglichst großen Informationsdurchsatz und damit hohe Übertragungsgeschwindigkeiten zu gewährleisten, werden die Informationen im Bus auf mehreren parallelen Kanälen übertragen. Die Busbreite (= Anzahl der parallelen Kanäle) zumindest des lokalen Busses sollte dabei der Wortlänge des Prozessors entsprechen.

Über das Bussystem greift der Prozessor unter anderem auf den *Arbeitsspeicher* (auch *Hauptspeicher* genannt) des Rechners zu. Dieser ist stets als Random Access Memory (RAM), d.h. als Lese- **und** Schreibspeicher ausgeführt. Der Arbeitsspeicher enthält die aktuell zu bearbeitenden Programme mit den zugehörigen Daten, nimmt Zwischenergebnisse des Programmablaufes (nicht des Operationsablaufes!) auf und gibt sie gegebenenfalls zur weiteren Verarbeitung wieder an den Prozessor ab.

Manche Rechnersysteme besitzen neben dem Arbeitsspeicher noch einen (kleineren) *Festspeicher*, auf dem bestimmte Grunddaten und -funktionen des Rechners unauslöschlich einprogrammiert sind (Read Only Memory, ROM).

---

[20] Bit: Kleinste digitale Speichereinheit (0 oder 1), Basis des dualen (binären) Zahlensystems

Falls die Zahl und/oder die Größe der aktuell zu bearbeitenden Programme (einschließlich des Betriebssystems, das immer einen bestimmten Anteil des Arbeitsspeichers beansprucht) mit ihren zugehörigen Datenbeständen die Kapazität des Arbeitsspeichers überschreiten, werden gerade nicht benötigte Programmteile und Daten aus dem Arbeitsspeicher ausgelagert und auf *virtuelle Speicher* geschrieben. Physikalisch bedeutet dies, daß sie vorübergehend auf speziell dafür vorgesehene Bereiche des Massenspeichers geschrieben und erst im Bedarfsfall später wieder zurück in den Arbeitsspeicher geladen werden. Der Vorgang des Ein- und Auslagerns von Programmteilen und Daten in den bzw. aus dem Arbeitsspeicher läuft – gesteuert durch das Betriebssystem des Rechners – automatisch ab und wird (je nach dem im speziellen Fall verwendeten Verfahren) *Pagen* oder *Swappen* genannt. Auf dem Workstation-Sektor gehört die automatische Steuerung von Paging- bzw. Swap-Operationen zu den Standardfunktionen des Betriebssystems, jedoch können auch PCs durch entsprechende Erweiterungen der Betriebssystemsoftware mit derartigen Funktionen ausgestattet werden.

Das Problem beim Pagen bzw. Swappen ist, daß die für den Zugriff auf ausgelagerte Programm- und Datenbestände benötigte Zeit etwa um den Faktor 1000 größer ist als die Zugriffszeit auf im Arbeitsspeicher gehaltene Informationen. Deswegen besitzt die Größe des Arbeitsspeichers einen maßgeblichen Einfluß auf die erzielbare Rechengeschwindigkeit, zumindest bei großen Programmen und Datenbeständen, wie sie unter anderem im CAD/CAM-Bereich üblich sind.

Natürlich besteht die Funktion des *Massenspeichers* nicht nur darin, den zum Pagen bzw. Swappen benötigten Platz bereitzustellen, sondern in erster Linie darin, die auf dem Rechner installierten Programme (z.B. das Betriebssystem, möglicherweise vorhandene graphische Zusatzprogramme wie das X-Window-System, betriebssystemnahe Verwaltungsprogramme sowie die eigentlichen Anwendungsprogramme wie CAD/CAM-Systeme, Berechnungsprogramme oder Datenbankmanagementsysteme) und die zugehörigen Daten abzuspeichern.

Weitere unverzichtbare Komponenten eines Rechnersystems sind die verschiedenen Ein- und Ausgabegeräte des Rechnersystems (z.B. Tastatur, Maus, Digitalisiertablett, Scanner, Bildschirme, Drucker, Plotter, Magnetbandstation, Diskettenlaufwerk, Laufwerk für optische Platten, ...). Soweit die Ein- und Ausgabegeräte eine CAD/CAM-spezifische Funktion haben, wird hierauf weiter unten noch einmal zurückgekommen.

Ein- und Ausgabegeräte können grundsätzlich entweder allein über das Bussystem angesteuert werden (sie müssen dann einen eigenen Ein-/Ausgabeprozessor, den sogenannten Controller, besitzen, der Steuerinformationen und Daten trennt) oder sie werden teilweise von einem CPU-nahen Ein-/Ausgabeprozessor (I/O-Prozessor: Taktsynchronisierung und Steuerinformationen) und teilweise über das Bussystem (Daten) angesteuert.

Der Prozessor mit Taktgenerator, Arbeitsspeicher, Festspeicher (falls vorhanden), CPU-nahe Ein-/Ausgabeprozessoren sowie möglicherweise vorhandene Co-Prozessoren werden gemeinsam auch häufig *Zentraleinheit* des Rechners genannt. Diese Bezeichnung ist jedoch im heutigen Zeitalter der zunehmenden Modularisierung der Systeme nicht mehr so eindeutig abgrenzbar wie in der Vergangenheit und sollte deshalb stets mit einer gewissen Vorsicht verwendet werden.

Bild 3.1 zeigt (in gestrichelter Darstellung) schließlich noch einige optionale Zusatzeinrichtungen von Rechnersystemen, die in der letzten Zeit gerade im CAD/CAM-Bereich zunehmend eingesetzt werden, um den Programmablauf und/oder die Ergebnisaufbereitung der Programme (insbesondere den Aufbau komplexer Bildausgaben) zu beschleunigen. Ein weithin geläufiges Beispiel hierfür ist etwa ein mathematischer Co-Prozessor.

Ein zweites Beispiel ist ein spezieller Pufferspeicher zwischen dem Prozessor und dem Arbeitsspeicher (*Cache-Speicher*). Der Cache-Speicher ist ein relativ kleiner Speicher, in dem – gewissermaßen vorausschauend – diejenigen Programmteile und Daten bereitgestellt werden, von denen angenommen werden kann, daß sie vom Prozessor als nächste benötigt werden. Falls diese Annahme zutrifft, können sie dem Prozessor wesentlich schneller verfügbar gemacht werden, als wenn sie durch Pagen bzw. Swappen erst in den Arbeitsspeicher geladen werden müßten. Durch dieses Verfahren lassen sich in vielen Anwendungsfällen auch und gerade im CAD/CAM-Bereich deutlich spürbare Steigerungen der Rechengeschwindigkeit erzielen. Voraussetzung dazu sind hinreichend „intelligente" Mutmaßungen über die voraussichtlich demnächst vom Prozessor benötigten Programmteile und Daten. Auf die hierzu entwickelten statistischen Algorithmen sei im einzelnen nicht eingegangen, sie erreichen jedoch mittlerweile Trefferquoten bis zu 99 %.

Ein drittes Beispiel für eine gerade im CAD/CAM-Bereich häufig anzutreffende Zusatzeinrichtung eines Rechnersystems sind *Graphikprozessoren* (auch *Graphikbeschleuniger* genannt). Es handelt sich hierbei um spezielle Ausgabeprozessoren außerhalb der Zentraleinheit, die verschiedene Graphikoperationen (z.B. Skalieren, räumliches Drehen/Verschieben, Erzeugung schattierter Darstellungen) selbsttätig erledigen können. Dadurch wird der sonst hierfür zuständige Prozessor der Zentraleinheit entlastet, woraus erhebliche Geschwindigkeitssteigerungen resultieren können.

Über den gegenwärtigen Stand der CAD/CAM-Hardware läßt sich das folgende sagen:

Rechnertypen, Rechnerarchitektur

CAD/CAM-Systeme werden heute überwiegend auf standardmäßigen *Workstations* oder *Personalcomputern* (PCs) betrieben, welche als sogenannte Arbeitsplatzrechner die Rechnerleistung dezentral, d.h. auf dem Schreibtisch des Konstrukteurs bzw. des Arbeitsplaners oder Fertigungsingenieurs zur Verfügung stellen. Speziell für den CAP- und CAM-Bereich werden verschiedentlich besonders robuste Ausführungen dieser Rechner angeboten, die einem durch Feuchtigkeit, Schmutz und Schwingungen belasteten Einsatz direkt in der Werkstatt standhalten können, **Bild 3.2**. Ansonsten unterscheiden sich CAD/CAM-Workstations und -PCs allenfalls noch durch spezielle graphische Ein- und Ausgabekomponenten (z.B. Digitalisiertablett, hochauflösender Graphikbildschirm) von den Ausführungen für andere Anwendungen. CAD/CAM-Systeme, die darüber hinausgehende spezielle Hardware erfordern, existieren zwar noch, haben aber deutlich an Gewicht verloren. Dem Zentralrechnerkonzept folgende *Minirechner* oder sogar *Großrechner* (*Mainframes*) spielen für CAD/CAM-Anwendungen bereits heute so gut wie keine Rolle mehr (zumindest nicht bei Neuinstallationen). Wesentlicher Grund dafür, daß im CAD/CAM-Bereich heute nahezu ausschließlich dezentrale Hardwarekonzepte gefragt sind, ist die während der letzten Jahre zu beobachtende Kombination aus beträchtlichem Preisverfall und erheblicher Leistungssteigerung dieser Geräte.

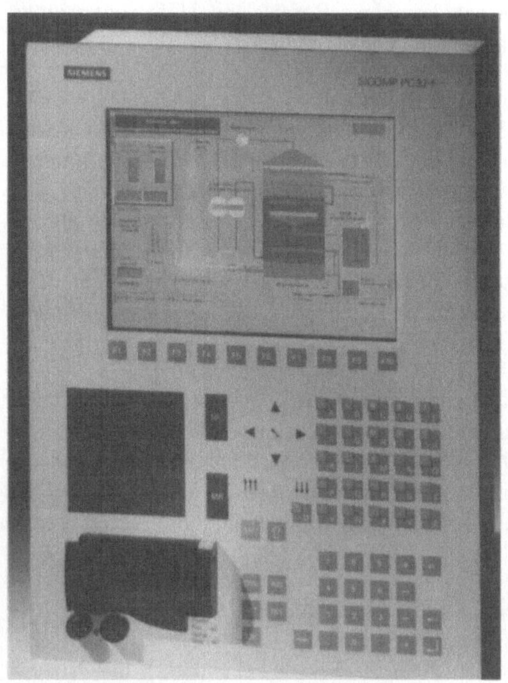

Der Nutzen der Dezentralisierung der Rechnerleistung für den Konstrukteur, Arbeitsplaner oder Fertigungsingenieur besteht darin, daß die Hardwarekonfiguration individuell auf seine Belange zugeschnitten werden kann und daß die Rechnerleistung seiner Arbeitsgruppe oder sogar ihm allein zu jedem gewünschten Zeitpunkt uneingeschränkt zur Verfügung steht (keine Kapazitäts- oder Zeitkonflikte mit anderen Nutzern wie bei Zentralrechnerkonzepten). Für ein Unternehmen zahlt sich die Dezentralisierung der Rechnerleistung vor allem dadurch aus, daß die Kapazität schrittweise ausgebaut und flexibel an neue oder veränderte Bedürfnisse angepaßt werden kann.

Bild 3.2 Industrie-PC (IPC) SICOMP PC 32-F [Werkbild Siemens AG, Nürnberg]

Der Preis der Dezentralisierung ist, daß Fragen der Vernetzung von Rechnern eine große Bedeutung erlangen (siehe Kapitel 5).

Sowohl in der Rechnerleistung als auch im Preis haben sich PCs und Workstations in den vergangenen Jahren immer mehr einander angenähert. (Teilweise werden sogar identische Prozessoren verwendet.) Der Unterschied besteht nach wie vor jedoch darin, daß PCs im wesentlichen Einbenutzersysteme sind (eben „persönliche Rechner‘), während Workstations zwar auch als dezentrale, daneben aber auch als in hohem Maße kommunikations- und integrationsfähige Systeme ausgelegt sind. Diese Eigenschaften werden maßgeblich durch das jeweilige Betriebssystem, das gewissermaßen die Basissoftware eines Computers ist, bestimmt. Der erste Abschnitt des nachfolgenden Kapitels 4 wird hierauf näher eingehen.

Prozessoren

Bei den Prozessoren ist zu unterscheiden zwischen der klassischen *CISC-* und der jüngeren *RISC*-Architektur. Das Kürzel CISC steht für *Complex Instruction Set Computer* (Computer mit komplexem Befehlssatz), während RISC die Abkürzung für *Reduced Instruction Set Computer* (Computer mit reduziertem Befehlssatz) ist.

CISC-Prozessoren besitzen einen sehr umfangreichen, auf maximalen Bedienungskomfort ausgelegten Maschinenbefehlsvorrat (bestehend aus bis zu mehreren hundert Befehlen). Dessen Bearbeitung durch den Prozessor erfordert einen relativ großen Aufwand. Aus diesem Grund benötigen auch CISC-Rechner den weiter oben angesprochenen Festspeicher (ROM) innerhalb der Zentraleinheit, der die Aufgabe hat, komplexe Befehle mit Hilfe sogenannter Mikroprogramme in kleinere Einheiten zu zerlegen (zu „expandieren").

Nun ist jedoch bekannt, daß nur etwa 10-20 % der Befehle eines CISC-Prozessors ständig benötigt werden. Das RISC-Konzept sieht daher vor, nur einige wenige Grundbefehle bereitzustellen, die dann auch bezüglich der Struktur und der Länge vereinheitlicht werden können. Dadurch verringert sich einerseits der Aufwand zur Bearbeitung jedes einzelnen Befehles, andererseits kann ein RISC-Prozessor mehr Befehlseinheiten pro Zeiteinheit durchsetzen als ein CISC-Prozessor. In vielen Anwendungsfällen (insbesondere bei rechenintensiven Anwendungen) ergibt sich daraus letztlich eine insgesamt höhere Rechengeschwindigkeit. Versuche beim Aufkommen der RISC-Prozessoren ergaben für vergleichbare CISC- und RISC-Prozessortypen teilweise Unterschiede von 2,3 MIPS zu 12 MIPS[21].

Der Preis für die genannten Vorteile der RISC-Architektur ist eine gegenüber CISC umständlichere Programmierung der Prozessoren, weil bei CISC vorhandene komplexe Befehle durch mehrere einfachere Einzelbefehle ersetzt werden müssen. Dies kann jedoch über entsprechend aufwendigere Compiler[22] abgefangen werden. Deswegen geht man heute gerade für technische Anwendungen davon aus, daß sich die RISC-Architektur weitgehend durchsetzen wird.

Die Prozessortypen, die heute in die meisten Workstations (teilweise verschiedener Hersteller) eingebaut werden, sind auf der CISC-Seite die Prozessorfamilie 80386, i486 und (demnächst) i586 (interner Name P5 oder Pentium) von Intel oder Intel-Lizenznehmern mit diversen verwandten Co-Prozessoren (hauptsächlich auf dem PC-Sektor beheimatet), die Prozessorfamilie 68020, 68030 und 68040 von Motorola (Workstations) und die VAX-Prozessoren von Digital Equipment (DEC, Workstations sowie früher auch Minicomputer). Auf der RISC-Seite ist in den letzten Jahren eine große Zahl an Prozessoren auf dem Markt erschienen, die derzeit immer noch anwächst. Genannt seien die SPARC-Prozessoren von Sun Microsystems (mit diversen Lizenzbauten), die Prozessorfamilie R2000, R3000 und R4000 von Mips Computer Systems, die POWER-Prozessoren von IBM, die PA-RISC-Prozessoren von Hewlett-Packard, die Clipper-Prozessoren von Intergraph, die Prozessorfamilie 80000, 80100 und 80200 von Motorola, sowie (ab 1993) der Prozessor Alpha AXP von Digital Equipment (DEC).

Die Frequenz der heute üblichen Taktgeneratoren liegt zwischen 20 MHz (PCs im unteren Marktsegment) und 200 MHz (für den 1993 erscheinenden Alpha AXP-Prozessor angekündigter Standardwert).

Die meisten der oben aufgeführten Prozessortypen weisen eine Wortlänge von 32 Bit auf, bei den neueren Typen (z.B. 80486, P5, R4000, Alpha AXP) ist gerade der Übergang zur 64-

---

[21]   MIPS: Million Instructions per Second, Millionen Instruktionen pro Sekunde; ein gebräuchliches, wenn auch wegen des Einflusses der Testprogramme nicht unumstrittenes Maß für die Rechengeschwindigkeit eines Prozessors

[22]   Compiler: Übersetzerprogramm, das ein vom Benutzer in einer Hochsprache (z.B. FORTRAN, C) geschriebenes Programm in einzelne Maschinenbefehle umwandelt

Bit-Architektur zu beobachten (in beiden Fällen mit jeweils entsprechenden Breiten des lokalen Adreß- und Datenbusses).

An externen Bussystemen haben der *AT-Bus* (auch als *ISA-Bus* bezeichnet), der *EISA-Bus*, der *MCA-Bus* (alle drei industrielle Quasi-Standards) sowie der durch ANSI[23] genormte *SCSI-Bus* die größte Verbreitung[24]. Während AT- und EISA-Bus hauptsächlich auf dem PC-Sektor gebräuchlich sind, hat der SCSI-Bus insbesondere auf dem Workstation-Sektor heute eine nahezu uneingeschränkte Dominanz, etabliert sich jedoch zunehmend auch bei den PCs. Der Vorteil standardisierter Bussysteme für den Anwender liegt darin, daß die per Bussystem verbundenen Komponenten von Rechnersystemen (z.B. Massenspeichereinheiten, Ein-/Ausgabegeräte) herstellerunabhängig nahezu beliebig austauschbar sind.

Bei den im CAD/CAM-Bereich üblichen Arbeitsspeicherkapazitäten hat etwa in den vergangenen fünf Jahren eine geradezu inflationäre Entwicklung stattgefunden, die offenbar noch nicht zum Abschluß gekommen ist. Einerseits ist dies natürlich durch sinkende Preise begünstigt worden. Andererseits binden aber auch die ständig aufwendiger werdenden Betriebssysteme, die oft mit zusätzlichen oder integrierten graphischen Zusatzprogrammen wie etwa Windows (PC-Sektor) oder dem X-Window-System (Workstation-Sektor) ausgestattet sind, immer größere Arbeitsspeicherkapazitäten bzw. würden bei unveränderter Gesamtkapazität des Arbeitsspeichers immer weniger Platz für die eigentlichen Anwendungsprogramme übrig lassen. Deswegen reichen die im CAD/CAM-Bereich heute üblichen Arbeitsspeichergrößen von 4 MB (typisch für zweidimensionale CAD-Systeme auf PCs ohne graphische Betriebssystemerweiterungen) über 8 MB (typischer Fall für zweidimensionale CAD-Systeme auf PCs mit graphischen Betriebssystemerweiterungen, Minimum für zweidimensionale CAD-Systeme auf Workstations ohne graphische Betriebssystemerweiterungen) über 12 MB (Minimum für einfache dreidimensionale CAD-Anwendungen auf Workstations) über 16-24 MB (heute praktisch schon der Regelfall für dreidimensionale CAD-Anwendungen auf Workstations) bis zu 32-64 MB (komplexe dreidimensionale CAD-Anwendungen auf Workstations) oder sogar 128-256 MB (komplexe Berechnungen auf Workstations)[25]. Für die nähere Zukunft ins Auge gefaßt sind Arbeitsspeicherkapazitäten bis in den GB-Bereich hinein.

Die Zentraleinheiten von PCs und Workstations sind heute üblicherweise so ausgelegt, daß man – innerhalb bestimmter Grenzen – den Arbeitsspeicher nachträglich erweitern kann (Aufstecken zusätzlicher Speicherchips auf die bereits mit entsprechenden Sockeln versehene Platine). Auf diese Weise ist eine flexible Anpassung der Rechner an neue oder veränderte Gegebenheiten möglich.

---

[23] ANSI: American National Standards Institute, Normungsinstitut der USA

[24] ISA: Industry Standard Architecture (ursprünglich 8 Bit Breite, als AT-Bus auf 16 Bit Breite vergrößert); EISA: Extended Industry Standard Architecture (32 Bit Breite); MCA: Micro Channel Architecture (32 Bit Breite); SCSI: Small Computer Standard Interface (ursprünglich 8 Bit Breite, als SCSI-2 auch mit 16 oder 32 Bit Breite realisierbar)

[25] kB: Kilo-Byte; MB: Mega-Byte; GB: Giga-Byte; Grundmeßgröße für die Kapazität digitaler Speicher ist das Byte: Ausgehend von 1 Bit ergibt sich 1 Byte = 8 Bit. 1 kB = 1024 Byte (ca. 10^3 Byte), 1 MB = 1024·1024 Byte (ca. 10^6 Byte) und 1 GB = 1024·1024·1024 Byte (ca. 10^9 Byte).

Zur Entlastung des Arbeitsspeichers setzt sich sowohl auf dem PC- als auch auf dem Workstation-Sektor außerdem die Ausrüstung der Zentraleinheiten mit zusätzlichen Cache-Speichern immer mehr durch. Die derzeit übliche Größe der Cache-Speicher liegt zwischen 64 und 256 kB.

Massenspeicher und Medien für die Datensicherung

Als Massenspeicher kommen heute überwiegend *Festplattenspeicher* zum Einsatz. Dies sind Magnetplattenspeicher, die im Gegensatz zu den früher gebräuchlichen Wechselplattenspeichern vollständig gekapselt sind und keinen Austausch der plattenförmigen Datenträger (einzeln oder im Stapel) gestatten. Die Vorteile von Festplattenspeichern gegenüber Wechselplattenspeichern sind die wesentlich geringere Empfindlichkeit (Schmutz!), die kleinere Baugröße, die größere Speicherdichte, die höhere Zugriffsgeschwindigkeit und der geringere Preis.

Da mit Magnetplattenspeichern ein *Direktzugriff* realisierbar ist, d.h. jeder beliebige Speicherbereich sofort angefahren werden kann, ist ihre Domäne die Aufnahme und Wiedergabe schnell wechselnder Informationen, wie sie beispielsweise im Rahmen einer laufenden Programmbearbeitung und ganz besonders beim Pagen bzw. Swappen auftritt.

Die Frage nach der im CAD/CAM-Bereich üblichen Größe von Festplattenspeichern ist nicht allgemein zu beantworten, da sie vom Rechnertyp (PC, Workstation), von der Verwendung des Rechners (nur Anwendungen oder auch Systementwicklungen), von der eingesetzten CAD/CAM-Software, von Art und Umfang der zu erwartenden Datenbestände, von möglicherweise vorhandenen ergänzenden Anwendungssoftwarepaketen (z.B. Berechnungs-, Datenbankprogramme) und vor allem bei Workstations auch von der Einbindung des einzelnen Rechners in eine Netzwerkumgebung abhängt.

Für einen PC, auf dem ein zweidimensionales CAD-System läuft, kann eine Festplattenspeicherkapazität von etwa 100 MB als sinnvoller Richtwert angesehen werden.

Auf dem Workstation-Sektor muß zunächst unterschieden werden, ob es sich um eine isoliert aufgestellte Maschine handelt (*Stand-Alone-Betrieb*) oder ob sie Bestandteil eines Netzwerks ist. Für den Stand-Alone-Betrieb einer Workstation (der in der Praxis allerdings selten auftritt) muß diese natürlich mit einem so großen Festplattenspeicher ausgerüstet werden, daß das Betriebssystem, die oftmals vorhandene graphische Zusatzsoftware, das CAD/CAM-System, möglicherweise vorhandene weitere Anwendungssoftware, sämtliche zu den Anwendungsprogrammen gehörenden Datenbestände sowie nicht zuletzt auch ein hinreichend großer Speicherbereich für das Pagen bzw. Swappen darauf untergebracht werden können. Erfahrungsgemäß wird hierfür eine Festplattenspeicherkapazität von etwa 600 MB an aufwärts benötigt.

Bei Workstations, die in ein Netzwerk eingebunden sind, hängt die erforderliche Festplattenspeicherkapazität maßgeblich vom Netzwerkkonzept ab (siehe hierzu Kapitel 5). Im Fall der sogenannten *Client-Server-Konfiguration*, bei der ein Server die zentrale Speicherung aller Programme und Daten übernimmt, benötigt die einzelne Workstation (der einzelne Client) eigene Festplattenspeicherkapazität eigentlich nur zum Pagen bzw. Swappen (Richtwert etwa 200 MB). Theoretisch wäre selbst diese verzichtbar (*Diskless Client*), jedoch würden dann alle Paging- bzw. Swap-Vorgänge über das Netz erfolgen müssen, was dieses stark belastet und dadurch den Datenverkehr im Netzwerk insgesamt verlangsamt.

Magnetplattenspeicher sind im Prinzip auch die *Disketten*, die man gewissermaßen als letzte noch gebräuchliche Form des Wechselplattenspeichers ansehen kann. Wegen der vergleichsweise geringen Speicherkapazität beschränkt sich ihr Einsatz heute auf den PC-Sektor. Üblich sind hier nur noch Disketten mit einer Größe von 5 1/4 Zoll (Speicherkapazität 1,2 MB, seit neuestem auch 2,4 MB) oder 3 1/2 Zoll (1,44/2,88 MB). Sie dienen der Sicherung (kleinerer) Programme und Datenbestände sowie dem Programm- und Datenaustausch zwischen nicht miteinander vernetzten Rechnern.

Ein weiteres magnetisches Speichermedium sind *Magnetbänder*, wobei im CAD/CAM-Bereich heute praktisch ausnahmslos *Magnetbandkassetten* verwendet werden. Bei allen bandförmigen Speichermedien ist nur ein *sequentieller* oder *serieller Datenzugriff* möglich (Vor- oder Zurückspulen erforderlich zum Aufsuchen einer bestimmten Dateneinheit), so daß sie sich nicht für das Schreiben und Lesen schnell wechselnder Informationen, sondern nur für die Aufnahme oder Wiedergabe eines möglichst kontinuierlichen Datenflusses eignen (daher auch die Bezeichnung *Streamer Tape*). Die Einsatzgebiete von Magnetbändern bzw. Magnetbandkassetten sind daher die Datensicherung (Anfertigung sogenannter Back-Up-Kopien von Programmen und Datenbeständen) und der Programm- und Datenaustausch zwischen nicht miteinander vernetzten Rechnern. Die Speicherkapazität der heute üblichen, meist herstellerspezifischen Magnetbandkassetten liegt in der Größenordnung von 100 MB (extrem bis etwa 50 GB). Als Ersatz oder als Ergänzung herstellerspezifischer Lösungen erfreuen sich in der letzten Zeit die aus der Unterhaltungselektronik entliehenen handelsüblichen *Digital-Audio-Tapes* (DAT) mit den zugehörigen Laufwerkstationen einer zunehmenden Beliebtheit, die Informationen im Umfang bis zu 4 GB aufnehmen können.

Neben den magnetischen setzen sich optische Speicher immer stärker durch. Gebräuchlich sind vor allem *optische Speicherplatten*, die vom Prinzip her wie die ebenfalls aus der Unterhaltungselektronik bekannten Compact Disks (CDs) funktionieren und auch deren Format aufweisen. Die Vorzüge optischer gegenüber magnetischen Speichern sind allgemein die geringere Schmutz- und Alterungsempfindlichkeit und die erheblich größere Speicherdichte. So lassen sich auf einer einzigen CD heute Daten im Umfang bis zu 2 GB speichern. Neben nur einmal beschreibbaren, aber beliebig oft lesbaren optischen Speicherplatten (CD-ROMs) stehen heute auch (nach verschiedenen Prinzipien arbeitende) lösch- und wiederholt beschreibbare optische Speicherplatten (CD-RAMs) zur Verfügung. Allerdings sind deren Langzeit-Eigenschaften noch umstritten.

Das typische Einsatzgebiet nicht wiederbeschreibbarer optischer Speicherplatten ist die Bereitstellung großer lexikalischer Datenbestände (z.B. Telefon-/Adreßverzeichnisse, Teilekataloge, Zeichnungsarchive, digital abgespeicherte Lexika[26])). Da optische Speicherplatten ebenso wie Magnetplatten Direktzugriffsspeicher sind, können einzelne Daten sehr schnell aufgefunden und wiedergegeben werden (sofern ein hinreichend intelligentes Suchsystem existiert). Optische Speicherplatten eignen sich prinzipiell dazu, sowohl alphanumerische als auch graphische und audio-visuelle Informationen aufzunehmen, weshalb sie ein wichtiger Bestandteil entsprechender Verbundsysteme sind (Stichwort *Multimedia*).

---

[26]) Beispiel: Gefahrgut-CD-ROM des Springer-Verlages, Heidelberg, mit Informationen über mehr als 126.000 Stoffe in drei Sprachen, auf die mit Hilfe eines integrierten Suchsystems zugegriffen werden kann.

Wegen der mittlerweile großen Verbreitung, der einfachen Handhabung, der Unempfindlichkeit und der großen Speicherkapazität optischer Speicherplatten gehen die Softwareanbieter mehr und mehr dazu über, ihre Produkte (Betriebssysteme, aber auch Anwendungssoftwarepakete wie etwa CAD/CAM-Systeme) auf optischen Speicherplatten anstatt auf Magnetbandkassetten oder gar Disketten an die Kunden auszuliefern.

Weitere Hardware-Komponenten, die im Rahmen von CAD/CAM-Anwendungen eine besondere Bedeutung haben, werden in den nachfolgenden Abschnitten behandelt.

3.2 Bildschirmarbeitsplätze für CAD/CAM

Der Arbeitsplatz des Konstrukteurs bzw. des Arbeitsplaners oder Fertigungsingenieurs am CAD/CAM-System ist der *interaktive Bildschirmarbeitsplatz*. Interaktiv bedeutet, daß ein CAD-Entwurf oder ein NC-Programm schrittweise im direkten Dialog zwischen dem Anwender und dem CAD/CAM-System entsteht, indem jeder Befehl sofort ausgeführt und das daraus resultierende Ergebnis unmittelbar graphisch angezeigt wird (interaktiver Dialog). Deswegen stellen CAD/CAM-Anwendungen an Qualität und Geschwindigkeit der graphischen Informationsausgabe besondere Anforderungen. Darüber hinaus sind im CAD/CAM-Bereich auch umfangreiche graphikorientierte Eingabefunktionen gebräuchlich, da diese der traditionellen Arbeitsweise des in Konstruktion und Arbeitsplanung tätigen Ingenieurs am ehesten entsprechen[27].

Im folgenden werden die Komponenten des interaktiven CAD/CAM-Bildschirmarbeitsplatzes kurz beschrieben und anschließend einige typische Konfigurationen vorgestellt.

Graphikbildschirm

Der Graphikbildschirm ist im interaktiven Dialog zwischen Benutzer und CAD/CAM-System das dominierende Ausgabegerät. Hier sind mehrere Generationen von Gerätetypen zu unterscheiden:

* Zu Anfang existierten nur *Vektor-Speicherbildschirme* (Storage Screens), deren Funktionsprinzip von den Oszillographen abgeleitet ist: Ein Elektronenstrahl schreibt ein permanentes Bild auf den mit einer („fluoreszierenden", d.h. nachleuchtenden) Phosphorschicht versehenen Bildschirm. Üblicherweise leuchtet Phosphor nur in dem Moment, in dem ein Elektronenstrahl mit genügend hoher Energie darüber geführt wird. Wird aber laufend eine geringe Energie zugeführt, so bewirkt diese ein Nachleuchten des Phosphors, wodurch einmal gezeichnete Linien weiterhin sichtbar bleiben. Falls ein neues Bild aufgebaut werden soll, muß die Bildröhre eines Vektor-Speicherbildschirms zunächst komplett entladen werden (mit einem für den Benutzer durchaus unangenehmen Licht-

---

[27] Heute sind leistungsfähige graphische Benutzeroberflächen in der Datenverarbeitung ganz allgemein sehr aktuell. Im CAD/CAM-Bereich wurden entsprechende Anforderungen praktisch von Anfang an gestellt. Da jedoch die meisten der heute gängigen Graphikstandards (z.B. Windows für PCs, das X-Window-System für Workstations) in der Anfangszeit von CAD/CAM noch nicht existierten, mußten die CAD/CAM-Anbieter eigene Lösungen entwickeln, deren Übertragbarkeit auf verschiedene Hardware-Plattformen in der Regel stark eingeschränkt war.

blitz). Bei Vektor-Speicherbildschirmen erfolgt die Ablenkung des Elektronenstrahles gewissermaßen analog, so daß – wie beim manuellen Zeichnen – beliebig gerichtete Vektoren dargestellt werden können, **Bild 3.3a**.

Die Vorteile von Vektor-Speicherbildschirmen liegen in der hohen Auflösung (Zeichnen echter Vektoren), in der Flimmerfreiheit (permanentes Bild) und in dem geringen Bildspeicherbedarf, wobei dieser allerdings vom Bildinhalt (d.h. von der Anzahl der zu zeichnenden Vektoren) abhängig ist.

Die Nachteile sind der schlechte Kontrast, die geringe Lebensdauer der Bildröhre, das Fehlen von Grautönen oder Farben (wodurch auch keine Darstellungen mit ausgefüllten Flächen möglich sind) und die Tatsache, daß auch eine geringfügige Bildänderung einen kompletten Bildneuaufbau notwendig macht, für den die benötigte Zeit überdies vom Bildinhalt abhängt. Deswegen sind auch bewegte Bilder (z.B. Simulation von Fertigungsprozessen) unmöglich.

- Die nächste Entwicklungsstufe waren *bildwiederholende Vektorbildschirme* (Vector Refresh Screens). Ihr Funktionsprinzip ähnelt dem der Vektor-Speicherbildschirme, jedoch wird das Bild ständig neu aufgebaut.

Die sich daraus ergebenden wesentlichen Verbesserungen gegenüber den Vorgängern sind ein stärkerer Kontrast und die Möglichkeit, Bildänderungen schneller wiederzugeben, wodurch – mit Einschränkungen – auch bewegte Bilder realisierbar sind. Wie bei den Vektor-Speicherbildschirmen ist im Vergleich zu den Rasterbildschirmen die Auflösung sehr hoch und der Bildspeicherbedarf gering. Es sind auch farbtaugliche bildwiederholende Vektorbildschirme entwickelt worden, bei denen mehrere übereinander liegende Farbphosphorschichten einzeln aktiviert werden können. Allerdings ist bei diesen Geräten die Anzahl der Farben begrenzt, sie sind außerdem sehr aufwendig und teuer.

Eine Darstellung mit ausgefüllten Flächen ist auch bei den bildwiederholenden Vektorbildschirmen prinzipbedingt nicht möglich (es sei denn durch eine große Anzahl nebeneinander liegender Vektoren, die Bildspeicher und Zeit kosten). Hinzu kommt das Problem, daß die erzielbare Bildwiederholfrequenz vom Bildinhalt abhängt, was ein Flimmern bei komplizierten Bildern zur Folge hat.

- Heute werden Bildschirme für CAD-Anwendungen nahezu ausschließlich als bildwiederholende *Rasterbildschirme* ausgeführt. Ihr Funktionsprinzip ist mit dem von Fernsehgeräten identisch, einschließlich der aus diesem Bereich bekannten Rot-Grün-Blau-Mischung (RGB-Technik) zur Erzielung von Farbdarstellungen. Grundsätzlich gilt, daß das Bild eines Rasterbildschirms aus zahlreichen zeilen- und spaltenweise sortierten Bildpunkten (Picture Elements = *Pixel*) aufgebaut wird. Diese werden von einem Elektronenstrahl zeilenweise abgetastet und gegebenenfalls zum Leuchten angeregt (Zufuhr hoher Energie beim Überfahren des betreffenden Bildpunktes). Bei Farbdarstellungen entspricht jeder Bildpunkt eigentlich drei dicht benachbarten Bildpunkten, die jeweils durch einen eigenen Elektronenstrahl getrennt angesteuert werden, **Bild 3.3b**. Die Zahl der Bildpunkte auf dem Bildschirm (die sogenannte Auflösung) ist maßgebend für die Genauigkeit der Darstellung. Ähnlich wie bei der Fernsehtechnik wird bei bildwiederholenden Rasterbildschirmen das Bild mit fester Frequenz ständig neu aufgebaut.

Von der Ansteuerung her wird beim Rasterverfahren das wiederzugebende Bild zeilenweise in die einzelnen Bildpunkte zerlegt. Im Fall des monochromen Bildschirms (z.B. Schwarzweiß-Bildschirm) wird dazu für jeden Bildpunkt entweder eine 0 („nicht Leuchten") oder eine 1 („Leuchten") in den eigens dafür vorgesehenen *Bildspeicher* eingetragen, der auch *Bit-Maske, Bit Map* oder *Display Buffer* genannt wird. Zur Herstellung farbiger Darstellungen benötigt man mehrere Bildspeicher, von denen jeder einzelne für einen bestimmten Bildpunkt mit dem Wert 0 oder 1 belegt sein kann. Daraus ergibt sich nach den Regeln der Kombinatorik, daß mit n Bildspeichern genau 2^n unterschiedliche Farben bzw. Farbabstufungen erzeugt werden können. Gängig ist für farbige Bildschirme heute eine Zahl zwischen 8 und 24, in Extremfällen auch bis zu 48 Bildspeichern (zur gleichzeitigen Wiedergabe von 256 bzw. rund 16,8 Millionen oder sogar mehr als $2,8 \cdot 10^{14}$ unterschiedlichen Farbabstufungen).

Die Vorteile der Rasterbildschirme sind der gute Kontrast, die ohne Schwierigkeiten realisierbaren flächigen und farbigen Darstellungen, die feste und vom Bildinhalt unabhängige Bildwiederholfrequenz, die unter anderem auch bewegte Bilder problemlos möglich macht, sowie mittlerweile der äußerst günstige Preis.

Nachteilig ist, daß große und äußerst schnelle Bildspeicher erforderlich sind. Dabei hängt die Größe des Speichers von der Anzahl der Bildpunkte und der Farben (aber nicht vom Bildinhalt) ab, und die erforderlichen Zugriffszeiten ergeben sich aus der Bildwiederholfrequenz[28]. Ein weiterer Nachteil aller Rasterbildschirme ist der sogenannte Treppenstufeneffekt bei der Wiedergabe schräger oder gekrümmter Linien, der unter anderem auch die Darstellung unterschiedlicher Linienbreiten erschwert. Der Treppenstufeneffekt kann nie ganz vermieden, sondern allenfalls durch eine höhere Auflösung abgemildert werden, **Bild 3.3c**.

Als Standardgröße für den Graphikbildschirm hat sich heute im CAD/CAM-Bereich eine Bildschirmdiagonale von 19 Zoll (ca. 48 cm) eingebürgert. Neuerdings scheinen sich auch 20 Zoll- und 21 Zoll-Bildschirme (ca. 51 bzw. 53 cm) zu etablieren. Als Mindestgröße kann eine Bildschirmdiagonale von 16 Zoll (ca. 40 cm) gelten.

Angesichts der im allgemeinen relativ langen Sitzungszeiten am Bildschirmarbeitsplatz und des relativ geringen Abstandes zwischen Auge und Bildschirm ist großer Wert auf Flimmerfreiheit des Graphikbildschirms zu legen. Sicherstellen läßt sich dies mit einer Bildwiederholfrequenz von mindestens 70 Hertz. Daneben ist zu beachten, daß auch ungünstig ausgewählte Leuchtstoffröhren mit Frequenzen in der Nähe der Bildwiederholfrequenz Flimmereffekte hervorrufen können.

---

[28]   Beispielrechnung: Ein monochromer Bildschirm benötigt 1 Bit pro Bildpunkt. Bei einer Auflösung von $1000 \cdot 800$ Bildpunkten muß dann der Bildspeicher rund 100 kB Speicherkapazität für den Aufbau eines einzigen Bildes haben. Bei einer Bildwiederholfrequenz von 50 Hz müssen rund 5000 kB/s = 5 MB/s geschrieben und gelesen werden können. Bei einer Farbdarstellung mit Farbinformationen im Umfang von 8 Bit pro Bildpunkt (d.h. 256 Farben/Farbabstufungen) benötigt man das Achtfache der genannten Daten.

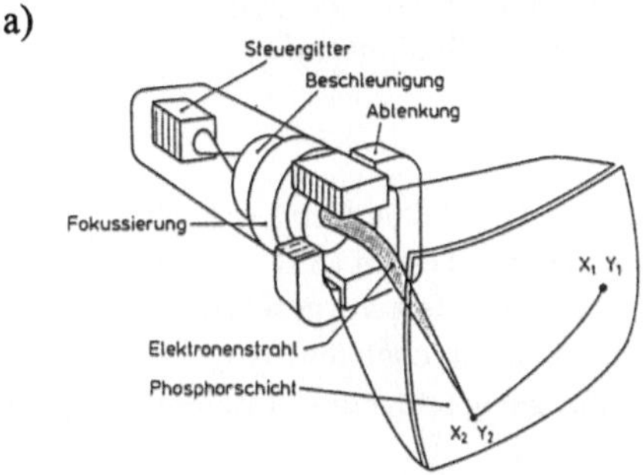

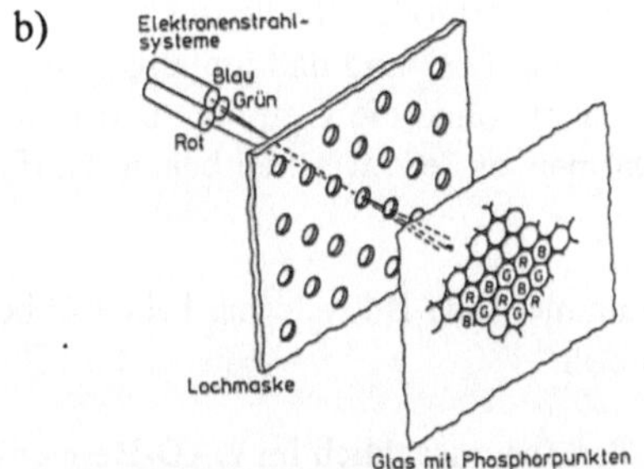

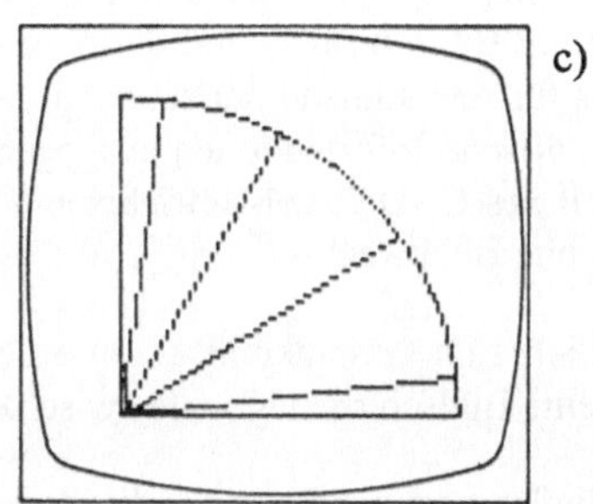

Bild 3.3 Graphikbildschirme: a) Funktionsprinzip von Vektor-Bildschirmen; b) Funktionsprinzip von (farbigen) Rasterbildschirmen; c) Treppenstufeneffekt bei Rasterbildschirmen [Pahl90]

Als weiteres Kriterium bei der Auswahl von Graphikbildschirmen und von Computerbildschirmen generell sollte die möglichst gute Abschirmung von Strahlungen (Röntgenstrahlung, elektrostatische und elektromagnetische Felder) in Betracht gezogen werden. Leider gibt es auf diesem Gebiet mangels genauer Kenntnisse über möglicherweise schädigende Wirkungen auf den Menschen noch keine allgemein verbindlichen Standards. Lediglich für die als ungefährlich zu betrachtende Röntgenstrahlungsmenge existiert in Deutschland ein Grenzwert von 0,5 Millirem pro Stunde in einem Abstand von 5 cm rund um das Gehäuse. Dieser Grenzwert wurde ursprünglich für Fernsehgeräte festgelegt und wird von heutigen Computerbildschirmen in der Regel problemlos unterschritten. Die als strahlungsarm bezeichneten Bildschirme halten darüber hinaus die vom Schwedischen Institut für Strahlenschutz vorgeschlagenen (vorsichtshalber sehr gering angesetzten) Grenzwerte für elektrostatische und elektromagnetische Felder ein.

Bei CAD/CAM-Anwendungen wird der Farbbildschirm mehr und mehr zum Standard. Einerseits sind farbige Darstellungen gegenüber monochromen wesentlich übersichtlicher (unter anderem Kompensierung der bei Rasterbildschirmen stets gegebenen Probleme mit der Darstellung unterschiedlicher Linienbreiten durch Einsatz verschiedener Farben), andererseits sind die Mehrkosten von Farbbildschirmen gegenüber monochromen Bildschirmen stark gesunken. Nach Anwendererfahrungen reduziert der Einsatz von Farbbildschirmen die Fehlerrate beim Arbeiten am CAD/CAM-System um etwa 30 %.

Die Auflösung von (Raster-) Graphikbildschirmen liegt für CAD/CAM-Anwendungen üblicherweise bei etwa 1280·1024 Bildpunkten oder höher. Sogenannte hochauflösende Graphikbildschirme können sogar die doppelte Anzahl an Bildpunkten in jeder Richtung besitzen (bis zu etwa 2560·2048). Zum Vergleich: Ein graphikfähiger PC-Bildschirm an der unteren Leistungsgrenze hat eine Auflösung von etwa 320·200 Bildpunkten, die üblichen Fernsehgeräte liegen bei 833·625 Bildpunkten (bei Farbgeräten Dreifach-Bildpunkte).

Alphanumerischer Bildschirm

Bei einigen CAD/CAM-Systemen ist zusätzlich zum Graphikbildschirm noch ein separater (kleinerer) alphanumerischer Bildschirm zur Ausgabe von Texten (z.B. System- und Fehlermeldungen), Tabellen, Listen usw. anschließbar oder sogar fest vorgeschrieben. Fehlt ein eigener alphanumerischer Bildschirm, so erscheinen die entsprechenden Ausgaben ebenfalls auf dem Graphikbildschirm, der zu diesem Zweck eine geeignete Fensteraufteilung (Graphik-/ Textfenster) aufweist.

Die Vorteile der Wiedergabe von graphischen und alphanumerischen Informationen auf zwei getrennten Bildschirmen sind darin zu sehen, daß keine „wertvolle" Fläche des Graphikbildschirms für rein alphanumerische Ausgaben „verschwendet" wird und daß umfangreichere alphanumerische Informationen ausgegeben werden können, ohne die Graphik zu stören. Der Nachteil des CAD/CAM-Betriebes mit zwei Bildschirmen ist der zwischen beiden häufig erforderliche Blickwechsel.

Zusätzlich zum Graphikbildschirm aufgestellte alphanumerische Bildschirme haben üblicherweise eine Bildschirmdiagonale zwischen 13 und 15 Zoll.

Abschließend sei noch angemerkt, daß in einigen Fällen (hauptsächlich im CAD-Bereich) sogar mit zwei gleich großen Graphikbildschirmen gearbeitet wird, um beispielsweise auf dem einen eine vergrößerte Einzelheit und auf dem anderen die Gesamtansicht des konstruierten technischen Produktes darstellen zu können.

Graphikprozessoren

Bereits im vorangegangenen Abschnitt wurde darauf hingewiesen, daß sich gerade im dreidimensionalen CAD/CAM-Bereich Zusatzprozessoren zur Beschleunigung der Graphikausgaben mehr und mehr durchsetzen. Hierbei wird die Realisierung bestimmter rechenintensiver Graphikausgabefunktionen (z.B. Skalieren, räumliches Drehen/Verschieben, Erzeugung schattierter Darstellungen) nicht mehr von der CAD/CAM-Software über die CPU erledigt, sondern dem speziellen Zusatzprozessor übertragen, woraus erhebliche Geschwindigkeitssteigerungen resultieren können. Im Extremfall wird die Graphikausgabe so schnell, daß etwa beim räumlichen Drehen eines Bauteiles oder einer Baugruppe eine fließende, filmartige Bewegung zustande kommt. Die Steuerung der Graphikprozessoren erfolgt in der Regel über ein besonderes Eingabegerät, das mehrere Drehknöpfe (Potentiometer) zur quasi-analogen Parametervorgabe für die verschiedenen Bewegungen enthält, **Bild 3.4**.

Tastatur

Die Tastatur ist das standardmäßig an jedem Rechnersystem vorhandene Eingabegerät für Befehle und Daten und damit auch Bestandteil jedes CAD/CAM-Arbeitsplatzes. Während PCs üblicherweise mit deutscher Tastenbelegung ausgeliefert werden, weisen die Tastaturen von Workstations überwiegend eine amerikanische Tastenbelegung auf, so daß eine gesonderte Bestellung erforderlich ist, falls man eine Tastatur mit deutscher Tastenbelegung

Bild 3.4   Drehknopf-Eingabegerät für Graphikprozessoren
[Werkbild Hewlett-Packard GmbH, Bad Homburg]

wünscht. Dies liegt unter anderem daran, daß auf Workstations üblicherweise das Betriebssystem UNIX installiert ist, zu dessen komfortabler Bedienung man einige amerikanische Sonderzeichen benötigt.

Bei zahlreichen CAD/CAM-Systemen bietet die Tastatur eine erste Möglichkeit der Befehls- und Dateneingabe, indem die jeweilige Kommandosprache des Systems benutzt wird. Gerade im CAD/CAM-Bereich war und ist die Tastatur gegenüber den nachfolgend vorgestellten graphischen Eingabegeräten relativ unbeliebt. Dennoch sollte darauf hingewiesen werden, daß manche Eingabefunktionen (z.B. die Beschriftung von Zeichnungen) über die Tastatur viel einfacher auszuführen sind als mit Hilfe eines per Digitalisiertablett oder Maus angesteuerten Menüs.

Graphische Eingabegeräte

Als graphisches Eingabegerät fungiert im CAD/CAM-Bereich zumeist eine Maus oder ein Digitalisiertablett (graphisches Tablett). Die Funktionen jedes graphischen Eingabegerätes bei interaktiven CAD/CAM-Anwendungen sind:

–   Befehle aus einem Befehlsmenü auswählen und aktivieren
–   freies Digitalisieren von x- und y-Koordinatenwerten in der Zeichenebene (bei dreidimensionalen Koordinaten werden zwei Zeichenebenen benötigt)
–   Identifizieren („Anpicken") vorhandener Bildelemente

Die klassische Lösung hierzu ist das *Digitalisiertablett* mit Tablettstift bzw. neuerdings auch mit Tablettlupe und mehreren Funktionstasten, **Bild 3.5**. Hierbei wird das Befehlsmenü auf das Digitalisiertablett aufgelegt (Beispiel siehe Bild 3.10), durch Anpicken des entsprechenden Menüfeldes wird ein Befehl aktiviert. Nach der Befehlsaktivierung entspricht ein Teil der Tablettfläche der auf dem Graphikbildschirm dargestellten Zeichenfläche: Die Bewegungen des Tablettstiftes bzw. der Tablettlupe lösen korrespondierende Bewegungen eines Fadenkreuzes oder eines graphischen Cursors in der Zeichenfläche aus, so daß dort Digitalisierungs- und Identifizierungsfunktionen durchgeführt werden können.

Bild 3.5   Digitalisiertabletts in unterschiedlichen Größen und Ausführungen
[Werkbild CalComp GmbH, Düsseldorf]

Die graphische Eingabe mittels Digitalisiertablett und Tablettstift war und ist besonders im Konstruktionsbereich (CAD) recht beliebt. Ein Grund dafür ist sicherlich, daß sie gefühlsmäßig der manuellen Arbeit mit Zeichenplatte und Zeichenstift am ehesten entspricht. Nachteilig ist allerdings, daß der Blick des Benutzers ständig zwischen dem Graphikbildschirm und dem Tablett hin- und herwechseln muß. Um dieses ergonomische Problem abzumildern und um gleichzeitig die mittlerweile sehr zahlreichen Befehle eines CAD-Systems überhaupt sinnvoll unterbringen zu können, wird bei tablettgesteuerten CAD-Systemen in zunehmendem Umfang ein Teil des Befehlsmenüs als sogenanntes Bildschirmmenü auf dem Graphikbildschirm untergebracht, obwohl dadurch eine Verkleinerung der auf dem Bildschirm zur Darstellung der Zeichnung verfügbaren Fläche in Kauf genommen werden muß.

Die im CAD/CAM-Bereich üblichen Nenngrößen für Digitalisiertabletts liegen in der Regel zwischen DIN A4 und DIN A2, wobei die Tabletts häufig ein quadratisches Format haben. In Sonderfällen kommen auch größere Digitalisiertabletts zum Einsatz.

In der letzten Zeit kommt im CAD/CAM-Bereich zunehmend die graphische Eingabe mit Hilfe der *Maus* auf. Eine Maus gehört heute zur Standardausrüstung jedes PCs und jeder Workstation, so daß ein mausgesteuertes interaktives CAD/CAM-System keine Zusatzkosten für ein besonderes graphisches Eingabegerät (z.B. für ein Digitalisiertablett) verursacht. Aufgrund der großen Verbreitung der Maus vom Heimcomputer-Sektor an aufwärts sind außerdem heute weite Kreise mit der Bedienung vertraut.

Da die Maus nur eine relative Positionierung erlaubt, muß im Falle der Maussteuerung allerdings das komplette Befehlsmenü auf dem Graphikbildschirm untergebracht werden. Damit hierdurch die Zeichenfläche nicht zu stark verkleinert wird, arbeiten die entsprechenden CAD/CAM-Systeme in der Regel mit einer hierarchischen Stufung der Befehle, d.h. mit funktionsabhängig wechselnden Menüleisten und/oder mit sogenannten Pop-Up- und Pull-Down-Menüs, **Bild 3.6**.

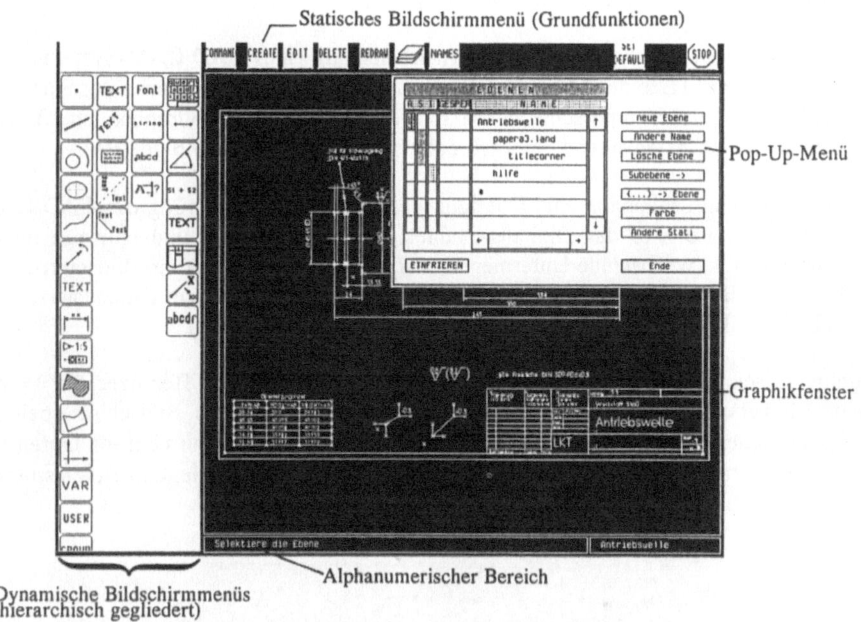

Bild 3.6   Bildschirmmenüs des mausgesteuerten CAD-Systems Sigraph-Design
            [Siemens Nixdorf Informationssysteme]

Durch die Menütechnik und hier insbesondere durch die Verwendung hierarchisch gestufter Menüs will man vor allem Anfängern und solchen Benutzern, die nicht regelmäßig am CAD/CAM-System arbeiten, die Bedienung erleichtern, indem der Benutzer vom System schrittweise durch die Menüs geführt wird und Eingabefehler unmöglich gemacht oder sofort abgefangen werden können. Allerdings wird die Menütechnik von geübten CAD/CAM-Anwendern oft als nachteilig empfunden, weil sie vom System zur Einhaltung einer bestimmten, oft sehr starren Arbeitsabfolge gezwungen werden, die bei komplizierten Tätigkeiten sehr langwierig und umständlich sein kann. Deswegen weist das optimale CAD/CAM-System eine Eingabemöglichkeit sowohl über eine Kommandosprache (Tastaturbedienung) als auch über Befehlsmenüs mit Benutzerführung (Bedienung per Digitalisiertablett oder Maus) auf.

Andere graphische Eingabegeräte als die genannten, etwa spezielle *Funktionstastaturen*, *Light-Pens* (Lichtgriffel zur Digitalisierung/Identifizierung direkt auf dem Graphikbildschirm), *Joy-Sticks* (Steuerknüppel) oder *Rollkugeln* (kinematische Umkehrung der Maus) haben sich im CAD/CAM-Bereich nur in geringem Umfang, allenfalls ergänzend zum Digitalisiertablett oder zur Maus, durchsetzen können.

Die Bilder 3.7 bis 3.10 stellen nun einige typische Konfigurationen von CAD/CAM-Bildschirmarbeitsplätzen, die aus den im vorstehenden beschriebenen Komponenten bestehen, einander gegenüber:

- **Bild 3.7** gibt die klassische Ausführung des CAD/CAM-Bildschirmarbeitsplatzes mit zwei Bildschirmen (graphisch, alphanumerisch) und einer Systemsteuerung im interaktiven Dialog über ein Digitalisiertablett wieder. Wahlweise kann das in Bild 3.7 gezeigte System auch über die Tastatur gesteuert werden.

- **Bild 3.8** veranschaulicht den Bildschirmarbeitsplatz eines CAD/CAM-Systems, das ausschließlich mit Hilfe der Maus gesteuert wird und das nur über einen Bildschirm verfügt. Auf diesem sind in unterschiedlichen Bildfenstern (Windows) Graphik- und Textausgaben sowie das Befehlsmenü untergebracht (ähnlich wie in Bild 3.6 gezeigt).

- **Bild 3.9** zeigt schließlich eine Konfiguration, bei der die Steuerung des CAD/CAM-Systems teilweise über das Digitalisiertablett (Hauptfunktionen) und teilweise über Bildschirmmenüs (wechselnde Untermenüs) erfolgt und ebenfalls nur ein Bildschirm vorgesehen ist. **Bild 3.10** stellt ergänzend das bei diesem System auf dem Digitalisiertablett aufgebrachte Befehlsmenü dar (weitere Menüs auf dem Bildschirm).

Angemerkt sei noch, daß einige CAD/CAM-Systemanbieter dem Benutzer die Wahl zwischen den verschiedenen soeben erläuterten Konfigurationen des Bildschirmarbeitsplatzes überlassen, indem die Systeme wahlweise im Zwei- oder Einbildschirmbetrieb laufen können und ihre Steuerung wahlweise über ein Digitalisiertablett mit aufgelegtem Befehlsmenü oder über die Maus und Bildschirmmenüs erfolgen kann.

Bild 3.7   CAD/CAM-Bildschirmarbeitsplatz 1: getrennte Bildschirme für graphische und alphanumerische Ausgaben; graphische Eingaben über Digitalisiertablett mit aufgelegtem Befehlsmenü

Bild 3.8 CAD/CAM-Bildschirmarbeitsplatz 2: einzelner Bildschirm für graphische und alphanumerische Ausgaben; graphische Eingaben über Maus mit Bildschirmmenü [CAD-System CADDS5; Werkbild Computervision GmbH, Wiesbaden]

Bild 3.9 CAD/CAM-Bildschirmarbeitsplatz 3: einzelner Bildschirm für graphische und alphanumerische Ausgaben; graphische Eingaben teilweise über Digitalisiertablett mit aufgelegtem Befehlsmenü und teilweise über Bildschirmmenüs [CAD-System ME10/ME30; Werkbild Hewlett-Packard GmbH, Bad Homburg]

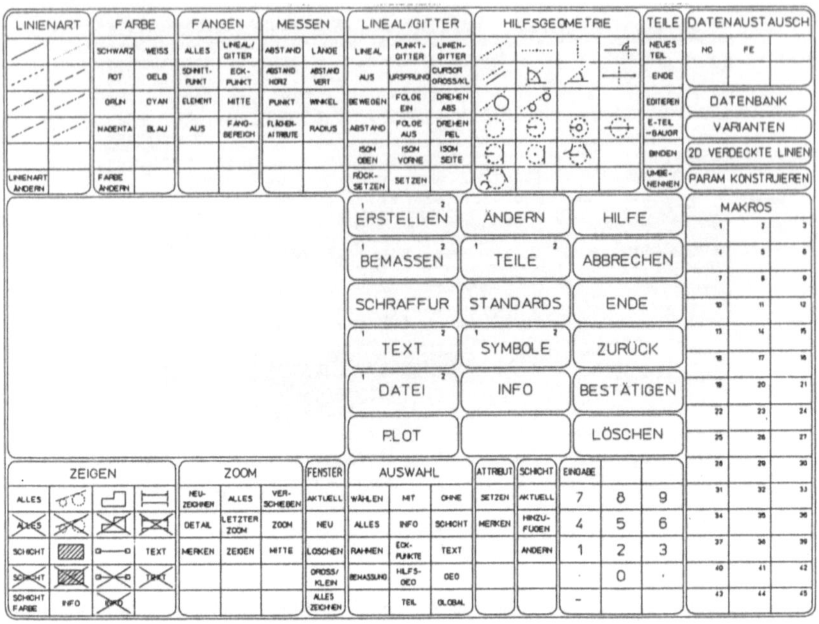

Bild 3.10   Befehlsmenü des CAD-Systems ME10 [Werkbild Hewlett-Packard GmbH, Bad Homburg]

3.3 CAD/CAM-spezifische Peripheriegeräte

An Peripheriegeräten benötigt man bei CAD/CAM-Anwendungen eine Auswahl der im folgenden stichwortartig angesprochenen Komponenten. Für alle Komponenten gilt, daß sie abhängig von der Konfiguration der CAD/CAM-Rechenanlage (Rechner im Stand-Alone-Betrieb oder im Netzwerkverbund, Ausprägung des Netzwerkes, räumliche Gegebenheiten) einzelnen Arbeitsplätzen zugeordnet sein oder von mehreren Arbeitsplätzen gemeinsam genutzt werden können. Im einzelnen wird im vorliegenden Abschnitt hierauf nicht eingegangen (siehe hierzu Kapitel 5).

Drucker (Printer)

Zum Ausdrucken von Texten (z.B. Programmtexten), Tabellen, (losen) Stücklisten usw. ist ein Drucker erforderlich. Wie schon in anderen Anwendungsgebieten (z.B. Textverarbeitung) setzt sich heute auch im CAD/CAM-Bereich zunehmend der *Laserdrucker* durch, da er bei angemessenem Preis leise, sauber und relativ schnell arbeitet. Er kann außerdem für kleinformatige Zeichnungen (DIN A4, in Sonderfällen auch DIN A3) den Plotter ersetzen. Nachteilig sind die in der letzten Zeit in die Diskussion geratenen Ozonemissionen und die als umweltbelastend einzustufenden Tonerrückstände von Laserdruckern.

Eine Alternative zum Laserdrucker ist der *Tintenstrahldrucker (Inkjet-Printer)*. Auch er läßt sich zum Ausplotten von Zeichnungen nutzen, wobei die genannten ökologischen Nachteile prinzipbedingt (Auftragen von Tintentröpfchen auf das Papier) völlig vermieden werden.

Als Drucker kommen neben Laser- und Tintenstrahldruckern noch *Nadeldrucker* (etwas un-exakt auch Matrixdrucker genannt) sowie – mit abnehmender Bedeutung – *Typendrucker* verschiedener Ausführungen (Typenhebel, Kugelkopf, Typenrad, ...) in Betracht.

Zeichenmaschinen (Plotter)

Wie im vorangegangenen Abschnitt erwähnt, werden kleinformatige Zeichnungen in zuneh-mendem Umfang über Laserdrucker, die dann besser als *Laserdrucker/-plotter* bezeichnet werden sollten, ausgegeben. Das ihnen zugrundeliegende Funktionsprinzip ist von der Photo-kopiertechnik (Xerographie) abgeleitet und sei im einzelnen hier nicht dargestellt. Die Zeich-nungen werden stets im Rasterverfahren ausgegeben, wobei heute Auflösungen bis zu 600 dpi[29] erreicht werden. Mit einem entsprechend ausgerüsteten Gerät ist auch die Ausgabe farbiger sowie flächenhaft ausgefüllter Darstellungen möglich.

Vereinzelt findet man auch Laserplotter für größere Formate (bis DIN A0), jedoch ist es prin-zipbedingt schwierig, in den Randbereichen der Zeichnung eine hohe Zeichnungsgenauigkeit zu erreichen. Auch die bereits erwähnten Umweltprobleme des Laserdruckers/-plotters (Ozonemission, Tonerrückstände) sind bei großen Formaten weitaus gravierender als im DIN A4-/DIN A3-Bereich.

Deswegen werden zur Ausgabe von Zeichnungen, die größer als DIN A4/DIN A3 sind, in der Regel speziellere Zeichenmaschinen (Plotter) bevorzugt. Die Größen von Plottern sind üblicherweise nach den gängigen DIN-Formaten sortiert. In besonderen Anwendungsgebieten (z.B. in der Automobilindustrie) kommen auch noch größere Plotter zum Einsatz (bis zu mehreren Metern Länge), die jedoch keine Standardprodukte sind.

Die klassische Ausführung des Plotters (Plotter hier als numerisch gesteuerte Zeichenmaschi-ne im eigentlichen Sinne) ist der *Stiftplotter* (auch *Penplotter* oder *elektromechanischer Plot-ter* genannt), dessen Ursprung letztlich die aus der Meßtechnik bekannten x,y-Schreiber sind. Stiftplotter sind auch heute noch sehr weit verbreitet. Als Stifte kommen spezielle Bleistifte, Faserstifte, Kugelschreiber oder Tuschefüller zum Einsatz, mit denen Zeichnungen auf unter-schiedliche Zeichnungsträger (z.B. weißes Papier, Klar- bzw. Transparentpapier, Folie) auf-gebracht werden können. In der Regel können bis zu 8 Stifte verschiedener Linienbreite und/oder verschiedener Farbe in das Magazin des Stiftplotters eingesetzt werden. Von Stiftplot-tern erstellte Zeichnungen sind – wie beim manuellen Zeichnen – stets linienhafte Darstellun-gen, flächenhafte (Farb-) Darstellungen sind nicht realisierbar.

Kleinere Stiftplotter (Format DIN A3) sind in der Regel als sogenannte Flachbett- bzw. Tischplotter ausgeführt, größere Stiftplotter (DIN A2 bis DIN A0) sind aus Gründen der Platzersparnis dagegen zumeist sogenannte Trommel- oder Rollenplotter, **Bild 3.11**.

Seit einigen Jahren ist im CAD/CAM-Bereich eine zunehmende Verdrängung der klassischen großformatigen Stiftplotter durch *elektrostatische Plotter* zu beobachten, **Bild 3.12**. Das den

---

[29]   dpi: Dots per Inch, Bildpunkte pro Zoll. Mit 1 Zoll = 25,4 mm ergeben sich bei 600 dpi etwa 24 Bild-punkte pro mm, was einer Auflösung kleiner als 50 μm entspricht.

Bild 3.11 Stiftplotter der Größe DIN A0
(Trommelplotter)
[Werkbild CalComp GmbH, Düsseldorf]

elektrostatischen Plottern zugrundeliegende Funktionsprinzip ist mit dem Funktionsprinzip der Laserdrucker weitläufig verwandt und sei im einzelnen hier nicht dargestellt. Daraus ergibt sich unter anderem, daß auch die elektrostatischen Plotter die Zeichnungen im Rasterverfahren erzeugen (Auflösung bis etwa 400 dpi bzw. 63 µm). Es stehen elektrostatische Plotter zur Erstellung monochromer (schwarz-weißer) oder farbiger Zeichnungen zur Verfügung, wobei auch flächig ausgefüllte Darstellungen realisierbar sind. Elektrostatische Plotter sind teurer als Stiftplotter, jedoch sind sie (besonders bei detailreichen Zeichnungen) schneller und benötigen außerdem insgesamt weniger Pflegeaufwand als Stiftplotter, so daß sich mit ihnen größere Zeichnungsdurchsätze realisieren lassen.

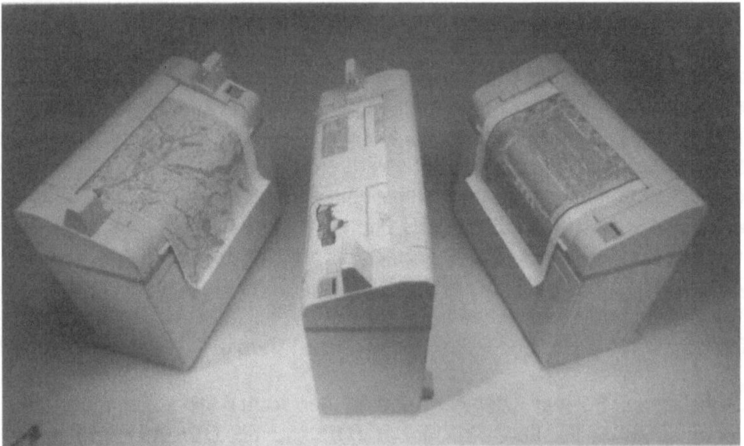

Bild 3.12   Elektrostatische Plotter der Größe DIN A0 in farbiger und monochromer Ausführung
[Werkbild CalComp GmbH, Düsseldorf]

Zu einer ernstzunehmenden, in der Anschaffung relativ preisgünstigen Alternative nicht nur für klein-, sondern auch für großformatige Laserdrucker/-plotter, Stiftplotter und elektrostatische Plotter haben sich in der letzten Zeit *Tintenstrahlplotter* entwickelt. Auch Tintenstrahlplotter arbeiten im Rasterverfahren (punktweises Auftragen von Tintentröpfchen auf das Papier), derzeit mit Auflösungen um etwa 300 dpi (ca. 85 µm). Je nach Ausführung lassen sich mit ihnen monochrome oder farbige Darstellungen erzeugen. Nachteilig sind die zum Teil langen Trocknungszeiten (z.B. beim Plotten auf Folie), die große Zeichnungsdurchsätze verhindern.

Neben den Laserplottern, den Stiftplottern, den elektrostatischen Plottern und den Tintenstrahlplottern gibt es noch Thermotransferplotter, Thermodirektplotter und Photoplotter. Zu diesen läßt sich stichwortartig das folgende sagen:

- *Thermotransferplotter* erzeugen Bilder durch punktförmige örtliche Erhitzung (Rasterverfahren!) eines oder mehrerer Farbbänder (Wachsfolien), von denen sich dabei Farbpartikel lösen und auf den Zeichnungsträger (Papier, Folie) übertragen werden. Thermotransferplotter dienen im allgemeinen der Herstellung relativ kleinformatiger farbiger (auch flächenhaft farbiger) Darstellungen, wobei eine Auflösung um 300 dpi bzw. 85 µm erreicht wird.

- Bei *Thermodirektplottern* (die man auch *Direct-Image-Plotter* nennt) wird direkt der Zeichnungsträger örtlich erhitzt, wodurch eine örtlich begrenzte chemische Reaktion in der Spezialbeschichtung des Zeichnungsträgers ausgelöst wird, die den entsprechenden Bildpunkt verfärbt. Thermodirektplotter können – je nach Ausführung – entweder monochrome oder zweifarbige Bilder liefern (schwarze bzw. schwarze und rote Linien auf weißem, opakem oder transparentem Untergrund). Sie werden in Größen bis zum Format DIN A0 angeboten und erreichen Auflösungen bis etwa 400 dpi (63 µm).

- *Photoplotter* (auch *optoelektronische Plotter* genannt) dienen dazu, Zeichnungen direkt auf Mikrofilme oder auf Mikrofiches zu übertragen. Im Bereich der Elektrotechnik werden Photoplotter auch dazu eingesetzt, die Vorlagen für das Ätzen von Leiterplatten auf Filmmaterial auszugeben. Photoplotter arbeiten in der Regel im Vektorverfahren, um die aufgrund der hier gegebenen Aufgabenstellung erforderlichen sehr hohen Auflösungen realisieren zu können.

Nur Laserdrucker/-plotter gestatten die Verwendung von Normalpapier, wenn man den Begriff Normalpapier eng auslegt. Stiftplotter, Tintenstrahldrucker/-plotter und Thermotransferplotter erfordern – zumindest für hochwertige und maßgenaue Zeichnungsausgaben – behandeltes Papier (z.B. oberflächengeglättet, besonders saugfähig). Elektrostatische und Thermodirektplotter benötigen Papier mit Spezialbeschichtungen (dielektrische Schicht bzw. thermoreaktive Schicht/Schichten).

Bei der Auswahl eines Plotters werden hauptsächlich die Kriterien Maßgenauigkeit, Qualität (Kontrast, gegebenenfalls Farbwiedergabe), Geschwindigkeit/Durchsatz, Langzeitbeständigkeit und -maßhaltigkeit der ausgegebenen Zeichnungen sowie Kosten (Anschaffung, Betriebsmittel, Personalaufwand) eine Rolle spielen. Einen Vergleich der verschiedenen Plotterbauarten bietet [Reid93]. Neben den genannten funktionalen bzw. ökonomischen Kriterien sollte man durchaus auch Kriterien der Umweltverträglichkeit ins Kalkül ziehen. So sind die bei Laserdruckern/-plottern auftretenden Ozonemissionen und umweltbelastenden Tonerrückstände, die besonders bei größeren Formaten ein Problem darstellen, schon erwähnt worden. Ähnliches gilt für elektrostatische Plotter, deren Altchemikalien sogar als Sonderabfall zu entsorgen sind.

Die Ansteuerung von Plottern (gleich welcher Bauart) erfolgt in der Regel unter Nutzung einer standardisierten Graphiksprache (Industriestandard oder Norm). Seit Jahren gebräuchlich sind die Schnittstellenformate *HPGL* (Hewlett-Packard Graphics Language) und *CCGL* (Cal-Comp Colour Graphics Language). Beide haben ihren Ursprung in der Verarbeitung von Vektordaten (Verarbeitung linienhafter Zeichnungsinformationen), können in den aktuellen Versionen daneben jedoch auch Rasterdaten direkt verarbeiten (heute üblicherweise im Schnittstellenformat *TIFF*, Tagged Image File Format). Verschiedentlich wird auch eine Variante des auf einer ISO-Norm fußenden Standards *CGM* (Computer Graphics Metafile) benutzt [ISO8632]. In jüngster Zeit wird mehr und mehr die in den USA von der Firma Adobe Systems entwickelte Sprache *PostScript* eingesetzt, die sehr umfangreiche Übermittlungsmöglichkeiten sowohl für graphische als auch für textuelle Informationen bietet.

Digitalisierer

Digitalisierer sind vergleichsweise großformatige Ausführungen von Digitalisiertabletts (standardmäßig bis etwa zum DIN A0-Format verfügbar), die dazu benutzt werden, geometrische Daten mit hoher Genauigkeit von vorhandenen Zeichnungen abzudigitalisieren und in ein CAD/CAM-System zu übertragen. Jedes Geometrieelement der Vorlage wird zu diesem Zweck von Hand nachgefahren. Digitalisierer haben nur in der Elektrotechnik (Erfassung vorhandener Schaltpläne), in der Kartographie (Erfassung vorhandenen Kartenmaterials), möglicherweise auch noch in der Architektur (Erfassung vorhandener Lage- und Baupläne) eine Bedeutung. Für den maschinenbaulichen Konstruktions- und Fertigungsbereich eignen sie sich in der Regel weniger, weil

–   nur ebene Elemente (Linien, Kreise usw.) übernommen und keine räumlichen Zusammenhänge (z.B. auch zwischen mehreren Ansichten eines Bauteiles) berücksichtigt werden können,
–   das Digitalisieren versagt, wenn die Zeichnungsvorlagen nicht maßstäblich sind, und
–   ein Verzug des Zeichenpapiers zu unkorrekten Ergebnissen führt.

Dies führt dazu, daß abdigitalisierte Zeichnungen praktisch immer am CAD/CAM-Bildschirmarbeitsplatz nachgearbeitet werden müssen, wobei es häufig sinnvoller und zeitlich günstiger ist, das Bauteil von vornherein mit dem CAD/CAM-System neu zu erstellen.

Scanner

Mit Scannern lassen sich vorhandene Vorlagen (Strichcodes, Texte, Zeichnungen, Photographien) rasterförmig abtasten und in Rechnersysteme einlesen. Im CAD/CAM-Bereich ist vorwiegend die Abtastung graphischer Vorlagen interessant. Diese werden dem Rechner in Form von digitalen Bitmustern übergeben. Bei linienhaften Monochrombildern genügt ein Bitmuster, bei Schwarz-Weiß-Darstellungen mit Grauwerten sowie bei Farbvorlagen werden mehrere Bitmuster benötigt.

Die Verwendung von Scannern im CAD/CAM-Bereich (z.B. zum Einlesen auf Papier vorhandener Zeichnungen) ist im Prinzip mit den gleichen Schwierigkeiten behaftet wie der im vorangegangenen Abschnitt bereits kommentierte Einsatz von Digitalisierern. Hinzu kommt das Problem, daß die mit einem Scanner eingelesenen Daten im CAD/CAM-System nur dann weiterverarbeitet werden können, wenn man sie zunächst von Rasterdaten in Vektordaten konvertiert. Diese Konvertierung läuft letztlich auf eine Art Mustererkennung hinaus (Erkennen von bauteilberandenden Strecken, Kreisen/Kreisbögen und anderen Linien, von Schraffurmustern, von Maßen mit den zugehörigen Bemaßungslinien und Maßzahlen, von ergänzenden Texten), was in der Praxis noch sehr große Probleme bereitet. Auch gescannte Zeichnungen erfordern daher erfahrungsgemäß erhebliche Nacharbeiten am CAD/CAM-Bildschirmarbeitsplatz, so daß wieder die Frage zu stellen ist, ob nicht eine Neugenerierung der Zeichnung mit dem CAD/CAM-System besser und schneller ist. Diese Schwierigkeiten treten natürlich nicht auf, wenn eine per Scanner eingelesene Graphik direkt in gerasterter Form weiterverarbeitet werden kann, wie es beispielsweise mit Hilfe sogenannter DTP-Systeme (Desk-Top-Publishing-Systeme) möglich ist.

Lochstreifenleser und -stanzer

In vielen Unternehmen werden die Steuerprogramme für NC-Werkzeugmaschinen immer noch auf Lochstreifen (dem traditionellen Medium für NC-Programme) an die Maschine gebracht und/oder archiviert (in der Regel 8-Spur-Lochstreifen). In solchen Fällen werden natürlich entsprechende Aus- und Eingabegeräte benötigt.

Stereolithographiegeräte

Die Stereolithographie ist ein erst seit Ende der 80er Jahre verfügbares Verfahren zur direkten Überführung dreidimensionaler CAD-Bauteilmodelle in Kunststoffmodelle, das sich sehr schnell am Markt etablieren konnte. Das Prinzip der Modellgenerierung durch Stereolithographie beruht darauf, daß ein Laserstrahl (in der Regel der Strahl eines monochromatischen Ultraviolett-Lasers) bestimmte Kunststoffe (sogenannte Photopolymere), die zunächst in flüssiger Form vorliegen, lokal aushärten läßt (Überführung des zunächst monomeren Kunststoffes in den polymerisierten Zustand). Das Stereolithographiemodell entsteht nun Schicht für Schicht dadurch, daß man den Laserstrahl entsprechend der jeweiligen, aus dem CAD-System nahezu direkt entnehmbaren Schichtkontur über die Oberfläche eines Photopolymerbades lenkt und zwischen den einzelnen Schichten das im Entstehen begriffene Modell jeweils um eine Schichtdicke (bis hinunter zu 0,05 mm) absenkt, **Bild 3.13**. Die Genauigkeit des Stereolithographiemodells ist außer über die eingestellte Schichtdicke und die Prozeßparameter auch noch über die Aufbereitung der CAD-Daten, über die Wahl des verwendeten Kunststoffes sowie über Nachbehandlungsmaßnahmen in weiten Grenzen beeinflußbar.

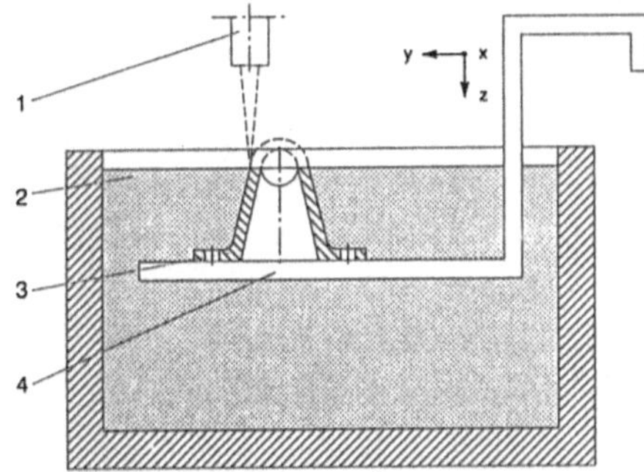

1   in x− und y− Richtung gesteuerter UV−Laser
2   Photopolymerbad
3   Werkstück
4   in z−Richtung schrittweise verfahrbare Trägerplattform

Bild 3.13   Prinzip der Stereolithographie

Die stereolithographische Modellgenerierung, ausgehend von einem vorhandenen dreidimensionalen CAD-Modell, ist im Gegensatz zu den herkömmlichen Bearbeitungsverfahren (z.B. Fräsen) auch für äußerst komplexe Bauteile sehr unaufwendig und schnell durchführbar (Größenordnung: maximal einige Stunden). Dies hat zu der raschen Akzeptanz und Verbreitung des Verfahrens vor allem im Bereich des Prototypenbaus (Stichwort *Rapid Prototyping*) entscheidend beigetragen. **Bild 3.14** zeigt einige Beispiele für die in einem Arbeitsgang damit herstellbaren Kunststoffmodelle.

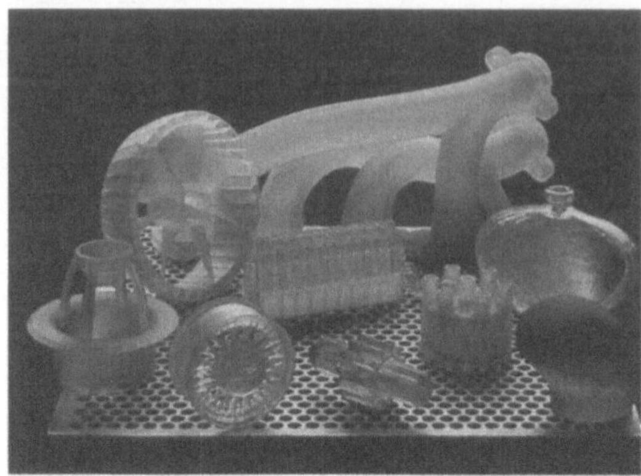

Bild 3.14 Stereolithographie, Anwendungs-beispiele
[Werkbild 3D-Systems GmbH, Darmstadt]

Es sei darauf hingewiesen, daß sich für ein Unternehmen die Anschaffung eines eigenen Stereolithographiegerätes wegen der damit verbundenen Kosten nur dann lohnt, wenn es einen entsprechend ausgelasteten Prototypenbau unterhält und dort überwiegend komplexe Bauteile hergestellt werden (z.B. Bauteile mit vielen Freiformflächen). Unternehmen, auf die dies nicht zutrifft, brauchen dennoch nicht auf die Vorteile der Stereolithographie zu verzichten, da es mittlerweile eine Reihe von Dienstleistungsunternehmen gibt, die sich auf die Herstellung stereolithographischer Modelle spezialisiert haben und nach Übermittlung von CAD-Daten (per Datenträger oder per Datenfernübertragung) Modelle als Auftragsarbeiten kurzfristig erstellen.

Wegen des großen Erfolges der Stereolithographie sind in jüngster Zeit bereits einige ergänzende oder konkurrierende Formgebungsverfahren auf den Markt gekommen, auf die jedoch hier nicht im einzelnen eingegangen sei. Exemplarisch genannt seien das Selective-Laser-Sintering-Verfahren (SLS), das Solid-Ground-Curing-Verfahren (SGC), das Fused-Deposition-Modeling (FDM) und das Laminated-Object-Manufacturing [Nabe92].

4 Software

Im vorliegenden Kapitel werden die wesentlichen Softwarekomponenten vorgestellt, die zum Betrieb eines CAD/CAM-Systems erforderlich sind. Abschnitt 4.1 beschäftigt sich zu diesem Zweck zunächst mit den im CAD/CAM-Bereich relevanten Betriebssystemen. Anschließend wird der Aufbau von CAD/CAM-Softwaresystemen erläutert (Abschnitt 4.2). Aus Platzgründen konzentrieren sich diese Ausführungen überwiegend auf den CAD-Bereich, jedoch sind die meisten Aussagen ohne große Modifikationen auch auf den CAM-Bereich übertragbar. Schließlich wird auf die Möglichkeiten der anwenderspezifischen Erweiterung von CAD/CAM-Systemen eingegangen (Abschnitt 4.3).

4.1 Betriebssysteme

Das Betriebssystem ist die Basissoftware eines Rechners, welche die Installation und den Betrieb von Anwendungsprogrammen überhaupt erst ermöglicht[30]. Anschaulich könnte man davon sprechen, daß das Betriebssystem die Vermittlerrolle zwischen der Hardwareebene, der Systembedienung und den Anwendungsprogrammen (z.B. CAD-Software, Berechnungsprogramm) übernimmt [MüLS88]. Im vorangegangenen Kapitel 3 wurde bereits darauf hingewiesen, daß die Eigenschaften eines Rechners oder Rechnersystems durch das Betriebssystem maßgeblich beeinflußt werden.

Dem Betriebssystem kommen im wesentlichen die folgenden Aufgaben zu:

- Verwaltung der Aufträge, Prozesse und Daten
- Verwaltung der Hardware-Ressourcen (Prozessor, Arbeitsspeicher, Bussystem, angeschlossene Geräte; sogenanntes Resource-Scheduling)
- Interpretation von Eingaben, Aufbereitung von Ausgaben (I/O-Handling)
- Bedienung des Systems (User-Interface)
- Systemsicherheit und Wiederanlauf
- Fehleranalyse und -behandlung (Hard- und Software)

Über diese Basisfunktionen hinaus werden manchmal auch noch bestimmte Dienstprogramme (Utilities) dem Betriebssystem zugerechnet. Beispiele hierfür sind:

- Compiler zur Umwandlung (Übersetzung) der vom Benutzer in einer Hochsprache (z.B. FORTRAN, C) geschriebenen Programme in Maschinenbefehle
- Hilfsprogramme für das Testen und die Fehlersuche von bzw. in Anwendungsprogrammen (Debugger)
- Verschiedene Sortier- und Datentransferprogramme
- Software zur Einbindung eines Rechners in ein Netzwerk

---

[30] In der Anfangszeit der Rechneranwendungen gab es keine scharf umrissene Trennung zwischen Betriebssystem- und Anwendungssoftware, so daß entsprechend gestaltete Anwendungsprogramme auch ohne Betriebssystem laufen konnten. Mit dem heute erreichten Stand der Computertechnik und vor allem mit den heute gebräuchlichen, in einer höheren Programmiersprache (z.B. FORTRAN, C) abgefaßten Anwendungsprogrammen ist dies jedoch nicht mehr möglich.

Die Frage, ob es sich bei derartigen Dienstprogrammen noch um Bestandteile des Betriebssystems oder schon um (betriebssystemnahe) Anwendungssoftware handelt, wird von unterschiedlichen Herstellern unterschiedlich beantwortet und sei hier nicht weiter diskutiert.

Aus der Sicht des Anwenders sind einige weitere grundlegende Merkmale von Betriebssystemen wichtig, die im folgenden unter anderem zur Klassifizierung der verschiedenen im CAD/CAM-Bereich interessanten Betriebssysteme herangezogen werden und deshalb hier kurz erläutert seien:

- Ein Betriebssystem ist *multitaskingfähig*, wenn es dazu in der Lage ist, mehrere Prozesse (Programme) simultan zu bearbeiten (z.B. Möglichkeit des Weiterarbeitens mit dem CAD/CAM-System, während ein Plotauftrag oder eine Datenbankrecherche läuft). Der Begriff Multitasking ist weiter zu gliedern in die Kategorien serielles und paralleles Multitasking, wobei sich das parallele Multitasking noch einmal aufgliedern läßt in kooperatives und preemptives (verdrängendes) Multitasking.

  Serielles Multitasking als einfachste Form des Multitasking liegt vor, wenn ein Prozeß A komplett unterbrochen werden muß, um einen zweiten Prozeß B bearbeiten zu können, und wenn A erst nach der Beendigung von B fortgesetzt werden kann. Beim *parallelen Multitasking* wird zwei oder mehr Prozessen abwechselnd Bearbeitungszeit im Prozessor des Rechners zur Verfügung gestellt, so daß nach außen hin der Eindruck einer gleichzeitigen Bearbeitung entsteht. Der Unterschied zwischen kooperativem und preemptivem Multitasking besteht darin, daß im ersten Fall die Prozesse (Programme) selbst diesen Vorgang steuern, während im zweiten Fall das Betriebssystem die Zuteilung der Prozessor-Bearbeitungszeiten vornimmt. Dies bedeutet, daß kooperatives Multitasking nur mit entsprechend vorbereiteten Programmen funktioniert und daß die Effizienz des Gesamtablaufes von der Bereitschaft jedes einzelnen Programms abhängt, die einmal erhaltene Prozessorkapazität wieder abzugeben. Deswegen wird häufig nur das vom Betriebssystem gesteuerte preemptive Multitasking als echtes Multitasking angesehen.

  Besondere Anforderungen werden an ein multitaskingfähiges Betriebssystem gestellt, das bestimmte Prozesse in Echtzeit verarbeiten soll (*Echtzeitverarbeitung, Real Time Processing*[31]). Echtzeitverarbeitung benötigt man beispielsweise bei der Erfassung und Auswertung von Meßwerten, die Eingangsgrößen von Prozeßsteuerungen sind (z.B. Steuerung von Fertigungsprozessen). Sie kann nur durch ein multitaskingfähiges Betriebssystem realisiert werden, das mit geeigneten Prioritäts- und Sicherheitsmechanismen ausgestattet ist.

- Ein Betriebssystem ist *multiuserfähig*, wenn es dazu in der Lage ist, mehrere Benutzer gleichzeitig, aber unabhängig voneinander zu bedienen. Die Multiuserfähigkeit setzt die Multitaskingfähigkeit voraus, da jeder Benutzer mindestens einen Prozeß betreibt. Die

---

[31] Echtzeitverarbeitung bedeutet ein sofortiges Verarbeiten eintreffender Daten in dem Sinne, daß die Verarbeitungsergebnisse innerhalb einer vorgegebenen, in der Regel sehr kurzen Zeitspanne verfügbar sein müssen. Dies ist auch dann zu gewährleisten, wenn es sich um stochastische Daten handelt und gleichzeitig beliebige andere Prozesse auf dem Rechner laufen.

Multiuserfähigkeit ist eine wichtige Bedingung für die gemeinsame Nutzung zentral gehaltener Programme und Daten.

- Sowohl der Multitasking- als auch der Multiuserbetrieb stellen besondere *Sicherheitsanforderungen* an das Betriebssystem. Die wichtigsten Sicherheitskriterien in diesem Zusammenhang sind der Speicherschutz und die Verwaltung von Zugriffsrechten. *Speicherschutz* bedeutet, daß das Betriebssystem sicherstellen muß, daß ein Programm nur die ihm zugewiesenen Speicherbereiche manipulieren kann. Wirksame Speicherschutzfunktionen sind daher für das Multitasking unverzichtbar. Bei der *Verwaltung von Zugriffsrechten* geht es darum sicherzustellen, daß jeder Benutzer Zugang nur zu denjenigen Programmen und Daten erhält, für die ihm entsprechende Berechtigungen erteilt worden sind. Dabei werden beispielsweise im Betriebssystem UNIX die Berechtigungen noch einmal unterteilt in Lese-, Schreib- und Ausführungsrechte (*Read, Write, Execute* bzw. abgekürzt *R, W, X*), im Betriebssystem VMS für die VAX-Rechner der Firma Digital Equipment (DEC) wird noch weiter differenziert (zusätzlich Lösch- und Kontrollrechte). Eine sichere Verwaltung von Zugriffsrechten ist unverzichtbare Voraussetzung für einen geordneten Multiuserbetrieb.

- Ein weiteres grundlegendes Merkmal von Betriebssystemen ist schließlich noch die *Netzwerkfähigkeit*. Soll sich die Netzwerkfähigkeit eines Rechnerverbundes nicht nur auf das Hin- und Herkopieren von Programmen und Daten zwischen einzelnen Rechnern beschränken, sondern soll eine wirklich gemeinsame Nutzung vorhandener Ressourcen (Resource-Sharing) in dem Sinne stattfinden, daß ein Rechner direkt auf die Programme, Daten und Prozessorkapazität eines anderen Rechners im Netzwerk zugreifen kann, so muß das Betriebssystem über eine entsprechende Netzwerkssoftware verfügen, zu der unter anderem netzwerkweite Multitasking- und Multiuserfunktionen sowie an noch einmal gesteigerte Anforderungen angepaßte Sicherheitsmechanismen gehören müssen.

- Mit Blick auf die Größe und/oder die Struktur der verwendbaren Anwendungsprogramme ist schließlich noch die Frage interessant, ob ein Betriebssystem die *Verwaltung virtueller Speicher* gestattet. Wie bereits in Kapitel 3 kurz angesprochen, sorgt ein Betriebssystem mit virtueller Speicherverwaltung automatisch dafür, daß nicht mehr in den Arbeitsspeicher des Rechners passende Programmteile und Daten durch Pagen oder Swappen auf virtuelle Speicher, die auch als Sekundär- oder Hintergrundspeicher bezeichnet werden und sich physikalisch auf der Festplatte befinden, vorübergehend ausgelagert werden. Ist dies nicht möglich, so muß jedes Anwendungsprogramm, das gemeinsam mit seinen Daten größer als die freie Kapazität des Arbeitsspeichers ist, entsprechend segmentiert sein und die Aus- und Einlagerung der jeweils benötigten Segmente aus dem bzw. in den Arbeitsspeicher selbst übernehmen (*Overlay-Technik*), was eine besondere Ausgestaltung des Anwendungsprogramms erfordert.

Während Betriebssysteme in der Vergangenheit stets rechnerspezifisch (mindestens herstellerspezifisch) angelegt waren, haben sich gerade für Personal Computer (PCs) und Workstations, also für die beiden im CAD/CAM-Bereich überwiegend genutzten Hardwareplattformen, mittlerweile universelle Betriebssystemkonzepte allgemein durchgesetzt. Diese werden nachfolgend vorrangig berücksichtigt.

In bezug auf Betriebssysteme und betriebssystemnahe graphische Zusatzprogramme für PCs und Workstations lassen sich die folgenden Haupttrends verzeichnen:

DOS (Disk Operating System)

Das Betriebssystem DOS wurde von der Firma Microsoft entwickelt und im Jahr 1981 zusammen mit dem ersten Personal Computer von IBM auf dem Markt eingeführt (MS-DOS 1.0). Für PCs ist DOS nach wie vor das dominierende Betriebssystem, obwohl es nach heutigen Maßstäben einigen gravierenden Beschränkungen unterliegt. Insbesondere ist DOS nur eingeschränkt multitaskingfähig (serielles Multitasking mit Einschränkungen) und nicht multiuserfähig. Überdies ist der verwaltbare Arbeitsspeicher (wiederum: nach heutigen Maßstäben) eng limitiert[32] und es bestehen nur sehr rudimentäre Sicherheitsfunktionen. Ein weiteres Problem ist die Verwaltung virtueller Speicher: Da DOS diese Möglichkeit nicht vorsieht, können entsprechende Anforderungen nur mit Hilfe von Zusatzsoftware außerhalb von DOS erfüllt werden. Schließlich gilt die Bedienung von DOS, die rein alphanumerisch über Befehlskürzel erfolgt, als umständlich.

Die weiterhin nahezu ungebrochene Dominanz von DOS auf dem PC-Sektor ist wohl in erster Linie auf den günstigen Preis, auf den geringen Speicherplatzbedarf (für DOS Version 5.0 ca. 300-500 kB auf der Festplatte), auf den großen Bekanntheitsgrad und vor allem auf die enorme Vielfalt an verfügbarer Anwendungssoftware zurückzuführen.

Windows

Windows ist ein von der Firma Microsoft entwickeltes, seit einigen Jahren verfügbares graphisches Zusatzprogramm, das auf DOS aufsetzt und folgende Funktionen erfüllt:

– Bereitstellung einer graphischen Benutzeroberfläche (Steuerung per Maus), um die oft kritisierte Bedienung von DOS zu erleichtern
– Bereitstellung verbesserter Möglichkeiten für den Multitaskingbetrieb (kooperatives Multitasking, sofern die Anwendungsprogramme entsprechend vorbereitet sind)
– Bereitstellung standardisierter Schnittstellen für die graphische Ein- und Ausgabe von Anwendungsprogrammen

Nach gewissen Einführungsschwierigkeiten von Windows scheint sich die Kombination „DOS + Windows" als neuer Standard auf dem PC-Sektor zu etablieren, was unter anderem daran ablesbar ist, daß in zunehmendem Umfang bewährte DOS-Anwendungsprogramme (z.B. Textverarbeitungsprogramme, Tabellenkalkulationsprogramme, aber auch PC-taugliche CAD/CAM-Systeme) auf die graphischen Möglichkeiten von Windows umgeschrieben werden.

Beim Einsatz von Windows ist zu beachten, daß für einen sinnvollen Betrieb mindestens 2 MB, besser 4 MB Arbeitsspeicherkapazität benötigt werden und daß Windows auf der Festplatte 6,5 MB Platz beansprucht (MS-Windows Version 3.1).

---

[32] Limitierung auf 640 kB. Die Verwaltung einer größeren Arbeitsspeicherkapazität ist nur über Zusatzsoftware außerhalb von DOS möglich.

OS/2 (Operating System 2)

OS/2 ist ein ursprünglich gemeinsam von den Firmen IBM und Microsoft entwickeltes Betriebssystem, das als Nachfolger von DOS auf dem PC-Sektor im Jahr 1987 erstmals eingeführt wurde (auf dem als PC-Nachfolger gedachten Rechner IBM PS/2). Allerdings zog sich Microsoft nach kurzer Zeit von der OS/2-Entwicklung und -Pflege zurück, um sich auf das Konkurrenzprodukt Windows zu konzentrieren, so daß OS/2 heute praktisch nur noch von IBM propagiert wird. Bei OS/2 sind einige der Beschränkungen von DOS beseitigt, indem beispielsweise ein echter Multitaskingbetrieb möglich ist (preemptives Multitasking) und eine Arbeitsspeicherkapazität von bis zu 4 GB verwaltet werden kann.

OS/2 wird in der CAD/CAM-Praxis eher zögerlich angenommen. Nach Einschätzung der Verfasser liegt dies einerseits daran, daß bis heute relativ wenige Anwendungsprogramme vorhanden sind, die die Vorteile von OS/2 gegenüber DOS tatsächlich nutzen können. Andererseits erfüllt auch das um das graphische Zusatzprogramm Windows erweiterte Betriebssystem DOS bereits viele Anwenderwünsche. Schließlich fragen sich viele Anwender (wohl zu Recht), ob sie, wenn schon ein völliger Wechsel des Betriebssystems fällig ist, dann nicht besser zu UNIX überwechseln sollten (auf dem PC oder auf einer Workstation).

OS/2 in der Version 2.0 benötigt eine Arbeitsspeicherkapazität von mindestens 4 MB (empfohlen 6-8 MB) und beansprucht auf der Festplatte mindestens 30 MB (empfohlen: 60-80 MB) Kapazität.

Windows NT (New Technology)

Das Betriebssystem Windows NT, dessen erste Version im Jahr 1993 auf den Markt kommt, ist der von der Microsoft entwickelte Nachfolger der Kombination „DOS + Windows". Windows NT ähnelt von der Bedienung her dem am Markt gut eingeführten graphischen DOS-Zusatzprogramm Windows, jedoch verbirgt sich unter dieser Benutzeroberfläche ein völlig neuer Betriebssystemkern, der unter anderem preemptives Multitasking, Multiusermöglichkeiten sowie umfangreiche Sicherheits- und Netzwerksfunktionen beinhaltet. Es kann eine Arbeitsspeicherkapazität von bis zu 4 GB verwaltet werden. Schließlich soll Windows NT sowohl zu DOS als auch zu Windows als auch zu OS/2 kompatibel sein, so daß entsprechend ausgerichtete Anwendungsprogramme weiterhin betrieben werden können.

Windows NT zielt in erster Linie auf den PC-Markt ab (ab Prozessortyp Intel 80386), daneben soll es jedoch auch Versionen für bestimmte Workstations geben (z.B. mit den Prozessortypen R4000 von Mips Computer Systems und Alpha AXP von Digital Equipment). Der Betrieb von Windows NT erfordert eine Arbeitsspeicherkapazität von 8 MB an aufwärts, auf der Festplatte beansprucht Windows NT etwa 50 MB Platz.

UNIX (Unified Extension)

Bei den Workstations dominiert heute – nach einer in der Praxis durchaus schwierigen Durchsetzungs- und Bewährungsphase – das Betriebssystem UNIX. UNIX geht auf eine 1969 begonnene Entwicklung der Bell Laboratories (Tochter des amerikanischen Unternehmens AT&T) zurück und war von Anfang an auf die Verwirklichung von Multitasking-, Multiuser-, Sicherheits- und Netzwerksfunktionen sowie auf die Verwaltung virtueller Speicher ausgelegt.

Weiterer wichtiger Anspruch von UNIX ist es, hardwareunabhängig zu sein, so daß auf UNIX zugeschnittene Anwendungsprogramme problemlos auf Rechnern unterschiedlicher Hersteller laufen können. Zwar muß man zugestehen, daß (außer DOS) kein anderes Betriebssystem diesen Anspruch so gut erfüllt wie UNIX, jedoch ist eine völlige Einheitlichkeit auch hier (noch?) nicht gegeben: So ist zunächst einmal zwischen den beiden sich konkurrierend gegenüberstehenden UNIX-Entwicklungsrichtungen *UNIX System V* von AT&T und *Berkeley-UNIX BSD* (Berkeley Software Distribution) der University of California in Berkeley zu unterscheiden. Hinzu kommen folgende herstellerübergreifende UNIX-Interessenvereinigungen mit eigenen Vorstellungen über die UNIX-Standardisierung und -Weiterentwicklung:

- *X/Open Group*: 1984 auf europäische Initiative hin gegründete Vereinigung mehrerer Hardware- und Softwarehersteller (heute darunter AT&T, Bull, Digital Equipment, Hewlett-Packard, Olivetti, Siemens Nixdorf, Sun Microsystems, Unisys) mit dem Ziel, die Standardisierung des Betriebssystems UNIX weiter voranzutreiben und in diesem Sinne auf wichtige Normungsgremien einzuwirken. Wichtige Ergebnisse waren beispielsweise Rahmenempfehlungen für die Gestaltung von Betriebssystemschnittstellen und eine Betriebssystemumgebung (basierend auf UNIX), die unter dem Namen *POSIX* mittlerweile als IEEE-Standards 1003.1 bis 1003.4 fixiert sind[33]. Der X/Open-Gruppe kommt heute eine weitere wichtige Bedeutung zu, weil sie eine Gesprächsplattform für Vertreter aus den sonst eher konkurrierenden Vereinigungen OSF und UI bietet.

- *OSF* (*Open Software Foundation*): Im Jahr 1988 gegründete Vereinigung mehrerer Hardware- und Softwarehersteller (darunter Bull, Digital Equipment, Hewlett-Packard, IBM, Siemens Nixdorf) mit der Zielsetzung, eine offene Umgebung für die Erstellung von Anwendungssoftware auf der Grundlage des Betriebssystems UNIX zu entwickeln. Ein erstes wichtiges Ergebnis der OSF-Gruppe ist die auf dem X-Window-System aufsetzende graphische Benutzeroberfläche OSF Motif (siehe unten). Ein zweites wichtiges Ergebnis ist das für 1993 zur Einführung vorgesehene UNIX-Betriebssystem OSF/1 (siehe ebenfalls unten).

- *UI* (*UNIX International*): Vom UNIX-„Erfinder" AT&T im Jahr 1989 gewissermaßen als Gegengewicht zur OSF-Gruppe initiierte Vereinigung mehrerer Hardware- und Softwarehersteller (darunter Sun Microsystems, NCR, Unisys) zur Festlegung eines einheitlichen UNIX-Standards.

In der Zwischenzeit sind von den Rechnerherstellern für ihre jeweiligen Produkte zahlreiche unterschiedliche Derivate („Dialekte") des Betriebssystems UNIX entwickelt und auf dem Markt eingeführt worden (z.B. *SunOS* von Sun Microsystems, *HP-UX* von Hewlett-Packard, *ULTRIX* von Digital Equipment, *AIX* von IBM, *SINIX* von Siemens Nixdorf, *CLIX* von Intergraph, *IRIX* von Silicon Graphics), die oft durch die Zugehörigkeit des jeweiligen Anbieters zu einer der genannten Interessenvereinigungen „gefärbt" sind, zum Teil aber auch Mischungen aus den beiden oben genannten grundsätzlichen Entwicklungsrichtungen darstellen.

---

[33] IEEE: Institute of Electrical and Electronic Engineers; internationale Vereinigung von Elektro- und Elektronik-Ingenieuren, die in Deutschland vom VDE (Verband Deutscher Elektrotechniker e.V.) repräsentiert wird

Allerdings bestehen durchweg relativ große Ähnlichkeiten zwischen allen UNIX-Derivaten, so daß die Unterschiede für den Anwender in der Praxis nur wenig ins Gewicht fallen.

Ein sinnvoller Einsatz des Betriebssystems UNIX ist etwa ab einer Arbeitsspeicherkapazität von 4 MB möglich, auf der Festplatte benötigt ein UNIX-Betriebssystem mit vollständigem Funktionsumfang heute etwa 150 MB Speicherkapazität.

Seit einigen Jahren ist UNIX als Alternative zu DOS, DOS + Windows, OS/2 oder Windows NT auch für PCs verfügbar (am weitesten verbreitet: SCO-UNIX der Firma Santa Cruz Operation). Allerdings stellt der Betrieb unter UNIX gewisse Mindestanforderungen an die hardwaremäßige Ausstattung der PCs (Prozessortyp, Arbeitsspeicherkapazität), die deren Preis nahe an den Preis kleiner Workstations heranbringen. Es fragt sich dann, ob eine Workstation nicht das insgesamt bessere Angebot ist. Der Einsatz von UNIX auf PCs beschränkt sich deswegen erfahrungsgemäß auf Fälle, in denen man sowohl UNIX als auch DOS betreiben will und/oder in denen vorhandene PCs in neue Workstation-Umgebungen eingebunden werden sollen.

UNIX-Betriebssysteme beinhalten in der Regel eine Reihe von Netzwerksfunktionen standardmäßig (z.B. TCP/IP, NFS[34]). Zur Vernetzung von UNIX-Rechnern kommt heute nahezu ausschließlich Ethernet zum Einsatz (näheres siehe in Kapitel 5).

X-Window-System

Ähnlich wie auf dem PC-Sektor Windows für DOS, ist auf dem Workstation-Sektor das X-Window-System ein graphisches Zusatzprogramm für das Betriebssystem UNIX[35], das auf 1984 begonnene Entwicklungen des Massachusetts Institute of Technology (MIT) in Boston/ USA, zurückgeht. Die Aufgabe des X-Window-Systems besteht im wesentlichen darin, eine standardisierte graphisch-interaktive Benutzeroberfläche für UNIX und standardisierte Schnittstellen für die graphische Ein- und Ausgabe von Anwendungsprogrammen bereitzustellen. Anders als Windows zielt das X-Window-System auf netzwerkweit verteilte graphische Anwendungen ab. Deswegen ist auch der Betrieb sogenannter *X-Terminals* möglich. Hierbei handelt es sich um graphische Terminals, die für die eigentliche Programmbearbeitung die Prozessorkapazität anderer in das Netzwerk eingebundener Rechner nutzen, mit diesen auf der Basis des X-Window-Systems kommunizieren und dann selbständig für die Aufbereitung der graphischen Ein- und Ausgaben verantwortlich sind. Die meisten Hardwareanbieter liefern heute ihr jeweiliges UNIX-Betriebssystem standardmäßig mit darin integriertem X-Window-System aus.

Das X-Window-System etabliert sich zunehmend auch als Basiswerkzeug zur Erstellung der Benutzeroberflächen von CAD/CAM-Systemen. Es ermöglicht die „intelligente" Darstellung und Verwaltung mehrerer Bildfenster auf dem Graphikbildschirm (mit netzwerkweit beliebi-

---

[34] TCP/IP: Transmission Control Protocol/Internetwork Protocol; NFS: Network File System (ursprünglich entwickelt von der Firma Sun Microsystems, heute als Quasistandard zu betrachten)

[35] Das X-Window-System ist auch für einige andere Betriebssysteme als UNIX verfügbar, worauf hier jedoch nicht eingegangen sei.

ger Herkunft) und verarbeitet die zugehörigen graphischen Eingabeoperationen, **Bild 4.1**.
Dabei können Bildfenster auch sogenannte Ikonen sein, also Sinnbilder (Stellvertreter) für
momentan nicht aktivierte Fenster; dennoch können in solchen „weggeklickten" Fenstern
Prozesse ablaufen (Hintergrundprozesse). In das X-Window-System integriert ist der speziell
für die Ausgabeseite von CAD/CAM-Systemen konzipierte Standard GKS [DIN66252], der
schon seit längerer Zeit von relativ vielen Systemen benutzt wird.

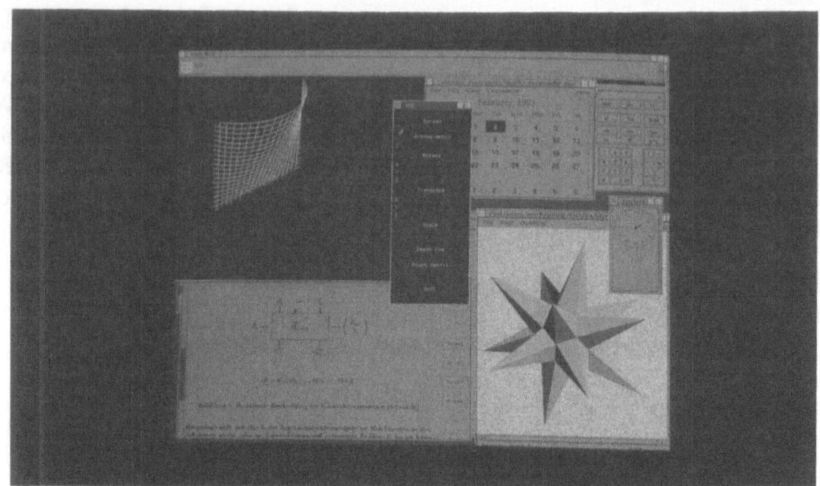

Bild 4.1   Paralleler Betrieb mehrerer UNIX-Anwendungsprogramme unter der Benutzeroberfläche
des X-Window-Systems

Beim Betrieb des X-Window-Systems ist zu beachten, daß jede damit arbeitende Maschine
etwa 4 MB Arbeitsspeicherkapazität allein hierfür benötigt (einschließlich X-Terminals). Auf
der Festplatte beansprucht ein voll ausgebautes, d.h. mit allen Programmteilen und allen
Schriftarten (Fonts) ausgestattetes X-Window-System etwa 15-20 MB.

OSF/Motif

OSF/Motif ist eine auf dem X-Window-System aufsetzende Benutzerumgebung, die eine erweiterte Graphikbibliothek, ein (noch) „intelligenteres" Management für die verschiedenen
graphischen Elemente sowie vereinfachte Programmiermöglichkeiten für graphische Applikationen bietet.

Der Speicherplatzbedarf auf der Festplatte für OSF/Motif einschließlich des zugrundeliegenden X-Window-Systems läßt sich mit etwa 60 MB beziffern (alle Optionen).

OSF/1

Das Betriebssystem OSF/1 soll ab 1993 auf dem Markt eingeführt werden (zumindest von
denjenigen Hardwareanbietern, die Mitglieder der oben beschriebenen OSF-Gruppe sind). Im
Prinzip handelt es sich um einen neuen UNIX-Standard, der gegenüber den heute vorhandenen verschiedenen UNIX-„Dialekten" in erheblichem Umfang weiter vereinheitlicht ist, der

einige neue Funktionen bietet (z.B. in Richtung auf eine von UNIX bisher nur in Sonderfällen realisierbare Echtzeitverarbeitung) und in den eine Reihe von weit verbreiteten (Quasi-) Standards fest eingebunden sind (z.B. X-Window-System, OSF/Motif, PostScript). Für die Zukunft wird eine so weitgehende Vereinheitlichung angestrebt, daß Anwendungsprogramme auf unterschiedlichen Rechnern binärkompatibel sein sollen, d.h. ohne erneute Compilierung (ohne erneute Übersetzung aus einer Hochsprache in den Maschinencode) von einem Rechner auf einen anderen übertragen werden können.

OSF/1 benötigt eine Arbeitsspeicherkapazität von mindestens 16 MB. Auf der Festplatte beansprucht OSF/1 Platz im Umfang von mindestens 200 MB (besser 300 MB).

VMS (Virtual Management/Machine System)

Das Betriebssystem VMS ist zwar im Gegensatz zu allen vorgenannten Betriebssystemen nicht herstellerunabhängig, jedoch besitzt es gerade im CAD/CAM-Bereich eine weite Verbreitung und soll deswegen hier nicht unerwähnt bleiben. Die erste Version von VMS wurde in den 70er Jahren von der Firma Digital Equipment (DEC) für die DEC-Rechner mit den damals neuen VAX-Prozessoren entwickelt und auf den Markt gebracht. Die ersten mit VAX-Prozessoren ausgerüsteten DEC-Rechner waren Minicomputer (d.h. dem Zentralrechnerkonzept folgende, etwa zwischen Großrechnern und den heutigen Workstations anzusiedelnde Rechner). Nach dem Aufkommen der Workstations wuchs VMS jedoch auch in diesen Sektor hinein und ist heute nur noch hier beheimatet. Im Prinzip deckt VMS einen ähnlichen Funktionsumfang wie UNIX bzw. wie OSF/1 ab (multitasking- und multiuserfähiges Betriebssystem mit umfangreichen Sicherheits- und Netzwerkfunktionen sowie mit virtueller Speicherverwaltung). Die Multitaskingfähigkeit von VMS zeichnete sich von Anfang an durch besonders leistungsfähige Prozeßsteuerungsmechanismen aus, die auch und gerade die Belange der Echtzeitverarbeitung berücksichtigen. Außerdem gelten die Sicherheitsfunktionen von VMS bis heute als unübertroffen (zumindest im Marktsegment der Arbeitsplatzrechner). Nicht zuletzt diese Gründe dürften die weite Verbreitung von VMS im CAD/CAM-Bereich maßgeblich gefördert haben.

Seit dem Jahr 1992 lautet die Bezeichnung des VMS-Betriebssystems *OpenVMS*, um die sehr umfangreichen Netzwerkfunktionen und die Integrationsfähigkeit von VMS-Rechnern beispielsweise in UNIX-Umgebungen zum Ausdruck zu bringen. Auch für OpenVMS sind den üblichen (Quasi-) Standards folgende graphische Erweiterungen erhältlich (X-Window-System, OSF/Motif, PostScript). OpenVMS ohne graphische Zusatzprogramme ist ab einer Arbeitsspeicherkapazität von etwa 2 MB lauffähig, zu empfehlen ist eine Kapazität von mindestens 4 MB. Für den Betrieb der graphischen Zusatzprogramme benötigt man etwa 2 MB mehr. Auf der Festplatte beansprucht OpenVMS in vollem Ausbauzustand, jedoch ohne graphische Zusatzprogramme etwa 100 MB Speicherkapazität. Die Graphikerweiterungen beanspruchen etwa 35 MB zusätzlich (alle Angaben bezogen auf OpenVMS Version 5.5-2).

4.2   CAD/CAM-Anwendungssoftware

CAD/CAM-Systeme setzen sich heute in der Regel aus mehreren Komponenten zusammen, die innerhalb der Produktentstehung (innerhalb der Prozeßkette Entwicklung, Konstruktion, Arbeitsplanung, Fertigung/Montage mit den angrenzenden Bereichen Produktionsplanung und -steuerung sowie Qualitätssicherung) der Erfüllung unterschiedlicher Funktionen dienen.

Es ist unmöglich, den Aufbau aller dieser Komponenten in der hier gebotenen Kürze umfassend zu beschreiben. Deshalb wird im folgenden schwerpunktmäßig auf die *Erfassung und Verarbeitung von Geometriedaten* eingegangen. Die Geometriedatenerfassung und -verarbeitung spielt insbesondere im Bereich der rechnerunterstützten Entwicklung und Konstruktion (CAD) bis heute die dominierende Rolle. Aber auch in der rechnerunterstützten Arbeitsplanung (z.B. im Rahmen der NC- und Roboter-Programmierung) sowie in der rechnerunterstützten Qualitätssicherung (z.B. im Rahmen der Prüfplanung) sind Fragen der Geometriedatenerfassung und -verarbeitung von großer Bedeutung. Deshalb beziehen sich die nachstehenden Erläuterungen überwiegend auf den Aufbau von CAD-Systemen, sind jedoch auf die anderen geometrieerfassenden und -verarbeitenden Softwarekomponenten übertragbar.

Den Ausführungen vorangestellt seien die folgenden fünf Anmerkungen, die die Rolle der Geometriedatenerfassung und -verarbeitung in den übergeordneten Zusammenhang stellen:

- Geometrische Erwägungen haben beim Entwickeln und Konstruieren eine große Bedeutung. Die Festlegung der Geometrie von Bauteilen ist wichtige Grundvoraussetzung für zahlreiche weiterführende Tätigkeiten innerhalb und außerhalb der Konstruktion. So kann man für ein Bauteil (etwa eine Welle) die Festigkeit erst dann nachrechnen, den Herstellungspreis erst dann kalkulieren und den Arbeitsplan erst dann erstellen, wenn die Geometrie des Bauteiles bekannt ist[36].

- Die vorstehende Feststellung bezieht sich nicht auf den gesamten Entwicklungs- und Konstruktionsprozeß, sondern sie ist streng genommen nur für die Phasen Entwerfen und Ausarbeiten korrekt (siehe hierzu Kapitel 2). Allerdings treten gerade diese Phasen in den praxisrelevanten Konstruktionsprozessen bei weitem am häufigsten auf, so daß in der Entwicklungs- und Konstruktionspraxis tatsächlich die geometrisch-gestaltenden Tätigkeiten zu dominieren scheinen.

- Vor dem Hintergrund der beiden vorstehenden Aussagen kann man zu dem Schluß kommen, daß die Fähigkeit zur Geometriemodellierung überhaupt erst auf breiter Front den Weg für die Einführung und Etablierung von Rechnern und zugehöriger Anwendungssoftware als neuartige Hilfsmittel des Konstrukteurs erschlossen hat. Sie ist auch heute noch unerläßlich.

- Die Nutzung von Rechnern und geeigneten Anwendungsprogrammen im Rahmen des Entwicklungs- und Konstruktionsprozesses wiederum ist notwendige Voraussetzung für eine durchgängige Rechnerunterstützung des gesamten oben skizzierten Produktentstehungsprozesses (CIM), da in Entwicklung und Konstruktion die Daten erstmals festgelegt werden, die nachfolgende und angrenzende Unternehmensbereiche (z.B. Arbeitsplanung, Fertigung/Montage, Produktionsplanung und -steuerung, Qualitätssicherung) aufgreifen, weiterverarbeiten und entsprechend ihren jeweiligen Aufgabenstellungen vervollständigen.

---

[36] Natürlich werden neben geometrischen auch noch andere Informationen benötigt (z.B. bezüglich des Werkstoffes, der Oberflächenbeschaffenheiten, der Toleranzen, des Herstellungsverfahrens). Dennoch besitzt kein anderes Merkmal auch nur annähernd die gleiche Wichtigkeit wie die Geometrie.

- Allerdings sollte genauso klar festgehalten werden, daß im CAD/CAM-Bereich die Berücksichtigung *nur* der geometrischen Aspekte eine zu schmale Basis für die Anforderungen darstellt, die in der Zukunft (zum Teil bereits heute) an zeitgemäße, „intelligente" informationstechnische Unterstützungssysteme für den Entwicklungs-, Konstruktions-, Arbeitsplanungs- und Fertigungs-/Montageprozeß gestellt werden. Dies gilt erst recht, wenn man sich vor Augen hält, daß sich die Geometriedatenerfassung und -verarbeitung in der CAD/CAM-Praxis überwiegend auf den 2D-Bereich beschränkt [Vajn91].

4.2.1 Allgemeiner Aufbau

Bild 4.2 zeigt schematisch den Aufbau eines CAD-Softwaresystems heutiger Prägung. Es besteht im wesentlichen aus folgenden Komponenten:

- Eingabebaustein
- Algorithmenteil
- Ausgabebaustein
- Datenbasis

Der *Eingabebaustein* empfängt von außen Anweisungen, interpretiert diese und aktiviert die zur Durchführung nötigen Prozeduren. Im Dialogbetrieb stammen die Anweisungen direkt vom Benutzer, der sich zur Kommunikation mit dem CAD-System entweder eines graphischen Eingabegerätes wie Digitalisiertablett oder Maus (interaktiver Dialog) oder der Tastatur (alphanumerischer Dialog) bedient. Daneben ist es möglich, daß Anweisungen aus externen Dateien eingelesen oder von anderen Programmen bzw. Programmsystemen empfangen werden. Beispiele hierfür sind etwa das Einlesen einer in der alphanumerischen Codierung eines systemneutralen Schnittstellenformates beschriebenen Datei oder das Aktivieren des CAD-Systems aus einem übergeordneten Steuerprogramm für Variantenkonstruktionen heraus.

Der *Algorithmenteil* des CAD-Systems enthält die zur Erledigung der mit dem betreffenden CAD-System durchführbaren Aufgaben notwendigen Basisprozeduren. Damit sind diejenigen Prozeduren gemeint, die dazu dienen, Elemente neu in die Datenbasis einzutragen (z.B. Hinzufügen eines Vollkreises), vorhandene Elemente zu manipulieren (z.B. Verlängern einer Strecke), zu verknüpfen (z.B. Ermitteln des Schnittpunktes zweier Strecken) oder zu löschen (z.B. Löschen eines Kreisbogens). Er enthält daneben noch globale Funktionen, wie etwa die Berechnung von Extremwerten der Geometrie, Berechnung von Flächen- und Volumeninhalten, Skalierungen oder Konsistenztests der Datenbasis.

Der *Ausgabebaustein* dient dazu, die in der Datenbasis abgelegten Daten für bestimmte Ausgabezwecke und -medien aufzubereiten und die Datenausgabe durchzuführen. Häufig wird dabei hinsichtlich der Art der auszugebenden Daten nach Graphik- und Textinformationen (alphanumerischen Informationen) unterschieden. Im Dialogbetrieb erfolgt die Datenausgabe direkt an den Benutzer (Graphikbildschirm/Graphikfenster und alphanumerischer Bildschirm/ alphanumerisches Fenster). Daneben können Datenausgaben veranlaßt werden an Peripheriegeräte (Drucker, Plotter, Disketten-/Magnetband-/Kassettenstation), an externe Dateien (z.B. Auslesen von Geometriedaten in einem systemneutralen Schnittstellenformat, Auslesen von

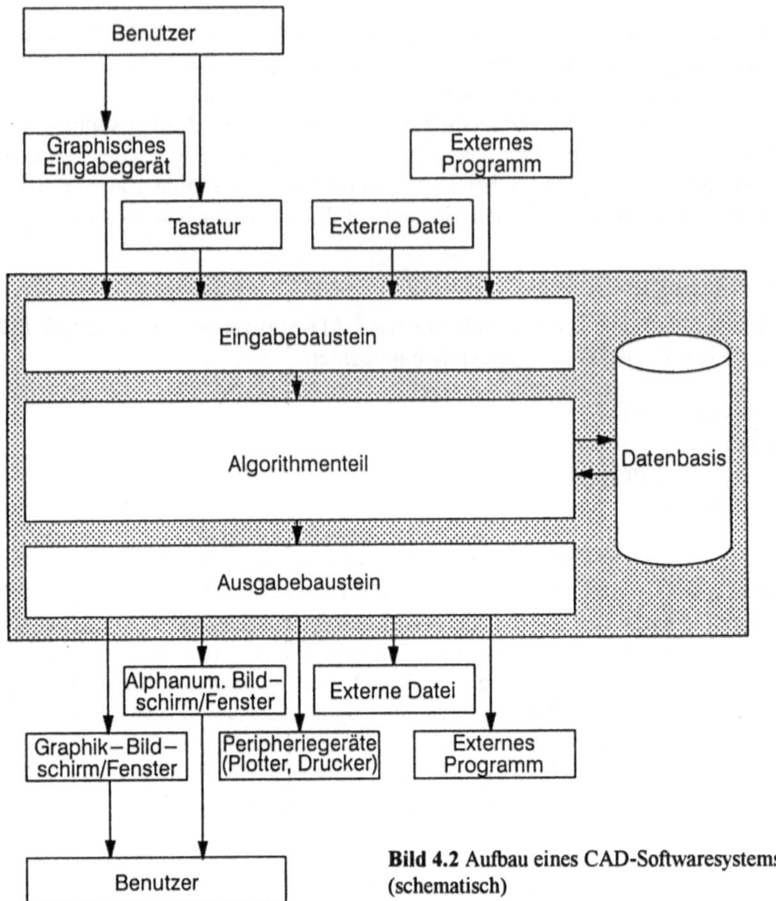

Bild 4.2 Aufbau eines CAD-Softwaresystems (schematisch)

Geometriedaten für die NC-Programmierung in der Codierung des nachgeschalteten NC-Programmiersystems) und an externe Programme oder Programmsysteme (z.B. on-line-Übergabe von gerasterten Bilddaten, also von Pixelbildern, an ein Desk-Top-Publishing-System).

Natürlich enthalten auch der Eingabe- und der Ausgabebaustein eines CAD-Systems bestimmte Prozeduren. Um diese von den (Basis-) Prozeduren im Algorithmenteil abzugrenzen, könnte man sie vielleicht als „Ein- und Ausgabeprozeduren" bezeichnen. Eine typische Ausgabeprozedur wäre es beispielsweise, aus den in der Datenbasis abgelegten dreidimensionalen Geometriedaten eines Bauteiles oder einer Baugruppe die zweidimensionale Projektion (eventuell mit Ausblenden der verdeckten Kanten oder in schattierter Darstellung) entsprechend dem vom Benutzer gewünschten Blickwinkel zu errechnen (Ermittlung der Bilddaten), bevor das entsprechende Bild über den Graphikbildschirm bzw. das Graphikfenster oder über den Plotter ausgegeben wird (siehe Beispiel weiter unten).

Diejenigen Teile des Eingabe- und des Ausgabebausteines, die im Dialogbetrieb direkt von dem Anwender interaktiv genutzt werden (graphisches Eingabegerät und Tastatur auf der Eingabeseite, graphische und alphanumerische Bildschirmausgaben auf der Ausgabeseite), bilden gemeinsam die *Benutzerschnittstelle* des CAD-Systems (auch *Benutzeroberfläche* genannt). An die Benutzerschnittstelle werden besondere Anforderungen gestellt (die sowohl die Ergonomie als auch die Geschwindigkeit betreffen). In Abschnitt 4.1 wurde bereits darauf hingewiesen, daß sich als Basiswerkzeuge zur Erstellung von CAD- und anderen Benutzerschnittstellen in jüngster Zeit zunehmend standardisierte Graphikprogramme wie Windows (PC-Sektor) oder das X-Window-System (Workstation-Sektor) etabliert haben.

Der Kern jedes CAD-Systems ist stets die *Datenbasis*. Aus den in der Datenbasis abgelegten Daten ergibt sich der dem CAD-System verfügbare Ausschnitt des Produktmodells (siehe hierzu Kapitel 2), der im folgenden als *CAD-Modell* bezeichnet werden soll. (Andere in der Literatur zu findende Benennungen hierfür sind *rechnerinternes Modell RIM* oder *rechnerinterne Darstellung RID.*)

Inhalt und Aufbau der Datenbasis bestimmen die (tatsächliche oder potentielle) Leistungsfähigkeit des CAD-Systems, da sich dessen Funktionen grundsätzlich nur in dem Rahmen bewegen können, den die in der Datenbasis abgelegten oder daraus ableitbaren Daten vorgeben. So kann z.B. ein dreidimensionales CAD-System mit einem rechnerinternen Kantenmodell niemals die Funktion „Volumenberechnung" durchführen, da ein Teil der dazu notwendigen Informationen im Kantenmodell völlig fehlt.

Grundsätzlich lassen sich die in der Datenbasis eines CAD-Systems abgelegten Daten wie folgt einteilen:

- Geometriedaten[37], z.B. zur Erfassung von Punkten, Linien, Flächen
- Zeichnungsdaten, z.B. Maßangaben, Toleranzangaben, Zeichnungsmaßstab, Zeichnungsrahmen, Schriftfeld, Beschriftungen
- Attribute zu Geometrie- und Zeichnungsdaten, z.B. Schraffurkennungen, Linienbreiten und -arten
- organisatorische Daten, z.B. Verweise auf verwendete Makros, Teilestrukturen, Ebenentechnik (Layertechnik)

Hinzu kommen noch bestimmte System(steuer)daten (z.B. Fangradius für Koordinatenwerte beim freien Digitalisieren). Diese sind naturgemäß in besonderem Maße vom speziellen System abhängig und werden überdies oft nur temporär, d.h. nur während der aktuellen Sitzung abgespeichert. Im einzelnen wird auf diese Daten hier nicht eingegangen.

Die Existenz der CAD-Datenbasis bzw. des CAD-Modells ist der eigentlich signifikante Unterschied zwischem dem manuellen und dem rechnerunterstützten Konstruieren:

- Beim manuellen Konstruieren ist das Ergebnis des Konstruktionsprozesses die in der Regel auf Papier festgehaltene Produktdokumentation. Diese setzt sich zusammen aus

---

[37] Vielfach wird zwischen Geometrie und Topologie unterschieden. Dem Begriff Geometrie werden dann die rein mathematischen Aspekte zugeordnet (z.B. mathematische Gleichung einer Ebene im Raum), während unter dem Begriff Topologie die technisch relevanten Begrenzungen und die Nachbarschaftsverhältnisse der verschiedenen geometrischen Elemente verstanden werden (z.B. Berandung der Ebene, Anschlußflächen). Im vorliegenden Beitrag, der nicht auf CAD-Grundlagen eingeht, ist diese Unterscheidung ohne Belang. Vereinfachend schließt deshalb hier der Begriff Geometriedaten die topologischen Informationen ein.

Zeichnungen, Stücklisten, Berechnungen, Fertigungs-, Montage- und Prüfvorschriften usw. Die genannten Unterlagen unterscheiden sich zum Teil stark voneinander (z.B. bezüglich der verwendeten „Sprachen": Graphik, Text, mathematische Ausdrücke), sie müssen unabhängig voneinander erstellt werden und fügen sich erst im Gehirn des „Lesers" wieder zu einem geschlossenen Ganzen zusammen.

- Auch beim rechnerunterstützten Konstruieren fallen selbstverständlich die genannten Komponenten der Produktdokumentation an. Sie sind jedoch nicht das eigentliche Ergebnis des Konstruktionsprozesses, sondern es handelt sich lediglich um bestimmte Präsentationsformen des zugrundeliegenden CAD-Modells (um unterschiedliche Sichten auf das CAD-Modell). Das eigentlich wichtige Ergebnis des mit Hilfe von CAD durchgeführten Konstruktionsprozesses ist hingegen das CAD-Modell selbst als rechnerinterne Abbildung des konstruierten technischen Produktes oder Systems.

Zusammengefaßt ist daher das CAD-Modell eine abstrakte Beschreibung des gesamten „Wissens", welches das CAD-System über das konstruierte technische Produkt oder System besitzt. Es wird in der Datenbasis digital abgespeichert und kann über den Ausgabebaustein des CAD-Systems in unterschiedliche vom Benutzer gewünschte Präsentationsformen (Sichten) überführt werden. Dabei wird für jede einzelne Präsentationsform in der Regel nur ein Teil der insgesamt im CAD-Modell vorhandenen Daten benötigt. **Bild 4.3** zeigt dies an einem sehr einfachen Beispiel, in dem für einen Quader aus dem dreidimensionalen Geometriemodell (hier Volumen- oder Flächenmodell) eine zweidimensionale perspektivische Zeichnung (hier Parallelprojektion ohne Ausblendung der verdeckten Kanten) abgeleitet wird. Das Beispiel verdeutlicht den gelegentlich geäußerten, etwas provozierend gemeinten Standpunkt, im Rahmen der CAD-Konstruktion sei die Zeichnung nur ein aus dem CAD-Modell abgeleitetes „Abfallprodukt", welches bei hinreichend „intelligenter" Weiterverarbeitung der Daten (z.B. CAD/CAM-Kopplung) unter Umständen sogar verzichtbar sei.

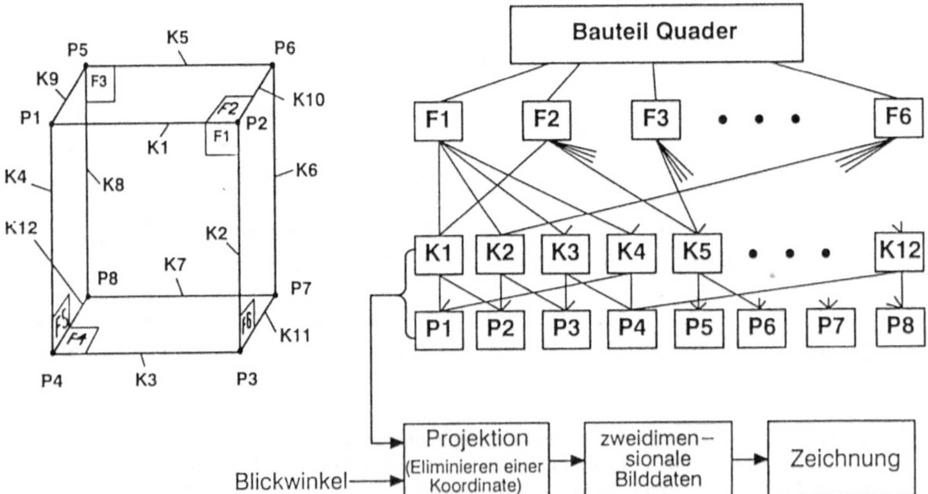

Bild 4.3   Ableitung von zweidimensionalen Zeichnungsdaten aus dem dreidimensionalen rechnerinternen Geometriemodell eines Quaders

Es ist einsichtig, daß die Existenz des CAD-Modells vom Prinzip her völlig neue Möglichkeiten zur automatischen oder teilautomatischen Überprüfung, Vervollständigung, Verknüpfung und Interpretation von Daten über das konstruierte technische Produkt oder System eröffnet. Allerdings muß dazu das CAD-Modell bzw. die Datenbasis für den vorgesehenen Anwendungszweck hinreichend vollständig sein. Da sich Mängel in diesem Bereich später kaum ausgleichen lassen, sollte bei der CAD-Systemauswahl – insbesondere bei der Auswahl eines dreidimensionalen CAD-Systems – stets die erste Frage dem zugrundeliegenden Modell bzw. der zugrundeliegenden Datenbasis gelten. Erst wenn diese Frage zufriedenstellend geklärt ist, können sinnvollerweise die Qualität der Ein- und Ausgabebausteine sowie die Zuverlässigkeit und die Schnelligkeit der verwendeten Algorithmen als weitere Beurteilungskriterien herangezogen werden.

4.2.2 Zweidimensionale Geometrie-Datenbasis

Bei zweidimensionalen CAD-Systemen werden im wesentlichen die folgenden geometrischen Elemente in der Datenbasis abgespeichert:

- *Punkte*, z.B. Anfangs- und Endpunkte von Linien, Mittelpunkte von Kreisen/Kreisbögen

- *Linien*, z.B. Strecken mit Anfangspunkt P_1 und Endpunkt P_2, Kreise mit Mittelpunkt M und Radius R, Kreisbögen mit Mittelpunkt M, Radius R und Anfangs- und Endpunkt P_1 bzw. P_2

Bei den Linien ist weiter zu unterscheiden nach der (mathematischen) Komplexität, **Bild 4.4**:

- *Strecken* sind „Kurven", die durch mathematische Gleichungen ersten Grades beschrieben werden können. Sie können von allen zweidimensionalen CAD-Systemen erfaßt werden.

- *Kegelschnitte* sind Kurven, die durch Gleichungen zweiten Grades mathematisch beschrieben werden können. Sie können weiter unterteilt werden in Kreise und Kreisbögen, Ellipsen und Ellipsenbögen, Parabeln, Hyperbeln und Geradenpaare, **Bild 4.5**. Von den hier ausschließlich interessierenden gekrümmten Kegelschnitten werden im CAD-Bereich in der Regel nur Kreise und Kreisbögen, allenfalls noch Ellipsen und Ellipsenbögen mathematisch exakt erfaßt.

- *Freiformkurven* sind dadurch charakterisiert, daß mit besonderen mathematischen Verfahren durch eine Reihe vorgegebener Stützpunkte eine Kurve gelegt wird (stückweise Beschreibung). Wenn diese Kurve genau durch die Stützpunkte verläuft, bezeichnet man sie als *interpolierende Freiformkurve*, während man eine möglichst „glatt" zwischen den Stützpunkten verlaufende Kurve als *approximierende Freiformkurve* bezeichnet. Im CAD-Bereich werden alle Linien als Freiformkurven beschrieben, die von dem betreffenden CAD-System ansonsten nicht erfaßt werden können (d.h. in der Regel alle komplexeren Linien als Strecken, Kreise/Kreisbögen und Ellipsen/Ellipsenbögen). Zu beachten ist, daß nicht alle zweidimensionalen CAD-Systeme die Möglichkeit zur Generierung von Freiformkurven besitzen.

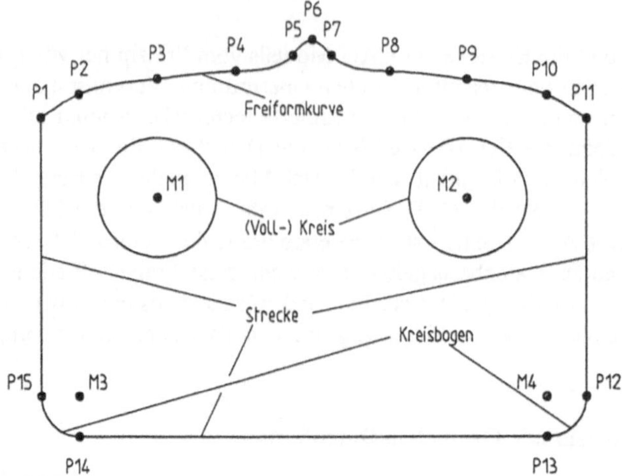

Bild 4.4   Linien und Punkte als wesentlicher Inhalt der Datenbasis zweidimensionaler CAD-Systeme

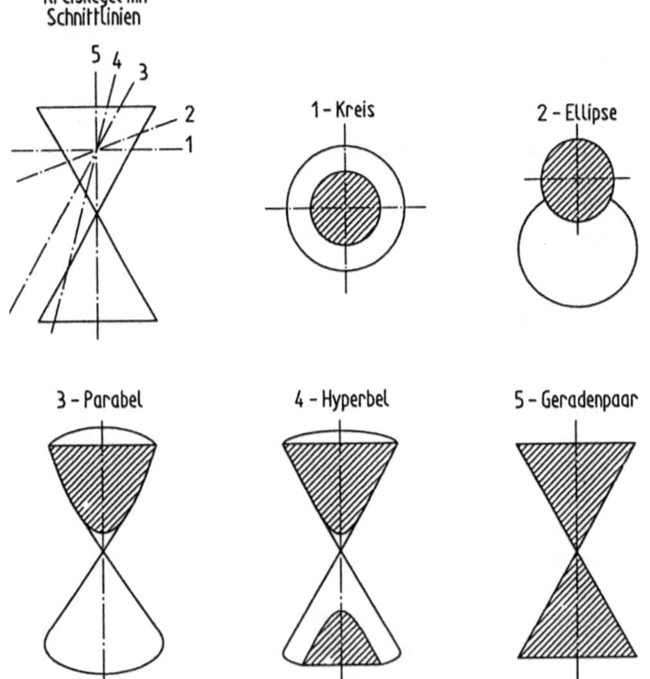

Bild 4.5   Mathematische Kegelschnitte

Freiformkurven werden verschiedentlich auch als *analytisch nicht einfach beschreibbare Kurven*, als *Kurven höherer Ordnung*, als *Parameterkurven* oder als *Splinekurven* bezeichnet. Der Begriff Parameterkurven erklärt sich daher, daß die mathematische Beschreibung von Freiformkurven in vielen Fällen nicht in Abhängigkeit von den zugrundeliegenden (globalen) Koordinaten erfolgt (z.B. in der Form $f(x,y) = 0$), sondern in Abhängigkeit von einem eigens eingeführten, entlang der Kurve zählenden Kurvenparameter s, aus dem sich die Koordinaten jedes Kurvenpunktes berechnen lassen (z.B. in der Form $x = f_1(s)$ und $y = f_2(s)$). Zu dem Begriff Splinekurven ist anzumerken, daß er eigentlich nur auf solche Freiformkurven zutrifft, die nach einer speziellen mathematischen Beschreibungsmethode erfaßt werden. Zwar ist diese Methode am weitesten verbreitet, jedoch ist die Zusammenfassung aller derartigen Kurven unter dem Oberbegriff Splinekurven streng genommen falsch.

Weiterführende Angaben über Freiformkurven und die im nächsten Unterabschnitt 4.2.3 angesprochenen Freiformflächen findet man in der einschlägigen Literatur, die sich grob in eher mathematisch orientierte Abhandlungen (z.B. [Coon67, Bezi72, Spät73, RoAd76, Boor78, CoBo80, Yama88]) und in eher auf die Anwendung im CAD/CAM-Bereich gerichtete Ausführungen (z.B. [Müll80, Grät83, EnSc89, Pahl90]) gliedern läßt.

Den in der Datenbasis eines CAD-Systems erfaßten Linien können nun weitere Attribute zugeordnet werden, etwa die Attribute „Linienbreite schmal", „Linienart Strichlinie". Außerdem findet man bei zahlreichen zweidimensionalen CAD-Systemen den Linien zugeordnete Zusatzinformationen, die Aussagen über Flächenverbände machen, die von den betreffenden Linien berandet werden.

So ist es etwa üblich, Schraffurkennungen an die Linien zu hängen („Linie ist Schraffurgrenze ja/nein"). Die schraffierte Fläche insgesamt ergibt sich dann aus der Aneinanderreihung der mit Schraffurkennungen versehenen Linien zu einem Linienzug, der stets geschlossen sein muß, damit eine Schraffur der Fläche überhaupt eindeutig möglich ist. **Bild 4.6** demonstriert an einem einfachen Beispiel, welche Wirkungen entstehen, wenn man den gleichen Linienzügen unterschiedliche Schraffurkennungen zuordnet. Es sei noch darauf hingewiesen, daß die Schraffurlinien selbst in der Regel nicht als Geometriedaten in der Datenbasis abgelegt werden, da sie keine realen Bauteilkonturen repräsentieren, sondern den Regeln des technischen Zeichnens folgende rein symbolische Linien sind.

4.2.3 Dreidimensionale Geometriedatenbasis

Bei dreidimensionalen CAD-Systemen üben Inhalt und Aufbau der Datenbasis noch einen wesentlich größeren Einfluß auf die Leistungsfähigkeit und praktische Einsetzbarkeit des Systems aus als bei zweidimensionalen CAD-Systemen. Grundsätzlich unterscheidet man die folgenden Typen an rechnerinternen Geometriemodellen, **Bild 4.7**:

- Kantenmodell
- Flächenmodell
- Volumenmodell

Schraffurkennung für			Ergebnis	Schraffurkennung für			Ergebnis
LZ1	LZ2	LZ3		LZ1	LZ2	LZ3	
0	0	0		1	1	0	
1	0	0		1	0	1	
0	1	0		0	1	1	
0	0	1		1	1	1	

Schraffurkennung = 0: LZ ist nicht Schraffurgrenze,   Schraffurkennung = 1: LZ ist Schraffurgrenze

Bild 4.6   Schraffurkennungen an Linien bzw. Linienzügen (LZ)

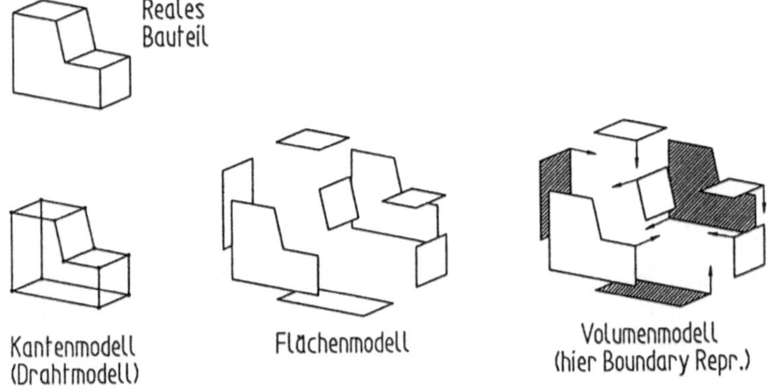

Bild 4.7   Kanten-, Flächen- und Volumenmodell (schematisch)

Kantenmodell

Das Kantenmodell (auch *Drahtmodell* oder *Linienmodell* genannt) ist die einfachste Möglichkeit, Objektgeometrien dreidimensional zu repräsentieren. Beim Kantenmodell enthält die Datenbasis neben Punktdaten (Anfangs-/Endpunkte, Mittelpunkte, Stützpunkte) nur Daten über die Kanten der Bauteile. Für diese (räumlichen) Kanten gilt im Prinzip die gleiche Unterteilung wie sie oben für die Linien in zweidimensionalen CAD-Systemen vorgestellt wurde (Strecken, Kegelschnitte, Freiformkurven). Allerdings wirft schon die Erfassung von Kreisen und Kreisbögen gewisse systematische Probleme auf, da zur eindeutigen räumlichen Bestimmung eines Kreises/Kreisbogens eigentlich angegeben muß, in welcher Ebene der Kreis/ Kreisbogen liegt. Diese Angabe aber ist bereits eine Flächeninformation, die über das reine Kantenmodell hinausgeht. Deswegen verzichten die meisten dreidimensionalen CAD-Systeme, die auf einem reinen Kantenmodell beruhen, von vornherein auf die Erfassung anderer als gerader Kanten und nähern Kanten, die eigentlich gekrümmt sind, grundsätzlich durch Polygonzüge an (Polygonisierung).

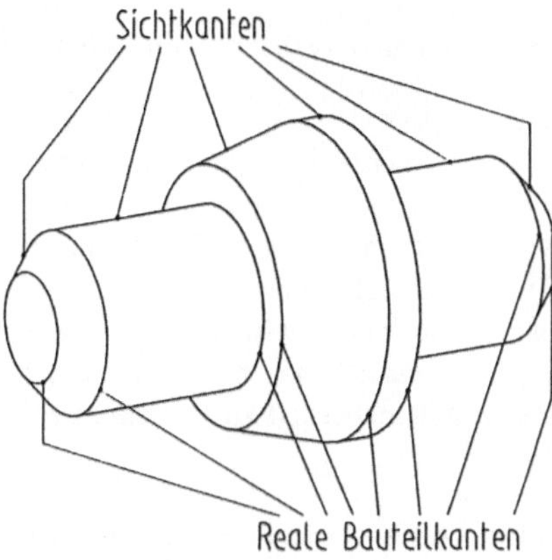

Durch die Polygonisierung gekrümmter Kanten kann auch noch ein anderes Problem dreidimensionaler Kantenmodelle umgangen werden, das die Erfassung und Darstellung sogenannter Sichtkanten betrifft, die verschiedentlich auch als virtuelle Kanten bezeichnet werden. Sichtkanten sind keine Körperkanten im eigentlichen Sinne, sondern Umrißlinien, die sich aus der Projektion einer gekrümmten Fläche auf die (zweidimensionale) Bildebene ergeben und damit abhängig vom gewählten Blickwinkel sind, **Bild 4.8**.

Bild 4.8 Sichtkanten („virtuelle Kanten")

Läßt man die Sichtkanten ganz weg, so kann man sich den in der Zeichnung dargestellten Körper nur noch schwer vorstellen, **Bild 4.9a**. Fügt man sie – etwa für eine „repräsentative" Normallage des Körpers – fest in die Datenbasis ein, so führen nachträgliche Drehungen des Körpers und/oder nachträgliche Veränderungen des Blickwinkels zu unakzeptablen Darstellungen, **Bild 4.9b**. Werden jedoch grundsätzlich alle gekrümmten Kanten durch Polygonzüge angenähert, so ergeben sich quasi automatisch Mantellinien auf der angrenzenden gekrümmten Körperfläche, die zumindest den räumlichen Eindruck des erfaßten Körpers verbessern können, **Bild 4.9c**.

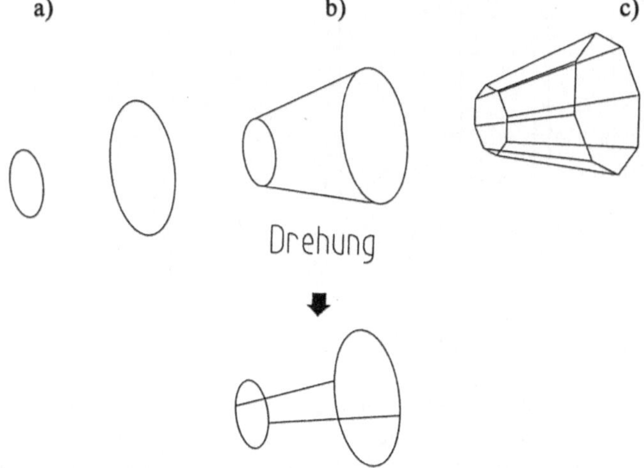

Bild 4.9   Sichtkanten in Kantenmodellen: a) keine Berücksichtigung; b) „repräsentative" Sichtkanten; c) Polygonisierung gekrümmter Körperkanten und Mantellinien anstelle von Sichtkanten

Zusammenfassend läßt sich feststellen, daß dreidimensionale CAD-Systeme, die auf reinen Kantenmodellen basieren, eine inhaltlich stark eingeschränkte (Geometrie-) Datenbasis besitzen. Deswegen bleiben derartige CAD-Systeme in ihrem Leistungsumfang stets hinter Systemen zurück, denen höherwertige Modelle zugrundeliegen. Die wichtigsten von CAD-Systemen auf der Basis von Kantenmodellen nicht oder nur eingeschränkt realisierbaren Leistungen sind:

- Das automatische Ausblenden von in der aktuellen Ansicht verdeckten Kanten ist nicht oder nicht sicher möglich. Zum sicheren Auffinden verdeckter Kanten durch einen sogenannten *Visibilitätsalgorithmus* (*Hidden-Line-Algorithmus*) sind nämlich Flächeninformationen erforderlich, über die das Kantenmodell nicht verfügt. (Kanten werden stets durch davor liegende Flächen verdeckt!) Es sind zwar linienorientierte Ersatzalgorithmen zum Auffinden verdeckter Kanten in Kantenmodellen bekannt und in verschiedenen CAD-Systemen implementiert, jedoch führen diese nicht mit Sicherheit zu korrekten Ergebnissen.

Wie wichtig die Möglichkeit des automatischen Ausblendens verdeckter Kanten nicht nur zur Verbesserung der Anschauung, sondern auch zur Vermeidung von Fehlern ist, demonstriert an einem (noch sehr einfachen) Beispiel **Bild 4.10**: Allein anhand der Kanten ist es hier nicht zu entscheiden, wie der reale Körper tatsächlich aussieht.

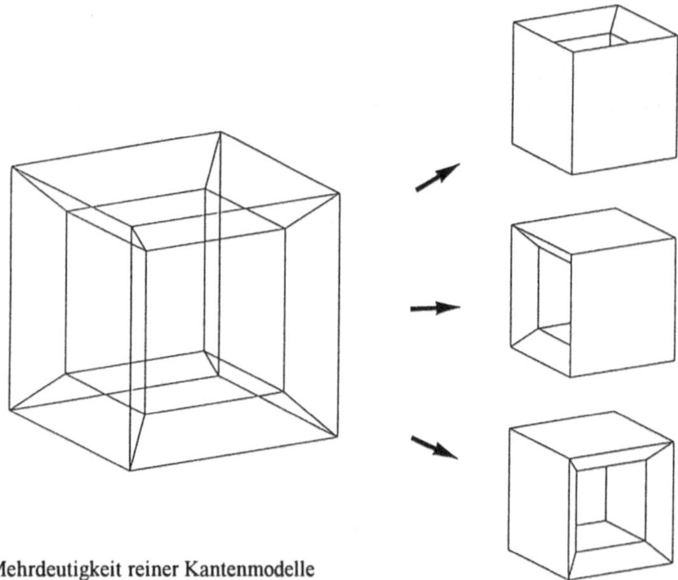

Bild 4.10   Mehrdeutigkeit reiner Kantenmodelle

- Auf der Basis von Kantenmodellen können keine Durchdringungen (Verknüpfungen) von Körpern durchgeführt werden. Hierbei entstehen nämlich neue Kanten aus der Verschneidung der Begrenzungsflächen der ursprünglichen Körper (Durchdringungskurven oder -kanten wie sie z.B. aus der Darstellenden Geometrie bekannt sind). Da das Kantenmodell über keine Flächeninformationen verfügt, können die Durchdringungskanten nicht automatisch generiert werden, **Bild 4.11**.

Bild 4.11 Bei Körperdurchdringungen entstehende
Kanten sind im Kantenmodell nicht automatisch
generierbar

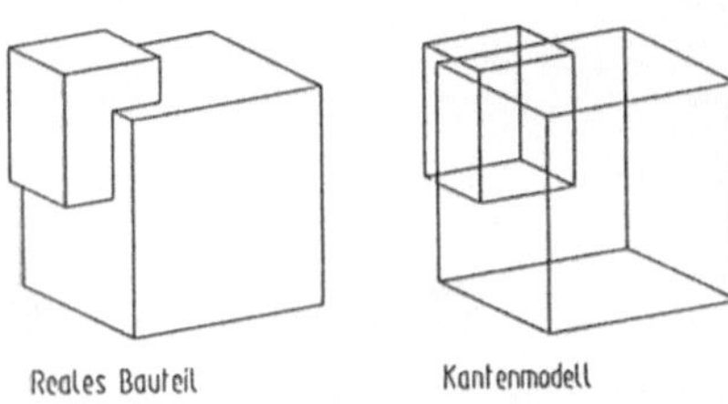

• Auf der Basis von Kantenmodellen können
keine Schnitte durch Körper gelegt werden.
Die Schnittoperation ist nämlich eine Flä-
chenoperation, indem der ursprüngliche
Körper durch Einfügen einer oder mehre-
rer Schnittebene(n) in zwei Teile zerlegt wird. Selbst wenn man allein zum Zweck der
Schnittgenerierung die Schnittebene(n) rechnerintern tatsächlich als flächenhaftes Gebilde darstellen würde (wodurch der Bereich des reinen Kantenmodells eigentlich schon
verlassen wird), könnten trotzdem nicht die durch den Schnitt neu entstehenden Kanten
(die aus der Verschneidung der Schnittebene(n) mit den ursprünglichen Körperflächen
resultierenden Schnittkanten) generiert werden, sondern stattdessen nur die Schnitt-
punkte zwischen der/den Schnittebene(n) und den Kanten des ursprünglichen Körpers,
Bild 4.12.

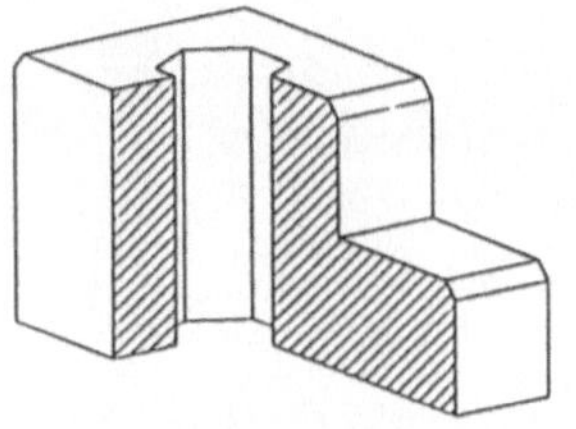

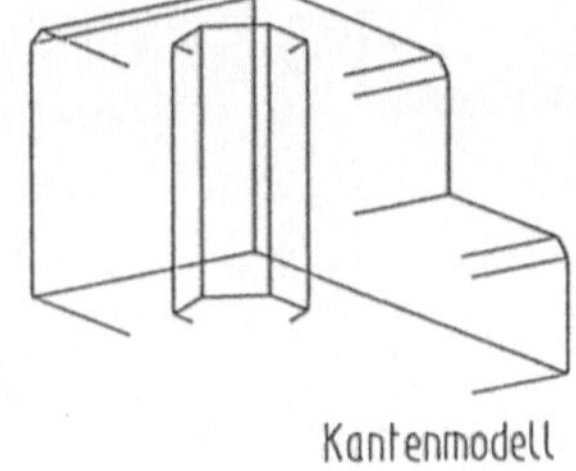

Bild 4.12 Einschränkungen bei Bauteilschnitten im Kantenmodell (keine
automatische Generierung von
Schnittkanten)

• Im mathematischen Sinne entsteht jede Kante durch die Verschneidung zweier Flächen
(siehe oben). Im technischen Sinne gilt weiter, daß jede Fläche begrenzt ist, wobei sich
die Begrenzung aus einem geschlossenen Kantenzug um die Fläche ergibt[38]. Dieser Zusammenhang zwischen Flächen und Kanten ist im Kantenmodell nicht darstellbar, so daß
Kanten ohne Bezug zu Flächen gedreht/verschoben, gelöscht oder eingefügt werden
können, was zu mathematisch und/oder technisch unsinnigen geometrischen Gebilden
führen kann, **Bilder 4.13** und **4.14.**

• Weitere Leistungseinschränkungen bei dreidimensionalen CAD-Systemen auf der Basis
von Kantenmodellen sind in Stichworten: keine schattierten Körperdarstellungen; keine
Querschnitts- oder Volumenberechnungen; keine Kollisionsüberprüfungen; „technische"
Körpermanipulationen wie Runden oder Fasen von Kanten nicht automatisierbar; Ableitung von Fertigungsinformationen nur eingeschränkt möglich.

---

[38] Es sei an dieser Stelle darauf hingewiesen, daß gerade der hier erwähnte Zusammenhang zwischen Flächen und Kanten bei höherwertigen rechnerinternen Modellen als dem Kantenmodell dazu benutzt
wird, die geometrische Richtigkeit der erfaßten Körper automatisch zu überprüfen (Konsistenzprüfung).

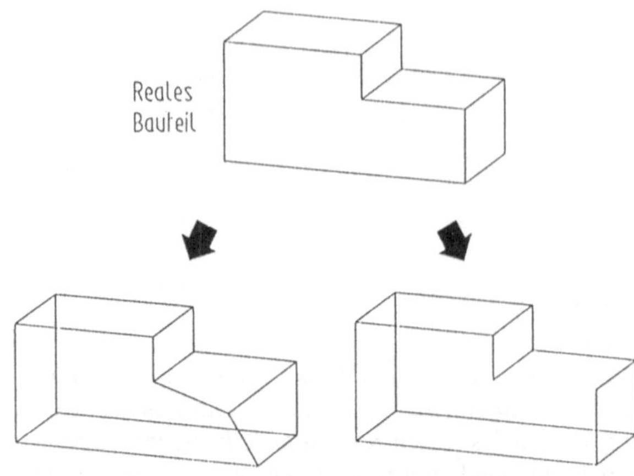

Bild 4.13 Unzulässige (Kanten-) Manipulationen werden im Kantenmodell nicht erkannt

Die Einsatzmöglichkeiten von CAD-Systemen, die auf Kantenmodellen beruhen, sind daher zusammenfassend als stark eingeschränkt zu betrachten. Beispiele sind der Rohrleitungsbau, in dem oft der Verlauf der Rohrmittellinien ausreichend Informationen bietet, **Bild 4.15**, sowie der Anlagenbau. Im Karosseriebau werden oft die ersten, noch eher skizzenhaften Entwürfe einer neuen Kraftfahrzeugkarosserie durch das sogenannte Formlinienmodell repräsentiert, das ein reines Kantenmodell ist, **Bild 4.16**.

Bild 4.14 Modellierung unsinniger geometrischer Gebilde [Grät89, Erns87]

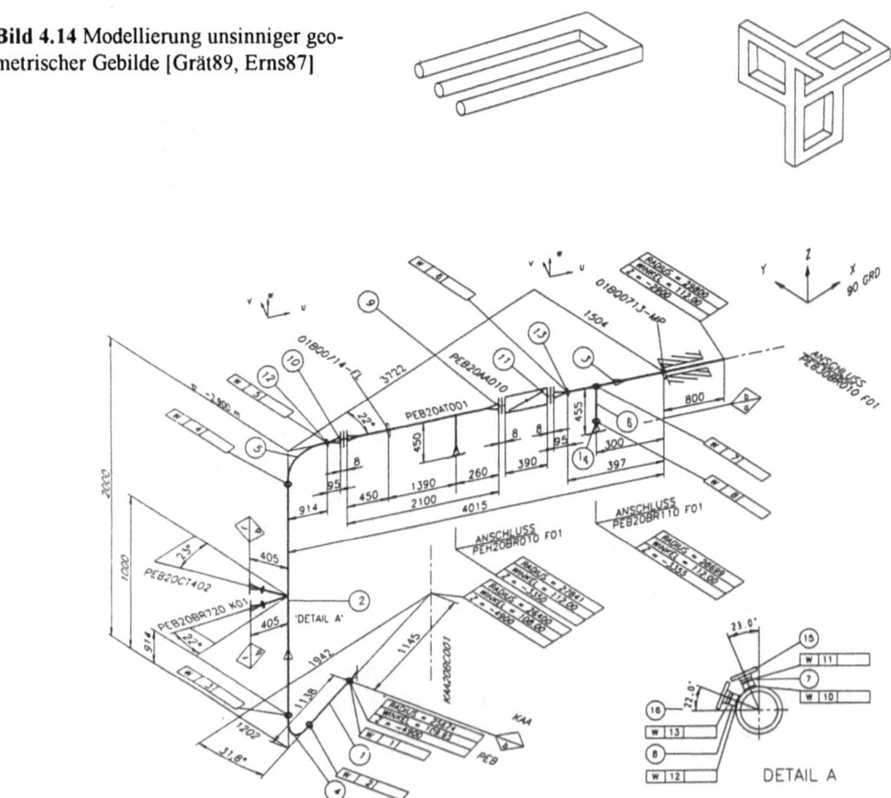

Bild 4.15   Rohrleitungs-Isometrie [Lich87]

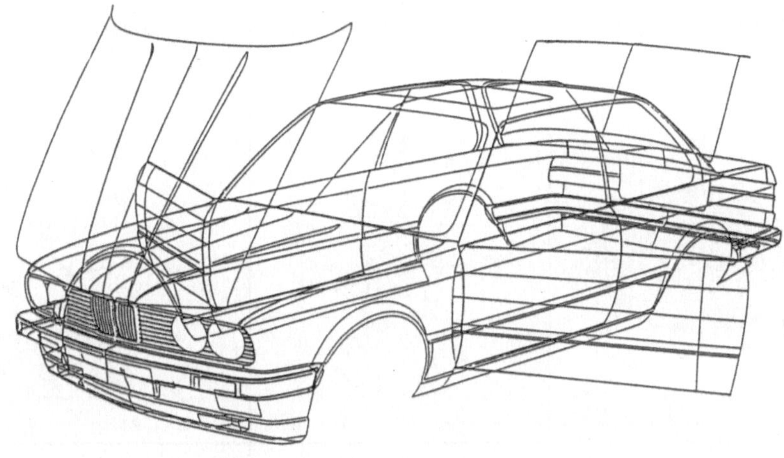

Bild 4.16   Repräsentation einer Fahrzeugkarosserie mit Hilfe des Formlinienmodells [GrNo91]

Flächenmodell

Bei dreidimensionalen CAD-Systemen, die auf einem Flächenmodell beruhen, enthält die Datenbasis Informationen nicht nur über Punkte und Kanten, sondern auch über Flächen. Bei den Flächen werden nach der (mathematischen) Komplexität folgende Flächentypen unterschieden:

- *Ebenen* sind Flächen, die durch mathematische Gleichungen ersten Grades beschrieben werden können. Sie können von allen dreidimensionalen CAD-Systemen, die auf einem Flächenmodell basieren, erfaßt werden.

- *Quadriken* sind Flächen, die durch Gleichungen zweiten Grades mathematisch beschrieben werden können. Sie können weiter unterteilt werden in Zylinder-, Kegel-, Ellipsoid-, Hyperboloid- und Paraboloidflächen, **Bild 4.17**. Von diesen Flächen werden im CAD-Bereich in der Regel nur Zylinder-, Kegel- und Ellipsoidflächen mathematisch exakt erfaßt, wobei sich die Erfassung zudem meistens auf die Sonderfälle Kreiszylinder, Kreiskegel und Kugel beschränkt.

- Bei *Freiformflächen* wird mit besonderen mathematischen Verfahren (z.B. Coons-, Bezier-, B-Spline- und NURBS-Flächen[39]) durch eine Reihe vorgegebener Stützpunkte

---

[39]   NURBS: Non Uniform Rational B-Splines; mathematische Kurven- und Flächenbeschreibungsmethode, deren Vorzug gegenüber anderen vor allem darin liegt, daß analytische Kurven und Flächen (z.B. Strecken, Kreise, Ellipsen bzw. Ebenen, Zylinder-, Kegelmantelflächen) und Freiformkurven und -flächen einheitlich beschrieben werden können

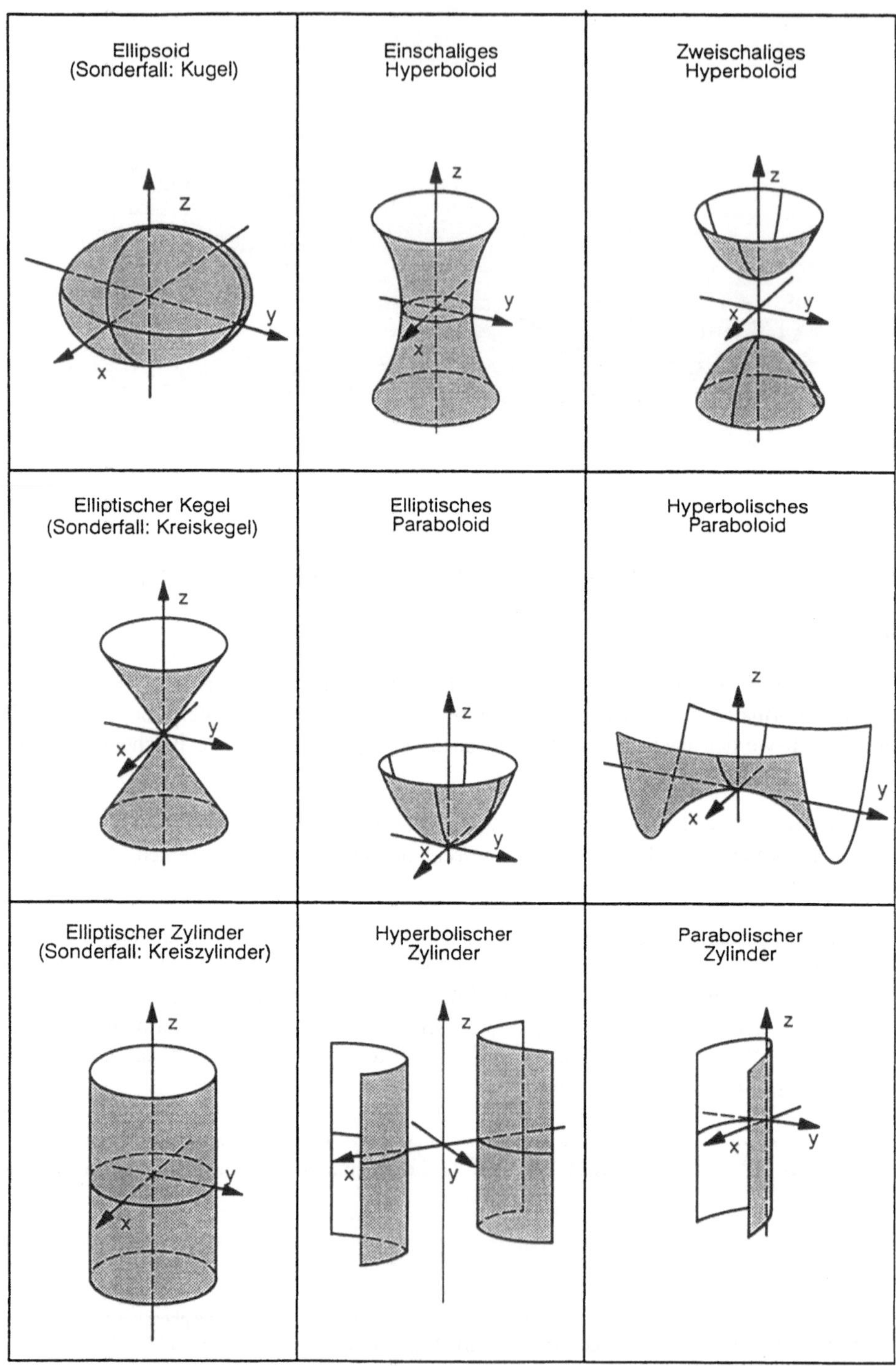

Bild 4.17   (Reelle) Quadriken

und/oder Stützkurven eine Fläche gelegt, die eine beliebige, in erster Linie von den vorgegebenen Stützpunkten/-kurven abhängige Form besitzt, **Bild 4.18**. Die Flächenbeschreibung erfolgt stückweise. Ähnlich wie bei den Freiformkurven (siehe oben) kann es sich um eine *interpolierende Freiformfläche* (d.h. um eine genau durch die Stützpunkte/-kurven ver-

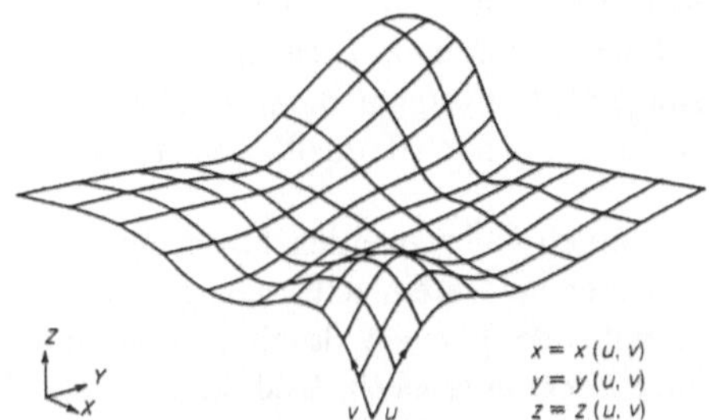

Bild 4.18 Freiformfläche (u,v – Flächenparameter)

laufende Fläche) oder um eine *approximierende Freiformfläche* (d.h. um eine möglichst „glatt" zwischen den Stützpunkten/-kurven verlaufende Fläche) handeln. Im CAD-Bereich werden alle diejenigen Flächen als Freiformflächen beschrieben, die von dem betreffenden CAD-System ansonsten nicht erfaßt werden können (d.h. in der Regel alle komplexeren Flächen als Ebenen und die im vorstehenden Absatz genannten Quadriken).

Freiformflächen werden auch als *analytisch nicht einfach beschreibbare Flächen*, als *Flächen höherer Ordnung*, als *Parameterflächen* oder als *Splineflächen* bezeichnet. Der Begriff Parameterflächen resultiert auch hier daraus, daß man den räumlichen Flächenverlauf häufig nicht in Abhängigkeit von den zugrundeliegenden (globalen) Koordinaten beschreibt (z.B. in der Form f(x,y,z) = 0), sondern in Abhängigkeit von eigens eingeführten, in der Fläche liegenden Flächenparametern u und v, aus denen sich die Koordinaten jedes Flächenpunktes berechnen lassen (z.B. in der Form x = f_1(u,v), y = f_2(u,v), z = f_3(u,v); siehe hierzu Bild 4.18). Die recht gebräuchliche Bezeichnung Splineflächen muß auch hier wieder als begrifflich unexakt angesehen werden (siehe die Anmerkung zu den Freiformkurven im vorangegangenen Unterabschnitt 4.2.2).

Einen Sonderfall, der wegen seiner der technischen Bedeutung noch kurz angesprochen werden soll, bilden die *Torusflächen*, **Bild 4.19a**. Torusflächen treten an Bauteilen des Maschinenbaus relativ häufig auf: Beispielsweise ist bereits die Rundung eines Wellenabsatzes der Ausschnitt einer Torusfläche, **Bild 4.19b**. Nun verlassen aber Torusflächen den durch die Klasse der Quadriken vorgegebenen Beschreibungsrahmen, indem sie mathematisch Gleichungen vierten statt zweiten Grades erfordern. Allerdings ist es durch eine relativ einfache

a)   b)

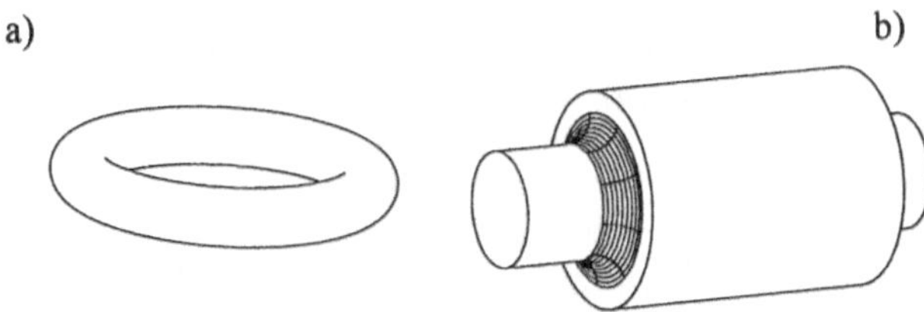

Bild 4.19   Torusflächen

Koordinatensubstitution möglich, die Gleichung zur Beschreibung einer Torusfläche formal auf die Gestalt einer Gleichung zur Beschreibung einer Quadrik zu bringen. Dies machen sich einige CAD-Systeme, deren Flächenvorrat streng genommen nur bis zu den Quadriken reicht, zunutze, um auch Torusflächen erfassen und darstellen zu können.

In einigen Fällen werden Flächenmodelle (sowie auch darauf aufbauende Volumenmodelle) dahingehend vereinfacht, daß grundsätzlich nur ebene Flächen zugelassen werden und daß komplexere Flächen durch zahlreiche Ebenenstücke angenähert werden (*Polyedermodell* oder *Facettenmodell*), **Bild 4.20**. Solche Polyedermodelle sind allerdings von stark begrenztem Wert, weil sie die Geometrie eines Bauteiles nicht exakt wiedergeben und weil für die Herstellung des Bauteiles wichtige Informationen verlorengehen. So ist beispielsweise eine Zylinderfläche nicht nur als solche nicht erkennbar, sondern es sind auch die zu ihrer Herstellung etwa auf einer Drehmaschine erforderlichen Daten aus der Ansammlung von Ebenen, die das Polyedermodell aus der Zylinderfläche gemacht hat, kaum noch rekonstruierbar.

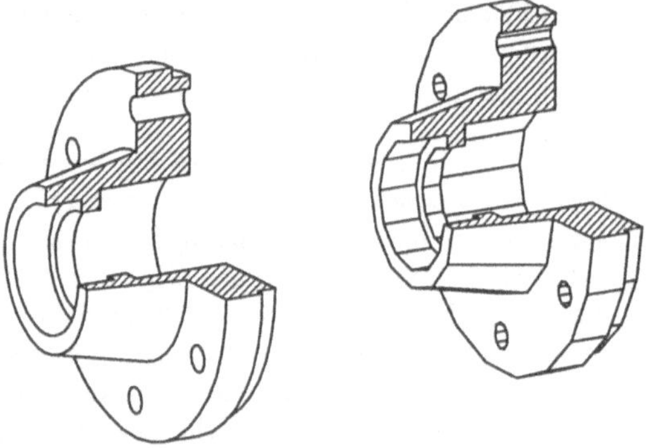

Bild 4.20   Polyeder-/Facettendarstellung

In diesem Zusammenhang muß allerdings ein (warnender) Hinweis gegeben werden: Produziert ein auf einem Flächenmodell (bzw. Volumenmodell) basierendes CAD-System Polyederdarstellungen, so kann man daraus noch nicht sicher schließen, daß sich die Datenbasis tatsächlich auf ein Polyedermodell beschränkt: Es sind nämlich CAD-Systeme bekannt, die zwar die komplexeren Flächentypen (Quadriken, Freiformflächen) in ihrer Datenbasis exakt erfassen, aber zur einfacheren und schnelleren Bildaufbereitung die daraus abgeleiteten Bilddaten polygonisieren.

Kanten entstehen im Rahmen des Flächenmodells durch die Verschneidung von Flächen (Durchdringungskurven oder -kanten). So ergibt die Verschneidung zweier Ebenen stets eine gerade Kante. (Die soeben erwähnten Polyeder-/Facettenmodelle brauchen daher auch nur ausschließlich diesen Kantentyp zu kennen!) Die Verschneidung einer Quadrik und einer Ebene liefert eine Kegelschnittkurve (mathematisch: Raumkurve zweiten Grades). Noch komplexer ist die Verschneidung zweier Quadriken, da im allgemeinen Fall eine Raumkurve vierten Grades entsteht, die nur in Sonderfällen zum Kegelschnitt entartet. Hier behelfen sich viele CAD-Systeme mit einer Näherung, indem sie die bei der Durchdringung Quadrik/Quadrik entstehende Verschneidungskurve als räumliches Polygon erfassen. Die Verschneidung einer

Freiformfläche und einer beliebigen anderen Fläche schließlich führt in der Regel zu einer räumlichen Freiformkurve.

Das Thema der Flächenverschneidungen ist sehr komplex und kann hier nicht ausführlich behandelt werden. Eine detaillierte Übersicht hierüber wird beispielsweise in [Grät89] gegeben.

Die eigentliche Domäne der auf Flächenmodellen basierenden CAD-Systeme sind die Freiformflächen. Freiformflächen sind zur Erfassung komplexer Geometrien unerläßlich, die im Maschinen- und Fahrzeugbau sehr häufig vorkommen. Augenfällig ist dies vor allem in Anwendungsgebieten, in denen neben technischen auch ästhetische Kriterien zu berücksichtigen sind („Design"im Sinne von Stylistik), wofür etwa der Entwurf von Fahrzeugkarosserien das plakativste Beispiel ist. Auch funktionale und fertigungstechnische Gründe machen oft geometrisch komplexe Bauteile erforderlich (z.B. Strömungsprofile, Guß- und Schmiedekonstruktionen). In vielen Anwendungsgebieten ist überdies auch die Konstruktion der jeweiligen Herstellungswerkzeuge und -vorrichtungen zu bedenken (Modell-, Formen-, Werkzeugbau), wofür die Geometriedaten möglichst direkt aus den Geometriedaten der zugrundeliegenden Werkstücke übernommen werden sollten.

Um den Vorteil zu ermessen, den der Einsatz dreidimensionaler CAD-Systeme in solchen Anwendungsgebieten ermöglicht, muß man sich vor Augen halten, daß bei der bisherigen zweidimensionalen Arbeitsweise (gleichgültig, ob mit oder ohne CAD) vollständige Beschreibungen der Geometrie überhaupt nicht möglich waren. Allenfalls konnte man durch mehrere Ansichten und viele Schnitte eine Art Skelettstruktur der komplexen Flächen festlegen. Die Flächenbereiche dazwischen waren undefiniert bzw. wurden durch den Modell- oder Formenbauer bei der Anfertigung der Modelle und Werkzeuge frei gestaltet. Auf diese Weise wurde quasi ein Teil der Formgebung von der Konstruktion in den Modell- bzw. Formenbau verlagert, wodurch sich das endgültige Ergebnis der Kontrolle des Konstrukteurs entzog. Außerdem ist es einleuchtend, daß eine automatische Bearbeitung von unvollständig definierten Flächen (z.B. durch NC-Fräsen) völlig unmöglich ist.

Bild 4.21 zeigt ein typisches Beispiel, zu dessen Modellierung der Einsatz eines dreidimensionalen CAD-Systems, das auf einem Flächenmodell basiert, unerläßlich ist.

Bei CAD-Systemen, denen ein Flächenmodell zugrundeliegt, sind viele der Leistungseinschränkungen von rein kantenorientierten Systemen nicht mehr gegeben. So können verdeckte Kanten ausgeblendet, Verschneidungen zwischen Flächen durchgeführt, bei Bauteilschnitten die Schnittkanten errechnet und Kanten als Begrenzungen von Flächen sauber zugeordnet werden.

Immer noch nicht durchführbar sind alle Operationen, die volumenhafte Informationen voraussetzen. Dazu zählen Volumenberechnungen, Kollisionsbetrachtungen[40], aber auch etwa

---

[40] In Flächenmodellen kann etwas Ähnliches wie eine Kollisionsuntersuchung in der Weise durchgeführt werden, daß man fragt, ob Durchdringungskurven zwischen den Begrenzungsflächen eines ersten Körpers und den Begrenzungsflächen eines zweiten Körpers existieren oder nicht. Eine Aussage über das Kollisionsvolumen läßt sich daraus aber nicht ableiten.

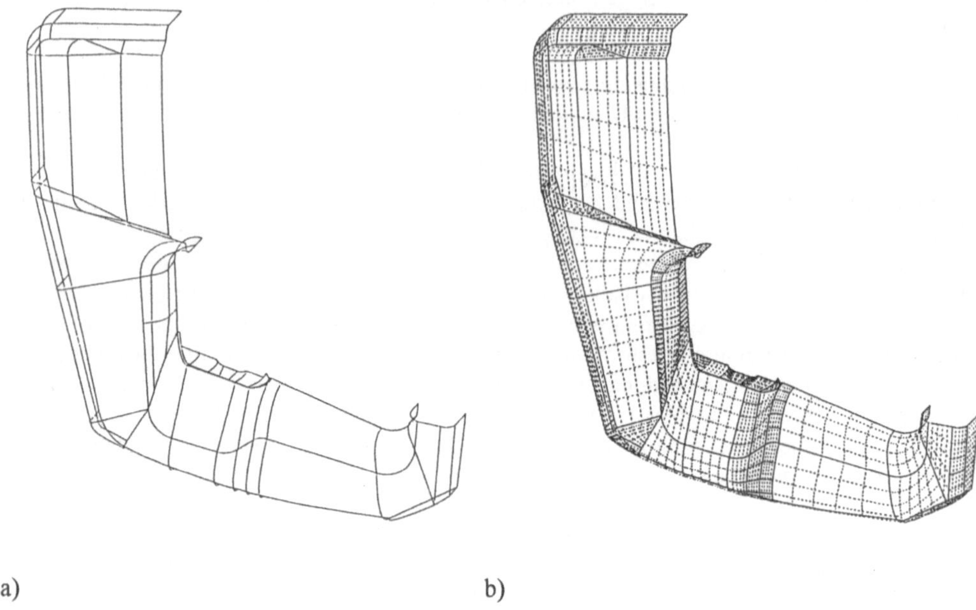

a)   b)

Bild 4.21   Modellierung eines Kreissäge-Gehäuseteiles (Außenhaut) mit Hilfe von Freiformflächen:
a) Formlinienmodell; b) abgeleitetes Flächenmodell [Rich91]

die mengentheoretischen (Booleschen) Verknüpfungen zweier Körper, da die Vereinigung ("Addition"), Differenz ("Subtraktion") oder die Durchschnittsbildung ("Kollisionsvolumenbildung") nicht möglich ist, ohne die Lage des Materials relativ zu den Flächen zu kennen (siehe hierzu weiter unten Bild 4.23). Auch eher technisch orientierte Körpermanipulationen wie das Runden oder das Fasen von Kanten bereiten noch gewisse Schwierigkeiten, weil hierzu eigentlich Informationen über Nachbarschaftsbeziehungen der beteiligten Flächen und über die Lage des von ihnen eingeschlossenen Volumens erforderlich sind. (Allerdings lassen sich solche Funktionen unter Mitwirkung des Benutzers realisieren, wobei natürlich ein erhöhter Eingabeaufwand in Kauf genommen werden muß.)

Charakteristisch für das praktische Arbeiten mit einem CAD-System, das auf einem Flächenmodell aufbaut, ist der Umstand, daß der Benutzer jede einzelne Fläche modellieren muß. Ob die von ihm modellierten Flächen vollständig sind und lückenlos aneinander passen, d.h. ob die Flächen die Voraussetzung dazu erfüllen, daß sie ein tatsächlich herstellbares Bauteil umhüllen, kann vom flächenorientierten System nicht überprüft werden. Vielmehr ist der Benutzer – falls er dieses wünscht und sich nicht bewußt mit einzelnen Flächen ohne Bezug zu geschlossenen Volumina beschäftigt – allein für die entsprechenden Prüfungen und Korrekturen verantwortlich.

Volumenmodell

Dreidimensionale CAD-Systeme, denen ein Volumenmodell zugrundeliegt, haben die voll-
ständigste (Geometrie-) Datenbasis. Die beiden wichtigsten Klassen von Volumenmodellen
sind:

- Boundary Representation (BRep)
- Constructive Solid Geometry (CSG)

Bei der *Boundary Representation* handelt es sich um eine Volumenbeschreibungsmethode,
die das Volumen durch seine umhüllenden Begrenzungsflächen und zusätzlich durch Angabe
der Lage des Materials relativ zu den Begrenzungsflächen erfaßt. Im Deutschen wird die
Boundary Representation daher auch oft als *Flächenbegrenzungsmodell* bezeichnet. Das Flächenbegrenzungsmodell baut unmittelbar auf dem zuvor erläuterten Flächenmodell auf und
fügt zur Erfassung der Volumeninformationen lediglich noch sogenannte Materialvektoren
(oder ähnliche Kennungen) in die Datenbasis ein, die angeben, auf welcher Seite jeder Fläche
das Material liegt, **Bild 4.22**.

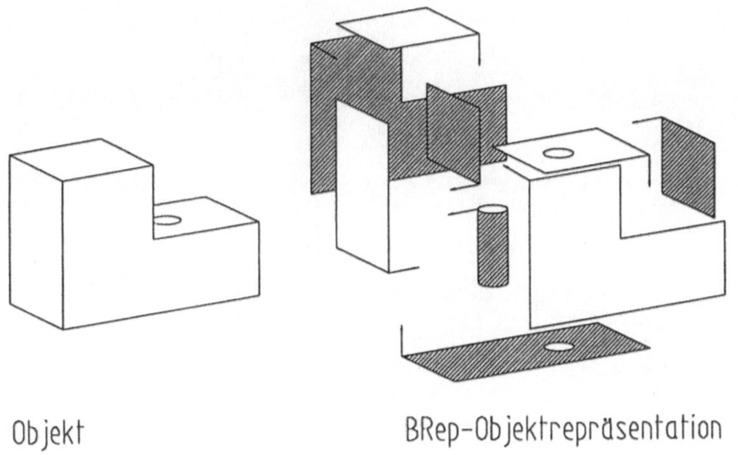

Bild 4.22   Boundary Representation (Flächenbegrenzungsmodell; Materialvektoren hier exemplarisch
zum Material hin weisend)

Bezüglich der erfaßbaren Flächen gilt für das Flächenbegrenzungsmodell das gleiche wie für
das reine Flächenmodell (Ebenen, Quadriken, eventuell Freiform- und Torusflächen). Auch
bezüglich der Kanten, die hier ebenfalls aus der Verschneidung von Flächen entstehen, wurde
oben schon das Wesentliche erläutert (gerade Kanten, Kegelschnitte, Raumkurven vierten
Grades, Freiformkurven). Schließlich finden sich im Bereich des Flächenbegrenzungsmodells
bei einigen CAD-Systemen die gleichen Vereinfachungen wie bei Flächen- bzw. Kantenmodellen (Annäherung sämtlicher Flächen durch Ebenenstücke im Rahmen von Polyeder-/Facet-
tenmodellen; Annäherung von Raumkurven vierter Ordnung, möglicherweise auch noch von
anderen gekrümmten Kurven durch Polygonzüge). Im einzelnen sei hierauf nicht erneut eingegangen.

Das Flächenbegrenzungsmodell wird nach jedem Generierungsschritt durch Einfügen, Ändern oder Löschen der entsprechenden Flächen, Kanten und Punkte aktualisiert und ist deshalb zu jeder Zeit ein vollständiges Abbild der Geometrie in expliziter Form. Aus diesem Grunde wird es der Klasse der akkumulativen (Geometrie-) Modelle zugerechnet.

Bei der Volumenbeschreibungsmethode nach dem Prinzip der *Constructive Solid Geometry* wird das Volumen eines Bauteiles dadurch erfaßt, daß man quasi dessen Entstehungsgeschichte angibt: Diese ist eine Folge von Verknüpfungsoperationen, als deren Operanden ein bestimmter Vorrat an Grundvolumina (Primitivkörpern) zur Verfügung steht. Diese Verknüpfungsoperationen, die man wegen ihrer Verwandtschaft mit der Mengenlehre auch die *Booleschen Operationen* oder die *Booleschen Verknüpfungen* nennt, sind (**Bild 4.23**):

– *Vereinigung* zweier Körper zu einem einzigen (häufig etwas unexakt auch „*Addition*" von Körpern genannt)
– *Differenz* zweier Körper („*Subtraktion*" des Körpers 1 vom Körper 2 oder umgekehrt)
– *Bildung des Durchschnittes* (Schnittvolumens, gemeinsamen Volumens) zweier Körper, „*Kollisionsuntersuchung*".

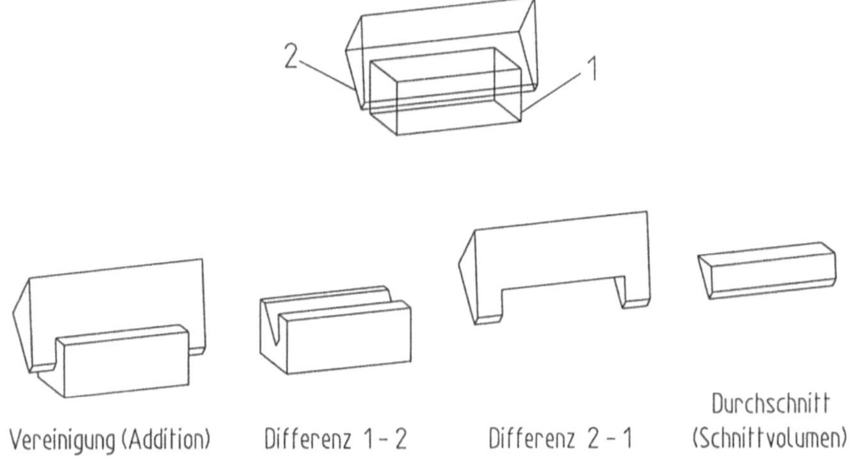

Bild 4.23   Vereinigung, Differenz und Durchschnittsbildung zweier Körper (Boolesche Operationen)

Die von CAD-Systemen, die auf einem CSG-Modellierer aufbauen, typischerweise angebotenen Grundvolumina sind Quader, Keile, Zylinder, Kegel(stümpfe) und Kugeln sowie häufig auch Tori, **Bild 4.24**.

Das CAD-Modell eines Bauteiles enthält im Falle eines CSG-Modellierers nicht mehr explizit die Begrenzungsflächen und -kanten des Bauteiles, sondern eine Art Baumstruktur (eine „Rezeptur"), aus der hervorgeht, welche Grundvolumina über welche Folge an Booleschen Verknüpfungen zu dem aktuellen Bauteil geführt haben. CSG-Modelle werden deswegen auch der Klasse der generativen Modelle zugerechnet. Der CSG-Baum läßt sich nach [Grät89] auch in einen arithmetischen Ausdruck „übersetzen", **Bild 4.25**.

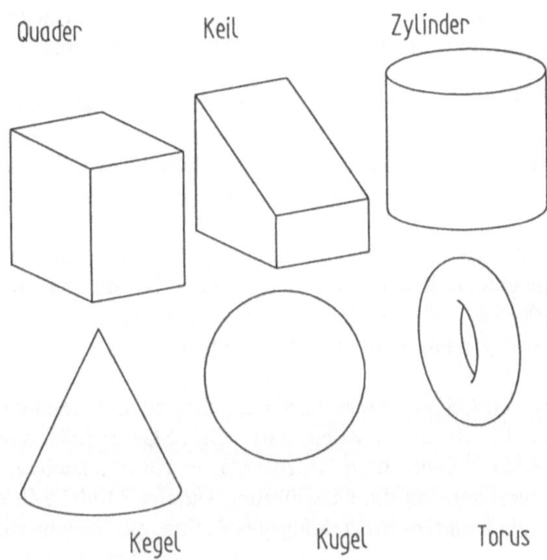

Bild 4.24   Für CSG-Modellierer typische Grundvolumina (Primitivkörper, hier speziell die von der STEP-Norm vorgesehenen Körper)

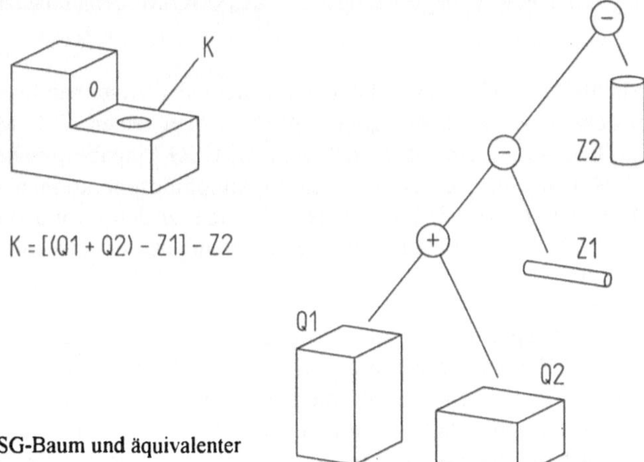

Bild 4.25 Objekt, CSG-Baum und äquivalenter arithmetischer Ausdruck

Auch jeder CSG-Modellierer muß sich explizit mit den Flächen, Kanten und Punkten auseinandersetzen, die an dem aktuellen Bauteil vorhanden sind, und zwar dann, wenn bildliche Darstellungen erzeugt, konkrete Abmessungen abgegriffen oder Flächen-, Kanten- und Punktedaten nach außen übertragen werden sollen. Beim CSG-Modell nennt man dieses das *Evaluieren* des CSG-Baumes. Die beim Evaluieren des CSG-Baumes erzeugten Daten sind – anders als beim Flächenbegrenzungsmodell – nicht der eigentliche Inhalt der Datenbasis, sondern zum Zweck der Bilddarstellung, Größenfeststellung oder Datenübertragung daraus abgeleitete Daten. Aus diesem Grunde können hier vereinfachte Algorithmen zum Einsatz kommen, die beispielsweise Flächen grundsätzlich nur polyedrisiert (facettiert) erfassen oder sich von vornherein nur auf die Darstellung von Kanten konzentrieren.

Nachteilig ist in jedem Fall, daß beim CSG-Modell schon für jeden neuen Bildaufbau eine Evaluierung des kompletten CSG-Baumes vorgenommen werden muß. Die hierfür benötigte Rechenzeit steigt gerade bei komplexen Bauteilen stark an, weshalb geeigneten vereinfachten Evaluierungstechniken eine große Bedeutung zukommt.

Als weiterer Nachteil der CSG-Modelle muß gelten, daß sie bezüglich der modellierbaren Geometrien auf diejenigen Flächen festgelegt sind, die an den zur Verfügung gestellten Grundvolumina auftreten. Unmöglich oder nur auf Umwegen realisierbar ist es beispielsweise, Körper mit Freiformflächen durch CSG-Modelle zu erfassen.

Andererseits lassen sich CSG-Modelle (CSG-Bäume) außerordentlich kompakt abspeichern. Ein weiterer Pluspunkt ist die Tatsache, daß sich CSG-Modelle ohne Probleme in andere dreidimensionale Modelle überführen lassen (z.B. in ein Flächenbegrenzungsmodell oder in ein Kantenmodell), wohingegen die Überführung anderer Modelle in ein CSG-Modell schon allein wegen der unbekannten Entstehungsgeschichte des beschriebenen Bauteiles ausgeschlossen ist.

Weitere Vor- und Nachteile des Flächenbegrenzungs- und des CSG-Modells seien hier nicht im einzelnen diskutiert. Sehr detaillierte Erkenntnisse gehen aus [Grät89] hervor. Aus dieser Quelle stammt auch der nachstehend als **Bild 4.26** wiedergegebene Vergleich, der die wichtigsten Eigenschaften des Flächenbegrenzungs- und des CSG-Modells tabellarisch gegenüberstellt.

In der CAD-Praxis findet man bei den volumenmodellierenden Systemen heute häufig Mischformen zwischen dem reinen Flächenbegrenzungs- und dem reinen CSG-Modell, beispielsweise indem einem Flächenbegrenzungsmodell eine Art CSG-Eingabesprache mit den eigentlich für das CSG-Modell typischen Booleschen Verknüpfungsoperationen vorgeschaltet ist oder indem die Datenbasis eines CSG-Modells zusätzlich zu den Grundvolumina und ihren Verknüpfungen noch Flächen und/oder Kanten explizit enthält. Im einzelnen sei hierauf nicht eingegangen.

Eine neben dem Flächenbegrenzungs- und dem CSG-Modell existierende dritte Klasse von Volumenmodellen sind die *Atommodelle* (auch *Zellenmodelle* genannt). Hierbei wird der dreidimensionale Raum in Atome aufgeteilt, die je nach dem Verfahren gleich oder verschieden groß sein können. Für jedes Atom wird nun angegeben, ob es mit Material besetzt (= 1) oder leer (= 0) ist. **Bild 4.27** veranschaulicht an einem Beispiel das Prinzip der Atommodelle. Diese Modelle sind für Anwendungen, bei denen die Geometriedaten möglichst direkt in die Fertigung übertragen werden sollen, in der Regel ungeeignet, weil die dazu wichtigen Informationen über Flächen, Kanten und Punkte nicht ableitbar sind. Auf anderen Anwendungsgebieten, etwa zur Unterstützung der Anlagen- und Rohrleitungsplanung können sie jedoch eine rationelle Alternative zu den zuvor besprochenen Volumenmodellen darstellen [Schl87].

Wichtig ist, daß ausgehend von einem Volumenmodell und hier insbesondere ausgehend von einem Flächenbegrenzungsmodell (Boundary Representation) alle bei den einfacheren Modellen nicht oder nur eingeschränkt erfüllbaren Leistungen erbracht werden können, also das

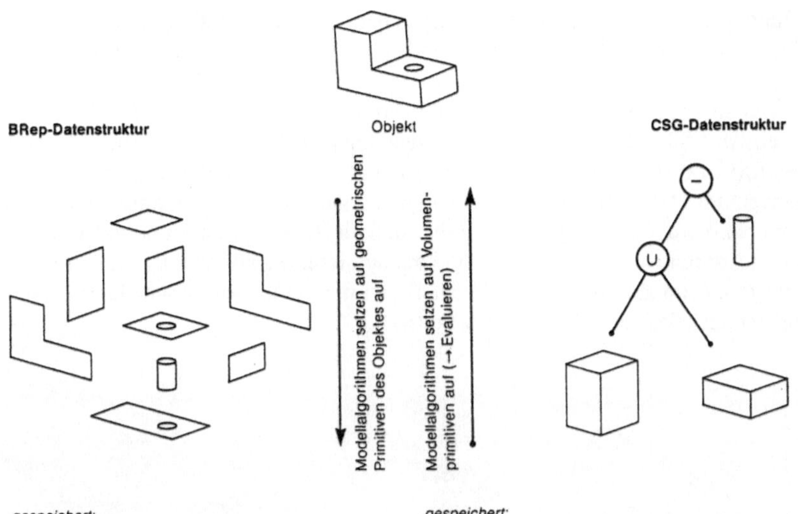

Bild 4.26   Gegenüberstellung der wichtigsten Eigenschaften des Flächenbegrenzungs- und des CSG-Modells [Grät89]

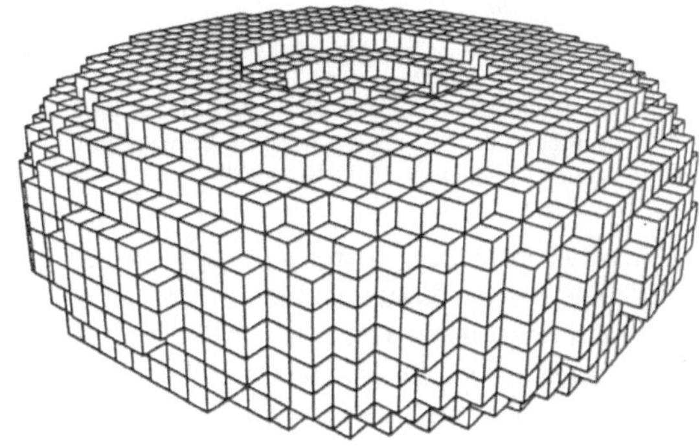

automatische Ausblenden verdeckter Kanten, das Verschneiden von Flächen, das Anfertigen von Bauteilschnitten ohne Einschränkungen, das exakte Erfassen und Verwalten der Bezüge zwischen Volumina, Flächen, Kanten und Punkten, die Volumenberechnung, das Durchführen von (volumenhaften) Kollisionsbetrachtungen, das Auswerten der (Booleschen) Körperverknüpfungen sowie das Durchführen von technischen Körpermanipulationen (Runden, Fasen von Kanten).

Bild 4.27 Torus als räumliches Atom-/Zellmodell [Alle84]

Immer häufiger anzutreffen sind dreidimensionale CAD-Systeme, bei denen man wahlweise im Volumen- oder im Flächenmodell arbeiten kann. Der Sinn besteht darin, daß man Bauteile oder Bauteilbereiche mit geometrisch einfachen Flächen (Ebenen, Quadriken) volumenhaft modelliert, weil diese Modellierungstechnik im allgemeinen die schnellste und sicherste ist. Dagegen werden Bauteile oder Bauteilbereiche, die nur mit Hilfe von Freiformflächen exakt erfaßt werden können, im Flächenmodell bearbeitet. Hierzu zeigt **Bild 4.28** ein Beispiel, das den bereits in Bild 4.21 vorgestellten Anwendungsfall (Modellierung eines Kreissäge-Gehäuseteiles) fortsetzt. Als optimal kann eine Systemlösung gelten, die es gestattet, komplexe Flächen einzeln im Flächenmodell zu bearbeiten und nach der Modellierung wieder vollständig in das Volumenmodell zu integrieren. Ob es sinnvoll ist, neben den Volumina und den Flächen auch noch Kanten einzeln generieren und manipulieren zu können, ist umstritten. Sicher kann diese Frage nur im Zusammenhang mit der dahinter stehenden Anwendung entschieden werden und sei deshalb hier nicht weiter diskutiert.

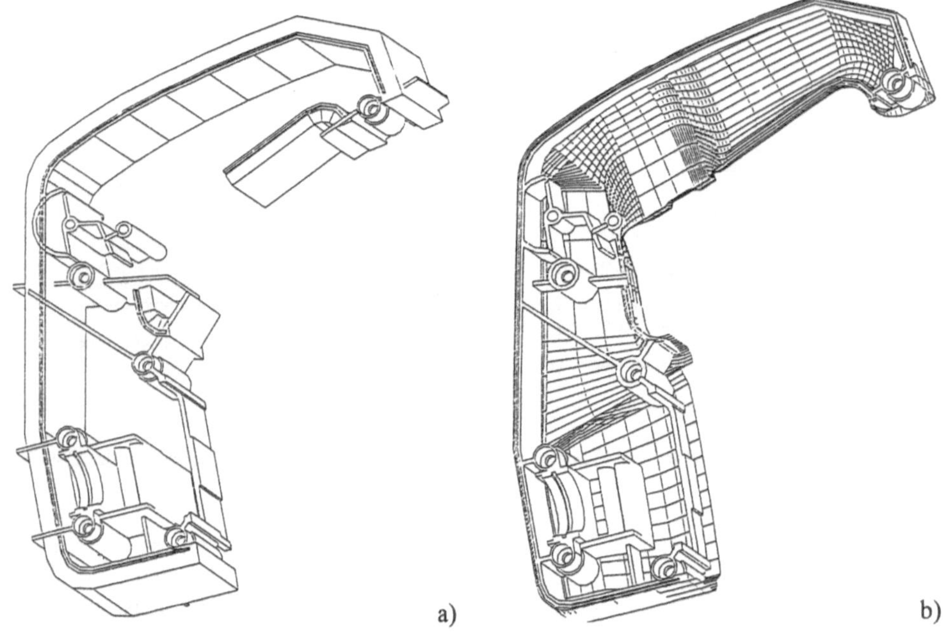

Bild 4.28   Modellierung eines Kreissäge-Gehäuseteiles (Fortsetzung des Beispieles aus Bild 4.21): a) volumenhaft modellierte Funktionsteile der Gehäuseinnenseite; b) Verknüpfung von Gehäuseaußenhaut (Flächenmodell) und inneren Funktionsteilen (Volumenmodell) [Rich91]

Ein ergänzender Hinweis zur Datenbasis von CAD-Systemen betrifft deren Zugänglichkeit von außen: Insbesondere wenn man plant, anwenderspezifische Zusatzmodule zu dem gegebenen CAD-Basissystem zu erstellen (siehe hierzu auch Abschnitt 4.3), ist es von großer Bedeutung, daß geeignete Zugriffe auf die Datenbasis möglich sind, die von dem jeweiligen Anbieter des CAD-Systems auch ordentlich dokumentiert sein sollten. Leider stehen einige Systemanbieter dieser Forderung (immer noch) wenig aufgeschlossen gegenüber.

Der oben in Bild 4.2 schematisch dargestellte Aufbau eines CAD-Softwaresystems gibt schließlich noch Gelegenheit zu einigen Anmerkungen über die Qualität einer CAD/CAM-Software:

- Als „gut" im Sinne von „softwaretechnisch gut" kann ein CAD/CAM-System gelten, wenn es eine insgesamt klare Gliederung mit klar definierten und möglichst an allgemeinen Standards ausgerichteten Schnittstellen zwischen den wesentlichen Komponenten nach Bild 4.2 aufweist. Nur so ist beispielsweise eine unproblematische Anpassung der CAD/CAM-Software an unterschiedliche Ein- und Ausgabemodalitäten zu gewährleisten.

- Ähnliches gilt für den Algorithmenteil, der ebenfalls klar gegliedert sein und durch eine geeignete Modularisierung und Verkettung der verschiedenen Algorithmen mit einem Minimum an Einzelbausteinen auskommen sollte.

- Bezüglich der CAD-Datenbasis gilt an erster Stelle: Der Inhalt der CAD-Datenbasis ist maßgeblich für die (tatsächliche oder potentielle) Leistungsfähigkeit eines CAD-Systems. Deswegen ist es von großer Wichtigkeit, daß die Datenbasis für den vorgesehenen Anwendungszweck hinreichend vollständig ist, da später festgestellte Mängel praktisch nicht wieder gutzumachen sind.

- An zweiter Stelle ist es auch in bezug auf die Datenbasis nützlich, wenn eine klare, möglichst einheitliche und redundanzfreie Gliederung vorliegt. Dies gilt besonders, wenn im Rahmen von anwenderspezifischen Zusatzmodulen auf die Datenbasis zugegriffen wird.

Erfahrungstatsache ist, daß CAD/CAM-Systeme, die die skizzierten „Qualitätskriterien" nur schlecht erfüllen, stets umfangreicher, langsamer, schlechter anpaßbar und instabiler sind als softwaretechnisch gute.

4.3 Erweiterungsmöglichkeiten

CAD/CAM-Systeme enthalten in ihrem Basisumfang in der Regel nur die allgemeinsten Elemente und Prozeduren zur Erfassung, Modifizierung, Verarbeitung und Wiedergabe von geometrischen und/oder technologischen Informationen. Die Nutzung von CAD/CAM-Systemen wird jedoch um so bequemer und rationeller, je spezifischer sie auf die besonderen Objekte und/oder auf die besonderen Aufgabenstellungen des einzelnen Benutzers (bzw. der einzelnen Abteilung, des einzelnen Unternehmens, der einzelnen Branche) zugeschnitten sind. Deshalb ist die Frage nach *anwenderspezifischen Erweiterungen von CAD/CAM-Systemen* seit jeher ein äußerst wichtiger Aspekt.

Der vorliegende Abschnitt will hierzu die wesentlichen Grundlagen darstellen. Er wird sich dabei – wie schon der vorangegangene Abschnitt 4.2 – schwerpunktmäßig auf die anwenderspezifische Erweiterung von CAD-Systemen konzentrieren, jedoch sind die Zusammenhänge ohne große Modifikationen auf den CAM-Bereich übertragbar.

Die anwenderspezifischen Erweiterungen von CAD-Systemen kann man grob in folgende Klassen einteilen:

- *Makros* stellen allgemein oder per Werknorm standardisierte Geometrie- oder Zeichnungselemente bereit, die in unveränderter Form immer wieder vorkommen (*Geometriemakros* bzw. *Zeichnungsmakros*).

Geometriemakros können sein:

- zwei- oder dreidimensionale Repräsentationen von Bauteilbereichen, z.B. per Werknorm standardisierte Befestigungsaugen für große Gußteile
- Repräsentationen von einzelnen Bauteilen, z.B. per Werknorm standardisierte Betätigungsorgane
- Repräsentationen von ganzen Baugruppen, z.B. standardisierte Elektromotoren

Zeichnungsmakros sind normalerweise nur im zweidimensionalen Bereich von Interesse. Beispiele hierfür sind etwa Darstellungen von Toleranzrahmen nach DIN ISO 1101 zur Angabe von Form- und Lagetoleranzen, per Werknorm standardisierte unternehmensspezifische Zeichnungsschriftfelder oder unternehmensintern standardisierte Textangaben auf Zeichnungen. CAD-Makros werden üblicherweise in Makrobibliotheken (*Libraries*) organisiert.

- *Variantenprogramme* dienen der automatischen Erzeugung aller Ausprägungen bestimmter Teile- oder Baugruppenfamilien aufgrund von wenigen Parametereingaben.

Zu diesem Zweck wird für eine Teile- oder Baugruppenfamilie die Erzeugungsvorschrift einschließlich der Bezüge zwischen den Eingabeparametern und den Größen- und Gestaltparametern aller beteiligten Geometrie- und Zeichnungselemente in dem Variantenprogramm abgebildet. Dabei sind von dem Variantenprogramm in der Regel auch verschiedene Berechnungs- und Überprüfungsschritte durchzuführen. Mit anderen Worten ist in einem Variantenprogramm „Wissen" über die jeweilige Teile- oder Baugruppenfamilie hinterlegt (Erfassung der Objektlogik/Produktlogik).

Ein Beispiel für die Erzeugung von reinen Größenvarianten ist die Erstellung der Einzelteilzeichnungen für eine bestimmte Klasse von Wellen, **Bild 4.29**. Ein Beispiel für die Erzeugung von Größen- *und* Gestaltvarianten zeigt **Bild 4.30**: Dargestellt wird jeweils die Grobgeometrie eines Stirnzahnrades nach DIN ISO 2203 einschließlich der nach DIN 3966 zugehörigen Tabelle für die Verzahnungsdaten. Dabei sind abhängig von den Eingabeparametern nicht nur die Größenverhältnisse, sondern auch die gestaltlichen Ausprägungen variabel (z.B. Außenzahnrad bei $z > 0$, Innenzahnrad bei $z < 0$; Wahl der gewünschten Ansicht über den Steuerparameter IANSI). Außerdem führt das Variantenprogramm eine Reihe von verzahnungstechnischen Berechnungen, Überprüfungen und gegebenenfalls Korrekturen automatisch durch, auf die hier nicht im einzelnen eingegangen sei (siehe etwa [RoMa92]).

Den Funktionsumfang von Variantenprogrammen kann man nahezu beliebig weit treiben, am Beispiel der Zahnräder etwa dadurch, daß unter Einschluß der zugehörigen Berechnungen ganze Zahnradstufen oder sogar ganze Getriebe automatisch generiert werden.

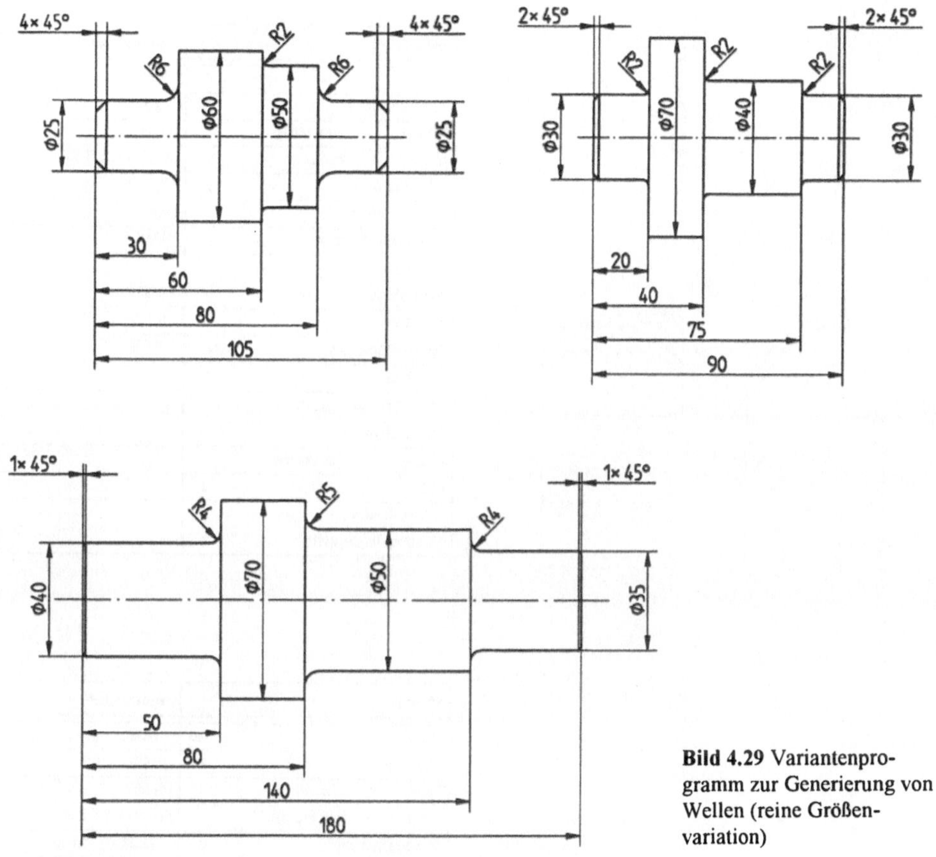

Bild 4.29 Variantenprogramm zur Generierung von Wellen (reine Größenvariation)

- *Anwendermodule* sind im voraus programmierte Hilfsfunktionen für *Prozeß*schritte, die in bestimmten Anwendungsgebieten wiederholt benötigt werden.

Zu diesem Zweck werden diese Prozeßschritte als Anwendermodule in Programmform hinterlegt, wobei die Anwendermodule in der Regel auf zuvor vom Benutzer generierte CAD-Objektdaten zugreifen müssen. Während es bei der Makrotechnik und bei den Variantenprogrammen um wiederholt benötigte Objekte geht (Geometrie-/Zeichnungselemente, Bauteile, Baugruppen), wird bei Anwendermodulen das „Wissen" über Prozeßschritte des Konstruierens, im Extremfall über einen ganzen Konstruktionsprozeß durch eine algorithmische Folge entsprechender Anweisungen programmtechnisch nachempfunden (Erfassung der Konstruktionslogik).

Ein Beispiel – in diesem Fall zur Unterstützung eines speziellen Prozeßschrittes auf dem Gebiet der Werkzeugkonstruktion für Blechteile – demonstriert **Bild 4.31** [Seif88]: Ausgehend von den Fertigteilgeometrien von Blechteilen, die zuvor mit Hilfe von CAD modelliert worden sind, erstellt das Anwendermodul (teil-) automatisch die zugehörige Abwicklung (Ermittlung der zu dem jeweiligen Fertigteil gehörenden Platine). Wichtig hier-

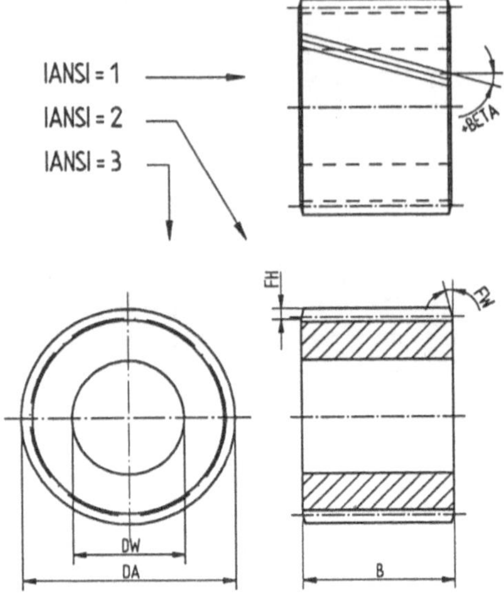

Stirnrad			außenverzahnt
Modul		mn	3.00
Zahnezahl		z	29.
Bezugs-profil	Verzahnung		DIN 867
	Werkzeug		DIN 3972-II x 3.00
Schrägungswinkel		β	15.000 (Grad)
Flankenrichtung			rechts
Teilkreisdurchmesser		d	90.06
Profilverschie-bungsfaktor		x	0.500
Zahnhöhe		h	6.215
Kopfhöhenänderung		kxmn	-0.535
Zahndicke		sn	5.804
Verzahnungsqualität Toleranzfeld			
Gegen-rad	Sachnummer		
	Zahnezahl	z	
Achsabstand mit Abmaßen/Toleranzfeld		a	

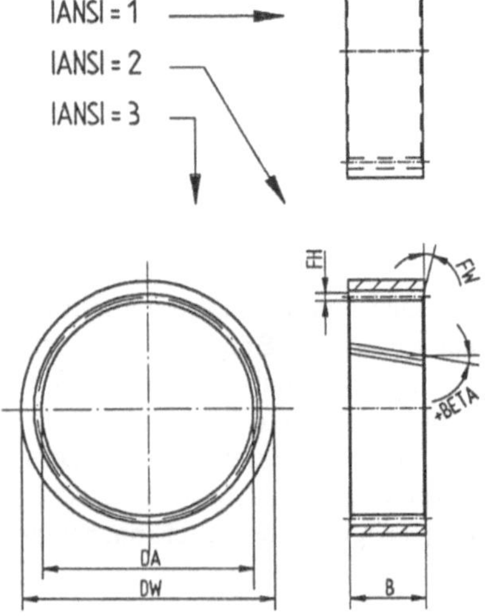

Stirnrad			innenverzahnt
Modul		mn	2.00
Zahnezahl		z	-43.
Bezugs-profil	Verzahnung		DIN 867
	Werkzeug		DIN 3972-II x 2.00
Schrägungswinkel		β	10.000 (Grad)
Flankenrichtung			rechts
Teilkreisdurchmesser		d	90.06
Profilverschie-bungsfaktor		x	0.000
Zahnhöhe		h	6.215
Kopfhöhenänderung		kxmn	0.000
Zahndicke		sn	5.804
Verzahnungsqualität Toleranzfeld			
Gegen-rad	Sachnummer		
	Zahnezahl	z	
Achsabstand mit Abmaßen/Toleranzfeld		a	

Bild 4.30   Variantenprogramm zur Generierung von Außen- und Innenzahnrädern in verschiedenen Ansichten (Größen- und Gestaltvarianten)

Bild 4.31 Anwendermodul zur Abwicklung
gebogener Blechteile [Seif88]

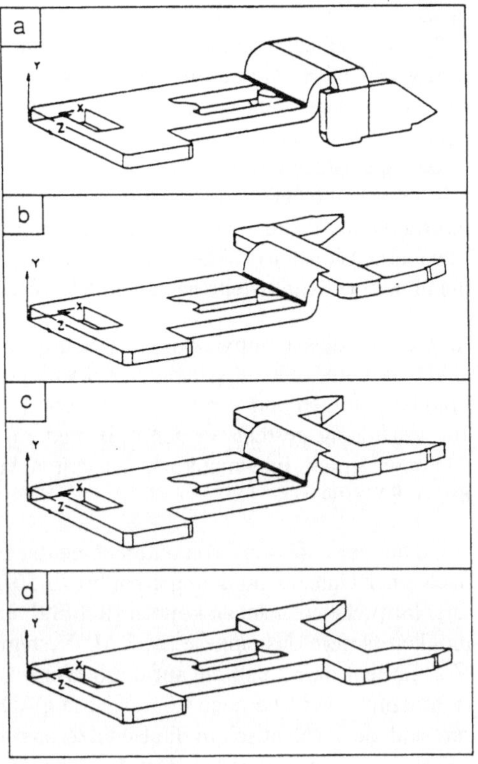

bei ist es, die beim Blechbiegen relevanten
mechanischen Gegebenheiten zu berücksichtigen (z.B. plastische Dehnungen und
Stauchungen in der Biegezone, Grenzen
der Umformbarkeit des Bleches durch
Reißen im Zugbereich bzw. durch Falten-
bildung im Druckbereich).

Abschließend zur vorstehenden Klassifizierung der anwenderspezifischen Erweiterungen
von CAD-Systemen muß darauf hingewiesen
werden, daß die vorgestellten Klassen durchaus fließende Übergänge besitzen und daß
verschiedene CAD-Anbieter teilweise eine
leicht abgeänderte Terminologie benutzen,
wovon die prinzipiellen Zusammenhänge jedoch unberührt bleiben.

Es sei nun auf die Realisierungsmöglichkeiten
von CAD-Makros, -Variantenprogrammen
und -Anwendermodulen eingegangen.

Makrotechnik

Die Bereitstellung von standardisierten Geometrie- oder Zeichnungselementen als CAD-
Makros, die DIN-Standards, Werknorm-/Wiederholteile und möglicherweise auch Zukaufteile repräsentieren, beinhaltet im wesentlichen drei Aspekte:

- Verfügbarkeit allgemeiner Normelemente (z.B. Normteile nach DIN)
- Möglichkeiten für den Benutzer, auf einfachem Weg eigene Normelemente (z.B. Werk-
  norm- und/oder Zukaufteile) zu erstellen und in das CAD-System zu integrieren
- Austausch von Normteilinformationen, z.B. zwischen Abnehmern und Lieferanten von
  Zukaufteilen

Der erste Punkt (Bereitstellung allgemeiner Normelemente) wird heute praktisch von allen
CAD-Systemen erfüllt (zumindest im zweidimensionalen Bereich). Die entsprechenden
Normteil- und Normsymbolpakete sind allerdings in der Regel nur gegen Aufpreis erhältlich
und werden in vielen Fällen nicht durch den Anbieter des CAD-Systems selbst erstellt und
vertrieben, sondern durch unabhängige Softwareunternehmen.

Während früher alle Normteilpakete systemspezifisch und deswegen nicht zwischen unterschiedlichen CAD-Systemen austauschbar waren, setzt sich in der letzten Zeit das speziell für
den Geometriedatenaustausch von Normteilen standardisierte, allerdings bislang rein zweidi-

mensionale Schnittstellenformat *VDAPS* (VDA-Programmschnittstelle[41])) durch [DIN-66304a/b]. Hinzu kommen die Aktivitäten der eigens zu diesem Zweck gegründeten DIN Software GmbH, die autorisierte (DIN-) Normteiltabellen in elektronischer Form vertreibt. Auf dieser Basis sieht die Bereitstellung allgemeiner Normteilpakete für CAD-Systeme heute zunehmend so aus, daß die DIN Software GmbH, daneben aber auch eine Reihe von entsprechend spezialisierten Softwarehäusern (siehe z.B. [Lewa89, Schn89]) unter Nutzung der DIN-Normteiltabellen und unter Beachtung der in [DIN66304a/b] festgelegten Standards Normteilbibliotheken entwickeln und auf dem Markt anbieten, die von unterschiedlichen (zweidimensionalen) CAD-Systemen genutzt werden können (im Prinzip von allen Systemen, die über eine Schnittstelle nach dem VDAPS-Standard verfügen).

Im Gefolge dieser Entwicklung hat sich über die reinen DIN-Normteile hinaus ein Markt für CAD-Bibliotheken mit gängigen Zukaufteilen entwickelt, die den gleichen systemneutralen Standards folgen und von den Herstellern der entsprechenden Teile in der Art von Katalogen zur Verfügung gestellt werden (z.B. Federn von Gutekunst, Werkzeugnormalien von HAS-CO oder Strack, Pneumatikzylinder von WABCO Westinghouse, siehe beispielsweise [Meis-89, ArEM89]).

Auch bei der Erfassung von unternehmensspezifischen Werknormteilen (Wiederholteilen), die nach einer Untersuchung immerhin bis zu 50 % der in einem Unternehmen überhaupt genutzten Normteile ausmachen können [Rehf89], ist ein Vorgehen nach der geschilderten Strategie möglich (sofern das eingesetzte CAD-System eine Schnittstelle gemäß VDAPS besitzt). Der Vorteil liegt darin, daß die auf diese Weise entwickelten Makros und Makrobibliotheken systemneutral sind und auch von anderen CAD-Systemen genutzt werden können. Des weiteren sind sie automatisch in die Benutzeroberfläche und in die Verwaltung der anderen VDA-PS-Normteile eingebunden. Der Nachteil der Erstellung von Werknormteilen nach dem auf der Programmiersprache FORTRAN77 aufbauenden VDAPS-Format ist, daß man um Programmierarbeiten nicht herumkommt.

Da man Programmierarbeiten in der CAD-Praxis gerne umgeht, werden unternehmensspezifische Makros für Werknormteile oder besondere Zeichnungssymbole auch heute noch überwiegend mit Hilfe der vom jeweiligen CAD-System angebotenen, im allgemeinen interaktiv bedienbaren Makrotechniken erstellt. Die auf diese Weise generierten Makros sind natürlich nur für das betreffende System verständlich. Ebenso erfolgt ihre Archivierung und Verwaltung in der Regel mittels systemspezifischer Funktionen (sogenannte Zeichnungs-, Teile- oder Symbolarchive). Eine Einbindung solcher systemspezifischen Makros in die Benutzeroberfläche des jeweiligen CAD-Systems ist in den meisten Fällen problemlos möglich (entsprechende Erweiterung des Befehlsmenüs). Erst in der letzten Zeit greift die Verwendung von Standard-Datenbanken zur Archivierung von CAD-Makros Platz (siehe hierzu auch Abschnitt 7.2).

Variantenprogrammierung

Das Arbeiten mit einem CAD-System wurde bisher – explizit oder implizit – stets unter dem Aspekt des interaktiven Dialoges zwischen Benutzer und Rechner gesehen. Hierbei werden

---

[41)]   VDA: Verband der Automobilindustrie e.V., Frankfurt a.M.

– wie bereits erwähnt – die Bauteile, Baugruppen und sonstigen Elemente (z.B. Bemaßungen, Texte) im direkten Wechselspiel zwischen Befehlseingabe und sofortiger Bildausgabe schrittweise generiert, wobei zur Befehls- und Dateneingabe primär das graphische Eingabegerät (Digitalisiertablett oder Maus) benutzt wird. Man darf allerdings nicht übersehen, daß der interaktive Dialog aus methodischer Sicht primär für die Durchführung von Neu- und Anpassungskonstruktionen gedacht ist.

Daneben ist jedoch noch der Bereich der Variantenkonstruktion zu berücksichtigen, für den möglicherweise ganz andere Strategien vorteilhafter sind [Vajn91]. Die Variantenkonstruktion ist in der CAD-Praxis oft mindestens genauso interessant wie die Neu- und Anpassungskonstruktion, da hier das größte Potential für die Automatisierung von Konstruktionsabläufen liegt (überwiegend oder vollständig algorithmierbare/automatisierbare Konstruktion, [Fran76, Frit82]).

Bei der CAD-Variantenkonstruktion geht es grundsätzlich um eine der drei folgenden, teilweise mit der soeben angesprochenen Makrotechnik konkurrierenden Aufgabenstellungen:

- Im einfachsten Fall sollen Bauteile, Baugruppen oder ganze Produkte in unterschiedlichen Dimensionen erzeugt werden, ohne daß sich deren prinzipielle Gestalt ändert (reine Größenvariationen, siehe Beispiel in Bild 4.29). Dazu müssen entsprechende CAD-Variantenprogramme erstellt werden, in denen die Geometrie in parametrisierter Form abgelegt ist (z.B. „Länge L" statt „Länge 100 mm"). Weiterhin muß unterschieden werden zwischen denjenigen Parametern, die durch Benutzereingaben frei festgelegt werden können (Eingabeparameter, im mathematischen Sinne: unabhängige Variable), und denjenigen Parametern, die im Variantenprogramm auf der Basis von eingearbeiteten Berechnungsvorschriften und/oder Tabellen (z.B. Normtabellen) in Abhängigkeit von den Eingabeparametern ermittelt werden (im mathematischen Sinne: abhängige Variable; Beispiel siehe weiter unten Bild 4.32). Durch Variation der Eingabeparameter können dann die gewünschten Varianten des Objektes erzeugt werden.

  Es zeigt sich, daß es auch schon bei der reinen Größenvariation wichtig ist, die Wechselwirkungen der einzelnen Geometrieparameter sorgfältig zu überlegen und in einer Art Objekt- oder Produktlogik in das Variantenprogramm zu integrieren. Nach Möglichkeit sollten auch geometrisch unsinnige Parameterkombinationen (z.B. Fasenbreite eines Wellenabsatzes größer als dessen Länge) durch das Variantenprogramm abgefangen werden.

- Im nächst-komplizierteren Fall wünscht man sich nicht nur bezüglich der Dimensionen, sondern auch bezüglich der Ausführung von Bauteilen, Baugruppen oder Produkten unterschiedliche Varianten (Gestaltvariationen, meist in Kombination mit Größenvariationen). Diese Art der CAD-Variantenkonstruktion erfordert logische Verzweigungen (Bedingungs-Abfragen, „IF-Abfragen") in dem betreffenden Variantenprogramm, die in der Regel mittels eines oder mehrerer Gestaltparameter gesteuert werden, **Bild 4.32**.

- Die komplizierteste Stufe der CAD-Variantenkonstruktion, die teilweise bereits in den Bereich der Anwendermodule hineinreicht, ist dadurch gekennzeichnet, daß auch nicht-geometrische Operationen in das Variantenprogramm integriert werden. Denkbar sind hier beispielsweise Berechnungsschritte (z.B. eingefügte Tragfähigkeits- oder Kostenbe-

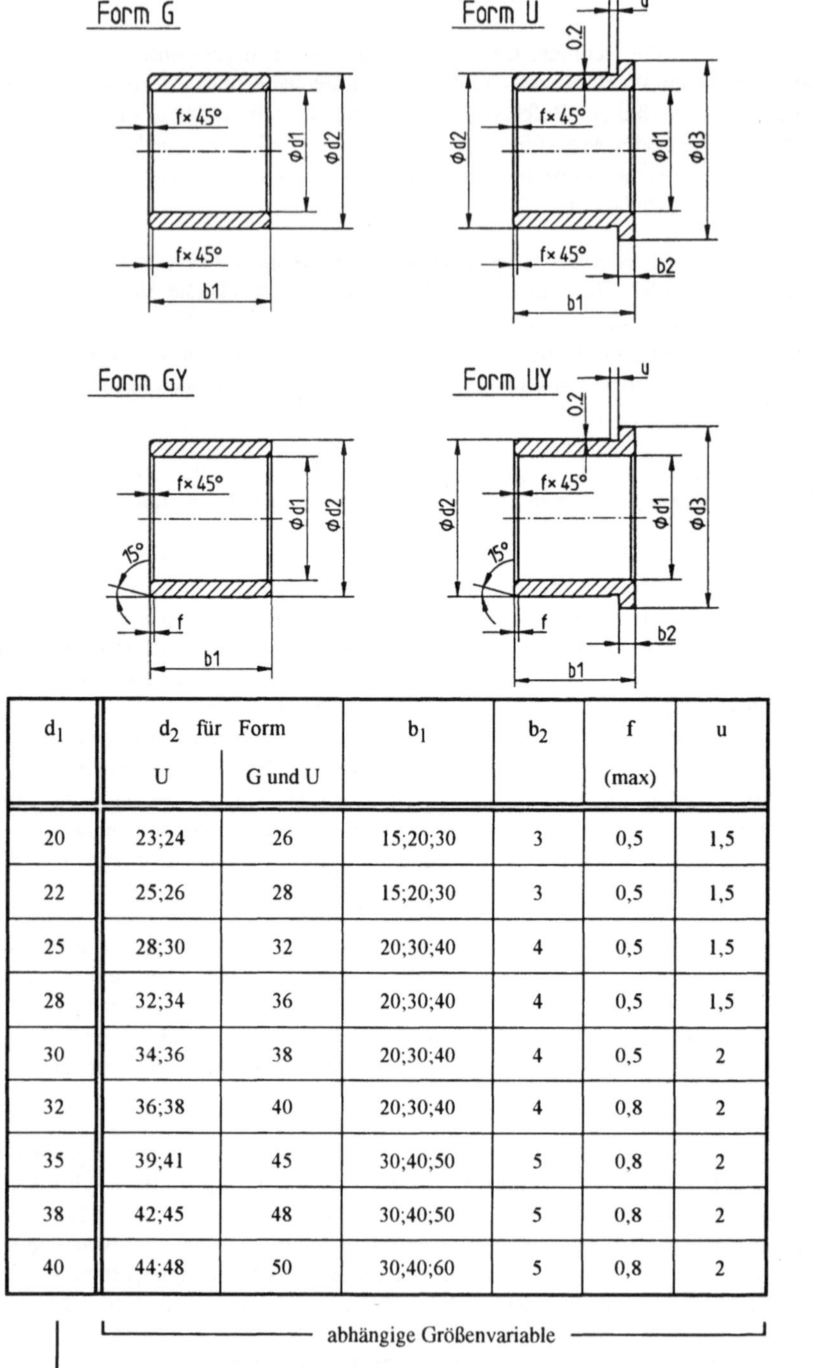

| d_1 | d_2 für Form | | b_1 | b_2 | f | u |
	U	G und U			(max)	
20	23;24	26	15;20;30	3	0,5	1,5
22	25;26	28	15;20;30	3	0,5	1,5
25	28;30	32	20;30;40	4	0,5	1,5
28	32;34	36	20;30;40	4	0,5	1,5
30	34;36	38	20;30;40	4	0,5	2
32	36;38	40	20;30;40	4	0,8	2
35	39;41	45	30;40;50	5	0,8	2
38	42;45	48	30;40;50	5	0,8	2
40	44;48	50	30;40;60	5	0,8	2

Bild 4.32   Buchsen für Gleitlager aus Kupferlegierungen nach DIN 1850 T1 als Beispiel für eine Gestaltvariation (Formen G, U, GY, UY) mit überlagerter Größenvariation (siehe Tabellenauszug)

rechnungen), Schreiboperationen (z.B. Erstellung einer Stückliste) oder sogar die automatische Erstellung von NC-Programmen oder sonstigen Unterlagen für angrenzende Produktionsbereiche.

Zur Erfüllung der genannten Aufgaben sind mehrere Vorgehensweisen bekannt, von denen jedes CAD-System zumindest eine Auswahl bietet:

- Zu verschiedenen CAD-Systemen sind Zusatzmodule erhältlich, mit deren Hilfe sich interaktiv erstellte CAD-Geometrien nachträglich parametrisieren und variieren lassen (sogenannte *Parametrik-Module*). Hiermit lassen sich Größenvariationen, manchmal auch einfache Gestaltvariationen (Bedingung: parametergesteuerte Verzweigungen müssen möglich sein) durchführen.

  In letzter Zeit werden einige CAD-Systeme auf dem Markt angeboten, die ohne derartige Zusatzmodule direkt beim interaktiven Arbeiten die Parametrisierung der Geometrie gestatten („interaktive Variantenkonstruktion‘). Sie speichern einmal benutzte Bezüge zwischen Geometrieparametern und -elementen (z.B. „Durchmesser des Kreises 1 gleich dem Durchmesser des Kreises 2‘, „Strecke 3 außen tangential an den Kreisen 1 und 2‘) von vornherein in der Datenbasis ab (*relationale Datenstruktur*). Die Logik des Entwurfes bleibt so auch bei nachträglichen Parameteränderungen erhalten [NN90a]. Parametergesteuerte Verzweigungen sind hier in der Regel (noch?) nicht möglich, so daß sich das Einsatzgebiet dieser an sich äußerst interessanten Systeme auf die Durchführung von Größenvariationen beschränkt.

- Häufig bieten CAD-Systeme spezifische Graphiksprachen an, mit denen sich Variantenprogramme auf alphanumerischem Wege erstellen lassen. Eine solche Graphiksprache wird oft als leichter erlernbar und einfacher handhabbar empfunden als eine allgemeine höhere Programmiersprache (z.B. das gerade im Maschinenbau traditionsreiche FORTRAN77). Dies gilt besonders, wenn sich die Graphiksprache direkt an die aus dem interaktiven Dialog gewohnte Terminologie anlehnt. Mit Hilfe einer solchen Graphiksprache kann der Benutzer Variantenprogramme zur Durchführung von Größenvariationen, je nach dem Sprachumfang (logische Verzweigungen!) auch zur Durchführung von Gestaltvariationen erstellen. In vielen Fällen sind auch nicht-geometrische Operationen in das Variantenprogramm integrierbar (z.B. Berechnungsschritte, Schreib-/Leseoperationen), ihr Umfang ist jedoch gegenüber den Möglichkeiten einer höheren Programmiersprache begrenzt.

Bild 4.33 zeigt ein einfaches Beispiel für ein (zweidimensionales) Variantenprogramm, das mit der Graphiksprache des CAD-Systems ME 10 von Hewlett-Packard erstellt worden ist. Hierbei geht es um die Generierung von Lagersitzen auf Wellen (für Wälzlager). Jeder Lagersitz besteht aus der eigentlichen Lagersitzfläche, der Rundung zur benachbarten Wellenschulter, einer Nut für einen Sicherungsring zur axialen Sicherung des Lagers (in der Regel Sicherungsring nach DIN 471) und einer überstehenden Zylinderfläche mit Fase zur Erleichterung der Wälzlager- und Sicherungsringmontage. In dem Variantenprogramm nach Bild 4.33 sind aus Gründen der Übersichtlichkeit *alle* Geometrieparameter als Eingabeparameter vorgesehen. Sofern es sich um einen nach DIN genormten Lagersitz handelt, könnte man in einem nächsten Schritt in Erwägung ziehen, die Nutbrei-

Lagersitz links (V ≠ 0)   Lagersitz rechts (V = 0)

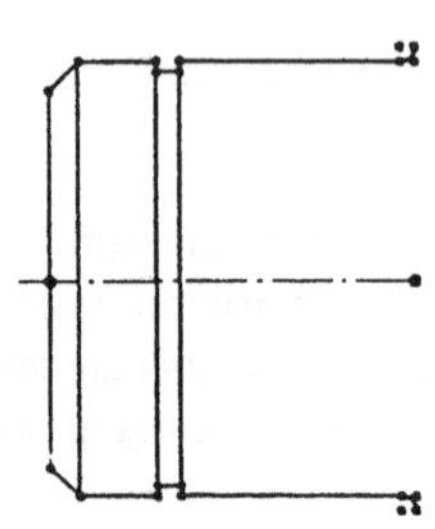
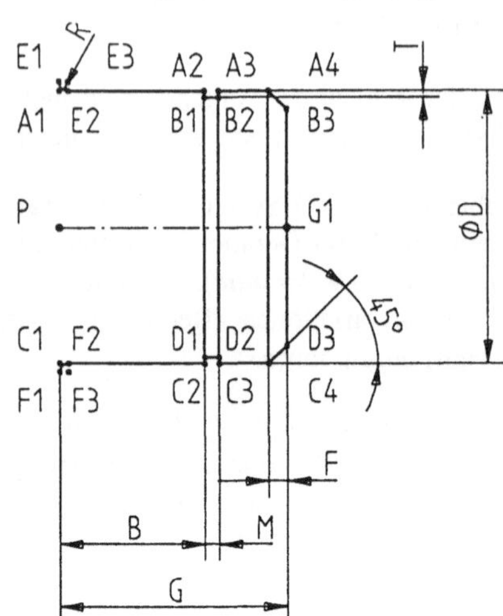


```
DEFINE Lagersitz                                          Programmanfang, -name


LOCAL P       {Positionierungspunkt}
LOCAL B       {Lagerbreite}
LOCAL D       {Nenndurchmesser des Lagers}               Deklaration der (lokalen)
LOCAL M       {Nutbreite}                                Eingabeparameter (in Klam-
LOCAL T       {Nuttiefe}                                 mern: Kommentare)
LOCAL G       {Gesamtbreite Lagersitz}
LOCAL F       {Fasenbreite}
LOCAL R       {Rundungsradius}


LOCAL A1    LOCAL A2    LOCAL A3    LOCAL A4
LOCAL B1    LOCAL B2    LOCAL B3
LOCAL C1    LOCAL C2    LOCAL C3    LOCAL C4           Deklaration der sonstigen
LOCAL D1    LOCAL D2    LOCAL D3                       (im Programm zu berech-
LOCAL E1    LOCAL E2                                   nenden) lokalen Parameter
LOCAL G1    LOCAL F1    LOCAL F2    LOCAL F3
LOCAL XP    LOCAL YP    LOCAL V     LOCAL Z


LOOP                                                      Schleifenanfang


READ NUMBER 'Lagersitz re. (0) oder li. (≠ 0)' Z
READ PNT    'Positionierungspunkt waehlen' P             Aufforderungen zur Para-
READ NUMBER 'Rundungsradius ?' R                         metereingabe und Einlesen
READ NUMBER 'Nenndurchmesser des Lagers ?' D             der Eingabeparameter (Ein-
READ NUMBER 'Lagerbreite ?' B                            gabe als Zahlenwert, mittels
READ NUMBER 'Nutbreite nach DIN 471 ?' M                 Fangfunktionen oder durch
READ NUMBER 'Nuttiefe nach DIN 471 ?' T                  freies Digitalisieren mög-
READ NUMBER 'Gesamtbreite des Lagersitzes ?' G           lich)
READ NUMBER 'Fasenbreite (Winkel = 45 Grad) ?' F
```

```
IF  (Z = 0)  LET  V  1
       ELSE  LET  V  (-1)
END_IF

LET  XP  (  X_OF  P  )
LET  YP  (  Y_OF  P  )
LET  A1  (  PNT_XY     XP                (YP+(D/2))    )
LET  A2  (  PNT_XY    (XP+((V)*B))       (YP+(D/2))    )
LET  A3  (  PNT_XY    (XP+((V)*(B+M)))   (YP+(D/2))    )
LET  A4  (  PNT_XY    (XP+((V)*(G-F)))   (YP+(D/2))    )
LET  B1  (  PNT_XY    (XP+((V)*B))       (YP+(D/2)-T)  )
LET  B2  (  PNT_XY    (XP+((V)*(B+M)))   (YP+(D/2)-T)  )
LET  B3  (  PNT_XY    (XP+((V)*G))       (YP+(D/2)-F)  )
LET  C1  (  PNT_XY     XP                (YP-(D/2))    )
LET  C2  (  PNT_XY    (XP+((V)*B))       (YP-(D/2))    )
LET  C3  (  PNT_XY    (XP+((V)*(B+M)))   (YP-(D/2))    )
LET  C4  (  PNT_XY    (XP+((V)*(G-F)))   (YP-(D/2))    )
LET  D1  (  PNT_XY    (XP+((V)*B))       (YP-(D/2)+T)  )
LET  D2  (  PNT_XY    (XP+((V)*(B+M)))   (YP-(D/2)+T)  )
LET  D3  (  PNT_XY    (XP+((V)*G))       (YP-(D/2)+F)  )
LET  E1  (  PNT_XY     XP                (YP+(D/2)+R)  )
LET  E2  (  PNT_XY    (XP+((V)*R))       (YP+(D/2))    )
LET  E3  (  PNT_XY    (XP+((V)*R))       (YP+(D/2)+R)  )
LET  F1  (  PNT_XY     XP                (YP-(D/2)-R)  )
LET  F2  (  PNT_XY    (XP+((V)*R))       (YP-(D/2))    )
LET  F3  (  PNT_XY    (XP+((V)*R))       (YP-(D/2)-R)  )
LET  G1  (  PNT_XY    (XP+((V)*G+2))     YP            )

WHITE  SOLID

LINE  TWO_PTS  E2  A2  F2  C2  A2  C2
LINE  TWO_PTS  A3  C3  B1  B2  D1  D2
LINE  TWO_PTS  A3  A4  A4  B3  C4  D3  A4  C4  B3  D3  C3  C4

IF  (Z = 0)  ARC  CEN_BEG_END  E3  E1  E2
             ARC  CEN_BEG_END  F3  F2  F1
      ELSE   ARC  CEN_BEG_END  E3  E2  E1
             ARC  CEN_BEG_END  F3  F1  F2
END_IF

YELLOW  DOT_CENTER
LINE  TWO_PTS  P  G1

END_LOOP

WHITE  SOLID

END_DEFINE
```

Fallunterscheidung Lagersitz rechts/links (Wertzuweisung Parameter V)

Wertzuweisungen für die zu berechnenden Parameter (Zahlen oder Punkte mit jeweils zwei Koordinatenwerten)

Linie breit, voll

Zeichnen der Strecken (Verbindung je zweier Punkte)

Zeichnen der Rundungsbögen (mit Fallunterscheidung Lagersitz rechts/links)

Linie schmal, strichpunkt.
Zeichnen der Mittellinie

Schleifenende

Zurücksetzen Linienart

Programmende

Bild 4.33 Variantenprogramm zur Generierung von (Wälz-) Lagersitzen, erstellt mit der Graphiksprache des CAD-Systems ME 10 von Hewlett-Packard

te M, die Nuttiefe T und die Länge des Überstandes (G – B – M) abhängig vom Lager-
sitzdurchmesser D zu ermitteln, beispielsweise mit Hilfe einer in das Programm integrierten internen oder von dem Programm aufgerufenen externen Tabelle entsprechend DIN
471. Falls die verwendeten Wälzlagerbaureihen im voraus bekannt sind, könnte man
auch die Lagersitzbreite B und den (maximalen) Rundungsradius R durch das Variantenprogramm in Abhängigkeit von D ganz oder teilweise automatisch festlegen lassen.
Schließlich sei noch darauf hingewiesen, daß das Variantenprogramm nach Bild 4.33
– wiederum aus Gründen der Übersichtlichkeit – noch keine Maßnahmen zur Überprüfung der Eingabeparameter auf Korrektheit enthält (z.B. Überprüfung, ob noch ein zylin-
drischer Bereich zwischen Sicherungsnut und Fase vorhanden ist, d.h. ob gilt, daß
[G – B – M – F] > 0), obwohl diese gemeinsam mit aussagekräftigen Fehlermeldungen
im Interesse der Benutzerfreundlichkeit unbedingt empfehlenswert sind. Es sei allerdings
auch nicht verschwiegen, daß das sorgfältige Austesten von Variantenprogrammen, das
Abfangen aller nur denkbaren Eingabefehler und das Implementieren jeweils angemesse-
ner Reaktionen sehr zeitaufwendig ist und deshalb in der Praxis häufig etwas zu kurz
kommt.

- Einige CAD-Systeme bieten schließlich Schnittstellen zu einer allgemeinen höheren Programmiersprache an (im Maschinenbau aus historischen Gründen meist zu FORTRAN-
  77, neuerdings jedoch auch zunehmend zu C). In diesem Fall wird das Variantenprogramm in der betreffenden höheren Programmiersprache geschrieben, wobei die Graphikoperationen des CAD-Systems aus dem Variantenmodul heraus aktiviert werden
  können (z.B. durch Unterprogrammaufrufe). Es ist klar, daß auf dieser Basis sämtliche
  Bibliotheken, Berechnungsroutinen, logischen Operationen, Dateiverwaltungsdienste und
  alle Programmschachtelungsmöglichkeiten der höheren Programmiersprache zur Verfügung stehen, so daß theoretisch unbeschränkt komplizierte Variantenprogramme erstellt
  werden können. Allerdings sind hierzu Programmierarbeiten unter Umständen erheblichen Umfanges unvermeidlich.

Variantenprogramme sind wegen der hinterlegten Objekt-/Produktlogik in der Regel speziell
auf ein einzelnes Unternehmen, wenn nicht sogar auf eine einzelne Abteilung abgestimmt. Sie
müssen deswegen individuell erstellt werden, was üblicherweise entweder durch die Benutzer
oder in deren Auftrag durch (zumeist kleinere) Software-Dienstleister durchgeführt wird.

Der CAD-Einsatz wird erwiesenermaßen umso bequemer und effektiver, je intensiver man
von der Makro- und Variantentechnik Gebrauch macht. Die Erfahrung zeigt, daß dieser
Aspekt bei der Systemauswahl und -einführung leider oft zu wenig beachtet wird. Es ist jedem potentiellen CAD-Anwender deshalb dringend anzuraten, von Anfang an sorgfältig zu
prüfen, welche konkreten Bedürfnisse in seinem Unternehmen bestehen[42] und welches Verfahren der Makro- und Variantenprogrammierung zur Befriedigung dieser Bedürfnisse am
besten geeignet ist. Die hieraus gewonnenen Ergebnisse sind dann (mit nicht geringer Priori-
tät) in die Bewertung der in Frage kommenden CAD-Systeme einzubeziehen.

---

[42] Ein häufig zu beobachtender „Nebeneffekt" solcher Überlegungen ist, daß man auf Bereinigungsmög-
      lichkeiten des im Unternehmen vorhandenen Teilespektrums stößt, die von der geplanten CAD-Einfüh-
      rung völlig unabhängig sind und schon für sich alleine ein nicht unerhebliches Rationalisierungspoten-
      tial eröffnen.

Anwendermodule

Ebenso wie Makros und Variantenprogramme können auch Anwendermodule, die bestimmte Prozeßschritte des Konstruierens übernehmen (siehe Beispiel in Bild 4.31), die Effizienz des CAD-Einsatzes erheblich steigern [Seif88, MeWi90]. Allerdings ist auch hierfür ein nicht unerheblicher Aufwand erforderlich: Ähnlich wie umfangreiche Variantenprogramme werden Anwendermodule durch Erstellung besonderer Programmbausteine und Anbindung dieser Programmbausteine an die jeweilige CAD-Basissoftware realisiert, wobei in der Regel auf eine höhere Programmiersprache zurückgegriffen werden muß. Darüber hinaus sind Zu- und Eingriffe auf bzw. in die Datenbasis des CAD-Systems erforderlich, was für Außenstehende nur bei hinreichend offenen Systemen möglich ist.

Zahlreiche Anbieter von CAD-Systemen vertreiben heute bereits eine Reihe von Anwendermodulen als Zusatzoptionen zu ihren Produkten, da deren Verfügbarkeit unter Umständen ein schlagkräftiges Verkaufsargument ist. Daneben ist die – auf verschiedenen CAD-Basissystemen aufsetzende – Erstellung von Anwendermodulen eine Domäne unabhängiger Softwareunternehmen, wobei sowohl Standardangebote erhältlich sind als auch besondere Module im Rahmen von kundenspezifischen Auftragsarbeiten entwickelt werden können. Verschiedentlich – in erster Linie allerdings in größeren Unternehmen mit entsprechender Personalkapazität – entstehen Anwendermodule auch beim CAD-Anwender selbst.

Im folgenden sei auf einige beim Konstruieren immer wieder vorkommende Prozeßschritte, zu deren Bearbeitung häufig standardmäßige CAD-Anwendermodule vorliegen, etwas näher eingegangen.

Eine Klasse von Anwendermodulen, die als systemspezifische Aufsätze heute zu nahezu allen CAD-Systemen angeboten werden [Brau89], sind *Kinematikmodule*. Sie dienen dazu, die in Produkten oder Baugruppen ablaufenden Bewegungsvorgänge am Bildschirm zu simulieren, zu überprüfen und zu optimieren (oft mit einer Kombination aus graphischen und rechnerischen Methoden). **Bild 4.34** zeigt zwei Beispiele für zweidimensionale graphische Bewegungssimulationen mit Hilfe von Kinematikmodulen.

a)   b)

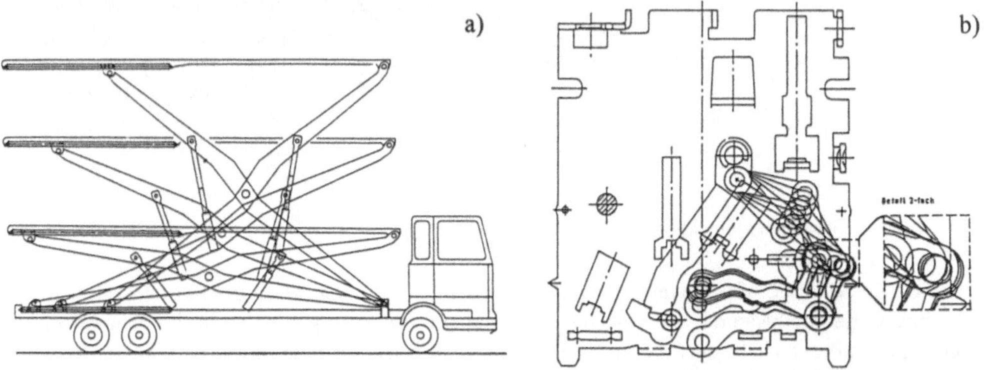

Bild 4.34   Zweidimensionale Bewegungssimulationen mit Hilfe von Kinematikmodulen: a) Hubbühne [DiKu87]; b) Schutzschalter [JäSp89]

In der letzten Zeit werden Kinematikmodule auch immer häufiger zur Simulation von Roboterbewegungen bei Fertigungs- und Montageprozessen herangezogen. Die Bewegungssimulation muß hierbei in der Regel dreidimensional vorgenommen werden und neben Geometrie und Kinematik des Roboters und des Werkstückes auch die Geometrie der Umgebung (Hindernisse!) berücksichtigen, **Bild 4.35**. Die Simulation von Roboterbewegungen wird oft in Verbindung mit der sogenannten Off-line-Roboterprogrammierung durchgeführt [Dill89, Wlok91]. Angewendet werden Kinematikmodule auch im Zusammenhang mit der NC-Programmierung, um z.B. die Bewegungen eines Fräsers simulieren und vor dem eigentlichen Bearbeitungsvorgang kontrollieren zu können. Gerne werden Kinematikmodule auch zu Präsentationszwecken eingesetzt, worauf hier nicht weiter eingegangen sei.

Bild 4.35   Bewegungssimulation eines Montageroboters [AlHo92]

In die Klasse der CAD-Anwendermodule lassen sich auch *Berechnungsroutinen* einordnen. Rechnerische Analysen der entworfenen Bauteile und Baugruppen bilden in der Konstruktion seit jeher äußerst wichtige Prozeßschritte, wobei im Maschinenbau an erster Stelle statische und dynamische Festigkeitsanalysen benötigt werden, daneben aber auch strömungsmechanische und thermische Analysen (teilweise alle miteinander gekoppelt). Das Grundproblem jeder rechnerischen Analyse liegt darin, daß sich die in realen technischen Objekten ablaufenden physikalischen Vorgänge fast immer nur durch komplexe Differentialgleichungssysteme mathematisch beschreiben lassen, für die keine geschlossenen Lösungen (genauer: keine Lösungsintegrale) bekannt sind.

Eine erste Möglichkeit, derartige Analyseaufgaben überhaupt einer Berechnung zuzuführen, besteht darin, daß man aus den zugrundeliegenden Differentialgleichungssystemen so lange Terme herausstreicht, bis sie eine lösbare Form angenommen haben. Die auf diesem Wege erzielbaren Lösungen gelten dann aber nur für vergleichsweise einfache Sonderfälle, weil die in den herausgestrichenen Termen enthaltenen Einflüsse nicht berücksichtigt sind. Um in komplizierteren Fällen eine bessere Übereinstimmung mit der Realität herbeizuführen, kamen und kommen in den betreffenden Berechnungsverfahren mancherlei empirische Korrekturfaktoren zum Einsatz. Dennoch sind der Genauigkeit solcher Verfahren (hier: Genauigkeit = Grad der Übereinstimmung der Rechenergebnisse mit der Realität) Grenzen gesetzt.

Es ist zu bedenken, daß man sich auf vielen Anwendungsgebieten (z.B. Luft- und Raumfahrt, Kraftfahrzeugbau) bei der Auslegung der entsprechenden technischen Produkte und Systeme bereits heute an oder oberhalb der Genauigkeitsgrenzen herkömmlicher Berechnungsverfahren bewegt, um die hohen Anforderungen überhaupt noch erfüllen zu können (z.B. Gewichts- und Verbrauchsreduzierung bei gleichzeitiger Steigerung der passiven Sicherheit im Kraftfahrzeugbau). Deshalb wird die zweite Möglichkeit zur Lösung der komplexen Differentialgleichungssysteme, die das Verhalten realer Produkte und Systeme beschreiben, immer wichtiger, nämlich die Benutzung numerischer Lösungsverfahren. Diese lassen sich vereinfacht wie folgt erklären:

- Das zu untersuchende Raum-Zeit-Kontinuum wird zunächst mit möglichst kleiner Schrittweite in kleine Elemente unterteilt („Diskretisierung", „Vernetzung").
- Für diese ersetzt man die Differentialgleichungen durch Differenzengleichungen, die sich problemlos lösen lassen bzw. für die Lösungen bekannt sind.
- Die Lösungen der Element-Differenzengleichungen werden dann zur Gesamtlösung aufsummiert (Ersatz der Integration durch eine Summation).

Es ist einleuchtend, daß die Gesamtlösung numerisch umso genauer wird, je kleiner die Elemente gewählt werden. Dies ist der entscheidende Grund dafür, daß numerische Rechenverfahren, obwohl sie an sich schon seit langer Zeit bekannt sind, erst heute sinnvoll eingesetzt werden können: Denn erst mit dem Computer steht das geeignete Instrument zur Verfügung, um die tausend- oder hunderttausendfachen Rechenoperationen abzuarbeiten, die zum numerischen Lösen komplexer Gleichungssysteme mit kleiner Schrittweite notwendig sind [Seif-86a].

Das etablierteste numerische Verfahren zur Durchführung der genannten mechanischen, strömungsmechanischen und thermischen Berechnungen (sowie anderer, im Maschinenbau weniger wichtiger Berechnungen) ist heute die *Finite-Elemente-Methode* (*FEM*) [Zien77]. Hier werden mittlerweile zahlreiche Softwarepakete angeboten [NN91b], die in zunehmendem Umfang nicht nur lineare, sondern auch nicht-lineare Probleme aus verschiedenen Gebieten bearbeiten können[43]) [Sche89, KeHe89, West89]. Ein spektakuläres Beispiel für die heute realisierbaren nicht-linearen *und* dynamischen Analysen ist die sogenannte Crash-Simulation von Kraftfahrzeugen, **Bild 4.36**.

Ein anderes numerisches Berechnungsverfahren, das in jüngster Zeit gerade mit Blick auf die im CAD-Bereich üblichen Geometriemodellierungsverfahren (insbesondere Boundary Representation, siehe Abschnitt 4.2.3) zunehmend diskutiert wird, ist die *Boundary-Elemente-Methode* (*BEM*). Auf die Unterschiede zwischen FEM und BEM kann allerdings hier im einzelnen nicht eingegangen werden (siehe z.B. [Schl89a]).

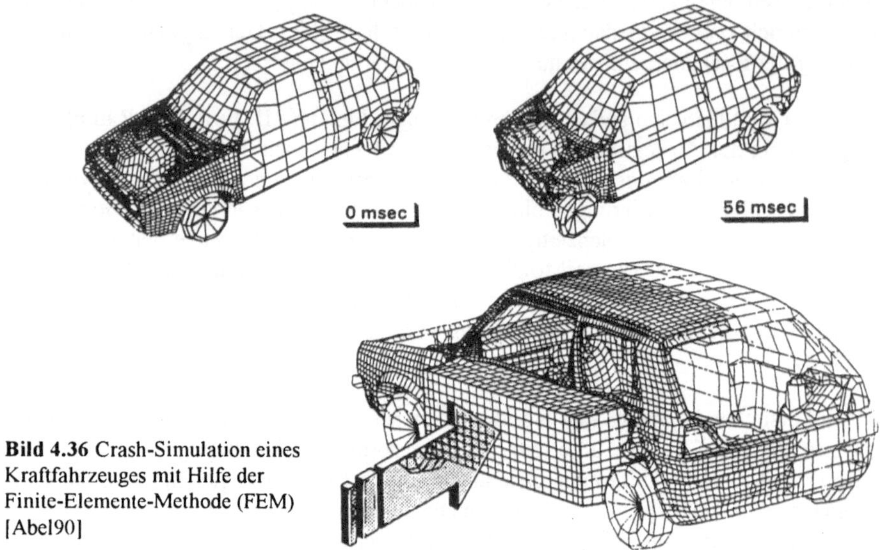

Bild 4.36 Crash-Simulation eines Kraftfahrzeuges mit Hilfe der Finite-Elemente-Methode (FEM) [Abel90]

Das Zusammenspiel zwischen CAD-System und FEM-System (oder auch BEM-System) sieht in der Praxis heute meistens so aus, daß eine reine Geometriedatenübertragung von CAD nach FEM stattfindet, und zwar überwiegend auf der Basis der gängigen Geometriedatenschnittstellen (z.B. *IGES*, Initial Graphics Exchange Specification). Die anschließende Ergänzung der außer der Geometrie zur Berechnung erforderlichen Daten (im Falle der mechanischen Berechnungen z.B. äußere Belastungen, Auflager, Materialkenngrößen), die Erstellung des Finite-Elemente-Netzes, die Durchführung der Analyse selbst sowie schließlich die Aufbereitung der Analyseergebnisse erfolgen dann im FEM-System, das vom CAD-System völlig entkoppelt ist. Nur in seltenen Fällen (besonders natürlich in dem Fall, daß CAD- und FEM-System vom gleichen Systemanbieter stammen) sind engere CAD/FEM-Kopplungen realisiert (z.B. einheitliche Benutzeroberfläche, Netzgenerierung bereits im CAD-Bereich, Ergebnisaufbereitung mittels CAD-Funktionen). Hier sind in der Zukunft durch das Produktdatenaustauschformat *STEP* (Standard for the Exchange of Product Model Data) möglicher-

---

[43]   Die Klassifizierung „linear" bzw. „nicht-linear" zeigt an, ob die betreffende FEM-Software auf Elementebene nur lineare oder auch nicht-lineare Differenzengleichungen berechnen kann. Daß heute zunehmend auch nicht-lineare Probleme gelöst werden können, hängt natürlich auch mit den Fortschritten auf der Hardwareseite (Rechengeschwindigkeit) zusammen.

weise Verbesserungen erzielbar, da im Rahmen der STEP-Normungsaktivitäten ein Partial-modell speziell zur Übertragung von FEM-Daten entwickelt wird (zu den CAD/CAM-Schnittstellen siehe auch Abschnitt 7.1).

Angemerkt sei noch, daß die Durchführung von FEM-Analysen auch heute noch umfangrei-che Spezialkenntnisse und Erfahrungen erfordert, wenn die Ergebnisse verläßlich sein sollen. Die verschiedentlich propagierten Bemühungen, CAD- und FEM-Bereich vollständig zu inte-grieren und die FEM-Berechnung an den CAD-Konstrukteur zu übertragen, sind deshalb durchaus umstritten. Andererseits steht fest, daß nur auf diesem Wege bessere Konstruktio-nen in kürzerer Zeit verlangt werden können (Stichwort *Simultaneous* oder *Concurrent En-gineering*).

Obwohl sie bezüglich der Vielseitigkeit und bei komplexen Fragestellungen auch bezüglich der Genauigkeit mit dem FEM-Verfahren nicht mithalten können, sollen doch einfachere Standard-Berechnungsprogramme hier nicht unberücksichtigt bleiben, z.B. Programme für die Tragfähigkeitsberechnung von Wellen, Lagern, Zahnrädern usw. nach bewährten Verfah-ren aus dem Bereich Maschinenelemente [RoMa92]. Es existiert mittlerweile eine ganze Rei-he von käuflich zu erwerbenden Programmpaketen (häufig für den Einsatz auf PCs zuge-schnitten), die insbesondere für kleine und mittlere Unternehmen interessant sein können (z.B. [Kiss88, RiLö89, Volg91, NN92a, NN92b]). Leider sind Kopplungsmöglichkeiten zu CAD nicht immer realisiert, und wenn sie vorhanden sind, dann in der Regel nur zu einigen wenigen CAD-Systemen [Schm89, Kiss91].

Das Stichwort *Optimierung* (im Sinne von *Parameteroptimierung*) kennzeichnet einen The-menkomplex, der eng an die Berechnung gekoppelt ist und den man ebenfalls als besondere Ausprägung von CAD-Anwendermodulen ansehen kann. Bei der Berechnung geht es darum, für eine spezielle konstruktive Lösung mit gegebenen Konstruktionsparametern eine rechneri-sche Analyse durchzuführen, die ein bestimmtes Analyseergebnis liefert (z.B. die maximale Vergleichsspannung in einem Bauteil). Bei der Parameteroptimierung sollen zusätzlich dazu die Konstruktionsparameter möglichst automatisch so festgelegt werden, daß gegebene Re-striktionen eingehalten werden (z.B. die Restriktion, daß die vorhandenen Bauteilspannungen kleiner als die zulässige Spannung sind) und daß gleichzeitig bestimmte Optimierungsziele er-reicht werden (z.B. die Zielfunktion des minimalen Gewichtes einer Konstruktion). Auch in den Parameteroptimierungsprozeß geht eine zuvor festgelegte spezielle Lösung ein, diese ist jedoch nur eine Startvorgabe. Die Ergebnislösung nach der Parameteroptimierung sieht im allgemeinen anders aus.

Bild 4.37 verdeutlicht dies an einem einfachen Beispiel (nach [Fige88]): Gegeben ist die Struktur eines Gelenkgetriebes zum Antrieb des Scheibenwischers eines Kraftfahrzeuges. Zielfunktion ist es, das vom Scheibenwischer überdeckte Wischfeld möglichst groß zu ma-chen. Als Restriktionen sind die Berandung der Scheibe und der erlaubte Einbauraum des Ge-triebes zu beachten. Die im Rahmen der Optimierung variierbaren Konstruktionsparameter sind die Lenkerlängen L1, L2 und L3 sowie die Lage des zweiten ortsfesten Gelenkes (Koor-dinaten X1, Y1).

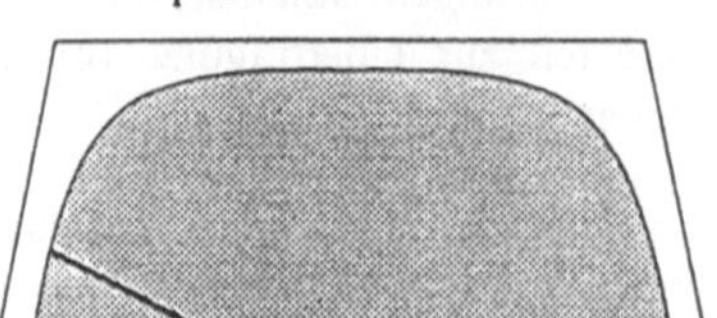

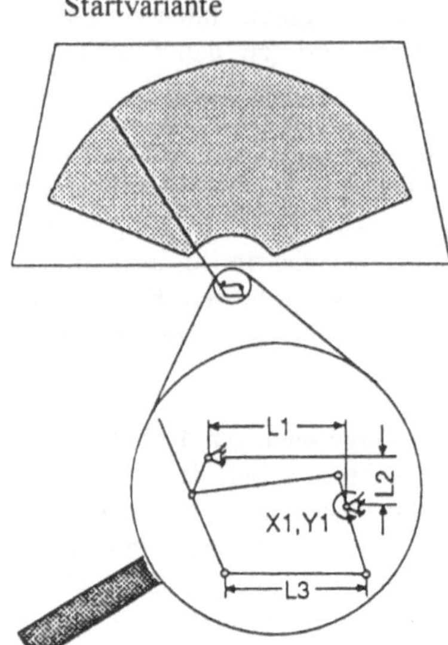

Bild 4.37 Parameteroptimierung am Beispiel einer Kraftfahrzeug-Scheibenwischeranlage [Fige88]

Die Verfahren der Parameteroptimierung setzen sich prinzipiell aus zwei Komponenten zusammen:

- Im *Analyseteil* kommen in der Regel herkömmliche Berechnungsverfahren zum Einsatz, um für eine gegebene Parameterkombination die für die Restriktionen und die Zielfunktion(en) relevanten Ergebnisse zu ermitteln (z.B. Berechnung der Spannungen in allen Elementen eines Stab-/Balkenfachwerkes sowie Ermittlung des Gesamtgewichtes).

- Anhand der Analyseergebnisse entscheidet dann der *Optimierungsalgorithmus*, ob und wie die Parameter verändert werden müssen, damit die Lösung dem gewünschten Optimum näherkommt. Dabei kann nach verschiedenen Optimierungsstrategien vorgegangen werden (deterministisch: z.B. Simplexalgorithmus, Ellipsoidmethode, Gradientenverfahren; stochastisch: z.B. Evolutionsstrategie). Im einzelnen sei hierauf nicht eingegangen. Übersichten finden sich beispielsweise in [Prüf82, Fran82, Fige88], während Ausführungen zu besonderen Verfahren etwa [Rech73, Schw77, Papa82, Chva83, Luen84, HeLR-85] zu entnehmen sind.

Die durch den Optimierungsalgorithmus geänderten Parameterwerte werden sodann wieder dem Analyseteil übergeben, woraufhin der Vorgang von vorne beginnt. Das iterative Wechselspiel zwischen Analyseteil und Optimierungsalgorithmus wird so lange fortgeführt, bis (innerhalb bestimmter Genauigkeitsschranken) das angestrebte Optimum erreicht ist.

Außer in sehr einfachen Fällen ist die Parameteroptimierung ein überaus rechenintensiver Vorgang, der nicht nur im Analyseteil unter Umständen komplexe Rechenverfahren verwendet (z.B. Finite-Elemente-Berechnungen), sondern der vor allem auch bezüglich des Optimierungsalgorithmus erhebliche mathematische Tücken aufweist (z.B. Behandlung nichtlinearer, etwa nur mit diskreten Werten belegbarer Funktionen; Unterscheidung lokaler Nebenoptima vom gesuchten globalen Optimum; Absicherung, daß die Parametervariation nicht in technisch unsinnige Wertebereiche läuft). Aus diesem Grunde lassen sich Optimierungsverfahren brauchbarer Qualität nur mit Rechnerunterstützung realisieren. Bei der Erstellung von Software für das rechnerunterstützte Optimieren muß man besondere Probleme beachten, die mit der Zahlendarstellung in Digitalrechnern zusammenhängen: So können sich gerade im Zuge einer Parameteroptimierung Ungenauigkeiten und Rundungsfehler bei schlecht konditionierten Algorithmen derart „hochschaukeln", daß das rechnerisch ermittelte Optimum weit vom tatsächlichen Optimum entfernt ist.

In der Praxis ist die Anwendung von Parameteroptimierungsverfahren bisher noch vergleichsweise wenig verbreitet. Dies gilt erst recht für Anwendungen, die mit CAD gekoppelt sind. Man kann allerdings davon ausgehen, daß die Parameteroptimierung als Werkzeug des Konstrukteurs in der Zukunft eine größere Bedeutung als heute erlangen wird.

Als letzte Klasse von CAD-Anwendermodulen seien hier sogenannte *Animationssysteme* angesprochen. Hierbei geht es im hier interessierenden Zusammenhang darum, technische Produkte oder Systeme, die in der Realität noch gar nicht existieren, photorealistisch darzustellen (*Rendering*)[44]. Ein erster Ansatz hierzu, der heute zu den meisten auf dem Markt befindlichen dreidimensionalen CAD-Systemen zumindest als Zusatzoption angeboten wird, ist die Erzeugung farbschattierter Darstellung von Bauteilen und Baugruppen. Von Animation im engeren Sinne wird jedoch erst dann gesprochen, wenn darüber hinausgehende Funktionen realisierbar sind. Exemplarisch seien genannt:

-   Nachempfinden mehrerer Lichtquellen, unter Umständen mit unterschiedlicher Charakteristik (z.B. Spotlight, diffuses Licht, spektrale Zusammensetzung der Lichtquellen)
-   Berücksichtigung unterschiedlicher Oberflächenbeschaffenheiten der dargestellten Objekte (glatt, rauh, durchsichtig, milchig)
-   Objektbewegungen
-   Mischung der mit dem Computer erzeugten fiktiven Darstellungen mit realen Videoaufnahmen

Bild 4.38 zeigt ein Beispiel für die mit heute erhältlichen Animationssystemen erzielbaren, teilweise sehr eindrucksvollen Ergebnisse auf dem Gebiet der Aufbereitung von (hier unbewegten) CAD-Bildern.

Animationssysteme, die derartige Funktionen erfüllen können, sind in aller Regel völlig eigenständige Softwarepakete, die jedoch CAD-Geometriedaten über die gängigen Schnittstellen (z.B. IGES, VDAFS) einlesen können [NN93b]. Zwar befinden sich Animationssysteme (und selbst die einfachen CAD-Schattierungsalgorithmen) nach heutigem Verständnis etwas am Rande der alltäglichen Arbeit der meisten Konstrukteure bzw. werden nur auf bestimmten Spezialgebieten unbedingt benötigt (insbesondere Freiformflächenmodellierung und -überprüfung), doch handelt es sich um ein immer noch schnell wachsendes und bezüglich der Nutzungsmöglichkeiten noch gar nicht vollständig ausgelotetes CAD-Teilgebiet [Bürd89, Heim90, Will90a, Will90b, KoLo90, Will92].

---

[44] Eine andere Funktion der Animation, auf die hier nicht eingegangen wird, ist die Visualisierung technischer oder anderer Prozeßabläufe.

Bild 4.38   Aufbereitung von CAD-Bildern mit Hilfe eines Animationssystems
               [Werkbild Renault und Thomson Digital Image Deutschland GmbH (TDI), Wiesbaden]

Es gibt noch eine ganze Reihe weiterer Zusatzmodule für CAD-Systeme, die man der Klasse
der Anwendermodule zurechnen kann, z.B.:

–   Zeichnungsverwaltungssysteme
–   Klassifizierungssysteme
–   Stücklistenmodule
–   Attributverwaltungen
–   Dokumentationssysteme

Diese seien hier im einzelnen nicht erläutert, zumal einige von ihnen im Zusammenhang mit
CAD/CAM-Datenbanken (Abschnitt 7.2) noch einmal angesprochen werden.

5 Netzwerke

Anzahl und Vielfalt der Rechnersysteme im Unternehmen ergeben sich aus den unterschiedlichen Anwendungen, bei denen Daten in unterschiedlicher Menge und Wichtigkeit anfallen. Dazu werden Systeme benötigt, deren *Verfügbarkeit* nicht immer gleich hoch sein muß. So kann z.B. in der Verwaltung die Berechnung von Lohn und Gehalt über Nacht erfolgen. Ähnliches gilt z.B. in der Konstruktion beim Einsatz der Methode der Finiten Elemente (FEM). Andere Aufgaben verlangen eine sofortige Bearbeitung, da ihre Lösung als Ausgangspunkt für die nächste Aufgabe benötigt wird. So müssen z.B. die Modellierungsfunktionen sofort vom CAD/CAM-System realisiert werden, damit der Anwender die Ergebnisse beurteilen und als Basis für den nächsten Modellierungsschritt verwenden kann.

Heute kann eine Rechnerunterstützung mit einem einzigen zentralen System nicht mehr sinnvoll realisiert werden, da ein solches System nach dem maximal möglichen Bedarf und für die hohe Vielfalt von Anwendungen ausgelegt werden müßte. Solche Systeme sind sehr teuer in Beschaffung, Betreuung und Wartung. Sie sind, da immer komplex, störungsanfällig. Bei der Bearbeitung der gleichen Aufgabe schwanken die Antwortzeiten stark, je nachdem, wie die momentane Belastung des zentralen Systems ist. Fällt das zentrale System durch eine Störung oder durch Wartungsarbeiten aus, kann kein Anwender mehr rechnerunterstützt arbeiten.

Deswegen werden heute für eine effiziente und wirtschaftliche Rechnerunterstützung dezentrale Systeme eingesetzt. Damit bringt man die Leistung direkt zum Anwender, im Falle des Personalcomputers jedem Anwender das eigene System, und kann die Leistung individuell je nach Anwendung, benötigter Datenmenge und Verfügbarkeit bereitstellen. Antwortzeiten bleiben konstant und hängen nur vom Umfang der Anwendung ab. Bei Ausfall seines Systems ist nur der Anwender selbst betroffen.

Parallel dazu gehen Bestrebungen, alle Daten, die im Unternehmen anfallen, zu erfassen, zu verdichten und in einer einheitlichen Datenbank abzulegen. Dies führt zu einer unternehmensweiten Datenbank („Corporate Database"), in der alle Daten produktbezogen gespeichert sind. Eine solche Datenbank kann entweder physikalisch in einem einzelnen Rechnersystem gespeichert sein oder, bei Vorhandensein bestimmter Datenmodelle (z.B. das relationale Datenmodell) auf mehrere Rechnersysteme verteilt werden, ohne daß dabei die Einheitlichkeit verletzt wird (siehe hierzu Abschnitt 7.2).

Der Einsatz von dezentralen Rechnersystemen und die Forderung nach zentraler Datenhaltung lassen sich nur dann realisieren, wenn die dezentrale Rechnersysteme über geeigneten Medien miteinander kommunizieren. Ein solches Medium ist das *Netzwerk*.

Das Netzwerk entsteht durch das Zusammenschalten von beliebigen Rechnersystemen und ihrer peripheren Geräte über Datenübertragungsleitungen. Die im Netzwerk verbundenen Systeme heißen *Knoten*. Ein Netzwerk hat eine oder mehrere *Funktionen*, ist in einer *Konfiguration* aufgebaut und verwendet schließlich für die Übertragungsleitungen bestimmte *Träger* und *Protokolle* (Protokoll = Verfahrensfestlegung zur Übertragung von Daten zwischen Systemen oder Programmen). Auf die Ausprägungen sowie auf die Strategien zur Installation von Netzwerken wird in diesem Kapitel eingegangen.

5.1   Funktion

Ein Netzwerk kann eine oder mehrere der folgenden Funktionen haben:

1. *Datenverbund.* Ein Anwender oder ein Programm kann auf Daten zugreifen, die in einem
    anderen Knoten des Netzwerks gespeichert sind. Die Datenübertragung erfolgt durch Ko-
    pieren von Dateien von einem Knoten zum anderen (File-Transfer). Der Datenverbund ist
    bei jedem Netzwerk vorhanden. Nachteilig ist, daß durch den Transfer mehrere Kopien
    eines einzelnen Datenbestands redundant vorhanden sein können. Dies kann zu Schwie-
    rigkeiten bei der Frage führen, welche dieser Daten gültig sind und welche nicht.

2. *Funktionsverbund.* Ein Anwender oder ein Programm kann auf Geräte eines anderen Sy-
    stems im Netzwerk zugreifen (z.B. auf eine zentrale Zeichenmaschine oder einen zentralen
    Drucker). Damit lassen sich teure Peripheriegeräte, die sich für einen Benutzer nicht rentie-
    ren, oder solche, die nicht permanent von einem einzelnen Anwender benötigt werden,
    von mehreren Anwendern gemeinsam nutzen.

    Ein *Cluster* ist ein Funktionsverbund, bei dem ein direkter Zugriff auf gemeinsame Mas-
    senspeicher vorhanden ist. Die Daten werden physikalisch auf einem einzigen Massen-
    speicher für alle Benutzer des Netzwerks gehalten. Jeder Knoten in einem Cluster kann
    wahlfrei auf den Massenspeicher zugreifen. Ein Cluster benötigt Steuereinheiten für den
    Massenspeicher, die die Zugriffe im Multitasking (gleichzeitige Bearbeitung mehrerer
    Aufgaben) regeln, sowie eine hohe Geschwindigkeit der Datenübertragung, damit die Zu-
    griffszeiten auf die Daten kurz genug für akzeptable Antwortzeiten bleiben. Eigenschaften
    eines Clusters sind die Reduzierung des redundanten Datenbestandes, da System- und
    Anwendungssoftware sowie alle relevanten Daten nur einmal im Cluster vorhanden sind
    und von einem Datenbestand keine Kopien unter gleichem Namen erzeugt werden können.
    Empfindliche Daten (z. B. Aufzeichnungen aus einer kontinuierlichen Prozeßüberwa-
    chung) können laufend „gespiegelt", d.h. aus Sicherheitsgründen redundant auf parallel
    laufende Massenspeicher geschrieben werden, die bei Ausfall eines Datenträgers für die
    Fortführung eines störungsfreien Betriebs sofort zur Verfügung stehen.

3. Bei einem *Lastverbund* werden Anwendungen, ohne daß es der Benutzer bemerkt, über
    das Netzwerk auf andere Knoten mit freien Kapazitäten ausgelagert, z.B. wenn ein Sy-
    stem aufgrund Überlastung, Wartung oder Ausfall nur begrenzt oder nicht verfügbar ist.
    Der Lastverbund setzt ein bestimmtes Protokoll (Token-Ring bzw. Token-Bus) voraus.

5.2   Konfigurationsmöglichkeiten

Netzwerke können sich entweder auf einen Standort (ein Gebäude oder ein Unternehmen auf
einem abgeschlossenen Gelände) beschränken oder sich über mehrere Standorte oder zwischen
unterschiedlichen Unternehmen erstrecken. Im ersten Fall spricht man von einem *LAN* (local
area network), im den übrigen Fällen handelt es sich um ein *WAN* (wide area network). Im
Gegensatz zum LAN wird mit WAN eine Verbindung mehrerer räumlich weit voneinander liegender Unternehmensteile oder die Verbindung unterschiedlicher Unternehmen über ein Netzwerk bezeichnet. Wenn dabei öffentliches Gelände überquert wird, müssen die Vorschriften
der jeweiligen Postverwaltung beachtet werden.

Ein Netzwerk kann eine der folgenden Grundkonfigurationen besitzen (**Bild 5.1**):

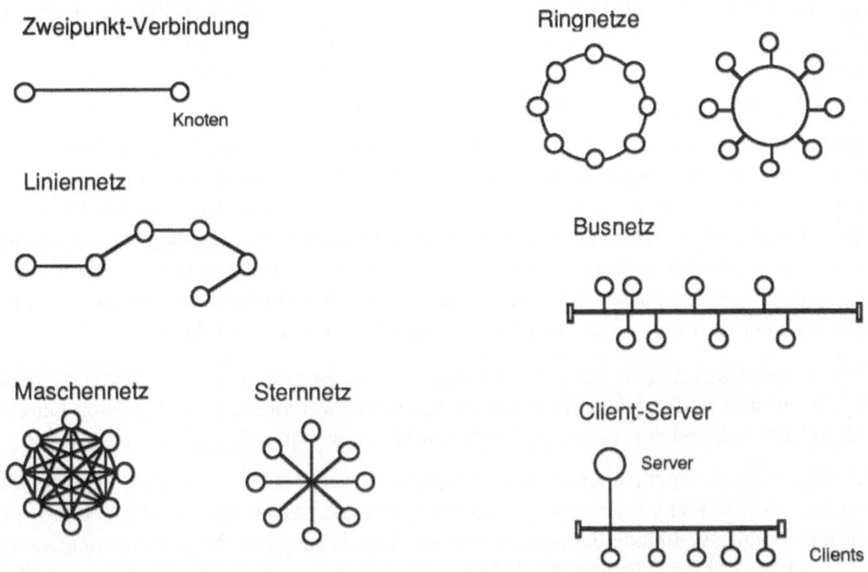

Bild 5.1   Grundkonfigurationen eines Netzwerks

- *Zweipunkt-Verbindung* (Punkt-zu-Punkt-Verbindung). Dieses ist die einfachste Art der Kommunikation zwischen zwei Rechnersystemen oder einem Rechnersystem mit seiner Peripherie, z.B. Anschluß eines Terminals an den Rechner. Die Endstellen sind entweder über eine separate Leitung (Standleitung) oder eine bei Bedarf ansprechbare Leitung (Wählleitung) miteinander verbunden. Alle Verbindungen zwischen einem Rechner und seiner Peripherie sind Zweipunkt-Verbindungen. Auch eine Telefonverbindung ist eine für den aktuellen Bedarf durchgeschaltete Zweipunkt-Verbindung.

- Ein *Liniennetz* entsteht aus dem Hintereinanderschalten von Zweipunkt-Verbindungen.

- Ist das Liniennetz geschlossen, entsteht ein *Ringnetz*. Daten können in beide Richtungen übertragen werden, bei Verwendung des Token-Ring-Protokolls nur in einer Richtung. Nachteilig ist der höhere Aufwand zur Steuerung des Datenflusses im Netz. Beim Ausfall eines Knotens wird aus dem Ringnetz wieder ein Liniennetz. Um dies zu vermeiden, ist bei manchen Netzen eine hardwareseitige Durchschaltung der Leitung beim Ausfall eines Knotens vorgesehen. Bei anderen Ringnetzen wird ein geschlossener Leitungsring aufgebaut, von dem einzelne Abzweigungen zu den Knoten gehen, so daß die Ringleitung auch bei Ausfall eines Knotens nicht unterbrochen wird.

- Bei einem *Maschennetz* sind alle Knoten direkt miteinander verbunden. Diese Art der Konfiguration ist die aufwendigste Form eines Netzwerks, hat aber dadurch gleichzeitig eine hohe Ausfallsicherheit, weil es zwischen zwei Rechnersystemen im Netzwerk mindestens zwei verschiedene Wege für die Verbindung gibt, so daß Daten bei Ausfall einer

Verbindung über eine andere Strecke fließen können. Nachteilig sind die hohen Kosten für Installation und Wartung.

- Ein *Sternnetz* entsteht durch das Schalten mehrerer Zweipunkt-Verbindungen von einem einzigen („zentralen") Rechnersystem aus. Ein Sternnetz findet sich z. B. beim Anschluß von PC-Systemen an einen Zentralrechner oder bei dem Anschluß von Terminals an den jeweiligen Rechner. Das zentrale Rechnersystem verwaltet den Datenfluß auf dem Netz.

- Das *Busnetz* ist eine an beiden Enden begrenzte Sammelschiene (Bus), an die die Knoten angeschlossen sind. Dadurch ergeben sich einheitliche Schnittstellen für alle Knoten. Die mögliche Länge eines Busses liegt heute bei 3000 Metern, alle zwei bis drei Meter lassen sich Rechnersysteme anschließen. Werden weitere Knoten oder größere Längen benötigt, können an einen Bus weitere Busse sowie alle möglichen anderen Netzwerkkonfigurationen angeschlossen werden. Auf einem Bus lassen sich nicht beliebige Protokolle verwenden, geeignet sind z.B. das CSMA/CD- und das Token-Bus-Verfahren.

- Eine Sonderform des Busnetzes, insbesonders wenn alle Knoten Arbeitsplatzrechner (Workstations) sind, ist die *Client-Server-Konfiguration*, die von der Funktion her ein lokales *Cluster* ist und die besonders für dezentrale Anwendungen geeignet ist.

In seiner reinsten Form sieht das Client-Server-Konzept so aus, daß eine leistungsfähige Workstation mit hoher interner und externer Speicherkapazität als *Server* im Netzwerk alle zentralen Dienste bereitstellt, etwa die zentrale Speicherung der Programme und Daten, die Übertragung von Programmen und Daten, die Steuerung sämtlicher Peripheriegeräte sowie gegebenenfalls die Anbindung des betrachteten Netzwerks an andere Netze. Alle anderen Workstations, auf denen die lokalen Anwendungen gefahren werden, sind *Clients*, deren Zugang zu Programmen, Daten und Geräten ausschließlich über das Netz und den Server erfolgt. Es wird darauf hingewiesen, daß bei nicht zu umfangreichen Netzwerken die Server-Funktionen auch von einer entsprechend ausgestatteten „normalen" Workstation übernommen werden können.

Während die Vorteile einer gemeinsamen Nutzung von Peripheriegeräten hauptsächlich ökonomischer Art sind, hat die lokale Zentralisierung der Programm- und Datenhaltung auch entscheidende funktionale Vorteile:

o   Eine zentrale Programmhaltung und -pflege hat einen für alle Benutzer gleichen Programmstand zur Folge. Der aus dem Blickwinkel der Systembetreuung gefürchtete Wildwuchs an Sonderversionen kann gar nicht erst entstehen. Die Programmpflege ist wesentlich einfacher, da man z.B. neue Versionen eines Programms nur an einer Stelle (auf den Server) aufspielen muß.

o   Eine zentrale Datenhaltung ist im CAD/CAM-Bereich Voraussetzung zur sinnvollen Nutzung gemeinsamer Datenbestände und damit indirekt Voraussetzung für eine wirksame Standardisierung im Konstruktionsbereich (unabhängig davon, wie das Standardisierungskonzept aussieht). Zudem ist nur bei zentraler Datenhaltung eine rationelle Datensicherung zu betreiben (siehe auch Abschnitt 6.4, Archivierung).

In einer weniger reinen Form des Client-Server-Konzepts können bestimmte Programme, Daten und Peripheriegeräte auch einzelnen Clients zugeordnet sein. Trotzdem ist im Workstation-Bereich eine Mitbenutzung dieser Ressourcen durch den Server und durch die anderen Clients möglich. Im einzelnen sei hier darauf nicht eingegangen.

Aus diesen Grundkonfigurationen lassen sich beliebige Formen kombinieren, z.B. nabenförmige Gebilde (Stern- und Ringnetz, wobei die Endstellen des Ringes identisch sind mit den Endstellen des Sterns), oder das Hintereinanderschalten mehrerer Konfigurationen. Solche Formen heißen *Baumnetze*. Die Client-Server-Konfiguration bietet dabei als einzige die Möglichkeit der Kaskadierung, bei der der Client einer höheren Hierarchieebene gleichzeitig der Server für die nächstniedere Hierarchieebene ist. Damit kann das gesamte Unternehmen mit einer einheitlichen Konfiguration vernetzt werden.

Zum Schluß sei darauf hingewiesen, daß beim Einsatz von Personalcomputern nicht alle der hier beschriebenen Möglichkeiten einer Netzwerk-Konfiguration verwirklicht werden können.

5.3 Träger

Als Träger für die Verbindungen zwischen den Knoten gibt es Mehrdrahtkabel, Koaxialkabel, Lichtwellenleiter und Richtfunkstrecken.

*   *Mehrdrahtkabel* enthalten Kupferdrähte (Zwei- oder Vierdrahtleitungen), die parallel oder verdrillt sowie mit oder ohne Abschirmung (gegen Einflüsse durch magnetische oder elektrische Felder und zum mechanischen Schutz) sein können. Sie sind geeignet für beliebige Netzwerkkonfigurationen.

*   *Koaxialkabel* mit dicker oder dünner Seele (thick wire oder thin wire) sind elektrische Leiter, die ineinander liegen. Dabei wird in der Achse eines hohlen Außenleiters, der auch als Abschirmung und als mechanischer Schutz dient, ein massiver oder ebenfalls hohler Innenleiter (Seele) durch Isolierstücke oder eine Vollisolierung gehalten. Koaxialkabel sind besonders verlust- und störungsfrei. Sie dienen zur Übertragung von Wechselströmen, deren Frequenzen hoch sein können. Die Zahl der anschließbaren Knoten ist nur durch die Länge des Kabels beschränkt. Die Übertragungskapazität ist sehr hoch.

*   Ein *Lichtwellenleiter* (LWL) besteht aus einem Faserbündel aus Glas oder glasähnlichen Kunststoffen, die in einem Schutzrohr gezogen werden. Übertragen werden Lichtblitze, die innerhalb der Faser total reflektiert werden. Aufgrund ihrer hohen Flexibilität lassen sich kleine Krümmungsradien erzielen. Ein LWL benötigt an seinen Enden Signalwandler (Optokoppler), die aus einem elektrischen ein optisches Signal bzw. umgekehrt erzeugen, damit ein Anschluß an einen Knoten möglich wird. LWL können daher nur als Punkt-zu-Punkt-Verbindung eingesetzt werden, sie eignen sich besonders zur Verbindung von mehreren lokalen Netzen miteinander. Die sonstigen Übertragungseigenschaften entsprechen denen eines Koaxialkabels.

    Im Gegensatz zu metallischen Kabeln, bei denen die Datenübertragung trotz Abschirmung durch externe elektrische oder magnetische Felder beeinflußt werden kann, sind LWL völlig unempfindlich. Sie können daher in vorhandenen Starkstromtrassen verlegt werden. LWL sind abhörsicher, da ein Anzapfen der Information nur über eine mechanische Beschädigung des Leiters erfolgen kann.

*   *Richtfunkstrecken* dienen zur Verbindung zwischen zwei Punkten in Sichtweite, wenn das Gelände oder die Bebauung das Verlegen von Kabeln nicht oder nur mit großen Schwierigkeiten möglich machen (z.B. Richtfunkstrecke zwischen zwei Hochhäusern). Wird da-

bei öffentliches Gelände überbrückt, müssen Genehmigungen der Post eingeholt werden. Die Richtfunkstrecke ist (bis auf die Abhörsicherheit) vergleichbar mit Lichtwellenleitern.

Die Wahl des geeigneten Trägers für ein Netzwerk richtet sich nach den Kriterien der Übertragungssicherheit, der Übertragungsgeschwindigkeit, der mechanischen Belastbarkeit des Trägers und der Flexibilität im Einsatz (Zahl und Kosten der einzelnen Anschlüsse). In der **Tabelle 5.1** sind die Kriterien für die einzelnen Träger zusammengestellt.

Eigenschaften	Mehrdrahtkabel	Koaxialkabel	Lichtwellenleiter
Übertragungssicherheit	mittel	mittel	hoch
Übertragungsgeschwindigkeit	niedrig	mittel	hoch
mechanische Belastbarkeit	hoch	hoch	mittel
Flexibilität	günstig	günstig	weniger günstig (Optokoppler)

Tabelle 5.1   Vergleich der Eigenschaften einzelner Netzwerkträger

Bezüglich der Art der Datenübertragung gibt es das Basisband und das Breitband.

- Bei einem *Basisband* ist nur eine Anwendung auf dem Träger vorhanden. Die Übertragungsgeschwindigkeit ist, je nach Protokoll, größer als 100 Mbit/s. Eine vereinfachte Ausführung des Basisbands ist das *Carrier-Band*, dessen Geschwindigkeit je nach Anwendungsfall auf 5 bzw. 10 Mbit/s begrenzt ist.

- Bei einem *Breitband* können durch Frequenzmodulation mehrere Anwendungen (verschiedene Protokolle, Text, Video-Signale usw.) parallel auf dem Netzwerkträger ablaufen. Deswegen wird bei einem unternehmensweiten Netzwerk, auf dem viele verschiedene Anwendungen der technischen und administrativen Bereiche laufen müssen, als Rückgrat des Netzes („Backbone") ein Breitband eingesetzt. Die Übertragungsgeschwindigkeit des Breitbands liegt unter 100 Mbit/s.

5.4   Protokolle

Im Unternehmen wird man heute eine heterogene DV-Landschaft antreffen, deren Komponenten über Netzwerke miteinander verbunden werden müssen. Systeme unterschiedlicher Hersteller benutzen aber unterschiedliche Konventionen, um ihre Daten zu speichern. Sie unterscheiden sich in der internen Darstellung der Daten (z.B. ASCII[45] oder EBCDIC[46]), den Betriebssystemen und der Art und Weise, wie periphere Geräte angesprochen werden.

---

[45] ASCII: Abkürzung für American Standard Code for Information Interchange (Amerikanische Standarddarstellung für den Austausch von Informationen). Eine binäre Darstellung von alphanumerischen Zeichen in einem 7-bit-Code mit einem festgelegten Satz von Schriftzeichen, Sonderzeichen und Ziffern. Das 8. bit dient als Prüfbit für Datensicherung und -übertragung. Das ASCII-Format ist als DIN 66003 genormt.

[46] EBCDIC: Abkürzung für Extended Binary Coded Decimal Interchange Code, erweiterte binär verschlüsselte Dezimaldarstellung zum Datenaustausch von alphanumerischen Zeichen, die überwiegend im Bereich der Großrechnertechnik zur Speicherung und Übertragung von Daten und Programmen verwendet wird.

Um zwischen unterschiedlichen Rechnern Daten austauschen zu können, sind neben der physikalischen Verbindung Regeln für Datentausch und Struktur der ausgetauschten Daten erforderlich. Solche Regeln werden *Protokolle* genannt. Um Daten mit einem wirtschaftlich vertretbaren Aufwand tauschen zu können, ist es erforderlich, Protokolle zu standardisieren. Jeder Anbieter von Rechnersystemen muß dann lediglich einen Konverter entwickeln, der die speziellen Konventionen seines Systems an einen einheitlichen Standard anpaßt. Die Zahl der benötigten Konvertierungseinheiten ist genauso groß wie die Zahl der unterschiedlichen Rechner, die miteinander verbunden werden sollen.

Müßten in einer heterogenen DV-Landschaft alle Rechner miteinander verbunden werden, so ist es zwar möglich, daß ein System sich an die Konventionen eines anderen durch geeignete Hardware und Software anpassen kann. Da dies aufwendig ist, würde man eher, wie beim Datentausch (Abschnitt 7.2), für jede mögliche Verbindung einen eigenen Übersetzer (Konverter) bereitstellen. Betrachtet man das Problem allgemein, so sind in einem Netzwerk mit N heterogenen Knoten $N*(N-1)/2$ Konverter erforderlich – eine mit zunehmender Zahl der Knoten unpraktikable und aufgrund des hohen Wartungsaufwands auch unwirtschaftliche Lösung.

Ein solcher Weg wird mit dem Sieben-Schichten-Referenzmodell des ISO (International Organization for Standardization, internationales Normungsgremium mit Sitz in Genf in der Schweiz), dem *OSI-Modell* (Open Systems Interconnection) beschritten. Das OSI-Modell ermöglicht den Austausch von Daten in einer sehr allgemeinen Form. Das Modell legt verbindlich fest, wie Protokolle aufgebaut sein müssen, damit eine offene Kommunikation in einer heterogenen DV-Landschaft möglich wird.

Nach der Beschreibung des OSI-Modells [Geit91] werden in den nachstehenden Abschnitten die folgenden Protokolle erläutert:

- Ethernet mit dem Zugriffsverfahren CSMA/CD,
- Token-Netze (Token-Ring und Token-Bus),
- TCP/IP,
- NFS,
- MAP und TOP.

5.4.1 Das OSI-Modell

Das OSI-Modell teilt die Kommunikation zwischen Rechnersystemen in sieben hierarchisch angeordnete Schichten ein, denen jeweils genau beschriebene Aufgaben für die Kommunikation zugeordnet werden. Mit diesen sieben Schichten wird das komplexe Problem der Kommunikation in überschaubarere Teilprobleme zerlegt. Im OSI-Modell ist es zulässig, daß einzelne Schichten in mehrere Unterschichten unterteilt werden, sofern dies für eine einfache Realisierung der Netzwerksoftware erforderlich ist. Umgekehrt können auch einzelne Schichten oder Teilschichten leer bleiben, wenn die entsprechende Funktionen nicht benötigt werden. Für jede Schicht ist der benötigte Funktionsumfang sowie die Datenweitergabe an die darüberliegende und die darunterliegende Schicht vorgegeben. Eine Implementierungsvorschrift existiert dabei nicht, so daß eine Schicht mit unterschiedlichen Protokollen realisiert werden kann, sofern diese Protokolle das im OSI-Modell geforderte Verhalten der Schicht erfüllen.

Beim OSI-Modell gilt, daß eine Schicht N auf einem Rechner A nur mit der gleichen Schicht N auf dem Rechner B kommunizieren kann (Peer-to-Peer-Communication). Dabei nutzt eine Schicht die Dienste der darunterliegenden Schicht und stellt Dienstleistungen für die über sie liegende Schicht zur Verfügung. Die erste, unterste Schicht setzt auf dem Netzwerkträger auf, bedient sich also der Hardware, die letzte oder oberste Schicht stellt die übertragenen Daten dem jeweilige Anwendungsprogramm auf dem angesteuerten Rechner zur Verfügung.

Die einzelnen Schichten von oben nach unten sind:

- Die *Anwendungsschicht* (Application Layer, OSI 7) enthält die Schnittstelle zum Anwendungsprogramm, z.B. Datei-Transfer, Job-Transfer im Rahmen eines Funktionsverbundes oder Nachrichten-Übermittlung (z.B. Schnittstelle X.400, vom CCITT[47] genormt).

- Die *Präsentationsschicht* (Presentation Layer, OSI 6) interpretiert die Daten für die Anwendungsschicht (OSI 7). Die Aufgaben bestehen aus der Überwachung der Dateneingabe, des Informationsaustausches und der Umwandlung von Datencode und -formaten aus der lokalen Syntax des Anwendungsprogramms in die Syntax des Netzwerktransports und umgekehrt.

- Die *Sitzungsschicht* oder Kommunikationssteuerungsschicht (Session Layer, OSI 5) übernimmt für die Präsentationsschicht (OSI 6) den Beginn, die Durchführung und das Beenden einer Verbindung (Sitzung), die Überwachung aller Betriebsparameter während der Sitzung und die Datenflußsteuerung, d.h. hier findet die eigentliche Kommunikationssteuerung statt. Als Werkzeuge stehen dazu Dialogverwaltung, Synchronisation, Wiederaufbau der Verbindung im Fehlerfall, die Generierung von Schlüsselworten (Password) und Verfahren zur Berechnung der Nutzungsgebühren zur Verfügung.

- Die *Transportschicht* (Transport Layer, OSI 4) hat folgende Aufgaben: Bereitstellung einer netzunabhängigen Kommunikationsverbindung für die Sitzungsschicht (OSI 5), Anpassung der Transportleistung an die Leistungsfähigkeit des bestehenden Netzes durch Auswahl eines geeigneten Netzwerkservices. Das Protokoll ist in den Netzknoten der Anwender implementiert und führt hier die Trennung der Anwendung (der eigentlich zu übertragenden Daten) von den Transportinformationen durch. Mit der Schicht 4 sind die reinen Datentransportfunktionen im OSI-Modell abgeschlossen. Typische Vertreter sind der Telex-Betrieb und TCP (Transmission Control Protocol).

- Die *Netzwerkschicht* (Network Layer, OSI 3) hat die Aufgabe, die Vermittlung, die Fehlererkennung, die Adressierung, den Auf- und Abbau der Verbindung sowie den Datentransport selbst zu realisieren. Hierzu gehört z.B. das X.25- und das IP-Protokoll (Internet Protocol, Bestandteil von TCP/IP). Bei WANs (z.B. DATEX-Netz der Deutschen Bundespost) übernimmt diese Schicht außerdem das Routing, d.h. das Suchen des optimalen Weges von Knoten zu Knoten.

- Die *Verbindungsschicht* (Data Link Layer, OSI 2) formuliert einen Rahmen für den Datentransport, übernimmt die Fehlererkennung und -behandlung sowie die Synchronisierung des Datentransports. Zu den Aufgaben zählen auch die Markierung von Anfang und Ende

---

[47] Vom CCITT, dem Commite Consultatif International Telegraphique et Telephonique (Internationaler Ausschuß für den Telegrafen- und Fernsprechdienst) empfohlener Standard für die Datenübertragung von Nachrichten. Die Empfehlungen des CCITT haben internationalen Normungscharakter.

eines Datenpaketes, das Netzwerkprotokoll (CSMA/CD- und Token-Verfahren, für beide siehe Abschnitt 5.4.2) sowie die Datenflußkontrolle (z.B. HDLC – High Level Data Link Control, SDLC – Synchronous Data Link Control).

- Die *physikalische Schicht* (Physical Layer, OSI 1) hat die Aufgabe, die physikalische Verbindung der Kommunikationspartner zu ermöglichen. Sie legt die funktionalen, elektrischen und mechanischen Parameter fest, wie Senden und Empfangen der Bitströme, elektrische Darstellung der Signale, Übertragungstechnologie und die Anschlußtechnik, z.B. die vom CCITT genormten V24-Anschlüsse. Die einzige Fehlermöglichkeit ist der Ausfall der physikalischen Verbindung.

Der Austausch von Daten zwischen zwei Anwendungsprogrammen erfolgt vereinfacht nach dem in **Bild 5.2** dargestellten Schema.

Die Daten werden an der obersten Schicht an die Protokolle im OSI-Modell übergeben. Sukzessive werden nun die benötigten Übertragungsinformationen Schicht für Schicht vor die Daten als Kopfinformation (Header) geschrieben (in Bild 5.2 sind die jeweils neu hinzukommenden Header grau hinterlegt). Auf der Verbindungsebene wird das Paket mit einer Begrenzungsinformation (Terminator) abgeschlossen. Das Paket aus Daten und Übertragungsinformationen wird auf der untersten Schicht als Bitstrom über den Netzwerkträger versandt.

An der empfangenden Station wird der Vorgang in umgekehrter Reihenfolge durchlaufen, d.h. aufsteigend von Schicht zu Schicht werden die für die Übertragung benötigten Informationen entfernt, bis am Ende die eigentlichen Daten an das angesteuerte Anwendungsprogramm übergeben werden können.

Daten können nach dem OSI-Modell nicht nur zwischen Anwendungsprozessen auf unterschiedlichen Rechnern direkt, sondern auch über Zwischensysteme übertragen werden. In **Bild 5.3** ist dies für unterschiedliche Zwischensysteme dargestellt.

- Ein *Repeater* liegt vor, wenn die Übertragung nur auf der physikalischen Ebene erfolgt. Dies bedingt, daß beide Netzwerke die gleichen Träger und Protokolle verwenden (hier z.B. Ethernet auf Koaxialkabel).

- Eine *Bridge* (Brücke) wird benötigt, wenn das Protokoll unterschiedlich ist, die Netzwerkträger aber vergleichbare Leistungscharakteristika aufweisen.

- Ein *Router* überträgt die Daten von einem Netzwerk in ein anderes, bezüglich der physikalischen und Verbindungsebene völlig unterschiedliches Netzwerk.

5.4.2 Ethernet

Ethernet ist ein Träger für ein lokales Netzwerks (LAN), das gemeinsam von den Firmen Rank Xerox, Intel und Digital Equipment entwickelt und später annähernd mit gleichen Spezifikationen zunächst vom IEEE[48] als IEEE 802.3, danach von der ISO als ISO-Norm 8802.3 standardisiert wurde. Merkmale von Ethernet sind:

---

[48] Abkürzung für Institute of Electrical and Electronical Engineers, eine dem deutschen VDE (Verband deutscher Elektrotechniker) entsprechende Vereinigung in den USA

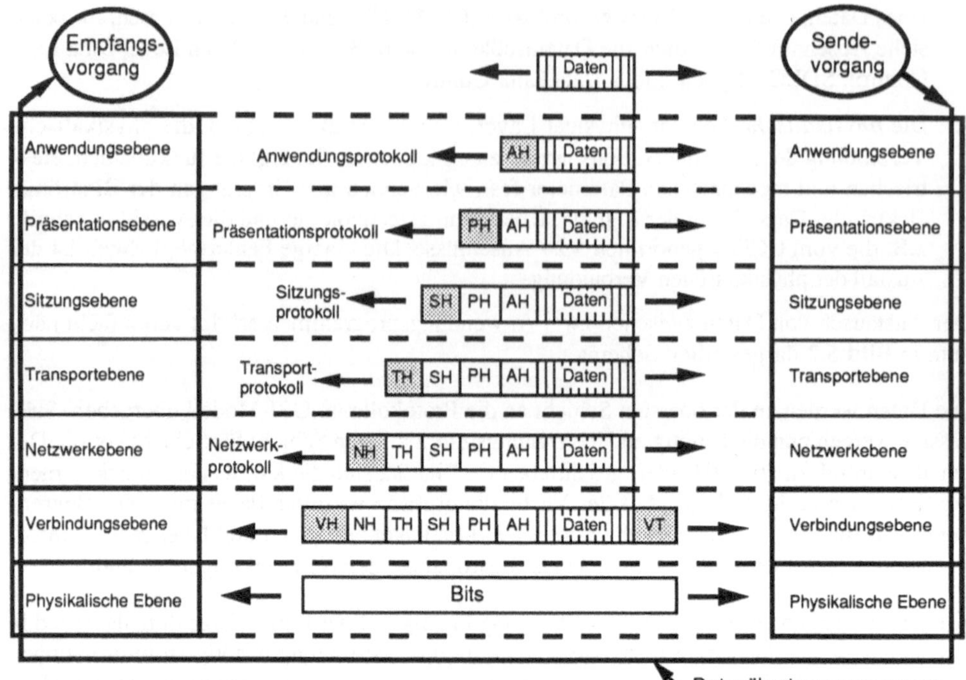

AH = Header für Anwendungsprotokoll   TH = Header für Transportprotokoll
PH = Header für Präsentationsprotokoll   NH = Header für Netzwerkprotokoll
SH = Header für Sitzungsprotokoll   VH = Header für Verbindungsprotokoll
                                     VT = Terminator für Verbindungsprotokoll

Bild 5.2   Datenübertragung in einem Netzwerk nach dem OSI-Modell

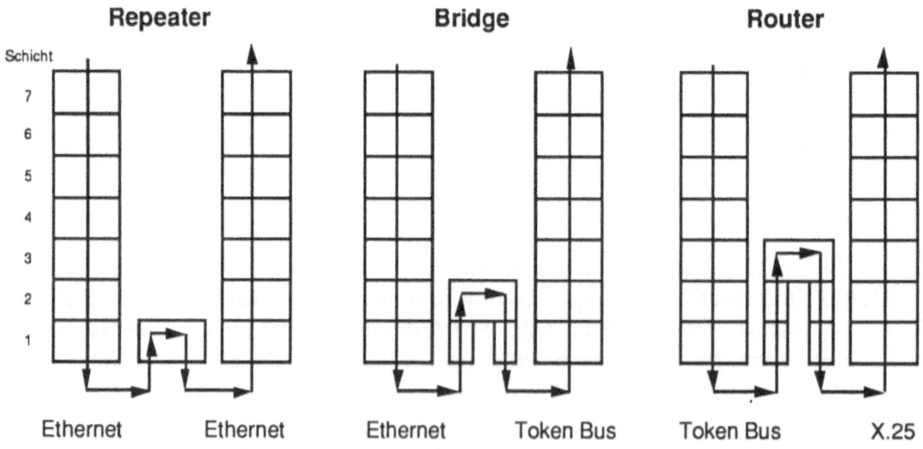

Bild 5.3   Datenübertragung über Zwischensysteme zwischen Netzwerken nach dem OSI-Modell

- Auf der OSI-Schicht 1: Busnetz, Netzteilnehmer tauschen auf physikalischer Ebene Bits aus. Die Datenübertragungsrate beträgt maximal 10 Mbit/Sekunde.

- Netzknoten können nur über Transceiver, Transceiver-Kabel und ein Ethernet-Controller-Board im jeweiligen Rechnersystem angeschlossen werden. Der Transceiver übermittelt einerseits Daten an das Netz (*Trans*mitter), empfängt andererseits Daten aus dem Netz (*Receiver*). Er bildet den physikalischen Anschluß an das Koaxialkabel. Über das Transceiver-Kabel ist das Ethernet-Controller-Board angeschlossen, das das Protokoll CSMA/CD (OSI-Schicht 2) sowie, je nach Leistungsfähigkeit, Protokolle höherer Schichten realisiert, um die Datenübertragung zwischen Netzwerk und Anwendungsprogramm sicherzustellen.

- Der Begriff CSMA/CD steht als Abkürzung für **Carrier Sense Multiple Access with Collision Detection**, ein Protokoll für Netze mit Busstruktur, das die Schicht 2 (Verbindungsschicht) realisiert, **Bild 5.4**.

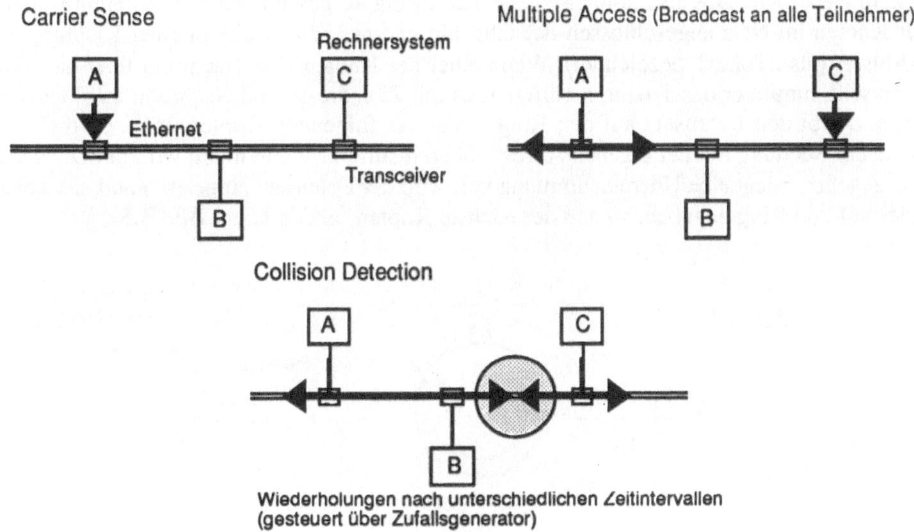

Bild 5.4   Prinzip des CSMA/CD-Protokolls

Bei CSMA/CD kann nur gesendet werden, wenn das Netz frei ist (*Carrier Sense*). Alle Nachrichten im Bus gehen grundsätzlich an alle Netzwerk-Knoten (*Multiple Access* bzw. Broadcasting). Jeder Knoten im Netz, der über den logischen Namen seines Transceiver und seines Ethernet-Controller-Boards eindeutig identifizierbar ist, muß selbst feststellen, welche Nachricht an ihn adressiert ist.

Ein Knoten, der Daten an einen Empfänger senden will, muß zunächst prüfen, ob bereits ein anderer Knoten das Netz mit einer Sendung belegt hat. Ist das nicht der Fall, kann die Sendung beginnen. Während der Datenübertragung müssen andere sendewillige Stationen warten. Zur Prüfung auf Fehlerfreiheit und Vollständigkeit empfängt jeder sendende Knoten aus dem Bus nochmals seine eigenen Daten und vergleicht diese mit dem Original. Wird dabei ein Unterschied festgestellt, so bedeutet dies, daß parallel ein anderer Knoten gesendet hat, so daß sich auf dem Bus eine Kollision mit der anderen Sendung ereignet hat

(Collision Detection). In diesem Fall wird die Datenübertragung abgebrochen und zu einem späteren Zeitpunkt wiederholt.

Ethernet beschreibt die rein physikalische Seite der Kommunikation. Aufgrund des Protokolls CSMA/CD kann die Transportkapazität eines Ethernet nicht voll ausgenutzt werden. Erfahrungswerte für ein Maximum an Transportleistung bei einem Minimum an Verzögerung durch Kollisionen gehen von einer Auslastung in der Größenordnung von 15 – 20 % aus. Zur Durchführung der eigentlichen Kommunikation ist ein geeignetes Kommunikationsprotokoll erforderlich, das in den Ethernet-Controller-Boards realisiert wird.

5.4.3 Token-Netz

Ein Token-Netz kann entweder als Bus (Token-Bus) oder als Ring (Token-Ring) realisiert werden. Die Netzknoten tauschen auf der physikalischen Ebene Bits aus.

Auf dem Netz (beim Bus als Sammelschiene, beim Ring als geschlossene Datenleitung, an die jeder Knoten im Netz angeschlossen ist) fährt hin und her bzw. kreist in einer Richtung ein Bit-Muster (als „Token" bezeichnet). Wenn einer der Knoten eine Nachricht über das Netz senden will, nimmt er das Token, modifiziert es mit Zieladresse und Nachricht zu einer Sendung und gibt den Datensatz auf den Ring. Jeder der folgenden Knoten prüft, ob die Zieladresse der Sendung mit der eigenen Adresse übereinstimmt. Wenn nicht, wird der Datensatz weitergegeben. Liegt eine Übereinstimmung vor, wird der Datensatz eingelesen und das Token wieder auf den Ring gegeben, so daß der nächste Knoten senden kann, **Bild 5.5**.

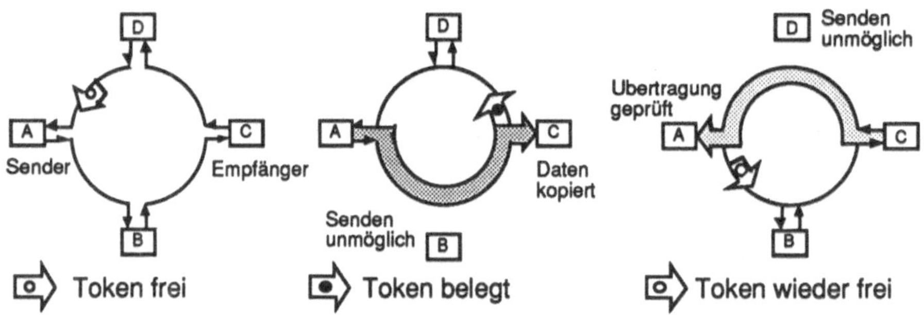

Bild 5.5   Prinzip des Token-Verfahrens

Solange eine Sendung auf dem Netz zum Empfänger unterwegs ist, kann kein anderer Knoten senden, da ihm das Token nicht zur Verfügung steht. Falls ein Knoten im Ring nicht verfügbar ist (Gerät abgeschaltet oder ausgefallen), erfolgt im Anschlußboard des Knotens eine automatische Durchschaltung (Hardware-Bridge). Gehen Sendungen an nicht vorhandene Knoten, erhält die sendende Station eine Fehlermeldung, danach ist das Token wieder frei.

Im Gegensatz zu CSMA/CD vermeidet das Token-Verfahren die Gefahr einer möglichen Kollision, da immer nur ein einziges Datenpaket (Token, Header, Daten) im Netz unterwegs ist. Der Durchsatz ist damit viel höher. Bei der Realisierung eines Token-Busses sind aufgrund der Busstruktur (beidseitig begrenzter Netzwerkträger) komplexe Protokolle erforderlich, um das Token-Verfahren wie auf einem Ring durchführen zu können. Das Token-Verfahren ist für

Basis- und Breitbandnetze genormt, es kommt damit als Träger für ein unternehmensweites Netzwerk in Betracht.

5.4.4 TCP/IP

Der Begriff ist eine Abkürzung für Transmission Control Protocol / Internet Protocol. TCP/IP ist ein Netzwerkprotokoll zum Datentransfer auf Ethernet. Es ist ein Bestandteil des Betriebssystems UNIX. TCP/IP realisiert die Schichten 3 (IP) und 4 (TCP) des OSI-Modells. Es eignet sich für lokale und öffentliche Netzwerke, die aus beliebig unterschiedlicher Hardware und Betriebssystemen bestehen können, wobei es mit hoher Betriebssicherheit und Stabilität Datei-Transfer, elektronische Post (electronic Mail) und Zugriff auf Terminals ermöglicht.

5.4.5 NFS

NFS steht als Abkürzung für **Network File System**, eine ursprünglich von der Firma SUN Microsystems entwickelte Kommunikations-Software, die unter dem Betriebssystem UNIX auf Netzwerken zwischen Workstations über dem TCP/IP-Protokoll läuft und die einen transparenten Zugriff auf Dateien anderer Rechnersysteme innerhalb des Netzwerks sicherstellt. Dabei brauchen die anderen Rechnersysteme nicht notwendigerweise unter UNIX zu laufen, sondern müssen nur das TCP/IP-Protokoll unterstützen. In einem solchen Fall wandelt die NFS-Software empfangene UNIX-Befehle in die entsprechenden Befehle des jeweiligen Betriebssystems um. Die Befehle werden lokal ausgeführt und die Ergebnisse vor der Rückübertragung wieder in das UNIX-Format zurückgewandelt. Mit NFS kann die Menge der möglichen Befehle des lokalen Betriebssystems eingeschränkt werden, indem nur ein Teil der UNIX-Befehle in das lokale Betriebssystem umgewandelt wird. Zugriffsrechte auf das Rechnersystem lassen sich gezielt begrenzen. Für den Anwender von NFS stellt sich das Nicht-UNIX-System bezüglich Dateizugriff und Befehlssyntax wie ein UNIX-System dar.

5.4.6 MAP und TOP

Unternehmen, die frühzeitig eine Rechnerunterstützung für viele verschiedene Unternehmensbereiche mit unterschiedlichen Rechnersystemen realisiert haben, stehen heute vor der Aufgabe, diese Rechnersysteme über ein unternehmensweites einheitliches Netzwerk miteinander zu verbinden. Federführend sind hier Großunternehmen wie z.B. General Motors und die Flugzeugwerke Boeing, die mit MAP und TOP entsprechende Standardisierungsmaßnahmen eingeleitet haben.

- Die Abkürzung *MAP* steht für **Manufacturing Automation Protocol**, Protokoll für die Fertigungsautomatisierung. MAP ist ein Netzwerkkonzept für den Fertigungsbereich, welches von General Motors entwickelt wurde, um einzelne Rechnerinseln in der Produktion für einen effizienten und einheitlichen Datentransport miteinander zu verbinden. MAP basiert im wesentlichen auf dem OSI-Modell. Als physikalischer Träger wird ein Breitbandnetz als Sammelschiene („Backbone") eingesetzt, das als Bus geschaltet ist und auf dem als Protokoll das Token-Verfahren verwendet wird. Lokale Netze in einzelnen Bereichen (Arbeitsvorbereitung, Fertigung, Montage, Versand usw.), die selbst beliebig konfigurierbar sind, lassen sich an die Sammelschiene anschließen. Es steht mittlerweile eine von allen wichtigen Anbietern unterstützte Version zur Verfügung.

- Die Abkürzung *TOP* steht für **T**echnical **O**ffice **P**rotocol, ein Netzwerkprotokoll für die Bereiche Produktdefinition und Verwaltung. TOP wurde von der Firma Boeing als Ergänzung zu MAP entwickelt. Die Schichten 1 und 2 des OSI-Modells werden mit Ethernet realisiert. Der physikalische Träger ist ein Koaxialkabel als Bus (z.Zt. ein Carrier-Band, die vereinfachte Ausführung eines Basisbands), auf dem das CSMA/CD-Protokoll verwendet wird. Die Präsentationsschicht (Schicht 6) wird nicht benötigt. An TOP können alle weiteren Netzwerke angeschlossen werden, die Ethernet-fähig sind bzw. CSMA/CD einsetzen. MAP und TOP können über Brücken (Bridges) miteinander verbunden werden.

Eine Einordnung von MAP und TOP in das OSI-Modell zeigt **Bild 5.6**.

ISO-Schichten	MAP-Spezifikation		TOP-Spezifikation
Schicht 7: Anwendungsschicht	FTAM	MMFS	ISO-FTAM
		CASE	
Schicht 6: Präsentationsschicht	Implementiert ab MAP Version 3.0		Nicht implementiert
Schicht 5: Sitzungsschicht (Kommunikationssteuerung)	ISO Session Kernel Full Duplex (IS 8326/7)		ISO Session Kernel Full Duplex (IS 8326/7)
Schicht 4: Transportschicht TCP	ISO Transport Class 4 (IS 8072/3)		ISO Transport Class 4 (IS 8072/3)
Schicht 3: Netzwerkschicht IP	ISO Connectionless Internet (IS 8072/3)		ISO Connectionless Internet (IS 8072/3)
Schicht 2: Verbindungsschicht	LLC		LLC
	MAC: Token Bus 802.4		MAC: CSMA/CD 802.3
Schicht 1: Physikalische Schicht (Bitübertragung)	IEEE 802.4 Broadband		IEEE 802.3 Carrier Band

FTAM : File Transfer Access and Management   **MMFS** : Manufacturing Message Format Standard
CASE : Common Access Service Element   **LLC** : Logical Link Control
  MAC : Media Access Control

Bild 5.6   Einordnung von MAP und TOP in das OSI-Modell der ISO

5.5   Strategien zur Installation

Netzwerke können nur dann effizient und wirtschaftlich eingesetzt werden, wenn vorher Konzeption und Konfiguration des Netzwerkes klar definiert wurden. Dies bedingt zunächst eine vollständige Erfassung der vorhandenen Informationsströme und die davon berührten Organisationseinheiten im Unternehmen (Istanalyse), die am einfachsten anhand folgender Fragen durchgeführt werden kann:

Wer kommuniziert mit wem, wann, wie, wie oft und warum?

Man wird dabei feststellen, daß viele Informationen

- zwischen Sender und Empfänger mehrfach hin- und zurückfließen,
- parallel fließen,
- zwischen Sender und Empfänger größere Umwege nehmen.

Hinzu kommen Klärungen bezüglich

- der benötigten Informationsflüsse zwischen den Teilnehmern, die sich im wesentlichen nach den im Unternehmen eingesetzten Entwicklungs- und Fertigungskonzepten richten. Dies äußert sich z.B. in der Frage, ob im Fertigungsbereich alle Daten unabhängig von den Fertigungsebenen (Leitebene, Prozeßleitebene, Gruppenebene oder Feldebene, siehe Abschnitt 6.3.4) an einen Zentralrechner geschickt und dort verarbeitet werden sollen oder ob auf jeder Ebene Rechnersysteme vorhanden sind, die die lokale Verarbeitung durchführen und nur verdichtete Daten an die nächsthöhere Ebene weitergeben,

- der räumlichen Situation der zu verbindenden Anwendungen in einem Gebäude, an einem Standort, bei mehreren Standorten,

- der Möglichkeiten zur Verkabelung am Standort (ist genügend Platz in existierenden Trassen vorhanden, müssen neue gebaut oder vorhandene Starkstromtrassen genutzt werden?), die die Wahl des Netzwerkträgers beeinflussen,

- der Rechnersysteme und der an ihnen möglichen Schnittstellen und damit die Frage der einsetzbaren Netzwerkprotokolle und -dienste.

Es ist für eine wirtschaftliche Vorgehensweise immer erforderlich, vor der Installation eines Netzwerkes die Informationsflüsse mit Hilfe organisatorischer Maßnahmen zu vereinheitlichen, zu begradigen und zu bündeln (siehe hierzu auch Kapitel 8), so daß das kleinste mögliche Netzwerk installiert werden kann. Denn wie für jedes neue Werkzeug ist auch für die Einführung und die Pflege des Netzwerkes Know How und Betreuungspersonal erforderlich.

Aus der Tatsache, daß analog zu den unterschiedlichen Anwendungen, die mit unterschiedlicher Verfügbarkeit an den einzelnen Rechnersystemen laufen müssen, ein Netzwerk unterschiedlich verfügbar sein und völlig verschiedenen Gegebenheiten genügen muß, folgt, daß in einem Unternehmen ein Netzwerk nicht mit einem einzigen Träger, sondern mit mehreren Trägern realisiert werden muß. So bieten sich für einen Anwendungsbereich mit vielen Rechnersystemen aufgrund ihrer Flexibilität Mehrdrahtkabel und Koaxialkabel an. Wenn es darum geht, größere Entfernungen innerhalb eines Betriebes zu überwinden, so sind Lichtwellenleiter und Richtfunkstrecken als Punkt-zu-Punkt-Verbindungen die günstigsten Träger. Kann für das Netzwerk kein separater Kabelkanal vorgesehen werden, sondern müssen vorhandene Starkstromtrassen benutzt werden, bieten sich Lichtwellenleiter an, die nicht durch magnetische oder elektrische Felder beeinflußt werden.

Bei der Wahl des Netzwerk-Protokolls sollten bevorzugt Protokolle auf der Basis des OSI-Modells verwendet werden, damit auch künftige Rechnersysteme an das Netz angeschlossen bzw. das vorhandene Netzwerk um beliebige Konfigurationen und Knoten erweitert werden kann. Bei der Installation eines Netzwerkes sollte man bereichsweise vorgehen und erst im zweiten Schritt Bereichsnetzwerke zu einem unternehmensweiten Netz zusammenführen.

Abschließend soll die Realisierung eines Netzwerks in einem Unternehmen exemplarisch dargestellt werden. **Bild 5.7** zeigt die Informationsflüsse zwischen den einzelnen heterogenen Systemen im Fertigungsbereich.

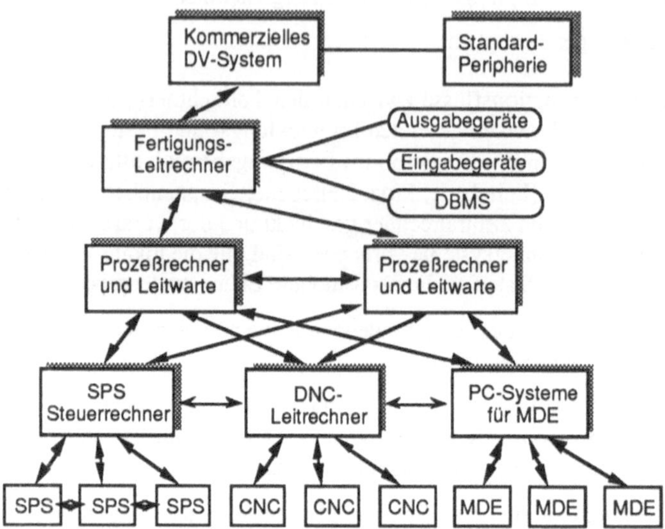

Bild 5.7   Informationsflüsse im Fertigungsbereich

Eine kosten- und pflegeaufwendige Verbindung mit Hilfe herkömmlicher und herstellerspezifischer Netze ist in **Bild 5.8** dargestellt. Eine solche Konfiguration entsteht, wenn zunächst ohne Gesamtkonzept Lösungen bereichsweise eingeführt und erst später zu einem Gesamtnetz zusammengefügt werden. Diese Vorgehensweise ist nach wie vor an vielen Stellen zu finden.

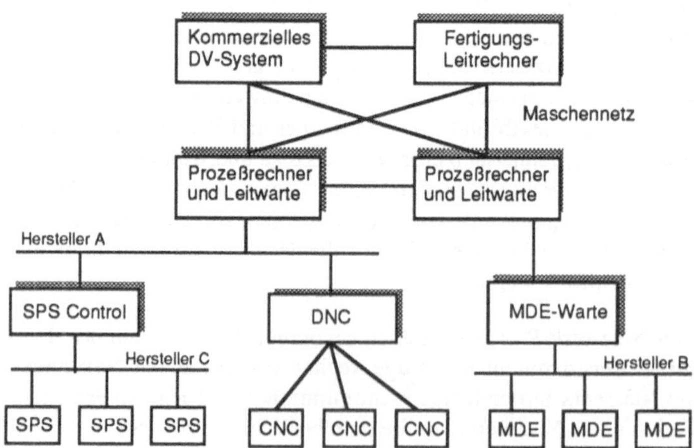

Bild 5.8   Vernetzung unter Nutzung herkömmlicher Lösungen (Masche und herstellerspezifische Netzwerke)

Bild 5.9 zeigt als am besten geeignete Lösung eine kaskadierte Client-Server-Konfiguration. Diese Lösung ermöglicht überall im Unternehmen die Verwendung der gleichen Konfiguration, kann bei Bedarf eine funktionale Hierarchie (vergleiche Abschnitt 6.3.4) nachbilden und zulassen, daß Daten in derjenigen Ebene bearbeitet werden, in der sie anfallen. An die nächsthöhere Ebene werden nur verdichtete Daten weitergegeben, so daß die Netzbelastung im Sinne eines günstigen Antwortzeitverhaltens gering bleiben kann.

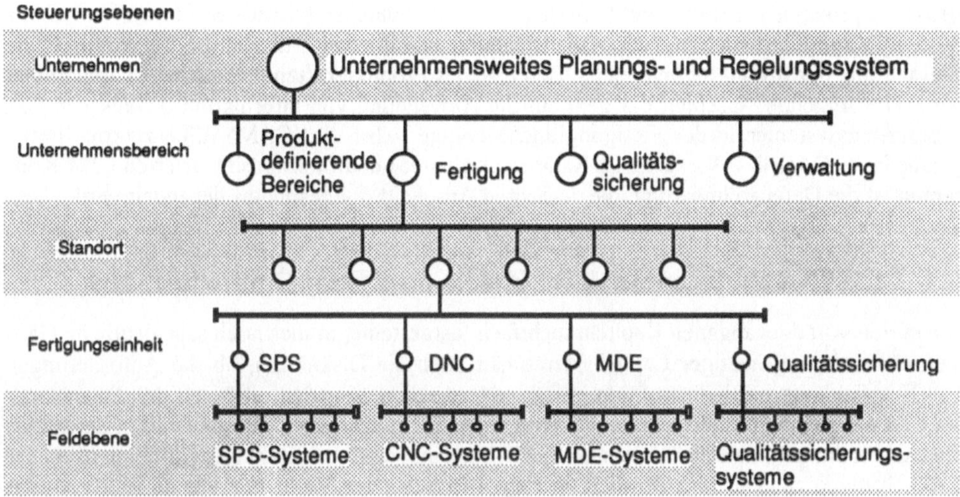

Bild 5.9   Kaskadierte Client-Server-Konfiguration für das gesamte Unternehmen

6 CAD/CAM-Anwendung

Im vorliegenden Kapitel werden die Leistungen von und das praktische Arbeiten mit CAD/CAM-Systemen im Rahmen des Produktentstehungsprozesses beschrieben. Das Kapitel ist dabei nach den einzelnen CAD/CAM-Komponenten entsprechend ihrer Anwendungsfolge im Produktentstehungsprozeß gegliedert. So wird zunächst auf den Einsatz von zwei-, zweieinhalb- und dreidimensionalen CAD-Systemen zur Unterstützung des Entwicklungs- und Konstruktionsprozesses eingegangen (Abschnitt 6.1). Anschließend wird der Einsatz von CAP-Systemen zur Unterstützung der Arbeitsplanung beschrieben (Abschnitt 6.2), wodurch die Betrachtung der produktdefinierenden Bereiche des Produktentstehungsprozesses abgerundet wird. Der folgende Abschnitt 6.3 geht auf die Anwendung von informationstechnischen Unterstützungssystemen in der Fertigung und Montage selbst ein (CAM). Eine zentrale Frage gerade beim CAD/CAM-Einsatz im Rahmen von daten- und funktionsintegrierten CIM-Konzepten ist die Datenarchivierung, die deshalb in Abschnitt 6.4 gesondert behandelt wird.

6.1 CAD-Arbeitstechnik im Zwei- und Dreidimensionalen

Die in den vorangegangenen Kapiteln mehrfach festgestellte, immer noch sehr deutliche Geometrieorientierung heutiger CAD-Systeme hält auch die Diskussion, ob die Anforderungen von Entwicklung und Konstruktion besser von zweidimensionalen oder von dreidimensionalen CAD-Systemen erfüllt werden, weiter in Gang. Zum heutigen Zeitpunkt sind in der Praxis die Anwendungen zweidimensionaler CAD-Systeme den Anwendungen dreidimensionaler CAD-Systeme zahlenmäßig deutlich überlegen (geschätztes Verhältnis bis zu 85:15 zugunsten zweidimensionaler Systeme, [Vajn91]). Gründe für die relativ geringe Anwendungshäufigkeit dreidimensionaler CAD-Systeme in der Praxis dürften sein:

- Viele Anwender ziehen es vor, weiterhin in der vom Zeichenbrett her gewohnten Weise in zweidimensionalen Projektionen zu denken und zu arbeiten. Obwohl dann ein Teil der in CAD prinzipiell gebotenen Chancen von vornherein ungenutzt bleibt, verbleiben offenbar auch so noch genug Vorteile gegenüber dem manuellen Konstruieren.

- Dreidimensionale CAD-Systeme sind teurer als zweidimensionale (Software und Hardware!). Wenn der Konstrukteur beim Übergang vom zweidimensionalen zum dreidimensionalen CAD-System nicht gleichzeitig seine Arbeitsmethodik an die neuen Möglichkeiten anpaßt, ist es zweifelhaft, ob die Mehrkosten durch einen zusätzlichen Nutzen aufgewogen werden.

- In der Vergangenheit wiesen die meisten dreidimensionalen CAD-Systeme gravierende Beschränkungen bezüglich der modellierbaren Geometrien auf (z.B. nur polygonisierte Kantenmodelle, siehe hierzu Abschnitt 4.2). Dadurch war das rechnerinterne geometrische Modell so weit von der Realität entfernt, daß ein sinnvoller praktischer Einsatz des Systems im Rahmen von Entwicklung und Konstruktion nicht möglich war.

- Schließlich wird die Bedienung dreidimensionaler CAD-Systeme oft als umständlicher empfunden als die Bedienung zweidimensionaler Systeme, mit denen der Konstrukteur erfahrungsgemäß sehr schnell zurechtkommt. Obwohl dies den dreidimensionalen CAD-Systemen kaum als Versagen angelastet werden kann (sie leisten ja auch mehr als zweidimensionale Systeme!), hält es doch manchen potentiellen Anwender vom Einsatz eines solchen Systems ab.

Der Übergang von der Anwendung eines zweidimensionalen CAD-Systems zur Anwendung eines dreidimensionalen Systems verlangt dem Anwender erfahrungsgemäß einen nicht unerheblichen Umdenkungs- und Umgewöhnungsprozeß ab (räumliches Modellieren anstelle des gewohnten Denkens in zweidimensionalen Projektionen). Die Scheu hiervor dürfte einer der Hauptgründe für die noch zögernde Akzeptanz von dreidimensionalen CAD-Systemen selbst in Anwendungsfällen sein, die einen solchen Einsatz nahelegen.

Dabei wird häufig übersehen, daß der Konstrukteur erst mit einem dreidimensionalen CAD-System ein wirklich neues Werkzeug erhält, dessen Leistungsumfang über das, was die klassischen Werkzeuge Zeichenbrett, Lineal und Stift ihm bieten können, deutlich hinausgeht. Es ist deshalb nicht verwunderlich, daß CAD-Anwender, die einen konsequenten Übergang vom zweidimensionalen in den dreidimensionalen Bereich betreiben, über spürbare Vorteile berichten, die vor allem aus verkürzten Konstruktionszeiten (nach Absolvierung der Umgewöhnungsphase), aus einer Verminderung von Konstruktionsfehlern und aus einer verbesserten Fertigungs- und Montagegerechtheit der Konstruktionsergebnisse resultieren [EnLä90, NN-90b, HuHe91, NN91a, Wagn91, Isra92].

Bei isolierter Betrachtung nur des Konstruktionsbereiches liefert die Arbeit mit einem zweidimensionalen CAD-System im Prinzip genau die gleichen Ergebnisse wie die manuelle Arbeitsweise mit den klassischen Werkzeugen Zeichenbrett, Lineal und Stift, nämlich zweidimensionale Skizzen, Entwürfe und Detailzeichnungen. Deswegen werden zweidimensionale CAD-Systeme auch oft als *zeichnungsorientiert* bezeichnet.

Eine neue Qualitätsstufe bei den geometrisch-gestaltenden Tätigkeiten im Rahmen des Entwicklungs- und Konstruktionsprozesses wird allerdings erst dann erreicht, wenn ein dreidimensionales CAD-System angewendet wird. In diesem Fall besitzt der Konstrukteur erstmals ein Hilfsmittel, das vom Prinzip her eine vollständige geometrische Beschreibung seiner Arbeitsergebnisse erlaubt. Dies ist der Grund dafür, daß man dreidimensionale CAD-Systeme auch häufig als *werkstückorientiert* bezeichnet[49].

Aufgrund der (geometrischen) Vollständigkeit dreidimensionaler CAD-Modelle sind sie schließlich auch in der Regel die Grundlage für die Definition und Anwendung von Produktmodellen (siehe hierzu Abschnitt 2.3).

Im folgenden wird auf die grundlegenden Arbeitstechniken beim zwei- und dreidimensionalen Modellieren sowie auf die hierfür erforderlichen und wünschenswerten Funktionsmerkmale des CAD-Systems eingegangen. Interessierte Leser können stärker ins Detail gehende, aber immer noch weitgehend systemneutrale Erläuterungen beispielsweise in [IFAO86, IFAO88, HeSc86, Pahl90] finden. Bezüglich systemspezifischer Fragen sei auf die Handbücher verwie-

---

[49] Der Vollständigkeit halber sei hinzugefügt, daß die Charakterisierungen „geometrisch vollständige Beschreibung" und „werkstückorientiert" streng genommen nur für dreidimensionale CAD-Systeme auf der Basis von Volumenmodellen gelten, allenfalls noch für solche auf der Basis von Flächenmodellen.

sen, die mit jedem CAD-System ausgeliefert werden. Systemen, die in der Praxis häufig eingesetzt werden, sind darüber hinaus auch oft allgemein verfügbare Lehrbücher gewidmet.

6.1.1 Modellieren mit zweidimensionalen CAD-Systemen

Basis der Bauteil-, Baugruppen- und Produktmodellierung mit einem zweidimensionalen CAD-System ist in der Regel ein kartesisches (x,y-) Koordinatensystem, dessen Ursprung, manchmal auch dessen Koordinatenachsen, auf dem Graphikbildschirm angezeigt werden. Bei vielen CAD-Systemen ist eine Umschaltung auf Polarkoordinaten (r,φ-Koordinaten) möglich, jedoch ist ihre Anwendung in der Praxis eher selten. Auf das zugrundeliegende Koordinatensystem beziehen sich die Positionierungen und Orientierungen aller Zeichnungselemente. Es wird als *globales Koordinatensystem* oder als *Weltkoordinatensystem* bezeichnet. Davon zu unterscheiden sind *lokale Koordinatensysteme*, deren Ursprünge als Referenzpunkte zu einzelnen Geometrieelementen gehören und die dazu dienen, die Positionierung (x_P, y_P) und Orientierung (w) des betreffenden Geometrieelementes relativ zum globalen Koordinatensystem zu erleichtern, **Bild 6.1**.

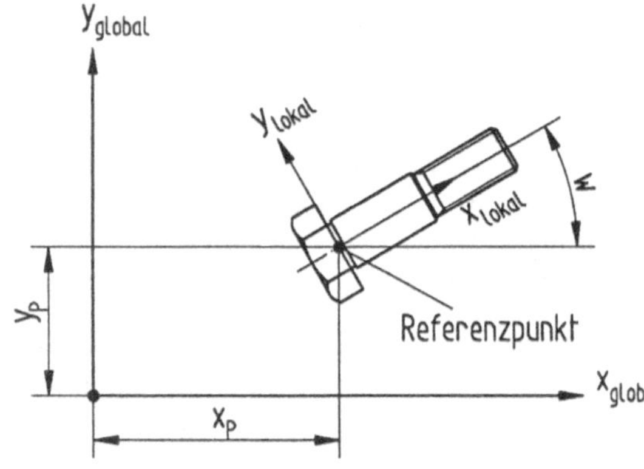

Bild 6.1 Globales und lokales Koordinatensystem

Um innerhalb des zugrundeliegenden globalen Koordinatensystems die gewünschten Bauteile, Baugruppen und Produkte zu modellieren, wird in den meisten Fällen linienorientiert vorgegangen. Hierbei erstellt der Konstrukteur – genau wie bei der manuellen Entwurfsarbeit – zunächst die Konturen der erforderlichen Bauteilansichten, Schnitte und Einzelheiten durch das Zusammenfügen von Linienelementen. An Linienelementtypen werden üblicherweise Strecken, Kreise/Kreisbögen, (Teil-) Ellipsen sowie in zunehmendem Umfang auch Freiformkurven („Splinekurven") angeboten (siehe Abschnitt 4.2.2). Das CAD-System muß dabei die Linienelemente in den für das technische Zeichnen genormten Linienarten (breit/schmal sowie Vollinie/Strichlinie/Strichpunktlinie) darstellen können, **Bild 6.2a**.

Häufig werden charakteristische Gruppen von Linienelementen zu eigenständigen Generierungsmodulen zusammengefaßt (Makros), die man mit einem einzigen Befehl aufrufen kann. Ein einfaches Beispiel ist ein Bohrungsmakro, das einen Vollkreis mitsamt zweier Mittellinien generiert, **Bild 6.2b**. Jedoch sind auch kompliziertere Strukturen gebräuchlich. Beispiele sind die bereits oben in Bild 6.1 gezeigte Paßschraube oder die Darstellung einer Gewindebohrung im Längsschnitt, wobei alle nach Norm erforderlichen Linien (Kernbohrung mit Bohrerauslauf, Gewindelinie, Gewindebegrenzungslinie, Mittellinie) in der korrekten Linienart auf einmal erzeugt werden. Die Erstellung derartiger Makros erfolgt – je nach der Spezialisierung der jeweiligen Makros – entweder durch den Anbieter des CAD-Systems, durch unabhängige Softwarehäuser oder durch das anwendende Unternehmen selbst („Anwendermakro").

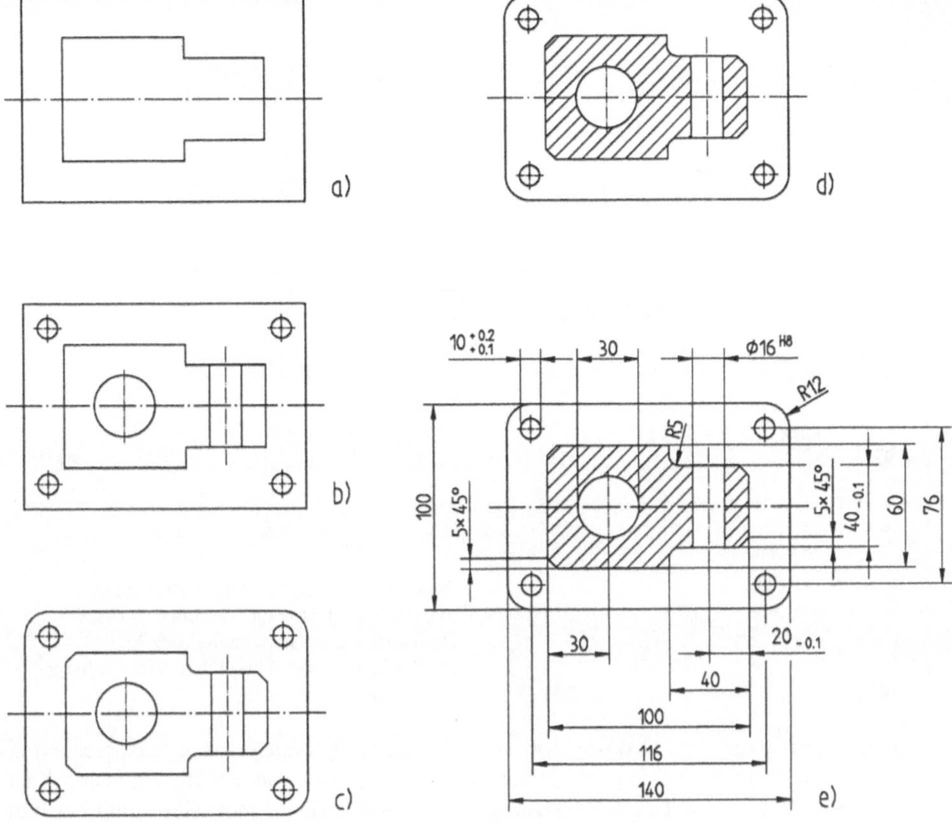

Bild 6.2   Einfaches Beispiel für die Arbeitsweise mit einem linienorientierten zweidimensionalen CAD-System

Für die Versorgung der einzelnen Linienelemente oder Makros mit den erforderlichen Parametern (z.B. x,y-Koordinaten des Anfangs- und des Endpunktes einer Strecke) haben sich im graphisch-interaktiven Dialog folgende Alternativen herausgebildet, von denen jedes CAD-System zumindest einige bietet:

- *Explizite Eingabe* der Parameter etwa über die Tastatur, **Bild 6.3a**: Im graphisch-interaktiven Dialog ist dies oft umständlich (und damit fehleranfällig) und sollte daher auf das unvermeidliche Minimum beschränkt werden.

- *Freies Digitalisieren* mit Hilfe des graphischen Eingabegerätes: Nach der Aktivierung eines Generierungsbefehles wird auf dem Graphikbildschirm (= Zeichenfläche) ein Fadenkreuz oder eine ähnliche „Zielvorrichtung" freigegeben, das bzw. die der Benutzer durch Bewegungen des graphischen Eingabegerätes (Digitalisiertablett, Maus) über die Zeichenfläche führen kann. Der Benutzer kann nun die momentane Position des Fadenkreuzes durch Druck auf den Tablettstift bzw. durch Druck auf die Eingabetaste der Fadenkreuzlupe oder der Maus festhalten und automatisch als Parameterwert an den gerade aktivierten Befehl übergeben, **Bild 6.3b**.

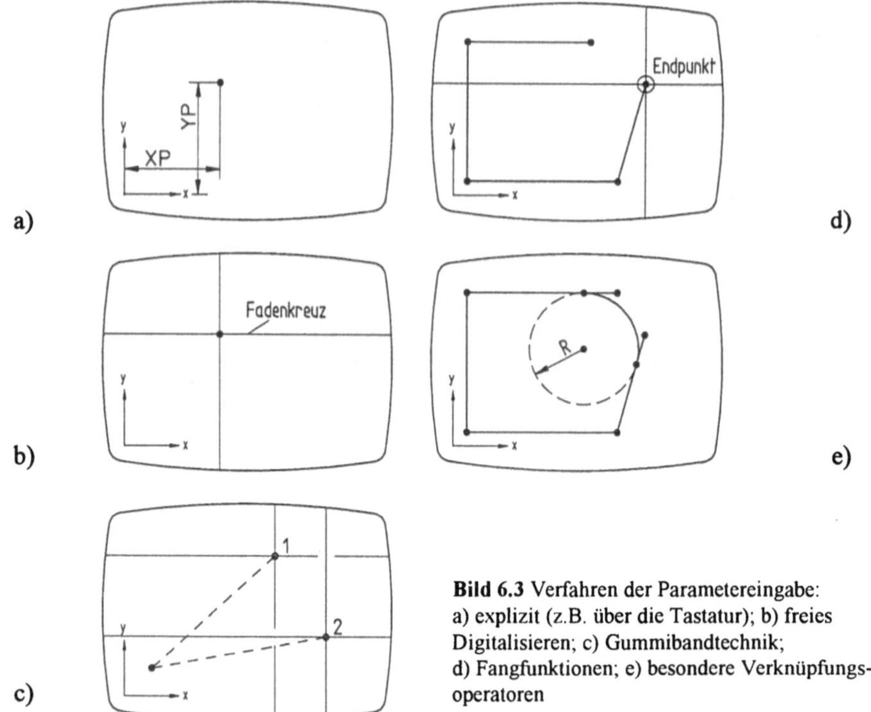

Bild 6.3 Verfahren der Parametereingabe:
a) explizit (z.B. über die Tastatur); b) freies
Digitalisieren; c) Gummibandtechnik;
d) Fangfunktionen; e) besondere Verknüpfungsoperatoren

Dabei werden von dem CAD-System in der Regel die Parameterwerte entsprechend einem zuvor festgelegten Digitalisierungsraster (vorstellbar wie ein orthogonales Kästchennetz aus Linien mit vorher festgelegtem Abstand, z.B. 0,5 mm oder 1 mm bei Bauteilen normaler Größe) „geglättet", um technisch unsinnige Dezimalstellenbildungen zu verhindern. Da das Digitalisierungsraster optisch eher verwirrend wirkt (besonders bei sehr feiner Rasterung), wird es nur auf ausdrücklichen Wunsch des Benutzers auf dem Graphikbildschirm dargestellt. Eine andere häufig anzutreffende Benutzerhilfe für das freie Digitalisieren ist die dynamische Anzeige der Parameterwerte für die aktuelle Position des Fadenkreuzes in einem besonderen Feld (Fenster) des Bildschirms.

Die Parametereingabe durch freies Digitalisieren besitzt viele Ähnlichkeiten mit der manuellen Zeichentätigkeit während der Entwurfsphase, kann aber zu unerwünscht „krummen" Parameterwerten führen (z.B. bei nicht zweckentsprechend eingestelltem Digitalisierungsraster). Unter Umständen können sogar Genauigkeitsprobleme auftreten, z.B. nicht geschlossene Konturzüge infolge von dicht nebeneinander liegenden, aber eben nicht identisch digitalisierten Punktkoordinaten.

- *Gummibandtechnik*: Es handelt sich um eine Sonderform des freien Digitalisierens bei der Eingabe von Größenparametern (z.B. Länge einer Strecke, Radius eines Kreises/ Kreisbogens) und Winkeln, bei der sich das gerade in der Erzeugung stehende Geometrieelement entsprechend den Bewegungen des Fadenkreuzes dynamisch verändert. Der Benutzer kann so vor der endgültigen Eingabe des Parameterwertes das momentane Aussehen des betreffenden Elementes beurteilen, **Bild 6.3c**. Der aktuelle Parameterwert

wird dann wieder durch Druck auf den Tablettstift bzw. auf die Eingabetaste der Fadenkreuzlupe oder der Maus fixiert und an das CAD-System übergeben.

- *Zurückreferenzierung* des gerade einzugebenden Parameters auf einen schon vorhandenen Parameter: Hierzu stehen im CAD-System sogenannte *Fangfunktionen* zur Verfügung (z.B. Abgriff der Koordinaten des Anfangspunktes eines Kreisbogens aus dem
Endpunkt einer vorhandenen Strecke).

  Während die Fangfunktionen in der Vergangenheit vom Benutzer explizit angewählt
  werden mußten (explizite Fangfunktionen), beinhalten CAD-Systeme heute in zunehmendem Umfang automatisch arbeitende Fangfunktionen (implizite Fangfunktionen):
  Nach einer bestimmten Fanghierarchie werden alle vorhandenen Punkte untersucht, die
  sich innerhalb eines Fangradius rund um die Mitte des Fadenkreuzes befinden, das nach
  der Aktivierung eines Generierungsbefehles auf dem Graphikbildschirm sichtbar wird,
  Bild 6.3d. Als Fanghierarchie kann dabei beispielsweise die Prioritätsfolge vorgegeben
  sein, daß innerhalb des Fangradius zunächst nach Endpunkten von Konturen, dann nach
  Mittelpunkten von Kreisen und Kreisbögen, dann nach Schnittpunkten zwischen zwei
  Konturen und schließlich nach Tangentpunkten gesucht wird. Erst wenn innerhalb des
  Fangradius kein derartiger Punkt vorhanden ist, wird eine Benutzereingabe (Druck auf
  den Tablettstift oder die Eingabetaste) als freie Digitalisierung interpretiert (siehe oben).
  Normalerweise kann der Benutzer sowohl die Fanghierarchie als auch die Größe des
  Fangradius beeinflussen.

- Nutzung *besonderer Verknüpfungsoperatoren*: Diese sind gängigen Operationen beim
manuellen Zeichnen nachempfunden. Es werden ebenfalls Bezüge zu schon vorhandenen
Linienelementen ausgenutzt, fehlende Parameter werden automatisch errechnet. Beispiele sind etwa die Operatoren „Lege eine Strecke außen tangential an zwei vorhandene
Kreise/Kreisbögen" und „Lege einen Kreis mit gegebenem Radius tangential an zwei
vorhandene Strecken", **Bild 6.3e**.

Ebenfalls an das manuelle technische Zeichnen angelehnt sind in das zweidimensionale CAD-
System integrierte *Hilfslinientechniken*, die in letzter Zeit immer häufiger anzutreffen sind.
Hierbei werden zunächst Hilfslinien für die anzufertigende Konstruktion generiert (entweder
„unendlich lange" Geraden oder Kreise). Die Hilfslinien sind zwar auf dem Graphikbildschirm
sichtbar, sie gelten jedoch nicht als Bestandteil der Bauteilgeometrie und werden in der Regel
bei einer Zeichnungsausgabe über den Plotter nicht dargestellt.

Verglichen mit dem manuellen technischen Zeichnen entsprechen die CAD-Hilfslinien der
Bleistiftzeichnung. Das CAD-System verfügt nun über eine Art Nachfahrfunktion, mit deren
Hilfe die gewünschten Elemente des zuvor erstellten Hilfsliniengerüstes teilautomatisch in
Bauteilkonturen überführt werden können. Üblicherweise ist dazu nur die Identifizierung des
Startpunktes sowie die Identifizierung (das „Anpicken") derjenigen Hilfslinien erforderlich,
denen der gewünschte Konturverlauf folgen soll, **Bild 6.4**. Die Nachfahrfunktion entspricht
dem Erstellen einer Reinzeichnung durch Durchziehen der Bleistiftvorlage bei der manuellen
Arbeitsweise.

Die Hilfslinientechnik kann sowohl die isolierte Erstellung einer einzelnen Bauteilansicht als
auch die Ableitung weiterer Ansichten oder Schnitte ausgehend von einer vorhandenen An-

sicht unterstützen. Nach Fertigstellung der Geometrie genügt ein Tastendruck, um sämtliche Hilfslinien auf einmal „auszuradieren" oder auch umgekehrt die Hilfslinien zu einem späteren Zeitpunkt wieder sichtbar zu machen.

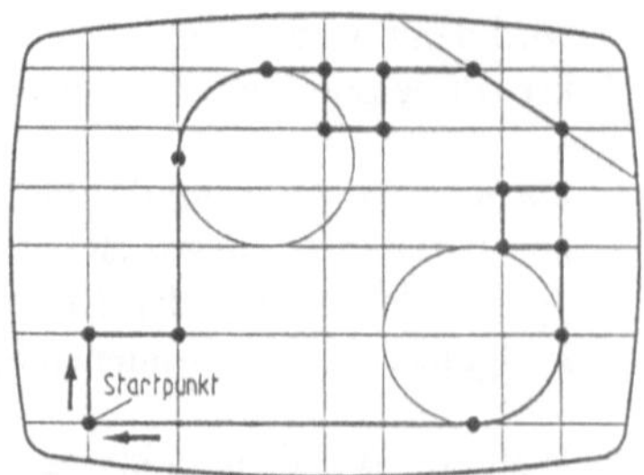

Bild 6.4 Hilfslinientechnik mit „Nachfahrfunktion"

Zum weiteren Funktionsumfang eines CAD-Systems gehören noch möglichst komfortable *Operatoren zum nachträglichen Manipulieren* der aktuellen Geometrie. Hierzu zählen das Löschen, Verschieben, Drehen, Kopieren (Duplizieren) und Spiegeln von Linienelementen oder Linienelementgruppen, aber auch das nachträgliche Trimmen vorhandener Linienelemente im Hinblick auf bestimmte geometrische Anschlußbedingungen (sogenannte *Trimmfunktionen*). Beispiele für Trimmfunktionen sind etwa das Ausrichten einer Linie senkrecht/ parallel zu einer anderen Linie oder das Verlängern/Verkürzen einer Linie bis zum Schnittpunkt mit einer anderen Linie, **Bild 6.5**.

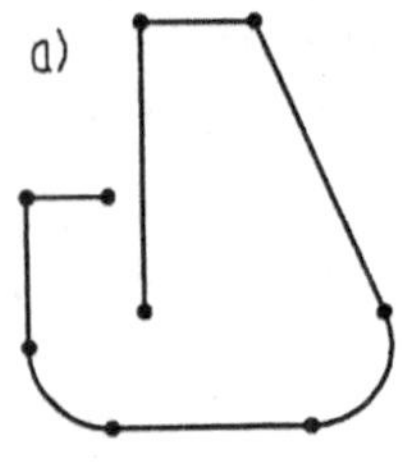

Ausgangsgeometrie

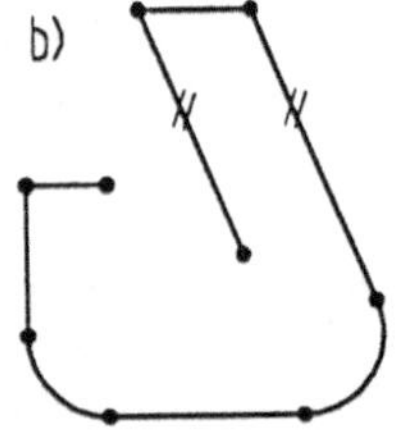

Linie parallel ausrichten

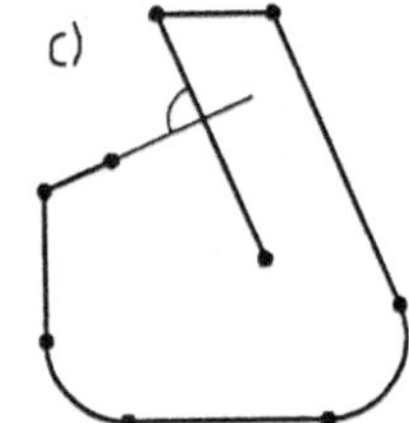

Linie senkrecht ausrichten

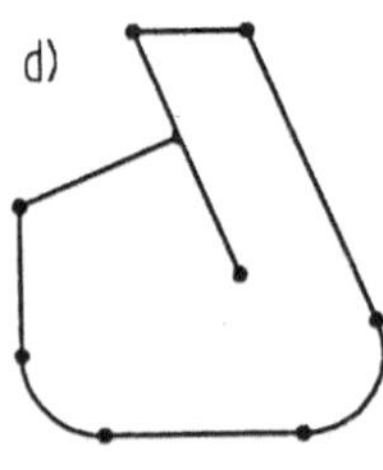

Linie verlängern

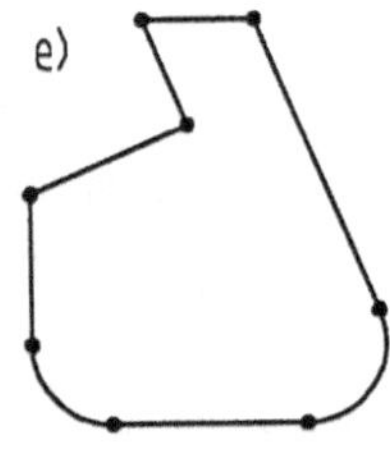

Linie verkürzen

Bild 6.5 Beispiele für typische Trimmfunktionen

Schließlich sind noch bestimmte „technische" Manipulationsfunktionen zu erwähnen, die beispielsweise das Anbringen von Abschrägungen bzw. Fasen und Rundungen an vorhandenen Elementen in einem Schritt ermöglichen, **Bild 6.2c**. Natürlich läßt sich in jedem Fall mit Hilfe der Linienelemente und der Trimmfunktionen das gleiche Ergebnis erzielen, jedoch sind dazu dann mehrere Generierungsschritte erforderlich.

Schraffuren sind für normgerechte und verständliche technische Zeichnungen besonders wichtig. Bei linienorientierten zweidimensionalen CAD-Systemen wird das Anbringen von

Schraffuren stets *nach* der Generierung der Linienzüge vorgenommen, die das betreffende Schraffurgebiet beranden, **Bild 6.2d**. Im unkomfortabelsten Fall müssen dazu alle Linienelemente der Schraffurberandung mit Hilfe des graphischen Eingabegerätes einzeln identifiziert werden. Zunehmend enthalten jedoch die CAD-Systeme automatische Konturverfolgungsalgorithmen, die nur das Anpicken eines einzigen (Hilfs-) Punktes innerhalb oder auf der Schraffurberandung benötigen und dann die Ränder des in der Regel geschlossenen Schraffurgebietes selbsttätig ermitteln.

Nach der Generierung der Geometrie eines Bauteiles oder einer Baugruppe (einschließlich der Schraffuren) sind Maßeintragungen vorzunehmen, **Bild 6.2e**. Hierbei ist es wichtig, daß das CAD-System den einschlägigen Norm-Regeln und -Vorgaben folgt (insbesondere DIN 406), damit die erstellte Zeichnung verständlich, vollständig und eindeutig ist. Leider gibt es auf diesem Gebiet auch heute noch gelegentlich Schwierigkeiten, vor allem bei CAD-Systemen aus dem Ausland, denen manchmal andere Normen zugrundeliegen. Die Bemaßungsfunktionen eines CAD-Systems lassen im Idealfall ein Umschalten zwischen unterschiedlichen Bemaßungsstandards zu, z.B. auch das Umschalten der Maßeinheiten von mm auf Zoll (Inch).

Das Vorgehen bei der Bemaßung einer CAD-Zeichnung sieht so aus, daß man nach der Modellierung der Geometrie dem CAD-System nur noch mitteilt, welche Geometrieelemente bemaßt werden sollen und wo die verschiedenen Maße zu positionieren sind (Identifizierung der zu bemaßenden Konturen und Digitalisierung eines Hilfspunktes zur Bestimmung der Maßposition). Eine explizite Angabe des Maßes selbst ist nicht erforderlich, da die entsprechenden Daten aufgrund der zuvor generierten Geometrie schon abgespeichert sind, automatisch aus der Datenbasis des CAD-Systems ausgelesen und als Wert der Maßzahl übernommen werden können[50]. Bemaßungsfehler, wie sie beim manuellen Zeichnen auftreten, können hierdurch vermieden werden, weil eine Übereinstimmung zwischen Geometrie und Bemaßung automatisch gegeben ist.

Zusätze zur Maßzahl (z.B. Kennbuchstabe „M" für metrische Gewinde, Zusätze „4 x ..." für die Bemaßung von Teilungen, aber auch Maßtoleranzangaben wie „± 0,1" oder „H7") werden von zweidimensionalen CAD-Systemen im allgemeinen nur als reine Textangaben aufgefaßt. Mit ihnen ist also rechnerintern keine Bedeutung verknüpft, was eine technisch „intelligente" Weiterverarbeitung der entsprechenden Angaben (z.B. bei der Datenübergabe an die NC- und Meßmaschinenprogrammierung) leider sehr erschwert, wenn nicht sogar unmöglich macht.

Von *assoziativer Bemaßung* spricht man, wenn der Bezug zwischen Geometrie und Bemaßung nicht nur einmal ausgenutzt wird (nämlich beim Auslesen der Maßzahl aus der Datenbasis bei der erstmaligen Generierung des Maßes), sondern dauerhaft erhalten bleibt. Die assoziative Bemaßung ist Voraussetzung dazu, daß das CAD-System bei nachträglichen Geometrieänderungen die Bemaßung automatisch anpaßt. Dies ist bei modernen CAD-Systemen in zunehmendem Maße anzutreffen.

---

[50] Teilweise ist es auf Wunsch möglich, die Maßzahl durch einen Variablennamen zu ersetzen (Variablenbemaßung).

Bidirektionale Assoziativität zwischen Geometrie und Bemaßung ist gegeben, wenn eine Maßänderung automatisch auch eine entsprechende Geometrieänderung nach sich zieht. Diese Forderung können heute nur wenige CAD-Systeme standardmäßig erfüllen. Allerdings enthalten in der Regel die in vielen Fällen als Zusatzoption angebotenen sogenannten Parametrik-Module derartige Funktionen. Bei unbedachter Ausnutzung der bidirektionalen Assoziativität können jedoch auch leicht Fehler oder geometrisch unsinnige Ergebnisse enstehen.

Ein komfortables zweidimensionales CAD-System bietet eine Funktion, mit deren Hilfe zum Abschluß der Bemaßung die Grenzabmaße der vergebenen ISO-Toleranzen automatisch herausgesucht und in eine Tabelle eingetragen werden (sogenannte Übersetzungstabelle Paßmaß/Grenzabmaße). Ein Beispiel zeigt Bild 6.14.

Neben Bemaßungen enthalten technische Zeichnungen noch weitere Symbole (z.B. Oberflächensymbole nach DIN ISO 1302, Symbole für Kantenzustände nach DIN 6784, Symbole zur Angabe von Form- und Lagetoleranzen nach DIN ISO 1101) sowie Texte (z.B. Fertigungs-, Montage-, Prüfhinweise). Auch normgerechte Zeichnungsrahmen, Schriftfelder (eventuell mit unternehmensspezifischer Beschriftung und Aufteilung) sowie auf den (Baugruppen- und Gesamt-) Zeichnungen angeordnete Stücklistenformulare sind zu berücksichtigen. Das CAD-System muß alle diese Zeichnungselemente schnell und komfortabel erzeugen können, worauf hier nicht im einzelnen eingegangen sei. Erwähnt sei lediglich, daß eine zunehmende Anzahl von CAD-Systemen heute bereits gut ausgefeilte Texteditoren anbietet, welche die früher oft mühsame Generierung und Änderung von Zeichnungstexten sehr erleichtern.

Um das Arbeiten mit dem CAD-System möglichst komfortabel zu gestalten, wird eine Reihe von *Darstellungsfunktionen* und *Darstellungshilfen* angeboten, von denen die wichtigsten nachfolgend erläutert sind:

- An erster Stelle sind Funktionen zur *Ausschnittsvergrößerung* zu nennen, die auch als *Zoom-Funktionen* oder *Lupenfunktionen* bezeichnet werden. Bei den meisten CAD-Systemen wird der Bildausschnitt standardmäßig so gewählt, daß alle vorhandenen Geometrie- und Bemaßungselemente auf dem Graphikbildschirm vollständig sichtbar sind („Gesamtbild"). Ausgehend davon kann sich der Benutzer nun entweder durch Vorgabe eines Vergrößerungsfaktors und eines Bezugspunktes oder durch Digitalisierung eines Ausschnittrahmens („Box", **Bild 6.6**) einen Teilbereich vergrößern lassen, wobei natürlich nacheinander auch mehrstufige Vergrößerungen durchgeführt werden können[51].

- Mit Hilfe der *Fenstertechnik* (auch *Window-Technik* genannt), die zahlreiche CAD-Systeme heute standardmäßig bieten, lassen sich zusätzlich zur Gesamtzeichnung oder einer anderen Darstellung mehrere Details einer Zeichnung in unterschiedlichen Vergrößerungsstufen gleichzeitig auf dem Graphikbildschirm anzeigen. Zu diesem Zweck wählt der Benutzer zunächst eine vergrößert herauszuziehende Einzelheit (z.B. durch Digitali-

---

[51] Vor allem berufserfahrene Konstrukteure, die vom Zeichenbrett auf das CAD-System umsteigen, empfinden die im Verlauf des CAD-Generierungsprozesses ständig wechselnde Skalierung der Zeichnung häufig als störend. Jedoch sind mit der derzeitigen Bildschirmtechnik und -größe kaum sinnvolle Alternativen denkbar. Außerdem verlieren sich derartige Irritationen erfahrungsgemäß sehr schnell.

sierung eines Ausschnittrahmens) und gibt dem CAD-System Größe und Positionierung des neuen Fensters vor, das die betreffende Einzelheit wiedergeben soll, **Bild 6.7**. Heute ist es Stand der Technik, daß alle Fenster gleichzeitig „aktiv" sind, daß also Digitalisierungen und Identifizierungen in jeder Darstellung vorgenommen werden können.

Während früher die Fenster- oder Mehrbildschirmtechnik wegen fehlender graphischer Standards stets eine durch den jeweiligen Systementwickler selbst programmierte Sonderlösung war, baut sie heute auf graphischen Standardpaketen wie Windows (PC-Sektor) oder X-Window-System (Workstation-Sektor) auf (siehe hierzu Abschnitt 4.1).

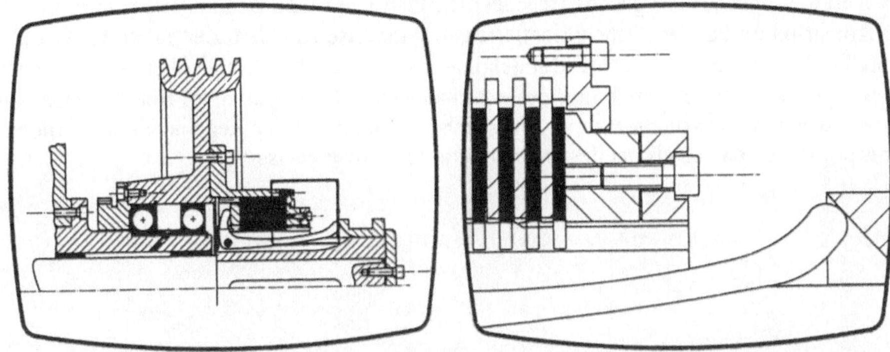

Bild 6.6   Vergrößerung durch Digitalisierung eines Ausschnittrahmens [IFAO86]

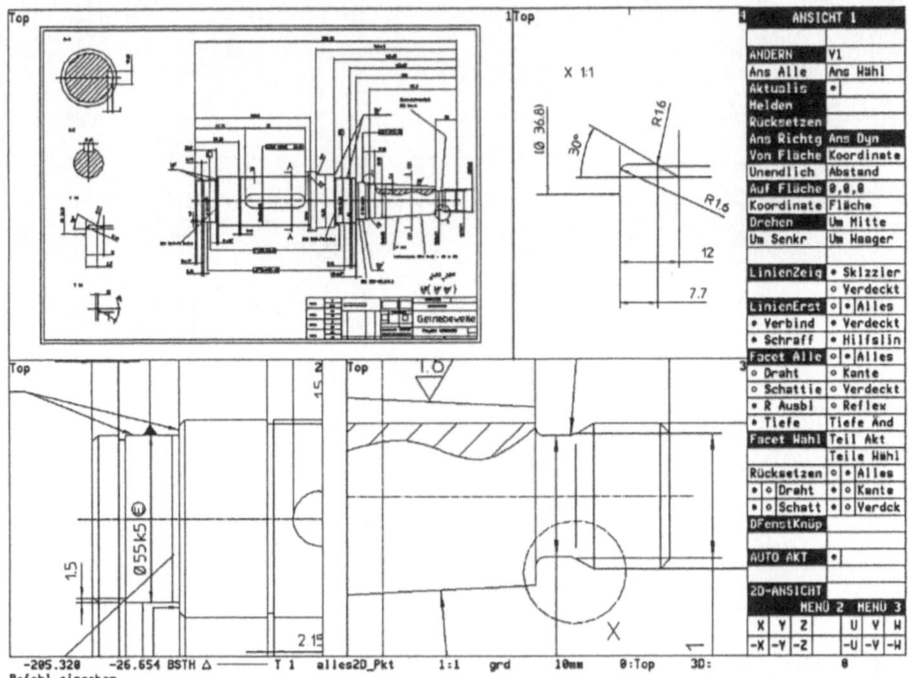

Bild 6.7   Darstellung der Zeichnung in mehreren Fenstern

Einige zweidimensionale CAD-Systeme bieten neben der linienorientierten auch eine flächen-orientierte Arbeitsweise an. Hierbei stehen Flächenelemente und Verknüpfungsfunktionen für Flächenelemente zur Verfügung, mit denen sich in vielen Fällen die Geometrie zeitsparender erstellen läßt als mit Linienelementen. Flächenelemente bestehen – ähnlich wie Linienma-kros – zunächst aus den Berandungslinien der jeweiligen Fläche. Zusätzlich dazu sind ihnen jedoch noch bestimmte Flächenattribute von vornherein zugeordnet (z.B. Schraffurkennun-gen). Außerdem lassen sich Flächenelemente mit Hilfe der eigentlich aus dem dreidimensiona-len Bereich bekannten Booleschen Verknüpfungsoperationen (Vereinigung/„Addition", Diffe-renz/„Subtraktion", Durchschnittsbildung) einfach und schnell miteinander verknüpfen. Wie aus **Bild 6.8**, welches das gleiche Beispiel behandelt wie Bild 6.2, unmittelbar hervorgeht, hat der Konstrukteur bei der flächenorientierten Arbeitsweise zu jedem Zeitpunkt der Geometrie-modellierung eine normgerechte Darstellung seiner Bauteile einschließlich aller Schraffuren vor Augen, was zur Verbesserung der Anschaulichkeit beitragen kann. Bei der flächenorien-tierten Arbeitsweise kommt man für die gleiche Zeichnung in der Regel auch mit weniger Ge-nerierungsbefehlen aus als bei der linienorientierten Arbeitsweise.

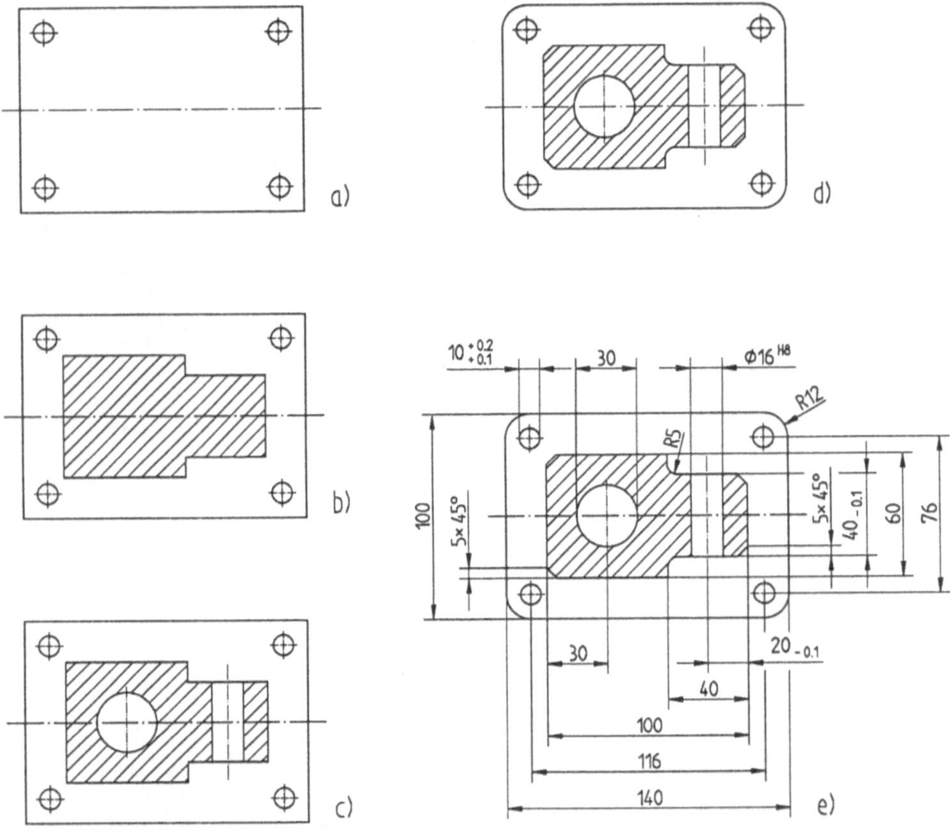

Bild 6.8   Einfaches Beispiel für die Arbeitsweise mit einem flächenorientierten zweidimensionalen
                      CAD-System

Eine wichtige, in der einen oder anderen Ausprägung mittlerweile bei allen zweidimensionalen CAD-Systemen vorhandene Hilfe bei der Bauteil- und Baugruppengenerierung und -handhabung ist die sogenannte *Ebenentechnik* (auch als *Layer-*, *Gruppen-* oder *Folientechnik* bezeichnet[52]). Hierunter ist die organisatorische Aufteilung der Zeichnungselemente auf mehrere „Schichten" oder „Folien" zu verstehen. Diese können einzeln gehandhabt werden, beispielsweise einzeln auf dem Graphikbildschirm oder der Plotterzeichnung ein- und ausgeblendet oder einzeln verschoben und gedreht werden.

Von allen Ebenen, die der Benutzer definiert hat, kann stets nur eine aktiv sein, die anderen Ebenen sind passiv. Das bedeutet, daß Manipulationen (Erweitern, Ändern, Löschen) nur in der momentan aktiven Ebene vorgenommen werden können. Die auf dem Bildschirm sichtbaren passiven Ebenen stehen demgegenüber nur zur Information und zur Durchführung passiver Funktionen (z.B. Abgriff eines Maßes) zur Verfügung. Rechnerintern existiert für jede definierte Ebene in vielen Fällen eine eigene (Teil-) Datenbasis, die beim Aktivieren der betreffenden Ebene eingelesen wird und dann geändert bzw. erweitert werden kann. Dadurch erklärt sich auch die geometrische Eigenständigkeit der einzelnen Ebenen. Logische Zusammenhänge zwischen den Ebenen sind in der Regel nicht aus der Datenbasis ablesbar, können jedoch bei geeigneter Strukturierung und Benennung hineininterpretiert werden.

Die Ebenentechnik ist Voraussetzung zur Erfüllung beispielsweise der folgenden Funktionen:

- Es können wahlweise Einzelteil-, Baugruppen- oder Gesamtzeichnungen mit den gleichen Geometriedaten erzeugt werden. Dazu müssen die Einzelteilgeometrien auf unterschiedlichen Ebenen abgelegt werden. Werden nun alle Einzelteilgeometrien eingeblendet, so erhält man die Gesamtzeichnung, die gegebenenfalls noch um Haupt- und Anschlußmaße sowie Positionsnummern zu ergänzen ist. Wird nur die Geometrie eines bestimmten Bauteiles eingeblendet und um die (bauteilbezogene) Bemaßung ergänzt, so ergibt dies die Einzelteilzeichnung des betreffenden Bauteiles. Die Bemaßung wird dabei bei vielen CAD-Systemen separat auf einer eigenen Ebene abgelegt (um sie wahlweise ein- und ausblenden zu können), in einigen Fällen kann oder muß sie der gleichen Ebene wie die zugrundeliegende Geometrie zugeordnet werden und ist dann per Steueranweisung ein- und ausschaltbar.

- Verschiedene Ansichten und/oder Schnitte des gleichen Bauteiles werden in der Regel auf unterschiedlichen Ebenen abgelegt. Dies ist erforderlich, weil Baugruppen- und Gesamtzeichnungen normalerweise nur die Hauptansicht des Bauteiles wiedergeben, während auf der Einzelteilzeichnung zusätzlich dazu auch die anderen Ansichten und Schnitte eingeblendet werden müssen.

- Es können in Baugruppen- bzw. Gesamtzeichnungen einzelne Bauteile in verschiedenen Positionen dargestellt werden (z.B. „Kolben eingefahren/ausgefahren"). Hierzu ist eine

---

[52] Der Begriff „Gruppentechnik" darf nicht mit „Gruppentechnologie" verwechselt werden. Die Gruppentechnologie ist ein besonderes Verfahren zur Bildung und rationellen Nutzung von Teilefamilien mit geometrischer und fertigungstechnischer Ähnlichkeit (siehe auch entsprechende Hinweise in Abschnitt 8.1.2 sowie [Vajn92]).

Zuordnung der bezüglich der Lage zu variierenden Bauteile zu separaten Ebenen erforderlich, die dann einzeln verschoben und/oder gedreht werden können.

- Weiterhin wird die Ebenentechnik häufig dazu benutzt, aus dem Bauteilentwurf einzelne Konturen für bestimmte Bearbeitungsvorgänge herauszuziehen, die dann getrennt an den Bereich der NC- oder Meßmaschinenprogrammierung übergeben werden können.

In diesem Zusammenhang sei ausdrücklich darauf hingewiesen, daß in zweidimensionalen CAD-Systemen verschiedene Ansichten, Schnitte und Einzelheiten des gleichen Bauteiles normalerweise *keine* Beziehung zueinander haben. Nur durch eine (in den meisten Fällen nachträglich vorzunehmende) Parametrisierung in der Art einer Variantenkonstruktion gelingt es, in verschiedenen Ansichten, Schnitten und Einzelheiten zusammengehörige Geometrieparameter logisch zu verknüpfen (z.B. Gleichsetzen der zusammengehörigen Durchmesser in der Ansicht und in den Schnitten einer Wellenzeichnung). Nur wenn dieses erfolgt ist, können sich die anderen Ansichten, Schnitte und Einzelheiten automatisch verändern, wenn eine Ansicht modifiziert wird. Für die Beziehungen zwischen unterschiedlichen Bauteilen (z.B. identischer Nenndurchmesser von Welle und Nabe im Bereich eines Nabensitzes) gilt sinngemäß das gleiche.

Zur Erfüllung der oben genannten Funktionen ist eine geeignete Strukturierung des Entwurfes in die verschiedenen Ebenen notwendig, die man sich im vorhinein gut überlegen sollte. In vielen Unternehmen wird die Anwendung der Ebenentechnik sogar standardisiert, damit alle Konstrukteure ohne großes Suchen wissen, wo welche Einzelteilgeometrien, Bearbeitungskonturen und Bemaßungen eines Entwurfes zu finden sind.

Wie bereits aus den oben aufgelisteten Funktionen ersichtlich, empfiehlt es sich, jedes Bauteil eines Entwurfes einer eigenen Ebene zuzuordnen. Ebenso sollten verschiedene Ansichten des gleichen Bauteiles auf unterschiedlichen Ebenen abgelegt werden. Häufig werden auch Bemaßungen (unter Umständen sogar Schraffuren) getrennt von den zugehörigen Geometrien eigenen Ebenen zugewiesen und auch Zeichnungsrahmen, Schriftfelder und Stücklisten separat abgelegt. **Bild 6.9** zeigt ein einfaches Beispiel zur Anwendung der Ebenentechnik.

An dieser Stelle muß jedoch betont werden, daß die praktische Anwendung der Ebenentechnik von den grundsätzlichen Strukturierungsmöglichkeiten des verwendeten CAD-Systems abhängt. Deswegen können die hier dargestellten Hinweise und Beispiele nicht als allgemein verbindlich angesehen werden, sondern geben nur in der Praxis weit verbreitete Gewohnheiten wieder.

Sofern den einzelnen Ebenen Bezeichnungen zugeordnet werden können (z.B. „Lagerbuchse", „Antriebswelle") und sofern der Benutzer eine „saubere" Ebenenzuordnung vornimmt, lassen sich bei vielen zweidimensionalen CAD-Systemen aus der Ebenenstruktur eines Entwurfes auch schon Grundinformationen für die teilautomatische Stücklistenerstellung und für die teilautomatische Vergabe von Positionsnummern in Baugruppen- und Gesamtzeichnungen herausholen. Dazu sind allerdings meistens entsprechende Zusatzmodule (sogenannte *Listengeneratoren*) erforderlich.

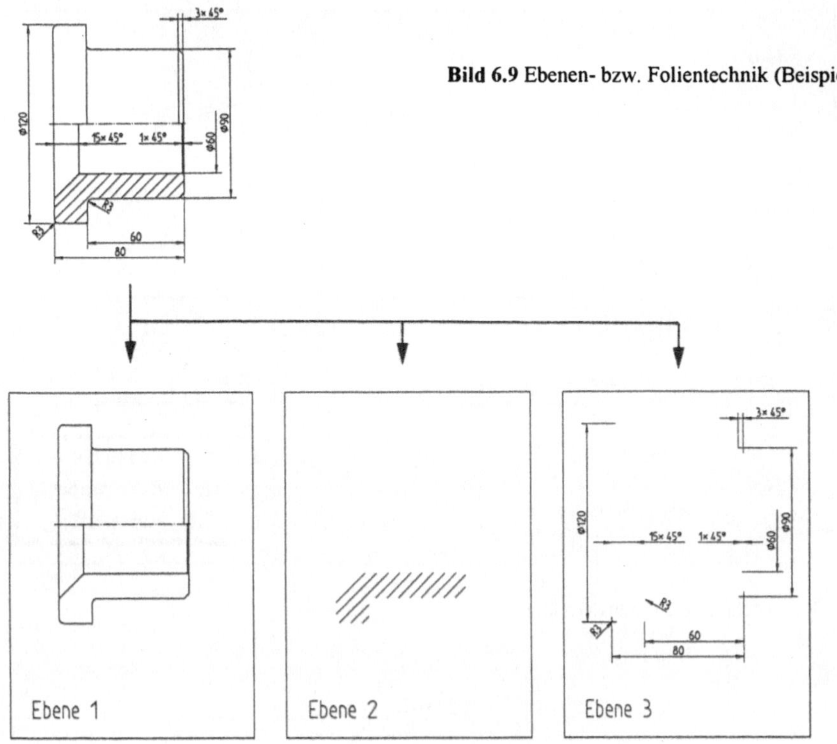

Bild 6.9 Ebenen- bzw. Folientechnik (Beispiel)

Eine Erweiterung der schon seit langem gebräuchlichen einfachen Ebenentechnik sind mehrstufige, hierarchisch gegliederte Ebenentechniksysteme. Hiermit lassen sich beliebige Hierarchien von Einzelteilen, Baugruppen und daraus zusammengesetzten Produkten erfassen und verwalten, **Bild 6.10**. Nutzeffekte sind einerseits die einfachere Handhabung zusammengehöriger Baugruppen im CAD-Bereich (z.B. Ein-/Ausblenden oder Verschieben einer gesamten Baugruppe auf einmal) und andererseits die verbesserte Kompatibilität der CAD-Teilestrukturen mit den in der Fertigung und im PPS-Bereich gebräuchlichen Teilestrukturierungen (z.B. Strukturstücklisten), wodurch der Datenaustausch erleichtert wird.

Bei einigen zweidimensionalen CAD-Systemen wird die Ebenentechnik dahingehend ergänzt, daß man die verschiedenen Ebenen der Tiefe nach staffelt (Vergabe von sogenannten Niveauhöhen). Vom Ansatz her wird das zweidimensionale dann zu einem sogenannten *zweieinhalbdimensionalen CAD-System*. Eine Ebene enthält hierbei diejenigen (ebenen, senkrecht zur Blickrichtung stehenden) Flächen des entworfenen Bauteiles, die auf einer bestimmten Niveauhöhe liegen, **Bild 6.11**. Ausgehend von den Informationen über die Niveauhöhen ist dann beispielsweise die Programmierung von NC-Fräsprozessen für zweieinhalbachsige Steuerungen möglich [Hare80].

Durch die Übereinanderschichtung der Ebenen ist es bei einigen zweidimensionalen CAD-Systemen auch möglich, in Baugruppen- und Gesamtzeichnungen Kanten, die von darüber liegenden Bauteilen verdeckt werden, automatisch auszublenden. Dazu werden die Ebenen durch eine sogenannte Prioritätszuweisung der Tiefe nach gestaffelt, **Bild 6.12**.

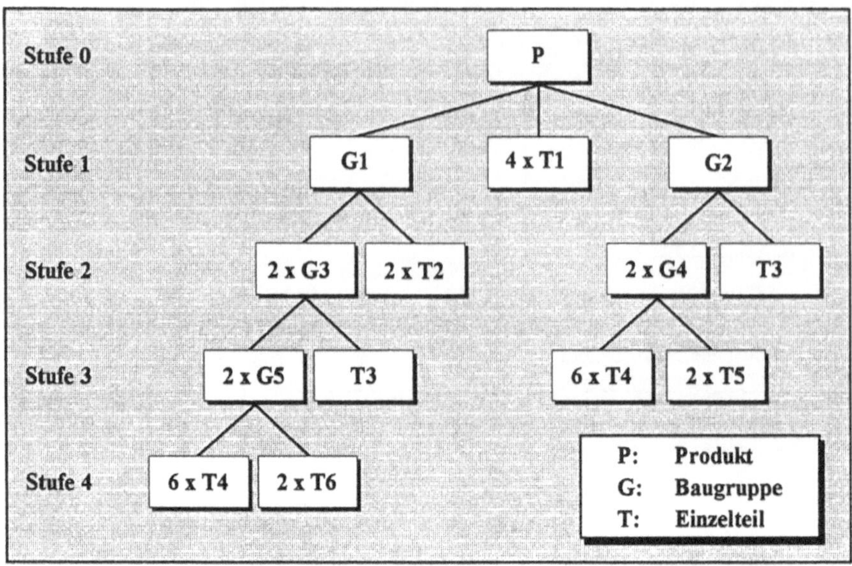

Bild 6.10   Mehrstufige Produktstruktur

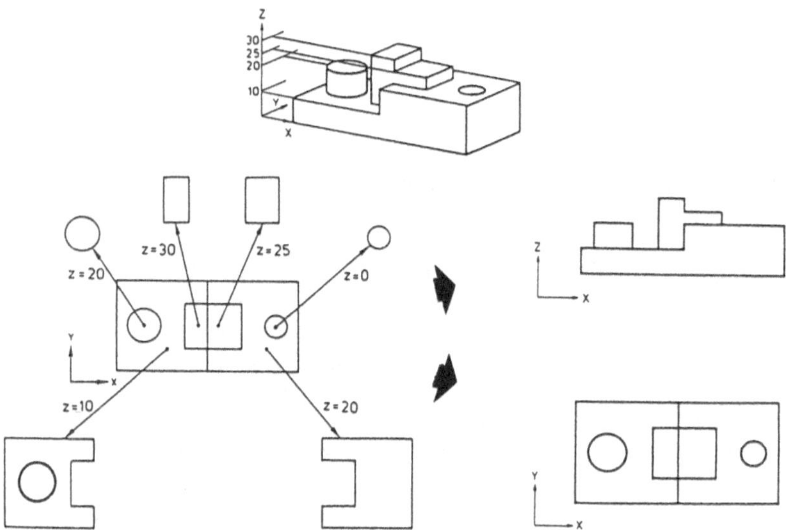

Bild 6.11   Zweieinhalbdimensionale Darstellung eines Bauteiles [Grät89]

Die Bilder 6.13 und 6.14 zeigen als Abschluß der Darstellungen über die Arbeitstechnik mit
zweidimensionalen CAD-Systemen ein Beispiel, dessen geometrische Komplexität heute auch
im betrieblichen Alltag ohne Schwierigkeiten bewältigt werden kann. **Bild 6.13** zeigt die Gesamtzeichnung eines Kegelradgetriebes (Originalformat DIN A0). Die anhand der Ebenenstruktur teilautomatisch erstellbare Stückliste ist im vorliegenden Beispiel nicht auf der Zeich-

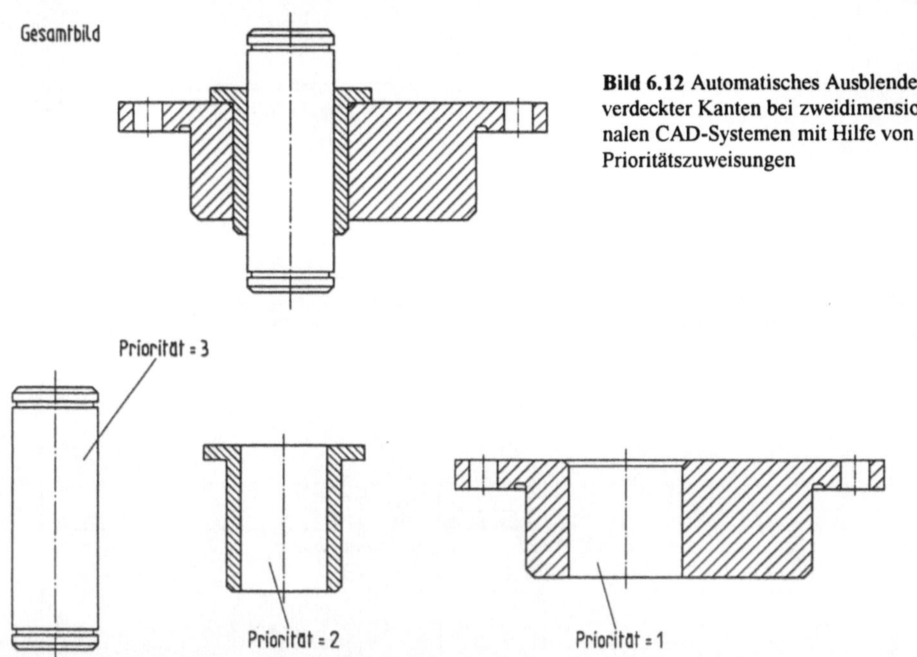

Bild 6.12 Automatisches Ausblenden verdeckter Kanten bei zweidimensionalen CAD-Systemen mit Hilfe von Prioritätszuweisungen

nung wiedergegeben, sondern kann über den Drucker separat ausgegeben werden (sogenannte lose Stückliste). Die Geometrie des Kupplungsflansches (Positionsnummer 6 der Gesamtzeichnung) ist in **Bild 6.14** gemeinsam mit einer zweiten Ansicht, der zugehörigen (Einzelteil-) Bemaßung und einem entsprechenden Zeichnungsrahmen mit Schriftfeld noch einmal zur Erstellung der Einzelteilzeichnung (Originalformat DIN A2) verwendet worden.

6.1.2 Modellieren mit dreidimensionalen CAD-Systemen

Der räumlichen Modellierung von Bauteilen, Baugruppen und Produkten liegt als globales oder Weltkoordinatensystem in der Regel ein dreidimensionales kartesisches (x,y,z-) Koordinatensystem zugrunde, das auf dem Graphikbildschirm angezeigt wird. Bei manchen CAD-Systemen ist eine Umschaltung auf Zylinderkoordinaten (r,φ,z-Koordinaten) und/oder auf Kugelkoordinaten (r,φ,θ-Koordinaten) möglich, deren Nutzung sich in der Praxis jedoch auf besondere Anwendungsfälle beschränkt (z.B. Beschreibung von Drehteilen in Zylinderkoordinaten).

Auch im dreidimensionalen Fall bezieht sich die Positionierung und Orientierung von Geometrieelementen normalerweise auf das globale Koordinatensystem. Probleme können jedoch auftreten, wenn neue Geometrieelemente in einer bestimmten Lage relativ zu schon vorhandenen, bezüglich des globalen Koordinatensystems schrägen Flächen generiert werden sollen: In solchen Fällen ist es oft nahezu unmöglich, die bei der Generierung der betreffenden Elemente einzugebenden Positionierungs- und Orientierungsgrößen in den globalen Koordinaten zu formulieren. Es ist dann wünschenswert, das globale Koordinatensystem zeitweilig verlassen und in einem günstiger positionierten und orientierten Koordinatensystem arbeiten zu können, ohne jedoch das Bauteil insgesamt bezüglich des globalen Koordinatensystems verschieben und/oder verdrehen zu müssen.

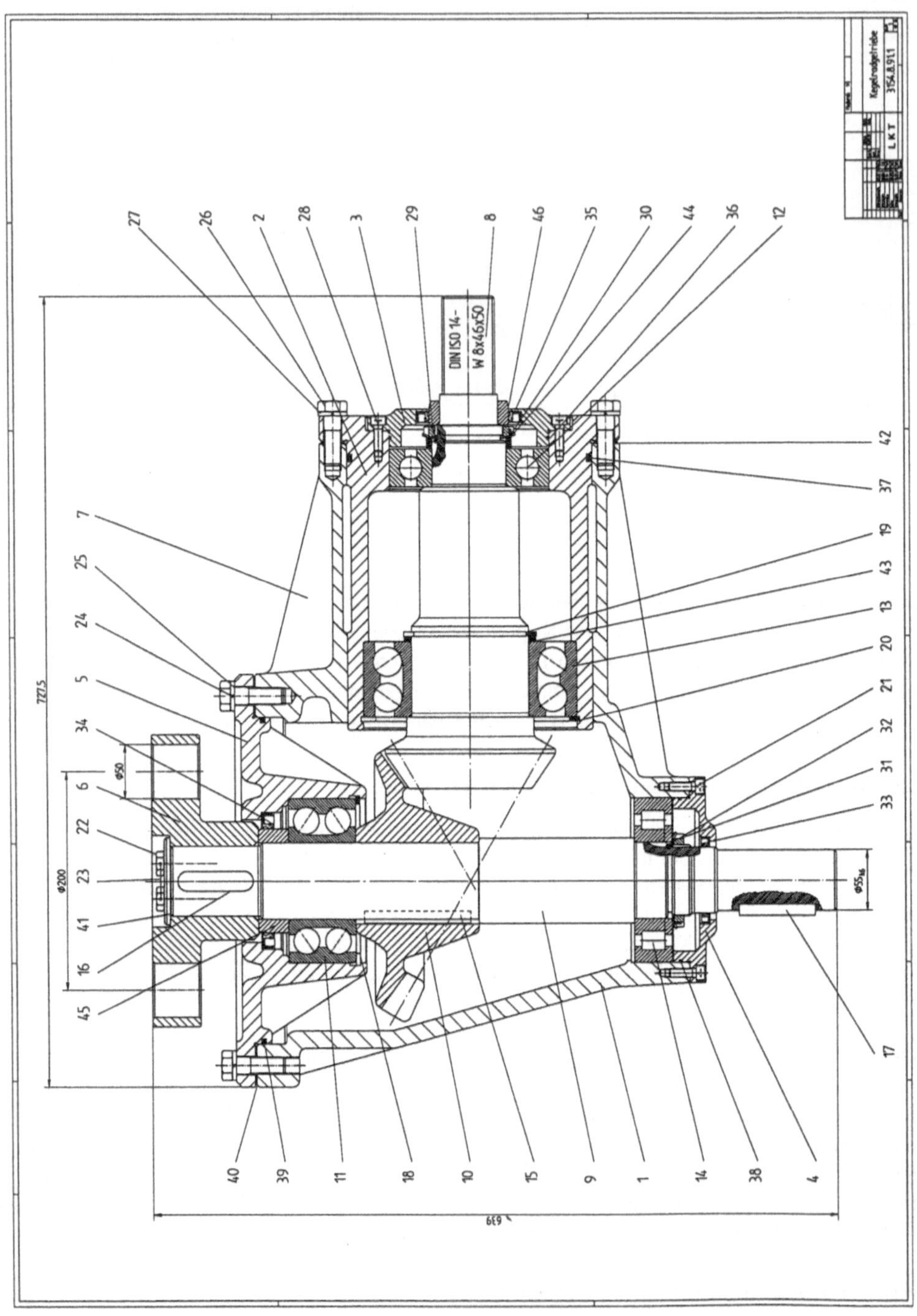

Bild 6.13   Kegelradgetriebe, Gesamtzeichnung

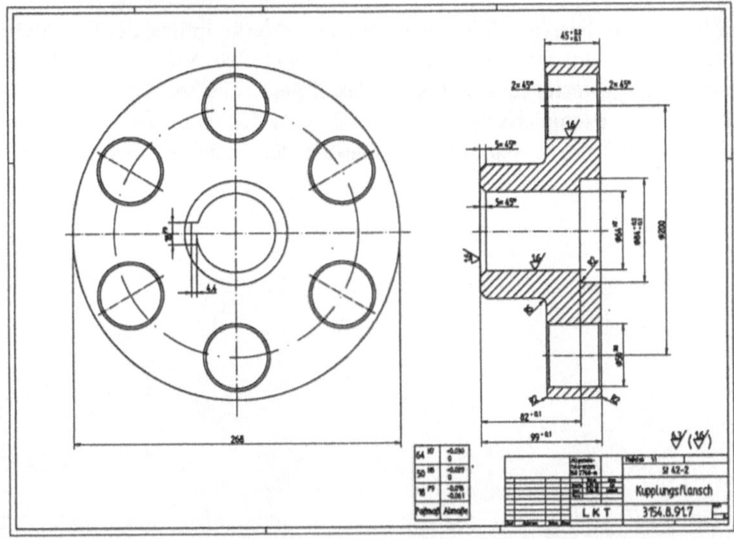

Bild 6.14   Kupplungsflansch des Kegelradgetriebes nach Bild 6.13, Einzelteilzeichnung

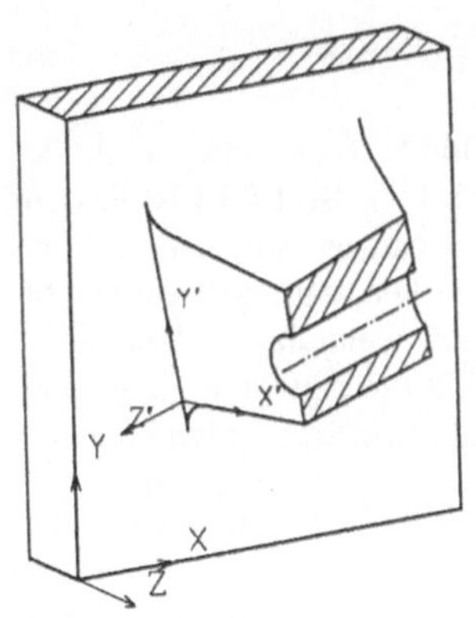

Daher bietet eine Reihe von dreidimensionalen CAD-Systemen das Instrument der sogenannten *Arbeitskoordinatensysteme* an: Der Benutzer kann zusätzlich zum globalen Koordinatensystem ein oder mehrere Arbeitskoordinatensysteme definieren und nach freier Wahl in einem der vorhandenen Koordinatensysteme arbeiten, **Bild 6.15**.

Bild 6.15 Definition eines Arbeitskoordinatensystems (x', y', z') zur Positionierung der auf der schrägen Seitenfläche senkrecht stehenden Bohrung

Bereits im Abschnitt 4.2.3 wurde darauf hingewiesen, daß bei dreidimensionalen CAD-Systemen das jeweils zugrundeliegende rechnerinterne Modell einen dominierenden Einfluß auf den Funktionsumfang und die Leistungsfähigkeit des betreffenden Systems ausübt. Im Abschnitt 4.2.3 wurden deshalb auch die gängigsten Möglichkeiten zur dreidimensionalen Modellierung von Bauteilen vorgestellt und verglichen (Kanten-, Flächen-, Volumenmodell). Der vorliegende Abschnitt, dessen Inhalt praktische Fragen der dreidimensionalen Bauteilmodellierung sind, geht zunächst exemplarisch davon aus, daß ein volumenorientiertes dreidimensionales CAD-System eingesetzt wird. Im Anschluß daran wird noch kurz auf die Modellierung von Freiformflächen mit einem CAD-System eingegangen, das ein Flächenmodell zur Grundlage hat.

Die meisten Volumenmodellierer bieten einen bestimmten Vorrat an Grundvolumina, die durch die Booleschen Verknüpfungsoperationen (Vereinigung/„Addition", Differenzbildung/ „Subtraktion", Schnittvolumenbildung/„Kollisionsanalyse") zu komplexeren Körpern zusammengefügt werden können (siehe Bild 4.23). Dies gilt auch dann, wenn dem Volumenmodellierer kein CSG-Modell, sondern ein Flächenbegrenzungsmodell (Boundary Representation,

BRep) zugrundeliegt. In diesem Fall ist die schrittweise Verknüpfung der Grundvolumina nur Generierungsmethode und nicht gleichzeitig auch Datenmodell. Vielmehr wird jeder Generierungsschritt sofort ausgewertet (evaluiert), um das aktuelle Flächenbegrenzungsmodell zu ermitteln. **Bild 6.16** zeigt exemplarisch die Grundvolumina des volumenorientierten dreidimensionalen CAD-Systems, mit dessen Hilfe die meisten der nachfolgenden Beispiele generiert worden sind.

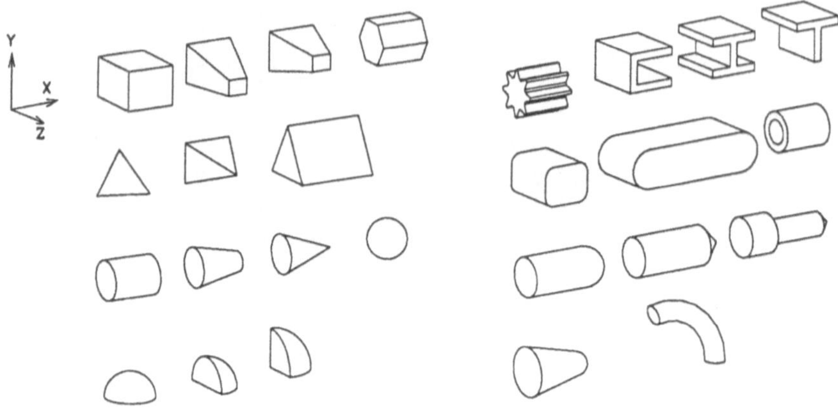

Bild 6.16   Grundvolumina eines volumenorientierten dreidimensionalen CAD-Systems

Bild 6.17 demonstriert, wie mit Hilfe der Grundvolumina nach Bild 6.16 und ihrer Verknüpfung schrittweise ein Lagergehäuse dreidimensional modelliert wird. In **Bild 6.18** ist das auf gleiche Weise entstandene Volumenmodell eines Sub-D-Steckergehäuses (sogenannte Posthaube) wiedergegeben. Bezüglich der Parametereingabe ist anzumerken, daß das freie Digitalisieren bei dreidimensionalen CAD-Systemen nur dann funktioniert, wenn der „Arbeitsraum" in mindestens zwei Ansichten (Projektionen) gleichzeitig dargestellt werden kann, da in einer Ansicht nur zwei Werte des Koordinatentripels (x,y,z) eindeutig abgegriffen werden können.

Außer durch Boolesche Verknüpfungen von Grundkörpern können dreidimensionale Objekte auch mittels der *Konturflächentranslation* und *-rotation* (auch *Sweeping* genannt) volumenorientiert modelliert werden. Dies geschieht dadurch, daß ein geschlossener zweidimensionaler (d.h. ebener) Konturzug, der die erzeugende Konturfläche umschließt, entlang einer Geraden „in die Höhe gezogen"bzw. um eine Rotationsachse gedreht wird[53]. In beiden Fällen resultieren aus der „Bewegung"des Konturzuges die Flächen, die das auf diese Weise definierte Volumen einhüllen, **Bild 6.19**. Welche Möglichkeiten sich aus der Volumenmodellierung durch Konturflächentranslation und -rotation ergeben, demonstriert insbesondere das Beispiel im oberen Teil des Bildes 6.19: Sicher wäre die Modellierung des gleichen Bauteiles durch Boolesche Verknüpfungen von Grundvolumina um ein Vielfaches mühsamer und zeitraubender als die zweidimensionale Konturflächengenerierung mit anschließender Translation.

---

[53]   Wenn man die Ebene, in welcher der zweidimensionale Konturzug beschrieben wird, als x,y-Ebene annimmt, so kann er in der Regel in z-Richtung „translatorisch gesweept" oder um eine in der x,y-Ebene liegende Rotationsachse gedreht werden.

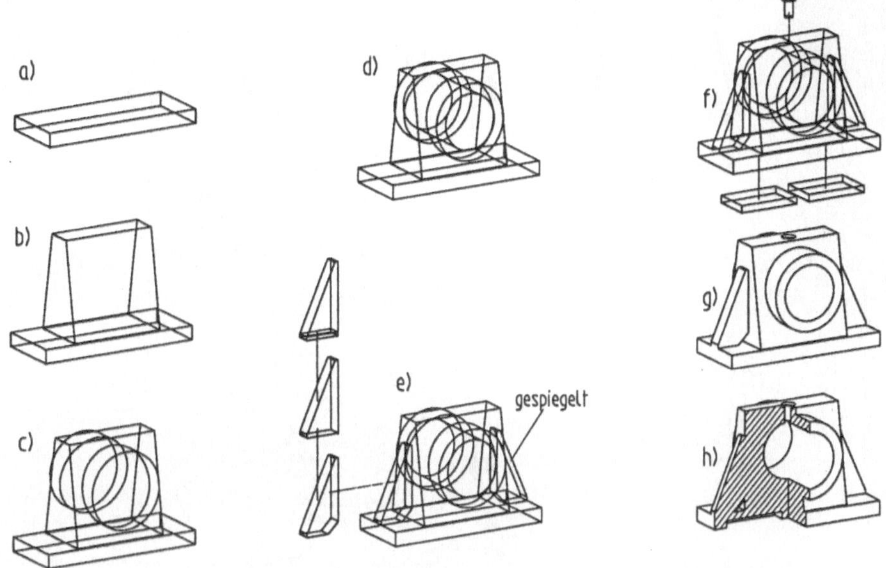

Bild 6.17   Volumenorientierte Modellierung eines Lagergehäuses

Bild 6.18   Sub-D-Steckergehäuse (sogenannte Posthaube)

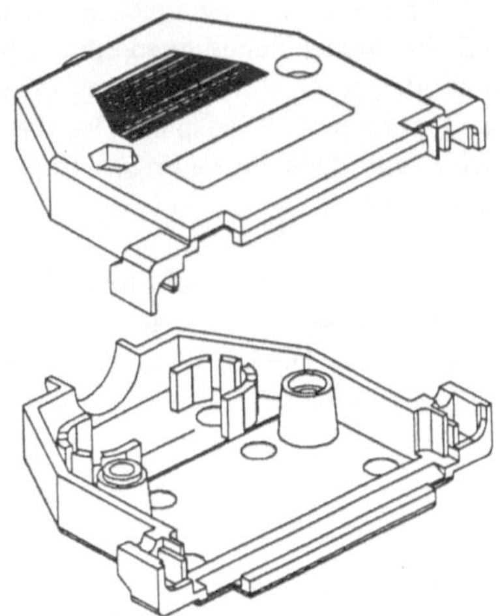

Die besondere Domäne der Volumenmodellierung
durch Konturflächentranslation und -rotation sind integrierte zwei- und dreidimensionale CAD-Systeme:
Hierbei wird zunächst die Konturfläche mit den zweidimensionalen Systemfunktionen generiert, bevor
durch den entsprechenden Sweep-Befehl die Volu-
menerzeugung und der Übergang in den dreidimensionalen Bereich erfolgen. Bei vielen integrierten
zwei- und dreidimensionalen CAD-Systemen lassen
sich zu diesem Zweck im Dreidimensionalen sogenannte Arbeitsebenen definieren, in denen die Bearbeitung des zweidimensionalen Konturzuges vorgenommen wird.

Es ist leicht einzusehen, daß bei der Konturflächentranslation aus geraden Konturen Ebenen
und aus kreis(bogen)förmigen Konturen Zylinderflächen entstehen. Bei der Konturflächenrotation ergeben sich aus geraden Konturen, die senkrecht auf der Rotationsachse stehen, Ebenen, ansonsten Zylinder- oder Kegelflächen. Kreis(bogen)förmige Konturen erzeugen bei der
Konturflächenrotation Torusflächen bzw. in Sonderfällen (Rotationsachse verläuft durch den
Kreismittelpunkt) Kugelflächen. Sowohl bei der Konturflächentranslation als auch bei der
Konturflächenrotation ergeben sich im Dreidimensionalen Freiformflächen, wenn die Berandungen der Konturfläche Freiformkurven sind.

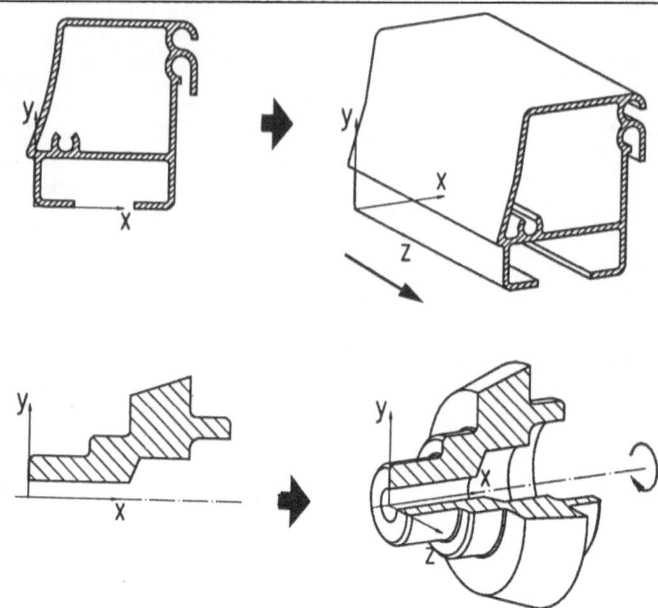

Bild 6.19   Konturflächentranslation und -rotation (Sweeping)

Anhand dieser Überlegungen sieht man, daß die durch Konturflächentranslation und -rotation erzielbaren Ergebnisse stark von dem Linien- und Flächenvorrat abhängen, den das jeweilige CAD-System im Zweidimensionalen bzw. im Dreidimensionalen besitzt. Unter Umständen müssen hierbei Näherungen durch Polygonisierung gekrümmter Linien im Zweidimensionalen und/oder durch Polyedrisierung gekrümmter Flächen im Dreidimensionalen in Kauf genommen werden. Ein Beispiel wäre die Zerlegung von Kreisen/Kreisbögen in Polygonzüge bei der Konturflächenrotation, weil das CAD-System im Dreidimensionalen keine Torusflächen beherrscht.

Bild 6.20 zeigt die Explosionszeichnung einer Kupplung, wie sie beispielsweise für Ersatzteilkataloge oder Montageanleitungen Verwendung finden könnte. Die Bauteile der Kupplung wurden dabei größtenteils durch Konturflächenrotation ausgehend von zweidimensionalen Ansichten und Schnitten dreidimensional modelliert.

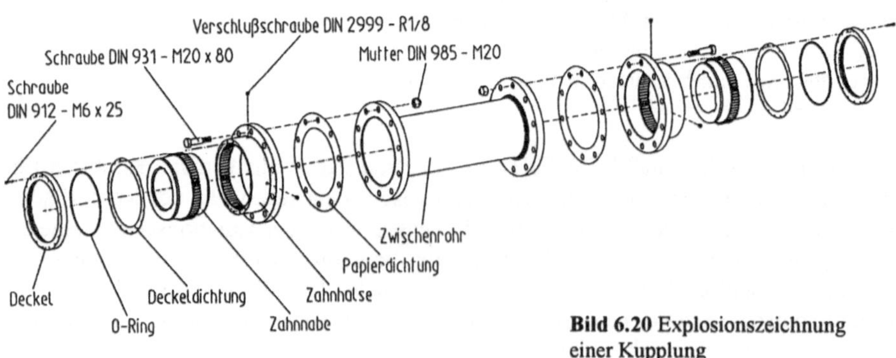

Bild 6.20 Explosionszeichnung einer Kupplung

Das Prinzip des Sweeping läßt sich verallgemeinern, wenn neben geraden- und kreis(bogen)-förmigen Leitlinien auch andere sogenannte Trajektionskurven zugelassen und/oder wenn Veränderungen der Konturfläche entlang der Trajektionskurve erlaubt sind. Hierbei muß allerdings berücksichtigt werden, daß die Flächen, die das entstehende Volumen begrenzen, nur noch in Sonderfällen die üblicherweise geschlossen beschreibbaren Flächen sind (Ebenen, Quadriken, Tori, siehe Abschnitt 4.2.3). Deswegen muß ein zur Realisierung verallgemeinerter Sweep-Operationen geeignetes CAD-System entweder über einen leistungsstarken Freiformflächenmodellierer verfügen oder aber von vornherein auf vereinfachte Polyedermodelle zurückgreifen.

Die verallgemeinerten Sweep-Operationen sollen hier nicht in allen Details diskutiert werden, zumal am Ende des vorliegenden Abschnittes im Zusammenhang mit dem Modellieren von Freiformflächen darauf noch kurz eingegangen wird (siehe Bild 6.28). **Bild 6.21** zeigt zunächst nur ein einfaches Beispiel, dessen Aufgabenstellung aus dem Bereich der Darstellenden Geometrie stammt und das unter Ausnutzung verallgemeinerter Sweep-Operationen bearbeitet wird. Wegen der besonderen geometrischen Verhältnisse treten Freiformflächen hier nicht auf. Konkret wird der unregelmäßige fünfseitige Pyramidenstumpf – zunächst noch mit parallel zueinander ausgerichteten Deckflächen – durch einen Translationssweep mit entlang der Translationsrichtung in der Größe veränderlicher Konturfläche erzeugt (Bild 6.21a/b). Anschließend wird im Dreidimensionalen die obere Pyramidendeckfläche schräggestellt (Bild 6.21c/d) und der Zylinder mit Hilfe einer Booleschen Verknüpfungsoperation hinzuaddiert (Bild 6.21e). Bild 6.21f zeigt schließlich die Abwicklung der Zylindermantelfläche mit den Durchdringungskurven, die durch den Schnitt des Zylinders mit dem Pyramidenstumpf entstanden sind. Damit soll darauf hingewiesen werden, daß dreidimensionale, mindestens flächenorientierte CAD-Systeme in der Regel über Funktionen zur geometrischen Abwicklung einfach gekrümmter Flächen (z.B. Zylinder- und Kegelmantelflächen) in die Ebene verfügen.

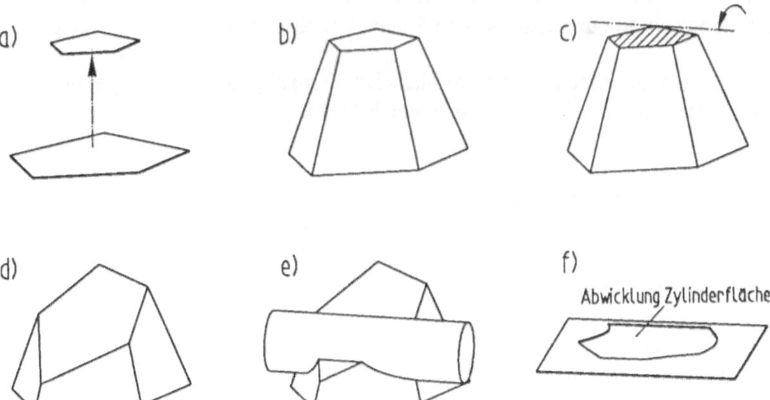

Bild 6.21   Volumenorientierte Modellierung der Durchdringung zwischen einer unregelmäßigen fünfseitigen Pyramide mit schräger Deckfläche und einem Zylinder

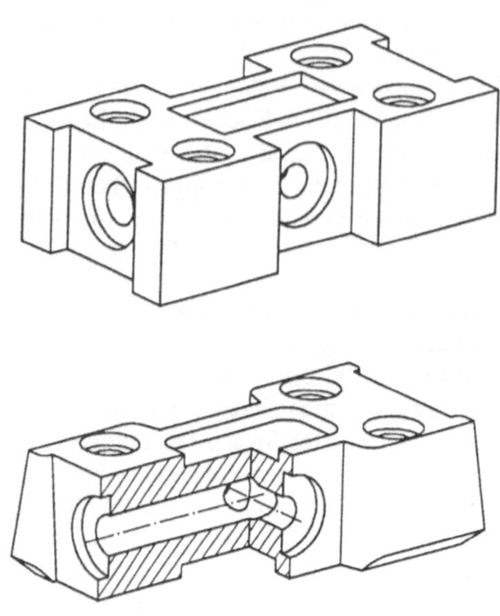

Auch im dreidimensionalen Fall gehören möglichst komfortable *Operatoren zum nachträglichen Manipulieren* der aktuellen Geometrie zum Funktionsumfang eines CAD-Systems. Sie lassen sich auch hier wieder einteilen in allgemeine Manipulationsfunktionen (Löschen, Verschieben, Drehen, Kopieren/Duplizieren, Spiegeln, Trimmen von Elementen) und in „technische" Manipulationen (z.B. Anbringen von Abschrägungen bzw. Fasen und Rundungen an vorhandenen Kanten, Schnittgenerierung bei volumenorientierten Systemen). Die meisten Manipulationsfunktionen dienen dabei der bequemen Feingestaltung zunächst grob vormodellierter Bauteile, **Bild 6.22**.

Bild 6.22 Feingestaltungsmöglichkeiten mit Hilfe dreidimensionaler Manipulationsfunktionen (hier Drehen von Flächen, Fasen und Runden von Kanten, Schnittgenerierung)

Welche Manipulationsfunktionen erlaubt sind, hängt unter anderem von dem rechnerinternen Geometriemodell ab, das dem betreffenden dreidimensionalen CAD-System zugrundeliegt. Hierzu einige auf das Volumenmodell bezogene Anmerkungen:

- Im Volumenmodell ist es grundsätzlich verboten, einzelne Kanten zu löschen, zu verschieben oder zu drehen, weil hier alle Kanten aus Flächenverschneidungen entstehen und sich demzufolge nur aufgrund von Flächenmanipulationen ändern können.

- Im Volumenmodell dürfen auch nicht alle Flächenmanipulationen vorgenommen werden: So ist üblicherweise das Löschen einzelner Flächen nicht zulässig, da hierdurch ein nicht geschlossenes Volumen entstünde.

- Auch Flächenverschiebungen und -drehungen sind im Volumenmodell nur dann erlaubt, wenn dadurch Art und Anzahl der Nachbarflächen und damit auch Art und Anzahl der Berandungskanten aller Flächen unberührt bleiben, **Bild 6.23**. Man spricht davon, daß sich die *Topologie* des Bauteiles nicht verändern darf.

Bezüglich der *Darstellungsfunktionen* und *Darstellungshilfen* ist im dreidimensionalen Fall zunächst anzumerken, daß man einem dreidimensionalen CAD-System natürlich beliebige Blickwinkel vorgeben kann, unter denen man das modellierte Bauteil oder Produkt zu betrachten wünscht. Standard der perspektivischen Bildausgabe sind hierbei orthogonale Parallelprojektionen. Manche dreidimensionalen CAD-Systeme können optional auch Zentralprojektionen erzeugen (gelegentlich beschränkt auf die Wiedergabe ausschließlich ebener Flächen bzw. ausschließlich gerader Kanten), **Bild 6.24**.

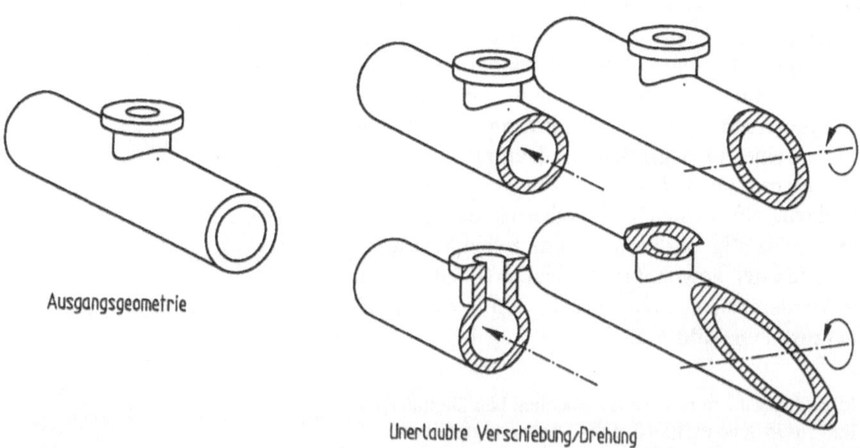

Bild 6.23 Erlaubte und unerlaubte (topologieverändernde) Flächenverschiebungen und -drehungen im Volumenmodell

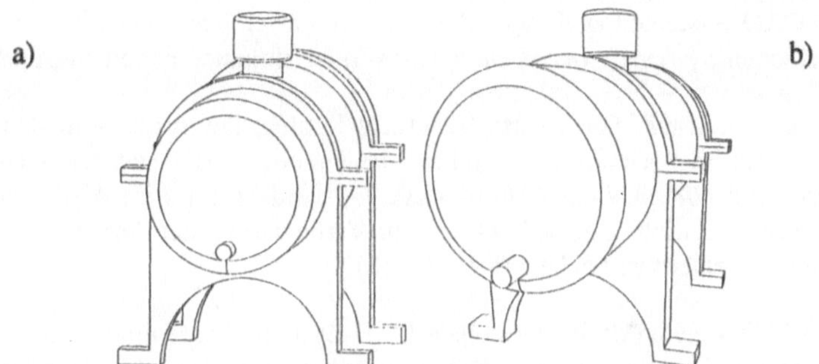

Bild 6.24 Projektionsarten: a) orthogonale Parallelprojektion; b) Zentralprojektion

Bei der Parallelprojektion verlaufen die Projektionslinien parallel zueinander, was einem von dem betrachteten Objekt unendlich weit entfernten Beobachterstandpunkt entspricht. Für die orthogonale Parallelprojektion gilt zusätzlich die Bedingung, daß die Bildebene senkrecht zu den Projektionslinien ausgerichtet ist. Im Gegensatz dazu gehen bei der Zentralprojektion alle Projektionslinien von einem gemeinsamen Punkt, dem Projektionszentrum, aus. Die durch die Zentralprojektion entstehenden Abbildungen sind sämtlich sogenannte Fluchtpunktprojektionen, wobei sich abhängig von der relativen Lage des Projektionszentrums, des betrachteten Objektes und der Bildebene ein, zwei oder drei Fluchtpunkte ergeben können. Das Verfahren der Zentralprojektion liefert sehr realitätsnahe, da dem Ergebnis des menschlichen Sehens am nächsten kommende Abbildungen („künstlerische Perspektive"). Allerdings sind gerade für vergleichsweise kleine Objekte, wie sie im Maschinenbau überwiegend vorkommen (etwa im Gegensatz zum Bauwesen!), die Verzerrungen der Parallelprojektion vernachlässigbar, so daß Parallelprojektionen im Bereich Mechanik-CAD in der Regel als ausreichend angesehen werden.

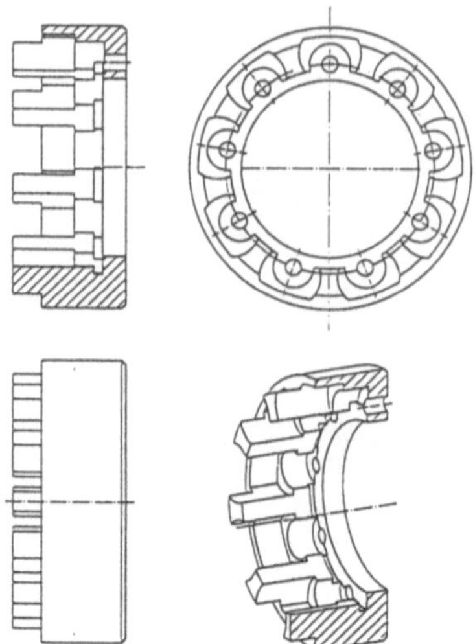

Dreidimensionale CAD-Systeme bieten zunächst einmal die gleichen Darstellungshilfen an wie zweidimensionale (*Ausschnittsvergrößerung, Fenstertechnik,* siehe Abschnitt 6.1.1), worauf deshalb hier im einzelnen nicht erneut eingegangen werden muß. Allerdings sei darauf hingewiesen, daß die Fenstertechnik im Dreidimensionalen eine noch größere Bedeutung besitzt als im Zweidimensionalen. Sie ist beispielsweise Voraussetzung dazu, ein räumlich modelliertes Bauteil oder Produkt gleichzeitig in den drei vom zweidimensionalen Entwerfen her gewohnten Ansichten (Dreitafelprojektion: Vorderansicht, Seitenansicht von links, Draufsicht) darzustellen, **Bild 6.25**.

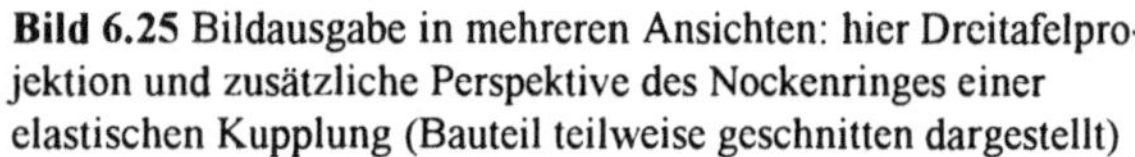

Bild 6.25 Bildausgabe in mehreren Ansichten: hier Dreitafelprojektion und zusätzliche Perspektive des Nockenringes einer elastischen Kupplung (Bauteil teilweise geschnitten dargestellt)

Darüber hinaus sind bezüglich der Darstellungsfunktionen und Darstellungshilfen bei dreidimensionalen CAD-Systemen auch noch die folgenden zwei Gesichtspunkte zu beachten (zumindest bei solchen Systemen, denen ein Flächen- oder Volumenmodell zugrundeliegt):

- Das System muß auf Wunsch des Benutzers Kanten, die in der aktuellen Ansicht verdeckt sind, automatisch auffinden und ausblenden oder gestrichelt darstellen können (*Visibilitäts-* oder *Hidden-Line-Algorithmus*). Es wurde bereits im Abschnitt 4.2.3 darauf hingewiesen, wie wichtig diese Funktion zur Verbesserung der Anschauung und zur Vermeidung von Fehlern ist (siehe z.B. Bild 4.10).

- In vielen Fällen bieten dreidimensionale CAD-Systeme heute eine Funktion zum *Schattieren von Flächen* an. Eine solche Funktion benötigt nicht unbedingt spezielle Hardwarekomponenten (Graphikprozessor, -beschleuniger), sondern läßt sich auch durch entsprechende Komponenten des CAD-Systems, also softwaremäßig verwirklichen (wenn auch in der Regel mit eingeschränkter Qualität und mit relativ langen Rechenzeiten für die Bildausgabe).

  Gegen Schattierungsfunktionen wird oft eingewendet, daß sie „nur" der Ästhetik und weniger der Unterstützung des Konstrukteurs dienen. Dieser Einwand stimmt jedoch nur bedingt, da insbesondere beim flächenorientierten dreidimensionalen Modellieren schattierte Darstellungen ein nahezu unverzichtbares Hilfsmittel für die schnelle Kontrolle der Bearbeitungsergebnisse sind (z.B. Kontrolle, ob alle Flächen korrekt berandet sind oder ob benachbarte Flächen ohne Fugen und ohne Überlappungen aneinander stoßen). Daher sollte die Flächenschattierung als Darstellungshilfe unbedingt vorhanden sein, sofern entsprechende Aufgabenstellungen mit dem CAD-System bearbeitet werden sollen.

Auch wenn die Bauteil- und Produktmodellierung vollständig im Dreidimensionalen erfolgt (was mit den heute verfügbaren Werkzeugen zwar prinzipiell möglich, in der Praxis aber dennoch eher selten ist), kann in den praxisrelevanten Produktentstehungsprozessen in der Regel nicht vollständig auf konventionelle technische Zeichnungen verzichtet werden. Deshalb muß es möglich sein, aus dreidimensionalen CAD-Modellen zweidimensionale Ansichten und Schnitte auszuleiten und diese im Zweidimensionalen weiter zu bearbeiten (z.B. Hinzufügen einer normgerechten Bemaßung, eines Zeichnungsrahmens, eines Schriftfeldes, einer Stückliste), **Bild 6.26**. Manche integrierten zwei- und dreidimensionalen Systeme bieten die Möglichkeit, daß aus dreidimensionalen Modellen ausgeleitete zweidimensionale Darstellungen den Bezug zu ihrem Ursprung dauerhaft behalten. Änderungen am dreidimensionalen „Originalmodell" werden dann automatisch auf die davon abhängigen zweidimensionalen Ansichten und Schnitte übertragen. Verfügt das CAD-System im zweidimensionalen Bereich auch noch über assoziative Bemaßungsfunktionen, so resultiert daraus in der weiteren Folge sogar eine automatische Anpassung der Bemaßung.

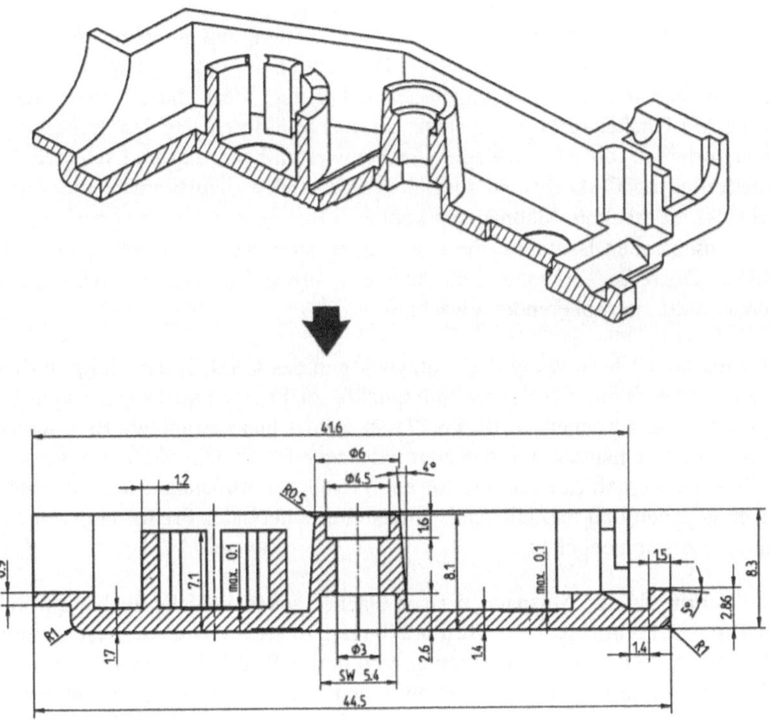

Bild 6.26   Ausleitung zweidimensionaler Ansichten und Schnitte aus dreidimensionalen CAD-Modellen, hier am Beispiel eines Schnittes durch das Sub-D-Steckergehäuse nach Bild 6.18 (weitere notwendige Ansichten und Schnitte nicht dargestellt)

Abschließend sei noch auf Fragen der flächenhaften dreidimensionalen Modellierung eingegangen. Wie bereits in Abschnitt 4.2.3 erwähnt, kommt die flächenhafte Arbeitsweise vorwiegend dann zum Einsatz, wenn Bauteile mit komplexer Geometrie, die eine Beschreibung durch Freiformflächen erfordert, modelliert werden müssen. **Bild 6.27** zeigt dies exemplarisch für die Modellierung der Außenhaut eines Gehäuseteiles für einen Telefonhörer. Dabei sei darauf hingewiesen, daß dieses Beispiel gemessen an den Praxisanforderungen mancher Anwendungsgebiete (z.B. Modellierung von Karosserieflächen für Kraftfahrzeuge oder Modellierung der daraus abgeleiteten Preßwerkzeuge mit teilweise mehreren tausend Flächen) noch relativ unkompliziert ist. Die flächenhafte dreidimensionale Modellierung stellt besondere Anforderungen und benötigt besondere Techniken. Um diese wenigstens in Grundzügen aufzuzeigen, wird das Beispiel nach Bild 6.27 im folgenden relativ ausführlich besprochen.

Die dreidimensionale Beschreibung von Freiformflächen geht in den meisten Fällen von Stützpunkten aus, denen der Verlauf der später zu generierenden Fläche folgen soll. Die Stützpunkte können entweder direkt durch den Benutzer eingegeben werden (was sehr aufwendig ist, wenn es ausschließlich im Dreidimensionalen durchgeführt werden muß) oder sie werden mit Hilfe einer Koordinatenmeßmaschine von einem zuvor manuell angefertigten Modell des Bauteiles (in der Regel Kunststoff- oder Holzmodell) abgegriffen und in das CAD-System übertragen.

Beim Koordinatenabgriff vom Modell muß beachtet werden, daß die gemessenen Punktkoordinaten Ungenauigkeiten aufweisen können, z.B. leichte Unsymmetrien bei an sich symmetrischen Bauteilen oder lokale Versetzungen gegenüber der „ideal glatten" Oberfläche, die im Rahmen der CAD-Flächengenerierung später zu unerwünschten „Beulen" führen können. Es ist deshalb erforderlich, die Meßstrategie, die Meßwertaufbereitung und schließlich auch die Flächengenerierung im CAD-System sorgfältig aufeinander abzustimmen, um zufriedenstellende Ergebnisse zu erhalten. Maßnahmen können z.B. sein das Abtasten nur einer Hälfte eines achsensymmetrischen Bauteiles, die Anwendung spezieller Auswertungsprogramme, die offensichtliche „Ausreißer" erkennen und ausfiltern, sowie die Flächenerstellung mittels approximierender statt interpolierender Verfahren.

Auf die Eingabe oder Übertragung der Stützpunkte in das CAD-System folgt in den meisten Fällen die Zusammenfassung mehrerer Stützpunkte zu Freiformkurven, die approximierend oder interpolierend sein können. In **Bild 6.27a** ist für das hier betrachtete Beispiel das Ergebnis dieser Operation gemeinsam mit den zugrundeliegenden Stützpunkten gezeigt. Im hier betrachteten Beispiel werden Stützpunkte für ein Viertel der Außenhaut des Telefonhörer-Gehäuseteiles eingegeben und anschließend mittels interpolierender Freiformkurven zu Skelett- bzw. Randlinien zusammengefaßt.

Der nächste Schritt ist das Aufspannen einer Fläche (gegebenenfalls auch mehrerer Teilflächen) zwischen den Freiformkurven, **Bild 6.27b**. Hierzu stellt das CAD-System im allgemeinen verschiedene Funktionen zur Verfügung, von denen **Bild 6.28** die am weitesten verbreiteten wiedergibt. Weitere benötigte Funktionen sind beispielsweise das Zusammenfassen und Zerteilen von Freiformflächen, das nachträgliche Glätten von Freiformflächen (Beseitigung von Knicken an den Stößen zusammengesetzter Flächen) sowie das Einfügen von Übergangsflächen (*Fillets*), die bestimmten Übergangsbedingungen gehorchen (z.B. tangentialer Übergang).

Freiformflächen werden rechnerintern nicht geschlossen beschrieben wie etwa Ebenen oder Quadriken, sondern es erfolgt eine stückweise Beschreibung in Form von mehreren vier- oder dreieckig berandeten Flächenelementen (*Patches*). So setzt sich die in Bild 6.27b dargestellte Fläche beispielsweise aus 3·10 Patches zusammen.

Die graphische Darstellung von Freiformflächen wird üblicherweise mit Hilfe sogenannter Parameterlinien vorgenommen, die zu dem bekannten netzartigen Aussehen führen. Die Anzahl

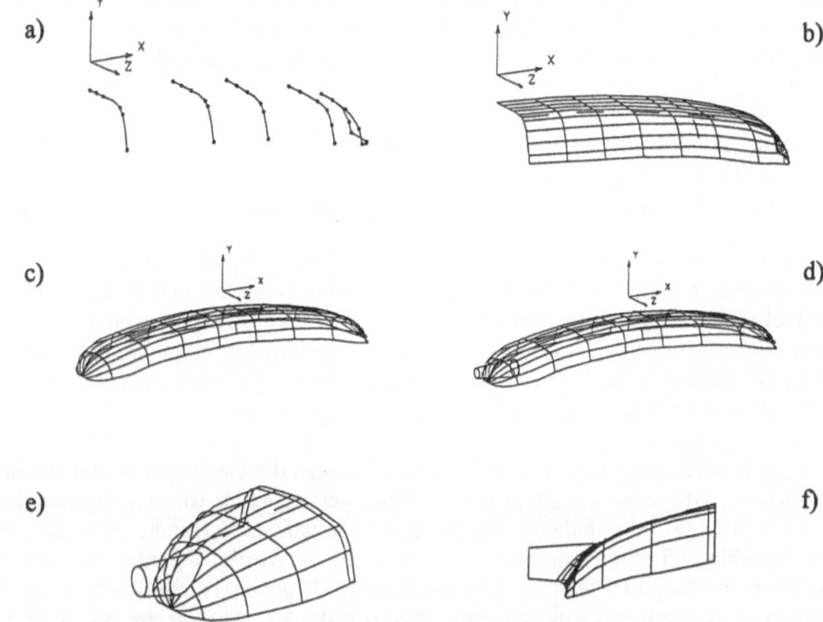

Bild 6.27 Dreidimensionale Flächenmodellierung (Außenhaut eines Gehäuseteiles für einen Telefonhörer)

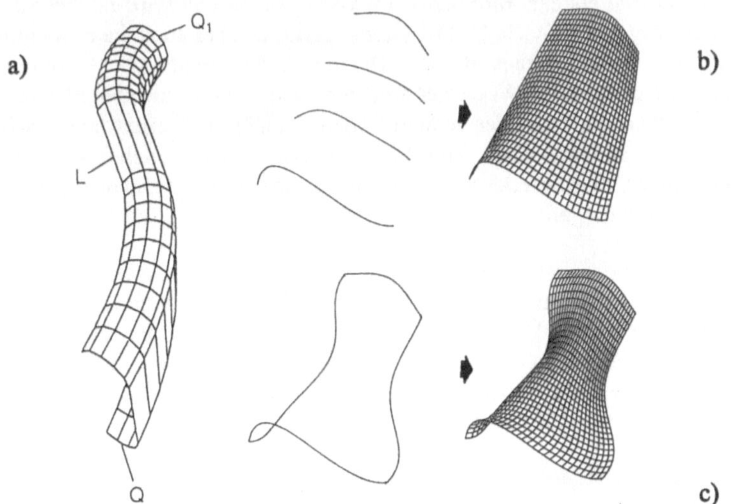

Bild 6.28 Weit verbreitete Operationen zum Aufspannen einer Fläche zwischen mehreren Freiformkurven [Grät89]: a) Führen einer konstanten oder veränderlichen Querkurve (Q) entlang einer Leitlinie (L); b) Vorgabe von Schnittkurven; c) Vorgabe von Randkurven

der in Längs- und Querrichtung dargestellten Parameterlinien läßt sich vom Benutzer einstellen und hat nichts mit der Anzahl der Patches in der internen Flächenbeschreibung zu tun.

Für das hier betrachtete Beispiel der flächenhaften Modellierung der Außenhaut eines Telefonhörer-Gehäuseteiles wird im dritten Schritt die zunächst generierte Teilfläche (Bild 6.27b) durch zwei aufeinander folgende Spiegelungen, Zusammenfassungen und jeweils anschließendes Glätten in die gewünschte Gesamtfläche überführt, **Bild 6.27c**.

Bis zu diesem Zeitpunkt besitzt die Freiformfläche noch keine technisch sinnvolle Berandung (topologische Berandung). Sie wäre nur dann vorhanden, wenn die Flächengenerierung ausschließlich über die Vorgabe von Randkurven (siehe Bild 6.28c) vorgenommen worden wäre. Nach dem dritten Schritt, der die Gesamtfläche zum Ergebnis hat, kann nun die topologische Berandung der Fläche nachgeholt werden. Konkret bedeutet dies, daß entsprechende Kanten auf den Rändern der Fläche in das CAD-Modell eingefügt werden.

Die weiteren Schritte des Beispieles nach Bild 6.27 zeigen die Generierung und Bearbeitung weiterer Details, wie sie bei der flächenhaften Modellierung geometrisch komplexer Bauteile häufig auftreten (z.B. Anschlußelemente, Rippen, Übergänge, Verrundungen). Speziell soll hier eine Kabeldurchführung mit grob kegelförmiger Geometrie angefügt werden. Hierzu wird zunächst eine Kegelfläche in der gewünschten Größe generiert und relativ zu der bereits vorhandenen Außenhautfläche positioniert, **Bild 6.27d**. Als nächstes ist die Schnittkurve (Durchdringungskurve) zwischen der Kegel- und der Außenhautfläche zu bestimmen, die als (weitere) topologische Berandung in beide Flächen eingefügt wird, **Bild 6.27e**.

Im letzten Schritt wird die Verrundung zwischen den beiden Flächen entlang der zuvor berechneten Schnittkurve erstellt, **Bild 6.27f**. Im vorliegenden Fall wird hierbei ein konstanter Rundungsradius vorgegeben, viele CAD-Systeme gestatten aber auch die Festlegung von entlang der Rundung veränderlichen Radien. Die durch die Rundungsoperation entstehende Rundungsfläche beschreibt den Weg einer an den beiden zu verrundenden Flächen entlanggeführten Kugel (mit konstantem oder veränderlichen Radius) und besitzt tangentiale Übergänge zu beiden angrenzenden Flächen. Zum Schluß müssen noch die Schnittkurven an den tangentialen Übergängen zwischen der Rundungsfläche und den angrenzenden Flächen als weitere topologische Berandungen eingefügt werden.

Das Beispiel könnte nun noch weiter fortgeführt werden, beispielsweise indem als nächstes die Innenfläche des Gehäuseteiles durch Äquidistantenbildung modelliert wird und anschließend Befestigungselemente, Versteifungsrippen usw. im Inneren des Gehäuses angebracht werden. Diese Modellierungsschritte entsprechen weitgehend der schon in Abschnitt 4.2.3 am Beispiel des Kreissäge-Gehäuseteiles gezeigten Vorgehensweise (siehe die Bilder 4.21 und 4.28) und seien hier nicht im einzelnen dargestellt.

Ebenso sei auf eine ausführliche Erläuterung der Arbeitsschritte verzichtet, die ausgehend von der Bauteilgeometrie zur Modellierung der Herstellungswerkzeuge führen (im vorliegenden Fall Spritzgießwerkzeuge für einen thermoplastischen Kunststoff). Im Grundansatz geschieht dies dadurch, daß die Bauteilflächen gewissermaßen mit vertauschter Flächenorientierung (Vertauschung innen/außen bzw. positiv/negativ) als sogenannte Formnester in zumeist standardisierte Werkzeuggrundgeometrien (Normalien) hineinkonstruiert werden. Dabei müssen vielfältige technologische Randbedingungen berücksichtigt werden, im vorliegenden Fall z.B. das Fließ- und Erstarrungsverhalten der Kunststoffmasse während des Spritzgießens, aber auch etwa möglichst minimale Deformationen der Werkzeugkörper unter den beim Spritzgießen auftretenden hohen Drücken (bis 2000 bar). Diese Bedingungen beeinflussen die Gestaltung der Werkzeuge maßgeblich (z.B. Anordnung mehrerer Formnester im Werkzeug; Lage, Form und Größe des Angusses; Einbringen von Kanälen für die Temperierflüssigkeit zur gezielten Steuerung des Fließ- und Erstarrungsverhaltens). Zur Durchführung der Werkzeugkonstruktion werden neben CAD-Systemen in der Regel auch noch andere Softwaresysteme eingesetzt (z.B. das Moldflow-System zur Berechnung und Optimierung des Fließ- und Erstarrungsverhaltens, Finite-Elemente-Systeme zur Berechnung und Optimierung der Werkzeugbeanspruchungen und -deformationen, näheres siehe etwa in [Bern87]). Trotz der heute verfügbaren informationstechnischen Unterstützungssysteme erfordert die Werkzeugkonstruktion noch viel Erfahrung, die dem Rechner mit herkömmlichen Mitteln kaum zugänglich gemacht werden kann.

Zusammenfassend läßt sich feststellen, daß das flächenhafte dreidimensionale Modellieren erhebliche Ansprüche an den Konstrukteur stellt, da er jede Fläche separat bearbeiten muß. Dabei ist insbesondere die Gewährleistung einer korrekten topologischen Berandung aller Flächen bei komplexen Bauteilen mit viel Aufwand verbunden (Vermeidung von Lücken und Überlappungen zwischen den Flächen, deren Gesamtheit im Flächenmodell das Bauteil repräsentiert). Jedoch ist eine geometrisch und topologisch fehlerfreie Beschreibung des Bauteiles Voraussetzung für eine reibungslose Nutzung der in der Konstruktion erstellten Daten in der Fertigung (z.B. Fünfachsenfräsen eines Bauteilmodells und/oder der zugehörigen Herstellungswerkzeuge).

6.2   CAP-Systeme

Bindeglied zwischen der Produktdefinition (Vertrieb/Marketing, Entwicklung und Konstruktion) einerseits und der Fertigung andererseits ist die *Arbeitsvorbereitung* (*AV*, in vielen Unternehmen auch *Fertigungsvorbereitung* genannt), die den Informationsfluß mit dem Materialfluß zusammenführt und so die Umsetzung einer Konstruktion (die bis zu diesem Zeitpunkt ein fiktives, nur auf Datenträgern fixiertes Objekt darstellt) in ein reales Bauteil in die Wege leitet, **Bild 6.29**.

Die Arbeitsvorbereitung umfaßt nach REFA bzw. AWF[54] [REFA93, REFA90] die Gesamtheit aller Maßnahmen, die für die Fertigung von Produkten und für die Gestaltung von Arbeitsabläufen ein Optimum aus Aufwand und Arbeitsergebnis sicherstellen. Dazu gehört auch die Bereitstellung aller erforderlichen Unterlagen und Betriebsmittel. Die übergeordneten Instrumente zur Erreichung des Zieles sind Planung, Steuerung und Überwachung.

Die Arbeitsvorbereitung wird weiter unterteilt in die Arbeitsplanung und die Arbeitssteuerung. Für Arbeitsplanung wird oft der gleichwertige Begriff Prozeßplanung verwendet, für Arbeitssteuerung auch Produktionsvorbereitung. Die genannten Elemente der Arbeitsvorbereitung haben folgende Inhalte:

---

[54]   REFA: Verband für Arbeitsstudien und Betriebsorganisation e.V., Darmstadt; AWF: Ausschuß für wirtschaftliche Fertigung e.V., Eschborn

- Die *Arbeitsplanung* umfaßt alle einmalig auftretenden Planungsmaßnahmen im Vorfeld der Fertigung. Unter Berücksichtigung der Wirtschaftlichkeit sind hier die Arbeitsgegenstände (Produkte) fertigungs- und ablaufgerecht zu optimieren (soweit dies nicht schon in der Konstruktion geschehen ist), Arbeitsverfahren, Arbeitsmethoden, Arbeitsbedingungen und Bearbeitungsreihenfolgen festzulegen, die zur Ausführung erforderlichen Menschen und Betriebsmittel zu planen und bereitzustellen und die zugehörigen Zeit- und Kapazitätsbedarfe zu ermitteln. Die Arbeitsplanung kann als der letzte Schritt innerhalb der Produktdefinition aufgefaßt werden.

- Die *Arbeitssteuerung* umfaßt alle Maßnahmen, die für eine der Arbeitsplanung entsprechende Auftragsabwicklung erforderlich sind. Kommt es zu einem Auftrag, so werden die Ergebnisse der Arbeitsplanung als Eingangsinformationen in die Arbeitssteuerung übernommen und um die Mengen- und Terminangaben aus den aktuellen Auftragsdaten ergänzt, um die Kapazitäten vorauszuberechnen und einzuteilen. Anschließend wird die eigentliche Fertigung eingeleitet und überwacht.

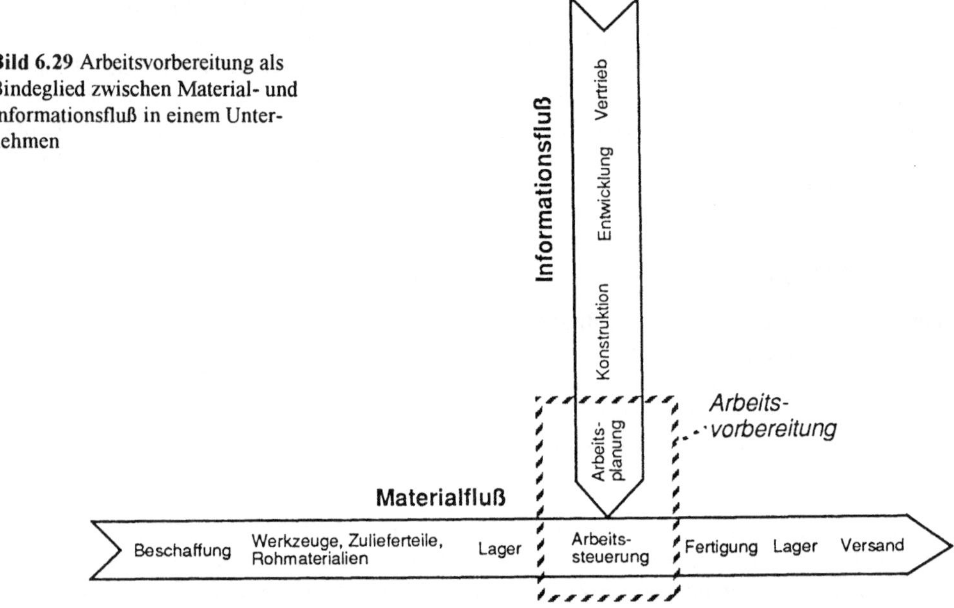

Bild 6.29 Arbeitsvorbereitung als Bindeglied zwischen Material- und Informationsfluß in einem Unternehmen

Die Begriffe für die Rechnerunterstützung der Arbeitsvorbereitung folgen im wesentlichen der Unterteilung in Arbeitsplanung und Arbeitssteuerung:

- *CAP* (Computer Aided Planning, rechnerunterstützte Arbeitsplanung[55]) bezeichnet die Rechnerunterstützung bei der Auswahl von Verfahren, Fertigungsmitteln (z.B. Werk-

---

[55]   Im anglo-amerikanischen Sprachraum, aber auch in einigen deutschen Publikationen wird anstelle von CAP das Kürzel *CAPP* für Computer Aided Process Planning, rechnerunterstützte Prozeßplanung, verwendet.

zeugmaschinen) und Fertigungshilfsmitteln (z.B. Werkzeuge, Vorrichtungen, Spannmittel) und bei der detaillierten Festlegung der Arbeitsvorgänge und der Arbeitsvorgangsfolgen. Weiterhin ist die Erstellung von Daten für die Steuerung der Fertigungsmittel (z.B. NC-Daten) ein Teilgebiet von CAP.

- Schwerpunkt von *CAM* (Computer Aided Manufacturing, rechnerunterstütztes Fertigen) ist die konkrete Umsetzung der in der Arbeitsplanung erstellten Organisations- und Steuerungsdaten in die einzelnen Fertigungs-, Montage- und Prüfprozesse und deren Koordination unter Berücksichtigung von Mengen-, Termin- und Kapazitätskriterien. Teilaufgaben von CAM sind die Steuerung der Werkzeugmaschinen, Handhabungsgeräte und Prüfeinrichtungen, die Lagersteuerung, die Materialflußsteuerung (Transportsteuerung), die Verwaltung von Maschinen, Werkzeugen und Prüfmitteln, bestimmte Funktionen der Instandhaltung sowie die Maschinen- und Betriebsdatenerfassung (MDE/BDE).

Ein Teil der genannten Aufgaben wird verschiedentlich auch dem Bereich *PPS* (Produktionsplanung und -steuerung) zugeordnet. Das Kürzel PPS bezeichnet die (in der Regel rechnerunterstützt durchgeführte) organisatorische Planung, Steuerung und Überwachung der Produktionsabläufe von der Angebotsbearbeitung bis zum Versand. Hierzu gehören die Produktionsprogrammplanung, die Material- und Zeitwirtschaft, die Mengenplanung, die Terminplanung, die Kapazitätsplanung, die Auftragsplanung, die Maschinen-/Betriebsdatenerfassung (MDE/BDE) und die Datenverwaltung.

Wie bereits in Abschnitt 1.3 angesprochen, kann die Aufgabenverteilung zwischen CAM- und PPS-System im Einzelfall stark unterschiedlich aussehen. Eine extreme Lösungen wäre eine Beschränkung des Aufgabenbereiches des PPS-Systems auf die lang- und mittelfristigen Planungsaufgaben und die Übertragung aller kurzfristigen Planungs- und Steuerungsfunktionen an das CAM-System, das in einem solchen Fall wohl als sogenanntes Fertigungsleitsystem auszubilden wäre. Das dazu gegensätzliche Extrem würde möglichst viele auch der kurzfristigen Planungs- und Steuerungsaufgaben durch das PPS-System ausführen lassen, wodurch sich der Aufgabenbereich von CAM auf die maschinennahen Steuerungsfunktionen (auf die Ausführungs-/Feldebene und die Steuerungs-/Gruppenebene, siehe Abschnitt 6.3.4) reduzieren würde. Zwischen den beiden Extremen sind die verschiedensten individuellen Ausprägungen denkbar, auf die nicht weiter eingegangen sei.

Die Arbeitsvorbereitung enthält – wie alle anderen Funktionen des Produktentstehungsprozesses – eine Reihe von schematischen Tätigkeiten und Routinetätigkeiten, die für eine Automatisierung durch Rechnersysteme in Frage kommen. In **Bild 6.30** sind die Schwerpunkte des Rechnereinsatzes in der Arbeitsvorbereitung dargestellt.

Im vorliegenden Abschnitt 6.2 werden ausgehend von den Angaben aus Bild 6.30 zunächst die Fragen der rechnerunterstützten Arbeitsplanung behandelt (CAP), während der nachfolgende Abschnitt 6.3 auf die rechnerunterstützte Arbeitssteuerung (hier unter dem Kürzel CAM zusammengefaßt) eingeht.

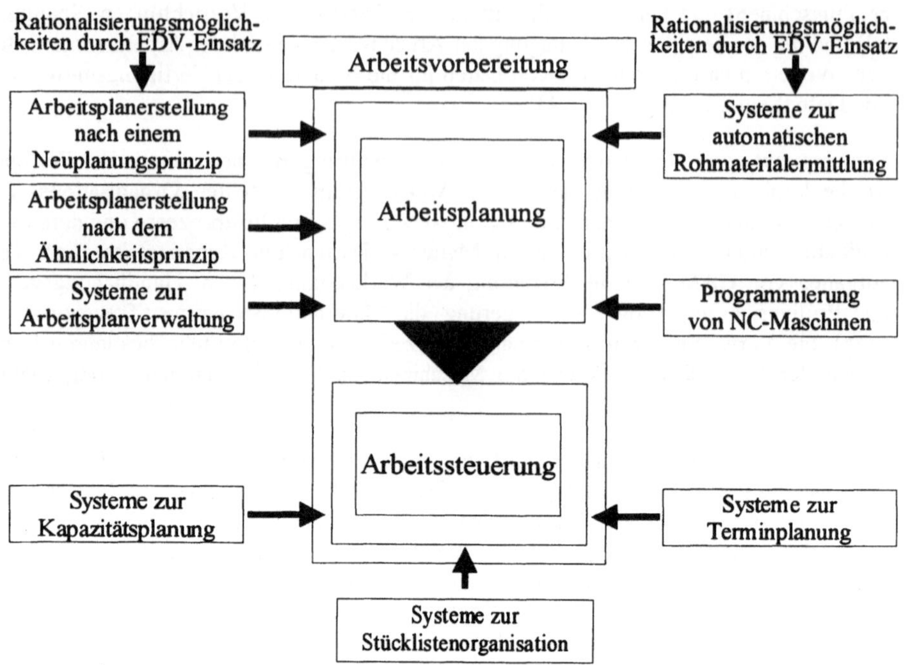

Bild 6.30   Rationalisierungsschwerpunkte und -möglichkeiten in der Arbeitsvorbereitung

6.2.1 Aufgaben und Inhalte der Arbeitsplanung

Die Arbeitsplanung baut auf den konventionell oder mit Rechnerunterstützung (CAD) erstellten Arbeitsergebnissen von Entwicklung und Konstruktion auf. Ausgehend von den vorgegebenen geometrischen und technologischen Daten der Einzelteile und der vom Konstrukteur erzeugten Stückliste (siehe hierzu Abschnitt 6.2.2) wird der Arbeitsprozeß zur Herstellung des Produktes zunächst unabhängig von den aktuellen Auftragsmengen, Terminen und Belegungsplänen der Werkzeugmaschinen, Bearbeitungszentren, Montageplätze durchgeplant.

Diese Tätigkeit ist heute schwieriger geworden als in der Vergangenheit, weil durch die Notwendigkeit, möglichst flexibel auf Kundenwünsche einzugehen, und die damit verbundene Variantenvielfalt die Losgrößen sinken (bis hinunter zur Losgröße 1). In zunehmendem Maße wird daher die Verkürzung der Rüstzeiten zu dem hauptsächlichen Optimierungskriterium der Arbeitsplanung.

Aufgabe der Arbeitsplanung ist es, die folgenden Unterlagen auszuarbeiten:

–   erweiterte bzw. modifizierte Produktdaten (z.B. fertigungstechnisch optimierte/vervollständigte Produktgestalt, erweiterte Stückliste)
–   Rohteildaten, sofern der Ausgangszustand des betrachteten Produktes nicht explizit vorgegeben ist (z.B. durch die Verwendung von Normalien, durch die Wahl eines bestimmten Halbzeuges oder durch eine explizite Rohteilzeichnung)
–   Arbeitspläne für die Einzelteilfertigung, die Montage und die Prüfung

– Angaben über die erforderlichen Fertigungsmittel (z.B. Werkzeugmaschinen, Roboter) und Fertigungshilfsmittel (z.B. Werkzeuge, Spannmittel, Vorrichtungen, Meßmittel)
– Unterlagen über produktspezifische Fertigungshilfsmittel (z.B. Konstruktion spezieller Vorrichtungen)
– Steuerinformationen für NC-Werkzeugmaschinen, Roboter, NC-Meßmaschinen (Koordinatenmeßmaschinen) und andere numerisch gesteuerte Fertigungsmittel, sofern solche zur Fertigung/Montage und Prüfung des Produktes eingesetzt werden sollen
– Festlegung der Schnittwerte sowie Ermittlung von Zeit- und Kostenvorgaben für die Produktherstellung, die sich aus den vorgenannten Informationen ableiten lassen
– sonstige Arbeitspapiere (z.B. arbeitsplatzbezogene Arbeitsanweisungen, Laufkarten, Betriebsmittelbelegungspläne, Materiallisten, Lohnbelege, Terminkarten)

Bei der Erstellung dieser Unterlagen wird vom gewünschten Endzustand des Produktes ausgegangen, der sich aus den Unterlagen der Konstruktion (Zeichnungen, Stückliste bzw. bei rechnerunterstützter Konstruktion aus den CAD-Daten) entnehmen läßt. Durch die Anwendung der Methode des Rückwärtsschreitens wird aus dem Endzustand zunächst der Ausgangszustand des Produktes bestimmt, sofern dieser nicht vorgegeben ist. Vom Ausgangszustand des Produktes ausgehend werden die Arbeitsschritte festgelegt, die (möglichst unter Anwendung der im Unternehmen vorhandenen Fertigungsverfahren) das Fertigteil ergeben (Arbeitsvorgangsfolgeermittlung, Erstellung des eigentlichen Arbeitsplanes). Dazu gehört auch die Benennung der dazu erforderlichen Fertigungsmittel und Fertigungshilfsmittel. Sind zur Herstellung des Produktes numerisch gesteuerte Fertigungsmittel vorgesehen, so schließt sich die Erstellung der entsprechenden NC-Programme an. Mit den bisher gewonnenen Informationen können dann auch Schnittwerte sowie Zeit- und Kostenvorgaben ermittelt werden.

Weitere Aufgaben der Arbeitsplanung, allerdings mit längerfristigem Charakter, sind:

– Methoden-/Verfahrensplanung, d.h. die Planung und Entwicklung neuer Fertigungsmethoden und -verfahren (z.B. Maschinenfließreihen, Teilefamilienfertigung)
– Investitionsplanung für Arbeitsstätten, Fertigungsmittel, Fertigungshilfsmittel als Neu-, Ersatz-, Erweiterungs- oder Rationalisierungsinvestition
– Planung und Entwicklung von Sonderbetriebsmitteln (z.B. Sondermaschinen, -werkzeuge, -vorrichtungen, -meßmittel)

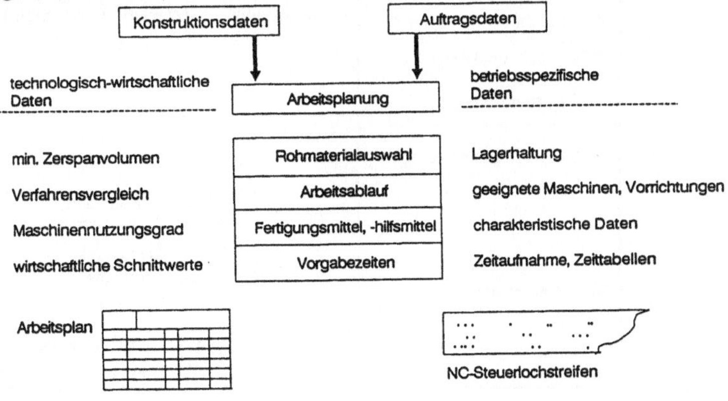

Bild 6.31   Eingabedaten, Randbedingungen und Ablauf der Arbeitsplanung

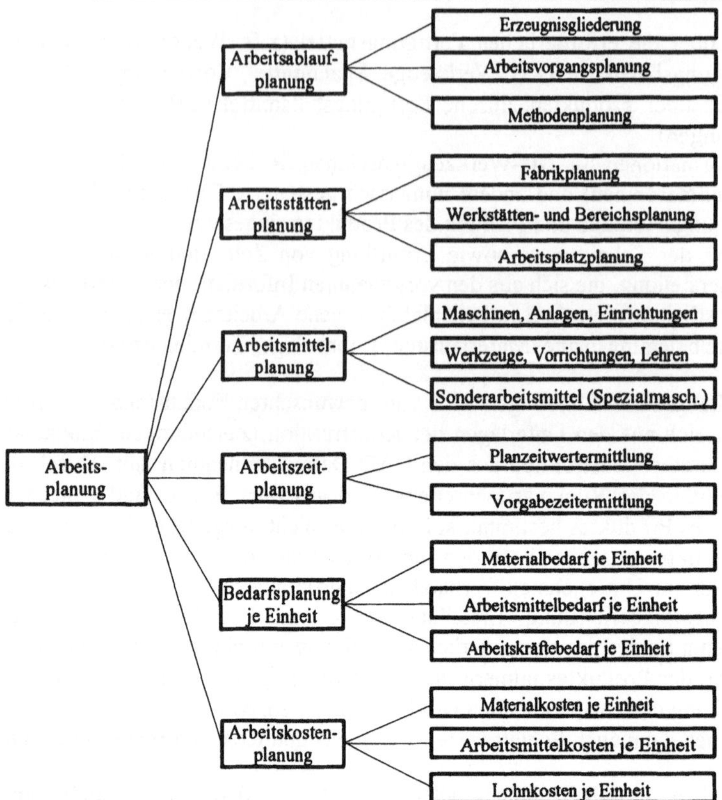

Bild 6.32 Aufgliederung der Arbeitsplanung in Funktionen und Unterfunktionen (nach [REFA90], hier ohne NC-Programmierung)

12 % Sonstiges
5 % Verwaltung
4 % fertigungstechn. Beratung
5 % Stücklistenbearbeitung
6 % Betriebsmittelplanung
8 % Arbeitspapiererstellung
9 % Zeitermittlung
13 % NC-Programmierung
38 % Arbeitsplanerstellung

3 % Rohteilbestimmung
5 % Betriebsmittelfestlegung
12 % Arbeitsvorgangs-folgeermittlung
18 % Schnittwertermittlung

Bild 6.33 Zeitliche Verteilung der Tätigkeiten innerhalb der Arbeitsplanung nach [ScHe87]

Zur Durchführung dieser Arbeiten ist eine genaue Kenntnis der im Unternehmen verfügbaren Fertigungstechnik und die Berücksichtigung zahlreicher betriebsspezifischer Daten erforderlich, **Bild 6.31**. Eine weit verbreitete Gliederung der Arbeitsplanung in verschiedene Funktionen und Unterfunktionen nach [REFA90] ist in **Bild 6.32** dargestellt (hier ohne das Teilgebiet NC-Programmierung). **Bild 6.33** zeigt abschließend die empirisch ermittelte zeitliche Verteilung der Tätigkeiten innerhalb der Arbeitsplanung nach [ScHe87].

6.2.2 Grunddaten für die Arbeitsplanung

Für die Erstellung von Unterlagen zur Fertigung von Produkten in der Arbeitsplanung und Arbeitssteuerung sind – unterschieden nach ihrer Verwendung – drei Arten von Daten erforderlich:

- *geometrische* und *technologische Daten* aus den Konstruktionsunterlagen und den Auftragsdaten, z.B. über die Gestalt der Bauteile und Baugruppen, über Werkstoffe, Abnahmebedingungen usw.

- *organisatorische Daten*, z.B. Identnummer des Bauteiles bzw. der Baugruppe, Klassifizierung, Benennung usw.

- *dispositive Daten*, z.B. Bezugsart (Einkaufsquelle, Lagerort, Fertigungsort) und Status in der Produktion (z.B. Bauteil noch im Versuch, Prototyp vorhanden, weitere Aktivitäten)

Unter Auftragsgesichtspunkten erfolgt eine Unterteilung der Daten in:

- *auftragsunabhängige* (auftragsneutrale, sachfixe) *Daten*: Diese auch unter dem Begriff *Stammdaten* bekannten Angaben sind unabhängig von der Menge und den Terminen eines Auftrages und beziehen sich auf das Bauteil oder Produkt selbst. Sie werden über Sachnummern verwaltet.

- *auftragsabhängige Daten*: Dies sind zum Auftrag gehörende Daten, z.B. Art, Menge, Termin und Empfänger der zu liefernden Sache. Sie werden über Auftragsnummern verwaltet.

Auftragsabhängige und auftragsunabhängige Daten der beschriebenen Art bilden die Grunddaten der Arbeitsplanung und der sich anschließenden Fertigung.

Die wichtigsten Informationsträger der Arbeitsplanung sind technische Zeichnungen, Stücklisten und Arbeitspläne bzw. ihre entsprechende rechnerunterstützte Realisierung in einem CAD/CAM-System. Diese werden (aus der Sicht der Arbeitsplanung) im folgenden kurz beschrieben. Hinzu kommen gegebenenfalls NC-Programme, die separat behandelt werden (Abschnitt 6.2.4).

Technische Zeichnungen

Das traditionelle Verständigungsmittel zwischen Entwicklung und Konstruktion einerseits und Arbeitsvorbereitung und Fertigung/Montage andererseits ist die technische Zeichnung. Aus ihren Darstellungen sind alle erforderlichen Fertigungsangaben zu entnehmen. Die Aussage der technischen Zeichnung muß deshalb vollständig, eindeutig und für jeden Techniker verständlich sein. Die gemeinsame „Sprache" sind Zeichenregeln und Normen.

Technische Zeichnungen werden unterteilt in:

- *Einzelteilzeichnungen*: Sie enthalten alle für die Herstellung eines einzelnen Bauteiles erforderlichen Informationen. In erster Linie ist dies die Geometrie des betreffenden Bauteiles, die qualitativ durch die zeichnerische Darstellung (gegebenenfalls in mehreren Ansichten, Schnitten und Einzelheiten) und quantitativ durch die Bemaßung beschrieben wird. Daneben enthält die Einzelteilzeichnung einige technologische oder technologisch relevante Vorgaben (z.B. Werkstoff des Bauteiles, Toleranzen, Oberflächenbeschaffenheiten, Wärmebehandlungsmaßnahmen). Nicht selten werden sogar bestimmte Arbeitsvorgänge in der Fertigung fest vorgeschrieben (z.B. „geschliffen").

  Die weitaus meisten Einzelteilzeichnungen sind Fertigteilzeichnungen. Die zugehörigen Rohteile ergeben sich entweder von selbst (z.B. Rund-, Profilstahl) oder werden erst in der Arbeitsplanung festgelegt. Nur in besonderen Fällen gibt die Konstruktion eine spezielle Rohteilgeometrie vor, die entweder durch eine besondere Symbolik mit in die Fertigteilzeichnung eingetragen (Rohteilkonturen als Strich-Zweipunktlinien) oder durch eine separate Rohteilzeichnung dokumentiert wird.

- *Baugruppen- und Gesamtzeichnungen*: Sie geben alle Einzelteile einer Baugruppe oder eines ganzen Produktes im zusammengebauten Zustand wieder, um die Anordnung, die gegenseitigen Abhängigkeiten und das Zusammenwirken der Einzelteile darzustellen. In den meisten Fällen läßt sich aus einer Baugruppen- oder Gesamtzeichnung zumindest grob der Montageprozeß erkennen. Baugruppen- und Gesamtzeichnungen enthalten nur wenige Maße (nur Haupt- und Anschlußmaße), detailliertere Informationen über die Einzelteile müssen in den entsprechenden Einzelteilzeichnungen nachgeschlagen werden. Zu jeder Baugruppen- und Gesamtzeichnung gehört eine *Stückliste* (siehe unten).

Die technische Zeichnung ist ein vereinfachtes Modell des dargestellten Gegenstandes. Insbesondere ist sie stets nur ein zweidimensionales Abbild der Realität (in der CAD-Terminologie ein Kantenmodell), zu dessen Erstellung bestimmte geometrische/graphische Merkmale (Linien, Symbole) sowie alphanumerische Zeichen (Zahlen, Buchstaben) zur Verfügung stehen, die in vielen Fällen eine per Konvention festgelegte symbolische Bedeutung haben (siehe auch Abschnitt 4.2.2). Deshalb bedarf es immer des „Lesers" der technischen Zeichnung, der in seinem Gehirn aus den in der Zeichnung niedergelegten geometrischen/graphischen Merkmalen und alphanumerischen Angaben wieder das tatsächliche Aussehen und die tatsächliche Beschaffenheit des dargestellten Gegenstandes rekonstruiert.

Erstaunlich viele Unternehmen, die die Werkzeuge CAD, CAP und CAM einsetzen (als „Inselsysteme"), nutzen weiterhin die technische Zeichnung als hauptsächlichen Informationsträger zwischen Konstruktion und Fertigung. Effektiver ist es jedoch, auf ein einheitliches Datenmodell, das sogenannte Produktmodell, überzugehen (siehe Abschnitt 2.3), das notwendige Voraussetzung zu einer möglichst weitgehenden Integration und Straffung von Tätigkeiten und Abläufen im gesamten Produktentstehungsprozeß ist. Hierauf wird Abschnitt 6.2.5 näher eingehen.

Stücklisten

Die Stückliste bildet die Grundlage der Bedarfsrechnung. Sie ist ein für den jeweiligen Zweck formal aufgebautes und vollständiges Verzeichnis aller zu einem Produkt oder zu einer Baugruppe gehörenden (Unter-) Baugruppen und Einzelteile. Zu jeder Komponente werden in der Stückliste mindestens die Benennung, die Sachnummer, die Menge und (bei Einzelteilen) der Werkstoff angegeben. Das Produkt wird dabei „von oben" her aufgelöst, d.h. ausgehend vom Fertigprodukt wird geprüft, welche und wie viele Bauteile und Baugruppen zur Realisierung benötigt werden. Den prinzipiellen Aufbau einer Stückliste zeigt **Bild 6.34**.

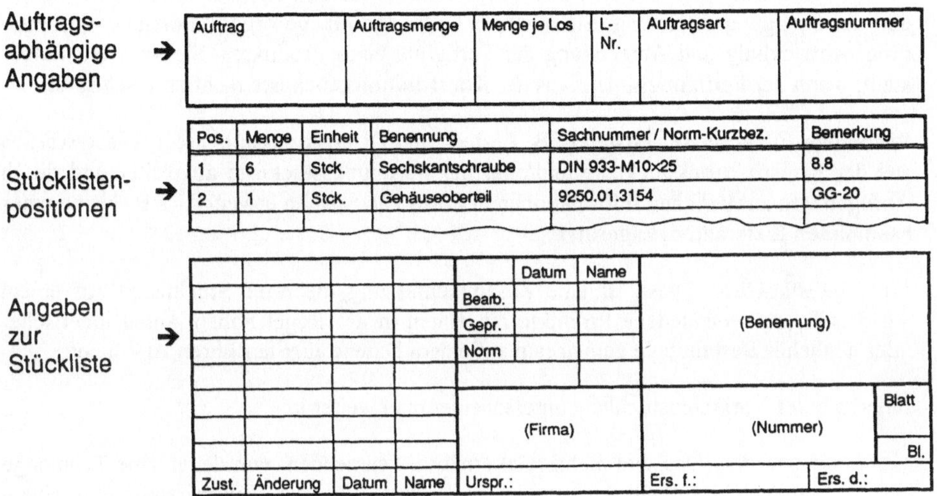

Auftrag	Auftragsmenge	Menge je Los	L-Nr.	Auftragsart	Auftragsnummer

Pos.	Menge	Einheit	Benennung	Sachnummer / Norm-Kurzbez.	Bemerkung
1	6	Stck.	Sechskantschraube	DIN 933-M10×25	8.8
2	1	Stck.	Gehäuseoberteil	9250.01.3154	GG-20

Bild 6.34   Aufbau einer Stückliste

Aus der Vielzahl der möglichen Stücklistenarten sollen folgende genannt werden:

- *Konstruktionsstückliste*: Diese wird in der Konstruktion zusammen mit den zugehörigen Baugruppen- bzw. Produktzeichnungen erstellt. Die Konstruktionsstückliste gibt Auskunft über die in der Zeichnung dargestellten Gegenstände. Sie umfaßt mindestens deren Stückzahl und Benennung.

- *Strukturstückliste*: Diese Stückliste enthält in stufengerechter Anordnung sämtliche Teile und Baugruppen eines Produktes oder einer Baugruppe. Unmittelbar auf jede Baugruppe folgen die ihr untergeordneten (Unter-) Baugruppen und Teile. Treten diese in verschiedenen Stufen auf, so werden sie in jeder dieser Stufen aufgeführt. Dabei wird immer die jeweilige Menge angegeben, die sich aus der Multiplikation der eigenen Verwendungsmenge und der Verwendungsmenge übergeordneter Baugruppen ergibt. Die Gesamtmenge von Bauteilen bzw. Baugruppen, die auf unterschiedlichen Stufen der Hierarchie auftreten, wird nicht explizit ausgewiesen (siehe hierzu auch Bild 6.10).

- *Baukastenstückliste*: Diese beschreibt das Produkt bzw. eine Baugruppe nur durch die Bestandteile (Baugruppen, Eigenteile und Fremdteile) der nächsttieferen Ebene der Erzeugnisstruktur. Die Baukastenstückliste ist daher ein einstufiger Ausschnitt aus der

Strukturstückliste. Sie kann am CAD/CAM-System automatisch erzeugt werden, wenn die Komponenten der nächsttieferen Ebene (Einzelteile und Baugruppen) in Form von Submodellen[56] in das aktuelle Modell eingefügt worden sind oder wenn das CAD-System eine teilebezogene Ebenenstrukturierung gestattet.

- *Bedarfsermittlungsstückliste*: Diese enthält alle Angaben über die Teile, Rohteile, Halbzeuge und sonstige Materialien, die für das jeweilige Produkt oder die Baugruppe benötigt werden.

- *Fertigungsstückliste*: Diese Stückliste trägt in ihrem Aufbau und Inhalt den Anforderungen der Fertigung Rechnung. Sie dient als Unterlage für die organisatorische Vorbereitung, Abwicklung und Abrechnung der Fertigung eines Produktes. Sie wird nur aufgestellt, wenn der Fertigungsablauf aus der Konstruktionsstückliste nicht zu ersehen ist.

- Besondere *Funktionsstücklisten* (z.B. Bestell- und Dispositionsstückliste): Diese werden aus der Konstruktionsstückliste und/oder der Fertigungsstückliste abgeleitet und durch Anfügen von zusätzlichen Informationen in Form von Spalten erweitert (z.B. Name eines bestimmten Lieferanten, Lagerort).

- *Variantenstückliste*: Diese ist eine Zusammenfassung mehrerer Stücklisten auf einem Vordruck, um verschiedene Produkte mit einem in der Regel hohen Anteil identischer oder ähnlicher Bestandteile gemeinsam auf einem Datenträger aufführen zu können.

Innerhalb der Variantenstückliste unterscheidet man weiter in:

- *Mußvarianten*: Das sind mehrere alternative Teilmengen, von denen eine Teilmenge im Endprodukt enthalten sein muß. Ein Beispiel wäre eine Einspritzpumpe in einem bestimmten Kraftfahrzeugtyp, die von Hersteller A *oder* von Hersteller B bezogen werden kann. Mußvarianten schließen sich gegenseitig aus.
- *Kannvarianten*: Das sind Teilmengen, die unabhängig voneinander in einem Produkt vorkommen können. Sie sind für einen Typ jedoch nicht unbedingt notwendig. Beispiele wären eine Zusatzheizung oder ein Rundfunkempfänger in einem Kraftfahrzeug.

Die Stückliste wird aus den in Entwicklung und Konstruktion erstellten Unterlagen des herzustellenden Produktes (bzw. der herzustellenden Baugruppe) abgeleitet. Bei der herkömmlichen Vorgehensweise wird dazu der Zeichnungssatz verwendet. Werden im Konstruktionsbereich CAD-Systeme eingesetzt, so können die Daten automatisch aus dem CAD-Modell abgeleitet werden. Dazu muß das CAD-System folgende Voraussetzungen erfüllen:

- Die Produktstruktur kann direkt im CAD-Modell gespeichert werden (z.B. mit Submodellen oder mit Hilfe der Ebenentechnik, siehe Abschnitt 6.1.1).

---

[56] Ein Submodell entsteht, wenn am CAD/CAM-System ein bereits im digitalen Archiv gespeichertes Bauteil in das gerade bearbeitete Bauteil eingefügt wird und dabei das eingefügte Bauteil nur als Ganzes, nicht aber in seinen Einzelelementen, ansprechbar ist.

– Das CAD-System erlaubt die Erfassung auch nicht-geometrischer Informationen. Diese werden wie normale Texte erzeugt, sind aber als Attribute mit bestimmten Geometrieelementen oder dem gesamten CAD-Modell eindeutig verknüpft und können nur über diese Zuordnung identifiziert, dargestellt und verändert werden.

– Für die Ableitung der Stückliste aus dem CAD-System ist ein sogenannter Listengenerator vorhanden.

Die bereits im Konstruktionsbereich festlegbaren Stammdaten (wie Benennung, Material und Menge je Produkteinheit) werden als Attribut mit dem jeweiligen Geometrieelement verknüpft. Anhand der Produktstruktur im CAD-Modell wird die Stücklistenstruktur aufgebaut und werden die jeweiligen Stammdaten in diese Struktur einsortiert. Mit dem Listengenerator wird die Stückliste im gewünschten Format erzeugt. Eine Baukastenstückliste kann mit dieser Vorgehensweise vollständig erstellt werden, sofern bei der Generierung des CAD-Modells auf entsprechende Makros zurückgegriffen wurde. Die anderen Stücklistenarten werden als Rumpfstücklisten erzeugt. Die Stückliste wird mit dem CAD-Modell verknüpft und entweder lagerichtig auf der Zeichnung oder als separate Liste (sogenannte lose Stückliste) ausgedruckt bzw. als separate Datei außerhalb des CAD-Modells zur Weiterbearbeitung z.B. durch ein CAP-System bereitgestellt.

Arbeitspläne

Ein Arbeitsplan enthält alle auftragsneutralen Angaben, die zur Fertigung und Prüfung eines Bauteiles, einer Baugruppe oder eines gesamten Produktes erforderlich sind. Auf der Basis eines vollständigen Arbeitsplanes kann die Fertigung in der Arbeitssteuerung mit Hilfe von CAM und/oder PPS geplant und durchgeführt werden. Im Arbeitsplan ist die Arbeitsvorgangsfolge zur Herstellung eines Bauteiles, einer Baugruppe oder eines Produktes beschrieben, d.h. alle Arbeitsvorgänge und ihre Reihenfolge. Dabei werden die Teilenummer, das verwendete Material bzw. die verwendeten Einzelteile und (Unter-) Baugruppen, der für jeden Arbeitsvorgang notwendige Arbeitsplatz, die Fertigungs- und Fertigungshilfsmittel, die Vorgabezeiten für Rüst-, Stück- und Übergangszeiten und, falls erforderlich, auch die Lohngruppe des Werkers angegeben.

Der prinzipielle Aufbau eines Arbeitsplanes ist in **Bild 6.35** dargestellt. Die enthaltenen Daten lassen sich in *arbeitsgangunabhängige* und *arbeitsgangabhängige Daten* unterteilen. Die arbeitsgangunabhängigen Daten werden auch *Kopfdaten* genannt und unterteilen sich weiter in auftragsunabhängige und auftragsabhängige Daten. Darüber hinaus enthält ein Arbeitsplan oft Hinweise für die Lohnabrechnung, die Kalkulation, die Belegerstellung und die Disposition. Die weitere Unterteilung der im Arbeitsplan enthaltenen Informationen kann **Bild 6.36** entnommen werden.

Einem Bauteil (bzw. einer Baugruppe, einem Produkt) können unterschiedliche Arbeitspläne zugeordnet sein, je nachdem, ob es bei Bedarf einzeln (Einzelfertigung) oder in großen Stückzahlen (Serienfertigung) hergestellt wird. Für bestimmte Abschnitte des Fertigungsprozesses können auch separate Arbeitspläne angefertigt werden, z.B.:

● *Rüstpläne*: Diese zeigen dem Werker, welche Werkzeuge, Vorrichtungen und Spannmittel auf welche Weise zum Einsatz kommen. Rüstpläne werden heute meist in graphischer Form dargestellt (teilweise sogar in der Form einer dreidimensionalen Explosionszeichnung), da dies erfahrungsgemäß deutlich zur Verringerung von Fehlern beiträgt.

- *Fertigungspläne*: Sie geben auf jeweils ein Einzelteil, manchmal auch weiter eingeengt auf die Bearbeitung des Einzelteiles auf einem bestimmten Fertigungsmittel (z.B. Dreh-, Fräsmaschine) bezogene Fertigungsanweisungen wieder.

Auftrags-abhängige Angaben →

Auftragsangaben	Auftragsmenge	Menge je Los	L-Nr.	Auftragsart	Auftragsnummer

Sach-abhängige Angaben →

Sachnummer	Teilefamilie	Bezeichnung des Arbeitsgegenstandes (Teil, Gruppe, Erzeugnis)	Zeichnungsnummer

Ausgangs-zustand →

Sachnummer	Materialfamilie	Bezeichnung des Ausgangsmaterials	Menge	ME	Ausgangsmaß	Ausgangsgewicht
Teil	Materialbezugshinweis		Menge	ME	Gesamtrohmaß	Ges.-Rohgewicht

Arbeits-vorgangs-abhängige Angaben →

Vorg. Nr.	Vorgangsbezeichnung						Rüst-zeit t/t_{rB}	Zeit je Einheit t_e/t_{eB}	Erh. zeit t_{er}	ZE	ZM	LG	EG	BV	bearb. Menge je VG	DF
	Vorgangs-Familie	Arbeitsplatz/ Betriebsmittel	Werkz., Vorrichtung Hilfsmittel	Ü	SP	V	Vorgabezeit T/T_{bB}		Anfangs-Termin AT			End-Termin ET				
10	Sägen						10	1,35		1	3	5	1			
	3274	310/5104														
20	Drehen						55	5,35		1	1	5	3			
	3201	320/5305														
30	Räumen						10	10,78		1	3	6	3		10	
	3360	410/5801	Räumnadel 123													

Angaben zum Arbeitsplan →

REFA-Arbeitsplan									Unternehmen	Bereich	Teilbereich	Blatt von Blättern
erstellt	Z	zustd.	geprüft	Z	geändert	Z	gültig	PE	Mengenbereich	Arbeitsplanart	Arbeitsplan-Nr.	
ausgest.	Z	zustd.	geprüft	Z	Kostenträger						Auftragsarbeitsplan	

Bild 6.35 Aufbau eines Arbeitsplanes

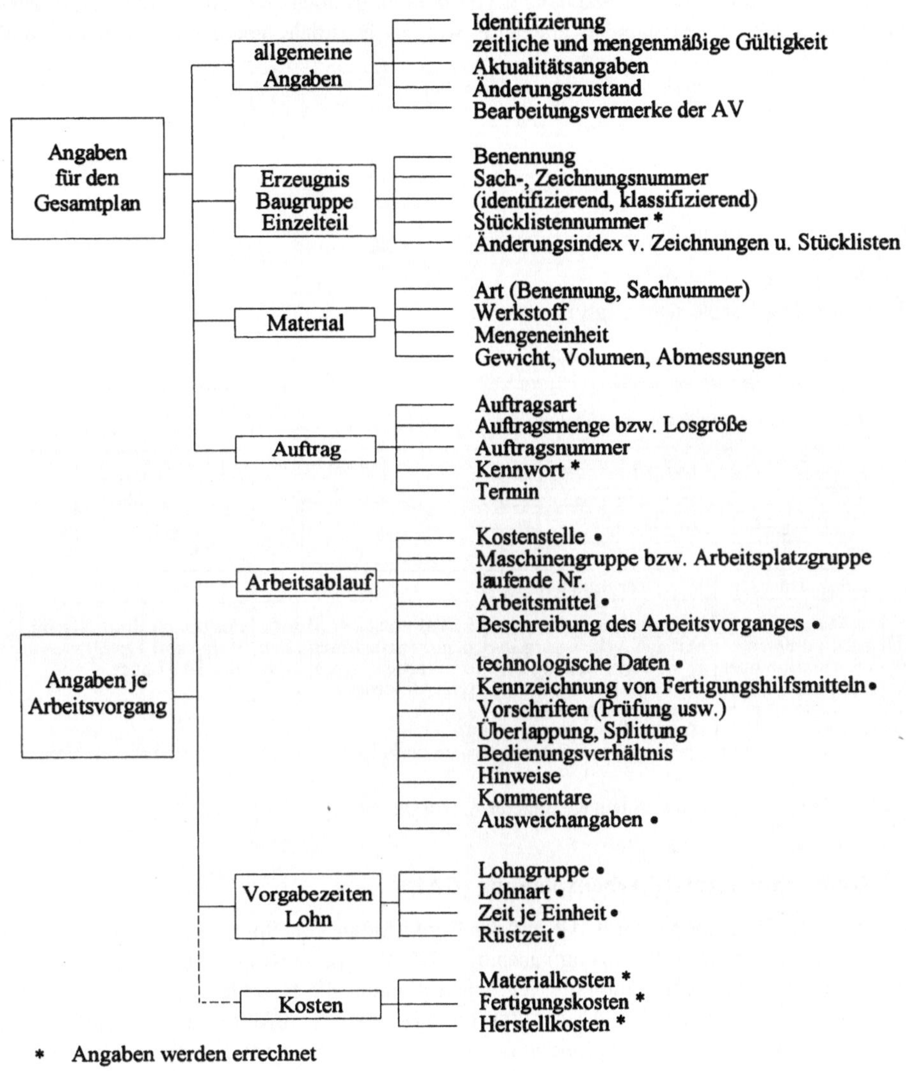

Bild 6.36   Weitere Unterteilung der im Arbeitsplan enthaltenen Informationen

- *Montagepläne*: Sie beziehen sich auf die Montage von Baugruppen bzw. Produkten.

- *Prüfpläne* für die Qualitätssicherung: Diese Pläne enthalten das Prüfmerkmal (z.B. Prüfung des Durchmessers einer bestimmten Bohrung) mit dem dazu einzusetzenden Prüfmittel (z.B. Meßtaster), den Prüfort, den Prüfumfang (100 %, Stichproben) und die vorgegebene Prüfzeit.

Aus dem Arbeitsplan können – unabhängig von dem zugrundeliegenden Erstellungsprinzip – weitere Unterlagen (Arbeitspapiere) abgeleitet werden. Beispiele hierzu werden in **Bild 6.37** genannt.

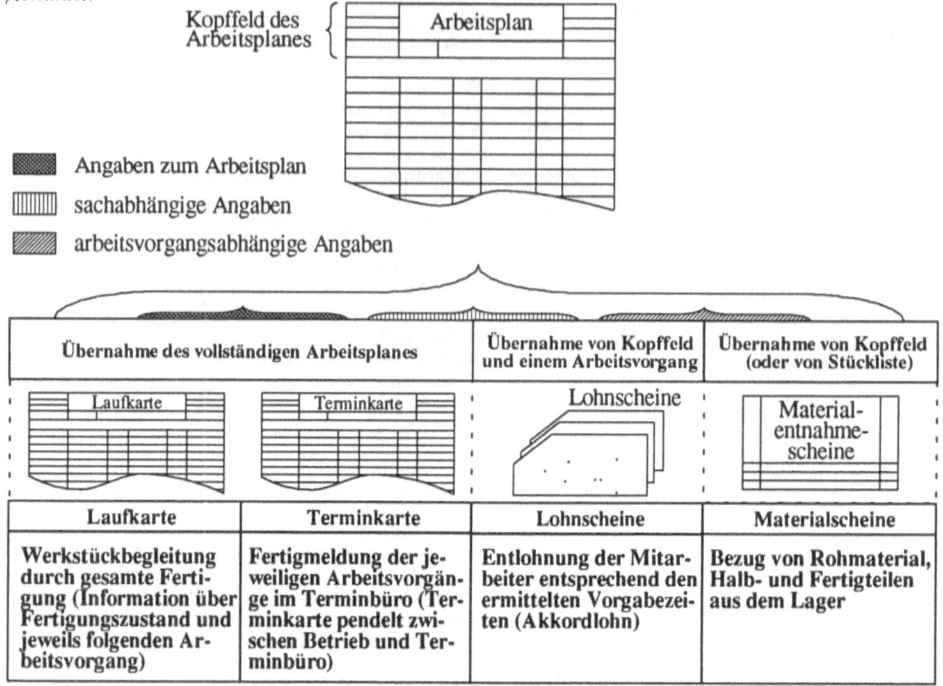

Bild 6.37   Der Arbeitsplan als Grundlage weiterer Arbeitspapiere

6.2.3   Rechnerunterstützte Arbeitsplanung (CAP)

Historisch ist die Entstehung von CAP mit der Entwicklung von Sprachen zur Programmierung numerisch gesteuerter Werkzeugmaschinen (NC-Programmiersprachen) eng verknüpft. Heute ist jedoch unter rechnerunterstützter Arbeitsplanung die Beschleunigung und Erleichterung aller in den vorstehenden Abschnitten beschriebenen Tätigkeiten der Arbeitsplanung zu verstehen, **Bild 6.38**. Damit verbunden ist die (teil-) automatisierte Erstellung der aus der Arbeitsplanung resultierenden Ergebnisse (erweiterte Stücklisten, Arbeitspläne, NC-Programme).

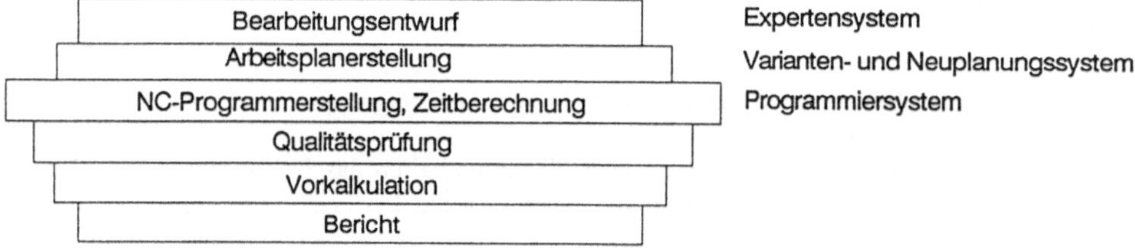

Bild 6.38   CAP-Systempyramide nach [REFA91]

Der vorliegende Abschnitt befaßt sich zunächst mit der Erstellung von Arbeitsplänen, die Erläuterungen zu Fragen der NC-Programmierung werden im nachfolgenden Abschnitt 6.2.4 separat dargestellt.

Die informationstechnischen Unterstützungssysteme für die Arbeitsplanung lassen sich grob unterscheiden in:

- *Arbeitsplanverwaltungssysteme*: Systeme zur Verwaltung von Arbeitsplänen beruhen auf einem Klassifizierungssystem, mit dem einmal erstellte Arbeitspläne verschlüsselt, gespeichert und wieder aufgerufen werden können, um durch aktuelle Daten ergänzt bzw. geändert zu werden. Eine Unterstützung bei der inhaltlichen Bearbeitung der Arbeitspläne erhält der Arbeitsplaner durch Arbeitsplanverwaltungssysteme nicht.

- *Arbeitsplanerstellungssysteme*: Diese Systeme dienen dazu, den Arbeitsplaner bei der Erstellung und Änderung von Arbeitsplänen inhaltlich zu unterstützen. Ähnlich wie in der Konstruktion (Prinzip- bzw. Variantenkonstruktion, Anpassungskonstruktion, Neukonstruktion, siehe Abschnitt 2.1) kann hier unterschieden werden in Systeme für die rechnerunterstützte Varianten-, Anpassungs- und Neuplanung [SpKr84].

Die Unterscheidung der Arbeitsplanerstellungssysteme in Varianten-, Anpassungs- und Neuplanungssysteme läßt sich durch folgende Merkmale charakterisieren:

- Bei der *Variantenplanung* wird aus einem zuvor erstellten Standardarbeitsplan für eine bestimmte Bauteil-, Baugruppen- oder Produktfamilie durch Einsetzen neuer Parameter (die natürlich innerhalb vorher festgelegter Grenzen liegen müssen) eine neue Variante abgeleitet. Um den Eingabeaufwand zu minimieren, können dabei einzelne Parameter abhängig von anderen (im allgemeinen von den als Eingabeparameter festgelegten) Parametern automatisch berechnet oder aus hinterlegten Tabellen herausgesucht werden. Die Variantenplanung setzt im Vorfeld die Erstellung geeigneter Standardarbeitspläne, gegebenenfalls unter Einschluß der benötigten Berechnungsschritte voraus.

- Bei der *Anpassungsplanung* (auch *Ähnlichkeitsplanung* genannt) wird ein neuer Arbeitsplan aus bereits vorhandenen wie folgt aufgebaut:

  - Aus dem Gesamtbestand der Bauteile/Baugruppen/Produkte werden ähnliche Lösungen gesucht.
  - Aus den Arbeitsplänen der gefundenen Lösungen werden jeweils diejenigen Bestandteile extrahiert, die dem gerade zu erstellenden neuen Plan ähnlich sind bzw. einzelnen Teilschritten des neuen Planes entsprechen.
  - Die einzelnen Teilpläne werden zu einem neuen Arbeitsplan zusammengesetzt.

Diese Schritte können entweder durch Dialogeingaben des Benutzers oder durch Anwendung eines Planungsalgorithmus, dessen Erstellung jedoch bereits eine sehr anspruchsvolle Aufgabe sein kann, durchgeführt werden. In jedem Fall ist eine geeignete Klassifizierung der vorhandenen Arbeitspläne nach Ähnlichkeitsmerkmalen, die z.B. mit den Verfahren der Gruppentechnologie [Vajn92] gefunden werden kann, sowie eine darauf abgestimmte Arbeitsplanverwaltung erforderlich.

• *Neuplanungssysteme* arbeiten nach dem sogenannten *Generierungsprinzip*, indem zu jeder Aufgabenstellung der Arbeitsplan vollständig neu erstellt wird.

Im einfachsten Fall geschieht dies dadurch, daß der Benutzer vordefinierte „Makros" für einzelne Arbeitsvorgänge oder Arbeitsvorgangskombinationen aufruft, mit Parametern versorgt und zu dem neuen Arbeitsplan zusammenstellt (ähnlich wie bei einer CAD-Neukonstruktion unter Verwendung der allgemeinen Zeichnungsfunktionen des CAD-Systems und/oder im voraus programmierter CAD-Makros). Dabei sind den einzelnen Makros Angaben zu den Fertigungsmitteln (z.B. Werkzeugmaschinen) und Fertigungshilfsmitteln (z.B. Werkzeuge, Vorrichtungen, Spannmittel), zur Schnittwertermittlung sowie zur Zeit- und Kostenberechnung zugeordnet. Es handelt sich in diesem Fall also um Neuplanungssysteme, denen neben den arbeitsgangunabhängigen Kopfdaten Arbeitsvorgangsbeschreibungen als Eingabeinformationen zur Verfügung gestellt werden (*Neuplanungsysteme mit Arbeitsvorgangsbeschreibung*). Diese Vorgehensweise trägt in Teilbereichen deutliche Züge der Variantenplanung, auch wenn hier nicht ganze Standardarbeitspläne, sondern nur deren Einzelelemente in parametrisierter Form vorliegen und jeder neue Arbeitsplan hieraus neu zusammengestellt wird.

Eine weitergehende Unterstützung des Benutzers ist gegeben, wenn das Neuplanungssystem ausgehend von (möglichst wenigen) Eingabedaten aufgrund von hinterlegten Generierungsvorschriften die Arbeitsvorgangsfolge weitgehend selbsttätig ermittelt. Im Idealfall braucht der Benutzer dem System nur eine Beschreibung des Bauteiles bzw. der Baugruppe vorzugeben, für das ein Arbeitsplan erstellt werden soll (*Neuplanungssysteme mit Werkstückbeschreibung*). Zu diesem Zweck wird in der Regel eine besondere Art der Werkstückbeschreibung gewählt, die von sogenannten *Formelementen* (auch *Fertigungselemente*, *Form Features* oder nur *Features* genannt, siehe hierzu Abschnitt 7.3) ausgeht. Hinter diesen Formelementen sind arbeitsplanungsrelevante Zusatzinformationen hinterlegt, welche die Ableitung der Arbeitsvorgangsfolge, der Fertigungs- und Fertigungshilfsmittel sowie der weiteren durch die Arbeitsplanung zu erstellenden Informationen (Schnittwerte, Zeit- und Kostenvorgaben) ermöglichen.

Noch einen Schritt weiter geht der Ansatz, die Formelemente nicht durch den Benutzer eingeben zu lassen, sondern aus dem CAD-Modell (das gewissermaßen nur die „reine" Geometrie wiedergibt) automatisch zu ermitteln. Dieser Ansatz erfordert in der Regel wissensbasierte Methoden zur Erkennung der im CAD-Modell enthaltenen Formelemente (*Feature Recognition, Feature Extraction*, [JoCh90, Ruf91, KlLB92, Gust93]).

In der rechnerunterstützten Arbeitsplanung wird ausgehend von dem Stand des Produktmodells, wie er von der Konstruktion an die Arbeitsplanung übergeben wird, das *Produktmodell* ergänzt und ein zugeordnetes *Prozeßmodell* erstellt. Dazu werden die Informationen aus dem *Betriebsmittelmodell* benötigt [VDI/GI92]. Bei der Bearbeitung der längerfristigen Aufgabenbereiche der Arbeitsplanung (Methoden-, Investitions-, Sonderarbeitsmittelplanung) ist das Betriebsmittelmodell selbst Planungsgegenstand.

Auf dem Markt gibt es eine Vielzahl ausgeführter CAP-Systeme (siehe z.B. [AlZh89]), die eine der vorstehend beschriebenen Strategien verfolgen. Sie sind teilweise als eigenständige Systeme (stand alone) ausgeführt, teilweise mit CAD- und CAM-Systemen gekoppelt und teilweise selbst Bestandteile eines integrierten CAD/CAM-Systems. Unterstützt werden die Erstellung und Verwaltung von Arbeitsplänen, die Erstellung bzw. Erweiterung von Stücklisten sowie in einigen Fällen auch die NC-Programmierung, wobei sich die Anwendungsbreiten und Benutzerschnittstellen der einzelnen Systeme stark unterscheiden. In den meisten Fällen sind die betriebsspezifischen und die technologischen Daten der Bearbeitungsmaschinen in Form von Entscheidungstabellen oder neuerdings auch in relationalen Datenbanken hinterlegt. Hinzu tritt eine zunehmende Zahl an CAP-Systemen, die als wissensbasierte Systeme im engeren Sinne ausgeführt sind (siehe z.B. [AnSP90, BeKL92] sowie die Übersicht über das Potential der Wissensverarbeitung in der Arbeitsplanung in [VDI/GI92]). Dennoch ist nach dem derzeitigen Stand der CAP-Technik eine vollautomatische Arbeitsplangenerierung mit Festlegung der erforderlichen Fertigungsverfahren, der Arbeitsvorgangsfolge und manchmal auch der NC-Programme nur in relativ eng umgrenzten Anwendungsgebieten, z.B. für rotationssymmetrische Bauteile möglich.

Als Beispiele sind in **Tabelle 6.1** die Merkmale dreier CAP-Systeme dargestellt, die an deutschen Hochschulen entwickelt wurden und alle dem Funktionsbereich Neuplanung zuzurechnen sind. Danach zeigt **Bild 6.39** am Beispiel eines Blechteiles, wie das CAP-System AUTAP ausgehend von den relevanten Formelementen (z.B. Langloch, Rundloch, Ausklinkung, Biegung) den Arbeitsplan generiert. Ein von dem CAP-System AUTAP automatisch generierter Arbeitsplan für die Fertigung eines Stirnzahnrades, der auch Vorgabezeiten beinhaltet, ist in **Bild 6.40** dargestellt.

Im Hinblick auf die rechnerunterstützte Verarbeitung unterscheidet man verschiedene Formen der Speicherung von Arbeitsplänen:

- vollständige Arbeitspläne: Alle Daten für die Herstellung eines bestimmten Bauteiles bzw. Produktes liegen in expliziter Form permanent gespeichert vor.

- Arbeitspläne mit Textidentifizierung: Die Arbeitsvorgangsdaten sind in einem zentralen Rechnersystem gespeichert, mit dem das CAP-System über ein Netzwerk verbunden ist. Der im CAP-System gespeicherte Arbeitsplan enthält lediglich Identifikationspunkte (Textidentifizierung), die auf die zentral gespeicherten Arbeitsvorgangsdaten verweisen.

- Algorithmus zur Erzeugung des Arbeitsplanes: Im CAP-System wird nur die Vorschrift (der Algorithmus) zur Erstellung des Arbeitsplanes gespeichert (implizite Speicherung). Über teilebeschreibende Daten und Variablen wird der Arbeitsplan aktuell für den jeweiligen Bedarfsfall automatisch erzeugt.

6.2.4 NC-Programmierung

Wie bereits in Abschnitt 1.1 dargelegt wurde, liegt der Ursprung der rechnerunterstützten Arbeitsplanung (eigentlich der Ursprung der CAD/CAM-Technik insgesamt) in der Programmierung numerisch gesteuerter Werkzeugmaschinen (NC-Programmierung). Die NC-Programmierung ist auch heute noch ein wesentlicher Funktionsbereich von CAP, der in der Praxis weiter als alle anderen Funktionsbereiche verbreitet ist.

Ähnliche Aufgabenstellungen wie der NC-Programmierung liegen der Roboter- und der Meß-maschinenprogrammierung zugrunde, die beide seit einigen Jahren eine stetig wachsende Bedeutung nicht nur im Bereich der Großserienfertigung erhalten. Hierfür gelten weitgehend analoge Aussagen, die im folgenden jedoch nicht in allen Einzelheiten erläutert werden.

	AUTAP RWTH Aachen, Lehrstuhl für Produktionssystematik (Prof. Eversheim)	**CAPSY** TU Berlin, Institut für Werkzeugmaschinen und Fertigungstechnik (Prof. Spur)	**DREKAL** Univ. Hannover, Institut für Fertigungstechnik und Spanende Werkzeugmaschinen (Prof. Tönshoff)
Einsatz-bereich	• Rotations- und Blechteile • Technologien Drehen und Stanzen	• Rotationsteile • Technologien Drehen und Bohren	• Rotationsteile (Einzel-/ Kleinserienfertigung) • Technologie Drehen
Eingangs-daten	Werkstückbeschreibung durch Formelemente	Werkstückbeschreibung d. Roh- und Fertigteilkonturen mit Zusatzangaben	Werkstückbeschreibung durch Fertigungselemente
Funktionen	• automatische Ermittlung der Arbeitsvorgangsfolge nach dem • Generierungsprinzip • Bestimmung der Rohteilabmessungen • automatische Zuordnung der Fertigungsmittel (Maschinen) und Fertigungshilfsmittel (Werkzeuge, Vorrichtungen) • Berechnung von Vorgabezeiten • NC-Programmierung	• Ermittlung der Arbeitsvorgangsfolge im Dialog nach dem • Generierungsprinzip • Festlegung der Fertigungsmittel (Maschinen) und Fertigungshilfsmittel (Werkzeuge, Spannmittel) im Dialog • graphische Simulation zur Dialogunterstützung • Berechnung von Vorgabezeiten • Kostenvorkalkulation • NC-Programmierung	• Ermittlung der Arbeitsvorgangsfolge im Dialog (z.T. menügeführt) nach dem • Generierungsprinzip • Festlegung der Fertigungsmittel (Maschinen) und Fertigungshilfsmittel (Spannmittel) im Dialog • Berechnung von Schnittwerten und Vorgabezeiten • Kostenkalkulation • Zeiten- und Kostenvergleichsrechnungen
Ergebnisse	Arbeitspläne, Fertigungsanweisungen, NC-Programme, Werkzeugeinrichtepläne	Arbeitspläne, Fertigungsanweisungen, Spannpläne, NC-Programme, Kostenvorkalkulationen	Arbeitspläne, Kostenkalkulationen
Arbeitsweise, Struktur	• Verarbeitung weitgehend automatisch (Stapelbetr.) • übergeordnete Planungslogik in Programmbausteinen abgelegt • Anpassung durch anwenderspezifische Zusammenstellung der Programmbausteine sowie durch Einfügen spezifischer Daten und Regeln	• Verarbeitung im Dialog • Steuerprogramm ruft separate Bausteine für verschiedene Bearbeitungsverfahren auf • Einzelbausteine nach Funktionen hierarchisch gegliedert • Anpassung durch anwenderspezifische Dateien	• Verarbeitung im Dialog • geschlossenes Programmsystem • Anpassung durch anwenderspezifische Dateien
Schnittstellen	• Kopplung zu DETAIL2, EXAPT	• Kopplung zu COMPAC, COMVAR, EXAPT	• Kopplungen zu Systemen mit ähnlicher Werkstückbeschreibung möglich

Tabelle 6.1   Übersicht über die Arbeitsplanerstellungssysteme AUTAP, CAPSY und DREKAL

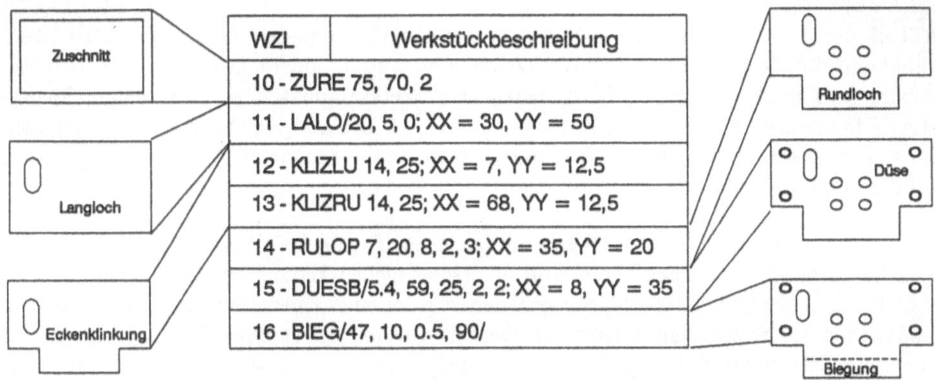

Bild 6.39   Rechnerunterstützte Erstellung eines Arbeitsplanes mit dem System AUTAP
(Beispiel Blechteil)

Ausstelltag	Anl.-Termin	Stkz.	Fert.-Termin	Baugr.	Untergr.	Pos.-Nr.	Auftragsnummer	
11.03.92	10.04.92	10	08.05.92	2431	A421	345	A52/92/1234	
				AUTAP1		21.02.1992	SM/UB	

Werkstoff	Rohform und Rohabmessungen			Benennung	Teilnummer	Roh-gew. (kg)	Fert.-Gew. (kg)
C45	Stange Rd 140 x 39			Stirnrad	51 - 46789	4.7	3.0

Kosten-stelle	Masch.-Gruppe	Rüstzeit (min)	Bas.	Stückz. (min)	Nr.	Arbeitsvorgang	Betriebsmittel	
1101	55/1	4.0	1	4.2	5	sägen auf 39 mm, entgraten		
1117	66/1	24.0	1	34.9	10	drehen, bohren	Skizze	
1460	71/1	35.0	2	19.8	15	Zähne fräsen (z = 31, m = 4)		
1760	72/1	0.0	1	1.9	20	waschen		
1463	76/1	11.0	1	11.0	25	Nut stoßen (b = 12, t = 43)		
1472	68/1	0.0	1	13.0	30	Zähne und Nut entgraten, Kopfkanten brechen		

Bild 6.40   Rechnerunterstützt mit dem System AUTAP erstellter Arbeitsplan (Beispiel Stirnzahnrad)

Ziel der NC-Programmierung ist es stets, ein auf die einzelne Werkzeugmaschine und ihre
Steuerung abgestimmtes Programm zu erstellen, dessen Informationsinhalt sich wie folgt
klassifizieren läßt:

–   allgemeine Angaben, z.B. Bauteilbezeichnung, -nummer, Werkzeugmaschine, für die das
    Programm gilt
–   Spannmittel und -bedingungen
–   Angaben zu dem/den Werkzeug(en), darunter auch Wechselanweisungen, falls die Ma-
    schine über einen Werkzeugwechsler verfügt
–   geometrische und/oder kinematische Angaben, z.B. Rohteil-, Fertigteilkontur, Werk-
    stücknullpunkt, Sicherheitsebenen, Verfahrwege des Werkzeuges
–   technologische Angaben, z.B. Spindeldrehzahlen, Vorschübe, Aufmaße
–   Bearbeitungsreihenfolge
–   Angaben über die Schnittfolge innerhalb eines Bearbeitungsganges
–   sonstige Steueranweisungen, z.B. Kühlmittel ein/aus, Eilgang ein/aus

Ein Teil der Daten ergibt sich aus den Konstruktionsunterlagen (z.B. Geometriedaten, Grunddaten für die Festlegung der Werkzeugverfahrwege), andere Daten können dem Arbeitsplan entnommen werden (z.B. Angaben über Werkzeugmaschine, Werkzeuge, Spannmittel, Schnittwerte, teilweise Bearbeitungsreihenfolge). Die übrigen Daten werden erst vom NC-Programmierer festgelegt. Im NC-Programm treten die genannten Angaben oft gemischt und/oder in impliziter Form auf.

Auf dem europäischen Markt existiert eine große Vielfalt an NC-Werkzeugmaschinen (für unterschiedliche Fertigungsverfahren, von unterschiedlichen Herstellern) sowie eine mindestens ebenso große Vielfalt an NC-Steuerungen, was zu einer nahezu unüberschaubaren Zahl an möglichen Kombinationen geführt hat. Deshalb war und ist es besonders wichtig, die im sogenannten Maschinencode abgefaßten Steuerprogramme so weit wie möglich zu standardisieren. Grundlage hierzu ist heute [DIN66025] (bzw. die inhaltlich weitgehend identische [ISO6983]), worin Vorgaben für den Aufbau von NC-Programmen gemacht werden und ein gewisser Grundvorrat an Steueranweisungen definiert wird.

Ein gemäß [DIN66025] aufgebautes Steuerprogramm besteht aus mehreren Sätzen, die von der NC-Steuerung nacheinander gelesen und zur Ausführung gebracht werden. Jeder Satz besteht aus einem oder mehreren Wörtern, durch die die einzelnen Steueranweisungen verschlüsselt sind. Ein Wort setzt sich im allgemeinen aus einem Adreßbuchstaben und einem Zahlenwert zusammen. Der Adreßbuchstabe legt fest, welche Funktion der Werkzeugmaschine angesprochen werden soll. Der an den Adreßbuchstaben angefügte Zahlenwert gibt an, welcher „Wert" der betreffenden Funktion zugewiesen wird. Je nach der zugrundeliegenden Adresse (Funktion) kann dies entweder ein Koordinatenwert (üblicherweise in mm bei linearen und in Grad bei rotatorischen Abmessungen), ein bestimmter Drehzahl- oder Vorschubwert (üblicherweise in 1/min bzw. mm/min) oder aber eine Schlüsselzahl (z.B. Schlüsselzahl 01 hinter der Adresse G: „Geradeninterpolation") sein.

Die Bedeutung zahlreicher Adressen (Kennbuchstaben) und Adreß-/Zahlenwertkombinationen wird von der [DIN66025] festgelegt (siehe auszugsweise Übersicht in **Tabelle 6.2**). Jedoch kann nicht jede nur denkbare Sonderfunktion von NC-Maschinen und Steuerungen durch [DIN66025] abgedeckt werden. Derartige Sonderfunktionen haben in den meisten Fällen besonders durchdachte und/oder zeitoptimierte Arbeitsabläufe zum Zweck, etwa in Form vorbereiteter Arbeitszyklen („Unterprogramme") für das Tieflochbohren oder das Zirkularfräsen oder auch in Form von Sonderanweisungen zur Durchführung zwischengeschalteter Kontrollmessungen mit anschließender Schneidenkorrektur. Nach [DIN66025] sind hierfür die Adreßbuchstaben H, L und O sowie einige (noch) nicht belegte G- und M-Funktionen reserviert und können von den Maschinen- bzw. Steuerungsanbietern individuell definiert werden. Hierdurch entsteht letztlich die Maschinenabhängigkeit der im Maschinencode abgefaßten NC-Programme, die sich nur dadurch vermeiden ließe, daß gerade die besonderen Funktionen und Rationalisierungsmöglichkeiten der einzelnen Maschine bzw. Steuerung ungenutzt blieben. Darüber hinausgehende Maschinenspezifika von NC-Programmen können sich dadurch ergeben, daß einige Maschinen- bzw. Steuerungsanbieter einem Teil der in [DIN-66025] normierten Wörter eine andere Bedeutung zuweisen. Im einzelnen sei hierauf jedoch nicht eingegangen.

	Adreß-buchstabe	Bedeutung
programmtechnische Angaben	%	Programmanfang
	N	Satznummer
	( )	Beginn, Ende einer Anmerkung (Kommentarzeile)
geometrische/ kinematische Angaben	G	Wegbedingungen, einige Beispiele: G00 Punktansteuerung (Anfahren eines Punktes im Eilgang) G01 Geradeninterpolation G02 Kreisinterpolation im Uhrzeigersinn G03 Kreisinterpolation im Gegenuhrzeigersinn G04 zeitlich vorbestimmte Verweilzeit G17, G18, G19 Bearbeitungsebene (xy, zx, yz) G40 Werkzeugkorrektur aufheben G41 Werkzeugkorrektur links ⎤ Werkzeugradius li/re der Kon- G42 Werkzeugkorrektur rechts ⎦ tur automatisch einrechnen G43 Werkzeugkorrektur positiv ⎤ Werkzeugradius in pos./neg. G44 Werkzeugkorrektur negativ ⎦ Ko.-Richt. autom. einrechnen G53 Nullpunktverschiebung aufheben G54-G59 Nullpunktverschiebung aus Speicher 1-6 übernehmen G63 Gewindebohren G80 Arbeitszyklus aufheben G81-G89 fest genormte Arbeitszyklen frei verfügbar für Sonderfunktionen: G10-G16, G20-G32, G45-G52, G60-G62, G64-G69, G72, G73, G75-G79, G98, G99
	X, Y, Z	Koordinatenwerte des Endpunktes einer Bewegung
	U, V, W	Koordinatenwerte einer zweiten Bewegung (falls vorhanden)
	P, Q	x-, y-Koordinatenwerte einer dritten Bewegung (falls vorhanden)
	R	bei Kreisinterpolation Radius; wird je nach Kontext auch für verschiedene andere Angaben verwendet (z.B. z-Koordinatenwert einer dritten Bewegung oder Eilgang in z-Richtung)
	A, B, C	Drehbewegung um die x-, y-, z-Achse (falls vorhanden)
	I, J, K	Interpolationsparameter, Bedeutung abhängig von der Art der Interpolation; sonst Gewindesteigung parallel zur x-, y-, z-Achse
technologische Angaben	F	Vorschub
	S	Spindeldrehzahl
	T	Angabe des Werkzeuges
	M	Zusatzfunktionen, einige Beispiele: M02 Programmende ohne Rücksetzen auf Programmanfang M03 Spindelantrieb ein im Uhrzeigersinn M04 Spindelantrieb ein im Gegenuhrzeigersinn M05 Spindelantrieb aus M06 Werkzeugwechsel M07, M08 Kühlschmiermittelzufuhr Nr. 2, Nr. 1 ein M09 Kühlschmiermittelzufuhr aus M30 Programmende mit Rücksetzen auf Programmanfang M60 Werkstückwechsel frei verfügbar für Sonderfunktionen: M12-M18, M20-M29, M30-M47, M50-M57, M61-M99
	H, L, O	frei verfügbar für Sonderfunktionen

Tabelle 6.2   Adreßbuchstaben für NC-Programme nach [DIN66025] (Auszug)

Zur Erläuterung der NC-Programmierung im Maschinencode nach [DIN66025] sei ein (relativ einfaches) Programm für eine NC-Fräsmaschine exemplarisch vorgestellt. **Bild 6.41a** zeigt zunächst die Zeichnung des Werkstückes, wobei im folgenden nur das Schlichten der vorgefrästen, 10 mm tiefen Tasche betrachtet wird. Die Bemaßung der Taschengeometrie ist in Bild 6.41a als sogenannte Koordinatenbemaßung ausgeführt, wie sie gerade für die Erstellung von NC-Programmen vorteilhaft ist. Im Gegensatz dazu findet man in technischen Zeichnungen üblicherweise die Bezugskantenbemaßung. Wird das NC-Programm direkt ausgehend von der technischen Zeichnung erstellt (manuelle NC-Programmierung), so ist eine entsprechende Umschlüsselung des Bemaßungsbildes erforderlich. Als besonders aufwendig (und fehleranfällig!) erweist sich dabei oft das Errechnen der Koordinaten von Tangentpunkten, die zum Zweck der NC-Programmierung explizit benötigt werden, in der normalen technischen Zeichnung aber nur implizit enthalten sind.

Für das Schlichten der in Bild 6.41a dargestellten Tasche soll als Werkzeug ein Walzenstirnfräser mit einem Durchmesser von 10 mm zum Einsatz kommen, der zusätzlich zur Werkstückgeometrie in der Zeichnung angedeutet ist. Der Fräser soll beim Beginn der Bearbeitung kreisbogenförmig tangential an die Taschenkontur heranfahren (Anfahrkreis) und nach der Bearbeitung ebenso wieder ausfahren (Ausfahrkreis), um an der Taschenwand keine Beschädigungen zu verursachen. Das Werkstück soll auf einer Fräsmaschine mit horizontaler Spindel bearbeitet werden. Die Orientierung des in diesem Fall nach [DIN66217] zugrundezulegenden Werkstückkoordinatensystems (x,y,z) sowie die prinzipiell damit korrespondierenden Bewegungsachsen der Maschine (x',y',z') gehen aus **Bild 6.41b** hervor.

Tabelle 6.3 gibt schließlich das NC-Programm mit einigen erläuternden Kommentaren wieder. Es handelt sich speziell um ein Programm für eine Maschine des Typs MAHO MH 600 E2 mit einer Steuerung Philips CNC 432, welche die Möglichkeit von Bildschirmsimulationen direkt an der Steuerung bietet. Steuerungsspezifische Anweisungen sind in dem Programm nach Tabelle 6.3 durch Kursivschrift kenntlich gemacht.

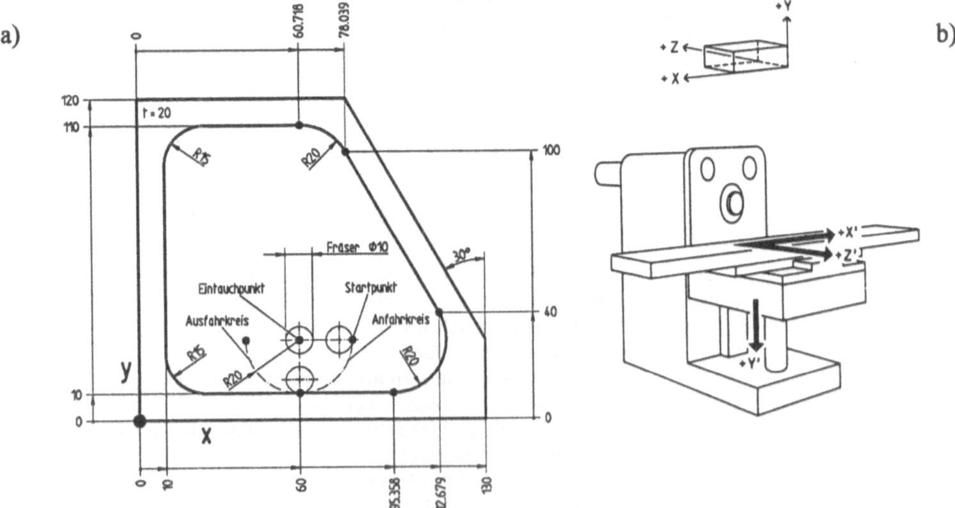

Bild 6.41   Beispiel für eine Fräsbearbeitung (Schlichten der vorgefrästen Taschenkontur): a) Werkstück; b) schematische Darstellung von Maschine, Werkstückkoordinatensystem (x,y,z) und Maschinenachsen (x',y',z') nach [DIN66217]

Sätze								Erläuterungen
Nr.	Wegbedingungen mit Koordinaten				Param./technol. Ang.			(steuerungsspezifische Anweisungen *kursiv* gekennzeichnet)
%PM								Programmanfang, *Kennung PM = Hauptprogramm*
N9004								*Programmnummer (für Hauptprogramme stets >9000)*
N1	G17				S630	T1	M66	Bearbeitungsebene xy, Spindeldrehzahl 630/min, Werkzeug Nr. 1, *Werkzeugwechsel manuell*
N2	G54							Nullpunktverschiebung aus Speicher übernehmen (Definition Werkstückkoordinatensystem)
N3	G98	X-10	Y-10	Z-20	I150	J140	K30	*Lage und Größe des Graphikfensters auf dem Bildschirm der Steuerung festlegen*
N4	G99	X0	Y0	Z-20	I130	J120	K20	*Lage und Größe des Rohteiles (stets rechteckig!) für Bildschirmsimulation festlegen*
N5	G00	X60	Y30	Z-8	M3			im Eilgang Eintauchpunkt anfahren bis 2 mm über Taschenboden*), Spindel rechtsdrehend an
N6	G01			Z-10	F50			auf Taschenboden fahren (60, 30, -10) mit halbem Vorschub (50 mm/min)
N7	G43	X80			F100			pos. Werkzeugradius einrechnen, auf Anfahrkreis fahren mit vollem Vorschub (100 mm/min)
N8	G42							ab jetzt Werkzeugradius rechts von der Kontur einrechnen
N9	G02	X60	Y10		R20			Kreisinterpolation auf Endpunkt (60, 10, -10) mit Radius 20 (Anfahrkreis)
N10	G01	X25						Geradeninterpolation auf Endpunkt (25, 60,-10)
N11	G02	X10	Y25		R15			Kreisinterpolation auf Endpunkt (10, 25, -10) mit Radius 15
N12	G01		Y95					Geradeninterpolation auf Endpunkt (10, 95, -10)
N13	G02	X25	Y110		R15			Kreisinterpolation auf Endpunkt (25, 110, -10) mit Radius 15
N14	G01	X60.718						Geradeninterpolation auf Endpunkt (60.718, 110, -10)
N15	G02	X78.039	Y100		R20			Kreisinterpolation auf Endpunkt (78.039, 100, -10) mit Radius 20
N16	G01	X112.679	Y40					Geradeninterpolation auf Endpunkt (112.679, 40, -10)
N17	G02	X95.358	Y10		R20			Kreisinterpolation auf Endpunkt (95.359, 10, -10) mit Radius 20
N18	G01	X60						Geradeninterpolation auf Endpunkt (60, 10, -10)
N19	G02	X40	Y30		R20			Kreisinterpolation auf Endpunkt (40, 30, -10) mit Radius 20 (Ausfahrkreis)
N20	G40							Werkzeugkorrektur aus
N21	G00	X0	Y0	Z50				im Eilgang ausfahren auf Punkt (0, 0, 50)*)
N22	G53				M30			Nullpunktversch. aus (zurück zu Maschinenkoord.), Ende mit Rücksetzen auf Programmanf.

*) Im Eilgang ist die sogenannte Positionierlogik der Steuerung wirksam, die die z-Koordinate beim Einfahren in das Werkstück zuletzt und beim Ausfahren zuerst verfährt, um Kollisionen zu vermeiden.

Tabelle 6.3 NC-Programm zum Schlichten der vorgefrästen Taschenkontur nach Bild 6.41 (Fräsmaschine MAHO MH 600 E2 mit Steuerung Philips CNC 432)

Die manuelle NC-Programmierung ähnelt stark der Assembler-Programmierung von Rechnern. Auch wenn es unter diesen Umständen keine leichte Aufgabe ist, so muß der im Maschinencode arbeitende NC-Programmierer zur optimalen Durchführung der ihm übertragenen Aufgaben die Funktionen seiner Maschine und seiner Steuerung im Detail kennen und durch eine geeignete Programmiertechnik die möglichst rationelle Verwendbarkeit und Übertragbarkeit der von ihm erstellten Programme sicherstellen (z.B. Anbringung von Kommentaren, übersichtliche Verwendung von Bearbeitungszyklen).

Daher hat man sich auf dem Gebiet der NC-Programmierung sehr früh um die Entwicklung „höherer" Programmiersprachen bemüht, mit dem Ziel, einerseits die Programmiertätigkeit zu erleichtern und zu beschleunigen (insbesondere bei maschinenferner, d.h. nicht direkt an der Maschine, sondern im Büro der Arbeitsplanung durchgeführter Programmierung) und andererseits eine stärker maschinenunabhängige Programmierung zu ermöglichen.

Als erste höhere NC-Programmiersprache wurde die Sprache *APT* (Automatically Programmed Tools, automatisch programmierte Werkzeuge) in den Jahren 1955 bis 1959 unter der Leitung von Douglas T. Ross am Massachusetts Institute of Technology (MIT) entwickelt. APT dient zur Beschreibung von Werkzeugverfahrwegen, technologischen Daten und Kontrollanweisungen in einem NC-Programm. Dabei werden sinnvolle Abkürzungen amerikanischer Begriffe verwendet, die sich der Programmierer relativ leicht merken kann (sogenannte Mnemonics). Als Beispiel zeigt **Bild 6.42** ein Drehteil, aus dem später ein Zahnrad gefertigt werden soll (z.B. durch Wälzfräsen) **Tabelle 6.4** enthält das APT-Programm für dessen Drehbearbeitung (ausgehend von Rundmaterial Ø140 x 41). Hier ist eine von mehreren unterschiedlichen Möglichkeiten wiedergegeben, die der Sprachumfang von APT zur Erstellung des NC-Programms für das gleiche Bauteil bietet.

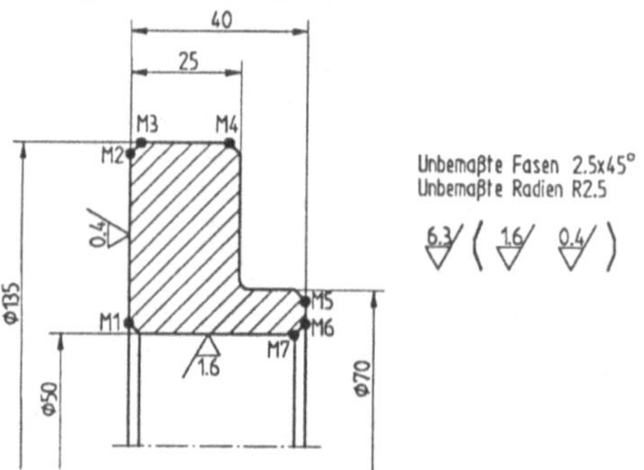

Bild 6.42 Drehteil (Zahnrad-Grundkörper); Marken M1 bis M7 siehe APT-Programm in Tabelle 6.4

Das in einer NC-Programmiersprache wie APT abgefaßte Quellprogramm wird als *Teileprogramm* bezeichnet. Die Programmiersysteme zur Erstellung von Teileprogrammen werden oft *Teileprogrammsysteme* genannt. Viele der heute am weitesten verbreiteten NC-Programmiersprachen (z.B. EXAPT, SIEAPT, TCAPT) sind von APT abgeleitet.

Eine APT-ähnliche Eingabesprache für NC-Prozessoren ist in [DIN66246] (bzw. in dem inhaltlich weitgehend damit übereinstimmenden internationalen Normenentwurf [ISO4342]) standardisiert. Sie umfaßt arithmetische Anweisungen (z.B. die vier Grundrechenoperationen, Winkelfunktionen, Vektorfunktionen), programmtechnische Anweisungen (z.B. Unterprogrammdefinitionen und -aufrufe, Anfangs- und Endmarken, Postprozessoraufrufe, Sprunganweisungen, Lese- und Schreibanweisungen) sowie geometrische bzw. kinematische Anweisungen (z.B. Punkt-, Linien- und Flächendefinitionen, Verfahranweisungen). Technologische Angaben können in dieser Sprache nur mit Einschränkungen formuliert werden.

Anweisungen	Erläuterungen
1 PARTNO/ZAHNRAD	Programmanfang, Programm- bzw. Teilename
2 MACHIN/CT60M	Maschinenkennzeichnung, Zuordnung des Postprozessors
3 CLPRINT	Anweisung zum Ausdrucken einer CLDATA-Datei
4 CONTUR/BLANCO	
5 BEGIN/-1,0,YLARGE,PLAN,-1	
6 RGT/DIA,140	Geometriebeschreibung des Rohteiles
7 RGT/PLAN,41	(Rundstahl Ø140 x 42)
8 RGT/DIA,0	
9 TERMCO	
10 SURFIN/ROUGH	Standard-Oberflächenbeschaffenheit des Fertigteiles
11 CONTUR/PARTCO	
12 M1,M2, BEGIN/0,(55/2),YLARGE,PLAN,0,FINE,BEVEL,2.5	
13 M3,M4, RGT/DIA,135,BEVEL,2.5	Geometriebeschreibung des Fertigteiles mit Definition der
14 RGT/PLAN,25,ROUND,2.5	Marken M1 bis M7, Angabe der jeweiligen (besonderen)
15 LFT/DIA,70,BEVEL,2.5	Oberflächenbeschaffenheiten (FINE = „feinst", FIN =
16 M5,M6, RGT/PLAN,40,BEVEL,2.5	„fein") und der besonderen Formelemente (BEVEL =
17 M7, RGT/DIA,50,FIN,BEVEL,2.5	Fase, ROUND = Rundung)
18 TERMCO	
19 PART/MATERL,100	Materialcode
20 MACHDAT/30,200,0.01,2,40,3600,1	Maschinendaten (Leistg., Drehmom., min./max. Vorschub ...)
21 CHUCK/1216,100,160,8,70,-30	Definition des Spannmittels
22 CUTLOC/BEHIND	Werkzeuglage „hinter Drehmitte"
23 COOLNT/ON	Kühlmittel ein (während der einzelnen Bearbeitungsgänge)
24 ZENT = CDRILL/SO,TOOL,9104,12,DEPTH,8	Zentrierbohrung setzen
25 BOHR = DRILL/SO,TOOL,9240,9,DEPTH,50,DIAMET,40	(Vor-) Bohren	Definition von später aufge-
26 LNG1 = TURN/SO,LONG,TOOL,9321,1,SETANG,-90,ROUGH	Außenschruppen	rufenen Ausführungsanwei-
27 PLN1 = TURN/SO,CROSS,TOOL,9321,1,SETANG,-90,ROUGH	Außenschruppen	sungen, jeweils mit Angabe
28 PLN2 = CONT/SO,TOOL,9395,2,SETANG,-90,FINE	Außenschlichten („feinst")	von Werkzeug, Einstelldaten
29 LNG2 = TURN/SO,LONG,TOOL,9425,3,SETANG,180,ROUGH	Innenschruppen	und Oberflächengüte
30 LNG3 = CONT/SO,TOOL,9497,5,SETANG,180,FIN	Innenschlichten („fein")	
31 CLAMP/40,INVERS	erste Aufspannung invers, d.h. Futter re., Bearbeitung v. li.
32 WORK/ZENT,BOHR	Zentrieren und Bohren
33 CUT/CENTER,-1	
34 WORK/LNG2	Innenschruppen (M1-M7)
35 CUT/M1,RE,M7	
36 WORK/LNG1	Außenschrupp. (M2-M4),
37 DNTCUT/XLARGE,28	bis x = 28	Durchführen der Bearbeitung,
38 CUT/M2,TO,M4		erste Aufspannung
39 WORK/PLN2	Außenschlichten (M3-M1)
40 CUT/M3,RE,M1	
41 WORK/LNG3	Innenschlichten (M1-M7)
42 CUT/M1,RE,M7	
43 DNTCUT/NOMORE	
44 CLAMP/0	zweite Aufspannung normal, d.h. Futter li., Bearbeitung v. re.
45 WORK/PLN1	Außenschrupp. (M4-M6)
46 CUT/M4,TO,M6		Durchführen der Bearbeitung,
47 WORK/LNG3		zweite Aufspannung
48 CUT/M7,RE,M6	Innenfase drehen (M7-M6)	
49 FINI	Programmende

Tabelle 6.4   In der Programmiersprache APT erstelltes Teileprogramm für das Drehteil nach Bild 6.42

In den meisten Fällen werden die Teileprogramme nach ihrer Erstellung in eine Ausgabedatei mit den Schnittdaten für den jeweiligen Fertigungsprozeß umgesetzt. Diese Datei, der sogenannte *Cutter Location File* oder *CL-File*, folgt normalerweise dem nach [DIN66215] (bzw. nach den weitgehend identischen internationalen Normen [ISO3592] und [ISO4343]) genormten, ebenfalls noch weitgehend maschinenunabhängigen *CLDATA*-Format (Cutter Location Data). Art und Aufbau der CLDATA-Befehle erinnern eher an eine „Hochsprache", wie man sie von Teileprogrammsystemen her kennt, als an die äußerst kompakten und für den Nicht-Experten unanschaulichen Anweisungen des Maschinencodes nach [DIN66025].

Aus dem im maschinenneutralen CLDATA-Format nach [DIN66215] abgelegten Programm wird schließlich mit Hilfe eines auf die jeweilige Werkzeugmaschine und ihre Steuerung abgestimmten Postprozessors das benötigte maschinenspezifische NC-Programm nach [DIN-66025] erzeugt.

Die aufgezeigten Möglichkeiten und Werkzeuge der NC-Programmierung sind eng verbunden mit der folgenden Unterscheidung der NC-Programmierverfahren:

- Bei der *manuellen NC-Programmierung* wird das NC-Programm vom Programmierer direkt in Form des Steuercodes (nach [DIN66025] und/oder maschinenspezifisch) erstellt. Die Geometriedaten werden der Zeichnung entnommen oder manuell aus dem CAD-Modell extrahiert. Zur Festlegung der technologischen Daten greift der NC-Programmierer auf die Leistungsdiagramme der Werkzeugmaschine, auf die Werkzeugkartei, auf die Schnittwerttabellen für die Werkzeuge und auf die Spannmittelkartei zurück. Die manuelle Programmierung kann entweder direkt an der Werkzeugmaschine erfolgen („on-line"), verbunden mit dem Nachteil, daß die Maschine während der Programmiertätigkeit keine andere Bearbeitung durchführen kann, oder sie wird an einem separaten Codierplatz vorgenommen („off-line").

- Bei der *maschinellen NC-Programmierung* wird das NC-Programm selbst rechnerunterstützt hergestellt, beispielsweise durch Nutzung eines Teileprogrammsystems wie APT oder seiner Derivate. Die maschinelle Programmierung erfolgt stets off-line. Die Ziele der maschinellen Programmierung sind die Verbesserung der Benutzerfreundlichkeit durch Anwendung einer „Hochsprache", die Erleichterung und Beschleunigung der Programmiertätigkeit (z.B. durch Nutzung der Makro- bzw. Unterprogrammtechnik), die weitgehende Unabhängigkeit der Programmierergebnisse von der speziellen Werkzeugmaschine (Teileprogramme oder CL-Dateien, die mittels eines Postprozessors erst später in den maschinenspezifischen Steuercode überführt werden) sowie schließlich die Möglichkeit, Daten aus Konstruktion und Arbeitsplanung (CAD- und CAP-Daten) direkt übernehmen zu können. Bei der Übernahme von Geometriedaten direkt aus dem CAD-System müssen in der Regel noch Änderungen vorgenommen werden (z.B. Änderung des Maßbildes von Bezugskanten- auf Koordinatenbemaßung, Umsetzen der Maße von Nennmaß plus Toleranz auf Toleranzmitte plus Äquidistante), die sich nur schwer automatisieren lassen.

Die manuelle Programmierung ist auch heute noch sehr weit verbreitet, besonders in kleinen und mittleren Unternehmen und/oder bei geometrisch wenig komplizierten Bearbeitungsverfahren (z.B. Drehen, Bohren, zweieinhalbachsiges Fräsen). Die maschinelle NC-Programmierung entspricht heute besonders zur Herstellung solcher Bauteilen, die viele Freiformflächen enthalten, dem Stand der Technik (z.B. fünfachsiges Fräsen von Werkzeugen für Karosseriebleche oder Spritzgießteile).

Als Vorteil der manuellen NC-Programmierung wird gesehen, daß sie vom Meister oder Werker, der der eigentliche Träger des fertigungstechnischen Know-hows im Unternehmen ist, in der Werkstatt durchgeführt werden kann. Demgegenüber findet die maschinelle NC-Programmierung getrennt vom Werkstattbereich statt, was manchmal dazu führt, daß die erstellten Programme in der Werkstatt nachträglich korrigiert und optimiert werden müssen. Die wesentlichen Vorteile der maschinellen NC-Programmierung sind die bessere Integrationsfähigkeit und die Erleichterung und Beschleunigung der Programmiertätigkeit, die bei komplexen Aufgabenstellungen unerläßlich ist.

Um die Vorteile beider Verfahren zu vereinigen, wird eine dritte Alternative diskutiert:

- Bei den *halbmaschinellen* oder *teilautomatisierten NC-Programmierverfahren*, die seit Ende der 80er Jahre auch unter dem Kürzel *WOP* (*werkstattorientierte Programmierung*) zusammengefaßt werden, erfolgt die NC-Programmierung wie beim manuellen Verfahren direkt an der Maschine oder an einem Programmierplatz in der Werkstatt. Jedoch werden dem Programmierer Hilfsfunktionen angeboten, die früher nur bei der maschinellen Programmierung üblich waren (z.B. Makro-/Unterprogrammtechnik, Bearbeitungsbilder, Konturbeschreibungen in einer „Hochsprache", graphische Benutzeroberflächen). Auch können Geometriedaten direkt aus dem CAD-System übernommen werden. In den meisten Fällen sind WOP-taugliche Maschinensteuerungen so ausgerüstet, daß die halbmaschinelle Programmierung parallel zur Bearbeitung eines (anderen) Auftrages durchgeführt werden kann (Parallelprogrammierung).

Programmiersysteme für die maschinelle und die halbmaschinelle NC-Programmierung enthalten heute üblicherweise Funktionen zur *Simulation* des im Programm dokumentierten Bearbeitungsprozesses. Weit verbreitet sind dynamische Simulationsbausteine, die auf dem Graphikbildschirm das Werkstück, seine Aufspannung und das Werkzeug mit seinen Bewegungen graphisch darstellen, so daß der Programmierer während oder nach der Programmiertätigkeit die Entstehung des Fertigteiles aus dem Rohteil im Detail verfolgen, überprüfen und gegebenenfalls korrigieren kann, **Bild 6.43**. Simulationen dieses Umfanges setzen allerdings voraus, daß im NC-Programmiersystem Bibliotheken für Werkzeuge, Maschinen und Spannmittel angelegt werden, die auch die zugehörigen (wenn auch in der Regel vereinfachten) graphischen Darstellungen enthalten.

Zur Übermittlung eines NC-Programms an die Steuerung der Werkzeugmaschine wird eine der folgenden Möglichkeiten eingesetzt:

- Einlesen des Programms per *Steuerlochstreifen*: Diese „traditionelle" Methode der Programmübermittlung erscheint heute nur noch bei relativ einfachen und kurzen NC-Programmen praktikabel.

- Einlesen des Programms per *Diskette*: Bei dieser Variante werden die NC-Programme auf Disketten gespeichert und mittels eines fest an die Maschinensteuerung angeschlossenen oder eines transportablen Diskettenlaufwerkes an die Werkzeugmaschine übergeben.

- *DNC-Betrieb* (*Direct Numerical Control*): Die NC-Programme sind in einem Leitrechner gespeichert und werden bei Bedarf über ein Netzwerk in die Steuerung der jeweili-

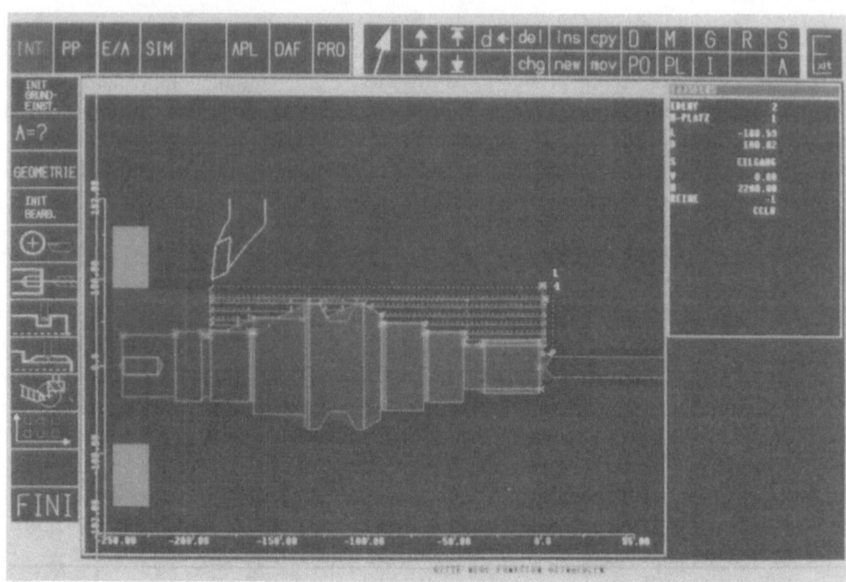

Bild 6.43 Dynamische NC-Simulation einer Drehbearbeitung [NC-Programmiersystem SIGRAPH-NC-TURN; Werkbild Siemens Nixdorf Informationssysteme AG, Nürnberg]

gen Werkzeugmaschine eingespielt (siehe auch Abschnitt 6.3.4). Während bis Ende der 80er Jahre die Programmübermittlung mittels DNC stets mit einem Maschinenstillstand verbunden war (sogenannter unidirektionaler DNC-Betrieb), stehen heute Lösungen zur Verfügung, die das Aufspielen eines neuen NC-Programms parallel zum laufenden Betrieb der Maschine erlauben (bidirektionaler DNC-Betrieb). Der DNC-Betrieb gilt heute unter Berücksichtigung der Leistungsfähigkeit und der Zuverlässigkeit (werkstattgeeignete, d.h. robuste Netzwerke vorausgesetzt!) als optimale, wegen der erforderlichen Infrastruktur (Leitrechner, Netzwerk, letzteres unter Umständen über mehrere Werkstattgebäude hinweg) jedoch nicht ganz billige Lösung.

Bild 6.44 faßt abschließend die gebräuchlichsten Methoden zur Erzeugung von NC-Programmen aus CAD-Daten noch einmal schematisch zusammen. Außer den Konstruktionsdaten werden auch noch Daten aus den zugehörigen Arbeitsplänen benötigt (siehe Abschnitt 6.2.2), die im Bild aus Gründen der Übersichtlichkeit jedoch nicht explizit dargestellt sind.

Der Integrationsgrad der CAD/NC-Kopplung nimmt in der Darstellung nach Bild 6.44 von links nach rechts zu. Wenn man von den einfachen Kopplungsmöglichkeiten über technische Zeichnungen oder reine Geometrieschnittstellen einmal absieht, wird der Integrationsgrad maßgeblich beeinflußt von dem als „CAD/NC-System" bezeichneten Block, der hier stellvertretend für eine große Palette an Systemen und Systemkonfigurationen steht. Diese reicht vom reinen Geometrieprozessor, der aus dem CAD-System übernommene Geometriedaten in Beschreibungen der Roh- und Fertigteilgeometrie in der „Sprache" des nachgeschalteten Teileprogrammsystems umwandelt (Teileprogrammschnittstelle zur NC-Geometrieübertragung),

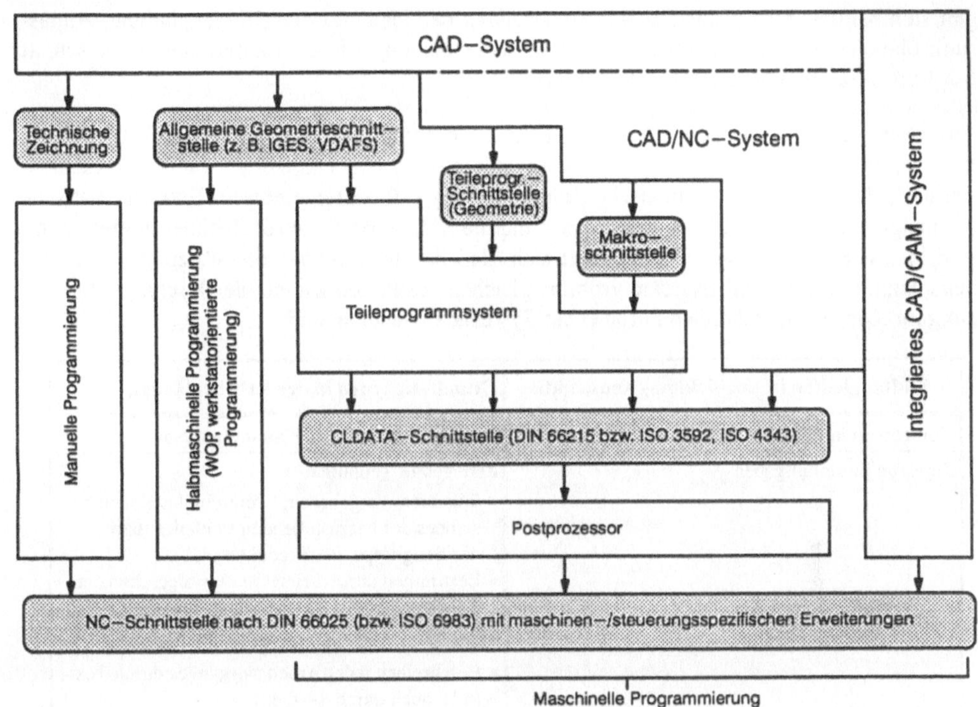

Bild 6.44   Gebräuchliche Methoden zum Erzeugen von NC-Programmen ausgehend von CAD-Daten

über Lösungen, bei denen beispielsweise ausgehend von CAD-Geometriemakros direkt NC-Makros mit hinterlegten technologischen Informationen abgeleitet werden (NC-Makroschnittstelle), bis hin zum vollständig integrierten System mit einheitlicher Datenbasis bzw. Datenbank (integriertes CAD/CAM-System). Manchmal sind auch Fälle anzutreffen, in denen ein scheinbar einheitliches System zwischen dem reinen CAD-Teil und dem/den CAD/NC-Modul(en) noch interne Schnittstellen aufweist (in Bild 6.44 angedeutet durch die Strichlinie). Bei der maschinellen NC-Programmierung am weitesten verbreitet ist die Nutzung der CLDATA-Schnittstelle nach [DIN66215], die eine nachgeschaltete Umwandlung des NC-Programms in den Maschinencode gemäß [DIN66025] mit Hilfe von Postprozessoren bedingt. Jedoch werden auch integrierte Systeme angeboten, die völlig ohne Zwischenformate auskommen und als Ausgangsinformation direkt den Maschinencode liefern. In zunehmendem Maße werden auch wissensbasierte CAD/NC-Kopplungen diskutiert, die zum Teil auf der in Abschnitt 6.2.3 bereits kurz angesprochenen Feature-Technologie aufsetzen [Haas93].

6.2.5 Integration von CAD- und CAP-Anwendungen

Es gibt zahlreiche Parallelen zwischen der Vorgehensweise in Entwicklung und Konstruktion einerseits und in der Arbeitsplanung andererseits, die eine Integration dieser Bereiche ermöglichen bzw. fördern. Vergleicht man die Grundtätigkeiten in der Konstruktion und in der Arbeitsplanung, so kommt man zu ähnlichen Mustern der Tätigkeitsarten. Ähnlich wie bei den Konstruktionsarten Neu-, Anpassungs- und Variantenkonstruktion (siehe Abschnitt 2.1) ergibt sich bei der Arbeitsplanung eine Unterteilung der Planungsarten in Neuplanung, Anpassungsplanung (Ähnlichkeitsplanung) und Variantenplanung (siehe Erläuterungen in Abschnitt 6.2.3 im Zusammenhang mit CAP-Systemen).

Tabelle 6.5 zeigt einen Vergleich zwischen den Grundtätigkeiten der Bereiche Entwicklung/ Konstruktion einerseits und Arbeitsplanung andererseits. Die Tätigkeiten – hier aufgeschlüsselt nach den Kategorien heuristische (schöpferische) Tätigkeiten einerseits und schematische (formalgeistige) Tätigkeiten andererseits – und die Möglichkeiten ihrer Rechnerunterstützung sind in **Tabelle 6.6** dargestellt. Es zeigt sich, daß bei der Rechnerunterstützung in der Arbeitsplanung durch CAP-Systeme grob die gleichen Methoden wie bei der Rechnerunterstützung im Konstruktionsbereich durch CAD-Systeme anwendbar sind.

Grundtätigkeiten in Entwicklung/Konstruktion	Grundtätigkeiten in der Arbeitsplanung
Konfrontation mit der Konstruktionsaufgabe.	Konfrontation mit der Planungsaufgabe
Zerlegen in Teilaufgaben	Zerlegen in Teilaufgaben: • falls nicht vorgegeben, Ermitteln des Rohzustandes des herzustellenden Bauteiles (bzw. der Baugruppe, des Produktes) • Bestimmen der Arbeitsvorgangsfolge, die vom Rohzustand zum Fertigzustand führt
Finden von Lösungen für die Teilaufgaben	Finden von Lösungen für die Teilaufgaben: • Beschreiben jedes Arbeitsvorganges durch Texte (u.U. auch durch Skizzen) • Zuordnen der Fertigungsmittel und Fertigungshilfsmittel
Zusammenfügen der Teillösungen	Zusammenfügen der Teillösungen
Detaillieren und Darstellen des Konstruktionsergebnisses durch Zeichnungen, Stücklisten usw.	Detaillieren und Darstellen des Planungsergebnisses durch Arbeitspläne, NC-Programme, weitere Arbeitspapiere, Maschinenbelegungs-/Materiallisten usw.
Analyse und Optimierung der Lösung durch Berechnung, Simulation, Experiment	Berechnung von Vorgabezeiten und Kosten, Simulation, Experimente; Optimierung der Lösung.

Tabelle 6.5   Vergleich der Grundtätigkeiten beim Konstruieren und beim Erstellen von Arbeitsplänen

Sachlich liegen die wesentlichen Anknüpfungspunkte für die Integration von CAD und CAP auf dem Gebiet der fertigungs- und montagegerechte Produktgestaltung und Erzeugnisgliederung (einschließlich der damit verbundenen Standardisierungsaspekte, z.B. für die Baukastenkonstruktion und -fertigung), auf dem Gebiet der Rohmaterialbestimmung sowie schließlich auf dem Gebiet der möglichst durchgängigen Produktmodellierung, um Informationsverluste und Mehrfachaufwand durch Informationsumschlüsselungen an den Schnittstellen zwischen den genannten Bereichen auf ein Minimum zu beschränken. Hierzu im folgenden einige Anmerkungen:

Grundsätzlich gilt, daß die Durchführung der Aufgaben in der Arbeitsplanung mit dem vorgelagerten Bereich Entwicklung/Konstruktion zu koordinieren ist, wobei die Art der Fertigung (Massen-, Serien-, Kleinserien-, Einzelfertigung) einen wesentlichen Einfluß auf die Art und

	Entwicklung/Konstruktion	**Arbeitsplanung**
heuristische Tätigkeiten	Funktionsfindung; Prinziperarbeitung; Gestaltung	fertigungs-/montagegerechte Gestaltung der Bauteile, Baugruppen, Produkte; Rohteilbestimmung; Festlegung der Arbeitsvorgangsfolge; Zuordnung der Fertigungsmittel und Fertigungshilfsmittel; Konstruktion spezieller Fertigungshilfsmittel
unterstützende Systeme	Variantenprogramme; interaktive CAD-Systeme für die Neukonstruktion; wissensbasierte Konstruktionssysteme	Arbeitsplanverwaltungssysteme; Arbeitsplanerstellungssysteme für die Varianten- oder Anpassungsplanung; interaktive Neuplanungssysteme; wissensbasierte Arbeitsplanungssysteme
schematische (wenig schöpferische) Tätigkeiten	Detaillieren; Erstellen normgerechter technischer Zeichnungen	Bestimmen von Schnittwerten; Erstellen normgerechter Steuerprogramme für NC-Maschinen, Roboter, NC-Meßmaschinen
unterstützende Systeme	zwei-, zweieinhalb-, dreidimensionale CAD-Datenbasis; Kanten-, Flächen-, Volumenmodelle; Normteilbibliotheken	Programmiersysteme für Maschinen/ Roboter mit mehreren Bewegungsachsen; Pre- und Postprozessoren zur Datenübernahme aus CAD bzw. zur Erstellung des Maschinencodes; Unterprogrammbibliotheken
Berechnungen, Simulationen	herkömmliche Dimensionierungsrechnungen; Analyse komplexer mechanischer, strömungsmechanischer, thermischer Beanspruchungen; dynamische Analysen; Bewegungssimulationen	Vorgabezeitenermittlung; Kostenkalkulation; Überprüfung der Verfahrwege von NC-Maschinen, Robotern, NC-Meßmaschinen auf Korrektheit und auf Kollisionsfreiheit
unterstützende Systeme	einfache Berechnungsroutinen; Finite-Elemente-Systeme für mechanische, strömungsmechanische, thermische Analysen in linearen und nichtlinearen sowie statischen und dynamischen Fällen; Kinematikmodule	Modelle der Zeitermittlung nach REFA, MTM, WF[*] usw.; Verfahren der linearen Optimierung; verschiedene Modelle/Verfahren der Herstellkostenberechnung; graphische Simulation von Bearbeitungs-, Montage-/ Handhabungs-, Meßprozessen

[*] MTM: Methods Time Measurement, in Deutschland vertreten durch die Deutsche MTM-Vereinigung, Hamburg; WF: Worc Factor (-Verfahren); beide Kürzel stehen für bekannte Zeitermittlungsverfahren, näheres siehe etwa in [REFA93]

Tabelle 6.6 Vergleich der Tätigkeiten in den Bereichen Entwicklung/Konstruktion und Arbeitsplanung und Möglichkeiten zu ihrer Rechnerunterstützung

den Umfang der Zusammenarbeit ausübt. In jedem Fall sollte eine endgültige Freigabe der Konstruktionsergebnisse nur nach Prüfung und Zustimmung durch die Arbeitsplanung erfolgen.

Hierdurch wird die Berücksichtigung der Anforderungen aus Fertigung und Montage an die Produktgestaltung sichergestellt (Stichwort *fertigungs- und montagegerechtes Konstruieren*[57])), was erhebliche Zeit- und Kostenvorteile mit sich bringt und deshalb durch geeignete organisatorische, personelle und/oder informationstechnische Maßnahmen unbedingt zu unterstützen ist. Dies trifft besonders bei großen Stückzahlen zu (Massen- und Serienfertigung), während im Falle der Einzelfertigung die Zusammenarbeit oft nur bei kosten- oder zeitkritischen Teilen formal geregelt wird. **Bild 6.45** faßt den „typischen" Umfang der Koordination zwischen Entwicklung/Konstruktion und Arbeitsplanung in Abhängigkeit von der Fertigungsart schematisch zusammen.

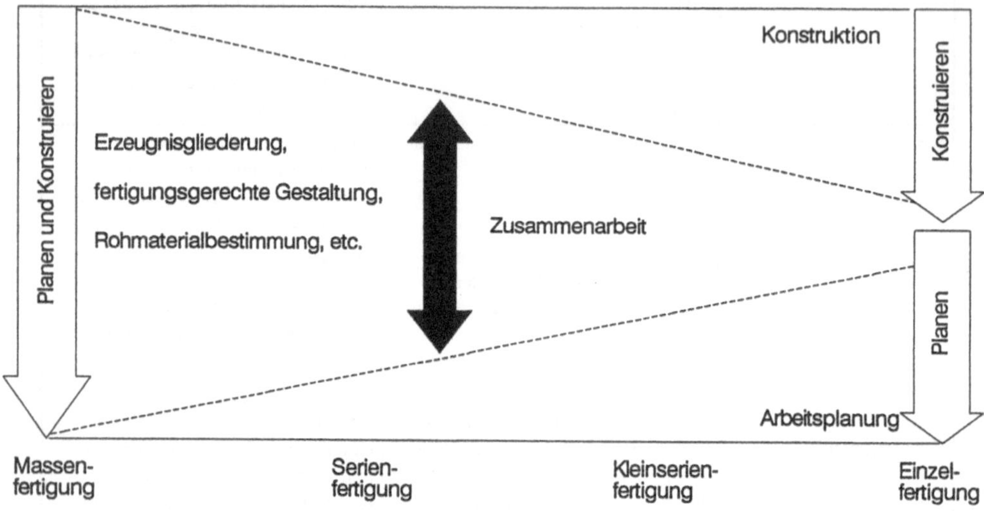

Bild 6.45   Koordination der Aufgaben von Entwicklung/Konstruktion und Arbeitsplanung

Im Zuge neuer Formen der Ablauforganisation, wie beispielsweise *Gruppenarbeit* oder *Simultaneous Engineering* (auch *Concurrent Engineering* genannt), wird die Trennung zwischen Konstruktions- und Planungstätigkeiten immer mehr verwischt. Bisher sequentiell durchgeführte Tätigkeiten lassen sich parallelisieren, so daß Zeit und Kosten eingespart werden können. Es ist denkbar, daß zukünftig alle Arbeiten innerhalb eines Verbundes aus den klassischen Bereichen Entwicklung, Konstruktion und Arbeitsplanung gemeinsam ausgeführt werden, unabhängig von Fertigungsart und Fertigungsstückzahlen, um auf diese Weise erstens fertigungs- und montagegerechte Produkte von Anfang zu entwickeln (und nicht erst nach mehreren Iterationen zwischen voneinander abgegrenzten Abteilungen), zweitens dadurch die Durchlaufzeiten durch die (hier zusammengefaßten) produktdefinierenden Bereiche zu verkürzen und drittens Fehler zu vermeiden bzw. durch Simulation frühzeitig zu erkennen und zu beheben.

[57)]   Die Prinzipien des fertigungs- und montagegerechten Konstruierens sind auch unter den aus dem Englischen stammenden Kürzeln *DFM* (*Design for Manufacturing*) bzw. *DFA* (*Design for Assembly*) bekannt.

Während die Koordination der Aufgaben von Entwicklung/Konstruktion und Arbeitsplanung sowie die fertigungs- und montagegerechte Produktgestaltung in erster Linie durch organisatorische und personelle Maßnahmen optimiert werden können, richtet sich die Forderung nach einer möglichst durchgängigen Produktmodellierung primär an die informationstechnischen Unterstützungssysteme in den Bereichen Entwicklung/Konstruktion und Arbeitsplanung (einschließlich NC-Programmierung). Hier gibt es bei vielen heute in der Praxis eingesetzten Systemen bzw. Systemverbunden noch Defizite, die sich unter anderem darin äußern, daß Datenübergaben von einem (Teil-) System ins nächste oft noch umfangreiche (d.h. zeitintensive und fehleranfällige) manuelle Eingriffe erfordern. Verbesserungen erwartet man von der Definition und Nutzung geeigneter Produktmodelle, die bereits in Abschnitt 2.3 beschrieben wurden. Speziell auf das Produktmodellkonzept von STEP, das aufgrund der anstehenden internationalen Normung [ISO10303] eine Präferenz gegenüber anderen Ansätzen genießt, wird Abschnitt 7.1 noch näher eingehen. Um die Vorteile eines durchgängigen, für die Bereiche Entwicklung/Konstruktion und Arbeitsplanung einheitlichen Produktmodells ausschöpfen zu können, werden jedoch in vielen Fällen auch Änderungen der Ablauf- und/oder der Aufbauorganisation eines Unternehmens notwendig sein, ähnlich wie sie weiter oben beschrieben worden sind.

Bild 6.46 zeigt abschließend am Beispiel der Entstehung eines Spritzgußteiles die Zusammenarbeit zwischen Entwicklung, Konstruktion und Arbeitsplanung mit Musterfertigung. Die Kommunikation erfolgt hierbei über das gemeinsame Produktmodell, in dem alle Daten eindeutig gespeichert vorliegen. Organisatorisch sind die drei Funktionen zu einer Einheit, dem sogenannten *EIZ-Arbeitsplatz* (*Engineering-Idle-Zero-Workplace*, siehe auch Abschnitt 8.3.4) zusammengefaßt, in dem Verfahren der Gruppenarbeit oder des Simultaneous bzw. Concurrent Engineering Anwendung finden können.

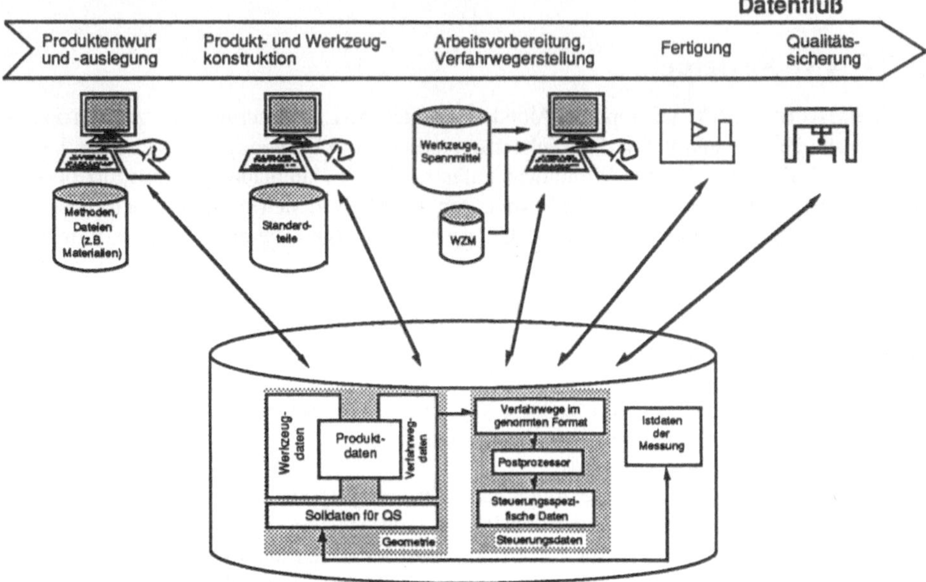

Bild 6.46   Integration von Entwicklung/Konstruktion, Arbeitsplanung und weiteren Funktionsbereichen über das gemeinsame Produktmodell [Vajn88]

Es sprechen viele Argumente dafür, für die Rechnerunterstützung in Konstruktion/Entwicklung und Arbeitsplanung die gleichen oder ähnliche Geräte einzusetzen, um

–   die Bedienung zu vereinheitlichen und somit zu vereinfachen,
–   am gleichen Arbeitsplatz Tätigkeiten von Entwicklung/Konstruktion und Arbeitsplanung ausüben zu können, etwa zur unmittelbaren Optimierung von (Zwischen-) Ergebnissen der Konstruktion durch Simulation der Fertigungs- oder Montagevorgänge.

Die Frage, ob sich die angestrebte Integration von Entwicklung, Konstruktion und Arbeitsplanung durch die Verwendung eines einheitlichen Softwaresystems oder durch die Verzahnung unterschiedlicher Einzelsysteme mit Hilfe eines einheitlichen Produktmodells besser realisieren läßt, ist nicht allgemeingültig zu beantworten. Die Vorteile der ersten Alternative sind die Bereitstellung von CAD-, CAP/NC- und CAM-Funktionen mit einheitlichem Datenmodell und einheitlicher Benutzeroberfläche. Der Vorteil des zweiten Ansatzes besteht dagegen darin, daß jede Einzelkomponente aufgabenspezifisch ausgewählt werden kann, wodurch sich das entstehende Gesamtsystem im allgemeinen besser und flexibler auf die Belange des anwendenden Unternehmens oder Unternehmensbereiches abstimmen läßt.

Bei allen Überlegungen im Zusammenhang mit dem Stichwort Simultaneous Engineering (sowie auch mit dem Stichwort CIM) ist zu berücksichtigen, daß es nicht nur auf die Organisation und die Technik (Hard- und Software), sondern zu mindestens gleichem Anteil auch auf das Personal (die „Peopleware", [Schl89b]) eines Unternehmens ankommt: Nur durch hinreichend qualifizierte und motivierte Mitarbeiter können die erwünschten Effekte wie die Verbesserung der Produktqualität, die Verkürzung der Auftragsdurchlaufzeiten, die Steigerung der Flexibilität, die Erhöhung der Wirtschaftlichkeit und der Wettbewerbsfähigkeit und damit letztlich die Zukunftssicherung eines Unternehmens tatsächlich realisiert werden.

6.3   CAM-Systeme

Unter dem Kürzel CAM (Computer Aided Manufacturing, rechnerunterstützte Fertigung) versteht man schwerpunktmäßig die Rechnerunterstützung in Fertigung und Montage, bei der Steuerung des Fertigungs- bzw. Montageablaufes sowie bei Handhabung, Transport und Lagerung von Bauteilen, Baugruppen und Produkten. CAM-Systeme (heute oft noch ohne Integration mit anderen Rechnersystemen im Unternehmen) tragen wesentlich zur Automatisierung der Fertigung bei.

Die Schwerpunkte der bisher favorisierten Automatisierungskonzepte lassen sich schlagwortartig wie folgt charakterisieren:

–   Rationalisierung und Automatisierung einzelner Fertigungseinrichtungen
–   Ausrichtung auf maximalen Durchsatz (Quantität)

Allerdings verlangt der Markt heute zunehmend Fertigungskonzepte, die es gestatten, unterschiedliche Bauteile bzw. Baugruppen und Produkte in beliebiger Reihenfolge und in wechselnden Losgrößen (bis hinunter zur Losgröße 1) wirtschaftlich herzustellen, **Bild 6.47**. Dabei sind folgende, sich teilweise widersprechende Zielvorgaben zu erfüllen [BeSc91]:

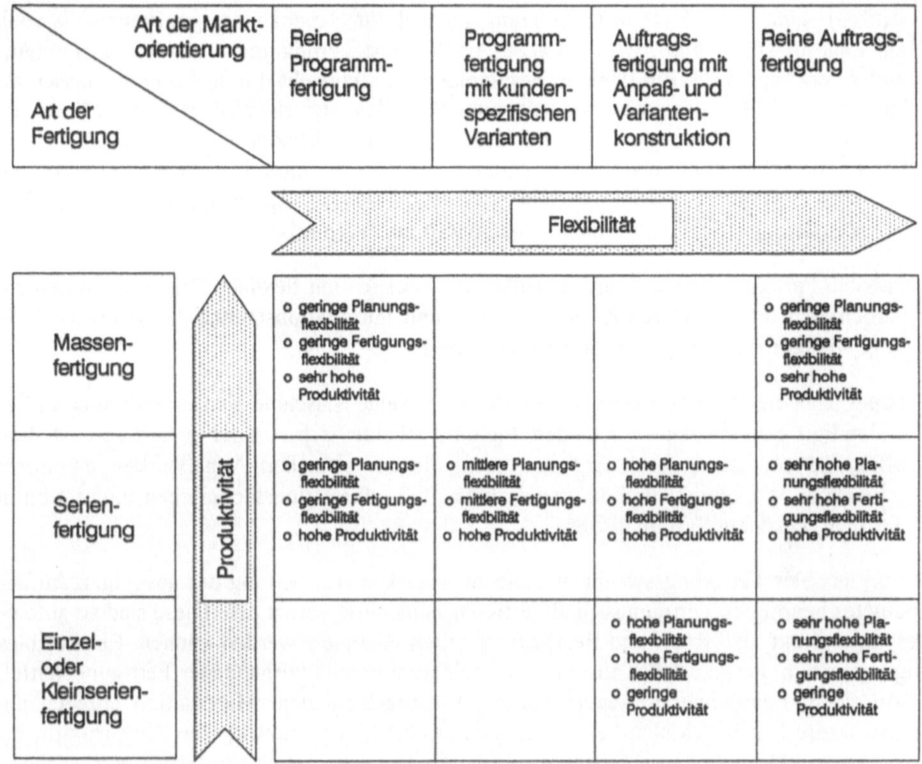

Bild 6.47   Produktivität und Flexibilität [Vorlage: Diebold Deutschland GmbH, Eschborn]

- Termintreue
- Verkürzung der Auftragsdurchlaufzeiten
- Verstetigung der Werkstattauslastung
- Minimierungsziele, z.B. Minimierung der Rüstzeiten, des Verschnittes, der Lagerbestände, der Transporte

Ein Ansatz zur Erfüllung der neuen Anforderungen ist das Konzept der *flexiblen Fertigung*. Im folgenden wird schwerpunktmäßig auf flexible Fertigungssysteme (FFS), Handhabungssysteme, Lager- und Transportsysteme als die wichtigsten Komponenten einer flexiblen Fertigung sowie auf die Maßnahmen zu ihrer Rechnerunterstützung eingegangen.

6.3.1 Flexible Fertigungssysteme (FFS)

Die Begriffe flexibles Fertigungssystem, flexible Fertigungsinsel und flexible Fertigungszelle werden zwar seit einiger Zeit lebhaft diskutiert, jedoch existiert keine eindeutige Definition und gegenseitige Abgrenzung. Hier gelten folgende Begriffsbestimmungen:

- Ein flexibles Fertigungssystem ist ein mehrstufiges (d.h. aus mehreren unterschiedlichen Maschinen bestehendes) Produktionssystem, in dem die drei technischen Komponenten *Bearbeitungssystem* (bestehend aus Fertigungsmitteln, Fertigungshilfsmitteln und Hilfsstoffen), *Materialflußsystem* (zum Transport und zur Handhabung, gegebenenfalls auch zur Lagerung) und *Informationssystem* (zur Prozeßsteuerung und -überwachung) miteinander verknüpft sind. Ein flexibles Fertigungssystem entsteht durch Zusammenfassen aller Arbeitsschritte, die zur Herstellung eines Bauteiles oder einer Bauteilfamilie (bzw. einer Baugruppe/Baugruppenfamilie) erforderlich sind, und bildet eine autonome, weitgehend autarke Produktionseinheit. Art und Anzahl der in einem Unternehmen benötigten flexiblen Fertigungssysteme ergeben sich beispielsweise aus gruppentechnologischen Strukturierungen des Teile- und Produktspektrums [Vajn92].

- Flexible Fertigungsinseln besitzen große Ähnlichkeiten mit flexiblen Fertigungssystemen, jedoch sind die Elemente der (materialfluß- und informationstechnischen) Innenverkettung weniger stark ausgeprägt oder fehlen ganz.

- Unter einer flexiblen Fertigungszelle wird die einzelne Maschine als Bestandteil eines flexiblen Fertigungssystems verstanden. Sie unterscheidet sich von der isoliert aufgestellten Maschine vor allem durch Erweiterungen, die der schnellen Anpaßbarkeit an unterschiedliche Werkstücke und der materialfluß- und informationstechnischen Integration in das übergeordnete System dienen.

In einem flexiblen Fertigungssystem sind alle zur autarken Bearbeitung des jeweiligen Aufgabengebietes benötigten Fertigungs- und Fertigungshilfsmittel vorhanden. Diese sind so aufeinander abgestimmt, daß Rüst- und Bearbeitungszeiten minimiert werden können. Ein flexibles Fertigungssystem besteht daher aus einer Kombination bereits vorhandener Fertigungsmittel, die von einem Leitrechner gesteuert werden. Entsprechend dem Materialfluß ergeben die Grundstrukturen eines flexiblen Fertigungssystems eine Linienstruktur, eine Ringstruktur, eine Flächenstruktur oder eine Leitstruktur (d.h. Weiterreichen eines Auftrages entsprechend dem Arbeitsfortschritt).

Ein flexibles Fertigungssystem enthält mehrere Bearbeitungsstationen (z.B. automatisierte Werkzeugmaschinen in Universal- oder Sonderbauart, bei Bedarf daneben auch einzelne konventionelle Werkzeugmaschinen), die durch ein automatisiertes Materialflußsystem so verknüpft sind, daß ein möglichst vollständiges Bearbeiten unterschiedlicher Bauteile bzw. Baugruppen möglich wird, **Bild 6.48**. Diese durchlaufen das flexible Fertigungssystem auf verschiedenen Pfaden, einzelne Stationen können somit in unterschiedlicher Reihenfolge angelaufen und durchlaufen werden.

Flexible Fertigungssysteme erreichen durch rechnergeführte automatisierte Versorgung der Einzelmaschinen gleichermaßen eine hohe Flexibilität und Produktivität. In einem flexiblen Fertigungssystem ist somit eine automatisierte mehrstufige Mehrproduktfertigung möglich. Das flexible Fertigungssystem bildet in der Fertigung einen Kompromiß zwischen den starren (d.h. nur für eine Aufgabe ausgelegten) Transferstraßen und beliebig einsetzbaren einzelnen Maschinen, **Bild 6.49**.

Für die eingesetzten Fertigungsmittel führt die Forderung nach hoher Flexibilität zu einer frei programmierbaren Verkettung numerisch gesteuerter Einzelmaschinen mit Hilfe elektronischer Steuerungen, Sensoren, Rechner und Stellglieder. Dies ist im allgemeinen mit nicht unerheblichen Kosten verbunden, wie es an einem Beispiel **Bild 6.50** erläutert: Wird eine CNC-

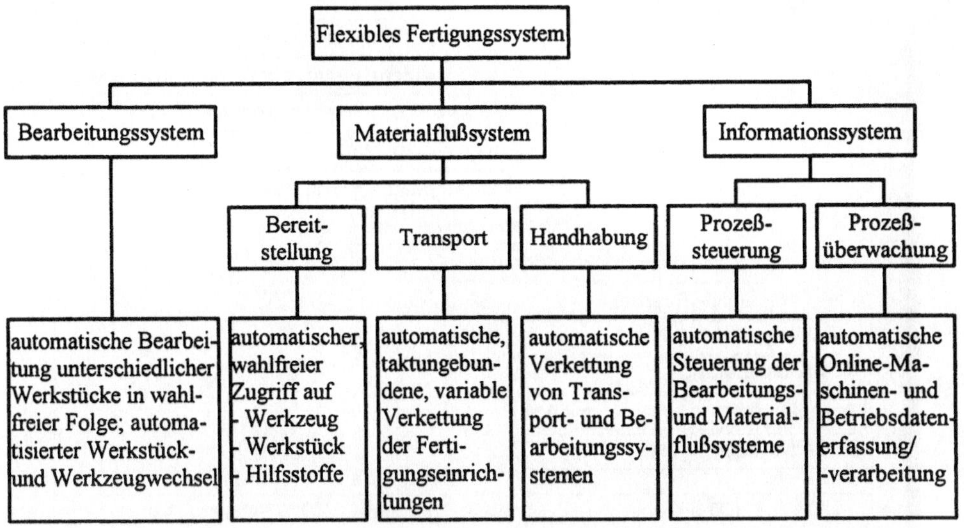

Bild 6.48   Struktur flexibler Fertigungssysteme (FFS)

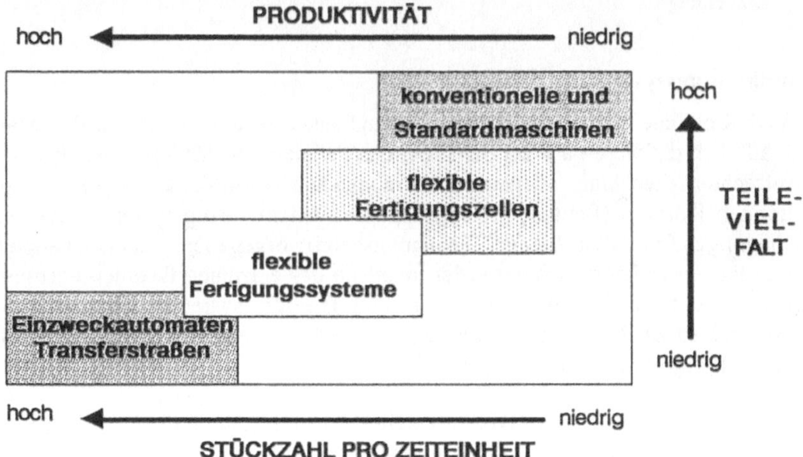

Bild 6.49   Einsatzbereich flexibler Fertigungssysteme

Maschine für die spanende Bearbeitung durch verschiedene gerätetechnische Erweiterungen (z.B. Späneförderer, Werkstück- und Werkzeugspeicher, angetriebene Werkzeuge, Greifer) und Softwarekomponenten (z.B. DNC-System, Speicher- und Prüfsysteme) auf eine flexible Fertigungszelle erweitert, so können die Gesamtkosten leicht auf mehr als das Dreifache des Grundpreises ansteigen.

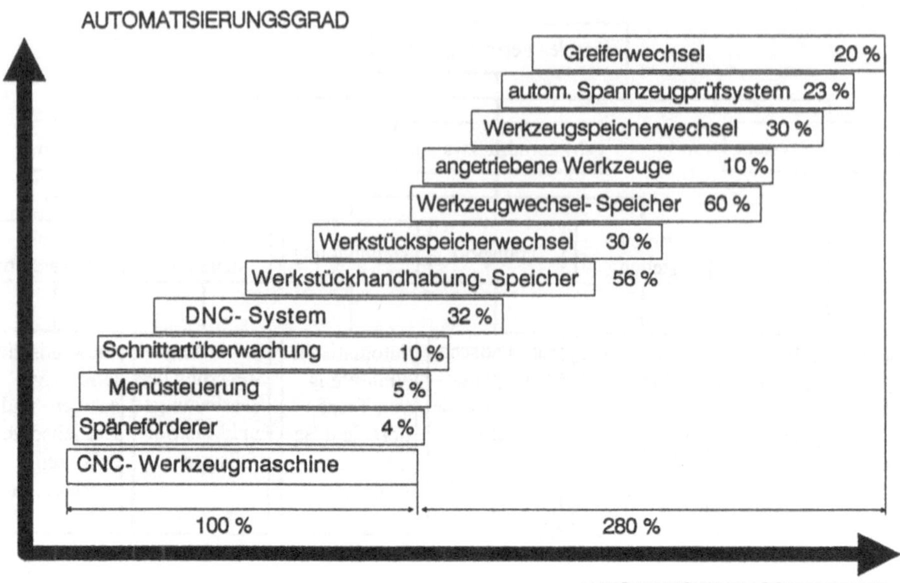

Bild 6.50   Aufwand für die flexible Automatisierung einer CNC-Werkzeugmaschine für die spanende
Bearbeitung

6.3.2 Handhabungssysteme

Nach der VDI-Richtlinie 2860 [VDI2860] ist „Handhaben" eine Teilfunktion des Materialflusses und läßt sich definieren als das Schaffen, das definierte Verändern oder das vorüber-
gehende Aufrechterhalten einer vorgegebenen räumlichen Anordnung (Lage) von geometrisch bestimmten Körpern (Bauteilen, Baugruppen) in einem Bezugssystem. Dabei können
weitere Bedingungen (z.B. Zeit, Menge, Bewegungsbahn) vorgegeben sein (siehe auch [Lott-
86]). Das Handhaben vollzieht sich entweder innerhalb des einzelnen flexiblen Fertigungssystems oder an dessen Schnittstellen mit Lager- und Transportsystemen (Materialflußsyste-
men). Im Unterschied zur Fertigung werden durch Handhaben Form und Zustand eines Bauteiles bzw. einer Baugruppe nicht verändert.

Der Begriff Handhaben wird nach [VDI2860] weiter unterschieden in die Unterbegriffe Speichern, Menge verändern, Bewegen, Sichern sowie Kontrollieren. In der Fertigungstechnik
kann das Handhaben entweder den Werkzeug- und den Werkstückwechsel (d.h. die automatische Beschickung der Bearbeitungsmaschine) oder den Werkzeugaustausch (d.h. den Ersatz
eines defekten Werkzeuges durch ein identisches neues) oder beide Vorgänge gleichzeitig betreffen. Wird die Handhabung nicht mehr manuell durchgeführt, sondern durch technische
Mittel realisiert, spricht man von Handhabungseinrichtungen, im alltäglichen Sprachgebrauch
auch von Robotern[58] .

---

[58]   Die Bezeichnung „Roboter" wurde von dem polnischen Science-Fiction-Autor Stanislaw Lem für einen
künstlich geschaffenen (Maschinen-) Menschen aus „Rabota" (slawischer Begriff für Arbeit) geprägt.

Handhabungseinrichtungen können eingeteilt werden in:

- *Einzweckeinrichtungen*: Sie realisieren nur eine einzige Handhabungsfunktion, z.B. als Speichereinrichtung, Kontrollvorrichtung, Palettierer, Takt- und Hubeinrichtung.

- *Industrieroboter* (ortsfeste Roboter): Dies sind universelle Bewegungsautomaten mit mehreren Bewegungsachsen, deren Bewegungen hinsichtlich Bewegungsfolge und Wegen bzw. Winkeln frei programmierbar und gegebenenfalls sensorgeführt sind. Industrieroboter sind mit Greifern, Werkzeugen oder anderen Fertigungshilfsmitteln ausrüstbar und können Handhabungs- und/oder Fertigungsaufgaben ausführen.

  Industrieroboter setzen sich zusammen aus den Hauptkomponenten:

  - Kinematik
  - Greifer
  - Antriebe
  - Steuerung
  - Meßsystem
  - Sensorik (an den Greifern)

  Industrieroboter besitzen, da sie ortsfest sind, immer einen begrenzten Arbeitsraum, in dem sie im wesentlichen Lageänderungen des Bauteiles ausführen. Innerhalb dieses Arbeitsraumes müssen alle Handhabungsfunktionen realisiert werden.

- Die Erweiterung des Arbeitsraumes eines Industrieroboters ist in Kombination mit einem Transportsystem möglich. Dies führt zu einem *Transportroboter* oder *mobilen Roboter*. Die Erweiterung des Arbeitsraumes wird im Transportroboter durch eine der folgenden Möglichkeiten realisiert:

  - Eine eindimensionale oder Linien-Beweglichkeit wird erreicht, indem ein Industrieroboter auf eine Schiene montiert (Kommissionierroboter), an eine Schiene gehängt (Ladeportal) oder auf dem Schlitten eines Regalbediengerätes befestigt wird.
  - Flurförderzeuge (z.B. fahrerlose Transportsysteme bzw. FTS) oder Hängebahnsysteme werden mit Industrierobotern bestückt. Dies ermöglicht eine zweidimensionale oder Flächen-Beweglichkeit.
  - Eine dreidimensionale oder Raum-Beweglichkeit kann erzielt werden in Form eines Kranportales mit eigener Hubeinrichtung und darauf montiertem Industrieroboter.

  Transportroboter besitzen, da sie nicht ortsgebunden sind, einen nur durch ihre Beweglichkeit begrenzten Arbeitsraum. Sie führen damit nicht nur Lageänderungen, sondern auch Ortsänderungen (Transporte) des Bauteiles bzw. der Baugruppe aus.

Die Einsatzmöglichkeiten der vorstehend beschriebenen Handhabungseinrichtungen zeigt **Bild 6.51**.

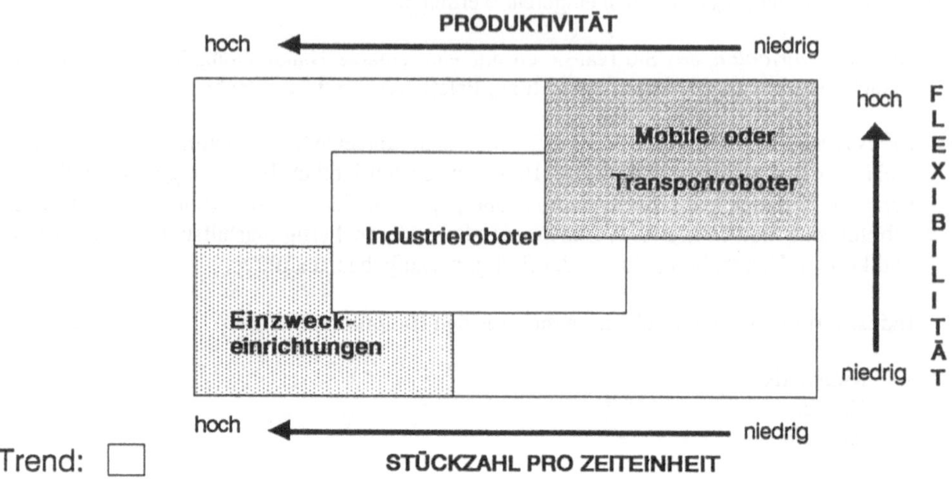

Bild 6.51   Einsatzmöglichkeiten für Handhabungseinrichtungen

Industrieroboter werden bevorzugt dort eingesetzt, wo die Fertigungsqualität auf hohem Niveau stabilisiert werden muß, obwohl eine große Flexibilität bei Änderungen im Produktionsablauf aufgrund von Sonderwünschen und kleinen Losgrößen erforderlich ist. Dies wird im wesentlichen durch eine hohe Arbeits- und Wiederholgenauigkeit, durch die Verminderung von Nebenzeiten (Lager-, Transport- und Rüstzeiten) und durch die Möglichkeit zur Mehrfachnutzung von Fertigungseinrichtungen erreicht.

6.3.3   Lager- und Transportsysteme

Seit vielen Jahren ist bekannt, daß Lager-, Transport- und Rüstzeiten (sogenannte Nebenzeiten) bis zu 95 % der Durchlaufzeit eines Auftrages durch die Fertigung ausmachen (siehe z.B. [Holt78, Sche90]). Um die Nebenzeiten möglichst gering zu halten bzw. eine möglichst kurze Durchlaufzeit zu erzielen, erfordert eine flexible Fertigung die Rechnerunterstützung und die Automatisierung des Materialflusses vom Wareneingang bis zum Versand. Hierzu benötigt man geeignete Lager- und Transportsysteme, die die einzelnen Bearbeitungsstationen miteinander verketten und gleichzeitig Puffer zwischen den Stationen sind.

Lagersysteme kommissionieren Material bzw. Bauteile/Baugruppen, verwalten einzelne Lagerstellen (z.B. Behälter, Fächer) in Lagereinrichtungen (z.B. Bodenlager, Regallager oder Umlauflager) und steuern die Ein- und Auslagerungen (Lagerspiele). Dabei kann ein Lagerspiel bei Bedarf auch eine Prüfoperation des Lagerinhaltes umfassen. **Bild 6.52** zeigt den Einsatzbereich unterschiedlicher Lagersysteme.

Transportsysteme realisieren die Ortsveränderungen von Material und Bauteilen/Baugruppen zwischen den Bearbeitungsstationen und den Lagern. Ein Transportsystem besteht aus dem Transportmittel, dem Transportnetz und der Steuerung:

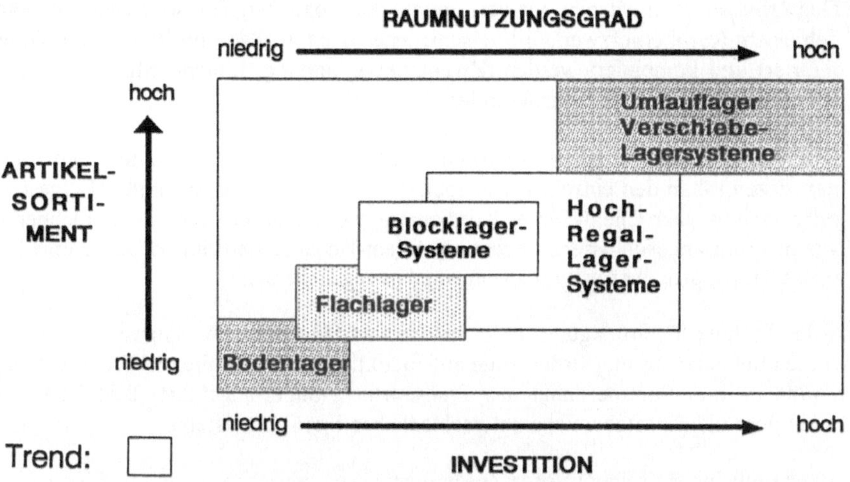

Bild 6.52   Einsatzbereich unterschiedlicher Lagersysteme

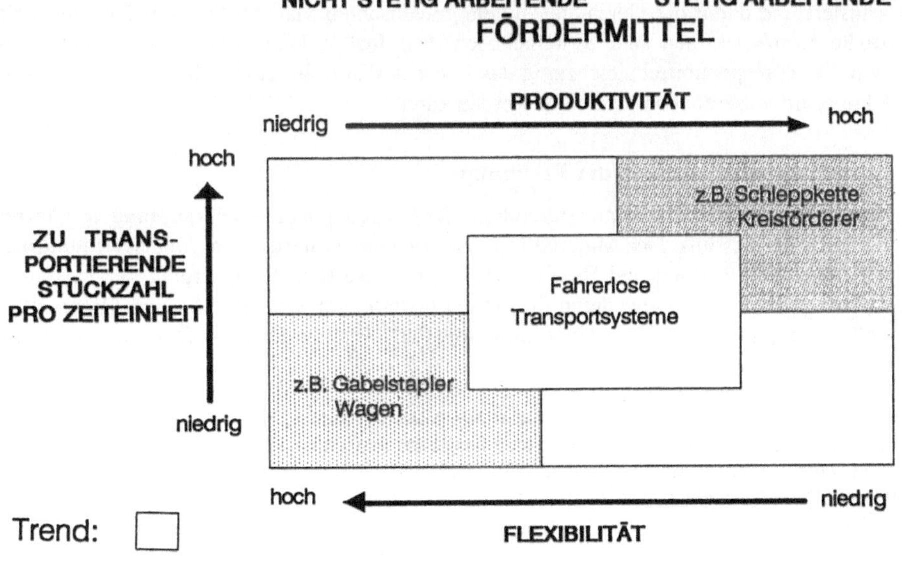

Bild 6.53   Einsatzbereiche unterschiedlicher Transportsysteme

- *Transportmittel* sind z.B. ein Förderband, eine Schleppkette, eine Rollenbahn, die alle stetig fördern, oder ein Kran, ein Gabelstapler (Hubwagen), ein Flurförderzeug (Wagen), die zur Gruppe der Unstetigförderer gehören.

- Das *Transportnetz* entsteht aus der Summe der möglichen Transportwege. Es kann ähnlich einem Rechnernetzwerk auf verschiedene Arten in allen drei Raumdimensionen konfiguriert und kombiniert werden (Zweipunktverbindung, Linien-, Maschen-, Stern- und Ringnetz; siehe Kapitel 5, insbesondere Bild 5.1).

- Die *Transportsteuerung* kann zentral für das gesamte Transportnetz über einen Leitrechner, dezentral an den einzelnen Haltepunkten bzw. am Transportmittel (Folgesteuerung) oder auch in einer Client-Server-Konfiguration erfolgen, bei der ein Leitrechner als Server mehrere angeschlossene dezentrale Client-Rechner koordiniert und damit beispielsweise Transporte über mehrere Teilnetze hinweg sicherstellt.

Stand der Technik für Stückgüter in der Fläche sind fahrerlose Transportsysteme (FTS). Dabei werden unbemannte Flurförderzeuge auf Induktionsschleifen, die die Transportwege festlegen (und in ihrer Summe damit das Transportnetz bilden), geführt. **Bild 6.53** zeigt eine Übersicht über die Einsatzbereiche unterschiedlicher Transportsysteme.

Voraussetzung für ein reibungsloses Zusammenwirken zwischen Lager- und Transportsystemen sind einheitliche Transporthilfsmittel, mit denen unterschiedliche Materialien, Werkzeuge und Werkstücke transportiert werden können. Realisiert werden solche Hilfsmittel z.B. durch Palettenrahmen mit Paletteneinsätzen als Werkzeug- bzw. Werkstückträger.

Im Zusammenspiel der Lager- und Transportsysteme mit flexiblen Fertigungssystemen kann je nach Bedarf eine zentrale, eine bereichsweise, eine dezentrale oder eine integrierte Fertigung realisiert und damit die Flexibilität in dem gewünschten Maß erzeugt werden. Beispiele für aktuelle Kombinationen sind Systeme nach dem Just-in-Time- und dem Kanban-Prinzip[59], wo das Transportmittel gleichzeitig das Lager des Transportgutes darstellt und auf stationäre Lager im wesentlichen verzichtet werden kann.

6.3.4   Informationssysteme in der Fertigung

Ausgangspunkt für die Rechnerunterstützung in der Fertigung ist die Verknüpfung von Material- und Informationsfluß. Der Materialfluß verläuft vom Wareneingang mit der Identifikation, gegebenenfalls Prüfung und Beschriftung über die verschiedenen Stufen der Fertigung und der Montage mit ihren jeweiligen Prüfungen bis hin zum Versand. An den Materialfluß gekoppelt ist ein parallel verlaufender Informationsfluß, welcher der Identifizierung und Klas-

---

[59] Das Just-in-Time-Prinzip soll in der Fertigung die Bestände und damit die Kapitalbindung verringern, wodurch die Produktivität des eingesetzten Kapitals erhöht wird. Ein von einem Kunden oder einer Bearbeitungsstation benötigtes Teil wird erst kurz vor dem Bedarf auf Veranlassung des Empfängers beim Lieferanten des Teils produziert und direkt (just in time, „rechtzeitig") zum Empfänger transportiert. Das Teil muß im Idealfall weder beim Hersteller noch beim Empfänger im Vorfeld auf Lager gehalten werden und bindet daher kein Kapital. Die Philosophie des Just-in-Time ist eher auf Serien- und Massenfertigungen zugeschnitten.
„Kanban" bezeichnet ein Bestellauslöseverfahren, bei der die Bestellmenge immer gleich ist, die Bestellzeitpunkte aber unterschiedlich ausfallen. „Kanban" ist der japanische Begriff für eine Pendelkarte oder einen Bedarfsschein, der beim Lieferanten einen Auftrag auslöst. Wichtig ist, daß mit Kanban das sogenannte *Holprinzip* eingeführt wird, indem derjenige, der ein Teil benötigt, sich um dessen Beschaffung selbst kümmern muß, statt auf Anlieferungen zu warten.

sifizierung der Materialien (Rohmaterial, Zulieferteile, Werkzeuge, Werkstücke in verschiedenen Fertigungs- sowie Prüfungs-/Freigabestufen) dient. Die Informationen müssen an den entsprechenden Stellen durch geeignete Systeme bereitgestellt, aufgenommen, verarbeitet, verdichtet und weitergegeben werden.

Wichtigste Voraussetzung für eine automatisierte Informationserfassung, -verarbeitung, -speicherung und -übertragung sind maschinenlesbare Schriften (z.B. OCR-Schrift für Belegleser) und Kodierungen (mechanische, magnetische, elektrische und optische Verfahren, z.B. Balkencode oder „Barcode", bei dem Ziffern mit unterschiedlich breiten schwarzen Strichen und weißen Zwischenräumen verschlüsselt werden).

Informationssysteme dienen einerseits der fertigungsnahen Datenverarbeitung (Prozeßsteuerung), andererseits der Datenübertragung zu anderen Systemen.

Elemente der Prozeßsteuerung sind Steuerungen für Werkzeugmaschinen (CNC, Computerized Numerical Control), speicherprogrammierbare Steuerungen (SPS), Steuerungen für Handhabungssysteme (z.B. Robotersteuerungen) sowie Systeme zur Maschinen- und Betriebsdatenerfassung (MDE/BDE). MDE- und BDE-Systeme unterstützen die maschinellen bzw. fördertechnischen Funktionen, liefern Daten für die Qualitätssicherung und die Instandhaltung (insbesondere für die vorbeugende Instandhaltung, die notwendige Bedingung für komplexe Bearbeitungsstationen und einen mannlosen Schichtbetrieb ist) und lösen Rück- und Fertigmeldungen an das PPS-System aus. Dadurch können z.B. Transportvorgänge von Werkstücken und Werkzeugen geregelt, Werkzeuge an der Bearbeitungsstation und im Magazin verwaltet sowie Spann- und Meßstationen effektiv gesteuert werden.

Die Datenübertragung zu anderen Rechnersystemen betrifft im wesentlichen Steuerdaten zur Prozeßsteuerung und -überwachung sowie Fehlermeldungen und Managementinformationen, die an übergeordnete Rechnersysteme übermittelt werden.

Der Informationsfluß kann über verschiedene Hierarchieebenen geführt werden. Die einzelnen Ebenen von unten nach oben sind, **Bild 6.54**:

- *Ausführungs-* oder *Feldebene*: Stellbefehle für Komponenten der Fertigungsmittel, Aktoren, Sensoren und Antriebe

- *Steuerungs-* oder *Gruppenebene* (CNC-Ebene): z.B. Werkstücktransportsteuerung, Werkstückhandhabungssteuerung, Steuerung aller SPS und CNC sowie die Positioniersteuerung der Regalförderzeuge (RFZ)

- *Prozeßführungs-* oder *Prozeßleitebene* (DNC-Ebene): z.B. Steuerung und Versorgung von Bearbeitungs- und Funktionseinheiten, Transportsteuerung, Ablauf eines Regalförderzeug-Spieles, Identifizierung von Werkstücken und Werkzeugen sowie Verwalten des Produktionsabbildes (auf der Ebene des einzelnen flexiblen Fertigungssystems)

- *Organisations-* oder *bereichsorientierte Leitebene* (Bereichsrechner-Ebene): z.B. Verwalten von Fertigungsaufträgen und Arbeitsplänen, Abarbeiten der Ein- und Auslagerungsaufträge, Auftragsablaufsteuerung sowie Verwalten des Produktionsabbildes (Leitsteuerstand, übergreifend über alle flexiblen Fertigungssysteme eines Bereiches)

- *Dispositionsebene* oder *unternehmensorientierte Informations- und Leitebene*: operative Planung, unternehmensweite Steuerung und Regelung der Material- und Informationsflüsse im Unternehmen (auf dieser Ebene auch Anschluß der CAD-, CAP- und PPS-Systeme aus den der Fertigung vorgelagerten Bereichen)

- *Administrationsebene*: Entwicklung von Unternehmensstrategien, Investitionsplanungen, Auftragsverwaltung und Abrechnungswesen, Berichtswesen

Die für die Unterstützung dieser Hierarchie notwendigen Kommunikationssysteme werden mit unterschiedlichen Rechnersystemen realisiert, die miteinander über Netzwerke (WAN und LAN) unterschiedlicher Konfiguration und mit unterschiedlichen Übertragungsverfahren verbunden sind (siehe Kapitel 5 und hier insbesondere Bild 5.9 als eine Lösungsmöglichkeit).

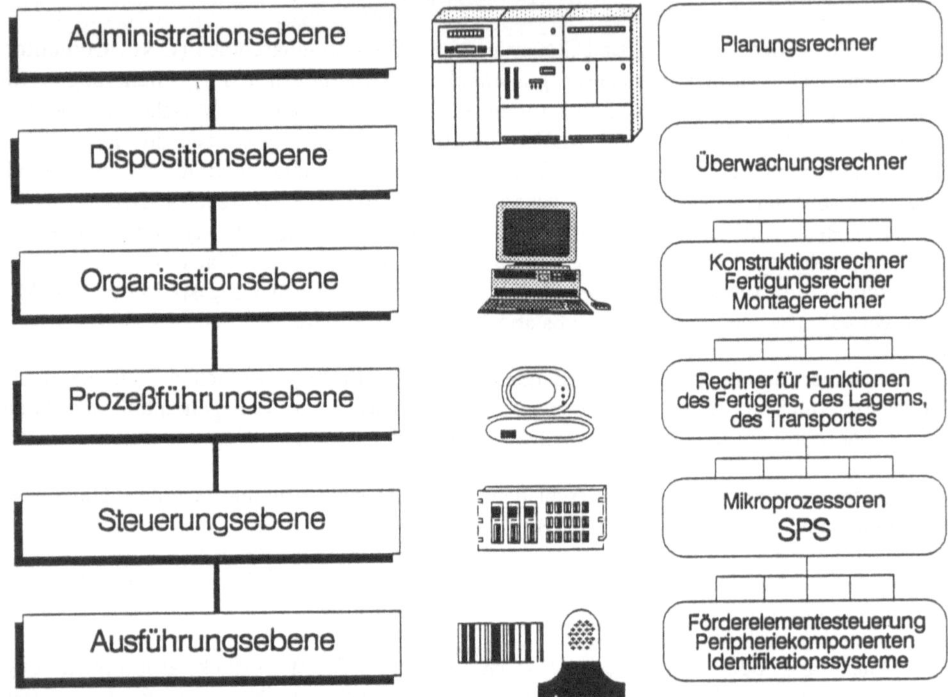

Bild 6.54   Entsprechend der funktionalen Hierarchie im Unternehmen aufgebaute Rechnerhierarchie

Im Rahmen der flexiblen Fertigung kommt der oben eingeführten Organisationsebene sowie ihrem Zusammenspiel mit der darüber liegenden Dispositionsebene die Schlüsselrolle zu. Angestoßen durch das Stichwort *Fertigungsleitsysteme* hat es hierzu in den vergangenen Jahren intensive Diskussionen gegeben, auf die kurz eingegangen sei.

Fertigungsleitsysteme können als „intelligente" Weiterentwicklung der schon seit längerem bekannten elektronischen Fertigungsleitstände betrachtet werden. In beiden Fällen handelt es sich um Hilfsmittel für die *Fein*planung und -steuerung in der Fertigung. Sie müssen eng mit dem PPS-System, dem auf der Dispositionsebene angesiedelten *Grob*planungs- und -steuerungsinstrument, zusammenwirken.

Leider werden die Begriffe „Fertigungsleitstand" und „Fertigungsleitsystem" in der Praxis nicht einheitlich benutzt. Hier liegt folgende Abgrenzung der Begriffsinhalte zugrunde [BeSc-91]:

- Die *elektronischen Fertigungsleitstände* orientieren sich in ihrer Funktion an der klassischen Plantafel (Wandtafel), indem sie die zeitorientierte Zuordnung zwischen den in der Produktion vorhandenen Maschinen und sonstigen Arbeitsplätzen einerseits und den durchzuschleusenden Aufträgen andererseits erfassen und visualisieren können. Für die einzelne Maschine bzw. den einzelnen Arbeitsplatz gibt der Leitstand die Reihenfolgeplanung wieder. Für den einzelnen Auftrag hingegen erfaßt der Leitstand die Durchlaufplanung. Während die herkömmliche Plantafel meistens nur die maschinen- bzw. arbeitsplatzbezogene Reihenfolgeplanung explizit darstellen konnte, ist es mit elektronischen Leitständen natürlich möglich, zwischen beiden Sichtweisen beliebig hin- und herzuwechseln. Dabei besitzen elektronische Fertigungsleitstände in der Regel Funktionen, welche die Auswirkungen von Änderungen automatisch berücksichtigen und anzeigen können (z.B. die Auswirkungen auf andere Aufträge, wenn an einer Maschine ein Auftrag kurzfristig eingeschoben wird).

  Da auf der Feinplanungs- und -steuerungsebene der Aktualität der Daten eine große Bedeutung zukommt, sind die elektronischen Leitstände in aller Regel mit Funktionen der Maschinen- und Betriebsdatenerfassung (MDE/BDE) gekoppelt. (Gelegentlich wird die sehr strenge Auffassung vertreten, daß MDE notwendige Voraussetzung für einen sinnvollen Leitstandsbetrieb ist.) Die Kopplung zu den MDE/BDE-Funktionen hat natürlich auch den Vorteil, daß sich am MDE/BDE-Terminal die Eingaben vereinfachen, da ein Teil der zu erfassenden Daten aus dem Leitstand heraus bereits bekannt ist und nicht noch einmal eingegeben werden muß (z.B. Auftragsnummer).

- *Fertigungsleitsysteme* sollen im Vergleich zu Fertigungsleitständen folgende zusätzliche Forderungen erfüllen (wenn auch nicht notwendigerweise alle gleichzeitig):

  - Integration weiterer fertigungsrelevanter Verwaltungs- und Steuerungsfunktionen (neben MDE/BDE): Diese reichen teilweise bis in die Prozeßführungsebene hinein, etwa NC-Programmverwaltung, Fertigungs- und Fertigungshilfsmittelverwaltung, Lagerverwaltung, Materialflußsteuerung, Leistungsabrechnung, Qualitätssicherung, Instandhaltung. Das Ziel ist hier, *alle* für die Fertigung relevanten Ressourcen (Betriebsmittel, Material und Information) in den Feinplanungs- und -steuerungsprozeß einzubeziehen.
  - Integration verteilter, eventuell auch heterogener Hard- und Softwaresysteme (z.B. Anbindung mehrerer Leitstände; Datenaustausch mit externen Systemen, etwa PPS, NC-Programmiersystem, CAD)
  - „intelligente" (z.B. wissensbasierte) aktive Feinplanung und -steuerung nach den zu Anfang des Abschnittes 6.3 genannten Zielvorgaben (Termintreue, Verkürzung der Auftragsdurchlaufzeiten, Verstetigung der Werkstattauslastung, Minimierungsziele)

  Da diese Zielvorgaben teilweise zu sich widersprechenden Konsequenzen führen, muß es in Fertigungsleitsystemen möglich sein, die Gewichtung der Einzelziele zu variieren, woraufhin die Planungsmethode und mit ihr selbstverständlich auch das Planungsergebnis angepaßt wird.

Eine andere Sichtweise auf Fertigungsleitsysteme versucht, ihre Funktionen anhand der Gegenüberstellung mit den Funktionen eines PPS-Systems zu charakterisieren (siehe hierzu auch Tabelle 1.3):

- Die Hauptaufgabe von PPS-Systemen ist die Wahrnehmung planerisch-dispositiver Funktionen mit lang- bis mittelfristigem Planungshorizont (z.B. Stammdaten- und Strukturdatenverwaltung, Grobterminierung, Primärbedarfsplanung).
- Die Hauptaufgabe von Fertigungsleitsystemen ist die Wahrnehmung kurzfristig planender, operativ steuernder, durchsetzender und berichtender Funktionen.

Das praktische Zusammenspiel zwischen PPS-System und Fertigungsleitsystem sieht im Idealfall so aus, daß das PPS-System nur noch relativ grobe Planungs- und -steuerungsfunktionen übernimmt (z.B. Materialdisposition, Soll-Fertigstellungstermine) und daß vom Zeitpunkt der Auftragsfreigabe an alle feineren Planungs- und -steuerungsfunktionen (z.B. Verteilung des Auftrages auf die einzelnen Maschinen bzw. flexiblen Fertigungssysteme, Reihenfolgeplanung, Durchlaufplanung, Zuordnung der erforderlichen Informationen) vom Fertigungsleitsystem ausgeführt werden. Eine weitere Aufgabe des Fertigungsleitsystems ist die Rückmeldung vorher festgelegter Daten an das PPS-System (z.B. Stand der Auftragsbearbeitung, Ist-Termine, Mengenänderungen).

Abschließend sei nicht verschwiegen, daß das Marktangebot an Fertigungsleitsystemen derzeit etwas unübersichtlich ist. Zum Teil liegt das daran, daß – wie oben bereits angemerkt – auf diesem Gebiet die Begriffe nicht scharf voneinander abgegrenzt sind, so daß verschiedentlich Lösungen als Leitsysteme angeboten werden, die eigentlich eher dem Bereich der „klassischen"Leitstandstechnik zuzurechnen sind, während „echte"Leitsysteme derzeit noch relativ spärlich gesät sind. Ein anderer Grund für manche Unklarheit besteht darin, daß zahlreiche Leitstände derzeit in Richtung auf Fertigungsleitsysteme weiterentwickelt werden, da natürlich auch die Systemanbieter die erweiterten Bedürfnisse der Praxis erkannt haben und entsprechend reagieren. Eine Übersicht bietet [Kern93].

6.3.5 Ausblick

Ziel der Rechnerunterstützung durch die hier beschriebenen und durch weitere Systeme ist es, durch integrierte informationstechnische Verknüpfungen sukzessive eine flexibel automatisierte Fabrik zu ermöglichen. Eine solche Fabrik wird oft auch als *Fabrik der Zukunft* bezeichnet. In **Tabelle 6.7** sind die Produktionsstrategien der Fabrik der Gegenwart und der Fabrik der Zukunft vergleichend dargestellt.

Viele Unternehmen haben mit der Realisierung ihrer jeweiligen Sicht der Fabrik der Zukunft begonnen. Dabei steht nicht mehr im Vordergrund, die einzelnen Einheiten in der Fertigung technisch und organisatorisch durch Rechnerunterstützung unabhängig voneinander zu rationalisieren („Insellösungen'). Vielmehr müssen die in einem Unternehmen stets voneinander abhängigen Abläufe – trotz der durch Rechnereinsatz noch größeren Aufspaltung des Gesamtprozesses in Teilprozesse und der andererseits immer kürzer werdenden Produktlebenszyklen – besser koordiniert und harmonisiert werden.

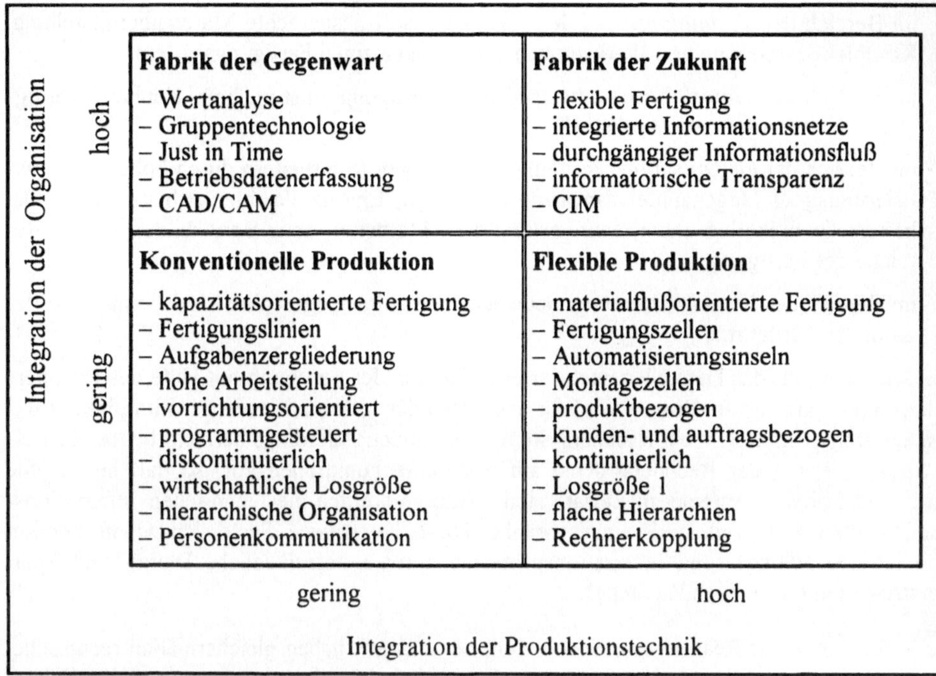

Tabelle 6.7   Änderungen der Produktionsstrategien in der Fabrik der Zukunft [Kief93]

Typische Merkmale der Fabrik der Zukunft sind stichwortartig:

- im Bereich der *Fertigung*: flexible Fertigungssysteme, Werkzeugwechselsysteme sowie Systeme zur automatisierten Werkstückvermessung, um den Aspekt der Qualitätssicherung möglichst fertigungsnah und frühzeitig zu berücksichtigen

- im Bereich der *Handhabung*: automatisierte Systeme für die Handhabung von Werkstükken sowie mobile Roboter (Transportroboter)

- im Bereich der *Lagerung*: externe Werkzeugbereitstellung, fertigungsnahe Material- und Werkstücklagerung, Palettiersysteme sowie automatisierte Lagersysteme mit hohen Lagerumschlagsleistungen

- im Bereich des *Transportes*: fahrerlose Transportsysteme (FTS), Werkzeug- und Werkstückpalettensysteme sowie mobile Roboter (Transportroboter)

- im Bereich der *Informationsverarbeitung*: durchgängige Rechnerunterstützung des Informationsflusses und des Materialflusses über alle Bereiche des Unternehmens hinweg, Kopplung und Vernetzung der Rechnersysteme, problemangepaßte Aufgabenverteilung zwischen Fertigungsleitstand und PPS-System, Verwendung maschinenlesbarer Schriften und Kodierungen für die Maschinen- und Betriebsdatenerfassung (MDE/BDE) sowie die Möglichkeit, sie ohne Verzögerung in Echtzeit (Real Time) zu verarbeiten, Realisierung einer papierlosen Kommunikation zwischen den einzelnen Fertigungseinrichtungen und den anderen Bereichen eines Unternehmens

- im Bereich der *Technologie* und der *Verfahren*: auftragsgerechte Materialbereitstellung, Komplettbearbeitung von Werkstücken auf einem einzigen Fertigungssystem

- im Bereich des *Materialflusses*: bestandsarme Fertigung (Just in Time, Kanban), geringster Materialeinsatz pro Werkstück

- im Bereich der *Organisation*: Fertigung mit wenigen Mitarbeitern durch hohen Automatisierungsgrad (sogenannte mannarme Fertigung), Einsatz flexibler Arbeitszeitmodelle, höhere Qualifikation und Verantwortung der Mitarbeiter, neue Berufsbilder für alle Bereiche der Fertigung

- im Bereich der *Entgeltbemessung*: neue zeit- und aufgabengerechte Modelle nach Festlegung der Tarifpartner

Die Bedingung für das Herstellen integrierter Abläufe in der Fertigung mit Hilfe des Rechners ist besonders günstig: Im Prinzip wird für alle Arten der Informationsverarbeitung immer das gleiche „Betriebsmittel"– ein Rechnersystem – verwendet. Allerdings herrscht heute noch eine Spezialisierung der Rechnersysteme auf bestimmte Funktionen vor, so daß heterogene Hard- und Softwaresysteme im Einsatz sind. Dadurch werden die technischen Integrationsmöglichkeiten zum Teil stark eingeschränkt. Diese heterogene Systemlandschaft bereitet zahlreiche Kopplungs- und Integrationsprobleme durch unterschiedliche Daten- und Speicherstrukturen (siehe auch Kapitel 7).

Die Maßnahmen zur Realisierung einer Fabrik der Zukunft haben gleichermaßen technische, organisatorische und soziale Komponenten. Diese sind sorgfältig zu planen und abteilungsübergreifend abzustimmen, damit eine geschmeidige, humane und letztlich auch wirtschaftliche Realisierung erreicht werden kann.

6.4 Archivierung

Das technische Know-how eines Unternehmens ist überwiegend in Form von Fertigungsunterlagen (technische Zeichnungen, rechnerinterne Produktmodelle, Variantenprogramme, Stücklisten, Arbeitspläne, NC-Steuerinformationen usw.) dokumentiert und gespeichert. Ohne eine geregelte und eindeutige Archivierung von Daten ist daher ein wirtschaftlicher Einsatz der CAD/CAM-Technik mittel- und längerfristig nicht möglich, da einer der Hauptvorteile dieser Technik darin besteht, auf vorhandene Daten zuzugreifen und diese schnell an neue Erfordernisse anzupassen [VaSt91]. Die Bedeutung der Archivierung wird oft unterschätzt, zumal sich Versäumnisse nicht sofort, sondern erst später, z.B. bei der Änderung der Software-Version oder bei einem Wechsel von einem zu einem anderen CAD/CAM-System, zeigen und sich dann oft nicht mehr beheben lassen.

Bei der Ablage von CAD/CAM-Daten kommt das Problem der Weiterentwicklung und Veränderung der Anwendungssoftware hinzu, so daß in bestimmten Zeitabständen – abhängig von der Entwicklungsgeschwindigkeit der CAD/CAM-Software – eine Aktualisierung der abgelegten Datenformate erfolgen muß, um ihre Lesbarkeit und Editierbarkeit permanent aufrecht zu erhalten.

6.4.1 Inhalte und Formate

Die Frage nach dem Inhalt des digitalen Archivs ist in Abhängigkeit von den durchlaufenen Prozeßschritten in der Regel nur unternehmensspezifisch zu beantworten. In **Bild 6.55** werden exemplarisch die im Entwicklungs- und Konstruktionsablauf entstehenden Dokumente aufgeführt (Ausgangsdaten) und den zugrundeliegenden externen Daten (Eingangsdaten) zugeordnet. Die Darstellung macht auch deutlich, wie Informationen aus der Konstruktion im Sinne einer rechnerunterstützten Informationsverarbeitung in die nachgeschalteten Bereiche wie Arbeitsvorbereitung, NC-Programmierung und Fertigung übergehen. Demnach müssen folgende Daten im digitalen Archiv gespeichert werden:

- aktuelle Variante des bearbeiteten Auftrages (im folgenden *aktives Modell* genannt): Bei einem CAD/CAM-System mit einem räumlichen Geometriemodell besteht das aktive Modell aus dem *dreidimensionalen Modell des Produktes*, aus den daraus abgeleiteten *zweidimensionalen Daten* (Zeichnungen von Ansichten und Schnitten) zuzüglich Bemaßung und Schraffur sowie aus dem *Plotfile* (vom CAD/CAM-System unabhängige Zeichnungsdatei in einem für ein Ausgabegerät lesbaren Format). Liegt ein zweidimensionales CAD/CAM-System zugrunde, kommen nur zweidimensionale Daten (Zeichnungen) und das Plotfile als aktives Modell in Betracht.

- Zusammenbau mit Anschluß- und Funktionsmaßen

- Einzelteile

- zugehörige Vorrichtungen, Formen, Werkzeuge: Hierbei sind allerdings nur die teilerelevanten Bestandteile zu archivieren, d.h. bei Vorrichtungen und Formen nur die Außenkontur und Werkzeuge nur dann, wenn es sich um Sonderwerkzeuge handelt.

- Stücklisten: Da meistens ein rechnerunterstütztes Stücklistensystem vorhanden ist, reichen die Stammdaten und bei Bedarf eine Struktur- oder Baukastenstückliste (siehe Abschnitt 6.2.2) aus.

- Arbeitspläne: Gespeichert werden müssen nur die Basispläne für die Prozeßfestlegung. Die eigentlichen Arbeitspläne brauchen erst bei einem aktuellen Auftrag generiert zu werden, da diese immer von der momentanen Verfügbarkeit des Maschinenparks abhängig sind.

- NC-Verfahrwegdaten als Quelldaten sowie die jeweiligen Postprozessoren: Es ist sinnvoll, maschinenspezifische Steuerdaten erst jeweils vor der direkten Anwendung neu zu erzeugen, da im vorab unbekannt ist, auf welcher Maschine der Fertigungsprozeß ablaufen wird.

Ein CAD/CAM-Anbieter gewährleistet für jede neue Version seiner Software in der Regel lediglich die Lesbarkeit von Daten, die mit der aktuellen oder einer Vorversion erstellt wurden – gegebenenfalls unter Einsatz eines spezielles Umsetzerprogramms (Aufwärtskompatibilität). Will der Anwender Inkompatibilitäten vermeiden, so muß er bei jeder grundlegenden Softwareänderung (z.B. Änderung des Speicherformates) alle vorhandenen Datenbestände einlesen und neu abspeichern.

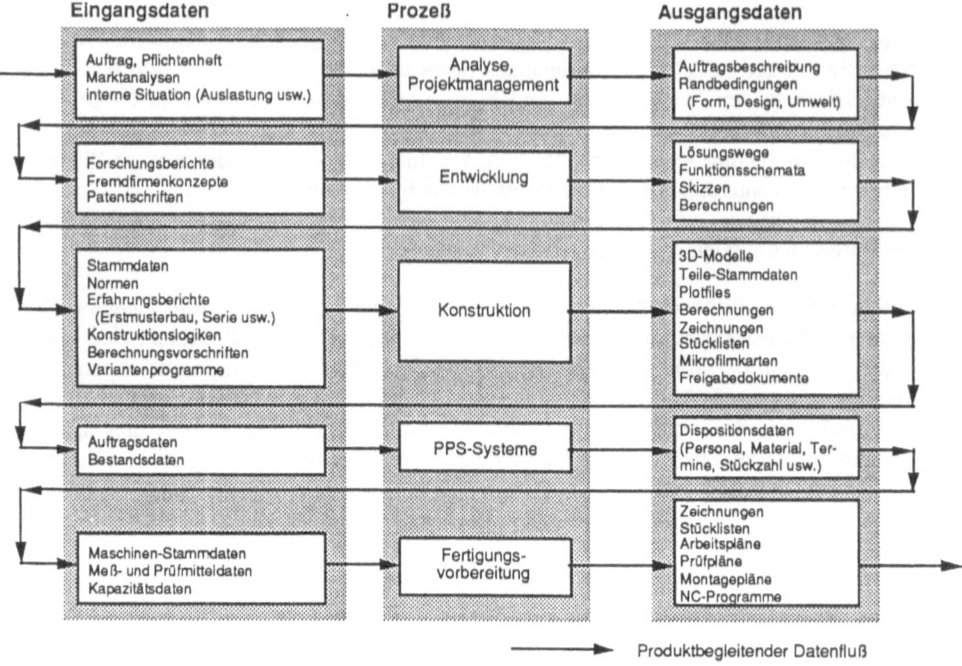

Bild 6.55   Informationsfluß im Produktentstehungsprozeß

Eine Alternative besteht darin, systemspezifische Datenformate in standardisierte zu transformieren und diese zu archivieren:

- Standardformate (z.B. IGES, VDAFS und demnächst STEP, siehe auch Abschnitt 7.1) dienen im allgemeinen dem Datenaustausch zwischen unterschiedlichen Softwaresystemen [TrWe89, AnTr84]. Da diese Formate keinen häufigen Änderungen unterliegen, können sie jedoch auch dazu benutzt werden, entsprechend konvertierte CAD/CAM-Daten für einen längeren Zeitraum zu archivieren. Es ist aber im Einzelfall zu prüfen, ob der zusätzliche Speicherbedarf noch angemessen ist, ob alle Elemente vollständig umgesetzt werden können und ob alle Strukturen des Originalmodells (z.B. auch Bauteilhierarchien) erhalten bleiben. Zu den extern referierten Daten gehören auch das entsprechende Pre- und Postprozessorprogramm in der eingesetzten (!) Version der Software. Nur so ist eine mit CAD/CAM bearbeitungsfähige Werkstückbeschreibung aus dem Archiv rekonstruierbar.

- Anwenderspezifische Programme, die unter Nutzung einer höheren Programmiersprache erstellt worden sind (z.B. FORTRAN, C), werden als Quellprogramm gesichert, genauso wie Programme in einer Anwendungs-Programmiersprache des jeweiligen CAD/CAM-Systems. Solche Programme können aber auch in einer anderen genormten Sprache erstellt werden (z.B. VDAPS), etwa um die Übertragbarkeit zwischen CAD/CAM-Systemen unterschiedlicher Hersteller zu gewährleisten.

Sollte eine Archivierung im Quellcode nicht möglich sein, so müssen die Programme bei einem Systemwechsel (Wechsel der Hardware, Wechsel der CAD/CAM-Software, teilweise bereits bei einem grundlegenden Versionswechsel der gleichen CAD/CAM-Software) auf dem neuen System komplett neu erstellt werden. Um dieses ohne Schwierigkeiten durchführen zu können, ist zu jedem Programm eine ausführliche Dokumentation zu erstellen.

Die Archivierung anwenderspezifischer Programme im Quellcode ist kein Problem, wenn der Anwender sie selbst erstellt hat. Schwierigkeiten können jedoch auftreten, wenn sie im Rahmen von Auftragsarbeiten durch Dritte erstellt wurden. Daher sollte bereits bei der Auftragsvergabe darauf geachtet werden, daß neben der lauffähigen (d.h. übersetzten und gebundenen) Version eines Programms auch der Quellcode zum vertraglich vereinbarten Lieferumfang gehört.

- Dateien (z.B. Wertetabellen) werden, je nach Betriebssystem, im ASCII- oder im EBCDIC-Format gesichert (siehe hierzu die Fußnoten 45 und 46 in Abschnitt 5.4).

Bei der Änderung von Datenbeständen kann entweder das Ergebnis der Änderung als weitere bzw. neue Version oder aber nur die Änderung selbst archiviert werden, woraus gemeinsam mit der ursprünglichen Version der aktuelle Stand rekonstruiert werden kann (Generierungsprinzip). Prinzipielle Unterschiede zwischen diesen Möglichkeiten existieren nicht, daher sei hier nicht näher darauf eingegangen.

6.4.2 Datenträger für das Archiv und ihre Verwendung

Als Datenträger kommen Speicher im Direktzugriff (magnetische und optische Platten), die fest eingebaut sind (Festplatten) oder gewechselt werden können (Wechselplatten), Magnetbänder auf Spulen und in Kassetten, Disketten in unterschiedlichen Formaten, Zeichnungen und Mikrofilme zum Einsatz (siehe hierzu auch Kapitel 3).

Plattenspeicher, die fest eingebaut sind und deswegen einen schnellen Direktzugriff ermöglichen, sollten als Speichermedien für folgende Daten verwendet werden:

- aktive Modelle (Abschnitt 6.4.1)
- häufig verwendete Elemente von Baugruppen (Geometrie- und Zeichnungsmakros)
- Bibliotheken (z.B. lauffähige Varianten- und Berechnungsprogramme, Symbolkataloge)
- parametrische Elemente, Varianten (Normteile, Zukaufteile, Funktionskomplexe) sowie Elemente, die als Grundlage zur Bildung von Varianten benötigt werden
- CAD/CAM-Software und Betriebssystem des eingesetzten Rechners

Magnetbänder sowie *Disketten* und *Wechselplatten* als Speicher mit sequentiellem bzw. langsamem Direktzugriff dienen folgenden Zwecken:

- Sicherung aller Modelle, deren Bearbeitung abgeschlossen ist (auftragsbezogene Sicherung)
- Doppelarchivierung, Sicherung häufig verwendeter Elemente, Varianten
- Sicherung von Betriebssystem, CAD/CAM-Software und unternehmensspezifischer Software
- Archivierung von anwenderspezifischen Programmen im Quellcode

- Tages-, Wochen- und Monatssicherungen (siehe Abschnitt 6.4.6)
- Übergabe (off line) an nachgelagerte Bereiche (z.B. von der Konstruktion an die Arbeitsvorbereitung, Fertigung), sofern keine Vernetzung der Bereiche (on line) besteht
- Datenaustausch mit Kunden und Zulieferern im standardisierten Format (siehe Abschnitt
  7.1)

Zeichnungen sind Arbeitsunterlagen bei der konventionellen Konstruktion. Sie dienen außerdem als:

- Sicherungs- und Übergabemedium an andere Bereiche, wenn in Konstruktion und die
  Fertigung nicht überall mit Rechnerunterstützung gearbeitet wird (allgemeine Archivierung)
- Übergabemedium für Kunden und Zulieferer, sofern bei diesen noch konventionell konstruiert und gefertigt wird und/oder Gründe des Datenschutzes eine digitale Datenweitergabe verbieten
- begleitendes Informationsmaterial bei digitaler Datenübergabe (Plot, Kontrollplot)

Der *Mikrofilm* wird häufig als paralleles Archivierungsmedium für abgeschlossene, freigegebene Zeichnungen und Plots verwendet. Damit wird unkontrollierten Änderungen in bestehenden (Papier-) Zeichnungen entgegengewirkt. Der Mikrofilm ist außerdem ein Hilfsmittel
zur kostengünstigen Übersicht über das Archiv, ermöglicht den Einblick in Zeichnungsinhalte
und kann als Ersatz für Zeichnungen eingesetzt werden (Plots und Kontrollplots direkt auf
Mikrofilm).

Jeder am CAD/CAM-System erstellte Datenbestand muß mit einer eindeutigen Identifizierung versehen werden. Diese kann der Name des Bauteiles bzw. Produktes, die Auftrags-
oder eine dem Bauteil bzw. Produkt zugeordnete Erzeugnisnummer sein. Dabei hat sich die
Identifizierung über eine Erzeugnisnummer am besten bewährt, vor allem dann, wenn Stücklisten, Arbeitspläne und andere organisatorische Daten unter der gleichen Nummer in anderen
Archiven, z.B. im Archiv der administrativen Datenverarbeitung, abgespeichert werden. Alle
neu eingespeicherten Produktdaten erhalten automatisch die gleichen Zugriffssicherungen wie
der Datenbereich, in dem der Benutzer arbeitet, so daß sichergestellt ist, daß nur derjenige,
der die Daten aufgebaut hat, diese Daten auch ändern kann.

6.4.3 Hilfsmittel für die Datenhaltung

Für die Datenhaltung stehen folgende Hilfsmittel zur Verfügung:

- Speicherung der Daten in *Datenbanken*: Die Handhabung der Datenbank erfolgt mit Da-
  tenmanipulationssprachen (DML, Data Manipulation Language) und speziellen Abfrage-
  sprachen (z.B. SQL, Structured Query Language). Heute werden in zunehmendem Maße
  relationale Datenbanksysteme eingesetzt, die in eine dem jeweiligen CAD/CAM-System
  angepaßte Benutzeroberfläche eingebettet werden ([KoKG90], siehe auch Abschnitt
  7.2).

- *automatische Datensicherung* (z.B. zeitabhängig oder nach einer bestimmten Zahl von
  Arbeitsschritten, siehe Abschnitt 6.4.6)

- Bei einigen CAD/CAM-Systemen ist die Verwendung einer *Protokolldatei* (*Sessionfile*) als Sicherung möglich. Eine Protokolldatei enthält alle Kommandos, die im Verlauf einer Arbeitssitzung eingegeben wurden. Dabei entsteht ein prozedurales Modell, in dem der Arbeitsweg zum Erstellen des Bauteil- oder Produktmodells gespeichert ist.

- systemspezifisches neutrales bzw. systemneutrales übergreifendes Datenformat (siehe hierzu Abschnitt 7.1)

6.4.4 Datenverteilung

Heute werden CAD/CAM-Anwendungen meist nicht mehr über zentrale Systeme, sondern über dezentrale, in den jeweiligen Bereichen aufgestellte Arbeitsplatzsysteme abgewickelt, die miteinander vernetzt sind. Für die physikalische Verteilung der Daten auf die einzelnen Systeme sowie für den Datenfluß zwischen den Systemen gelten folgende Empfehlungen:

- Bei einem klassischen CAD/CAM-System mit einem Host-Rechner und mehreren Arbeitsplätzen besitzt jede Abteilung, in der Bildschirm-Arbeitsplätze aufgestellt sind, einen eigenen Datenbereich auf dem Host-Rechner, auf den nur sie und der System-Manager zugreifen können. Die abteilungsspezifische Zusatzsoftware ist permanent in diesem Bereich vorhanden, sie kann benutzt, nicht aber verändert oder gelöscht werden.

- An einem vernetzten Arbeitsplatzrechner sind die dort relevanten Programme (CAD/CAM-Basissoftware und Bibliotheken, häufig verwendete Bauteil- und Baugruppenelemente) beim Benutzer vor Ort gespeichert. Zu Beginn einer Arbeitssitzung wird das aktuelle aktive Modell aus dem abteilungsspezifischen Datenspeicher geholt und dort für Zugriffe anderer Benutzer gesperrt. Beim Sichern wird eine neue Version des Modells im abteilungsspezifischen Datenspeicher angelegt oder die Ausgangsversion überschrieben (je nach den Befugnissen des Benutzers und den unternehmens-/abteilungsspezifischen Freigabemodalitäten).

- In der abteilungsspezifischen Datenbasis sind alle bisher erzeugten Modelle sowie die gesamte CAD/CAM-Software für alle Benutzer redundant gespeichert. Daten, die ein Benutzer benötigt, die aber nicht im abteilungsspezifischen Datenspeicher vorhanden sind, werden über das abteilungsübergreifende Informationsnetz aus anderen Datenspeichern geholt und zur Verfügung gestellt. Der abteilungsspezifische Rechner dient dabei als Netzwerkknoten.

- In einer zentralen Datenbasis (entweder auf dem Knotenrechner des abteilungsspezifischen Netzwerkes oder im Rechenzentrum angesiedelt) sind alle Daten der abteilungsspezifischen Systeme als Sicherungskopien abgelegt. Über das Netzwerk greift das Rechenzentrum auf die an den abteilungsspezifischen Systemen vorhandenen oder erzeugten Daten zu.

6.4.5 Organisation

Sämtliche Produktmodelle und auch die daraus abgeleiteten Daten unterliegen vom Anfang bis zum Ende der Produktlebensdauer einer mehr oder weniger großen Änderungshäufigkeit. Je nach Entstehung und Verwendung werden Daten verschiedenen Archiven zugeordnet, **Bild 6.56**:

* Archiv im Bereich der Entwicklungs- und Konstruktionsabteilung für Entwicklung, Entwurf, Änderung und Freigabe (*Erzeugnisarchiv*)

* Zentralarchiv für

    – aktuelle Produktmodelle und Zeichnungen
    – alte Modelle und Zeichnungen, d.h. ältere Versionen aktueller Zeichnungen (im folgenden *Alt-Archiv* genannt)
    – „gelöschte"Zeichnungen, die zu ausgelaufenen Serien, Prototypen usw. gehören (im folgenden *Gelöscht-Archiv*)

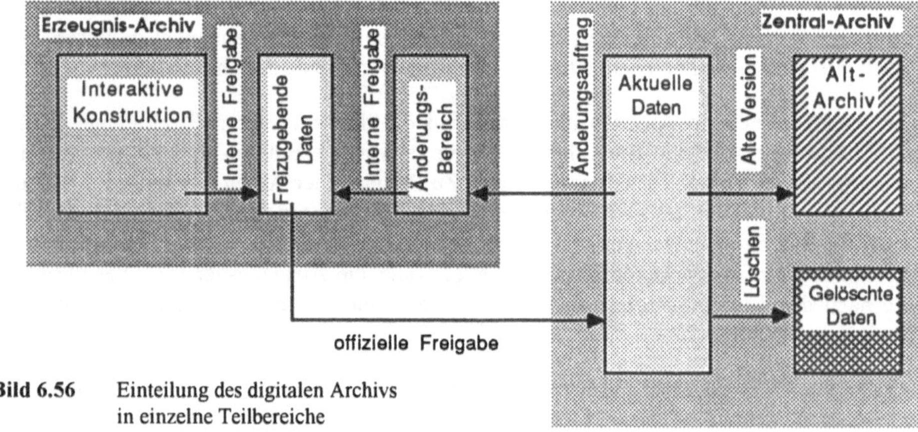

Bild 6.56   Einteilung des digitalen Archivs
in einzelne Teilbereiche

Im folgenden werden die einzelnen Arbeitsschritte einer in der Praxis bewährten Archivierungsstrategie beschrieben. Dies geschieht am Beispiel der Neuerstellung, Änderung und Löschung eines CAD-Modells durch Entwicklung und Konstruktion, jedoch läßt sich die Verfahrensweise analog auf andere Bereiche (z.B. Arbeitsplanung, Produktionsplanung und -steuerung) übertragen.

Erstellung eines neuen Produktmodells und der dazu gehörenden Zeichnung

Nachdem der Entwurf erarbeitet ist, werden die Teilestammdaten festgelegt. Für die Stammdateneingabe ist die Konstruktionsabteilung verantwortlich. Das Produktmodell wird im Datenbereich der Konstruktion abgelegt. Für die Freigabeprozedur wird ein Kontrollplot (auf weißem Papier, das nicht „gekratzt" werden kann) ausgegeben. Der Kontrollplot muß als noch nicht freigegebene Entwicklungszeichnung zu erkennen sein.

Für die interne Freigabe überprüft der Verantwortliche der Konstruktionsabteilung das Produktmodell anhand des Kontrollplots (und gegebenenfalls auch am CAD/CAM-System), signiert diesen und überträgt dann die Daten zur offiziellen Freigabe in einen geschützten Datenbereich, auf den nur er selbst sowie die offizielle Freigabestelle Zugriff haben. Die CAD-Daten sind anschließend im Datenbereich der Konstruktionsabteilung nicht mehr vorhanden, um nachträgliche Modifikationen, die Abweichungen von der im Freigabe- und danach im Fertigungsprozeß stehenden Version zur Folge haben würden, auszuschließen. Der signierte Kontrollplot wird mit den Freigabeunterlagen an die offizielle Freigabestelle zur weiteren Behandlung übergeben.

In der offiziellen Freigabestelle wird der signierte Kontrollplot wie eine konventionell erstellte Zeichnung überprüft und dann abgeheftet (oder vernichtet). Die CAD-Daten können nun in das Zentralarchiv übertragen werden. Nur die offizielle Freigabestelle hat die Befugnis, CAD-Daten ins Zentralarchiv zu übertragen, sie dort zu überschreiben oder zu löschen. Die Daten müssen nach der Übertragung ins Zentralarchiv automatisch im internen Datenbereich der Freigabestelle wieder gelöscht werden.

Zum Zweck der Vervielfältigung und Verteilung der freigegebenen Zeichnung plottet die für die Zeichnungsverwaltung zuständige Stelle des Unternehmens sie aus dem Zentralarchiv aus (auf Transparentpapier). Sie wird wie eine konventionell erstellte Zeichnung gepaust und verteilt. Wenn konventionelle und CAD-Zeichnungen gemischt gehandhabt werden, sollte der Plot als Zeichnungsoriginal in die Zeichnungsablage übernommen werden. Wenn ausschließlich mit CAD gearbeitet wird, kann (und sollte) der Plot nach der Vervielfältigung und Verteilung wieder vernichtet werden.

Änderung eines Produktmodells

Ist die Änderung einer Konstruktion erforderlich, so ergeht ein entsprechender Änderungsauftrag an den hierfür verantwortlichen Mitarbeiter der Konstruktionsabteilung. Dieser kopiert sich die CAD-Daten der Zeichnung aus dem Zentralarchiv in einen speziellen, für Änderungen vorgesehenen Datenbereich. Im Zentralarchiv bleiben die („alten') Daten weiterhin gespeichert. Die CAD-Daten der Zeichnung können nur einmal zur Änderung angefordert werden. Dadurch ist auch eine schnelle Auskunft für andere Benutzer möglich.

Die Änderung selbst wird interaktiv am CAD/CAM-System durchgeführt. Der Änderer ist für die CAD-Daten in dem für Änderungen vorgesehenen Datenbereich selbst verantwortlich. Nach Abschluß der Änderung wird für die Freigabeprozedur ein Kontrollplot (auf weißem Papier) ausgegeben. Die geänderte Zeichnung wird analog einer neuen Zeichnung weiterbehandelt (siehe oben).

Löschen eines Produktmodells

Der Beschluß, das CAD-Modell eines bestimmten Bauteiles oder Produktes zu löschen, wird der offiziellen Freigabestelle, der für die Zeichnungsverwaltung zuständigen Stelle und der Konstruktionsabteilung mitgeteilt. Gleichzeitig werden die Daten aus dem Zentralarchiv gelöscht. Dazu werden die Daten aus dem Zentralarchiv in das Gelöscht-Archiv übertragen. Außerdem werden alle CAD-Daten der alten Zeichnungszustände im Alt-Archiv gelöscht. Die CAD-Daten sind anschließend nur noch im Datenbereich des Gelöscht-Archivs vorhanden.

Zur Ablage bzw. Verteilung wird die gelöschte Zeichnung entsprechend dem Löschauftrag in der Zeichnungsverwaltung aus dem CAD-Gelöscht-Archiv geplottet. Der neue Transparentplot muß eindeutig als gelöschte Zeichnung zu erkennen sein (Kennzeichnung z.B. durch einen entsprechenden Plot-Text oder per Stempel auf der Zeichnung). Dieser neue Transparentplot mit der eindeutigen Kennung *GELOESCHT* wird wie eine konventionell erstellte Zeichnung als gelöschte Zeichnung abgelegt, wenn weiterhin eine komplette Papierablage gewünscht ist. Abschließend wird der als Papier-Original im Archiv der „lebenden" Zeichnungen abgelegte Transparentplot vernichtet.

6.4.6 Vorgehensweise bei der Sicherung des Archivs

Der Sicherungsvorgang des Archivs auf internen oder externen Datenträgern bildet kritische Momente. Tritt bei diesem Vorgang ein Fehler im Betriebssystem oder in einem der EDV-Geräte auf, können Datenverluste auftreten, die einzelne Produkte oder ganze Datenbereiche betreffen. Um solche Verluste zu vermeiden, hat sich folgende Vorgehensweise bewährt:

- Das Betriebssystem erstellt in festen Zeitabständen automatisch eine gesicherte Version auf die Datenträger im schnellen Direktzugriff (Plattenspeicher). Der Zeitabstand zwischen zwei Sicherungen ist abhängig davon, ob der Benutzer interaktiv konstruiert oder ein Variantenprogramm aufruft. Bei der interaktiven Konstruktion empfiehlt sich ein Zeitabstand von einer halben Stunde, sonst 15 Minuten. Bei manchen CAD/CAM-Systemen erfolgt eine automatische Sicherung nach jeder Kommandoeingabe.

  Tritt eine Störung am System auf, so entspricht der Datenverlust maximal der in diesem Zeitabstand geleisteten Arbeit, da in der Regel einmal gesicherte Daten nicht zerstört werden. Der Benutzer kann aber jederzeit häufiger sichern. Dadurch entstehen entsprechend dem Arbeitsfortschritt laufend neue Versionen der Produktdaten.

- Am Ende jedes Arbeitstages werden aus Platzgründen alle Versionen bis auf die letzten beiden gelöscht. Ausnahmen davon bilden solche Versionen, die als Zwischenstände (z.B. bei Änderungen) aufbewahrt werden müssen. Danach wird derjenige Datenbestand, der im Laufe des Tages neu erzeugt worden ist, auf externe Speicher (z.B. Magnetbänder, Wechselplatten, optische Platten oder Disketten) gesichert. Sollte während dieses Sicherungslaufes eine Störung im System auftreten, bei dem auch die neueste Version auf einem Direktzugriffsspeicher zerstört wird, so bleibt immer noch die vorletzte Version zur weiteren Bearbeitung erhalten. Für diese Tagessicherung steht pro Woche ein kompletter Satz Datenträger zur Verfügung, so daß im Extremfall die Entwicklung einer ganzen Woche auf Datenträgern festgehalten ist.

- Einmal in der Woche wird der gesamte Datenbestand gesichert, also nicht nur die neu erzeugten Produktdaten, sondern auch die gesamte Software des CAD/CAM-Systems.

- Abgeschlossene Aufträge werden doppelt gesichert. Die erste Sicherung erfolgt im Datenformat des CAD/CAM-Systems. Damit ist gewährleistet, daß diese Daten bei Bedarf schnell wieder zurück in das System geladen werden können. Die zweite Sicherung erfolgt nach Möglichkeit in einem standardisierten Datenformat (siehe Abschnitt 6.4.1).

Bild 6.57 zeigt diese Vorgehensweise unter Nutzung von Magnetplatten und Magnetbändern.

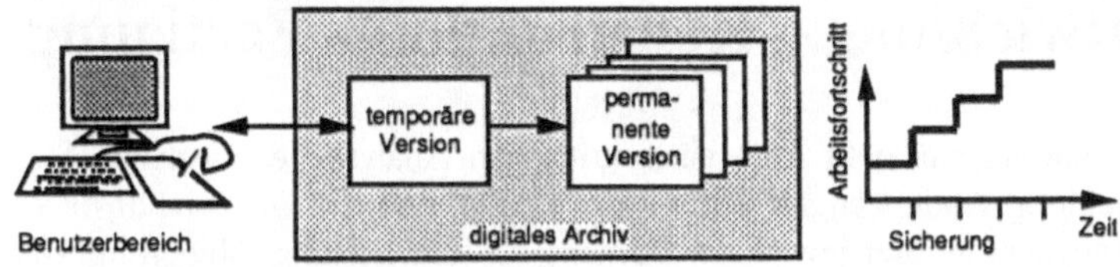

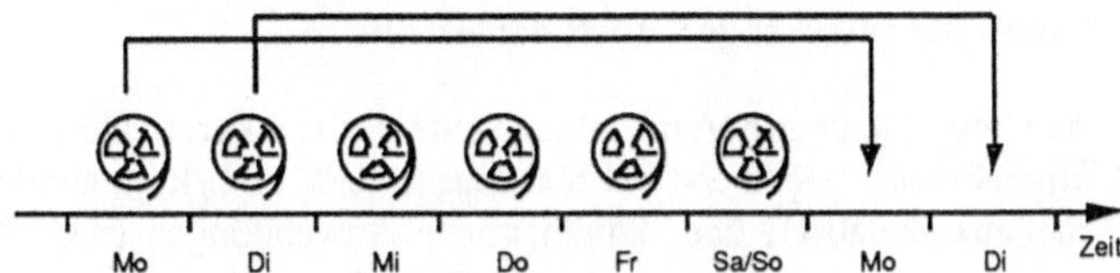

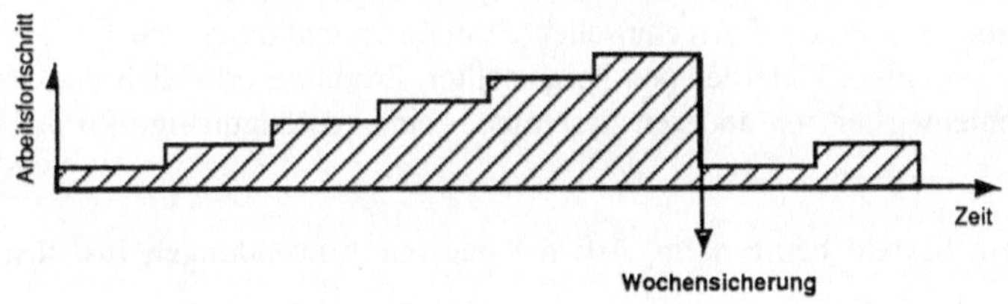

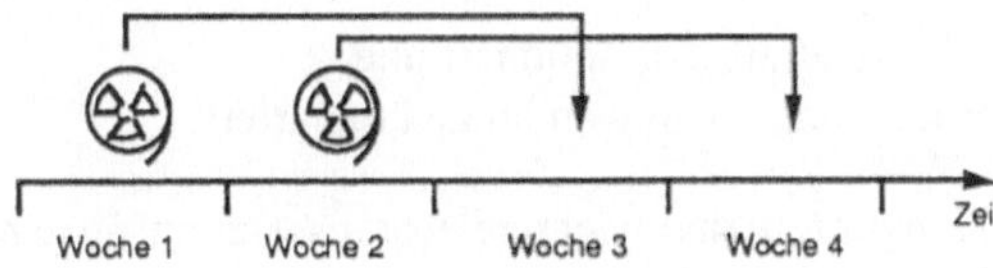

Bild 6.57 Vorgehensweise zur Sicherung des digitalen Archivs

7   System-Integration in der Prozeßkette Entwicklung – Konstruktion – Fertigung

Das vorliegende Kapitel geht nach einer kritischen Analyse des aktuellen Standes auf die Weiterentwicklungstendenzen auf dem Gebiet CAD/CAM ein. Das wichtigste Ziel hierbei ist es, die bestehenden, in ihrer jeweiligen Domäne oft sehr leistungsfähigen informationstechnischen Unterstützungssysteme so miteinander zu verbinden, daß (zumindest) die Prozeßkette Entwicklung-Konstruktion-Fertigung effektiv und ohne systembedingte Brüche bearbeitet werden kann. In den Abschnitten 7.1 bis 7.5 werden einige dazu nützliche und bisher noch nicht besprochene Ansätze und Werkzeuge vertieft dargestellt.

Informationstechnische Unterstützungssysteme bilden heute das Rückgrat zahlreicher Prozesse innerhalb eines Unternehmens, beginnend bei der Bürotechnik und -kommunikation (z.B. Textverarbeitung, Tabellenkalkulation) über kommerzielle Anwendungen (z.B. Rechnungswesen, Lohn-, Finanzbuchhaltung) bis zu den technischen Anwendungen in Entwicklung, Konstruktion, Arbeitsvorbereitung und Fertigung/Montage (CAE-, CAD-, CAP-, CAM-, CAQ-, PPS-Systeme). Gerade die technischen Systeme beeinflussen die Funktionalität und die Qualität der von einem Unternehmen hergestellten Produkte erheblich und sollen außerdem – im Zusammenwirken mit anderen Systemen – eine kostengünstige Produktion sicherstellen.

Ein Hauptproblem besteht heute darin, daß die meisten Anwendungen Insellösungen sind, d.h. sie

- bauen auf spezialisierten Systemen auf (z.B. isolierte CAE-, CAD-, CAP-, CAM-, CAQ- und PPS-Systeme),
- sind nur für den jeweiligen Anwendungsfall optimiert und
- sind nicht oder nur schlecht mit anderen Anwendungen integriert.

Dabei wäre gerade die Systemintegration eine wichtige Voraussetzung für einen reibungslosen Datenfluß und einen zeitlich straffen Ablauf in der Prozeßkette Entwicklung-Konstruktion-Fertigung. Die fehlende Integration ist einer der Gründe dafür, daß in der Praxis das Wirtschaftlichkeitspotential (Verkürzung der Auftragsdurchlaufzeiten, Kostensenkung, Verbesserung der Qualität) der Systeme nicht voll ausgeschöpft werden kann.

Der Ist-Zustand bei der Anwendung der genannten Systeme läßt sich wie folgt beschreiben: Jedes System benötigt bestimmte Eingabedaten und erzeugt Ausgabedaten in seinem eigenen systemspezifischen Format. Ein direkter Zugriff anderer Systeme auf die Ergebnisse ist nicht möglich, stattdessen müssen zunächst Daten von dem einen in das andere Format umgeformt (konvertiert) werden. Dies ist mit drei gravierenden Nachteilen verbunden:

- Das Umformen von Daten bringt in der Regel Informationsverluste mit sich, weil stets nur diejenigen Informationen von einem System ins andere übertragen werden können, die der gemeinsamen Schnittmenge beider beteiligten Systeme entsprechen.
- Beim Umformen von Daten werden in vielen Fällen die Daten aus dem einen System in das andere kopiert, d.h. es entsteht ein neuer, von den Ausgangsdaten unabhängiger Datensatz. Dadurch entstehen mehrfache Bestände des prinzipiell gleichen Datensatzes in

verschiedenen Systemen, die es schwierig machen, den jeweils verbindlichen Datensatz herauszufinden, auf den sich die anderen beziehen.

– Schließlich werden Änderungen an einem Datenbestand bei den anderen Beständen nicht automatisch berücksichtigt, sondern müssen üblicherweise vom Benutzer interaktiv nachvollzogen werden, falls dieser überhaupt von einer Änderung erfährt und dafür die Zeit zur Verfügung bekommt.

In vielen Fällen wird nur ein Teil der Ausgabedaten einer Anwendung für die nächste benötigt, so daß beim Übergang von einem System ins andere die relevanten Daten extrahiert werden müssen (auch dieses oft interaktiv durch den Benutzer). Wenn das nicht oder nicht vollständig möglich ist, behilft man sich aus Gründen der Eindeutigkeit auch heute noch mit der Weitergabe konventioneller Datenträger (z.B. Zeichnungen und Stücklisten) parallel zur Weitergabe digitaler Daten. **Bild 7.1** zeigt dies beispielhaft für den Datenfluß von der Konstruktion zur Fertigung am Beispiel von Mustern für Spritzgießwerkzeuge.

Das Umformen, Kopieren und Extrahieren von Daten sind Operationen, die sehr zeitintensiv sind und außerdem eine hohe Fehlerwahrscheinlichkeit aufweisen. Erfahrungen aus zahlreichen Anwendungen zeigen, daß das Verhältnis der eigentlichen Bearbeitungszeit an einem Rechnersystem zu der Zeit, die benötigt wird, um Daten von einem in das andere System zu überführen, zwischen 1:9 bis 1:6 liegt, d.h. bis zu 90 % der Durchlaufzeit eines Auftrages werden für die reine Übergabe von Daten benötigt. Die Integration der Systeme entlang der Prozeßkette Entwicklung-Konstruktion-Fertigung ist daher eine vordringliche Aufgabe zur Erhöhung der Wirtschaftlichkeit und auch wesentliche Voraussetzung für den integrierten rechnerunterstützten Produktentstehungsprozeß (CIM).

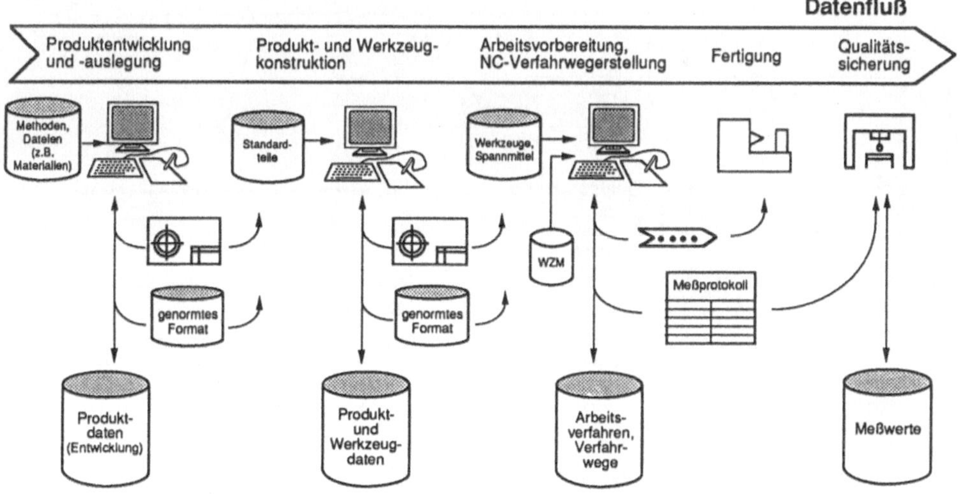

Bild 7.1   Datenfluß bei der Rechnerunterstützung mit heterogenen und isolierten Systemen

Ein erster Schritt in diese Richtung ist die Integration der in den technischen Funktionsbereichen installierten informationstechnischen Unterstützungssysteme. Das Ziel ist eine Lösung, die alle Funktionen von CAD-Systemen und wesentliche Funktionen von CAE-, CAP-, CAM- und CAQ-Systemen enthält. Mindestens müssen neben der Geometriebeschreibung auch Aufgaben der Stücklisten-, Arbeitsplan- und NC-Verfahrwegerzeugung bearbeitet werden können (CAD/CAM-System). Die Funktionen sind so eng miteinander zu verbinden, daß das System für den Benutzer wie eine Einheit erscheint. Außerdem soll während der einzelnen Schritte des mit dem System bearbeiteten Produktentstehungsprozesses ein einziges Modell des Produktes sukzessive heranwachsen, welches das Umformen, Kopieren und Extrahieren von Daten möglichst weitgehend verzichtbar macht.

Es ist – von Sonderfällen abgesehen – davon auszugehen, daß die Schaffung einer universellen Gesamtlösung, die sich für alle Branchen, Produkte, Unternehmensgrößen und -kulturen gleichermaßen gut eignet, auch langfristig Utopie bleiben wird. Deswegen sollte man sich darauf konzentrieren, das genannte Ziel dadurch zu erreichen, daß bisher entlang der Prozeßkette isoliert arbeitende Systeme durch ein offenes System miteinander kommunizierender („kooperativ" zusammenarbeitender, [Stum93]) Anwendungen ersetzt werden. „Offen" bedeutet hier, daß einerseits das Betriebssystem unabhängig von der Hardware und der Architektur des jeweiligen Rechnersystems ist und daß andererseits standardisierte Schnittstellen vorliegen, die den Austausch beliebiger Daten zwischen den Systemen gestatten. Eine solche Konzeption muß die Arbeitsweise eines Menschen weitestmöglich unterstützen. Dies gilt insbesondere vor dem Hintergrund des zeitparallelen Arbeitens in Entwicklung, Konstruktion und Fertigung, des sogenannten Simultaneous oder Concurrent Engineering. Ein mögliches Konzept zur Realisierung eines solchen Systems ist in **Bild 7.2** dargestellt.

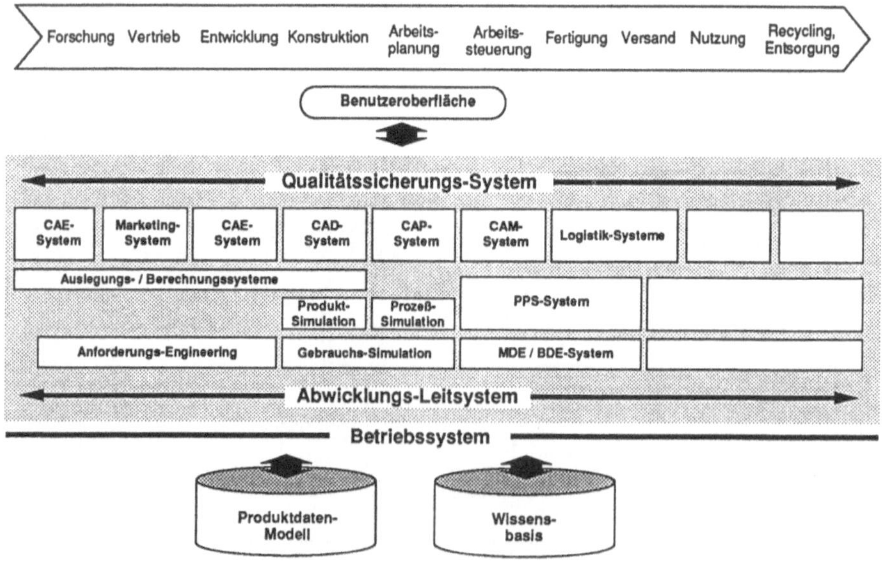

Bild 7.2   Integriertes System für die rechnerunterstützte Produktentstehung

Jede Phase im Lebenszyklus eines Produktes, inklusive Nutzung durch den Kunden sowie schließlich Recycling/Entsorgung, wird in diesem System durch ein oder mehrere geeignete Anwendungsmodule repräsentiert und unterstützt. Heute bereits prinzipiell existierende Module sind in Bild 7.2 genannt und den jeweiligen Lebensphasen zugeordnet, jedoch müssen viele davon überarbeitet und und im Hinblick auf die Integration optimiert werden. Andere Module, z.B. für Nutzung, vorbeugende Wartung und Recycling/Entsorgung, müssen völlig neu konzipiert und realisiert werden.

Das System besteht neben den Anwendungsmodulen aus folgenden Komponenten:

- Für alle Module ist eine einheitliche Benutzeroberfläche für das einfache Übertragen von Daten von einer Anwendung in eine andere und das gleichzeitige Aktivsein verschiedener Anwendungen erforderlich. Eine einheitliche Oberfläche mit umfangreichen Hilfestellungen (z.B. on-line-Hilfe und multimediale Aufbereitung) trägt wesentlich zur kurzen Einarbeitung, zur einfachen Benutzung der Module und zu hoher Akzeptanz durch alle Benutzergruppen (ungeübte, gelegentliche und erfahrene Anwender) bei.

- Mit einem auf alle Module einwirkenden System der Qualitätssicherung wird erreicht, daß jedes Anwendungsmodul Ergebnisse in genau der Qualitätsstufe erzeugt, die für das Erzielen eines qualitativ hochwertigen Produktes bei gleichzeitiger wirtschaftlicher Fertigung benötigt wird. Die Qualität jedes Arbeitsschrittes kann sich damit bis zum Endprodukt fortpflanzen.

- Alle von den Anwendungsmodulen erzeugten Daten werden in einem einheitlichen Produktmodell in einer gemeinsamen Datenbank gespeichert (siehe hierzu auch Abschnitt 2.3). Da Kunden (insbesondere Großunternehmen) von ihren Zulieferern heute verstärkt digitale Produktdaten zur Weiterverarbeitung in eigenen Systemen fordern, ist es notwendig, zwischen Ergebnisdaten und Arbeitsdaten zu unterscheiden und diese separat zu speichern, um das Know how des Zulieferers zu schützen:

  - Ergebnisdaten enthalten das Ergebnis der Bearbeitung als Ausgabe eines bestimmten Anwendungsmoduls ohne die Möglichkeit, Grund- und Ausgangsdaten, Parameter, Methoden, Verfahren und Lösungswege (d.h. das eigentliche Know how) zu identifizieren, die zu diesem Ergebnis geführt haben. Ergebnisdaten können (müssen zum Teil) an Kunden weitergegeben werden. Zu den Ergebnisdaten gehören die meisten Geometrie- und Technologiedaten. Weiterhin ist es in letzter Zeit immer wichtiger geworden, begleitend zu den ausgelieferten Produkten dem Kunden die Ergebnisse der durchgeführten Qualitätsprüfungen und der vorgenommenen Qualitätslenkungsmaßnahmen zur Verfügung zu stellen (siehe Normenfamilie [ISO9000] bis [ISO-9004]). Dazu kommt in vielen Fällen (insbesondere im Bereich der Großserienfertigung) das auf der Regelkartentechnik[60] basierende Instrument der statistischen Prozeßkontrolle (SPC) zum Einsatz [Mohr91, KlMa93].

---

[60] Mit Hilfe einer Regelkarte wird visualisiert, wie sich die Meßwerte bezüglich eines oder mehrerer Prüfmerkmale über der Stichprobenfolge (d.h. letztlich über der Zeit) verändern. Alle Meßwerte sollen zwischen Grenzwerten liegen, die als horizontale Linien ebenfalls in die Regelkarte eingetragen sind (obere und untere Warngrenze, obere und untere Eingriffsgrenze). Die auf der Regelkarte festgehaltenen Informationen deuten auf notwendige Eingriffe in die Prozeßführung hin (Qualitätslenkung).

— Arbeitsdaten dokumentieren alle Grund- und Ausgangsdaten, Parameter, Methoden, Verfahren und Lösungswege, die für das Erzielen eines Ergebnisses erforderlich sind. Arbeitsdaten verbleiben immer im Unternehmen.

- Da die grundlegenden Eigenschaften eines Produktes und damit seine Entstehungs- und Nutzungsmöglichkeiten bereits in einem sehr frühen Stadium der Entwicklung festgelegt werden, muß das Wissen (Know how) entlang der Prozeßkette an allen Modulen vorliegen, um fertigungs-, montage-, nutzungs- und entsorgungsgerechte Konstruktionen zu ermöglichen. Die parallele Bereitstellung des Know hows erfolgt durch die Integration einer Wissensbasis in das offene System.

Ein integriertes offenes System wie das in Bild 7.2 schematisch vorgestellte führt zu höherer Produktivität, kürzeren Durchlaufzeiten und zu hoher Qualität des Endproduktes.

Die Realisierung kann in mehreren Stufen erfolgen. In den ersten Stufen kann der Datenaustausch über geeignete Schnittstellen mit sukzessive gesteigerter Leistungsfähigkeit eingerichtet werden. Durch rechnerunterstützte Kommunikationsverfahren werden diese Arbeiten wirkungsvoll unterstützt und damit Liegezeiten zwischen den Bearbeitungszeiten verkürzt sowie Iterationszyklen verringert. In einer weiteren Stufe sollte ein vollständiges und gemeinsames Produktmodell erzeugt und in einer Datenbank bereitgestellt werden, auf die alle in der Prozeßkette eingesetzten Systeme zugreifen können. Die parallele Bereitstellung des Wissens (Know hows) der gesamten Prozeßkette an alle Systeme und die Arbeit mit einer einheitlichen Benutzeroberfläche steigern die Effizienz der Nutzung.

Durch die Systemintegration werden folgende Verbesserungen gegenüber der heutigen Situation, die gerade in den beiden genannten Punkten erhebliche Defizite aufweist, erreicht:

1. Prozeßwissen im Sinne von „Wissen" über Abläufe und Methoden der Produktentstehung wird dem (Gesamt-) System und damit allen Anwendern zugänglich gemacht.

2. Es wird mehr „Wissen" über die Objekte, die im Verlauf des Produktentstehungsprozesses erfaßt und bearbeitet werden, in das (Gesamt-) System eingebracht.

Ansätze und Werkzeuge, um schrittweise „Wissen" der genannten Arten in die informationstechnischen Unterstützungssysteme für die Prozeßkette Entwicklung-Konstruktion-Fertigung einzubringen und dadurch letztlich der Realisierung eines integrierten Systems nach Bild 7.2 näher zu kommen, sind insbesondere:

- die konsequente Nutzung der Makro-/Variantentechnik
- der Übergang zu dreidimensionalen CAD/CAM-Systemen
- die Definition und Nutzung geeigneter Schnittstellen für den Datenaustausch zwischen den Systemen
- ein wirksames Daten- und Prozeßmanagement (CAD/CAM und Datenbanken)
- die Einführung und Nutzung der sogenannten Feature-Technologie
- die Nutzung neuer Techniken aus der Informatik, z.B. objektorientierte Systeme und wissensbasierte Systeme

Die vorstehende Liste ist etwa in der Reihenfolge geordnet, in der ein breiter Praxiseinsatz der genannten Ansätze und Werkzeuge erwartet werden kann. Die zuerst genannten Möglichkeiten (Makro-/Variantentechnik, dreidimensionale Systeme) stehen bereits heute zur Verfügung, werden aber (noch) nicht umfassend genug genutzt. Da auf sie an anderer Stelle (Kapitel 4 und 8) eingegangen wird, werden sie nicht erneut aufgegriffen. Die anderen genannten Punkte werden der Reihe nach in den nachfolgenden Abschnitten 7.1 bis 7.5 beschrieben.

7.1 Schnittstellen und Datenaustausch

Definition und Nutzung geeigneter Schnittstellen sind von entscheidender Bedeutung für die Systemintegration im CAD/CAM-Bereich (und darüber hinaus in anderen Bereichen) eines Unternehmens. Weiterhin ist der Informationsaustausch über Unternehmensgrenzen hinweg zu berücksichtigen, der in vielen Branchen (besonders in der Kraftfahrzeugindustrie einschließlich der Zulieferunternehmen und der dienstleistenden Konstruktionsbüros) bereits heute eine wichtige Rolle spielt.

Wie im Abschnitt 5.4 schon erläutert wurde, gibt es verschiedene Sichten auf die Schnittstellenproblematik, die von der rein physikalischen Ebene (Übertragung von Bits) bis zur Anwendungsebene (Übertragung von anwendungsspezifischen Bedeutungsinhalten) reichen. Diese verschiedenen Sichtweisen werden durch das im Abschnitt 5.4.1 vorgestellte OSI-Schichtenmodell systematisiert (siehe insbesondere Bild 5.2). Im Rahmen des vorliegenden Abschnittes 7.1 interessieren nun ausschließlich Schnittstellenmechanismen, die der siebten (obersten) Schicht des OSI-Modells zuzurechnen sind, also der Informationsübertragung zwischen Anwendungssystemen dienen. Es ist zu berücksichtigen, daß insbesondere im Werkstattbereich auch noch zahlreiche Probleme auf darunter liegenden Schichten des OSI-Modells existieren (Stichworte Werkstattnetzwerke, Bussysteme, Übertragungsprotokolle), die hier nicht zur Sprache kommen, um den zur Verfügung stehenden Rahmen nicht zu sprengen.

Grundsätzlich kann der Datenaustausch zwischen mehreren Anwendungssystemen (im einfachsten Fall: zwischen zwei Systemen) nach einem der drei folgenden Konzepte realisiert werden:

– direkte Konvertierung der Daten des Ausgangssystems in die Daten des Zielsystems, **Bild 7.3a**
– Definition eines systemneutralen Datenformates; Konvertierung der Daten des Ausgangssystems in das neutrale Format mittels eines entsprechenden Postprozessors, Ausschreiben der erzeugten Daten, Einlesen dieser Daten und Konvertierung in das Datenformat des Zielsystems mittels eines entsprechenden Preprozessors, **Bild 7.3b**
– Definition eines einheitlichen Datenformates und wahlfreier Zugriff aller beteiligten Systeme auf den entsprechenden Datenbestand, **Bild 7.3c**

Alle genannten Kopplungskonzepte können theoretisch entweder so implementiert werden, daß die Datenübertragung vom Benutzer an bestimmten Punkten des Bearbeitungsprozesses explizit angestoßen wird (z.B. Ausschreiben der neutralen Datei erst, nachdem die CAD-Konstruktion abgeschlossen ist), wobei die einzelnen Systeme natürlich nur sequentiell auf den betreffenden Datenbestand zugreifen können, oder aber so, daß der Datenaustausch während des Arbeitens ständig und automatisch vorgenommen wird (z.B. Ausschreiben einer neutralen Datei mit dem aktuellen Datenbestand nach jeder einzelnen Operation am CAD-Sy-

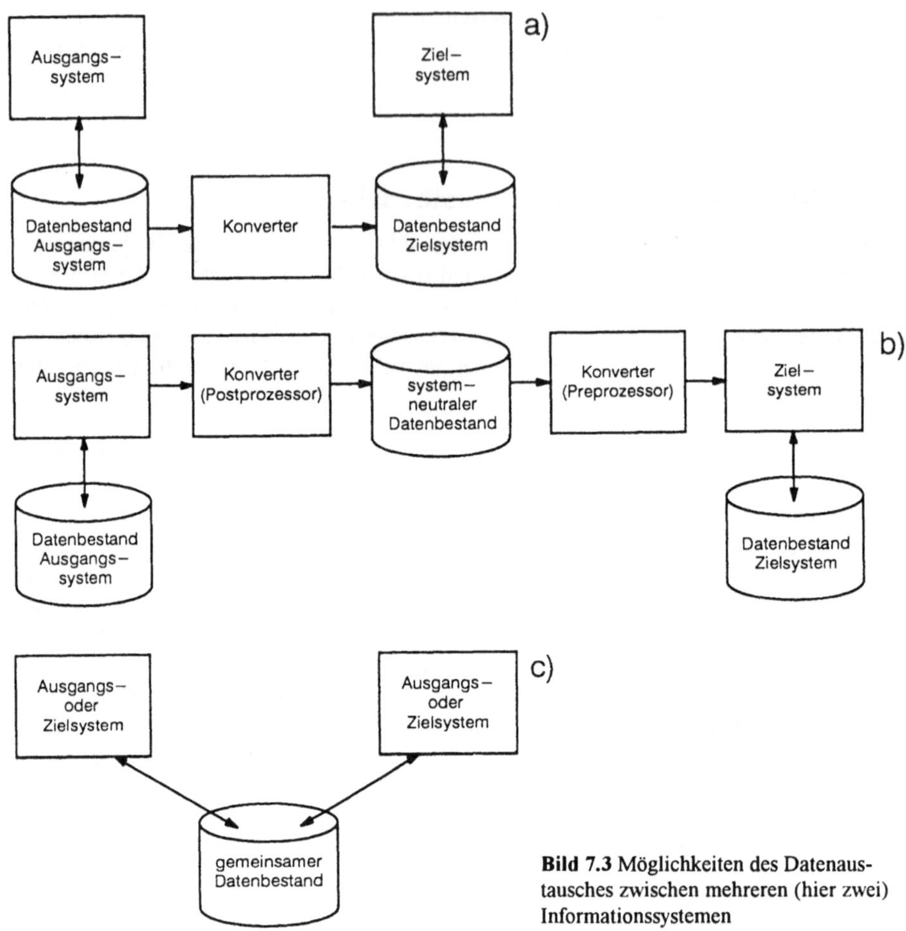

Bild 7.3 Möglichkeiten des Datenaustausches zwischen mehreren (hier zwei) Informationssystemen

stem), um einen quasi zeitparallelen Zugriff aller beteiligten Systeme auf die jeweils aktuellen Daten zu ermöglichen[61]. De facto (aber oft unausgesprochen) verbindet man jedoch mit den ersten beiden Konzepten (Bilder 7.3a/b) die erste Möglichkeit (Konvertierungen als benutzergesteuerte singuläre Ereignisse), während man für das dritte Konzept (Bild 7.3c) implizit häufig die zweite Variante (zeitparalleler Zugriff) annimmt.

Der Vorteil des ersten Lösungskonzeptes (direkte Konvertierung, Bild 7.3a) liegt darin, daß jeder einzelne Konverter sehr genau auf die jeweils zwei beteiligten Systeme abgestimmt werden kann, wodurch ein Maximum an Informationen von einem an das andere System übergeben werden kann. Der Nachteil ist, daß für den Datenaustausch zwischen n Systemen in bei-

---

[61]   Konsistenz- und Laufzeitprobleme sind hier außer acht gelassen.

den Richtungen insgesamt 2·n·(n-1) unidirektionale Konverter (also z.B. bei n = 4 Systemen bereits 24 Konverter!) benötigt werden.

Genau hier hat das zweite Konzept (neutrales Format als Bindeglied, Bild 7.3b) Vorteile: Für den Datenaustausch zwischen n Systemen in beiden Richtungen sind nur 2·n (jeweils unidirektionale) Pre- und Postprozessoren erforderlich (also z.B. bei n = 4 Systemen nur 8 Prozessoren). Nachteilig ist allerdings, daß sich der Umfang der zwischen allen Systemen austauschbaren Daten an den Möglichkeiten des schwächsten Systems ausrichten muß, wodurch die in der Einleitung zu Kapitel 7 schon angesprochenen Informationsverluste beim Datenaustausch in vielen Fällen geradezu vorprogrammiert sind. Außerdem existiert bei dem zweiten Konzept eine weitere Kopie des übertragenen Datenbestandes, sofern man nicht die Daten in dem systemneutralen (Zwischen-) Format unmittelbar nach der erfolgreichen Übertragung wieder löscht (was in der Praxis erfahrungsgemäß nicht geschieht).

Das dritte Konzept (einheitliches Datenformat für alle beteiligten Systeme, Bild 7.3c) vermeidet alle Nachteile der zuvor besprochenen Konzepte und entspricht außerdem der Forderung nach einem einheitlichen, durch alle Anwendungen durchgängigen Produktmodell. Es kann aber nur dann in die Praxis umgesetzt werden, wenn die Entwickler der in Frage kommenden Systeme dazu bereit sind, sich auf ein einheitliches Datenformat zu verständigen und ihre Systeme entsprechend umzuschreiben (Substitution der bisherigen systemspezifischen Datenbasis durch die einheitliche und Anpassung aller auf die Datenbasis zugreifenden Operationen). Dies ist zum gegenwärtigen Zeitpunkt nicht gegeben, obwohl einige der weiter unten beschriebenen Aktivitäten (z.B. STEP, ACIS) zumindest in diese Richtung weisen.

Um ein ausgewogenes Verhältnis zwischen Aufwand und Nutzen zu erreichen, wird überwiegend das zweite Datenaustauschkonzept (neutrales Format als Bindeglied) favorisiert. Hierauf gehen die folgenden Ausführungen näher ein. Jedoch wird der Datenaustausch in Einzelfällen auch nach dem ersten Konzept (direkte Konvertierung) praktiziert. Beispiele hierfür sind das Zusammenfügen mehrerer unterschiedlicher Einzelsysteme (z.B. CAD, CAP, NC) zu einer übergreifenden Gesamtlösung (CAD/CAM) oder die Datenübernahme bei der Ablösung eines Systems durch ein gleichartiges neues (z.B. Datentransfer altes/neues CAD-System).

Bisher wurde noch nicht auf die Inhalte des Datenaustausches eingegangen, die natürlich maßgeblich von den zwei (oder mehreren) beteiligten Systemen abhängen. Leitlinie für die Gliederung der in Frage kommenden Inhalte können die Überlegungen zum integrierten Produktmodell sein, obwohl diese noch nicht zu einem allgemein anerkannten Konsens geführt haben (siehe hierzu auch Abschnitt 2.3). Jedoch spielen unbestritten die Geometrieinformationen eine herausragende Rolle beim Datenaustausch zwischen den Komponenten von CAD/CAM-Systemen[62]. Deswegen haben Geometrieschnittstellen, die naturgemäß dem CAD-Bereich entstammen, eine maßgebliche Bedeutung beim CAD/CAM-Datenaustausch insgesamt und werden hier vorrangig behandelt. Allerdings ist stets die Frage zu stellen, welche anderen Inhalte (z.B. strukturelle, technologische, organisatorische) über die Schnittstelle trans-

---

[62] Siehe hierzu insbesondere die Anmerkungen zu Beginn des Abschnittes 4.2: Die Erfassung und die Verarbeitung von Geometrieinformationen sind notwendige Voraussetzungen für eine durchgängige Rechnerunterstützung des Produktentstehungsprozesses, allein sind sie jedoch nicht mehr als ausreichend zu betrachten.

portiert werden können. Schnittstellenspezifikationen, die primär auf andere als geometrische Inhalte ausgerichtet sind, werden am Ende des vorliegenden Abschnittes 7.1 kurz vorgestellt.

Die bekannten systemneutralen CAD/CAM-Schnittstellendefinitionen mit Geometrieinformationen als maßgeblichem Inhalt sind überwiegend erst in den 80er Jahren entstanden, **Bild 7.4**. In Deutschland am gebräuchlichsten sind die Schnittstelle IGES bzw. die daraus abgeleitete Untermenge VDAIS und die Schnittstelle VDAFS. Verschiedentlich (je nach dem Kundenkreis eines Unternehmens) ist auch noch die in der französischen Kraftfahrzeug-, Luftfahrt- und Raumfahrtindustrie weit verbreitete Schnittstelle SET von Interesse. Daneben hat sich die DXF-Schnittstelle als Industriestandard für den (zweidimensionalen) CAD-Datenaustausch etabliert. Die genannten Standards werden im folgenden vorgestellt.

- *IGES (Initial Graphics Exchange Specification)*

  IGES ist ein Schnittstellenformat, das in erster Linie der Übertragung von Geometriedaten dient, obwohl auch einige nicht-geometrische Elemente (insbesondere Bemaßungen, Texte, aber auch FEM-Daten) übertragen werden können. Die erste IGES-Spezifikation wurde im Jahr 1980 gemeinsam von der US-amerikanischen Luftwaffe und der amerikanischen nationalen Normungsbehörde (NBS, National Bureau of Standards; heute NIST, National Institute of Standards and Technology) veröffentlicht [NIST80] und kurz danach in die (amerikanische) Normung übernommen [ANSI81]. Bezüglich der austauschbaren Geometriedaten war IGES in den Versionen 1.0 und 2.0 auf Kantenmodelle beschränkt. Ab Version 3.0 wurde der Umfang von IGES im Dreidimensionalen auf Flächeninformationen erweitert. Mit der Version 4.0 kamen einfache Volumeninformationen hinzu, die auf dem CSG-Volumenmodell (Constructive Solid Geometry, siehe hierzu Abschnitt 4.2.3) basierten. IGES 5.0 schließlich brachte Möglichkeiten zur Übertragung von Volumeninformationen auf der Grundlage des Flächenbegrenzungsmodells (Boundary Representation, BRep). Derzeit aktuell ist IGES 5.1, Version 5.2 ist in Vorbereitung. Danach wird voraussichtlich nur noch eine Version 6.0 erscheinen, da die eigenständigen Aktivitäten zu IGES eingestellt und im Rahmen von STEP (siehe unten) weitergeführt werden sollen.

  Als bisher letzter Stand ist die IGES-Version 4.0 in die Normung eingeflossen [ANSI-89]. Die Entwicklungen zu den Versionen 5.0 und 5.1 liegen als Berichte des IGES-Komitees vor [NIST90, NIST91]. Das IGES-Komitee war auch Initiator der völlig neuen Schnittstellenspezifikation PDES, auf die weiter unten kurz eingegangen wird.

  In Europa wurde und wird IGES überwiegend zum Austausch zweidimensionaler Daten benutzt. Dies zeigt sich auch daran, daß sich die IGES-Prozessoren der weitaus meisten CAD/CAM-Systeme auf den Stand IGES 2.0, allenfalls noch IGES 3.0 beziehen, was für den zweidimensionalen Bereich völlig ausreichend ist.

- *VDAIS (VDA-IGES-Subset)*

  Der Schnittstellenstandard IGES hat im Verlauf seiner Entwicklung einen nahezu undurchschaubaren Umfang mit breitem Variationsspielraum zur Erfassung prinzipiell gleicher Informationen angenommen. Dies führte zu einer zunehmenden Unverträglichkeit der auf dem Markt befindlichen IGES-Prozessoren. Deshalb hat der Verband der Auto-

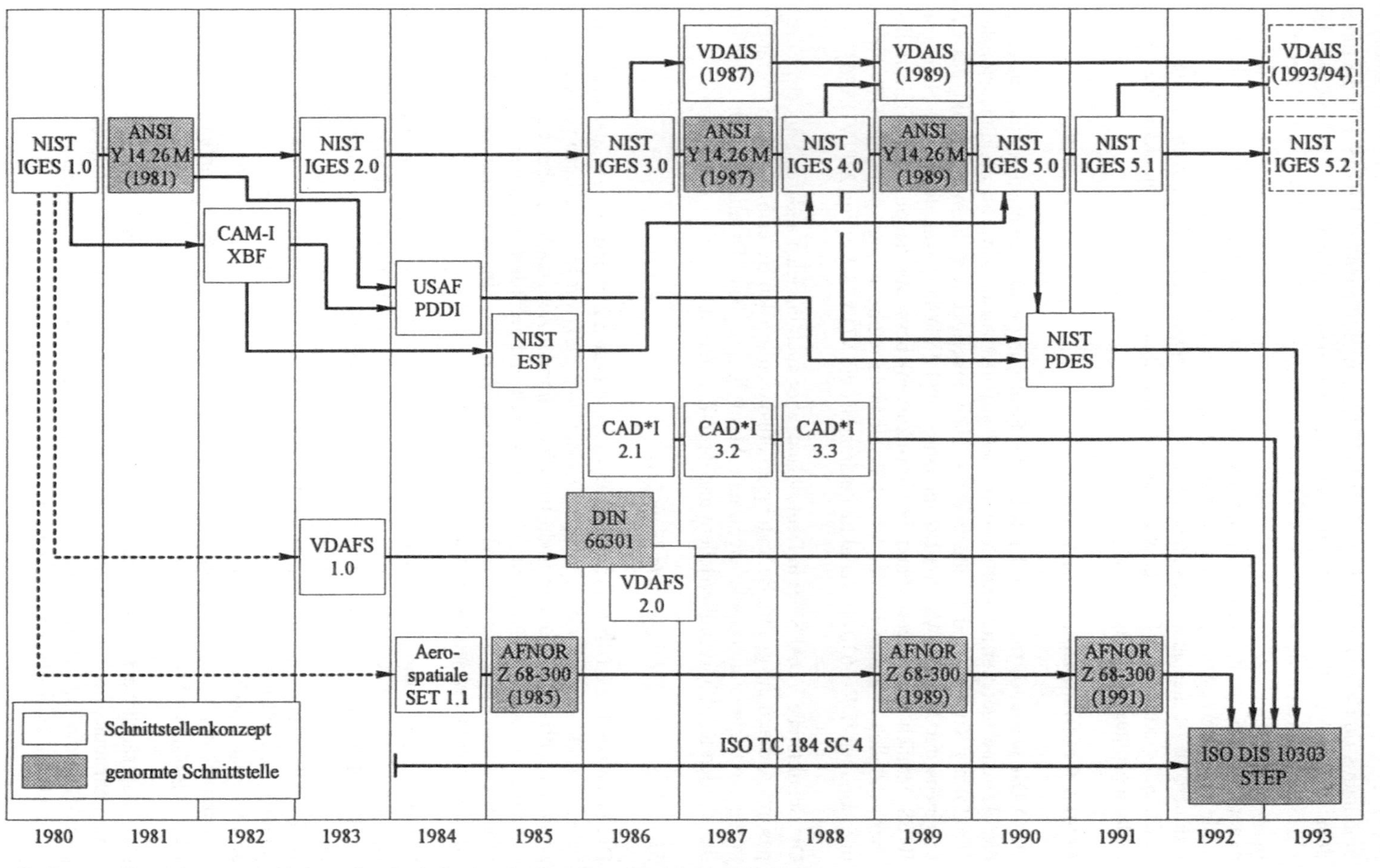

Bild 7.4   Entwicklung verschiedener Standards für den Austausch von Produktmodelldaten

mobilindustrie (VDA) erstmals im Jahr 1987 (damals aufbauend auf IGES 3.0) die unter dem Kürzel VDAIS bekannte und als Mindestumfang verbindliche Untermenge der IGES-Spezifikation definiert [VDA87]. Eine Anpassung an die IGES-Version 4.0 erfolgte im Jahr 1989 [VDA89], an der Aktualisierung auf der Basis von IGES 5.1 wird gearbeitet. VDAIS spielt in Deutschland und weiten Teilen Europas heute eine wichtigere Rolle als IGES selbst. Betrachtet man den über Europa hinausreichenden internationalen Rahmen, so ist dies allerdings nicht der Fall, weil VDAIS hier mit anderen Subset-Vorschlägen konkurriert (z.B. mit dem Standard MIL-D 28000 des US-amerikanischen Verteidigungsministeriums).

- *VDAFS (VDA-Flächenschnittstelle)*

Der VDA war auch treibende Kraft bei der Festlegung einer Schnittstellenspezifikation, die als reine Geometrieschnittstelle speziell auf den Austausch von dreidimensionalen (Freiform-) Kurven- und Flächeninformationen ausgelegt war. Zum Zeitpunkt des Erscheinens der VDAFS-Version 1.0 im Jahre 1983 [VDA83] war dieses mit Hilfe von IGES nämlich nur eingeschränkt (Freiformkurven) bzw. überhaupt nicht (Freiformflächen) möglich. Version 1.0 des VDAFS-Standards wurde wenig später als DIN-Norm übernommen [DIN66301]. Der aktuelle Stand ist die VDAFS-Version 2.0 [VDA86].

Die Schnittstelle VDAFS hat in Deutschland, aber auch in vielen anderen Ländern Europas mit Abstand die größte Bedeutung im dreidimensionalen Bereich. Sie wird vorrangig in der Kraftfahrzeugindustrie angewandt, beispielsweise beim Datenaustausch zwischen den großen Kraftfahrzeugherstellern und ihren Zulieferern.

- *SET (Standard d'Echange et de Transfert)*

Die Schnittstelle SET ist in Frankreich etwa zur gleichen Zeit und aus den gleichen Motiven heraus entstanden wie VDAFS in Deutschland. SET wurde maßgeblich von der französischen Luft- und Raumfahrtindustrie (Federführung Aerospatiale), aber auch von den französischen Kraftfahrzeugherstellern entwickelt und gefördert. Kurz nach der Erstveröffentlichung (1984, Version 1.1) fand SET als Vornorm Eingang in das nationale französische Normenwesen [AFNOR85].

SET hat einen etwas größeren Funktionsumfang als VDAFS, zumal seit der unter der Bezeichnung SET-Solid bekannten Erweiterung (erstmals 1987, [AFNOR89]) neben zwei- und dreidimensionalen Kanten- und Flächendaten auch Volumenmodelle übertragen werden können (Basis Flächenbegrenzungsmodell, BRep). SET erfaßt im Gegensatz zu VDAFS neben den geometrischen Elementen z.B. auch graphische Symbole, Bemaßungen, Schraffuren, Ansichtsdefinitionen, Teilestrukturen und bietet Möglichkeiten zu anwenderspezifischen Erweiterungen. Die Entwicklungen der letzten Jahre zielten vor allem darauf ab, weitere Bestandteile des Produktmodells in SET zu integrieren (z.B. Übertragung von FEM- und Fertigungsinformationen, [AFNOR91]).

Der hauptsächliche Einsatzbereich von SET ist natürlich die Kraftfahrzeug-, Luft- und Raumfahrtindustrie. Ein weit über die Grenzen Frankreichs hinausreichendes „Vorzeigeprojekt" ist die Entwicklung der Airbus-Flugzeuge, die von den beteiligten Unternehmen komplett mit Hilfe der SET-Schnittstelle abgewickelt wird.

- *DXF (Drawing Exchange Format)*

  DXF ist ein von der Firma Autodesk ursprünglich für das eigene CAD-System Auto-
  CAD entwickeltes Schnittstellenformat, das aufgrund der großen Verbreitung dieses Sy-
  stems mittlerweile zu einem industriellen Quasi-Standard geworden ist. Nahezu alle
  CAD/CAM-Systemanbieter können heute DXF-Pre- und -Postprozessoren liefern. DXF
  war zunächst nur für den Austausch von (zweidimensionalen) Zeichnungsdaten gedacht
  (Geometrie, Symbole, Bemaßungen, Schraffuren), wurde jedoch in den letzten Jahren
  sukzessive auch auf dreidimensionale Elemente erweitert [JoLl91]. In der Praxis wird
  DXF nach wie vor nahezu ausschließlich im zweidimensionalen Bereich eingesetzt.

Zu den meisten CAD/CAM-Systemen sind als Zusatzoptionen Pre- und Postprozessoren zum
Einlesen bzw. Ausgeben von Daten im IGES-/VDAIS-, VDAFS- und DXF-Format erhältlich
(VDAFS nur bei dreidimensionalen Systemen). Einige Systeme, vor allem die aus Europa
stammenden, bieten auch SET-Prozessoren an. Da es bei den Pre- und Postprozessoren von
CAD/CAM-Systemen in der Vergangenheit erhebliche Qualitätsunterschiede gegeben hat
(und wohl auch noch gibt), hat der Verband der Automobilindustrie (VDA) aufbauend auf
Vorarbeiten der CEFE[63] für die von ihm initiierten Schnittstellenformate VDAIS und VDA-
FS ein Konformitätsprüfungs- und Zertifizierungsverfahren ins Leben gerufen. Mit dessen
Durchführung ist das CADCAM-Labor des Kernforschungszentrums Karlsruhe beauftragt
[Mach92]. Auf Antrag des jeweiligen Systemanbieters werden hierbei die VDAIS- und VDA-
FS-Pre- und -Postprozessoren nach festgelegten Kriterien (beispielsweise im Falle VDAFS
unter anderem Syntax, Funktionsumfang/Vollständigkeit, Genauigkeit, Elementtreue und Re-
produzierbarkeit im Zyklustest) untersucht. Bei positiven Testresultaten erhält der Systemanbieter für seine Prozessoren ein entsprechendes Zertifikat.

Eine Sonderrolle spielt die Schnittstelle VDAPS, die deshalb in Bild 7.4 auch nicht dargestellt
ist und wie folgt charakterisiert werden kann:

- *VDAPS (VDA-Programmschnittstelle)*

  Auch die Schnittstelle VDAPS ist unter maßgeblicher Mitwirkung des Verbandes der
  Automobilindustrie (VDA) entstanden. Wie bereits in Abschnitt 4.3 erwähnt, dient sie
  der systemübergreifenden Übertragung und Nutzung von Normteilbibliotheken. Eine
  Schnittstellenspezifikation mit dieser Zielsetzung muß anders aufgebaut sein als die zuvor erwähnten Beispiele. Wichtigstes Unterscheidungsmerkmal gegenüber anderen
  Schnittstellenspezifikationen ist, daß zur Übertragung von Normteilinformationen die
  Geometriebeschreibungen parametrisiert sein müssen, da ja für jede erfaßte Gegen-
  standsklasse (z.B. Sechskantschrauben nach DIN 931) jeweils ähnliche Geometrien in
  unterschiedlichen Größen zu reproduzieren sind. Weitere Fragen, die für den Austausch

---

[63] CEFE CAD/CAM-Entwicklungsgesellschaft; die Anfang der 70er Jahre gegründete CEFE ist ein (eher
      informeller) Zusammenschluß von CAD/CAM-Systementwicklern, -Anwendern und auf diesem Gebiet
      engagierten Hochschulinstituten aus Deutschland, der das Ziel verfolgt, Erfahrungen und Ergebnisse zu
      Fragen der rechnerunterstützten Konstruktion und Fertigung auszutauschen und gemeinsame Entwick-
      lungen zu betreiben. Die CEFE hat wiederholt zukunftsweisende Anstöße gegeben, die in andere Nor-
      mungs- und Entwicklungsprojekte eingeflossen sind.

von Normteilinformationen spezifisch sind, betreffen die systematische Klassifizierung der Teile, die Erfassung der zugelassenen Größenparameter („Normtabellen") und die Überprüfung von Benutzereingaben auf Normenkonformität.

In den Jahren 1985 bis 1987 wurde ein Projekt zur Klärung der vorstehend skizzierten Fragen durchgeführt, wobei die Normenausschüsse Maschinenbau und Sachmerkmalleisten im DIN (NAM, NSM) sowie der VDA aufgabenteilig zusammenarbeiteten. Die Schnittstelle VDAPS als ein Ergebnis dieses Projektes wurde dann – bislang zunächst als Vornorm – vom DIN übernommen [DIN66304a, DIN66304b].

Konkret handelt es sich bei VDAPS um eine Erweiterung des Sprachumfanges der prozeduralen Programmiersprache FORTRAN77, wodurch die erforderlichen Funktionen zur geometrischen Beschreibung von Normteilen in der Art von CAD-Variantenprogrammen bereitgestellt werden (sogenannter prozeduraler Ansatz). Basis ist ein zwei- oder dreidimensionales Kantenmodell. Darüber hinaus legt [DIN66304a] bzw. die überarbeitete Version [DIN66304b] den grundsätzlichen Aufbau der entstehenden Programme fest. Die Gliederung der hinterlegten Normteiltabellen erfolgt nach dem Prinzip der Sachmerkmalleisten entsprechend [DIN4001]. Näheres regelt der DIN-Fachbericht 14 [DIN90], dessen Inhalt sich in der Praxis so gut bewährt hat, daß er derzeit gerade als Teil 100 in die DIN 4000 übernommen wird [Stoc93]. Die Wertetabellen zu den Normteilen werden in digitaler Form vom DIN (DIN Software GmbH) zur Verfügung gestellt. Die den genannten Standards folgenden Normteilprogramme können von allen CAD/CAM-Systemen genutzt werden, die mit einer VDAPS-Schnittstelle ausgestattet sind.

Die Schnittstelle VDAPS konnte sich nach ihrer Veröffentlichung in Deutschland sehr schnell etablieren (bereits Ende 1988 boten 24 CAD-Systeme einen entsprechenden Prozessor an, [Geit91]), da sie nicht nur für die Anwender, sondern auch für die Entwickler von CAD/CAM-Systemen Vorteile bietet. Auch eine Reihe von Zukaufteil-Herstellern liefert heute digitale Produktkataloge nach dem VDAPS-Standard, die sich relativ problemlos an CAD/CAM-Systeme mit VDAPS-Schnittstelle anbinden lassen, um die entsprechenden Teilegeometrien einzuladen. Außerhalb Deutschlands fand die VDAPS-Schnittstelle vor allem in Nordeuropa Verbreitung. Angewendet wird sie bisher ausnahmslos im zweidimensionalen Bereich, weil die Beschränkung auf Kantenmodelle einen Einsatz im Dreidimensionalen wenig sinnvoll erscheinen läßt.

Mittlerweile sind auf VDAPS aufsetzende Normungsbemühungen für den Austausch von Normteilinformationen auf der europäischen Ebene recht weit fortgeschritten. Ein erster europäischer Normenentwurf wird in Kürze erwartet (EN 40004). Er bietet gegenüber der VDAPS einige Erweiterungen vor allem im dreidimensionalen Bereich, auf die im einzelnen hier nicht eingegangen sei (siehe z.B. [MaHe93]).

Alle vorstehend genannten Schnittstellenformate beschränken sich überwiegend oder sogar ausschließlich auf den Austausch von Geometriedaten und weisen deshalb im Prinzip die gleichen Defizite auf wie die CAD/CAM-Systeme insgesamt (siehe Einleitung des vorliegenden Kapitels 7), daß nämlich die Beschränkung auf einzelne Aspekte, z.B. auf den geometrischen Aspekt, für die Zukunft nicht ausreichend ist und daß zu wenig „Wissen" über die Prozesse und Objekte erfaßt und übertragen werden kann.

Aus diesem Grunde haben sich verschiedene Gremien und Konsortien in diversen Projekten um Verbesserungen bemüht und entsprechende Vorschläge zur Diskussion gestellt. Keiner dieser Ansätze wurde selbst zur Norm, allerdings waren die Ergebnisse in den meisten Fällen Beitrag zu anderen Standardisierungsaktivitäten. Die wichtigsten dieser Ansätze sind in Bild 7.4 eingezeichnet und werden im folgenden stichwortartig erläutert:

- *XBF* (*Experimental Boundary File*): Es handelt sich um eine von der CAM-I[64] auf der Basis IGES 1.0 erarbeitete experimentelle Spezifikation zum Austausch von Volumeninformationen.

- *PDDI* (*Product Definition Data Interface*): Diese Schnittstellenspezifikation zum Austausch von Produktdaten zwischen CAD-Systemen und Fertigungssystemen (Schwerpunkt Flugzeugbau) wurde im Rahmen des sogenannten ICAM-Forschungsprojektes der US-amerikanischen Luftwaffe (USAF) erstellt . Interessant ist, daß es mit PDDI zum ersten Mal gelang, Volumeninformationen zwischen verschiedenen CAD-Systemen auszutauschen und daß in PDDI außerdem Toleranzinformationen sowie Informationen über fertigungsrelevante Formelemente (Features) erfaßbar waren. Gerade diesen Punkten erzielten Ergebnisse des Projektes waren wichtige Grundlage für STEP.

- *ESP* (*Extended Solids Proposal*): Diese verbesserte Version von XBF wurde vom IGES-Komitee erarbeitet, ihr Inhalt ist später in die IGES-Versionen 4.0 und 5.0 eingeflossen.

- *PDES* (*Product Data Exchange Specification*): Diese Schnittstellenspezifikation wurde ebenfalls vom IGES-Komitee erstellt, und zwar auf der Basis von IGES 4.0 und 5.0 sowie unter Berücksichtigung der Erfahrungen aus dem PDDI-Projekt. Schwerpunkt war die Frage, wie zusätzlich zu den in IGES dominierenden geometrischen auch technologische und organisatorische Informationen erfaßt und übertragen werden können, um künftig die Austauschbarkeit vervollständigter Produktmodelle ermöglichen zu können. Wie oben bereits angedeutet, werden diese Entwicklungen nunmehr im Rahmen von STEP fortgeführt.

- *CAD*I* (*CAD-Interfaces*): Das Kürzel CAD*I steht für ein Forschungsvorhaben zur Schnittstellenentwicklung, das von einem europäischen Konsortium aus Systementwicklern, Anwendern und Forschungsinstituten durchgeführt und von der Europäischen Gemeinschaft als ESPRIT-Projekt Nr. 322[65] in der Zeit von 1984 bis 1989 gefördert wur-

---

[64] CAM-I: Computer Aided Manufacturing - International Inc. mit Sitz in Arlington/Texas (USA); CAM-I ist eine im Jahre 1972 gegründete, aus Systementwicklern, Anwendern und Hochschulinstituten zusammengesetzte internationale Vereinigung zur Durchführung anwendungsorientierter Forschungs- und Entwicklungsprojekte auf den Gebieten CAD/CAM/CIM.

[65] ESPRIT: European Strategic Programme for Research and Development in Information Technology; ESPRIT ist ein von der Europäischen Gemeinschaft im Jahre 1983 ins Leben gerufenes Förderprogramm für (in der Regel größere) Forschungs- und Entwicklungsprojekte auf dem Gebiet der Informationstechnik. Die meisten der hier genannten Projekte laufen auf dem ESPRIT-Teilgebiet Computer Integrated Manufacturing (CIM) und haben das übergeordnete Ziel, die internationale Konkurrenzfähigkeit europäischer Unternehmen zu steigern (sowohl der Unternehmen, die CIM-Komponenten entwickeln, als auch der Unternehmen, die sie anwenden).

de. Im Vordergrund stand die Behandlung folgender Fragen: zwei- und dreidimensionale Geometrierepräsentation (Schwerpunkt Volumenmodelle), Informationsaustausch über Netzwerke, Archivierung parametrisierter Bibliotheken in Datenbanken, verbesserte Modellierungstechniken, standardisierte FEM-Ankopplung, rechnerische und experimentelle Strukturanalysen (auch dynamisch), Ergebnisvergleich zwischen rechnerischen und experimentellen Analysen. Die Ergebnisse des CAD*I-Projektes sind zu einem nicht unerheblichen Beitrag zur STEP-Entwicklung geworden. Die vollständige Dokumentation findet sich in [CADI88, CADI89a, CADI89b, CADI90a, CADI90b, CADI90c, CADI91].

Aus dem CAD*I-Projekt haben sich (ebenfalls im Rahmen von ESPRIT) mehrere Nachfolgeprojekte ergeben, die sich vorrangig mit der Erprobung und/oder Weiterentwicklung von STEP auf besonderen Anwendungsgebieten befaßten (z.B. die Projekte CAD-EX, NEUTRABAS, IMPACCT, NIRO[66]).

Wie Bild 7.4 erkennen läßt, sollen (außer dem nicht allgemein genormten Format DXF) alle genannten Schnittstellenformate in der Zukunft in den übergreifenden Standard *STEP (Standard for the Exchange of Product Model Data)* einmünden. STEP wird auf internationaler Ebene durch ein im Jahre 1984 von der ISO (International Organization for Standardization, Genf) eingesetztes Komitee (ISO TC 184 SC 4: ISO Technical Committee 184, Sub-Committee 4) entwickelt und stützt sich – wie oben dargelegt – auf eine Reihe von Erfahrungen aus vorangegangenen Normen und Projekten. Die Ergebnisse zur ersten Version von STEP sind entweder bereits als Teile der internationalen Vornorm ISO DIS 10303[67] herausgegeben worden [ISO10303] oder liegen als sogenannte Committee Drafts (ISO CD) vor, d.h. sind vom ISO TC 184 SC 4 verabschiedet und stehen kurz vor ihrer Übernahme in die ISO DIS 10303.

STEP ist insofern ein gegenüber der heutigen Praxis erheblich erweiterter Ansatz, als man hiermit erstmals die Möglichkeit schaffen will, *vollständige Produktmodelle* nach einheitlichen Kriterien zu archivieren und auszutauschen. Außerdem wurde erstmals eine Methodik zur formalen Spezifikation (im strengen informatischen Sinne) einer Schnittstelle entwickelt und umgesetzt. Hierfür wiederum sind bestimmte Entwicklungswerkzeuge nützlich, die heute ebenfalls zum Umfang von STEP zählen (z.B. die objektorientierte Spezifikationssprache EXPRESS und ihre graphische Repräsentation mittels EXPRESS-G).

Der Begriff „vollständiges Produktmodell" ist hier so zu interpretieren, daß verschiedene „Sichten" auf ein Produkt in den einzelnen Phasen des Lebenszyklus durch mehrere sogenannte STEP-Partialmodelle erfaßt werden, deren Gesamtheit das Produktmodell ausmacht. Das so aufgebaute STEP-Produktmodell wird auch als integriertes Produktinformationsmodell (*Integrated Product Information Model, IPIM*) bezeichnet.

---

[66]   CADEX: CAD Geometry Data Exchange (ESPRIT-Projekt Nr. 2195); NEUTRABAS: Neutral Product Definition Database for Large Multifunctional Systems (ESPRIT-Projekt Nr. 2060); IMPACCT: Integrated Modelling of Products and Processes Using Advanced Computer Technologies (ESPRIT-Projekt Nr. 2165); NIRO: Neutral Interfaces for Robotics (ESPRIT-Projekt Nr. 2614 und 5109)

[67]   ISO DIS: International Organization for Standardization; Draft International Standard = Vornorm

Die STEP-Partialmodelle gliedern sich in die anwendungsunabhängigen Basismodelle (*Integrated Resource Models*) einerseits und in die anwendungsabhängigen Basismodelle (*Application Resource Models*) andererseits. Die im ersten Schritt definierten STEP-Partialmodelle sind in **Tabelle 7.1** zusammengefaßt [Ande92]. Weitere Partialmodelle (z.B. Arbeitsplanung, Produktfunktionen, physikalische Wirkprinzipien, Normteile) sind in Arbeit.

Anwendungsunabhängige Partialmodelle (*Integrated Resource Models*)	ISO 10303	Erläuterung
Geometrie und Topologie (*Geometric and Topological Representation*)	Teil 42	Linien-, Flächen-, Volumenmodell (BRep und CSG)
Schnittstellen zur Geometrie (*Representation Structures*)	Teil 43	Ankopplung der Informationen aus anderen Partialmodellen an die Geometrie (z.B. Toleranzen)
Produktstruktur und -konfiguration (*Product Structure Configuration*)	Teil 44	Erzeugnisstrukturdaten (Stücklistendaten), Konfigurationsvarianten, Teileverwendungsnachweise, Bearbeitungsstand, Versionshaltung
Materialien (*Materials*)	Teil 45	Abbildung von Materialeigenschaften; unterstützt werden homogene, Mischgefüge-, glasfaserverstärkte und Schichtwerkstoffe
Darstellungsmodell (*Visual Presentation*)	Teil 46	Angaben zur bildlichen Darstellung (Ansichten, Farben, Beleuchtung)
Toleranzen (*Shape Tolerances*)	Teil 47	Maß-, Form-, Lagetoleranzen, Oberflächenbeschaffenheiten
Formelemente (*Form Features*)	Teil 48	Beschreibung von zusammengehörigen Gestaltzonen (z.B. „Einstich"), denen (außerhalb dieses Partialmodells) eine besondere technische Bedeutung zugewiesen werden soll
Unterstützung des Produktlebenszyklus (*Product Life Cycle Support*)	Teil 49	Zuordnung von Produktdaten zu verschiedenen Phasen des Produktlebenszyklus

Anwendungsabhängige Partialmodelle (*Application Resource Models*)	ISO 10303	Erläuterung
Technisches Zeichnen (*Draughting*)	Teil 101	Organisation der bildlichen Darstellungen auf der technischen Zeichnung
Schiffsstrukturen (*Ship Structures*)	Teil 102	Berücksichtigung besonderer Elemente und Produktstrukturen des Schiffsbaus
Elektrische Funktionen (*Electrical Functions*)	Teil 103	Funktionsstrukturen elektrischer/elektronischer Komponenten
Finite-Elemente-Analyse (*Finite Element Analysis*)	Teil 104	Grunddaten für die FEM-Berechnung (Elemente, Netze, Randbedingungen)
Kinematik (*Kinematics*)	Teil 105	Grunddaten für die Simulation von Starrkörperbewegungen (z.B. Gelenke, Glieder)

Tabelle 7.1   Partialmodelle der ersten Version des STEP-Standards [Ande92]

Sowohl die Entwickler als auch die Anwender von CAD/CAM-Systemen sind in nicht unerheblichem Maße schon seit Jahren in die Normungsaktivitäten zu STEP eingebunden und unternehmen große Anstrengungen, die bisherigen STEP-Ergebnisse unmittelbar in die Praxis umzusetzen, d.h. STEP-Prozessoren anzubieten bzw. zu nutzen. Dabei steht zunächst die Erfassung und Übertragung von Geometrieinformationen im Vordergrund.

Zusammenfassend ist STEP als ein wichtiger Schritt zur Erreichung des Zieles anzusehen, mehr „Wissen" über Prozesse und Objekte in standardisierter Form zu erfassen. Jedoch handelt es sich insgesamt um ein sehr ehrgeiziges Projekt, das (gemessen an dem Anspruch „vollständiges Produktmodell") gerade erst am Anfang steht und überdies durch den Zwang zum internationalen Konsens manche zeitliche Verzögerung erfahren hat und wohl auch noch erfahren wird. Deshalb erscheint eine gewisse Skepsis berechtigt, ob es STEP in absehbarer Zeit gelingen wird, Beiträge zur CAD/CAM-Integration zu liefern, die über den „klassischen" Geometriedatenaustausch wesentlich hinausreichen.

Zum Schluß der Ausführungen über die Integration von CAD/CAM-Systemen und über allgemeine CAD/CAM-Schnittstellen sei deshalb noch auf eine recht interessante, am Anfang völlig außerhalb der offiziellen Normungsbemühungen liegende Entwicklung hingewiesen: Über 20 führende CAD/CAM-Systemhäuser bauen ihre neuen dreidimensionalen CAD/CAM-Systeme auf einem einheitlichen Modellierkern auf, nämlich auf dem im Auftrag eines amerikanischen NC-Systemanbieters in England entwickelten *ACIS*-Kern[68].

Auf ACIS basierende 3D-CAD/CAM-Systeme bzw. -Systemkomponenten, die bereits auf dem Markt erhältlich sind, sind das NC-System Strata des ACIS-Lizenzgebers Spatial Technologies sowie die CAD-Systeme ICEM DDM von Control Data/Volkswagen, Precision Engineering/SolidDesigner von Hewlett Packard, VISIONAEL 3D von Advanced Graphics Systems (AGS), GRADE 3D von Hitachi Zosen Information Systems und KONSYS 2000 von Strässle. Weitere ACIS-Lizenznehmer, die ihre zukünftigen 3D-CAD/CAM-Produkte auf ACIS aufbauen, sind beispielsweise Applicon (vormals Schlumberger, derzeitiges System Bravo4), Aries Technology (ConceptStation), Autodesk (AutoCAD), IBM (CADAM) und Logotec (LogoCAD).

ACIS ist ein sehr moderner 3D-Geometriemodellierer, dessen herausragende Eigenschaften der komplett objektorientierte Aufbau (siehe hierzu auch Abschnitt 7.4), die vielfältigen Geometriemodelliermöglichkeiten (Kanten-, Flächen-, Volumenmodell mit Freiformflächendarstellung auf der Basis von NURBS), die (durch die objektorientierte Struktur von ACIS maßgeblich begünstigten) weitreichenden Möglichkeiten zur Ankopplung nicht-geometrischer Informationen („Attribute") an das Geometriemodell sowie die (ebenfalls durch die objektorientierte Struktur begünstigten) umfangreichen Erweiterungs- und Spezialisierungsmöglichkeiten sind.

---

[68] Auftraggeber und Inhaber der Lizenzrechte: Spatial Technologies Inc., Boulder/Colorado (USA); Entwickler: Three-Space Ltd., Cambridge (GB); das Kürzel ACIS hat keine systembeschreibende Bedeutung, sondern setzt sich zusammen aus den Anfangsbuchstaben der Vornamen der (sehr renommierten) britischen Systementwickler Alan R. Grayer, Charles Lang und Ian C. Braid und einem S für „System".

Interessant aus der Perspektive der CAD/CAM-Integration und der CAD/CAM-Schnittstellen ist, daß alle auf der Basis von ACIS erstellten Systeme und sonstigen Applikationen letztlich auf einer gemeinsamen Datenstruktur aufsetzen, so daß eine sehr weitreichende Daten- und Funktionskompatibilität erwartet werden kann [Send92].

Abschließend folgt nun ein stichworthafter Überblick über andere im CAD/CAM- bzw. CIM-Bereich erforderliche Schnittstellen und die hierzu bestehenden Lösungen. Es handelt sich hierbei um Schnittstellen mit spezielleren Anwendungsgebieten als sie den zuvor beschriebenen zugrundeliegen. Ausführliche Informationen, auch über laufende Forschungsprojekte, enthalten die DIN-Fachberichte 15, 20 und 21 [DIN87, DIN89a, DIN89b]. Die nachstehende Kurzdarstellung orientiert sich grob an der Abfolge des Produktentstehungsprozesses.

- In und zwischen den Bereichen *Entwicklung und Konstruktion* können Schnittstellenprobleme beispielsweise dadurch auftreten, daß Daten zwischen einem CAD- und einem FEM-System (oder einem anderen Berechnungssystem) ausgetauscht werden sollen. Dies geschieht heute üblicherweise mit Hilfe der oben beschriebenen allgemeinen Schnittstellen IGES, VDAFS oder SET, wobei die Inhalte auf Geometriedaten beschränkt bleiben. Erst mit STEP werden hier ergänzende Leistungen möglich werden.

- Im Bereich der *Arbeitsplanung* (CAP) existieren zunächst die beschriebenen allgemeinen Schnittstellenkonventionen IGES, VDAFS, SET und demnächst STEP, um Daten (hauptsächlich Geometriedaten) vom CAD- in den CAP-Bereich (und hier insbesondere in den Teilbereich NC- und Roboterprogrammierung) zu übertragen.

  In der NC-Programmierung selbst sind die in Abschnitt 6.2.4 bereits erläuterten Schnittstellen nach [DIN66025] bzw. [ISO6983] (Aufbau und Steueranweisungen von NC-Programmen im Maschinencode) sowie nach [DIN66215] bzw. [ISO3592, ISO4343] (*CLDATA*-Format zur Erfassung von NC-Steuerinformationen in maschinenunabhängiger Form) gebräuchlich. Hinzu kommt die Sprachdefinition nach [DIN66246] bzw. [ISO-4342] (Festlegung der Syntax für Eingabeanweisungen an einen gedachten NC-Prozessor in Anlehnung an die NC-Programmiersprache APT), die allerdings in der Praxis eine geringere Bedeutung hat.

  Die Programmierung von Industrierobotern erfolgt heute in vielen Fällen direkt an der Maschine (on-line) im sogenannten Teach-In-Verfahren (auch „Lernprogrammierung" genannt). Schnittstellenfragen sind hierbei nicht relevant. Für den Bereich der maschinenfernen Roboterprogrammierung (off-line), dessen Bedeutung zunimmt, definiert die VDI-Richtlinie [VDI2863] Aufbau und Sprachumfang des sogenannten *IRDATA*-Formates (Industrial Robot Data). In ähnlicher Weise wie das Format CLDATA im Bereich der NC-Programmierung soll IRDATA die Steueranweisungen für Industrieroboter in maschinenunabhängiger Form erfassen. Derzeit laufen Bemühungen, den IRDATA-Standard als Basis für eine internationale Norm (ISO) einzubringen.

- In der *Arbeitssteuerung* existieren weder im Bereich selbst noch in bezug auf Kopplungen zu anderen Bereichen (z.B. zu CAP, zu PPS) standardisierte Schnittstellen [DIN-89b]. Zum Teil rührt dies daher, daß wichtige Arbeitssteuerungsfunktionen in der Vergangenheit häufig integraler Bestandteil von PPS-Systemen waren, so daß Schnittstellen nicht notwendig waren. Für die Zukunft besteht hier allerdings ein akuter Handlungsbedarf, da im Hinblick auf die angestrebten flexiblen Fertigungssysteme zumindest die kurzfristigen Steuerungsfunktionen (wieder) dezentralisiert, d.h. vom PPS-Bereich getrennt und „intelligenten" Fertigungsleitständen oder -leitsystemen übertragen werden (siehe hierzu auch Abschnitt 6.3).

- Bei der Verknüpfung des Bereiches *Qualitätssicherung* mit den anderen Bereichen des Produktentstehungsprozesses konzentrieren sich die derzeitigen Aktivitäten überwiegend auf die Übertragung von Geometriedaten von CAD an die Programmierung von Koordinatenmeßmaschinen (KMM) [Nguy89, Wirt89, BlGö90], gelegentlich auch noch zusätzlich auf die umgekehrte Aufgabenstellung, nämlich Meßergebnisse von Koordinatenmeßmaschinen mittels CAD aufzubereiten und darzustellen [MeSG90]. Weitere Fragen betreffen die Archivierung und den Austausch von Programmen für NC-Meßmaschinen in standardisierten Formaten.

Auch im Bereich der Meßmaschinenprogrammierung überwiegt noch die Programmierung direkt an der Maschine (on-line, *Teach-In-Verfahren, Lernprogrammierung*). Allerdings gewinnt die maschinenferne KMM-Programmierung (off-line) an Bedeutung. Hierfür stellen die Anbieter von Koordinatenmeßmaschinen entsprechende rechnerunterstützte Programmiersysteme bereit, von denen UMESS (Firma Zeiss, Oberkochen) und QUINDOS (Firma Leitz Wild, Wetzlar) am weitesten verbreitet sind.

Die maschinenferne Meßmaschinenprogrammierung wird durch eine unidirektionale Geometriedatenübertragung aus dem CAD-System in das KMM-Programmiersystem wesentlich erleichtert. Hierfür kommen an erster Stelle wieder die oben beschriebenen allgemeinen Schnittstellenkonventionen IGES, VDAFS, SET und demnächst STEP in Betracht, wobei (zumindest in Deutschland) die Schnittstelle VDAFS die größte Bedeutung erlangt hat, weil die Geometriedatenübertragung bei komplexen Freiformkurven und -flächen naturgemäß ein besonders drängendes Problem ist. Für praktisch alle KMM-Programmiersysteme sind daher heute Preprozessoren zum Einlesen von VDAFS-Geometriedaten verfügbar. Zum Teil werden auch Erweiterungen angeboten, um (Geometrie-) Daten im VDAFS-Format von der Koordinatenmeßmaschine an das CAD-System zurückspielen zu können (bidirektionaler Geometriedatenaustausch).

Ein anderer Lösungsansatz ist die Einbettung der Kopplungsfunktionen und teilweise auch des KMM-Programmiersystems in das CAD/CAM-System durch spezielle Anwendermodule. Beispiele sind die Programmiersysteme NCMES (Numerically Controlled Measuring and Evaluation System) als Erweiterung der NC-Programmiersprache EXAPT, das auf dem CAD/CAM-System von Computervision aufbauende KMM-Programmiersystem AUTOMEASURE sowie mehrere Realisierungen, die auf dem in der Kraftfahrzeugindustrie weit verbreiteten CAD/CAM-System CATIA von Dassault Systemes bzw. IBM basieren (z.B. CADMES von der Firma KOMEG GmbH, Riegelsberg, oder AUDIMESS, das von der Audi AG, Ingolstadt, entwickelt wurde und jetzt über die VW-Gedas mbH, Berlin, vertrieben wird).

Als Ansätze zur Standardisierung des Datenaustausches zwischen CAD-System und KMM-Programmiersystem sowie zur maschinenneutralen Erfassung von KMM-Programmen wurden in den 80er Jahren verschiedene Lösungen diskutiert, z.B. die Sprachschnittstelle des oben schon erwähnten KMM-Programmiersystems NCMES oder das vom CMMA[69] vorgeschlagene NDF-Format (Neutral Data File). Mittlerweile scheint sich auch in Europa die ursprünglich von der CAM-I (siehe Fußnote 64) entwickelte *DMIS*-Schnittstelle (Dimensional Measuring Interface Specification) durchzusetzen [CAMI89, GSKW89, ScSc92]. Sie hat bereits Eingang in die amerikanische Normung (ANSI) gefunden und wird derzeit in einer von der ISO eingesetzten Arbeitsgruppe für eine Übernahme in die internationale Normung evaluiert und angepaßt.

- Für den eher betriebswirtschaftlich-planerischen bzw. dispositiven Bereich *Produktionsplanung und -steuerung* (PPS) wurden im vorletzten Punkt schon einige Aussagen bezüglich der Kopplung zur Arbeitssteuerung getroffen. Auch für CAD/PPS- und die CAP/PPS-Kopplung existieren derzeit noch keine standardisierten Schnittstellenmechanismen, sondern allenfalls systemspezifische Sonderlösungen. Eine Schwierigkeit war (und ist zum Teil noch), daß PPS-Systeme traditionell anderen Hard- und Softwarekonzepten folgen als die heute üblichen CAD/CAM-Systeme. Stichwortartig seien die folgenden Unterschiede genannt:

  - zentrale statt dezentrale Hard- und Softwarekonzepte
  - geschlossene statt offene Systeme (z.B. eigene, integrierte Datenbank mit eingeschränkten Zugriffsmöglichkeiten von außen statt Standard-Datenbanken)
  - oft hardwarespezifische Betriebssysteme statt der Standardlösungen UNIX und DOS
  - aus dem Bereich der kommerziellen Datenverarbeitung stammende Programmiersprachen wie COBOL statt der im technisch-wissenschaftlichen Bereich favorisierten Sprachen FORTRAN und C

Erst in jüngster Zeit sind hier neue Entwicklungsansätze zu erkennen (siehe z.B. [NeFM-93]).

Ein interessanter, dem Stand der Technik entsprechender und durchaus verallgemeinerbarer Ansatz zur Kopplung von CAD- bzw. CAP-System und PPS-System ist in [NeSt-91] beschrieben: Mit dem Hilfsmittel der Interprozeßkommunikation wird vom CA-System aus die Standard-Benutzerschnittstelle des PPS-Systems („on-line") angesteuert. Konkret heißt dies, daß am CA-System vorgenommene Eingaben dem PPS-System so übermittelt werden, als ob sie von einem „normalen" PPS-Terminal ausgingen, und daß Ausgaben des PPS-Systems unmittelbar auf dem Bildschirm des CA-Systems visualisiert werden. Die Vorteile dieser Lösung liegen darin, daß sich alle Funktionen des PPS-Systems einbeziehen lassen (einschließlich der normalen Kontroll- und Regelmechanismen des PPS-Systems) und daß sich der Aufwand zur Realisierung einer individuellen CAD/CAP/PPS-Schnittstelle auf die Anpassung betriebssystemnaher Softwarekomponenten (Netzwerkprotokoll, Terminalemulation, Fenster-/Windowtechnik) beschränkt.

Weitere Fortschritte sind nicht zuletzt auch durch den Standard STEP zu erwarten, da dieser einen erheblich besseren Zugriff auf die für PPS-Systeme relevanten Daten (d.h.

---

[69] CMMA: Coordinate Measuring Machine Manufacturers Association, internationaler Verband der Koordinatenmeßmaschinenhersteller

Teilestammdaten und Erzeugnisstrukturdaten) ermöglicht als die bisherigen Schnittstellenkonventionen.

Da PPS-Systeme aufgrund der von ihnen zu verwaltenden großen Datenbestände im allgemeinen Datenbanktechniken benutzen, sind bei der Verbindung von PPS- und anderen Systemen stets auch die besonderen Fragen des Datenbankmanagements zu berücksichtigen, worauf Abschnitt 7.2 eingeht.

7.2 Datenbankanwendungen im Rahmen von CAD/CAM

Von CAD/CAM-Systemen und ihren Komponenten muß heute verlangt werden, daß sie sich in übergeordnete, miteinander vernetzte Informationssysteme einfügen. Denn erst durch die Integration der informationstechnischen Unterstützungssysteme aus aneinandergrenzenden, funktional aufeinander aufbauenden Bereichen (CAD, CAP/CAM, PPS, CAQ) lassen sich die in der Einleitung zu Kapitel 7 geforderten durchgängigen Prozeßketten bilden (CIM), die wiederum notwendige Voraussetzung zur Verkürzung der Auftragsdurchlaufzeiten, zur Kostensenkung und zur Verbesserung der Qualität sind.

Erforderlich hierzu ist neben anderen Komponenten vor allem ein unternehmensweites, alle Bereiche des Produktionsprozesses überdeckendes Datenverwaltungs- und -manipulationssystem. Diejenigen Teile eines solchen Systems, welche die Summe der technischen Daten innerhalb des Produktionsprozesses erfassen, werden auch *Ingenieurdatenbank* oder *Engineering Data Base* (*EDB*) genannt. Die (rechnerunterstützte) Handhabung der entsprechenden Daten nennt man *Engineering Data Management* (*EDM*).

Ziel ist es, eine das ganze Unternehmen umspannende, d.h. von Entwicklung und Konstruktion (CAE, CAD) über die Arbeitsplanung (CAP einschließlich NC-, Roboter- und Meßmaschinenprogrammierung) und die Fertigung/Montage (CAM) bis zur Qualitätssicherung (CAQ) reichende einheitliche Datensammlung einzurichten, aus der jeder Bereich die für ihn relevanten Ausgangsinformationen entnehmen und in den er nach der Bearbeitung die von ihm modifizierten oder neu erzeugten Daten ablegen kann. Dabei müssen die Bezüge der technischen Bereiche zu den eher betriebswirtschaftlich-planerischen Bereichen (z.B. PPS, Materialwirtschaft, Logistik) von Anfang an mitberücksichtigt werden.

Mit dem Begriff „unternehmensweite Datenbank" ist eine *logisch* einheitliche Erfassung und Verwaltung der Daten gemeint. Diese kann (und muß in vielen Fällen) durch die Verknüpfung physikalisch verteilter Datenbestände realisiert werden, indem beispielsweise ein netzwerkweit *verteiltes* oder *heterogenes Datenbanksystem* aufgebaut wird, **Bild 7.5**.

Bei der Einrichtung einer Ingenieurdatenbank (EDB) geht es um die Erfüllung folgender Anforderungen:

- *Erfassung und Verwaltung von Produktdaten:* Ein Produkt wird beschrieben durch seine geometrischen Merkmale, seine Stammdaten, seine Produktstruktur („Stückliste") und klassifizierende Merkmale. Stammdaten, strukturelle Gliederungen und klassifizierende Merkmale müssen dabei bis zum kleinsten Einzelteil eines Produktes fortgeschrieben werden. Normteile, eventuell auch Zukaufteile bzw. -baugruppen sollen von selbst gefer-

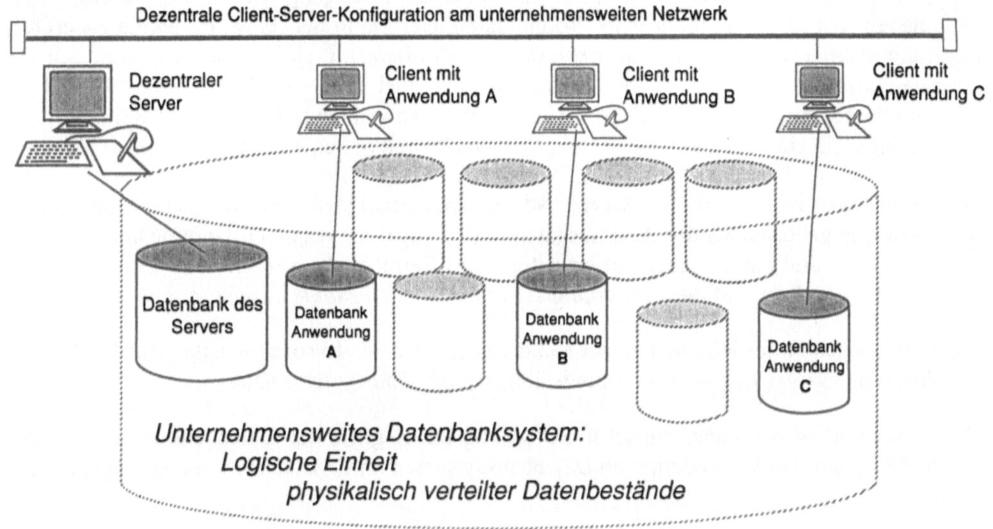

Bild 7.5   Unternehmensweites Datenbanksystem

tigten Bauteilen unterschieden werden. Schließlich gehören auch produktspezifische Betriebsmittel (z.B. Werkzeuge, Vorrichtungen, Meßzeuge) in die Produktdatenverwaltung. Die genannten Daten müssen Verweise auf die zu den jeweiligen Objekten vorhandenen Dokumente enthalten.

- *Erfassung und Verwaltung von Dokumenten*: Zu den verschiedenen Produkten liegt in der Regel eine Vielzahl unterschiedlicher Dokumente vor (z.B. CAD-Geometriemodelle, Zeichnungen, Arbeitspläne, NC-/Roboter-/Meßmaschinenprogramme, Berechnungen, Berichte). Dabei ist zusätzlich zu berücksichtigen, daß ein Teil dieser Dokumente auf konventionellen Datenträgern (z.B. auf Papier, auf Mikrofilm) erfaßt ist, während ein anderer Teil als digitaler Datenbestand der verschiedensten Anwendungssysteme (z.B. CAD-System, Programmiersysteme) vorhanden ist.

Hinzu kommen weitere Aspekte:

- Wird im Rahmen einer Neu-, Anpassungs- oder Variantenkonstruktion ein neues oder modifiziertes Produkt definiert, so unterliegen die Produktdaten so lange zahlreichen Änderungen und Ergänzungen, bis das Produkt abschließend freigegeben ist. Erst dann liegt die vollständige Produktdokumentation in der endgültigen Version vor. Darüber hinaus ist selbst nach der Markteinführung bzw. Auslieferung des Produktes noch mit Modifikationen der Produktdaten zu rechnen, z.B. im Rahmen der Produktpflege, als Folge von kundenspezifischen Anpassungen oder bei Änderungen im Zulieferbereich. Deswegen muß ein EDM-System geeignete Funktionen für die Verwaltung unterschiedlicher Versionen von Produkten und Produktkomponenten haben (Problem der sogenannten *Versionshaltung*) und außerdem die Möglichkeit bieten, Änderungs- und Freigabemechanismen entsprechend den Bedürfnissen des jeweiligen Unternehmens einrichten zu können.

- Insbesondere im Bereich der Einzel- und Kleinserienfertigung wird häufig verlangt, daß neben den oben beschriebenen Produktdaten auch Auftrags- bzw. Projektdaten erfaßt und verwaltet werden können (*Projektdatenverwaltung*). Praktisch bedeutet dies, daß eine neue Klasse von Daten und Dokumenten ins Spiel kommt (z.B. Kundenanfragen, Lastenhefte, Angebote, Schriftverkehr zur Auftragsabwicklung, Service- und Reparaturberichte), die eine intensive Verflechtung zu den Produktdaten besitzt.

- Schließlich ist zu berücksichtigen, daß die oben genannten Elemente der Produktdaten sowie gegebenenfalls der Auftragsdaten in der Regel im gesamten Unternehmen verteilt vorliegen und daß dennoch ein gezielter Zugriff ermöglicht werden muß. Ein EDM-System sollte daher auf die *Verwaltung verteilter Datenbestände* ausgelegt sein.

Die umrissenen Anforderungen an ein technisches Daten- und Prozeßmanagement legen eine Realisierung auf der Basis eines leistungsfähigen *Datenbanksystems* nahe.

Im folgenden werden daher zunächst die wichtigsten Begriffe der Datenbanktechnik vorgestellt, bevor auf die Anwendung von Datenbanksystemen im CAD/CAM-Umfeld eingegangen wird.

- *Datenbank* (*Data Base, DB*): Der Begriff bezeichnet eine geordnete Menge von Daten, mit denen bestimmte Gegenstände (Objekte, Entities, Records) und Eigenschaften (Attribute) aus einem abgegrenzten Gegenstandsbereich möglichst *redundanzfrei* im Rechner abgebildet werden.

  Meistens enthalten Datenbanken auch gewisse Abstraktionsmechanismen, um die erfaßten Gegenstände und Eigenschaften logisch zu strukturieren (Klassenbildung). Wichtig ist auch noch die Forderung, daß in einer Datenbank die Daten unabhängig von einzelnen Anwendungsprogrammen, welche die Daten benutzen, abgespeichert werden sollen.

  Gerade das letztgenannte Kriterium grenzt den Begriff Datenbank von dem Begriff Datenbasis (oder auch Datei) ab, indem in einer Datenbasis (Datei) die Daten im allgemeinen in einer vom zugehörigen Anwendungsprogramm abhängigen Form gespeichert werden (z.B. Datenbasis eines bestimmten CAD/CAM-Systems).

  Man unterscheidet folgende Sichten auf die in einer Datenbank abgelegten Daten:

  - physikalische („interne") Sicht auf die Daten, aus der Codierung, Art und Ort (gegebenenfalls Verteilung) der Daten hervorgehen
  - logische („konzeptionelle") Sicht auf die Daten, die Beziehungen, Zusammengehörigkeit und Strukturierung der Daten definiert
  - externe Sicht auf die Daten, d.h. Sicht einzelner Benutzer oder einzelner Anwendungsprogramme auf die Daten

- *Datenbankmanagementsystem* (*DBMS*): Dies ist das Softwaresystem zum Aufbau, zur Verwaltung, zur Kontrolle, zur Manipulation und zur nutzungsgerechten Transformation von Datenbankinhalten. „Transformation" bedeutet hier, die Datenbankinhalte mittels eines festen Algorithmus vom Zustand A in den Zustand B zu überführen, z.B. bei der „Übersetzung" des logischen (konzeptionellen) Modells in ein bestimmtes externes Modell oder bei der Anpassung aller betroffenen Datenbestände infolge einer Datenänderung entsprechend dem logischen Modell.

Wichtig ist, daß bei der Datenbank der Zugriff auf darin gespeicherte Daten nur über das zugehörige Datenbankmanagementsystem möglich ist – anders als bei Datenbasen (Dateien), bei denen der Benutzer bzw. das Anwendungsprogramm direkt auf einzelne Daten zugreifen kann. Ein Datenbankmanagementsystem stellt auch sicher, daß sich Benutzer und Anwendungsprogramme nicht selbst um die physikalische Organisation der Daten kümmern müssen[70], sondern sich nur mit einer externen Sicht, allenfalls noch mit der logischen (konzeptionellen) Sicht auseinanderzusetzen haben.

- *Datenbanksystem*: Summe aus Datenbank und zugehörigem Datenbankmanagementsystem

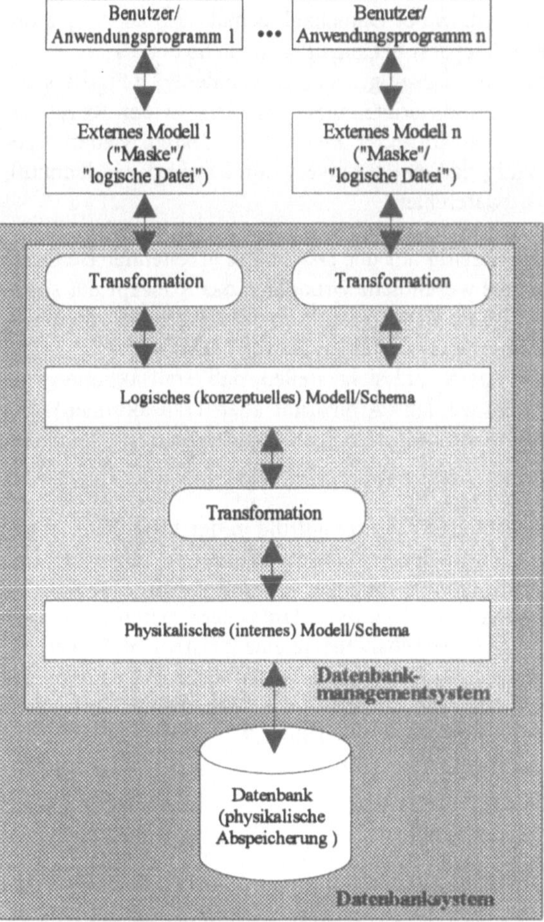

Bild 7.6 erläutert die vorstehenden Begriffe und ihre Bezüge graphisch. Gleichzeitig zeigt es die wesentlichen Eigenschaften und Nutzeffekte von Datenbanksystemen auf:

- *gemeinsame Nutzung von Daten* durch mehrere Benutzer bzw. Anwendungsprogramme, dadurch Vermeidung der bei verschiedenen Datenbasen oder Datenbanken gegebenen Konsistenzprobleme

- möglichst *redundanzfreie Datenhaltung*

- *bessere Flexibilität* bei der Einführung und Veränderung von externen Sichten auf den gleichen Datenbestand; hierzu müssen „nur"neue bzw. geänderte Transformationsvorschriften eingebracht werden, was in der Regel durch entsprechende Funktionen des Datenbankmanagementsystems unterstützt wird

Bild 7.6 Aufbau eines Datenbanksystems

---

[70] Das muß nur der Datenbank-Administrator.

Weitere wichtige Forderungen, die ein praxistaugliches Datenbanksystem erfüllen muß, sind:

- Sicherstellung der *Datenintegrität* (weitgehend synonym auch *Datenkonsistenz* genannt [ScSt93a]): Integritätsverletzungen müssen, soweit möglich, präventiv erkannt und verhindert werden. Wenn Integritätsverletzungen entstanden sind, so müssen diese ebenfalls erkannt und automatisch beseitigt werden. In diesem Zusammenhang spielen folgende Begriffe eine Rolle:

  - semantische Integrität: Erkennen und Verhindern von Inkonsistenzen, die durch die Eingabe falscher oder widersprüchlicher Daten und durch die Durchführung „verbotener" Manipulationsoperationen entstehen können
  - operationale Integrität: Erkennen und Verhindern von Inkonsistenzen, die durch den gleichzeitigen manipulierenden Zugriff mehrerer Benutzer bzw. Anwendungsprogramme auf die Datenbank entstehen können; diese Frage ist (zumindest für große Datenbanksysteme) so wichtig, daß sie in der Datenbanktechnik normalerweise unter dem Stichwort „Synchronisation" separat behandelt wird (siehe unten)
  - Recovery: Erkennen und automatisches Beseitigen von entstandenen Integritätsverletzungen; das Beseitigen von Integritätsverletzungen geschieht in der Regel dadurch, daß ein früherer, mit Sicherheit korrekter Zustand der Daten wiederhergestellt wird; der häufigste Grund dafür, daß eine Recovery durchgeführt werden muß, ist ein Systemabsturz oder ein Hardwarefehler

- *Synchronisation*, d.h. Koordination gleichzeitig auf der Datenbank arbeitender Benutzer bzw. Anwendungsprogramme: Hier ist die wesentliche Grundlage das Konzept der sogenannten *Transaktion*. Eine Transaktion ist ein Benutzerauftrag, der ausgehend von einem konsistenten Zustand der Datenbank diese wieder in einen anderen konsistenten Zustand überführt. Das Datenbankmanagementsystem muß sicherstellen, daß Transaktionen entweder ganz oder gar nicht durchgeführt werden (Atomarität aller Transaktionen) und daß erst nach Abschluß einer Transaktion die nächste eingeleitet werden darf (Serialisierung von Transaktionen)[71].

- *Datenschutz*, d.h. Verhinderung unberechtigter Zugriffe auf die in der Datenbank abgelegten Daten: Weil in Datenbanken im allgemeinen sehr viele Daten und sehr viele Datenverknüpfungen gespeichert sind und weil viele Benutzer Zugang haben, sind Schutzfunktionen gegen Datenmißbrauch besonders wichtig (wer darf welche Daten lesen, wer darf welche Daten auch verändern?). Das Datenbankmanagementsystem muß hier die technischen Datenschutzfunktionen realisieren. Daneben (bzw. darüber) gibt es noch organisatorische und legislative Maßnahmen, auf die das Datenbankmanagementsystem keinen Einfluß hat und auf die hier nicht eingegangen sei, **Bild 7.7**.

---

[71] Ein besonders pikantes Problem der Synchronisation ist das sogenannte Deadlock (am ehesten als „Pattsituation" übersetzbar): Zwei Transaktionen T_1 und T_2 wollen beide die Daten A und B verändern. T_1 ändert zuerst A und sperrt B, T_2 ändert zuerst B und sperrt A. T_1 versucht nun, auch B zu ändern, muß aber warten, weil B gesperrt ist. Ebenso muß T_2 warten, weil zuvor T_1 A gesperrt hat. Die Beseitigung des Deadlocks erfordert weitergehende Synchronisationsstrategien, auf die hier nicht eingegangen sei.

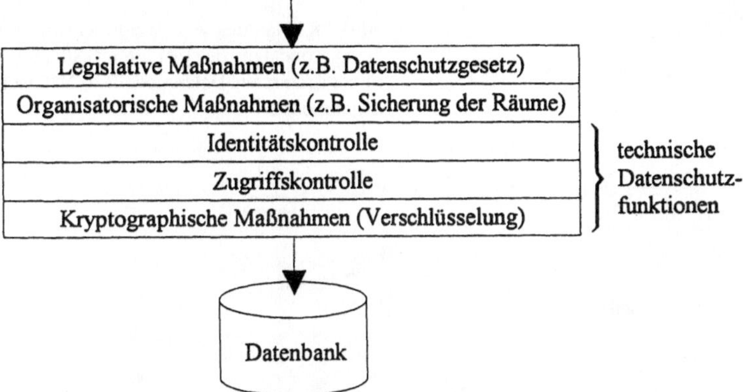

Bild 7.7   Schalenmodell für Datenschutzfunktionen (nach [ScSt93a])

Jeder Datenbank und in der Folge auch dem zugehörigen Datenbankmanagementsystem liegt ein bestimmtes Datenmodell zugrunde, das die Art, wie man Gegenstände der Wirklichkeit und ihre Beziehungen untereinander in der Datenbank abbilden kann, maßgeblich beeinflußt. Zu unterscheiden ist zwischen folgenden Datenmodellen:

- hierarchisches Datenmodell
- Netzwerk-Datenmodell
- relationales Datenmodell
- objektorientiertes Datenmodell

Im Rahmen dieses Buches können nicht alle Datenmodelle und ihre Unterschiede ausführlich erläutert werden. Daher werden das hierarchische, das Netzwerk- und das relationale Datenmodell nur anhand eines einfachen Beispieles aus dem Bereich der Geometriedatenverarbeitung kurz skizziert. Das Beispiel ist die (zweidimensionale) Erfassung einer Dreiecksfläche mit ihren drei Berandungskonturen (Strecken), deren Begrenzungspunkten und den zugehörigen Koordinatenwerten, **Bilder 7.8** und **7.9**. Bezüglich des objektorientierten Datenmodells sei auf den übernächsten Abschnitt 7.4 verwiesen.

Das *hierarchische Datenmodell* und das *Netzwerk-Datenmodell* kennen zwei Strukturelemente:

- Objekte (Entities, Records), die zu bestimmten Objektklassen (Entity-Typen, Record-Typen) zusammengefaßt werden können
- Beziehungen (Relations), die nach unterschiedlichen Beziehungstypen klassifiziert sein können

In dem Beispiel nach **Bild 7.8** sind die Objekte (und gleichzeitig die Namen entsprechender Objektklassen) die Flächen, die Randkonturen (hier Strecken), die Punkte und die Punktkoordinaten. Die Beziehungstypen lassen sich als Relationen der Art „wird berandet von", „wird begrenzt von", „wird definiert durch" charakterisieren.

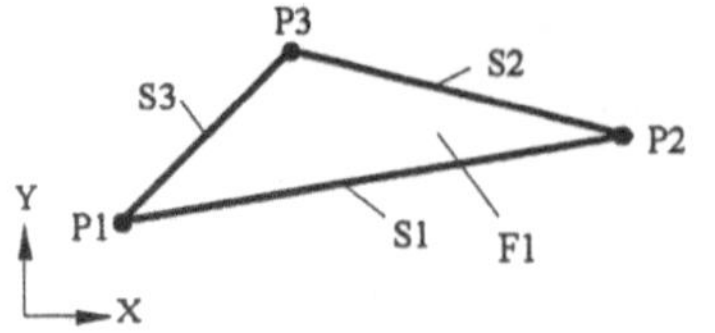

Bild 7.8 Erfassung von zweidimensionalen
Geometriedaten (Beispiel Dreiecksfläche):
a) hierarchisches Datenmodell; b) Netzwerk-
Datenmodell

a)

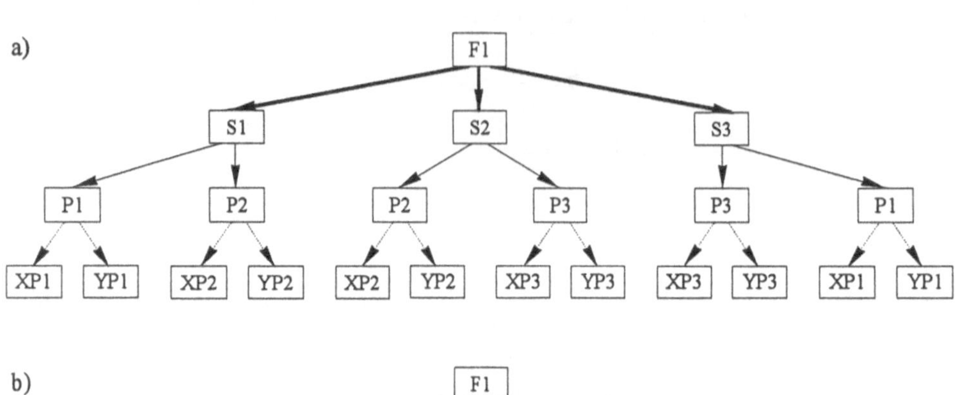

b)

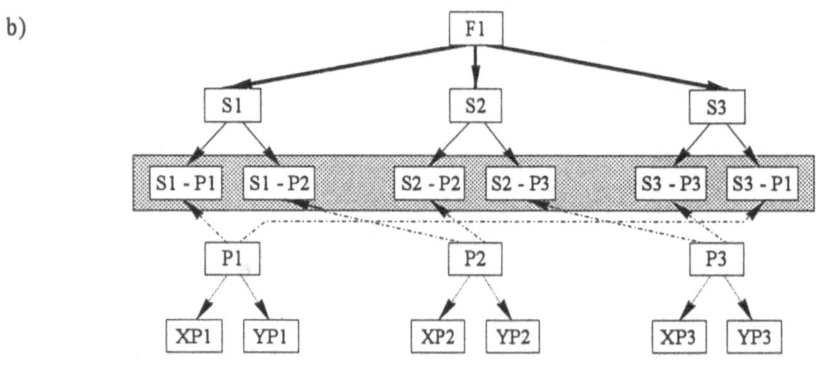

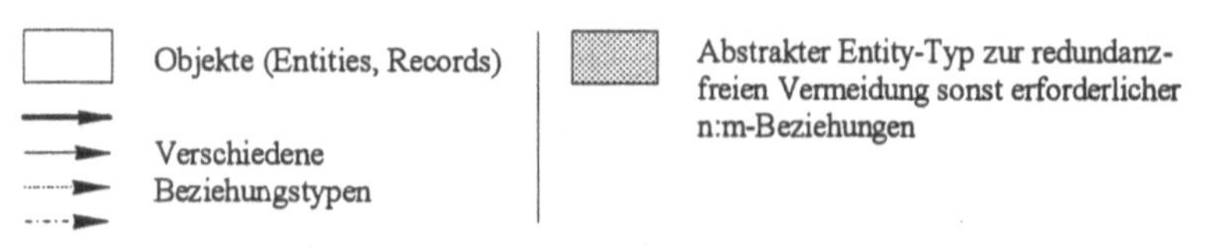

Im hierarchischen Datenmodell sind nur streng pyramidenartige (bzw. bei umgekehrter Betrachtung: baumartige) Objektbeziehungen im Sinne von „ist untergeordnet zu" zulässig, **Bild 7.8a**, während das Netzwerk-Datenmodell hier freiere Zuordnungen erlaubt, **Bild 7.8b**. Beiden Datenmodellen ist gemeinsam, daß nur 1:n-Beziehungen geknüpft werden dürfen: Ein „Elternteil" (in der Informatik auch als „Elter" bezeichnet) darf mehrere „Kinder" haben, aber jedes Kind darf nur von einem Elternteil abstammen. Dies führt dazu, daß sich Redundanzen oft nicht vermeiden lassen, was sich in dem Beispiel nach Bild 7.8a etwa bei den Punkten P1 bis P3 erkennen läßt, die natürlich jeweils zwei Kanten begrenzen und deswegen doppelt auftreten. Im Netzwerk-Datenmodell besteht zur redundanzfreien Abbildung von n:m-Beziehungen die Möglichkeit, die fragliche (n:m-) Beziehung als zusätzliche abstrakte Objektklasse zu definieren (Objektklasse „S-P" in Bild 7.8b).

Das *relationale Datenmodell* unterscheidet, anders als das hierarchische und das Netzwerk-Datenmodell, nicht zwischen Abbildern von Objekten bzw. Objektklassen und den Abbildern der Zusammenhänge zwischen den Objektklassen (Beziehungstypen). Vielmehr gibt es nur ein einziges Strukturelement, die sogenannte *Relation*.

Eine Relation besteht aus einem Relationsnamen und einer Menge zugeordneter Attribute. Jedes abzubildende Objekt wird als ein Element (Tupel) in die Relation eingeordnet, wobei sich die Elemente dadurch voneinander unterscheiden, daß sie jeweils andere Kombinationen von Attributwerten besitzen. Die Relationen im relationalen Datenmodell stellt man sich üblicherweise wie zweidimensionale Tabellen mit den Attributen als Spalten und den Elementen als Zeilen vor.

Bild 7.9 erläutert dies an dem nun schon bekannten Beispiel der Erfassung der Geometriedaten für eine Dreiecksfläche. Zwischen den Relationen (Tabellen) *Flächen*, *Strecken* und *Punkte* besteht im vorliegenden Fall gewissermaßen eine natürliche Beziehung über gemeinsame Attributwerte (sogenannte assoziative Referenz). Wäre dies nicht der Fall, so müßte die Beziehung mit Hilfe einer weiteren Relation abgebildet werden.

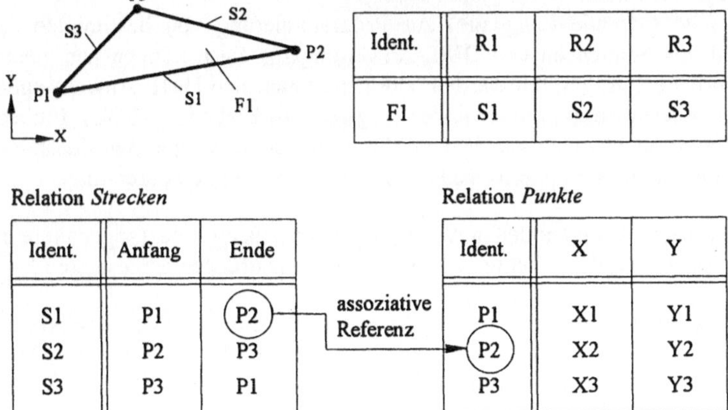

Bild 7.9   Erfassung von zweidimensionalen Geometriedaten (Beispiel Dreiecksfläche)
im relationalen Datenmodell

Es läßt sich leicht erkennen, daß eine Erweiterung der Relationen um weitere Attribute vom Prinzip her problemlos möglich ist (z.B. Erweiterung der Relation *Strecken* um die Attribute „Farbe" und/oder „Linienbreite").

Die Vorteile des relationalen Datenmodells sind:

• Das zugrundeliegende Konzept ist einfach und übersichtlich. Es läßt sich außerdem mathematisch untermauern (mit Hilfe der sogenannten Relationenalgebra).

- Das relationale Datenmodell beinhaltet auf natürliche Weise mengentheoretische Aspekte, so daß entsprechende Abfrage- und Verarbeitungsschritte wesentlich einfacher durchgeführt werden können als auf der Basis des Netzwerk- oder des hierarchischen Datenmodells.

- Die Datenunabhängigkeit (Redundanzfreiheit) läßt sich auch bei komplexen Zusammenhängen relativ einfach erreichen, wenn bestimmte Regeln (sogenannte Normalisierungsregeln) beachtet werden. Hierauf sei allerdings hier nicht näher eingegangen (siehe z.B. [ScSt93a]).

Hinzu kommt, daß die meisten relationalen Datenbankmanagementsysteme über eine deskriptive Abfragesprache[72] verfügen, die dem Benutzer stark entgegenkommt. Praktisch durchgängig hat sich hier die Abfragesprache *SQL* (*Structured Query Language*, strukturierte Abfragesprache) etabliert, die nach [ISO9075] standardisiert ist.

Die Abfragesprache SQL gliedert sich weiter in drei Teilgebiete:

- Datendefinitionssprache (DDL, Data Definition Language) zur Definition von Relationen und ihren Strukturen, zur Definition von Integritätsregeln und zur Vergabe von Zugriffsrechten
- Datenmanipulationssprache (DML, Data Manipulation Language) zur Abfrage und Aktualisierung von Daten
- Modulsprache (Module Language) zur Programmierung von bestimmten Prozeduren (bestehend aus Sequenzen von DML-Anweisungen); diese können aus einem anderen Programm heraus aufgerufen werden, alternativ kann man DML-Anweisungen auch direkt in ein anderes Programm einbinden (sogenanntes Embedded-SQL); Embedded-SQL ist zwar (noch) nicht Inhalt von [ISO9075], wird jedoch in separaten Zusätzen beschrieben und von den meisten praktischen SQL-Implementierungen unterstützt

Auf dem relationalen Datenmodell aufbauende Datenbanksysteme (sogenannte relationale Datenbanken, *RDB*) sind daher heute die bei weitem am häufigsten eingesetzten.

Als mittel- bis langfristige Perspektive werden anstelle relationaler Datenbanksysteme jedoch eher *objektorientierte Datenbanksysteme* favorisiert (siehe z.B. [Brän91, Rasp91, MaKF92, KrKK93]) und in Forschungsprojekten auch zunehmend eingesetzt. (Zu den Grundlagen objektorientierter Systeme siehe Abschnitt 7.4, objektorientierte Datenbanksysteme werden beispielsweise in [CaLe90, AWSL92] beschrieben.) Allerdings ist das Marktangebot an objektorientierten Datenbanksystemen derzeit noch sehr klein. Hinzu kommt, daß Standardisierungen, wie sie auf dem Gebiet der relationalen Datenbanksysteme üblich sind (z.B. standardisierte Abfragesprache SQL), bei objektorientierten Datenbanksystemen noch nicht existieren. Deswegen werden objektorientierte Datenbanksysteme von der Praxis überwiegend als (noch) nicht ausgereift beurteilt und nur selten eingesetzt.

---

[72] „Deskriptiv" im Gegensatz zu „prozedural" bedeutet hier, daß der Benutzer dem Datenbanksystem lediglich mitteilen muß, *was* er will, aber nicht, *wie* die zum Ziel führenden Operationen im einzelnen durchzuführen sind.

Fragt man danach, welche EDM-Konzepte und -Realisierungen in der CAD/CAM-Praxis dominieren, so ist das Bild (immer noch) durch zahlreiche systemspezifische Insellösungen geprägt, obwohl eine eingehende Studie aus dem Jahr 1992 [ABFJ92, BiFr92, FrJu92] klare Tendenzen in folgende Richtungen erkennen läßt:

- dezentrale Architektur auf UNIX-Basis
- breiteres Hardware-Spektrum
- Schnittstellen zu mehreren CAD/CAM-Systemen
- zugrundeliegende SQL-fähige (relationale) Datenbankkonzepte

Die genannte Studie, in die etwa 40 im Jahre 1992 auf dem deutschen Markt verfügbare EDM-Systeme einbezogen waren, zeigte bezüglich des Funktionsumfanges der untersuchten Lösungen die in **Bild 7.10** wiedergegebene Verteilung. Die unübersehbaren Defizite werden in [ABFJ92, BiFr92, FrJu92] unter anderem darauf zurückgeführt, daß der Aspekt des Engineering Data Management von den CAD/CAM-Anbietern jahrelang in seiner Bedeutung unterschätzt wurde, ablesbar beispielsweise an der Tatsache, daß mehr als die Hälfte der im Jahr 1992 verfügbaren EDM-Systeme erst nach 1988 auf dem Markt erschienen ist.

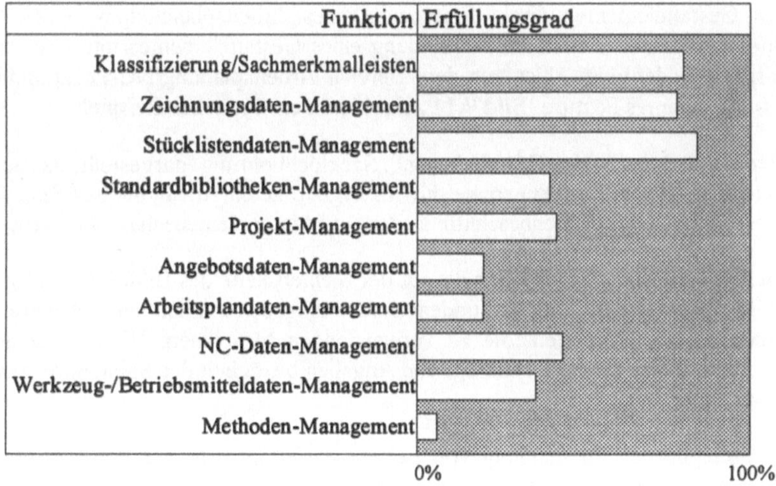

Bild 7.10   Funktionsumfang der in [ABFJ92] untersuchten EDM-Systeme

Zusammenfassend läßt sich festhalten, daß Lösungen für das „intelligente" und integrationsförderliche Daten- und Prozeßmanagement im CAD/CAM-Bereich und darüber hinaus zwar im Prinzip heute schon verfügbar sind (insbesondere in Form relationaler Datenbanken), jedoch noch nicht in großer Zahl und nicht notwendigerweise für jedes einzelne CAD/CAM-System. Die Existenz entsprechender Lösungen ist jedoch ein wichtiges Beurteilungskriterium bei der Auswahl eines CAD/CAM-Systems, selbst wenn man im ersten Einführungsschritt die Möglichkeiten noch gar nicht alle ausschöpfen will.

7.3 Feature-Technologie

Die Feature-Technologie, die ihren Ursprung im Bereich der rechnerunterstützten Arbeitsplanung und hier speziell in der NC-Programmierung hat (siehe auch die Abschnitte 6.2.3 und 6.2.4), wird gerade in der letzten Zeit wieder lebhaft diskutiert als Möglichkeit, auch in anderen Bereichen als der Arbeitsplanung mehr „Wissen" über Objekte und Prozesse in CAD/ CAM-Systeme einzubringen. Viele Einzelheiten auf diesem Gebiet, darunter zum Teil auch die Begriffsdefinitionen und bestimmte theoretische Hintergründe (z.B. der Bezug der Feature-Technologie zur Konstruktionsmethodik), sind noch nicht abschließend geklärt. Die Verfasser des vorliegenden Buches beurteilen die Feature-Technologie jedoch als äußerst interessant gerade im Hinblick auf die Systemintegration im CAD/CAM-Bereich, so daß auf eine Beschreibung hier nicht verzichtet werden soll.

Etwa zu Beginn der 70er Jahre wurde erstmals der Versuch unternommen, bei der Erstellung von Arbeitsplänen und NC-Programmen für spanend bearbeitete Bauteile nicht auf geometrischen Primitiven wie Punkten, Linien, einzelnen Flächen und Grundkörpern, sondern auf höherwertigen Gestaltelementen aufzusetzen. Eine der ersten umfassenden Studien über dieses Thema stammt von Grayer [Gray76]. Der Hintergrund dieses Ansatzes ist, daß sich den höherwertigen Gestaltelementen direkt Fragmente eines Arbeitsplanes bzw. eines NC-Programms zuordnen lassen. Durch die Verbindung eines Gestaltelementes mit einer zugehörigen technischen Bedeutung – hier aus dem Bereich Arbeitsplanung/NC-Programmierung – entsteht ein sogenanntes Feature. **Bild 7.11** zeigt hierzu ein einfaches Beispiel:

- Auf der linken Seite ist das Gestaltelement „Sacklochbohrung" dargestellt, das aus einem Formelement (*Form Feature*) sowie diesem zugeordneten Attributen zur Spezifizierung von Toleranzen, Oberflächenbeschaffenheiten und Materialeigenschaften besteht.

- Mit diesem Gestaltelement werden die auf der rechten Seite des Bildes 7.11 aufgeführten Angaben zu seiner Fertigung verbunden. Solche Angaben können beispielsweise die einzuhaltenden Arbeitsabfolgen, die zu verwendenden Maschinen, Werkzeuge und Aufspannvorrichtungen sowie technologische Angaben bezüglich der Spindeldrehzahlen, der Vorschübe usw. sein.

Nach den Anfängen der Entwicklung von Feature-basierten Software-Werkzeugen im Bereich der Arbeitsplanung bzw. NC-Programmierung für spanend bearbeitete Bauteile wurde dieses Gebiet in den 80er Jahren ausgebaut, wobei auch andere als spanende Fertigungsverfahren betrachtet wurden (z.B. Spritzgießen [VDZS85], Strangpressen [LiDS86], Gießen [LuDS86, YoCK89]). Auch die Forschungsgesellschaft CAM-I (siehe Fußnote 64 in Abschnitt 7.1) beschäftigte sich zunehmend mit der Feature-Technologie als Werkzeug zur „intelligenten" Kopplung von CAD und CAP [CAMI80, PrWi85, BGSS86, Faux86, SSRB88]. Gleichzeitig wurde die allgemeine Anwendung dieser fertigungsorientierten Features stark propagiert [BrDo86, AlZh89, Ruf91].

Inzwischen setzt sich die Erkenntnis durch, daß Features stets gezielt in einem bestimmten Anwendungszusammenhang gesehen werden müssen und daß Features, die ausschließlich auf die Anforderungen der Arbeitsplanung zugeschnitten sind, die Bedürfnisse anderer Bereiche, z.B. der Konstruktion, nur unbefriedigend abzudecken vermögen [CuDi88, Shah91, Krau90,

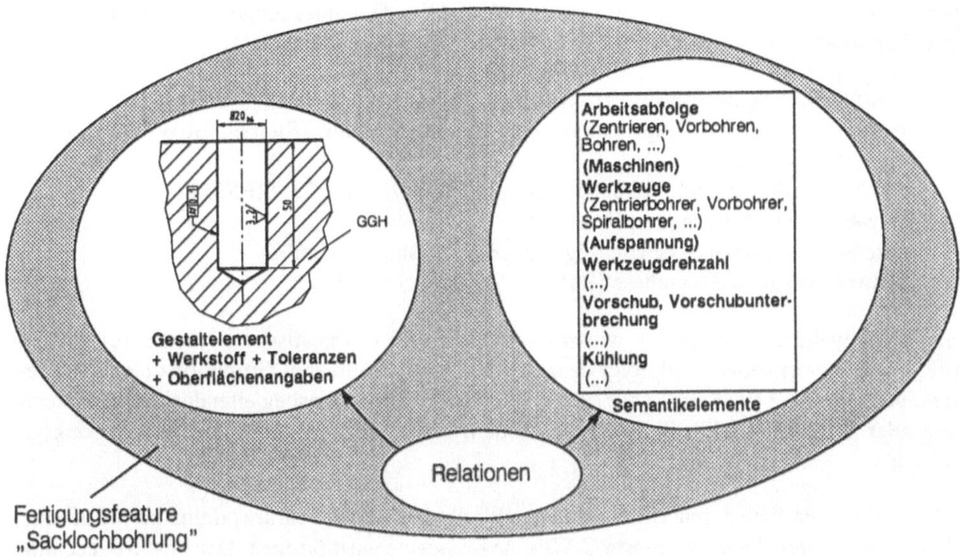

Bild 7.11   Fertigungs-Feature „Sacklochbohrung" (schematisch)

KrKR92, BKLS92, KrKK93]. Aufgrund dessen hat sich der ursprünglich eng mit der Arbeitsplanung verbundene Feature-Begriff heute erheblich aufgeweitet. Nach [Shah91] enthält ein Feature folgende grundlegenden Bestandteile, **Bild 7.12**:

1. Ein Feature läßt sich einer bestimmten *Gestalt*[73] zuordnen. Es besitzt – mit den Worten der Sprachwissenschaftler – eine *Syntax*.
2. Ein Feature hat eine bestimmte *technische Bedeutung*. Es repräsentiert somit eine *Semantik*.
3. Es bestehen bestimmte *Relationen* zwischen der Gestalt und den Semantikelementen.

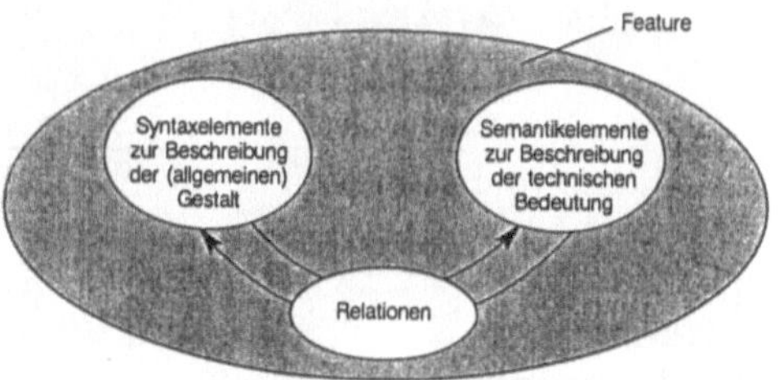

Bild 7.12 Bestandteile eines Features

Diese allgemeine Definition erlaubt es, unterschiedliche, an das jeweilige Anwendungsgebiet angepaßte Features zu bilden und zu nut-

---

[73]   Bis heute vernachlässigen viele Ansätze innerhalb der Feature-Technologie, daß zur Beschreibung der Gestalt (der Syntax eines Features) die geometrischen Elemente (die sogenannte Makrogestalt) allein nicht ausreichend ist. Vielmehr gehören hierzu, so wie es aus dem in Bild 7.11 gezeigten Beispiel hervorgeht, auch Angaben über Maß-, Form-, gegebenenfalls Lagetoleranzen und über Oberflächenbeschaffenheiten (sogenannte Mikrogestalt) sowie über relevante Werkstoffeigenschaften.

zen. Neben den oben angesprochenen fertigungsorientierten Features sind bis heute in diversen Forschungsprojekten Features für folgende Aufgabenstellungen vorgeschlagen, untersucht und erprobt worden:

- Konstruktion allgemein [Yara91, WeSS92, ScWe93, ScSt93b, ScSW93]
- montagegerechte Produktgestaltung und Montageplanung [Rich89, BuWR89, Mori90, BeKS92, EhDS92]
- konstruktionsbegleitende Kostenberechnung [Wier91, Scha92, StES93]
- Finite-Elemente-Berechnung [UnAn92]
- Bauteil-/Baugruppenklassifizierung [Ames88, ShBh89a, Schu93]
- Toleranzanalyse und -synthese [RaFr88, ShMi90, Star94]

Eine Reihe weiterer Arbeiten, in denen (meist aufgrund systematischer Vorbehalte) der Begriff „Feature" vermieden wird, folgt dennoch den hier dargestellten Grundprinzipien der Feature-Technologie, z.B. [Ferr85] auf dem Gebiet der konstruktionsbegleitenden Kostenberechnung oder [MeFi89, MeFR90, MeKr92] auf dem Gebiet der fertigungsgerechten Produktgestaltung.

Ziel ist es in allen Fällen, mit Hilfe der Semantik der jeweiligen Features domänenspezifisches „Wissen" in entsprechend erweiterte CAD/CAM-Systeme einzubringen. Der Feature-Technologie könnte dadurch eine gewisse Mittlerrolle zwischen den heute üblichen CAD/CAM-Systemen mit ihren inhaltlichen Defiziten (siehe Einleitung zu Kapitel 7) und künftigen wissensbasierten Systemen (siehe Abschnitt 7.5) zukommen. **Bild 7.13** erläutert dies schematisch am Beispiel des Bereiches Konstruktion.

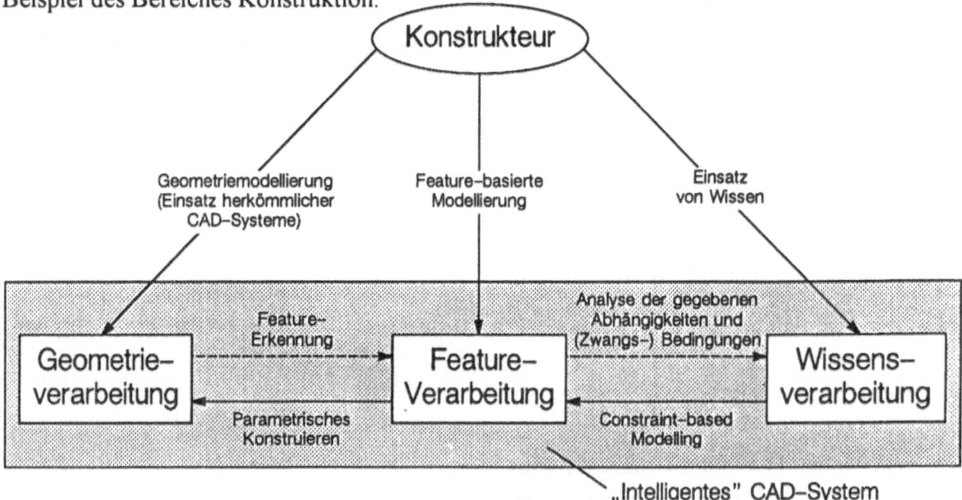

Bild 7.13   Feature-Technologie und Wissensverarbeitung als Elemente „intelligenter" CAD/CAM-Syteme (hier: Beispiel Konstruktion)

Bild 7.14 zeigt als erstes Beispiel die (fertigungsorientierte) Feature-basierte Beschreibung eines Blechbiegeteiles nach [EvAB82]. Wenn man mit den Gestaltelementen unmittelbar die hinterlegte Semantik verknüpft (über die Relationen der Features), so kann ein entsprechend vorbereitetes Informationssystem diese zu ganz anderen als gestaltbeschreibenden Zwecken ausnutzen, z.B. zur automatischen Erstellung eines Arbeitsplanes oder eines NC-Programms.

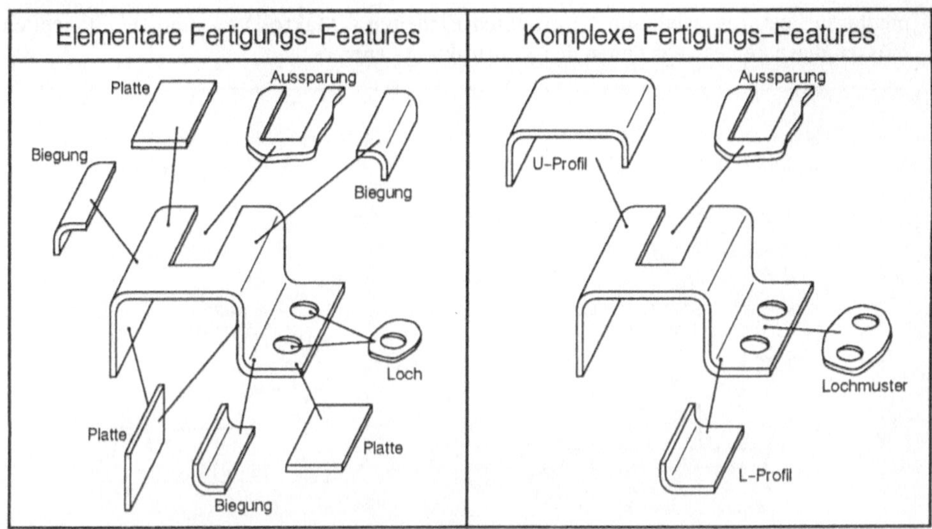

Bild 7.14   Feature-basierte Beschreibung eines Blechbiegeteiles [EvAB82]

Bild 7.14 gibt links und rechts zwei bezüglich des Komplexitätsgrades unterschiedliche Feature-basierte Beschreibungen des gleichen Bauteiles wieder, die hierarchisch aufeinander aufbauen. Dies ist für die Anwendung der Feature-Technologie in vielen Bereichen typisch. Die Features auf der untersten Hierarchieebene bezeichnet man dabei häufig als Single Features, die daraus (zum Teil auf mehreren Hierachieebenen) zusammengesetzten komplexeren Features als Compound Features [PrWi85, Shah89b, ScSt93b].

Bei den Features für die Konstruktion handelt es sich in der Regel um Gestaltelemente mit hinterlegter Funktionsbedeutung. Um den Unterschied zwischen fertigungs- und konstruktionsorientierten Features, so wie sie in [ScSt93b] definiert sind, zu verdeutlichen, zeigt das folgende **Bild 7.15** den Lagersitz einer Welle, dessen Feature-basierte Beschreibungen aus der Sicht der Konstruktion und der Arbeitsplanung sehr unterschiedlich sind:

- Für den Konstrukteur stellt der Lagersitz eine Einheit dar, der bestimmte *Funktionen* zugeordnet werden können (z.B. „Aufnehmen und axiales Sichern eines Wälzlagers" und/oder „Übertragen axialer und radialer Kräfte plus der zugehörigen Bewegungen von einem bzw. an ein Wälzlager"). Wird der Lagersitz gedanklich weiter zerlegt, dann in kleinere Einheiten solcherart, daß mit ihnen wiederum Funktionen verbunden sind. Ein Beispiel für ein solches kleineres Element ist die Nut für den Sicherungsring, mit deren Hilfe in Kombination mit dem Sicherungsring selbst axiale Kräfte und Bewegungen zwischen Lager und Welle übertragen werden können.

- Für den Arbeitsplaner stellt ein Lagersitz im allgemeinen kein zusammengehöriges Ganzes dar. Vielmehr zerlegt er den Lagersitz gedanklich in kleinere Elemente, denen direkt *Fragmente eines Arbeitsplanes* (oder auch *Fragmente eines NC-Programms*) zugeordnet werden können. Solche Elemente sind beispielsweise Langdreh- und Stirnflächen, Nuten und Freistiche. Es ist nicht auszuschließen, daß auch der Arbeitsplaner seine elementaren Features wiederum zu größeren Einheiten („Makros") zusammenfaßt, jedoch müssen diese keineswegs denen des Konstrukteurs entsprechen.

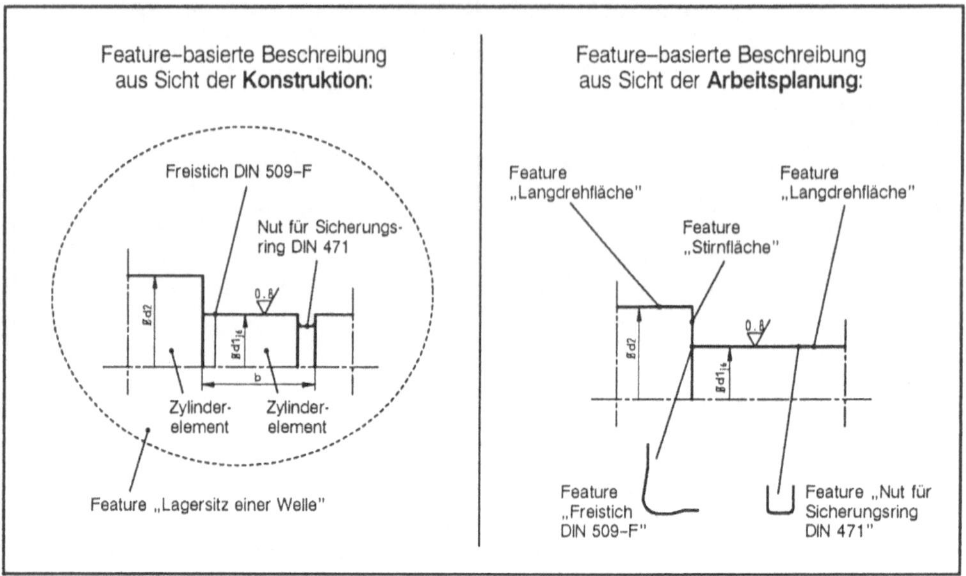

Bild 7.15　　Feature-basierte Beschreibung des Lagersitzes auf einer Welle aus der Sicht von Konstruktion und Arbeitsplanung

Die Gestaltelemente „Sacklochbohrung"in Bild 7.11 und „Sicherungsringnut nach DIN 471" in Bild 7.15 sind sowohl für den Konstrukteur als auch für den Arbeitsplaner mit einer technischen Bedeutung (Semantik) zu einem Feature verknüpfbar. In der Arbeitsplanung entspricht die Semantik jedoch einem Ausschnitt aus einem Arbeitsplan, während in der Konstruktion dem Gestaltelement Funktionen zugewiesen werden.

Das in **Bild 7.16** gezeigte Beispiel einer Welle erläutert den Ansatz für Konstruktions-Features nach [ScSt93b] etwas ausführlicher:

- In Bild 7.16 ist links oben die technische (Einzelteil-) Zeichnung der Welle zu sehen.

- Die Gestalt der dargestellten Welle läßt sich mit den fünf weiter unten in Bild 7.16 illustrierten Gestaltelementen vollständig erfassen und beschreiben. Diese Gestaltelemente setzen sich – wie bereits oben erwähnt – hierarchisch aus bestimmten Flächen und Flächenkombinationen zusammen, was den Anknüpfungspunkt zwischen der Feature-Technologie und der CAD/CAM-Welt mit den dort gebräuchlichen Geometriemodellen liefert. Aus Gründen der Übersichtlichkeit wird hierauf nicht im einzelnen eingegangen.

- Zur Bestimmung der technischen Bedeutung (Semantik), mit der jedes Gestaltelement zu einem Feature verbunden werden kann, ist im Fall der Konstruktions-Features (anders als im Fall der Fertigungs-Features) eine *bauteilübergreifende* Betrachtung unausweichlich. Um dies zu verdeutlichen, ist die Baugruppe, in der die Welle eingesetzt wird, rechts oben in Bild 7.16 dargestellt.

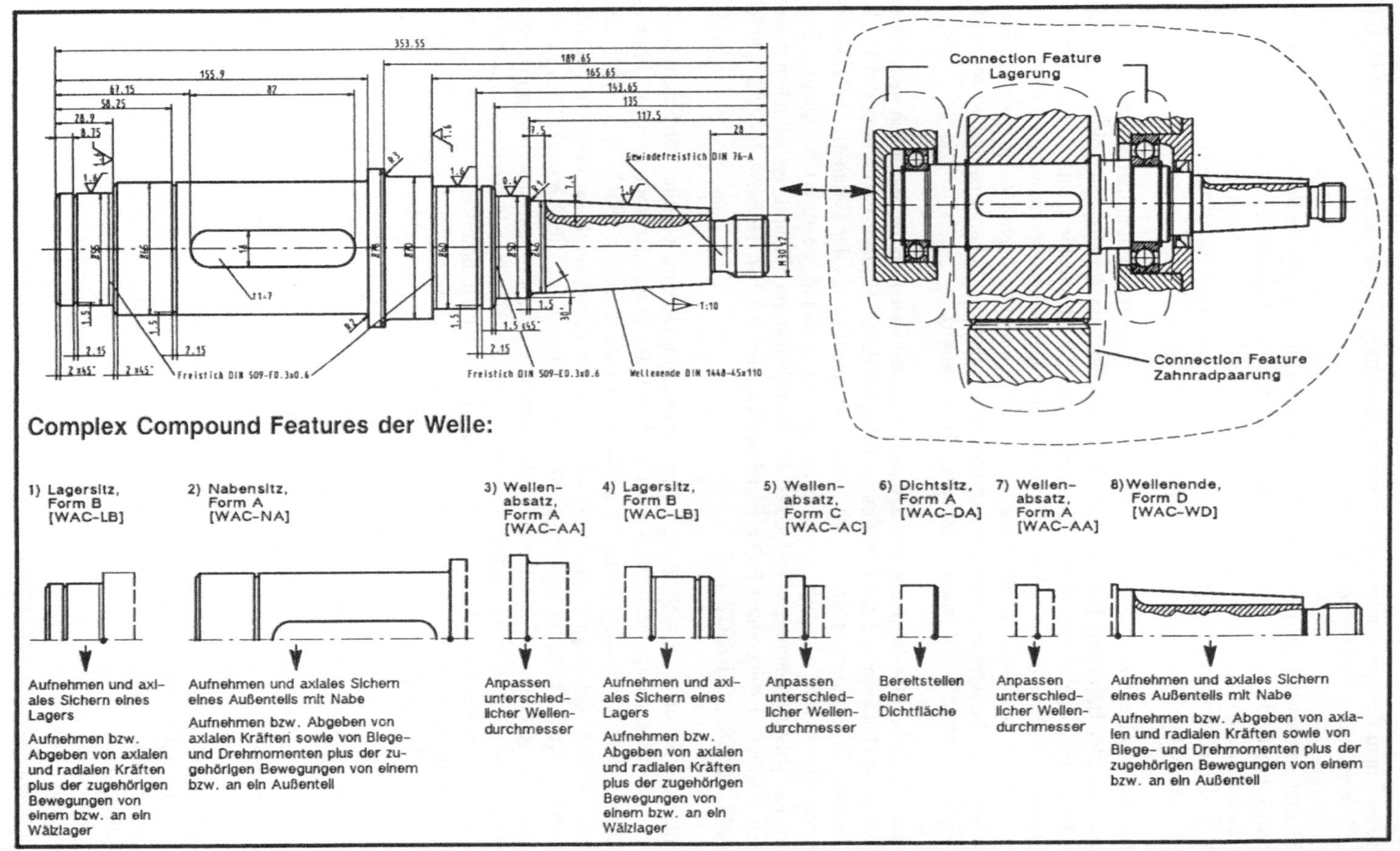

Bild 7.16   Konstruktions-Features am Beispiel einer Getriebewelle [Star94]

- Die zu jedem Feature gehörende technische Bedeutung (Semantik) schließlich ist im Bild 7.16 unten stichwortartig beschrieben.

Ohne hierauf an dieser Stelle näher eingehen zu können, lassen sich die Feature-basierten Beschreibungen von Bauteilen mit Hilfe weiterer Features (sogenannter Verbindungs- oder Connection Features) zu größeren Einheiten und letztendlich zu technischen Produkten verbinden, so daß eine durchgängige, auf das Anwendungsgebiet der Konstruktion ausgerichtete Feature-basierte Produktbeschreibung möglich erscheint [ScSt93b].

Modellieren mit Features bzw. *Feature Based Modelling* bedeutet nun, daß ein rechnerinternes Produkt- oder Bauteilmodell vom Konstrukteur oder vom Arbeitsplaner direkt mit Hilfe der als Features vordefinierten Gestaltelemente erzeugt wird und nicht (nur) durch das Zusammenfügen von Linien, Flächen oder Grundkörpern. Der Vorteil ist, daß dem CAD/CAM-System auf diese Weise die zu jedem Gestaltelement hinterlegte Semantik – je nach der Feature-Art also z.B. Funktionen oder arbeitsplanerische Angaben – bekannt ist und weiterverarbeitet werden kann (z.B. mit einem wissensbasierten System).

Ein anderer Weg besteht darin, die Bauteile und Produkte weiterhin hauptsächlich geometrieorientiert zu modellieren und die Features nachträglich durch *Feature-Erkennung* (im Englischen *Feature Recognition* oder *Feature Extraction* genannt) aus der Geometrie herauszulesen. Dieser Ansatz erfordert zwar einen relativ großen Aufwand (Feature-Erkennung = Sonderform der Mustererkennung = Teilgebiet der Künstlichen Intelligenz), ist jedoch mit den heute zur Verfügung stehenden Mitteln grundsätzlich durchführbar [Hend84, JoCh88, ChHe-91, Pete92, Schw92, SSBK93].

Wenn man die Existenz verschiedener, jeweils anwendungsabhängig definierter Features akzeptiert, so muß man sich schließlich auch noch mit der Frage der sogenannten *Feature-Transformation* (auch *Feature Mapping* genannt) auseinandersetzen [Shah89]. Hierbei geht es darum, Features der einen Art (z.B. Konstruktions-Features) möglichst direkt in Features einer anderen Art (z.B. Fertigungs-Features) umzuschlüsseln (zu „übersetzen"). Dies ist erforderlich, um die Feature-Technologie in allen Bereichen des Produktentstehungsprozesses nutzbar zu machen, ohne an den Schnittstellen zwischen den einzelnen Bereichen manuell eingreifen zu müssen. Erste Erfahrungen auf diesem Gebiet deuten darauf hin, daß die Feature-Transformation eine schnelle, aber nicht in allen Fällen vollständige Überführung liefern kann, so daß sie stets kombiniert mit einer Feature-Erkennung eingesetzt werden sollte [BKLS92].

7.4 Objektorientierte Systeme

Ein anderer intensiv diskutierter Ansatz, für CAD/CAM-Systeme (im Prinzip sogar für beliebige Softwaresysteme) mit vertretbarem Aufwand mehr „Wissen" über die behandelten Objekte und über die übergeordneten Prozesse zu vermitteln, ist der Übergang von den „klassischen" prozedural programmierten Systemen (z.B. in FORTRAN oder in C) zu sogenannten objektorientierten Systemen. Dies zeigt sich unter anderem daran, daß sich der bereits in Abschnitt 7.1 erwähnte objektorientierte Modellierkern ACIS in äußerst kurzer Zeit als Basis für die Entwicklung einer ganzen Palette neuer CAD/CAM-Systeme etablieren konnte und daß andere Systemanbieter an eigenen objektorientierten Lösungen arbeiten. Ziel des vorliegenden Abschnittes ist es, kurz die Grundlagen objektorientierter Systeme sowie die Unterschiede zu herkömmlichen (prozeduralen) Programmsystemen darzustellen. Näheres zu den allgemeinen Grundlagen findet sich beispielsweise in [WiPi88, CoYo90, GoOP90, CoYo91], der engere Bezug zu technischen Informationssystemen wird in [Fenv90] hergestellt.

Aus der Sicht der Informatik besteht der Hauptunterschied zwischen der prozeduralen und der objektorientierten Programmierung in folgendem, **Bild 7.17**:

- Bei der prozeduralen Programmierung sind die Daten mit ihrer individuellen externen Abspeicherung von den darauf anzuwendenden Operationen (Algorithmen, Programmen) völlig getrennt. Alle beteiligten Programme sowie unter Umständen auch der Benutzer greifen zum Zweck der Abfrage oder Veränderung direkt auf die externen Daten zu, wozu sie die Art der Datenspeicherung im Detail kennen müssen. Jedes Programm

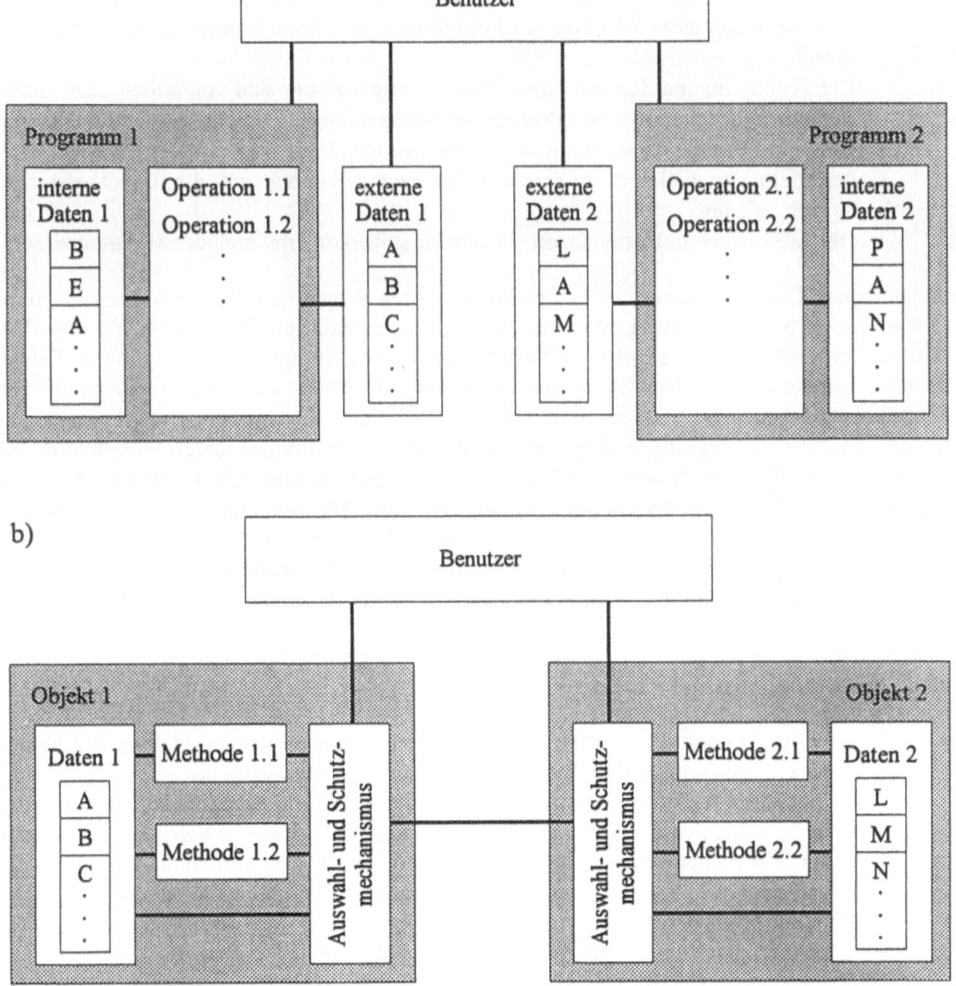

Bild 7.17   Architektur a) prozeduraler und b) objektorientierter Informationssysteme (schematisch)

(bzw. auch der Benutzer) muß sich seinen eigenen Datenausschnitt durch Selektion und gesonderte interne Repräsentation der relevanten Daten bilden. Dieses aufwendige und (besonders bei Änderungen) fehleranfällige Verfahren läßt sich auch durch Vereinheitlichung der externen Datenrepräsentation (z.B. gemeinsame Nutzung eines neutralen Datenformates durch mehrere Programme) nicht beseitigen oder vereinfachen.

- Bei der objektorientierten Programmierung bilden die Daten mit den darauf anzuwendenden Operationen, die hier „Methoden" genannt werden, eine untrennbare Einheit, das sogenannte Objekt. Dieses ist zunächst einmal ein abstraktes Gebilde, das aus der Sicht der Informatik wie folgt charakterisiert ist:

  - In einem objektorientierten System besitzt jedes Objekt eine eigenständige Identität, die unabhängig von irgendwelchen Ausprägungen (Zuständen) bestehen bleibt.
  - Der Zustand eines Objektes wird durch eine Reihe von Daten beschrieben.
  - Das Verhalten eines Objektes wird durch eine bestimmte Menge an Methoden festgelegt.
  - Die Daten, die den Zustand eines Objektes beschreiben, sind von außen nicht direkt sichtbar und manipulierbar (Prinzip der *Abkapselung*). Der Zustand eines Objektes kann nur über die Anwendung von Methoden abgefragt und verändert werden. Von den Methoden sind nur ihre Schnittstellen nach außen bekannt, d.h. ihre Namen und Parameterlisten.
  - Objekte können in Beziehungen zueinander stehen und miteinander kommunizieren.

Wesentliches Charakteristikum eines objektorientierten Programms bzw. Programmsystems ist die direkte Kommunikation von Objekten, die in der Fachsprache „Austausch von Botschaften" genannt wird. Eine Botschaft besteht aus den drei Komponenten Empfänger, Selektor und Argumentenliste. Der Empfänger ist das Objekt, das angesprochen werden soll. Der Selektor bezeichnet eine Methode des Empfängerobjektes, die ausgeführt werden soll. Die Argumentenliste versorgt die angesprochene Methode mit den notwendigen Parametern. Die Methode verändert den Zustand des Empfängerobjektes und/oder liefert Ergebnisse an das Senderobjekt zurück, um dessen Zustand zu verändern. Alle Botschaften werden innerhalb des Empfängerobjektes von einem hier nicht näher erläuterten Auswahl- und Schutzmechanismus analysiert, der die Zulässigkeit und die Korrektheit der Botschaft prüft und aufgrund des Selektors und der Argumentenliste die geeignete Methode aktiviert.

Zum objektorientierten Konzept („objektorientierten Paradigma") gehören zusammenfassend die folgenden drei Punkte:

- *Abkapselung*: Hiermit ist die oben schon erläuterte Tatsache gemeint, daß die Daten und die Methoden eine untrennbare Einheit bilden. Auf die Daten kann nur über die zur Verfügung gestellten Methoden zugegriffen werden. Die interne Datenstruktur, d.h. die programmtechnische Abspeicherung der Daten, ist außerhalb der zugrundeliegenden Klasse unbekannt. Zur Außenwelt wird lediglich die Schnittstelle, d.h. werden die einzelnen Methoden mit ihren Namen und Parameterlisten, exportiert. Dadurch ist es möglich, unter Beibehaltung der Schnittstelle die gesamte logische Struktur und den Abspeicherungsmechanismus der Daten zu ändern, ohne daß andere Objekte davon betroffen sind.

- *Abstraktion und Vererbung*, **Bild 7.18**: Mit dem Begriff Abstraktion ist gemeint, daß Objekte zu hierarchisch geordneten Klassen (Mustern) zusammengefaßt werden können. Ein konkretes Objekt, das zu einer bestimmten Klasse gehört, wird auch Instanz dieser Klasse genannt. Einer Klasse sind die Daten und die zu verwendenden Methoden gemeinsam.

  Der Begriff Vererbung besagt, daß Daten und Methoden von den übergeordneten (allgemeineren) Klassen an die untergeordneten (spezielleren) Klassen weitergereicht werden. Es wird zwischen mehreren Arten der Vererbung unterschieden: Bei der einfachen Vererbung liegt ein eindeutig definierter Vererbungspfad vor, d.h. zu jeder untergeordneten Klasse existiert genau eine übergeordnete Klasse (jedes „Kind" hat genau ein „Elternteil"). Im Gegensatz dazu sind bei der sogenannten mehrfachen Vererbung mehrere Vererbungspfade möglich, d.h. eine untergeordnete Klasse kann gleichzeitig zu mehreren übergeordneten Klassen gehören (jedes Kind kann mehrere Elternteile haben). Manche objektorientierten Programmiersprachen können allerdings nur die einfache Vererbung erfassen[74].

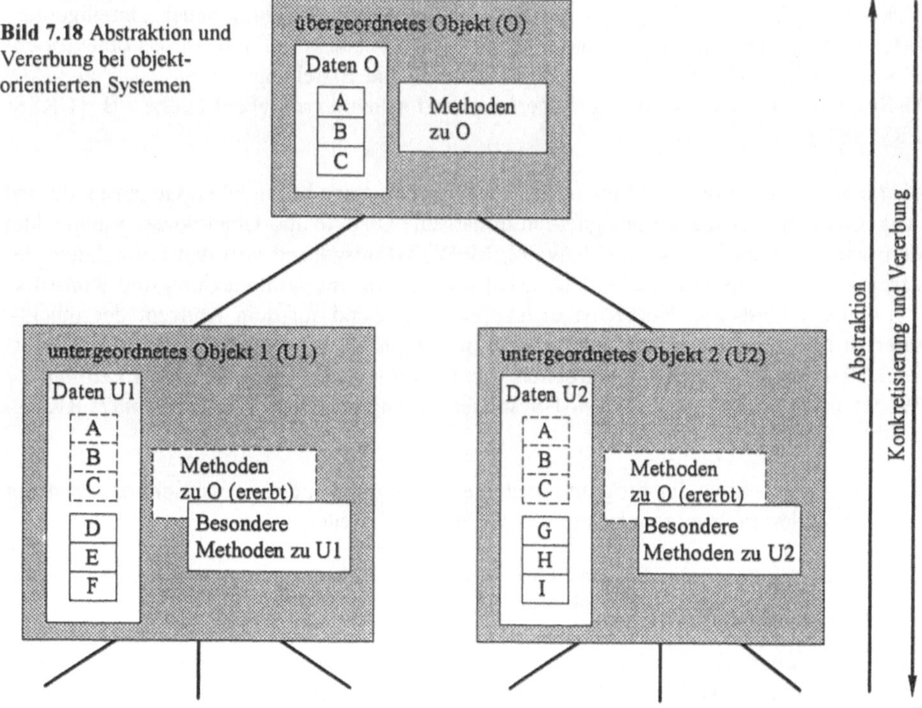

Bild 7.18 Abstraktion und Vererbung bei objektorientierten Systemen

---

[74] In der hier diskutierten „Welt" der technischen Objekte wäre die Beschränkung auf die einfache Vererbung sehr ungünstig, weil es relativ häufig vorkommt, daß Objektklassen zu mehreren übergeordneten Klassen gehören können. Eines der einfachsten Beispiele hierzu ist, daß das gleiche Bauteil (untergeordnete Klasse) in ganz unterschiedlichen Produkten (übergeordnete Klassen) zum Einsatz kommen kann.

- *Polymorphie*: Der Begriff Polymorphie besagt, daß jede Klasse von Objekten ihre eigene Welt darstellt und damit ihren eigenen Namensraum besitzt. Der Namensraum bezieht sich sowohl auf die Namen der Daten als auch auf die Namen der Methoden. Mehrere Methoden einer Klasse können so denselben Namen besitzen, sofern sich die Argumentenliste an einer Stelle unterscheidet („Overloading"). Des weiteren binden die Objekte die Selektoren einer Botschaft im allgemeinen dynamisch, d.h. zur Laufzeit, an die jeweils richtige Methode.

Es spricht vieles dafür, daß ein objektorientiertes Unterstützungssystem für den Konstruktions- und Fertigungsprozeß die besten Voraussetzungen schafft, um die in der Einleitung des vorliegenden Kapitels 7 angesprochenen allgemeinen Defizite im CAD/CAM-Bereich (zu wenig „Wissen" über Prozesse und Objekte) zu beseitigen. Insbesondere ist es möglich, die im CAD/CAM-Bereich interessierenden Gegenstände und ihre Bezüge, etwa Kundenaufträge, Produkte, Baugruppen, Bauteile, Features (als besondere Gestaltelemente von Bauteilen) mit den zugehörigen Unterlagen (z.B. dreidimensionale CAD-Modelle, Zeichnungen, Stücklisten, Arbeitspläne, NC- und andere Programme), realitätsgerecht zu erfassen und zu verarbeiten. Deswegen finden objektorientierte Programmiermethoden und objektorientierte Datenbanken in immer stärkerem Maße Eingang in die Erforschung und Entwicklung neuer, „intelligenter" CAD/CAM-Systeme. Der Hintergrund ist auch darin zu sehen, daß eine an das objektorientierte Konzept angelehnte Informationsrepräsentation die Erstellung wissensbasierter CAD/CAM-Systeme vereinfacht oder sogar überhaupt erst sinnvoll ermöglicht (siehe z.B. [GRSS-93, FRWS93]).

Dies setzt allerdings voraus, daß die in der jeweiligen Domäne behandelten Gegenstände und ihre gegenseitigen Bezüge auf geeignete informatische Objekte und Objektklassen abgebildet werden, wie es beispielsweise in [MuWe92, MuWe93] ausgehend von den Grundlagen der Konstruktionsmethodik [VDI2221, VDI2222] für die Domäne „Entwicklung und Konstruktion" aufgezeigt wird. Ziel hierbei ist es letztlich, aufbauend auf dem Konzept der objektorientierten Programmierung Architektur und prototypische Umsetzung eines rechnerunterstützten Methodenbaukastens zu erarbeiten, wie er von verschiedenen Seiten als Leitlinie für die Weiterentwicklung von CAD/CAM-Systemen propagiert wird [Beit86, Krau87, RKHL-89, Seif89, Abel90].

Auch aus der Perspektive der Programmsystemerstellung und -pflege verspricht das Konzept der objektorientierten Programmierung eine Reihe von Vorteilen:

- Informationen können auf einem höheren Niveau und dadurch mit einer anwendungsnäheren Sprache verarbeitet werden.

- Eine natürlichere Beschreibung der realen Objekte und ihres Verhaltens wird erst durch die Verwendung von Abstraktion und Polymorphie möglich.

- Objekte können durch die besseren Abbildungsmöglichkeiten der realen Welt im Rechner exakter beschrieben und strukturiert werden.

- Die Entwicklung eines objektorientierten Systems ist weniger aufwendig, weniger fehleranfällig und zeitsparender als die Entwicklung eines vergleichbaren prozeduralen Systems, weil

- allgemein definierte Objekte wiederverwendet werden können,
- Klassen einzeln getestet, gewartet und geändert werden können und
- die Programmiertätigkeit parallelisiert werden kann.

Jedoch stehen diesen Vorteilen derzeit auch noch Nachteile gegenüber:

- Objektorientierung läßt sich nicht ohne Probleme in konventionelle Programm-Umgebungen integrieren.

- Die Objektorientierung verlangt vom Programmierer eine andere Denkweise, als er sie von der prozeduralen Programmierung her gewöhnt ist.

- Die Normung von Schnittstellen in objektorientierten Systemen ist noch nicht sehr weit gediehen; unklar ist auch die Verträglichkeit objektorientierter Systeme mit bestehenden Normen.

- Objektorientierte Systeme bedingen einen größeren (Objekt-) Verwaltungsaufwand als vergleichbare prozedurale Systeme und benötigen deshalb eine größere Rechnerleistung, wenn sie gleich schnell arbeiten sollen.

Die objektorientierte Programmierung erfordert in der Regel besondere Programmiersprachen, welche die genannten charakteristischen Eigenschaften von sich aus realisieren können. Das erste Beispiel hierfür war die Sprache *Smalltalk* [GoRo83], heute scheint sich die aus der prozeduralen Programmiersprache C abgeleitete Sprache *C++* [Stro87] als Quasi-Standard zu etablieren. Im einzelnen sei hierauf nicht eingegangen.

7.5 Wissensbasierte Systeme

Auf wissensbasierte Systeme im Produktentstehungsprozeß wurde bereits in Abschnitt 2.4 eingegangen. Der vorliegende Abschnitt will ergänzend dazu allgemeine Hintergründe des Einsatzes derartiger Systeme, einige aus der Informatik stammende Werkzeuge zu ihrer Erstellung und die wichtigsten Zukunftstendenzen darstellen.

Der Einsatz von Wissensverarbeitungstechniken zur Unterstützung des Produktentstehungsprozesses kann allgemein als konsequente Fortsetzung der mit konventionellen informationstechnischen Methoden begonnenen Entwicklung angesehen werden, **Bild 7.19** [KrKK93]. Insbesondere bei den nachfolgend stichwortartig aufgelisteten Aspekten können Erfassung, Verarbeitung und Präsentation von Wissen durch geeignete Informationssysteme einen wertvollen Beitrag nicht nur zur Erleichterung, Beschleunigung und Integration des Produktentstehungsprozesses, sondern auch zur qualitativen Verbesserung seiner Ergebnisse leisten:

- Die in der Prozeßkette Entwicklung-Konstruktion-Fertigung zu bearbeitenden Aufgabenstellungen sind oft sehr vielschichtig. Insbesondere werden die technischen Produkte und Systeme immer komplexer und enthalten zudem in immer stärkerem Umfang Elemente aus unterschiedlichen Fachgebieten (Integration von Mechanik, Elektrotechnik/ Elektronik, Hydraulik/Pneumatik). Ähnliches gilt für die Fertigungsprozesse. Wissensbasierte Systeme können hier dem am Produktentstehungsprozeß beteiligten einzelnen Mitarbeiter Wissen aus entfernter liegenden Fachgebieten zur Verfügung stellen.

- Im Produktentstehungsprozeß sind stets zahlreiche Randbedingungen (Restriktionen, in der KI-Terminologie „Constraints" genannt) zu beachten, z.B. in der Konstruktion bezüglich der Fertigbarkeit, der Montierbarkeit, der Kosten, der Termine, der geltenden Gesetze und Vorschriften. In der Zukunft wird man diese nicht mehr sequentiell durch aufeinander folgende Arbeitsschritte in getrennten Abteilungen abarbeiten können, sondern muß sie zeitlich parallel berücksichtigen (Simultaneous bzw. Concurrent Engineering). Dadurch wird von jedem einzelnen am Produktentstehungsprozeß Beteiligten immer mehr Wissen aus angrenzenden Produktionsbereichen verlangt (in der Konstruktion z.B. Fertigungs-, Montage-, Qualitätssicherungs-, Kalkulationswissen sowie Wissen über teilweise kaum noch überblickbare Randbedingungen aus Gesetzen, Patenten, Normen und Richtlinien), das zumindest teilweise durch wissensbasierte Systeme bereitgestellt werden kann.

- Der Produktentstehungsprozeß ist bei ganz oder teilweise neuen Aufgabenstellungen, deren Anteil wegen der kürzer werdenden Innovationszyklen zunimmt, durch Sprünge und Iterationsschleifen zwischen den einzelnen Arbeitsabschnitten gekennzeichnet. Wissensbasierte Systeme können hier bei der Prozeßsteuerung und bei der Verwaltung der Ergebnisse unterstützen.

- In relativ großem Umfang werden im Produktentstehungsprozeß „vages" Wissen (Erfahrungswerte, „Daumenregeln") und sogenannte heuristische Strategien eingesetzt, die sich mit konventionellen informationstechnischen Mitteln überhaupt nicht im Rechner abbilden lassen.

- Zur Beschreibung der im Produktentstehungsprozeß behandelten Objekte treten nacheinander oder gleichzeitig sehr unterschiedliche „Sichtweisen" und Repräsentationsformen auf (z.B. Funktions- und Prinzipbeschreibungen, Skizzen, Entwürfe, Detailzeichnungen, Diagramme, Berechnungen, Listen, Programme). Zwischen diesen Repräsentationsformen bestehen im allgemeinen komplexe Beziehungen. Wissensbasierte Systeme können hier zur Verknüpfung der Einzelinformationen zu einem einheitlichen und redundanzfreien Produktmodell eingesetzt werden.

- Während der Produktentstehung hat man häufig mehrere Lösungsalternativen (Objektvarianten im weitesten Sinne) im Blick, z.B. verschiedene konstruktive Lösungen, Fertigungsstrategien oder Maschinenbelegungen. Hier können wissensbasierte Systeme die Beteiligten durch Verwaltung und Auswertung von Hintergrundinformationen unterstützen, indem sie beispielsweise Informationen darüber bereitstellen, aus welchen Gründen eine bestimmte Lösungsvariante erarbeitet wurde, an welche Bedingungen sie geknüpft ist und welche Konsequenzen ihre Wahl in anderen Bereichen nach sich zieht.

- Wegen der Komplexität der Produkte und Prozesse sowie wegen der kürzer werdenden Innovationszyklen wäre es aus der Sicht der Unternehmen von großem Vorteil, wenn das im Unternehmen angesammelte Erfahrungs- und Spezialwissen nicht nur verteilt in den Köpfen einiger weniger Experten vorläge, sondern personenunabhängig aufbewahrt werden könnte. Das Wissen könnte dann auch einem größeren Personenkreis als bisher zur Nutzung verfügbar gemacht werden.

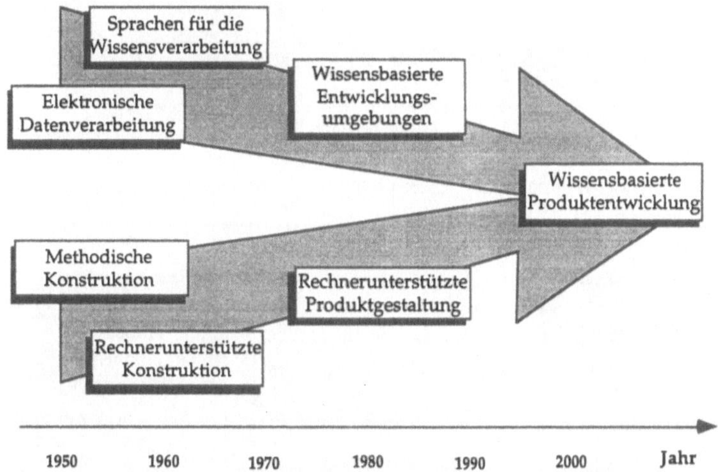

Bild 7.19   Entwicklungsstufen zur wissensbasierten Produktentwicklung [KrKK93]

So vielfältig die Einsatzmöglichkeiten und der Nutzen wissensbasierter Systeme in Konstruktion und Fertigung auch sind, muß doch festgestellt werden, daß die diesbezüglichen Entwicklungen gerade erst am Anfang stehen. Dies zeigt sich daran, daß die heute vorliegenden Ergebnisse in der Regel nur relativ eng gefaßte Aufgabenbereiche abdecken, vielfach noch einen hohen Entwicklungs- und Pflegeaufwand erfordern und nicht selten selbst noch Studienobjekte zur Analyse und Weiterentwicklung der eingeschlagenen Lösungswege sind.

Die Angaben über die Zahl der in der Entwicklung stehenden und noch mehr der praktisch eingesetzten wissensbasierten Systeme zur Unterstützung des Produktentstehungsprozesse schwanken sehr stark. In jedem Fall stellen alle diesbezüglichen Untersuchungen eine deutliche Dominanz der Systeme zur Diagnose (zur Bearbeitung analytischer Aufgabenstellungen) und zur Konfiguration (zur Bearbeitung synthetischer Aufgabenstellungen mit feststehenden Basiselementen, „Zuordnungsaufgaben" in der KI-Terminologie) fest. Komplexe Konstruktions- und Planungssysteme (zur Bearbeitung umfangreicher synthetischer Aufgabenstellungen mit am Anfang unbekannter Operatorenfolge, „Transformationsaufgaben") sind seltener anzutreffen. Außerdem ist zu berücksichtigen, daß einige der in der Literatur aufgeführten Softwaresysteme der heute üblichen Definition wissensbasierter Systeme nicht in allen Punkten standhalten, indem sie beispielsweise in einer „klassischen" prozeduralen Programmiersprache wie FORTRAN und nicht in einer KI-Sprache wie LISP oder PROLOG (siehe unten) geschrieben sind. Übersichten und Fallbeispiele zu wissensbasierten Systemen in Konstruktion, Arbeitsplanung, Fertigung, Montage und Qualitätssicherung finden sich in [MeBG90, BuWL89, Krem89, Spec89, Nebe89, VDI/GI92].

Im folgenden sei auf die Methoden und Werkzeuge zur Erstellung wissensbasierter Systeme eingegangen. Die grundsätzliche Struktur eines wissensbasierten Systems zeigt **Bild 7.20** [KrKK93]:

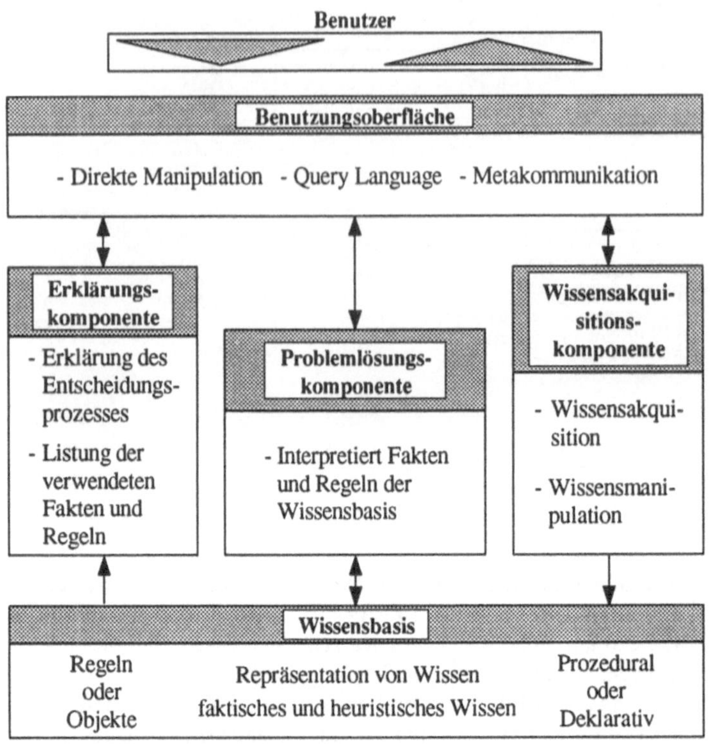

Bild 7.20   Architektur wissensbasierter Systeme [KrKK93]

- Das Zentrum ist die *Problemlösungskomponente* (auch *Inferenzkomponente* oder *Inferenzmaschine* genannt), deren Aufgabe das Ableiten von Schlußfolgerungen auf der Grundlage des in der Wissensbasis hinterlegten Wissens und der in der aktuellen Situation gegebenen Problembeschreibung ist.

- Die *Erklärungskomponente* soll dem Anwender des Systems Begründungen für die abgeleiteten Schlußfolgerungen (bzw. Schlußfolgerungsketten) liefern. Sie ist wichtig, um einer allzu leichtfertigen „Computergläubigkeit", die gerade bei wissensbasierten Systemen wegen der Komplexität der behandelten Probleme sehr verlockend sein kann, vorzubeugen.

- Die *Wissensakquisitionskomponente* ist für die geordnete Aufnahme neuer Elemente der Wissensbasis zuständig. Anfänglich wurde zum Aufbau und zur Pflege der Wissensbasis ein sogenannter Wissensingenieur („Knowledge-Engineer") stark propagiert, heute tendiert man aufgrund der mit wissensbasierten Systemen gewonnenen praktischen Erfahrungen eher dahin, diese Aufgaben dem Anwender selbst zu übertragen [NN91c]. Dies stellt allerdings besondere Ansprüche an den Dialog zwischen Anwender und Wissensakquisitionskomponente.

Die Künstliche Intelligenz als Teilgebiet der Informatik bietet mittlerweile eine ganze Palette an Werkzeugen („Tools") zur Wissensrepräsentation und -verarbeitung an. Zunächst seien vergleichsweise gängige und erprobte Techniken beschrieben:

* Eine Pionierrolle kommt *regelbasierten Systemen* zu, also Netzwerken aus „Wenn-Dann-Regeln" (siehe hierzu Bild 2.8 in Abschnitt 2.4). Sie werden in denjenigen Bereichen, in denen sich das Wissen entsprechend formulieren läßt, auch weiterhin die besten Ergebnisse liefern. Regelbasierte Systeme können entweder mit Programmiersprachen wie *LISP* [WiHo87] oder *PROLOG* [ClMe90] erstellt werden oder es wird eine sogenannte *Expertensystem-Shell* eingesetzt.

  Eine Expertensystem-Shell kann man sich vorstellen als ein bezüglich der Struktur fertiges wissensbasiertes (normalerweise regelbasiertes) System, das jedoch zunächst noch keinen Inhalt hat, dem also konkrete Objektdefinitionen und die darauf anzuwendenden Regeln noch fehlen. Diese werden vom Systementwickler (eventuell vom Anwender) eingebracht, wobei der Hauptvorteil der Shell darin zu sehen ist, daß sie umfangreiche (oft graphische) Unterstützungsfunktionen zur Verfügung stellt und keine Programmierung im eigentlichen Sinne erfordert.

  Die am häufigsten eingesetzte Expertensystem-Shell, die regelbasierte Techniken mit Objektrepräsentationen nach dem Frame-Konzept (siehe unten) verbindet, ist das auf der Programmiersprache LISP aufbauende System KEE[75].

* Für die rechnerunterstützte Modellierung und Verwaltung der im Produktionsprozeß relevanten Gegenstände und Unterlagen sowie ihrer Beziehungen bieten sich *objektorientierte Programmiermethoden* an (siehe hierzu Abschnitt 7.4).

* Damit verwandt sind Objektrepräsentationen mit Hilfe sogenannter *Frames*, wofür **Bild 7.21** ein Beispiel zeigt.

* Objektorientierte Methoden und Frames werden, sofern das zu bearbeitende Aufgabengebiet nicht sehr klein ist (und damit in der Regel unrelevant für die Praxis), aufgrund der Datenfülle sicher mit *Datenbanken* kombiniert werden müssen (siehe Abschnitt 7.2). Neben den „klassischen" relationalen Datenbanktechniken gewinnen objektorientierte Datenbanktechniken an Bedeutung.

* Schematische (streng algorithmische) Teilaufgaben des Produktionsprozesses werden auch weiterhin durch *„klassische" prozedurale Programme* am wirtschaftlichsten zu unterstützen sein (z.B. durch FORTRAN- oder C-Berechnungsprogramme), wobei es natürlich zu empfehlen ist, diese in ein objektorientiertes Gesamtkonzept einzubinden (etwa als sogenannte Methoden, die bestimmten Objekten zugeordnet sind).

---

[75] KEE: Knowledge Engineering Environment, Produkt der IntelliCorp Inc., Mountain View (USA), bzw. der IntelliCorp GmbH, München

Frame *Zahnrad* (außenverzahnt, Bezugsprofil standardisiert)		
Name	**Wert**	**zulässiger Wertebereich**
Zähnezahl z	...	14...100
Normalmodul m_n	...	1...12 mm (Stufen DIN 780 I)
Schrägungswinkel β	...	0°...30°
Flankenrichtung	...	rechts, links, Pfeil
Profilverschiebungsfaktor x	...	-0,5...+1,0
Kopfhöhenänderungsfaktor k	...	-0,3...0,0
Wärmebehandlungskennziffer	...	(unternehmensspezifisch)
Verzahnungsqualität DIN 3961	...	4...8
Prüfkennziffer	...	(unternehmensspezifisch)
...		

➜ Zeilen = „Slots"

↓

Spalten = „Facets"

Bild 7.21 Objektrepräsentation mittels Frames (Beispiel „Zahnrad")

- Für die wissensbasierte Lösungssuche unter komplexen Randbedingungen werden in der letzten Zeit spezielle Programmierwerkzeuge propagiert (*Constraint-based Languages*), die voraussichtlich auch für die Wissensverarbeitung im Produktionsbereich von Bedeutung sein werden. Hierbei wird die Aufgabenstellung durch Formulierung eines Netzes von Randbedingungen (Constraints) modelliert. Gibt man einem solchen Constraint-Netz nun einige Eingangswerte vor, so „navigiert" das System automatisch so durch das Bedingungsgeflecht, daß noch fehlende Werte bestimmt oder doch zumindest eingegrenzt werden.

Bild 7.22 zeigt als Beispiel das Constraint-Netz für die Konstruktion von Abgaskrümmern für Verbrennungskraftmaschinen [Brün93]. In dem Bild sind aus Gründen der Übersichtlichkeit nur qualitative Abhängigkeiten dargestellt, für die konkrete Implementierung sind diese natürlich so weit wie möglich zu quantifizieren (z.B. durch Gleichungen oder Algorithmen).

Für eine Reihe weiterer Verfahren der Wissensverarbeitung liegen auf dem Gebiet der Konstruktion und Fertigung bislang nur wenige praktische Realisierungen vor, so daß eine genaue Einschätzung ihres Potentiales schwerfällt. Im folgenden werden zwei Ansätze genannt, deren Einsatzmöglichkeiten vor allem bei der dynamischen Steuerung des „intelligenten" rechnerunterstützten Produktionsprozesses und bei dem zugehörigen Informationsmanagement liegen dürften:

- So wird die sogenannte *Tafelmethode* (bzw. *Blackboard Method* oder *Blackboard Architecture*) diskutiert als geeignetes Instrument nicht nur zur Koordinierung des Informationsaustausches, sondern auch des funktionalen Zusammenspieles zwischen mehreren Wissensbasen.

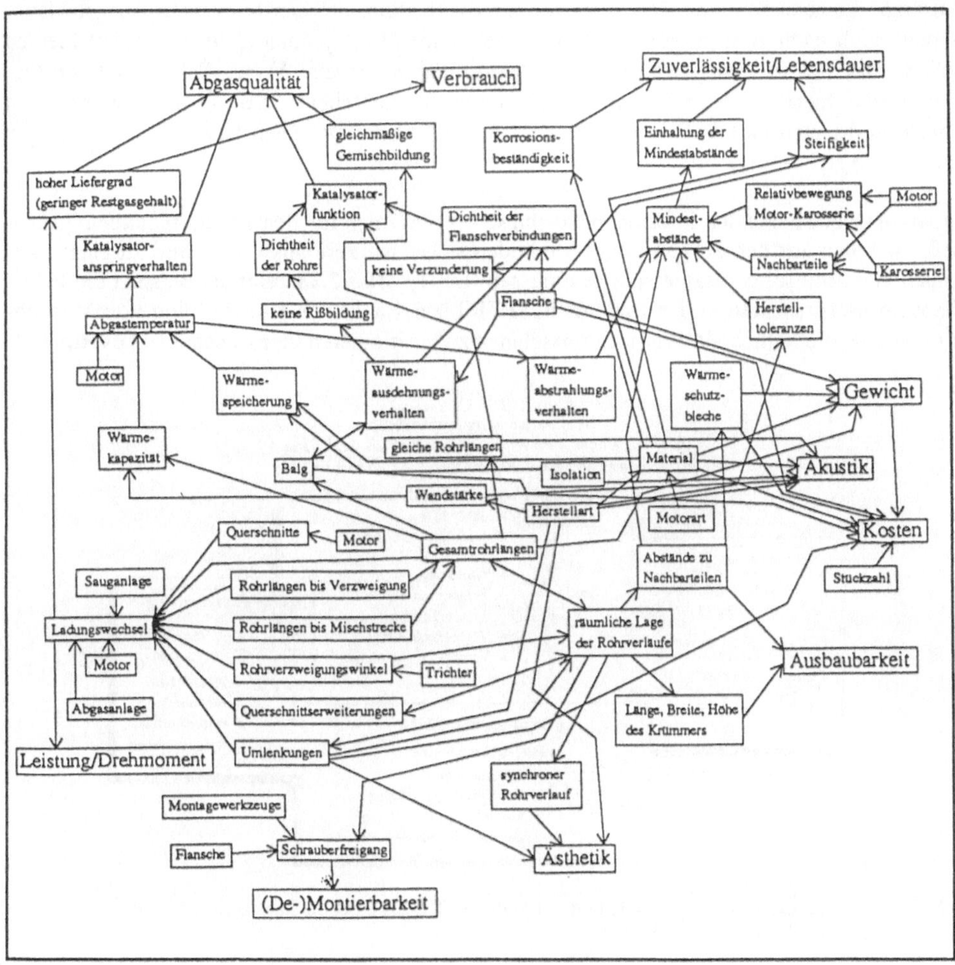

Bild 7.22   Grobes Restriktionsnetz für die Konstruktion von Abgaskrümmern für Verbrennungskraftmaschinen [Brün93]

- Verfahren des nicht-monotonen Schlußfolgerns (Non-monotonic Reasoning) bieten sich an, um der während des Produktentstehungsprozesses häufig auftretenden Situation gerecht werden zu können, daß zuvor getroffene Entscheidungen im Lichte neuer Erkenntnisse (z.B. genauerer Berechnungsergebnisse) noch einmal überprüft und gegebenenfalls revidiert werden müssen. Systeme, denen ein solches Verfahren zugrundeliegt, werden *Wahrheitserhaltungssysteme* oder *Truth-Maintenance-Systeme* genannt. Mit ihnen ist auch die Verarbeitung weniger exakten („vagen") Konstruktions- oder Fertigungswissens möglich.

Nähere Erläuterungen der genannten Ansätze – jeweils bezogen auf die hier zur Diskussion stehenden Anwendungen – finden sich in [Lu91, VDI/GI92].

Ansätze, die nach Kenntnis der Verfasser zur Bearbeitung der hier relevanten Aufgabenstellungen noch nicht zum praktischen Einsatz gekommen sind, jedoch nicht unerwähnt bleiben sollen, sind die „unscharfe Logik" (*Fuzzy Logic*) und *neuronale Netze*. Auf besonderen Gebieten sind hierfür relativ attraktive Anwendungen vorstellbar (z.B. Prozeßsteuerung im Fertigungsbereich mittels Fuzzy Logic), worauf jedoch im einzelnen hier nicht eingegangen sei.

In wissensverarbeitenden informationstechnischen Systemen für den Produktentstehungsprozeß wird man aus den vorgenannten Methoden sicher mehrere auswählen und zu einer integralen Gesamtlösung zusammenfassen müssen [Lu91]. **Bild 7.23** zeigt als Beispiel die hybride Wissensrepräsentation des Systems FIXPERT zur Baukasten-Konstruktion von Vorrichtungen, um Werkstücke in Werkzeugmaschinen zu positionieren und zu spannen [EvHu93].

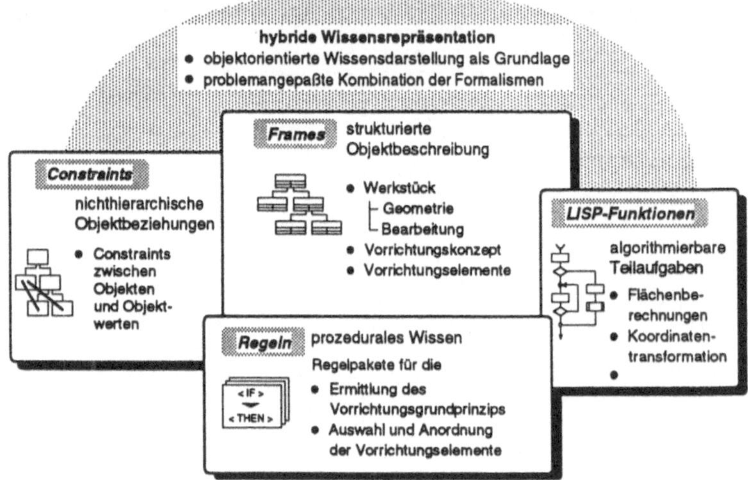

Bild 7.23   Hybride Wissensrepräsentation des Systems FIXPERT zur Baukasten-Konstruktion
von Vorrichtungen [EvHu93]

Zum Schluß seien die aus der Perspektive der Verfasser heute absehbaren Tendenzen für die weitere Entwicklung wissensbasierter Systeme in der Prozeßkette Entwicklung-Konstruktion-Fertigung zusammengefaßt (siehe hierzu auch [Lu91, VDI/GI92] sowie verschiedene Beiträge in [VDI1079]):

• Die Mehrzahl der Systeme im Produktionsbereich läuft bereits jetzt nicht mehr auf spezieller KI-Hardware, sondern auf universellen Rechnersystemen (vorzugsweise auf Workstations) unter Standard-Betriebssystemen (UNIX).

• Praxistaugliche Systeme zur Wissensverarbeitung werden nicht ausschließlich aus KI-Komponenten bestehen, sondern daneben auch konventionelle Programmbausteine (z.B. zur Berechnung, zur Konstruktion, zur NC-/Roboter-/Meßmaschinenprogrammierung) und Datenbanken beinhalten. Neueste Schätzungen gehen davon aus, daß gerade im Bereich Konstruktion/Fertigung die konventionellen Komponenten sogar das Übergewicht (mindestens 70 %) behalten werden. Für den Anwender wird diese Verteilung allerdings nicht ersichtlich sein (und ist für ihn letztlich auch vollkommen unwichtig, solange ihm eine attraktive Unterstützung geboten wird).

- Wegen der in der Produktion vorhandenen Fülle an Daten und Anwendungssystemen, aber auch aus Kapazitäts- und Laufzeitgründen werden wissensverarbeitende Systeme in zunehmendem Umfang netzwerkweit verteilt werden müssen.

- In diesem Zusammenhang wird die Frage der Aneinanderkopplung verschiedener wissensbasierter (Teil-) Systeme interessant, da man wohl auch in der nächsten Zeit die Aufgabenbereiche jeder einzelnen Komponente eher schmal halten wird und größere (Gesamt-) Systeme aus diesen Ansätzen heraus nur durch Verknüpfung erprobter Teillösungen entstehen können. Allerdings sei darauf hingewiesen, daß für die Aneinanderkopplung wissensbasierter Systeme derzeit noch viele Grundlagen fehlen („Offenheit" der Einzelsysteme, Kopplungsstrategien, Schnittstellen), so daß dieses Gebiet sicher eine eher langfristige Perspektive ist.

8 Einführung von CAD/CAM-Systemen

Die Einführung eines CAD/CAM-Systems gliedert sich in die folgenden Arbeitsschritte:

–   Einführungsmaßnahmen (mit methodischer Aufbereitung des Einsatzbereichs),
–   Ausbildung der Anwender und
–   Organisation der CAD/CAM-Anwendungen.

Die Komplexität dieses Analyse- und Bewertungsprozesses erfordert geeignete Planungs-instrumente, mit denen eine zügige und termingerechte Einführung des CAD/CAM-Systems sichergestellt werden kann. Die Netzplantechnik stellt für solche Planungsaufgaben standardisierte Methoden zur Verfügung. So kann z.B. durch die Aufstellung eines Struk-turplanes ein Projekt nach seiner logischen Struktur in Teilaufgaben untergliedert und mit einem (heute auch rechnerunterstützt möglichen) Projektmanagement durchgeführt werden. Ein Strukturplan für die Einführung ist in **Bild 8.1** dargestellt.

Die Einführung kann von verschiedenen Gruppen mit unterschiedlichen Erfolgschancen durchgeführt werden. In Frage kommen Mitarbeiter aus der Fachabteilung, in die das CAD/CAM-System später eingeführt wird, Mitarbeiter aus der DV-Abteilung des Unter-nehmens und unabhängige Berater.

*   Wird die *DV-Abteilung* mit der Einführung betraut, so ist ihre Erfahrung bei Organisa-tion, Einführung und Anwendung von DV-Systemen vorteilhaft. Nachteilig wirkt sich die von einer administrativen Datenverarbeitung stark unterschiedene Problematik des CAD/CAM-Einsatzes aus, die z.B. die Bereitstellung von dezentraler Rechnerleistung bei gleichzeitiger zentraler Datenhaltung erforderlich macht. Zudem hat die DV-Abtei-lung nicht immer genügend Kenntnisse über das geplante Einsatzgebiet.

*   Bei der *Fachabteilung* liegen die Vor- und Nachteile genau umgekehrt wie bei der DV-Abteilung. Durch die Kenntnis der Probleme vor Ort ist die Fachabteilung aber zum Erstellen von Sollkonzept und Anforderungsprofil prädestiniert.

*   Ein unabhängiger *Berater* (von außen oder aus einer Stabsabteilung) kann ohne Inter-essenskonflikte eine objektive Bestandsaufnahme aller Anforderungen durchführen. Dies ist auch im Hinblick auf eine Umstrukturierung von Aufbau- und Ablauforgani-sation beim Einsatz eines CAD/CAM-Systems vorteilhaft. Nachteilig ist die je nach Problematik lange Anlaufzeit zur Erfassung der betrieblichen Abläufe. Der Berater kann nicht nur während der Auswahlphase, sondern auch zur Realisierung des Soll-konzeptes eingesetzt werden.

Bewährt hat sich die Bildung eines *Projektteams*, das aus diesen drei Gruppen besteht. Bei Bedarf werden noch andere Bereiche (z. B. Rechtsabteilung und Einkauf bzw. Bereiche, die dem Einsatzgebiet vor- oder nachgelagert sind) hinzugezogen.

Die Einrichtung eines Projektteams wird am ehesten bei größeren Unternehmen möglich sein. Wenn sich nur ein Mitarbeiter mit diesen Aufgaben befassen kann, sollte dieser aus dem späteren Einsatzbereich kommen. Gerade bei kleineren Betrieben ist es außerdem er-forderlich, die vielfältigen Möglichkeiten der staatlichen Förderung beim Einsatz neuer Technologien zu kennen und gegebenenfalls auszuschöpfen. Deswegen kann der Einsatz eines qualifizierten Beraters hier eine Menge Kosten sparen.

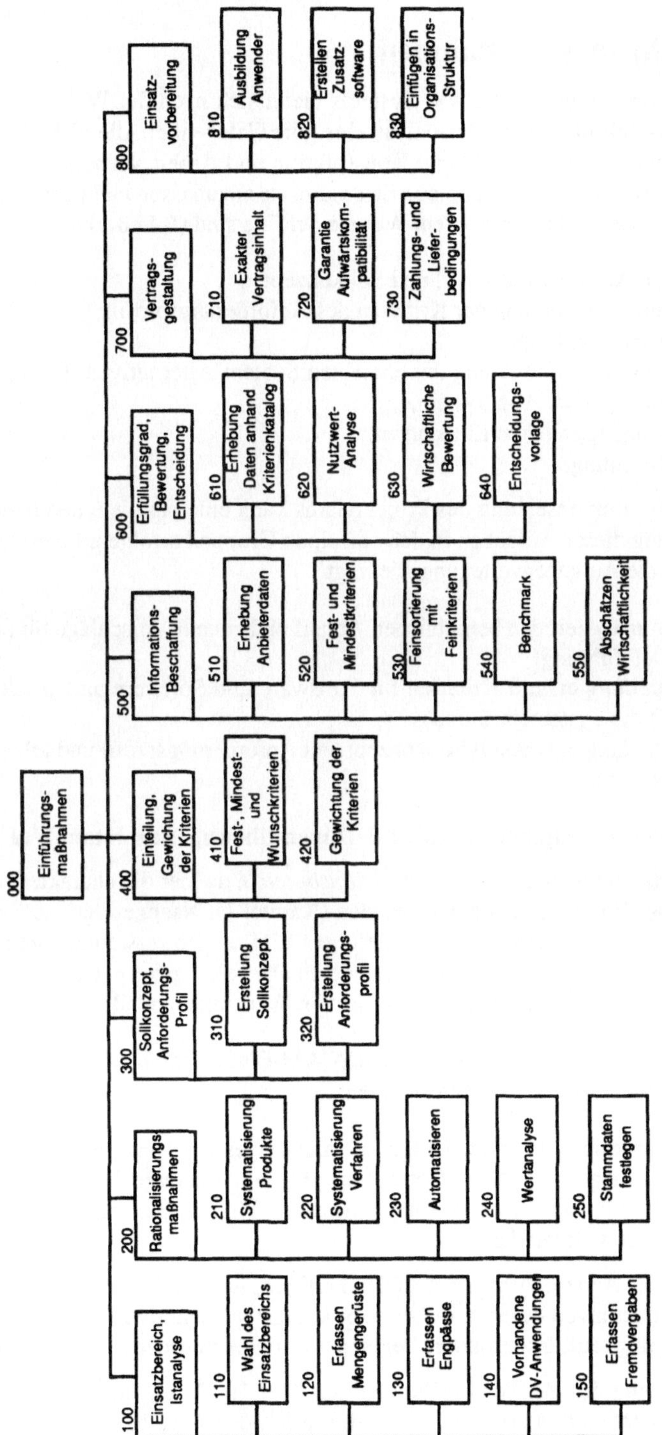

Bild 8.1 Strukturplan für die Einführung von CAD/CAM-Systemen (nach [VDI2216])

8.1 Einführungsmaßnahmen

Bei der Einführung eines CAD/CAM-Systems bietet sich nach der Wahl des Einsatzbereichs und der Durchführung der Istanalyse eine gute Gelegenheit, die bisherigen Abläufe und Vorgehensweisen in Entwicklung, Konstruktion und Arbeitsvorbereitung kritisch zu überprüfen, zu aktualisieren und an neue Erfordernisse anzupassen und dabei alle Rationalisierungsmöglichkeiten auszuschöpfen. Weitere Schritte sind (Bild 8.1):

- Erstellen von Anforderungsprofil und Sollkonzept,
- Einteilung und Gewichtung der Kriterien des Anforderungsprofils,
- Informationsbeschaffung,
- Erfüllungsgrad und Bewertung der einzelnen System-Alternativen, Entscheidung für ein bestimmtes CAD/CAM-System,
- Vertragsgestaltung mit dem Lieferanten,
- Einsatzvorbereitung.

Aufgrund der Zusammensetzung des Projektteams kann eine parallele und daher zeitsparende Bearbeitung dieser Aufgaben in den einzelnen Gruppen erfolgen. Innerhalb des Projektteams lautet die Aufgabenverteilung wie folgt:

- Der *Berater* analysiert den betrieblichen Ablauf und erstellt Vorschläge für Sollkonzept und Systemeinführung.
- Die *DV-Abteilung* erstellt Kriterien für Hardware und Software und arbeitet an Vorschlägen für die Systemeinführung.
- Die *Fachabteilung* entwickelt Sollkonzept und Anforderungsprofil und arbeitet den anderen Gruppen zu.

8.1.1 Wahl des Einsatzbereiches und Durchführung der Istanalyse

Der primäre Einsatzbereich ist der *Konstruktionsbereich*, da hier die charakteristischen Eigenschaften eines Produktes festgelegt werden (Kapitel 1). Nachgeschaltete Bereiche haben auf diese Festlegung keinen oder nur geringen Einfluß, sie verwenden die in der Konstruktion erzeugten Daten lediglich in einer anderen Darstellungsform. Das CAD/CAM-System speichert alle diese Daten einheitlich in seinem Werkstückmodell.

Für einen ersten schnellen Erfolg bei der CAD/CAM-Einführung müssen Bereich und Produktfamilie folgenden Anforderungen genügen:

- Die Produkte sollen eine einfache Gestalt überwiegend aus analytisch beschreibbaren Flächen und Körpern (Profile, Rotationsteile, plattenförmige Teile) aufweisen. Geeignet sind besonders solche Produkte, die durch Fügen, Trennen oder spanende Bearbeitung hergestellt werden.

- Der Anteil der Änderungsarbeiten an den Fertigungsunterlagen muß hoch sein. Solche häufigen Änderungen treten z. B. bei einer kundenwunschorientierten Fertigung (jede Einzelfertigung) auf, insbesondere bei langer Entwicklungsdauer des Produkts.

- Die Auslastung des Bereichs sollte deutlich über 100% liegen, so daß Überstunden und Fremdvergaben erforderlich sind, die durch den CAD/CAM-Einsatz abgebaut werden können.

- Die Menge der produzierten Fertigungsunterlagen muß so hoch sein, daß damit eine Auslastung des CAD/CAM-Systems in der geplanten Konfiguration möglich wird (siehe Abschnitt 9.1).

Die *Istanalyse* des Einsatzbereichs enthält eine Beschreibung von Aufbau- und Ablauforganisation des Bereichs (Personal, Zusammenarbeit mit anderen Bereichen usw.) zur Feststellung von Schwachstellen und Engpässen. Dafür wird der Einsatzbereich im Zusammenhang mit der betrieblichen Gesamtorganisation betrachtet. Insbesondere geht es hier um zwei Problemstellungen:

- Geht der Informationsfluß geradlinig durch den Bereich oder sind laufend Rückfragen an die dem Einsatzbereich vorgeschalteten Bereiche erforderlich?
- Sind Kompetenzen innerhalb der betrachteten Organisation eindeutig geregelt?

Gerade die Einführung der CAD/CAM-Technologie bietet eine geeignete Möglichkeit zur Begradigung und Vereinfachung von Organisationsstrukturen und -abläufen!

Die Istanalyse enthält darüber hinaus den *Komplexitätsgrad des Produktspektrums* als Grundlage für die Anforderungen an das Werkstückmodell und die benötigten Eingabemöglichkeiten am CAD/CAM-System sowie die *verwendeten Konstruktions-* und *Fertigungsarten* für die Entwicklung einer Arbeitstechnik. Diese beiden Bestandteile der Analyse liefern die Daten zur Bildung einer Baukastensystematik. Weitere Elemente sind

- die verwendeten *Fertigungsunterlagen* und die *Dauer ihrer Freigabe*, um die benötigte Speicherkapazität zu ermitteln,
- die zur Erstellung und Änderung von Fertigungsunterlagen verwendeten *Hilfsmittel* (Teilekataloge, Berechnungsprogramme, Organisationshilfen und -verfahren zur beschleunigten Erstellung der Unterlagen, Betriebs- und Normvorschriften), die in das CAD/CAM-System implementiert werden müssen,
- die *statistische Erfassung der Konstruktionstätigkeiten* (Mengengerüste) für die Wahl der Konfiguration und die Berechnung der Auslastung des CAD/CAM-Systems,
- der bisherige Grad der Rechnerunterstützung
- vorhandene *Anschlußprogramme* (z.B. an das Stücklistenwesen), die unverändert übernommen werden sollen und
- Systeme, mit denen das CAD/CAM-System kompatibel sein muß.

Die Istanalyse bildet die Basis für die Rationalisierungsmaßnahmen im Vorfeld und ist Ausgangspunkt für die Sollkonzeption der späteren rechnerunterstützten Vorgehensweise.

8.1.2 Rationalisierungsmaßnahmen im Vorfeld der Einführung

Die Einführung eines CAD/CAM-Systems ist erst der letzte Schritt einer Reihe von Rationalisierungsmaßnahmen. Zu den wichtigsten zählen das Systematisieren von Produkten und Verfahren und das Automatisieren von Abläufen, **Bild 8.2**. Erst die konsequente Realisierung dieser Schritte vor der Einführung erbringt, wie die Erfahrung aus zahlreichen Unternehmen zeigt, den ganzen späteren Rationalisierungserfolg; erst damit wird der Einsatz eines CAD/CAM-Systems wirtschaftlich.

Die *Systematisierung von Produkten* wird durch eine sinnvolle Beschränkung der Teilevielfalt und die Entwicklung funktioneller Einheiten erreicht. Die Beschränkung der Teilevielfalt erfolgt unter der Maßgabe, daß die Vielfalt der Problemlösungen gegenüber dem

Kunden nicht begrenzt werden darf, wohl aber die hausinterne Vielfalt der Bauteile auf das notwendige Maß beschränkt werden muß. Dazu ist es erforderlich, bei der Lösungsfindung nicht nur mit vollständigen Bauteilen, sondern vielmehr mit funktionalen Einheiten zu arbeiten, die sich aus dem vorhandenen Produktspektrum ableiten lassen.

Eine Kundenlösung kann so aus mehreren, standardisierten funktionalen Einheiten zusammengesetzt werden. Man kommt durch Strukturierung und Standardisierung zu einem Baukastensystem mit Standardteilen (z.B. Baureihen), Norm- und Zukaufteilen, Funktionskomplexen und Formelementen. Ein solches Baukastensystem ist aufgrund seiner Flexibilität sehr gut für eine rechnerunterstützte Vorgehensweise geeignet.

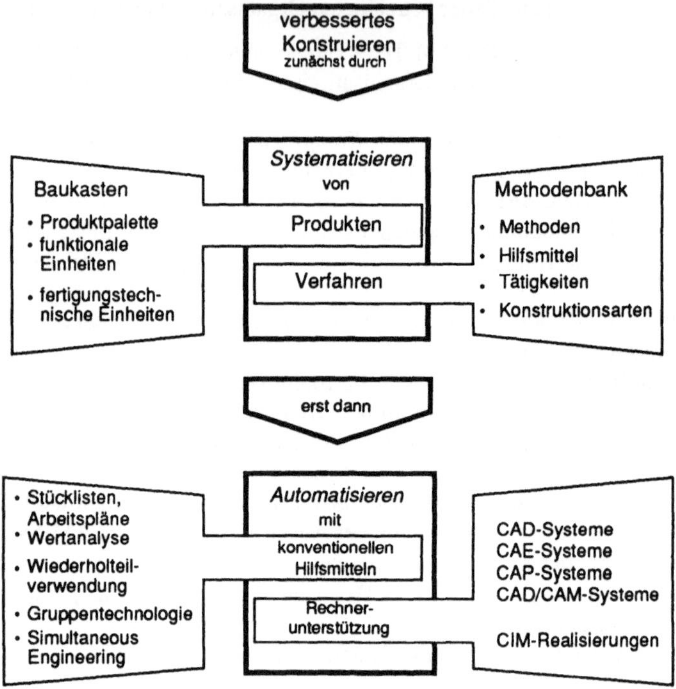

Bild 8.2   Rationalisierungsmöglichkeiten in Entwicklung und Konstruktion

Die *Systematisierung von Verfahren* ergibt sich aus der Standardisierung und Strukturierung von Methoden, Hilfsmitteln und Vorgehensweisen. Hierbei ist das Ziel, für jede Aufgabenstellung genau eine (überall erprobte und wirtschaftlich einsetzbare) Lösung zu finden und diese festzuschreiben. Dies führt zu der Einrichtung einer Methodenbank, in der keine redundanten Methoden mehr enthalten sind. Dadurch werden Parallelarbeiten vermieden. *Hilfsmittel* können am CAD/CAM-System bereichsweit allen Benutzern gleichermaßen zur Verfügung gestellt werden. Durch die zentrale Speicherung ist eine Aktualisierung leicht möglich. Vorgehensweisen werden, ähnlich den Methoden, festgeschrieben. Ihre Einhaltung kann durch firmenspezifische Programme im CAD/CAM-System sichergestellt werden.

Durch die Systematisierung der Verfahren ergibt sich auch eine Verlagerung der Anteile von Konstruktionsarten. Anpassungskonstruktionen nehmen bei wachsendem Archiv am CAD/CAM-System zu, Neukonstruktionen nehmen ab. Die zunehmende Verwendung der Anpassungskonstruktion fördert den wirtschaftlichen Einsatz, da Änderungsarbeiten rechnerunterstützt viel schneller als manuell ausgeführt werden können [Vajn82].

Das *Automatisieren von Abläufen* erfolgt durch Prüfen, Standardisieren und Festschreiben, um zu einem Richtlinienwerk neuesten Standes zu kommen. Durch die Rechnerunterstützung werden Abläufe festgelegt. Es ist daher besonders wichtig, jeden einzelnen Ablauf auf Bedarf, Notwendigkeit und Richtigkeit zu prüfen, damit wirklich nur korrekte Abläufe vom CAD/CAM-System unterstützt werden.

Dies betrifft zunächst die Verwendung einmal erzeugter Bauteile (Wiederholteile). Dazu kann in der ersten Stufe ein Suchsystem z.B. auf der Basis von Sachmerkmalsleisten verwendet werden. Es ist aber zu prüfen, ob nicht parallel die Gruppentechnologie [Vajn92] eingeführt werden kann, da diese Technologie geometrische und fertigungstechnische Ähnlichkeiten innerhalb einer Teilefamilie erfaßt und somit Konstruktion und Produktion miteinander verbindet.

Für eine kostenoptimierte Konstruktion sollten alle Elemente des Baukasten und alle erzeugten Produkte einer *Wertanalyse* unterzogen werden. Ein preiswerteres Produkt bildet auch eine Verbesserung der Produktqualität.

Die Zeit für Stücklistenerstellung und Arbeitsplanung kann bereits in der Konstruktion günstig beeinflußt werden, indem Teilestammdaten und Basisarbeitspläne für alle Elemente des Baukastens zusammen mit der Geometrie festgelegt werden (siehe auch Abschnitt 6.2). Bei einem aus Baukastenelementen aufgebauten Produkt sinkt die Erstellung dieser beiden Unterlagen auf einen Bruchteil der vorher dafür benötigten Zeit ab.

Eine regelmäßige Überprüfung und Aktualisierung von Baukastensystem, Methodenbank und Richtlinien ist in jedem Fall, ob herkömmliche oder rechnerunterstützte Vorgehensweise, nach einem Zeitraum von etwa fünf Jahren erforderlich.

8.1.3 Sollkonzept und Anforderungsprofil

Nachdem für die Produkte ein Baukastensystem definiert wurde (vgl. Abschnitt 8.1.2), kann die Erstellung des *Sollkonzeptes* unter folgenden Voraussetzungen erfolgen:

- Durch den CAD/CAM-Einsatz können andere Arbeitstechniken als bisher genutzt werden. Dies führt zu anderen Arbeitsabläufen (siehe Abschnitt 6.1).

- Änderungen der Aufbau- und Ablauforganisation sind erforderlich und möglich.

- Die Möglichkeiten der Rechnerunterstützung werden als unbegrenzt angenommen. Man sollte sich nicht von den heutigen (begrenzten) Fähigkeiten eines CAD/CAM-Systems beeinflussen lassen. Darum ist es wichtig, daß zuerst die Sollkonzeption erstellt wird und erst danach geeignete System-Alternativen gesucht werden.

- Es wird eine verstärkte Einbindung von vorhandenen und neuartigen Berechnungs- und Simulationsverfahren und damit eine exakte Auslegung der Produkte möglich.

Bei Beachtung der obigen Voraussetzungen ist sichergestellt, daß keines der heute am Markt angebotenen CAD/CAM-Systeme alle Anforderungen erfüllen kann. Die nicht erfüllten Kriterien ergeben Art und Umfang der *Einsatzvorbereitung* (Abschnitt 8.1.8).

Im Hinblick auf den Zeitbedarf für Einsatzvorbereitung und Schulung, die in der Anfangsphase zusätzlich zu den täglichen Aufgaben hinzukommen, sollte die Rechnerunterstützung zunächst nur für einen Bereich bzw. für einen Teil der Produkte realisiert werden. Erst nach erfolgreichem Abschluß dieses Schritts erfolgt die Ausdehnung auf weitere Produktfamilien (vertikale Vorgehensweise).

Aus dem Sollkonzept lassen sich die Kriterien des *Anforderungsprofils* (Pflichtenheft) ableiten. Dabei wird die Realisierung gewisser Fähigkeiten in akzeptablen Zeiten verlangt, ohne zunächst Rücksicht auf die damit verbundenen Kosten zu nehmen. Die Zusammenstellung der Kriterien kann z.B. anhand von auf dem Markt erhältlichen Kriteriensammlungen erfolgen.

Neben den betriebsspezifischen Anforderungen an die Leistungsfähigkeit des CAD/CAM-Systems enthält das Profil allgemeine Kriterien für Hard- und Software, die als Mindestkriterien zur Grobauswahl verwendet werden, Angaben über eventuelle Änderung in der Personalausstattung des Einsatzbereichs, die Beschreibung von Schnittstellen zu anderen Abteilungen sowie die Häufigkeit ihrer Nutzung und die für das CAD/CAM-System benötigten Räumlichkeiten.

8.1.4 Einteilung und Gewichtung der Kriterien

Die Kriterien des Anforderungsprofils werden in Fest-, Mindest- und Wunschkriterien für Hard- und Software eingeteilt. Fest- und Mindestkriterien bilden dabei Vorfilter, mit dem eine grobe Auswahl aus der Vielzahl der interessierenden CAD/CAM-Systeme vorgenommen wird. Sie werden weder gewichtet noch bewertet. Das Nichterfüllen eines Kriteriums führt dazu, daß das betreffende CAD/CAM-System als ungeeignet ausscheidet. Diese Selektion bewirkt, daß nur eine geringere Zahl von CAD/CAM-Systemen zur wesentlichen zeitaufwendigeren Feinauswahl zugelassen wird, und garantiert, daß nur noch solche Systeme betrachtet werden, die zumindest eine befriedigende Lösung der im Einsatzbereich auftretenden Probleme ermöglichen.

Fest- und Mindestkriterien für die Hardware sind Kompatibilität zu den im Unternehmen bereits vorhandenen Systemen und Netzwerken, Leistungskriterien wie z.B. Rechner-Geschwindigkeit, Speicherkapazität sowie Qualität von Bildschirmen und Zeichenmaschinen (Genauigkeit, Geschwindigkeit, Größe).

Fest- und Mindestkriterien für die Software sind z.B. das Vorhandensein

- eines für das jeweilige Einsatzgebiet geeigneten räumlichen Werkstückmodells mit umfangreichen Möglichkeiten zur Teilebeschreibung und -änderung (Kanten-, Flächenoder Volumenmodell), das bei Bedarf problemlos erweitert werden kann, ohne daß dabei Daten verloren gehen,
- aller Fähigkeiten eines „elektronischen Reißbretts" für die Zeichnungserstellung,
- einer Garantie der kontinuierlichen Aufwärtskompatibilität aller am System erzeugten Daten und Programme,

- von Schnittstellen zur Erweiterung der Standardleistungsfähigkeit durch eigene Programme (z.B. durch bereits existierende Berechnungsprogramme),
- einer Datenbank zur redundanzfreien Speicherung aller im CAD/CAM-System erzeugten Daten (heute entweder eine relationale oder eine objektorientierte Datenbank) sowie
- von Möglichkeiten zum Abbilden von Baugruppenstrukturen und zum Einbinden von Katalogen mit internen und externen Normteilen sowie Standard- und Zukaufteilen.

Weitere Mindestkriterien können die Qualität der Benutzerschnittstelle (z.B. Form und Aufbau von Menüs, Eingaben und Fehlermeldungen in gutem Deutsch), zusätzlich benötigte Funktionen für Neuerstellung und Änderung von Bauteilen sowie erforderliche Anschlußsoftware (z.B. FEM-Pre- und Postprozessoren, Bereitstellung von Daten für die NC-Verfahrwegerstellung) betreffen. Hinzu kommen auch solche, die die Eigenschaften eines CAD/CAM-Anbieters berücksichtigen, wie z.B. Größe des Anbieters, Referenzen, Lieferzeit, Vertragsangebot, Wartungs- und Servicemaßnahmen, Schulungsangebot.

Die *Wunschkriterien* werden für die Feinauswahl benötigt, in der die übrig gebliebenen Alternativen genau untersucht und in einer Nutzwertanalyse bewertet und verglichen werden. Die Wunschkriterien sind im Hinblick auf objektive Informationsbeschaffung und Bewertung so zu gestalten, daß die Bewertung eines einzelnen Kriteriums möglichst unabhängig von den übrigen Kriterien erfolgen kann. Damit ist auch sichergestellt, daß bei der Prüfung die Eigenschaften des CAD/CAM-Systems und nicht die des Vorführenden abgefragt werden. Die Bewertung erfolgt anhand der Leistungsdaten des jeweiligen CAD/CAM-Systems. Mehrfachbewertung des gleichen Effekts sind dabei auszuschließen.

Für die problemorientierte Beurteilung werden die Kriterien mit einem *Gewichtungsfaktor* versehen, dessen Größe sich nach der Bedeutung der erwarteten Systemfähigkeit im Sollkonzept und nach der Dringlichkeit der Problemlösung richtet. Die Summe der Gewichtungsfaktoren beträgt immer 100 %. Eine Gewichtung ist immer betriebsspezifisch.

8.1.5 Informationsbeschaffung

Ein nicht zu unterschätzendes Problem ist die Beschaffung von objektiven Informationen über das jeweilige CAD/CAM-System. Es wurde bereits darauf hingewiesen, daß die Informationsbeschaffung erst nach dem Erstellen des Sollkonzepts durchgeführt werden sollte (vgl. Abschnitt 8.1.3). Einige Möglichkeiten zur Informationsbeschaffung sind:

- Prospektmaterial des Anbieters. Dieses stellt nur die positiven Eigenschaften heraus, wobei Leistungsdaten und subjektive Bewertung oft nicht klar zu trennen sind.

- Systembeschreibungen des Anbieters (z.B. Handbücher). Diese enthalten zwar eine exakte Beschreibung, können aber durch die oft herstellerspezifische Terminologie nicht ohne spezifische Systemkenntnisse ausgewertet werden.

- Veröffentlichungen von Anwendern und unabhängigen Institutionen in Fachzeitschriften. Diese vermitteln oft praxisbezogene Erfahrungen, die sich aber nicht immer auf die eigenen Verhältnisse übertragen lassen.

- Besichtigung von Referenzinstallationen. Bei Unternehmen der gleichen Branche bietet sich hier die Gelegenheit zur umfassenden Information.

Das beste, wenn auch zeit- und kostenaufwendige Verfahren ist die Durchführung eines problemorientierten Leistungstests, des *Benchmarks*. Dieses Verfahren. das aufgrund des hohen Aufwands für Projektteam und Anbieter nur in der Feinauswahl angewendet werden sollte, liefert objektiv vergleichbare Daten. Dazu wird ein Testbeispiel aus dem Teilespektrum des späteren Einsatzgebietes ausgewählt, das die höchsten Anforderungen an eine rechnerunterstützte Bearbeitung stellt. Ist kein geeignetes Produkt vorhanden, sollte man ein synthetisches Beispiel aufbauen, in dem alle Schwierigkeiten der für die Rechnerunterstützung in Frage kommenden Produktfamilien enthalten sind.

Mit dem Benchmark lassen sich z.B. folgende Leistungsfähigkeiten eines CAD/CAM-Systems beurteilen:

- Einfachheit und logischer Aufbau der interaktiven Konstruktion des Testbeispiels, Berücksichtigung von Standards (Normen und Standardteile),

- Handhabung und eigene Erstellung von Eingabehilfen (z. B. Menüs, Kommandofolgen und Makros),

- Aufbau von Variantenteilen (z. B. Teilekataloge), entweder mit einer Programmiersprache oder über einen Parametrik-Modul, Prüfen der Aufbaugeschwindigkeit eines Variantenteils. Bei einer Programmierung sollten alle Funktionen einer „normalen" Programmiersprache verwendet werden können, insbesondere Zugriff auf externe Dateien und Einbinden externer Programme in das CAD/CAM-System (z.B. bereits vorhandene Berechnungsprogramme).

- Extrahieren von nichtgraphischen Daten aus dem Werkstückmodell (z.B. Teilestammdaten) und ihre Weitergabe an andere Systeme (z.B. Stücklistenprozessoren, PPS-Systeme),

- Weitergabe geometrischer Daten an andere CAD/CAM-Systeme unter Nutzung von speziellen Schnittstellen (direkte Konverter), von standardisierten (z.B. IGES bzw. als Untermenge VDAIS, VDAFS, in der Zukunft STEP) oder eingeführten Schnittstellen (z.B. DXF). Zur Problematik und Vorgehensweise siehe Abschnitt 7.1.

- Verwendung der Geometriedaten für die NC-Verfahrwegerstellung und zur rechnerunterstützten Qualitätskontrolle,

- Einbinden des CAD/CAM-Systems in Netzwerke (Kapitel 5).

Das Testbeispiel wird vom Anbieter interaktiv in Anwesenheit des Projektteams erstellt. Dabei sollten auch unterschiedliche Hardware-Konfigurationen (z.B. Arbeitsplatzrechner allein, Arbeitsplatzrechner im Netzwerk, Personalcomputer usw.) im Hinblick auf Handhabbarkeit und Arbeitsgeschwindigkeit geprüft werden.

Mit dieser Vorgehensweise erreicht man, daß einerseits die Fähigkeiten des CAD/CAM-Systems und nicht die des Vorführenden gemessen werden, andererseits gewinnt man einen guten Eindruck von Arbeitsweise und Antwortzeitverhalten des Systems. Sobald sich in dieser Phase zwei oder drei führende CAD/CAM-Systeme als Alternativen herausbilden, ist es sinnvoll, sich erste Angebote machen zu lassen, um einen Eindruck zu erhalten, mit welchen Kosten die jeweilige Leistung verbunden ist. Aus diesen Angeboten kann eine erste Abschätzung der Wirtschaftlichkeit erfolgen (siehe Abschnitt 9.3).

8.1.6 Erfüllungsgrad, Bewertung, Entscheidung

Die Bewertung der Kriterien erfolgt mit der Nutzwertanalyse [VDI2212, Zang71], einem Verfahren zur Ermittlung des technischen Nutzens einer Alternative (in diesem Falle eines CAD/CAM-Systems). Dazu werden zunächst die Kriterien nach Bedeutung gewichtet, indem ihnen Gewichtungsfaktoren zugeordnet werden (Abschnitt 8.1.4).

Die Nutzwertanalyse wird in zwei Schritten durchgeführt. Im ersten Schritt werden die Leistungsfähigkeiten jeder CAD/CAM-Alternative gemessen und entsprechend ihrem Erfüllungsgrad mit abgestuften Noten (z. B. 6 Punkte für „sehr gut erfüllt" bis 0 Punkte für „nicht erfüllt") bewertet, so daß sich bei jedem Kriterium eine Rangfolge der CAD/CAM-Alternativen ergibt.

Beim Vergleich der Leistungsfähigkeit eines CAD/CAM-Systems mit den Anforderungen ergibt sich in der Regel von System zu System ein unterschiedlicher Erfüllungsgrad. Hier ist zu prüfen, ob am jeweiligen System der noch fehlende Leistungsumfang in der Einsatzvorbereitung überhaupt programmiert werden kann und mit welchem Aufwand an Zeit und Kosten das verbunden ist. Dabei erhält man sowohl den Umfang der zusätzlich zu programmierenden Software als auch ihren Kostenanteil in der Einsatzvorbereitung.

Im zweiten Schritt werden die durch die Multiplikation von Bewertung und Gewichtung entstandenen Teilnutzen aufaddiert, bis schließlich der Gesamtnutzen der Alternative ermittelt ist. Die Nutzwertanalyse liefert damit immer eine subjektive, d. h. auf den geplanten CAD/CAM-Einsatz abgestimmte technische Reihenfolge der unterschiedlichen CAD/CAM-Alternativen.

Die Berücksichtigung der Kostenseite erfolgt im Rahmen der Wirtschaftlichkeitsberechnung, die für die drei besten technischen Alternativen durchgeführt wird (ein Beispiel findet sich in Abschnitt 9.3, weitere z.B. in [VDI2216] und [EHHK84]).

Die Entscheidung fällt für dasjenige CAD/CAM-System, das in der Nutzwertanalyse am besten abgeschnitten hat, die höchste Wirtschaftlichkeit aufweist und eine Weiterentwicklung glaubwürdig belegen kann. Für die Entscheidungsfindung ist daher von Bedeutung, ob der CAD/CAM-Anbieter bestimmte Eigenschaften seines Systems für die Zukunft garantieren kann.

Der Anbieter muß in jedem Fall garantieren, daß

- einmal erstellte Datenbestände (Werkstückmodelle, Zeichnungen und Programme) unabhängig von der jeweils verwendeten Hardware während der Systemlebensdauer lauffähig sind (*Aufwärtskompatibilität*),

- die Software vom Anbieter selbst gepflegt und weiter entwickelt wird und

- Schnittstellen zur vorhandenen DV sowohl hardware- als auch softwaremäßig vorhanden und auch lauffähig sind.

Anbieter, die dieses nicht zusagen können oder wollen, müssen ausscheiden, denn das Einführen eines CAD/CAM-Systems bedeutet, daß man sich für einen größeren Zeitraum (i. d. R. entspricht die Mindestnutzungsdauer eines CAD/CAM-Systems der Abschreibungsdauer dieser Investition) an einen Anbieter bindet.

Ob ein Anbieter auch zukünftig auf dem Markt vertreten sein wird, kann anhand folgender Fragen geprüft werden:

- Wie zufrieden sind andere Anwender oder gibt es bereits Absetzbewegungen? Dabei muß allerdings geklärt werden, ob dies aus Gründen der Unzufriedenheit oder auf Druck von außen erfolgt (z.B. Wunsch eines wichtigen Kunden nach einem bestimmten CAD/CAM-System, siehe Abschnitt 9.2.5).
- Wie war die Geschäftsentwicklung der letzten Jahre, wie sehen die Marktanteile aus?
- Wo ist das Stammhaus? Wurde die Entwicklungsabteilung in letzter Zeit verkleinert?
- Kann und darf die deutsche Zweigniederlassung eigene Software entwickeln? Wieviele Mitarbeiter stehen für Software-Entwicklung und -Wartung zur Verfügung?
- Wie oft pro Jahr wird eine neue Software-Version (*Revision* oder *Update*) mit fühlbar mehr Leistung herausgebracht (Referenzkunden fragen)? Wie fehlerfrei sind diese?

Das Wechseln von einem zum anderen CAD/CAM-System ist, trotz Vorhandensein von Schnittstellen, nur mit erheblichem Kosten- und Zeitaufwand möglich. Produktdaten können zwar unter Nutzung vorhandener Schnittstellen wie IGES, VDAIS, VDAFS und in Zukunft STEP (siehe Kapitel 7) weitgehend von einem auf das andere CAD/CAM-System übertragen werden. Bei selbstgeschriebener CAD/CAM-Software ist eine solche Übertragung heute noch nicht möglich, sondern die betriebsspezifischen Programme müssen auf dem Nachfolge-System vollständig neu erstellt werden. Erst wenn die international genormte Schnittstelle STEP zur Verfügung steht, kann die darin enthaltene Programmiersprache EXPRESS als Übertragungsmedium benutzt werden.

Es gibt heute keine CAD/CAM-Software, die fertig entwickelt ist, keine ist vollständig fehlerfrei. Nicht immer ist die Software benutzergerecht aufgebaut. Gerade die CAD/CAM-Software wächst durch die Wünsche und Anregungen der Benutzer. Ein Anbieter, der seine CAD/CAM-Software nicht weiterentwickeln will oder kann, steht meist kurz vor dem Verkauf oder dem Bankrott und kommt daher für ein Unternehmen nicht in Frage.

8.1.7 Vertragsgestaltung

Ein ausführlicher Vertrag zwischen Unternehmen und CAD/CAM-Anbieter ist immer dann sinnvoll, wenn das Investitionsvolumen DM 100.000 überschreitet. Ein solcher ausführlicher Vertrag sollte stets deutschem Recht unterliegen und folgende Inhalte haben:

- exakte Beschreibung der Vertragsgegenstände (auch diejenige, die der Anbieter von Dritten bezieht oder speziell für das Unternehmen entwickelt)

- Garantie für die Aufwärtskompatibilität einmal erzeugter Daten und Programme, unabhängig von der eingesetzten Hardware. Es ist zulässig, daß diese Kompatibilität bei einer neuen Software-Version oder bei einem Hardware-Wechsel mit Umsetzungsprogrammen (Konvertern) sichergestellt wird.

- Kaufpreis und Zahlungsbedingungen, z.B.

    - 25-30% bei Auftragsbestätigung durch Anbieter gegen Bankbürgschaft (besonders bei ausländischen Anbietern)
    - 25-30% bei Lieferung einer Mindestkonfiguration
    - 25-30% bei Installation der vollständigen Lieferung

    – Rest nach Endabnahme des Gesamtsystems (alle Komponenten laufen gemäß den Vertragsbedingungen)

- Gewährleistung und Haftung

- Schulung und Dokumentation. Einführungskurse sollten im Preis enthalten sein.

- Bei Zahlungsunfähigkeit oder Konkurs des Anbieters: Kostenlose Übergabe der Software-Quellprogramme an den Kunden, damit dieser zumindest für einige Zeit mit dem CAD/CAM-System weiterarbeiten und Fehler selbst beheben kann.

8.1.8 Einsatzvorbereitung

In der Einsatzvorbereitung wird das CAD/CAM-System an die betriebsspezifischen Gegebenheiten angepaßt. Sie ist aus Gründen der Wirtschaftlichkeit bei jedem CAD/CAM-System erforderlich (**Bild 8.3**) und besteht aus folgenden zeitparallelen Aktivitäten:

– Ausbildung der Anwender (siehe Abschnitt 8.2),
– Erstellung der betriebsspezifischen Zusatzsoftware entsprechend dem Anforderungsprofil,
– Einfügen des CAD/CAM-Systems in die betriebliche Organisationsstruktur (siehe Abschnitt 8.3).

Der Zeitbedarf für die Einsatzvorbereitung liegt bei einem CAD/CAM-System, das die Verarbeitung von 3D-Volumenmodellen ermöglicht, bei 6 – 8 Monaten, bei einem CAD-System für 2D-Anwendungen bei 6 – 8 Wochen.

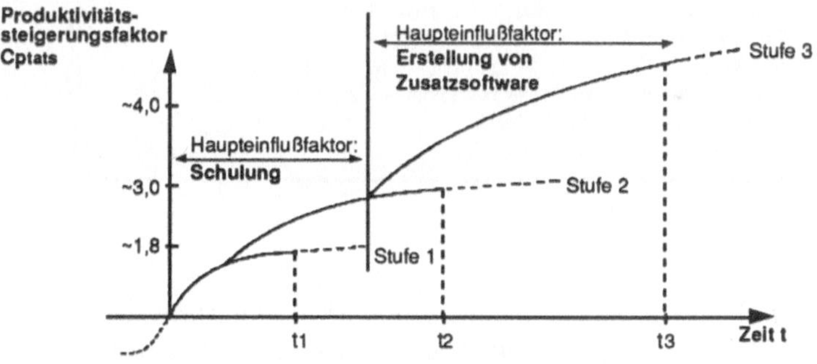

Stufe 1: Rechnerunterstützte Arbeitstechnik identisch der manuellen Arbeitstechnik
Stufe 2: teiloptimierte Arbeitstechnik (Verwendung von Manipulationsfunktionen)
Stufe 3: CAD/CAM-System angepaßte Arbeitstechnik (Einsatzvorbereitungsmaßnahmen bestimmen Arbeitstechnik)

Bild 8.3   Einfluß der Einsatzvorbereitung auf die Produktivitätssteigerung [Hett85]

Die Menge der zusätzlich zu erstellenden betriebsspezifischen Software ergibt sich zunächst aus der Differenz zwischen benötigtem Leistungsumfang aus der Anforderungsliste und der vorhandenen Leistungsfähigkeit des CAD/CAM-Systems aus der Nutzwertanalyse. Hinzu kommen produktspezifische Variantenteile (Geometrie- und Zeichnungsvarianten), katalogisierte Teile und Bearbeitungsrichtlinien, die im Verlauf der Produktuntersuchung und der Systematisierung (Abschnitte 8.1.1 und 8.1.2) gefunden wurden. Zu den Variantenteilen gehören auch solche Teile, die mit geringen Abwandlungen in vielen Erzeugnissen verwendet werden.

Für einen wirtschaftlichen Einsatz des CAD/CAM-Systems sollte die Leistungsfähigkeit mindestens um die in **Bild 8.4** dargestellte Zusatzsoftware erweitert werden. Diese gliedern sich in Basisdaten, Eingabe-Hilfsmittel und Programme.

Basisdaten sind solche Daten, die (in unveränderter Form) von allen Anwendern gleichermaßen benötigt werden. Dazu zählen einerseits z. B. Zeichnungsformulare und Oberflächenzeichen, die als Symbole in das CAD/CAM-System eingebracht werden, so daß sie vom Benutzer nicht geändert werden können. Andererseits gehören dazu Kataloge mit Norm- und Zukaufteilen, die heute bereits von vielen Normteil-Anbietern rechnerunterstützt bereitgestellt werden.

```
- Menütafeln zur vereinfachten Eingabe
- Kommandomakros für immer wiederkehrende Befehlsfolgen
- Festlegen von Standard- und Startwerten
- Berechnungsprogramme
- Tabellen mit Werkstoffkennwerten
- Archivierungsvorschriften
- Archiv mit häufig verwendeten oder aktuell benötigten Erzeugnissen
- Zugriff auf archivierte Erzeugnisse
- Kataloge mit Norm-, Werknorm- und Zukaufteilen
- Kataloge mit standardisierten Baugruppen
- Variantenprogramme
- Symbole für die Zeichnungserstellung nach DIN
- Zeichnungsformate mit Schriftkopf
- Klebefolien (z. B. Schaltbilder, Firmenzeichen, Hinweistexte)
- Teilestammdatensätze für die Stücklistenverarbeitung
- Tabellen für die NC-Bearbeitung
- Schnittstellen zu anderen Rechnern
```

Bild 8.4   Empfehlenswerte Zusatzsoftware

Eingabe-Hilfsmittel sind angepaßte Menüs und Kommandomakros. Mit einem *Menü* (Kommandoauswahl in Form von Piktogrammen) ist eine tiefgehende Kenntnis der Eingabesprache des CAD/CAM-Systems nicht erforderlich. *Kommandomakros*, die unter einem beliebigen Namen gespeichert werden können, fassen immer wiederkehrende Folgen von Kommandos in einem Aufruf zusammen. Basisdaten und Eingabehilfsmittel brauchen nur einmal für ein Unternehmen erstellt werden, da diese in allen Anwendungsbereichen Verwendung finden.

Bei der *Programmierung* sollte nur auf den Schnittstellen gearbeitet werden, die der Hersteller des CAD/CAM-Systems für die Zukunft garantiert, damit einmal erstellte Software auch bei späteren Systemversionen lauffähig bleibt. Programme werden für solche Produkte und Werkzeuge erstellt, die ganz oder in Teilbereichen hausintern standardisiert sind. Neben der Existenz eines Standards ist auch die zu erwartende Anwendungshäufigkeit von Bedeutung: Bei wenigen Anwendungen im Jahr ist eine Programmierung nicht wirtschaftlich, denn in der Wirtschaftlichkeitsberechnung geht auch die erforderliche Programmierdauer ein, die bei wenigen Anwendungen größer sein kann als der kumulierte Zeitgewinn durch die Anwendung.

8.2 Ausbildung und Beurteilung von Anwendern

Der Einsatz der CAD/CAM-Technologie ist nur dann erfolgreich, wenn die Mitarbeiter in den Fachabteilungen ihre Alltagsaufgaben am CAD/CAM-System erfüllen. Ziele einer Ausbildung sind daher die Vermittlung und Vertiefung

- der Fähigkeiten des CAD/CAM-Systems, damit sich der Benutzer auf die technische Problemlösung seiner Aufgabe konzentrieren kann, ohne dabei von der Bedienung des Systems abgelenkt zu werden;
- der neuen Arbeitstechnik am CAD/CAM-System anhand solcher Beispiele, die der Benutzer aus seiner täglichen Praxis kennt;
- der Motivation zum unbefangenen und kontinuierlichen Benutzen des CAD/CAM-Systems.

Da das CAD/CAM-System ein Hilfsmittel zur Lösung konstruktiver Aufgabenstellungen ist, ändert sich die zentrale Rolle von Konstrukteuren und Technische Zeichnern im Produktentstehungsprozeß nicht, auch wenn sie in Zukunft rechnerinterne Werkstückmodelle am Bildschirm aufbauen. Die Berufsbilder ändern sich aber entsprechend den wachsenden Fähigkeiten der CAD/CAM-Systeme. Ein Konstrukteur wird, wenn er mit CAD/CAM-Systemen arbeitet, in keinem Fall weniger, sondern mehr Fachwissen und Wissen aus den benachbarten Bereichen benötigen. Allerdings werden handwerkliche Fertigkeiten zugunsten von Kenntnissen der Handhabung von CAD/CAM-Systemen abnehmen.

Jeder Technische Zeichner und jeder Konstrukteur kann zum CAD/CAM-Anwender ausgebildet werden, sofern er folgende Anforderungen erfüllt:

1. Kenntnisse des Methodischen Konstruierens und der Darstellenden Geometrie
2. Kenntnisse über die Verfahren der der Konstruktion nachgelagerten Bereiche Arbeitsplanung, Arbeitsvorbereitung, Fertigung und Versand
3. Fähigkeit zur analytischen Denkweise, da alle Tätigkeiten am CAD/CAM-System auf mathematischen Operationen (z. B. Boole'sche Algebra) beruhen
4. Bereitschaft zum Erlernen der neuen Arbeitstechnik am CAD/CAM-System

Es ist eine wichtige Aufgabe der Führungskräfte, Mitarbeiter für CAD/CAM-Anwendungen zu motivieren und ihnen genügend Zeit zu geben, sich mit der Handhabung und der Leistungsfähigkeit des CAD/CAM-Systems vertraut zu machen.

Es gibt überhaupt keine Altersbeschränkung für CAD/CAM-Anwender. Gerade der ältere Mitarbeiter ist in der Lage, seine Erfahrungen mit den Fähigkeiten des CAD/CAM-Systems zu verbinden und so am schnellsten zu einem für ihn selbst befriedigenden und für das Unternehmen wirtschaftlichen Einsatz des CAD/CAM-Systems zu gelangen.

8.2.1 Ausbildung

Im ersten Durchgang sollten folgende Personengruppen in der CAD/CAM-Technologie ausgebildet werden:

– CAD/CAM-Anwender aus dem späteren Einsatzbereich (Konstrukteure, Technische
  Zeichner, Arbeitsvorbereiter, NC-Programmierer),
– Anwenderbetreuer aus dem späteren Einsatzbereich (dies sind Mitarbeiter, die eine
  weitergehende Ausbildung erhalten, um damit vor Ort einen Großteil der anfallenden
  Probleme klären zu können),
– Systembetreuer (System-Manager),
– Auszubildende für den Beruf des Technischen Zeichners im dritten Lehrjahr und
– Führungskräfte des jeweiligen Einsatzbereichs.

Bei der Ausweitung des CAD/CAM-Anwendungen können weitere Personengruppen ausgebildet werden [GrNV90]. Die Ausbildung sollte, wenn möglich, von erfahrenen An-
wendern durchgeführt werden. Diese sollten Konstruktionserfahrung aufweisen, damit die
Schwierigkeiten der zukünftigen Anwender nachempfunden und entsprechend ausgeräumt
werden können. Auf eine dem Anwender verständliche Sprache sollte besonders bei der
Ausbildung geachtet werden. Schriftliche Unterlagen für die Kurse liegen am besten als
Lückenskript vor, damit der Anwender anhand seiner Mitschrift und der begleitenden
Übungen sich so sein eigenes Trainings- und Nachschlagehandbuch aufbauen kann.

Den Ablauf der Ausbildung zeigt **Bild 8.5** [Vajn89]. Zunächst werden die Grundlagen
der Datenverarbeitung und der rechnerunterstützten Konstruktion in einem Kurs vermittelt.
Hier geht es darum, die technische Realisierung eines CAD/CAM-Systems darzustellen
und grundlegende Systemkonzepte (z. B. Werkstückmodell) zu vermitteln. Wie die Erfahrung zeigt, ist es gerade bei Mitarbeitern mit technischer Ausbildung nicht sinnvoll,
CAD/CAM-Systeme als „Black Box" darzustellen. Die Akzeptanz der CAD/CAM-Anwen-
dung steigt, wenn bekannt ist, wie ein solches System eigentlich funktioniert.

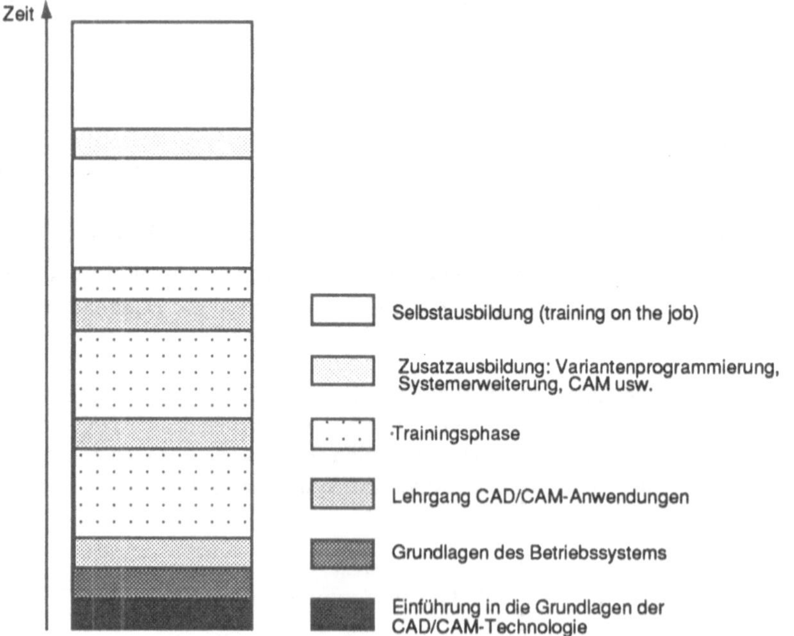

Bild 8.5   Ausbildungsplan für CAD/CAM-Anwender

Im CAD/CAM-Lehrgang werden die grundlegenden Eigenschaften der Software vorgestellt. Dabei wird zunächst nur die Handhabung der vom Reißbrett her bekannten Elemente am CAD/CAM-Arbeitsplatz nachvollzogen. Der zukünftige Anwender kann sich dadurch voll auf die Nutzung des CAD/CAM-Systems konzentrieren, da ja die geometrische Realisierung eines Problems vom Reißbrett her geläufig ist. Während dieses Lehrganges sollten die zukünftigen Anwender von der Arbeit freigestellt werden.

Parallel zum CAD/CAM-Lehrgang verläuft, je nach Systemleistungsfähigkeit, eine ein- bis sechswöchige Trainingsphase, in der das bisher Gelernte anhand von sehr einfachen Konstruktionsbeispielen vertieft wird. Bei diesen Trainingsphasen geht es um die Steigerung der Arbeitsgeschwindigkeit und um das Vertrautwerden mit den bisher bekannten Kommandos. Während der Trainingszeit sollte jeder Anwender pro Tag mindestens zwei Stunden am CAD/CAM-System unter Betreuung arbeiten.

Interesse von Seiten der Anwender an weiteren Kommandos ist zu begrüßen, aber erst dann zu fördern, wenn das bislang Gelernte auch wirklich „sitzt". Es ist zu prüfen, ob der Anwender während der Gesamtzeit am CAD/CAM-System trainieren kann, oder ob er einen Teil seiner Arbeit für die Erledigung vom Tagesgeschäft verwendet.

Im zweiten Teil des CAD/CAM-Lehrganges werden CAD/CAM-spezifische Fähigkeiten gelehrt. Diese sind das rechnerunterstützte Verschieben, Spiegeln und Drehen (mit und ohne Duplizieren), Eingabehilfen (z.B. Raster, Hilfskoordinatensysteme) und Änderungsfähigkeiten (z.B. Trimmen, Geometrieänderungen). Diese Fähigkeiten werden anhand der bisher bekannten Geometrieelemente vermittelt. Dabei wird, unmerklich für den Anwender, durch häufiges Ausnutzen der Fähigkeiten die CAD/CAM-Arbeitstechnik eingeübt. Erst nachdem diese Technik beherrscht wird, kann – sofern erforderlich – auf die Verarbeitung dreidimensionaler Geometrie eingegangen werden.

Auch die dreidimensionalen Fähigkeiten des CAD/CAM-Systems werden anhand der bekannten Geometrieelemente erklärt, indem das Verhalten der (ebenen) Geometrie im Modellraum vorgestellt und in mehreren Ansichten gezeigt wird. Der Anwender erkennt dabei, daß seine ursprüngliche Denkweise beim Konstruieren, nämlich das Vorstellen eines räumlichen Gebildes, direkt auf die Arbeit am CAD/CAM-System übertragen werden kann, ohne einen Umweg über eine ansichtsgebundene Darstellung zu nehmen. Am Ende von CAD/CAM-Kurs und Training arbeitet der Anwender am CAD/CAM-System genauso schnell wie sein Kollege am Reißbrett, d.h. er erwirtschaftet einen Deckungsbeitrag.

Im Anschluß an CAD/CAM-Lehrgang und Training beginnt die Phase der Selbstausbildung (training on the job). Der Anwender bearbeitet dabei in seiner Abteilung Aufgaben des Tagesgeschäfts; am Anfang sollten es noch keine vordringlichen Aufgaben sein. Die Arbeitsgeschwindigkeit steigt sukzessive an und erreicht nach etwa einem halben Jahr die in der Wirtschaftlichkeitsuntersuchung berechneten Faktoren.

Bild 8.6 zeigt die Zuordnung der Personengruppen zu den oben beschriebenen Ausbildungsphasen. Ziel ist, daß in einer Abteilung alle Mitarbeiter die CAD/CAM-Ausbildung durchlaufen, so daß jeder in der Lage ist, am CAD/CAM-System zu arbeiten. Die Ausbildung findet vorzugsweise nicht im späteren Einsatzbereich statt. Zu Beginn der Selbstausbildung müssen die CAD/CAM-Arbeitsplätze in den Bereichen aufgestellt sein.

Erfahrungen in der Unterrichtung von Anwendern zeigen, daß die Schulung nur dann erfolgreich ist, wenn dem Benutzer gestattet wird, alle neuen Eindrücke am CAD/CAM-System vollständig und ungestört zu verarbeiten und in die Praxis umzusetzen. Erst dadurch lernt er (wenn auch im Einzelfall unterschiedlich schnell) das CAD/CAM-System als Hilfsmittel zur Realisierung seiner eigenen Konstruktionsideen einzusetzen.

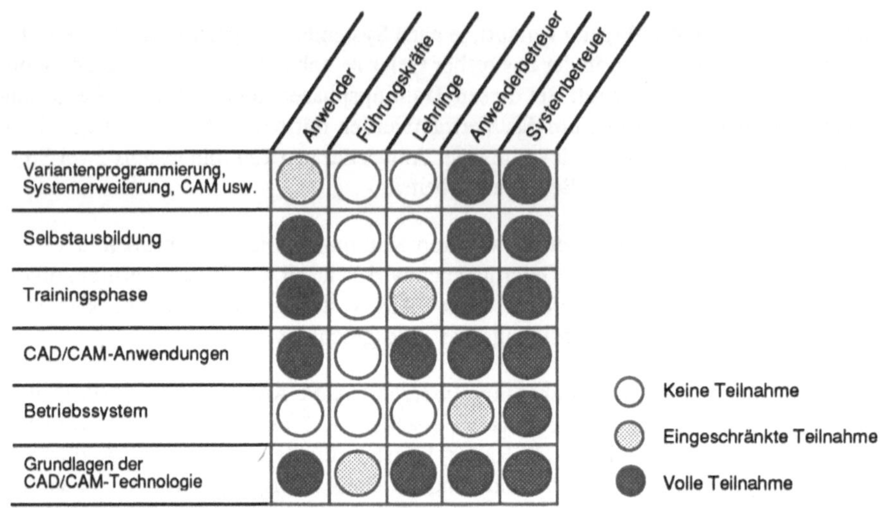

Bild 8.6   Zuordnung der Personengruppen zu den Ausbildungsphasen

Eine Schulung muß scheitern, wenn der Anwender zusätzlich mit Aufgaben des Tagesgeschäfts belastet wird. Es ist eine falsche Einschätzung, das Erlernen eines CAD/CAM-Systems, möge es noch so einfach sein, könne „nebenbei" zusätzlich zu den Tagesaufgaben erfolgen. Vor dieser Einschätzung kann wegen der fatalen Folgen für Systemeinsatz und Wirtschaftlichkeit nicht dringend genug abgeraten werden.

8.2.2 Beurteilung

Bei der Beurteilung von CAD/CAM-Anwendern muß berücksichtigt werden, daß die CAD/CAM-Technologie aufgrund ihrer hohen Leistungsfähigkeit zu einer Änderung der Arbeitsinhalte führt. Dies ist vor allem in der Arbeitstechnik am CAD/CAM-System begründet (Abschnitt 6.1), die sich grundlegend von der am Reißbrett unterscheidet. Erst die konsequente Nutzung dieser Möglichkeiten ergibt bessere und fehlerfreie Konstruktionen und führt damit zum wirtschaftlichen Einsatz des CAD/CAM-Systems.

Diese Vielfalt führt auch zu einer anderen *Arbeitsreihenfolge* bei der Konstruktion. Muß am Reißbrett z. B. beim Verschieben einer Kontur die Ausgangskontur neu konstruiert oder im besten Fall durchgepaust werden, genügt am CAD/CAM-System ein einziges Kommando, das, je nach Zahl der betroffenen Elemente, zwischen fünf- und zwanzigmal schneller als am Reißbrett ausgeführt wird. Ein guter Anwender wird dieses einzige Kommando rasch lernen und anwenden, während der weniger gute seine vom Reißbrett gewohnte Vorgehensweise auf das CAD/CAM-System übertragen wird. Das Finden der jeweils besten Arbeitsreihenfolge wird in den Trainingsphasen anhand von ausgewählten, in ihrem Schwierigkeitsgrad immer komplexer werdenden Beispielen eingeübt.

Kurze Antwortzeiten auf Kommandos und Stundensätze des CAD/CAM-Systems in der Größenordnung einer Personalstunde machen es notwendig, daß der Anwender seine Arbeit genauer vorplant, damit er am CAD/CAM-System seine Lösung zügig und kontinuierlich entwickeln kann. Er sollte vor jeder Arbeitssitzung

- eine Entwurfsskizze erstellt haben, die als Basis für verschiedene Lösungsalternativen verwendet werden kann,
- in groben Zügen die Bearbeitungsreihenfolge festlegen,
- so viel vorbereitet haben, daß die Menge für ein flüssiges Arbeiten während der Sitzung am CAD/CAM-System ausreicht.

Der gute Anwender wird diese Vorplanung machen, während der weniger gute „drauflos" konstruieren wird. Ein konzeptloses Arbeiten aber ist am CAD/CAM-System viel zu aufwendig und damit teuer.

Wie die Erfahrung aus Unternehmen zeigt, sollten CAD/CAM-Anwender allein nach individueller Kreativität und Leistung bezahlt werden. Eine Höherstufung allein aufgrund der Tatsache, daß der Mitarbeiter CAD/CAM-Anwender wird, hat sich nicht bewährt, da dies zur Bildung einer Elite führen würde und damit dem Ziel widerspräche, das CAD/CAM-System als für die Mitarbeiter selbstverständliches, für alle Tätigkeiten geeignetes Hilfsmittel einzusetzen. Und wenn in naher Zukunft jeder Mitarbeiter am CAD/CAM-System seine Alltagsaufgaben erfüllen wird, ist eine separate Beurteilung nicht mehr erforderlich.

8.3 Organisation der Anwendungen

Eine allgemeingültige Regel für die dem jeweiligen Anwendungsfall optimal angepaßte Organisationsform ist aufgrund der vielen, nicht objektivierbaren betriebsspezifischen Parameter nicht ableitbar. Aufgrund der unterschiedlichen Arbeitsabläufe in den Bereichen Produktionsvorbereitung und Verwaltung empfiehlt sich aber in jedem Fall die Einrichtung einer eigenen CAD/CAM-Abteilung, die nur bei bestimmtem Aufgaben (z. B. Übergabe von Stücklistendaten an das administrative DV-System) mit dem administrativen DV-Bereichen zusammenarbeitet.

8.3.1 Aufbauorganisation

Die CAD/CAM-Abteilung kann entweder als Stabsabteilung geführt oder direkt in die Linie, d.h. in den Entwicklungs- und Konstruktionsbereich, integriert werden, **Bild 8.7**.

Bei kleineren Unternehmen wird eine eigene Stabsabteilung, die nur mittelbar zur Wirtschaftlichkeit des CAD/CAM-Systems beiträgt, aus Personalgründen meist nicht zu realisieren sein. Sie ist auch wegen der relativ wenigen Zusatzaufgaben (Anpassen der Software bei neuen Versionen, Schulung) und dem heutigen hohen Leistungsstand der CAD/CAM-Systeme nicht erforderlich. In einem solchen Fall übernimmt ein entsprechend zu qualifizierender Mitarbeiter aus Entwicklung / Konstruktion zusätzlich die Aufgaben des CAD/CAM-Leiters und des System-Managers.

Bei mittleren und großen Unternehmen sollte die Koordination der Anwendungen direkt an die Leitung desjenigen Bereichs angeschlossen sein, in den die CAD/CAM-Technologie eingeführt wird, **Bild 8.8**.

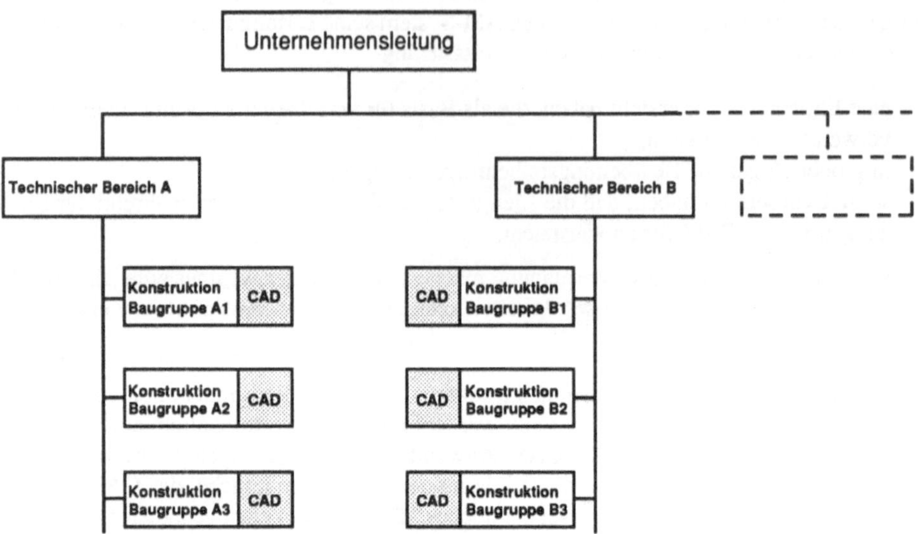

Bild 8.7   Bereichsspezifische dezentrale Eingliederung [GrHe83]

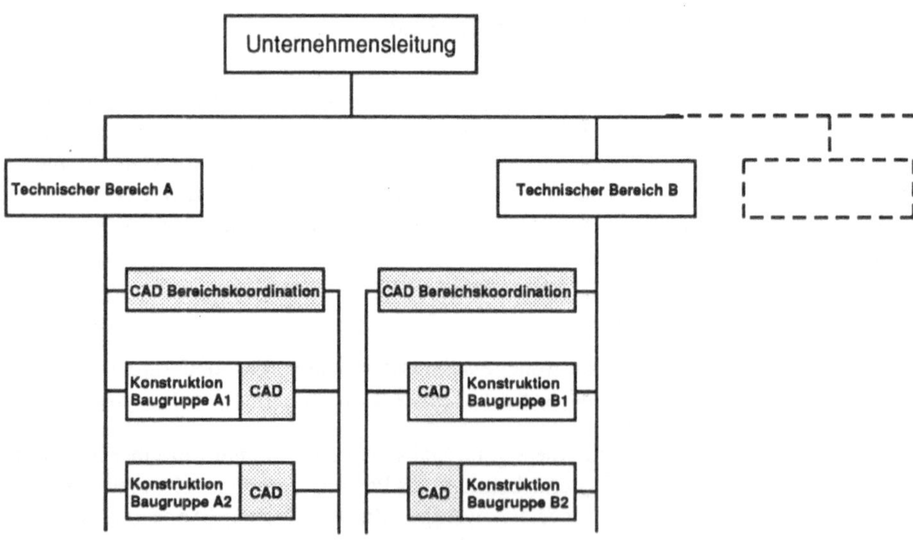

Bild 8.8   Bereichsspezifische Eingliederung [GrHe83]

Sollen CAD/CAM-Systeme gleichzeitig in mehrere Unternehmensbereiche eingeführt werden, ist der Aufbau einer zentralen Stabsabteilung sowohl zur Koordination der Anwendungen als auch als interne Unternehmensberatung sinnvoll, **Bild 8.9**.

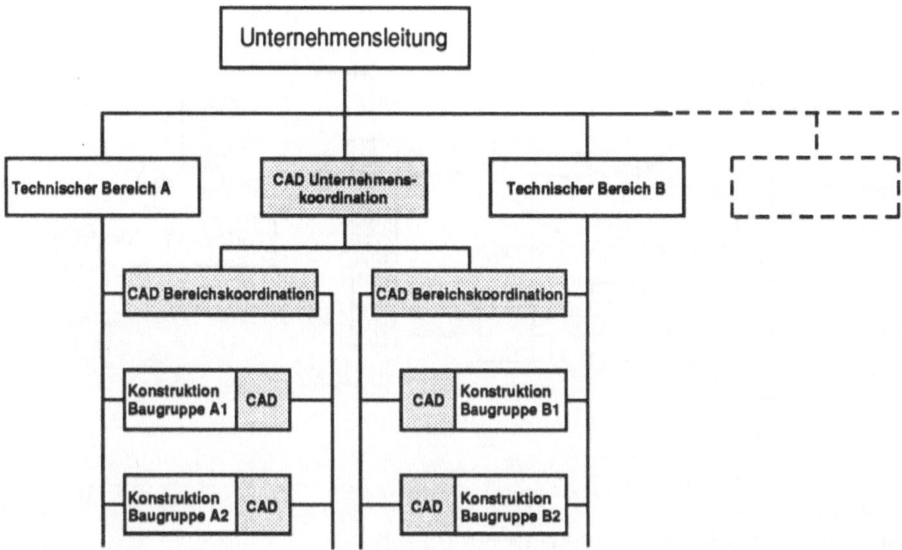

Bild 8.9   Zentrale Eingliederung [GrHe83]

Für die Leitung einer CAD/CAM-Abteilung kommen bereits in dieser Technologie ausgebildete und erfahrene Personen in Frage, die entweder aus dem Unternehmen oder vom Markt rekrutiert werden. Dafür eignen sich bewährte Konstrukteure mit EDV-Interesse nach entsprechender Qualifizierung eher als Informatiker oder Systemanalytiker, denen die Denkweise von Entwicklern, Konstrukteuren und Arbeitsvorbereitern erst nähergebracht werden muß. Neben dem CAD/CAM-Leiter ist für die hard- und softwareseitige Betreuung des Systems die Benennung eines verantwortlichen Systembetreuers (System-Manager) erforderlich. Für diese Position sind angewandte Informatiker am ehesten geeignet.

8.3.2 Ablauforganisation

CAD/CAM-Anwendungen können auf verschiedene Arten organisiert werden. Beim *Schalterbetrieb* (**Bild 8.10**) übernimmt die CAD/CAM-Abteilung die Aufträge aus einem konventionellen Konstruktionsbereich in eine CAD/CAM-Zelle und liefert fertige Lösungen zurück. Beim *Teilnehmerbetrieb* (**Bild 8.11**) werden in jedem Einsatzbereich CAD/CAM-Arbeitsplätze aufgestellt, die von allen Anwendern benutzt werden können.

Nur der Teilnehmerbetrieb bietet die Gewähr für eine erfolgreiche Anwendung. Das Konstruieren ist ein interaktiver Prozeß, bei dem der nächste Schritt in der Lösungsfindung immer abhängig ist vom Ergebnis des vorhergehenden Schrittes. Es ist daher nicht möglich, eine Konstruktion bis ins Detail von vorneherein durchzudenken und festzulegen. Bei einem Schalterbetrieb ist daher der Anteil der CAD/CAM-mäßig zwar richtigen, vom Ansatz und in der Konsequenz aber falschen konstruktiven Lösungen so hoch, daß die Wirtschaftlichkeit des CAD/CAM-Einsatzes in Frage gestellt ist. Tatsächlich wird ein Schalterbetrieb nur in solchen Fällen durchgeführt, wo es um Aufgaben der Dateneingabe oder der Datenumwandlung geht, z. B. bei Schaltungsentwürfen in der Elektrotechnik oder bei der Anlagenplanung.

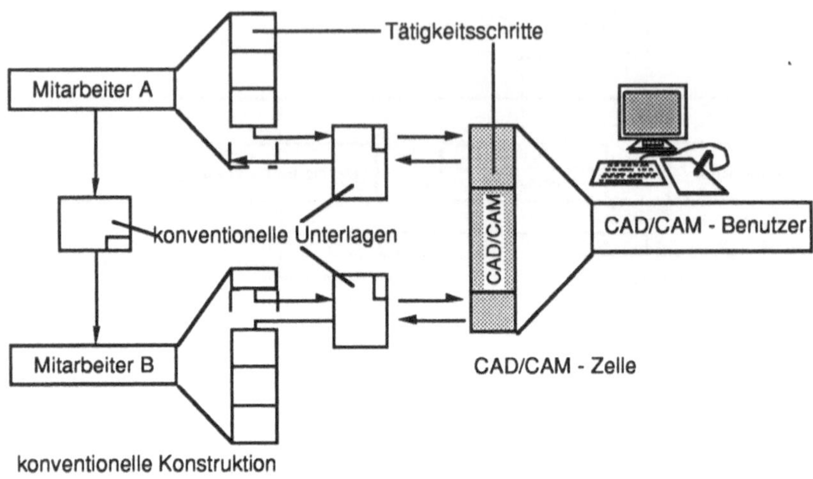

Bild 8.10   Konstruktionsablauf bei Schalterbetrieb [GrHe83]

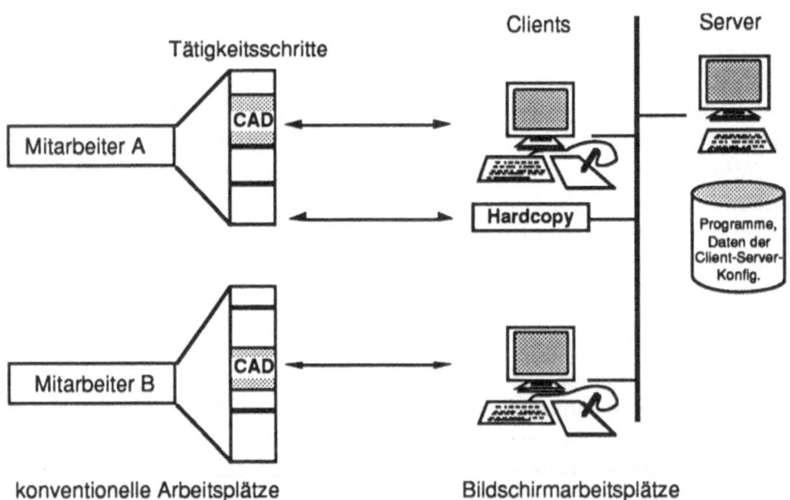

Bild 8.11   Konstruktionsablauf bei Teilnehmerbetrieb (nach [GrHe83])

Die Zahl der CAD/CAM-Arbeitsplätze pro Einsatzbereich richtet sich nach der möglichen Auslastung durch CAD/CAM-fähige Konstruktionsaufgaben, die im Rahmen der Istanalyse ermittelt wurden (Abschnitt 8.1.1) und die pro Arbeitsplatz über 80 % liegen sollte. Arbeitsplatzrechner und Personalcomputer können in einer normalen Büroumgebung auf oder neben dem Schreibtisch aufgestellt werden, eine Klimatisierung ist nicht notwendig.

Sind bei einem leistungsfähigen CAD/CAM-Arbeitsplatz die Kosten relativ hoch, sollten sich zwei bis drei Anwender einen solchen Arbeitsplatz teilen. Diese Vorgehensweise ist im Konstruktionsbereich problemlos, da der CAD/CAM-fähige Teil etwa die Hälfte aller Tätigkeiten eines Konstrukteurs ausmacht und somit ein Mitarbeiter den Arbeitsplatz gar nicht über den ganzen Tag nutzen könnte (vgl. Kapitel 1).

Teilen sich mehrere Anwender einen Arbeitsplatz, werden die Belegungszeiten der Bildschirme entweder auf Dauer festgelegt oder in bestimmten Zeitabständen (z. B. wochenweise) abgesprochen. Damit in einem solchen Fall die Bildschirme immer ausgelastet sind, muß jeder Anwender eine gewisse Terminplanung für seine Arbeiten einhalten.

Im Zuge sinkender Preise wird zunehmend jeder Benutzer seinen eigenen CAD/CAM-Arbeitsplatz bekommen, heute bereits z.B. im Bereich der Entwicklung komplexer Bauteile mit hohem interaktivem Entwurfs- und Berechnungsaufwand, bei der Entwicklung von Leiterplatten (besonders im Layout) oder bei der Anlagenplanung. In einem solchen Fall stellt sich die Frage nach Schalter- oder Teilnehmerbetrieb nicht mehr.

8.3.3 Betrieb des CAD/CAM-Systems

Die Maßnahmen zum CAD/CAM-Systembetrieb umfassen alle Regelungen für eine betriebsspezifisch effiziente Auftragsabwicklung. Dies betrifft zum einen die Organisation des Rechenzentrums der CAD/CAM-Abteilung, die auf der technischen Ablauf-, Ressourcen- und Kapazitätsplanung basiert. Dazu gehören z.B. Zugriffsberechtigungen, Verwaltung der Medien, Abrechnungs- und Kontrollverfahren, Operating und die Gewährleistung von Datenschutz und Datensicherheit.

Zum anderen bedarf eine CAD/CAM-Anwendung einer ständigen Steuerung, um die vorhandenen Ressourcen (Hardware, Software, Wissen) optimal zu nutzen. Ziele dieser Steuerung sind neben der bestmöglichen Nutzung der Systeme die Ermittlung von Daten für die Investitionsplanung und die Kostenrechnung (**Bild 8.12**).

Am Anfang eines CAD/CAM-Systembetriebs in einem neuen Einsatzbereich werden die während der Einsatzvorbereitung erstellten Basisdaten, Eingabehilfsmittel und Programme (Abschnitt 8.1.8) im künftigen Einsatzbereich einem Freigabetest unterzogen. Es wird geprüft, ob die Anforderungen des Einsatzbereichs bei der Erstellung realisiert wurden.

In dieser sogenannten *Pilotphase* ist es erforderlich, Aufträge am Reißbrett und am CAD/CAM-Arbeitsplatz parallel zu bearbeiten, damit etwaige Fehler in der Zusatzsoftware gefunden und behoben werden können. Als Faustregel für die Länge der Pilotphase gilt, das 10–15 Anwendungen genügen, um eine ausreichende Fehlerfreiheit sicherzustellen. Danach erfolgt die Freigabe der Zusatzsoftware.

Für jede Abteilung wird, unabhängig davon, ob zentrale oder dezentrale CAD/CAM-Systeme zum Einsatz kommen, im *digitalen Archiv* (Abschnitt 6.4) ein eigener Datenbereich bereitgestellt, der von seiner Größe nur von der physikalischen Kapazität der Massenspeicher begrenzt ist. Diese Bereiche sind jeweils exklusiv für einen Einsatzbereich. Andere Bereiche können erst dann auf einzelne Datenbestände zugreifen, wenn entsprechende Freigabeparameter (z.B. Ende der Konstruktionsarbeit, Freigabe für die NC-Verfahrwegerstellung) gesetzt sind. Diese können nur vom besitzenden Einsatzbereich vergeben werden.

Damit ist auch sichergestellt, daß Änderungen an einer Konstruktion nur vom Ersteller selbst vorgenommen werden können.

Ziele	Maßnahmen
Erhöhung der Systemverfügbarkeit	Verlegung von Wartungs- und Sicherungsarbeiten möglichst außerhalb der regulären Arbeitszeit
Erhöhung der Arbeitsplatz- auslastung	Organisation der Arbeitsplatzbelegung durch regelmäßige Absprachen und/oder durch ein Belegungsbuch Für die Anwendungsprogrammierung sind Sonderregelungen je nach Bedarf vorzusehen
Überprüfung der Nutzungshäufigkeit von Programmen und Dateien	statistische Auswertung von Aufrufen von CAD- und Anwendungs- programmen für z.B. eine "Wirtschaftlichkeitsrechnung im Kleinen" Programme mit hoher Nutzungsfrequenz sollten von einer problem- orientierten Konstruktionssprache auf eine maschinennähere Sprache umgestellt werden.
Sicherstellung der Qualität von Programmen	Auswahl solcher Programme, die einen hohen Grad an Bedienungs- und Wartungsfreundlichkeit aufweisen (Modellierungsverfahren sollten z.B. die Denkweise des Konstrukteurs unterstützen.)
Sicherstellung der Qualität von Dokumentations- und Schulungsunterlagen	Beschreibungen von Anwendungsprogrammen möglichst in gleicher Weise wie die vorhandenen Beschreibungen der Systemprogramme. Neben der Einheitlichkeit sollte auch auf Ganzheitlichkeit, Eindeutigkeit und gute Auffindbarkeit geachtet werden.
Dimensionierung der System- peripherie	statistische Auswertung der Nutzungshäufigkeit der System- peripherie wie Plotter, Drucker und Hardcopyeinheit als Basis für weitere Planungen
Reduzierung der Anwortzeiten	zyklische Überprüfung der Antwortzeiten anhand definierter Interaktionen; bei Bedarf Steigerung der Leistungsfähigkeit des Rechners bzw. einzelner Workstations
Optimierung der Speicherkapazität	stetige Organisation der Nutzung von externen Speichermedien durch den Systemverantwortlichen für die langfristige Planung zur Vermeidung von Engpässen

Bild 8.12   Ziele und Maßnahmen der technischen Steuerung [VDI2216]

Der Anwender bearbeitet am CAD/CAM-Arbeitsplatz immer nur eine Kopie der gesicherten Version seiner Produktdaten. Bei Bedarf kann er diese Kopie (mit allen Änderungen ge- genüber der vorherigen Version) in das Archiv zurückspeichern, wobei eine neue Version der Produktdaten erzeugt wird (**Bild 8.13**). Im digitalen Archiv sollten mindestens zwei Versionen der Produktdaten vorhanden sein, um bei System-Zusammenbrüchen immer auf eine gesicherte Version zugreifen zu können. Die Daten, die am CAD/CAM-System erzeugt werden, werden mehrfach gesichert (Abschnitt 6.4.6).

Es ist nicht sinnvoll, das in einem Unternehmen vorhandene Teilearchiv bei der Einführung der CAD/CAM-Technologie komplett in das CAD/CAM-System einzuspeichern, da nur etwa 10 – 15 % aller archivierten Bauteile „lebende" Produkte sind [Mikk79]. Muß auf ein archiviertes Bauteil zurückgegriffen werden, so wird dieses zu Beginn der Arbeiten am CAD/CAM-System nachkonstruiert und in das digitale Archiv eingefügt. Das digitale Ar- chiv wächst somit mit zunehmendem Einsatz an.

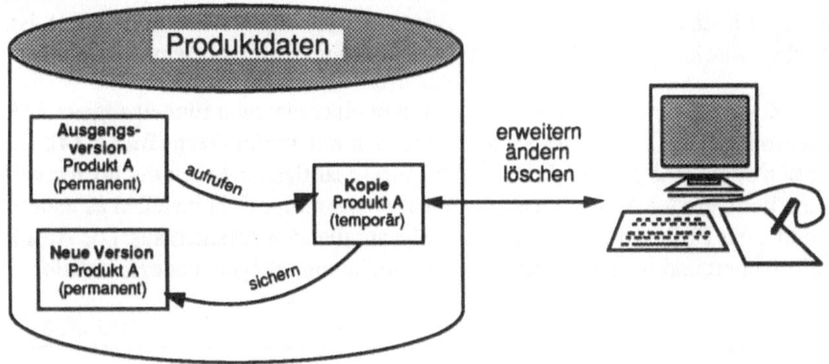

Bild 8.13   Datenfluß beim Aufrufen und Sichern von Produktdaten

Das Einschalten („Einloggen") in das CAD/CAM-System erfolgt anhand eines auf das jeweilige Gerät bezogenen abteilungsinternen Namens mit entsprechendem Kennwort. Eine Kontrolle, ob ein bestimmter Mitarbeiter am System arbeitet, ist prinzipiell möglich, sollte aber aus Gründen der Motivation und Akzeptanz nicht durchgeführt werden.

Die Zeit pro Arbeitssitzung sollte in der Regel etwa 3–4 Stunden (mit Pausen) betragen, wobei sich die Arbeitsdauer nach Schwierigkeit und Komplexität der Konstruktionsaufgabe richtet. 5 Stunden täglich sollten aber in keinem Fall überschritten werden, da danach die Konzentrationsfähigkeit erfahrungsgemäß rasch absinkt und die Fehlerhäufigkeit zunimmt. Augenschäden sind nicht zu befürchten, da die Arbeitsweise kein dauerndes konzentriertes Hinsehen auf den Bildschirm verlangt. Augenuntersuchungen sollten aber trotzdem sowohl vor der ersten Nutzung als auch regelmäßig (z.B. jährlich) durchgeführt werden, da vorher nicht erkannte Sehprobleme durch die Bildschirmarbeit sichtbar werden.

8.3.4 Integrierte Organisationsformen

Änderungen der Organisationsstrukturen im Sinne einer Begradigung von Informations- und Materialflüssen im Unternehmen führen zu einer deutlich höheren Produktivität (siehe Abschnitt 8.1.2). Demgegenüber steht die funktionale Trennung in Entwicklung, Konstruktion und Arbeitsvorbereitung, so daß bei der Bearbeitung eines Auftrags die integrierenden Eigenschaften der Systeme nicht genutzt werden. Obwohl am CAD/CAM-System ein gemeinsames Werkstückmodell des zu entwickelnden Bauteils erzeugt werden könnte, baut sich jede Abteilung ihren eigenen Datenbestand auf und verwendet eine Kopie der Daten des vorhergehenden Bereichs als Eingabedaten für die eigene Tätigkeit. Wiederholte Datenaufbereitung mit den damit verbundenen redundanten Datenbeständen und möglichen Eingabefehlern sind die Folge. Dadurch wird der Durchlauf eines Auftrags verzögert. Die in den einzelnen Abteilungen erzielten Nutzen werden teilweise wieder vernichtet. Durch die mehrfache Speicherung gleicher Datenbestände ist ein einfacher Änderungsdienst nicht mehr möglich. Im Zuge der Integration von CA-Anwendungen (siehe Kapitel 7) müssen daher andere, eher ganzheitlich orientierte Organisationsformen gefunden werden.

Hierzu eignen sich integrierte Organisationsformen mit minimierter Verteilzeit. In Entwicklung, Konstruktion und Arbeitsvorbereitung sind dies EIZ (Engineering Idle-Zero-workplace, verteilzeitfreie Arbeitseinheit in produktdefinierenden Bereichen), deren Pendant in der Produktion das flexible Fertigungssystem (FFS, siehe Abschnitt 6.3.1) ist. Die Schnittstelle zwischen EIZ und FFS liegt bei der Fertigungsfreigabe eines Produkts.

In einer EIZ wird der Produktentstehungsprozeß in einer einzigen Einheit abgewickelt. Das Werkstückmodell im CAD/CAM-System bildet den Integrationskern (**Bild 8.14**). Die EIZ zeichnet sich durch eine geringe Arbeitsteilung aus (qualifizierte Arbeit mit hoch qualifizierten Mitarbeitern, großer Arbeitsinhalt pro Mitarbeiter, wenige Schnittstellen zu anderen Bereichen). In einer EIZ führt jeder Mitarbeiter alle anfallenden Arbeiten aus. Die Ausführung ist ablauforientiert und bedarfsgerecht. Die Mitarbeiter unterliegen einer *Holschuld*.

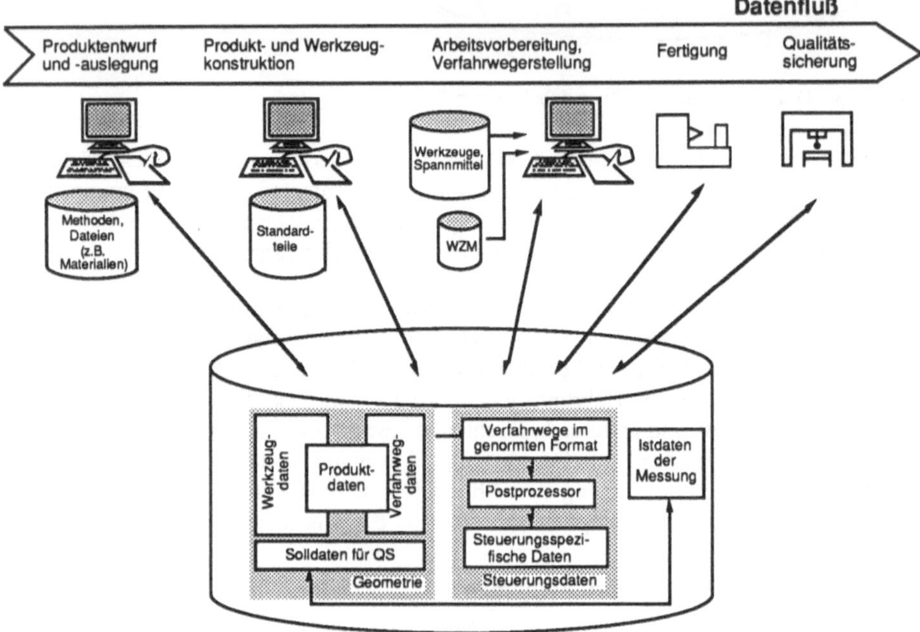

Bild 8.14 EIZ mit Werkstückmodell als Integrationskern [Vajn88]

Innerhalb des Unternehmens ist die EIZ autark, d.h. sie hat alle Informationen, Materialien und Fertigungsunterlagen, um ihre Arbeiten weitgehend selbständig ausführen, steuern, kontrollieren sowie Entscheidungen fällen zu können. Sie ist daher selbst für ihr Ergebnis verantwortlich. Mit einer EIZ kommt man von einer funktionalen Ausrichtung der Organisation zu einer Ausrichtung anhand von Produktfamilien. Mit EIZ und FFS ist es daher möglich, den *gesamten* Produktentstehungsprozeß des Produktes zu bearbeiten.

Der vergrößerte Arbeitsinhalt führt bei den Mitarbeitern zu höherer Identifikation mit dem entstehenden Produkt („mein Bauteil") und damit zu einer höheren Arbeitszufriedenheit. Dies und das gemeinsame Werkstückmodell tragen zur Durchlaufzeitverkürzung und zum Senken der spezifischen Produktkosten durch Reduzieren der Fehler bei. Die organisatorische und räumliche Einheit bewirkt, daß die Arbeiten im engen Dialog zwischen den einzelnen Mitarbeitern durchgeführt werden. Es kommt so zu einem permanenten Querabgleich in allen Phasen der Produktdefinition und damit zu qualitativ besseren Ergebnissen.

9 Fragen der Wirtschaftlichkeit

Bei der Einführung eines CAD/CAM-Systems werden eine Reihe von in Konstruktion, Arbeitsvorbereitung und Fertigung verwendeten manuellen Verfahren durch rechnerunterstützte Verfahren ersetzt. Zudem können Aufgaben beherrscht werden, die sich ohne Rechnerunterstützung nicht lösen lassen. Heute geht man davon aus, daß man CAD/CAM-Systeme einsetzen muß, um das aktuelle Geschäft halten zu können, **Bild 9.1**. Daher wird über die Einführung überwiegend nach strategischen Gesichtspunkten entschieden. Bei der Einführung steht die Frage nach der Wirtschaftlichkeit der CAD/CAM-Technologie als Kriterium der Entscheidungsfindung nicht im Vordergrund. Bei Erweiterungen und bei der Erfolgskontrolle im laufenden Betrieb ist es dagegen erforderlich, möglichst viele Auswirkungen mit dem Ziel zu quantifizieren, die Entscheidung über eine Investition mit den Methoden der Betriebswirtschaft abzusichern.

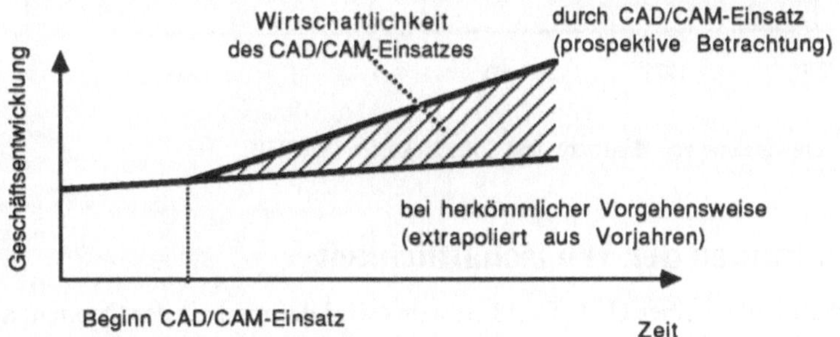

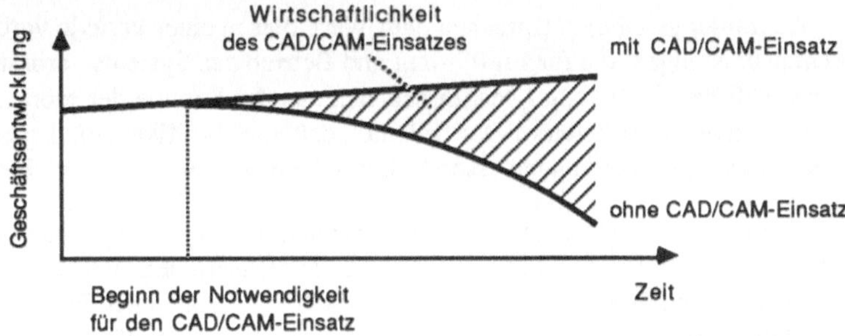

Bild 9.1　Veränderte Voraussetzungen für die wirtschaftliche Notwendigkeit von CAD/CAM-Systemen (nach [Kapl88])

Die Kosten für ein CAD/CAM-System setzen sich aus Hardware- und Softwarekosten zusammen. Waren bis Mitte der achtziger Jahre noch die Hardwarekosten der entscheidende Kostenfaktor, so hat sich das Verhältnis heute umgekehrt, **Bild 9.2**.

Im Gegensatz zu den Kosten lassen sich die Nutzen von CAD/CAM-Investitionen oft nur schwierig oder überhaupt nicht quantifizieren, da es einerseits schwer ist, den Nutzen der

CAD/CAM-Technologie überhaupt zu erfassen, andererseits bei ihrem Einsatz eine Reihe von Größen auftreten, die einen direkten Einfluß auf die Nutzenentstehung ausüben. Die Frage nach der Wirtschaftlichkeit ist damit auch eine Frage nach geeigneten Methoden zur Erfassung der dabei auftretenden Kosten und Nutzen.

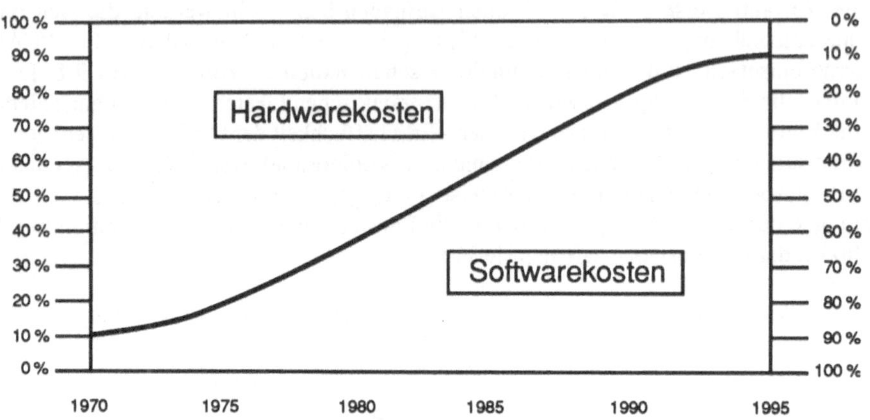

Bild 9.2   Entwicklung von Hardware- und Softwarekosten [Kief93]

9.1   Bestimmen der Wirtschaftlichkeit

Die Wirtschaftlichkeit eines CAD/CAM-Systems wird definiert als der Quotient aus den zu erbringenden bzw. erbrachten Leistungen und den dafür aufzuwendenden bzw. angefallenen Kosten. Ist der Quotient größer 1, spricht man von einer *absoluten Wirtschaftlichkeit*.

Die *Kosten* (Auszahlungsreihe) entsprechen dem Wert aller in einer Periode verbrauchten Güter und Dienstleistungen, die für Einführung und Betrieb des Systems verbraucht wurden. Die *Nutzen* (Einzahlungsreihe) bestimmen sich aus der Summe der erbrachten Leistungen, die die Anwendung bewirkt. Das bedeutet, daß alle signifikanten, direkt oder indirekt quantifizierbaren Auswirkungen (auch kostenstellenübergreifend) zu ermitteln sind.

Vor der Einführung eines CAD/CAM-Systems vergleicht man in einer *prospektiven* oder *ex-ante* Betrachtung die voraussichtlichen Kosten für die rechnerunterstützte Erstellung von Fertigungsunterlagen mit den Kosten, die für die Erstellung der gleichen Fertigungsunterlagen auf manuelle Art entstehen. In die Kosten für die rechnerunterstützte Erstellung gehen alle Kosten für den Betrieb des Systems ein.

Nach dem *Gleichkostenprinzip* gilt, daß sich eine Wirtschaftlichkeit dann ergibt, wenn die Kosten einer rechnerunterstützt erstellten Unterlage kleiner werden als oder gleich sind wie die Kosten einer manuell erstellten Unterlage [GrEH80]:

$$\text{Kosten}_r \leq \text{Kosten}_m \tag{9.1}$$

„r" = rechnerunterstützte Vorgehensweise
„m" = manuelle Vorgehensweise

Dieser Wirtschaftlichkeitsnachweis basiert auf der Forderung, daß die durch den Einsatz des CAD/CAM-Systems entstehenden Mehrkosten durch eine Reduzierung der Bearbeitungszeiten auszugleichen sind. Mit den Einflußgrößen

m   = Anzahl der erstellten Unterlagen pro Jahr
t   = durchschnittlicher Zeitbedarf für die Erstellung einer Unterlage
L   = Lohn- und Lohnnebenkosten je h (Vollkostenrechnung)
M   = Maschinenstundensatz des Systems incl. Betriebsmittel (Abschnitt 9.1.1)

und unter Zugrundelegung des Grenzwertes der Wirtschaftlichkeit (Kosten$_r$ = Kosten$_m$) ergibt sich

$$ m_r \cdot t_r \cdot (L_r + M) = m_m \cdot L_m \cdot t_m \qquad (9.2) $$

Unter der (praxisgerechten) Voraussetzung, daß die Menge der jährlich erstellten Unterlagen gleich bleibt ($m_r = m_m$), Lohn- und Lohnnebenkosten sich bei beiden Verfahren nicht unterscheiden ($L_r = L_m$) und die Arbeitsplatzkosten bei der herkömmlichen Vorgehensweise vernachlässigbar klein gegenüber denen eines CAD/CAM-Arbeitsplatzes sind, folgt

$$ \frac{t_m}{t_r} = \frac{L + M}{L} \qquad (9.3) $$

Die linke Seite der Gleichung ist die *Nutzenseite*, sie wird als Cp_{tats} abgekürzt. Der Nutzen wird dabei auf die Zeitvorteile der rechnerunterstützten Bearbeitung reduziert, weitere Nutzen (z.B. Fehlerfreiheit der Unterlagen, exaktere Auslegung durch Berechnung und Simulation) werden hierbei nicht berücksichtigt. Die rechte Seite bildet die *Kostenseite*, die mit Cp_{min} abgekürzt wird. Cp_{min} ist der von der Kostenseite mindestens erforderliche Faktor zur Produktivitätssteigerung.

Für einen Wirtschaftlichkeitsnachweis bieten sich sechs charakteristische Zeitpunkte an, **Bild 9.3**:

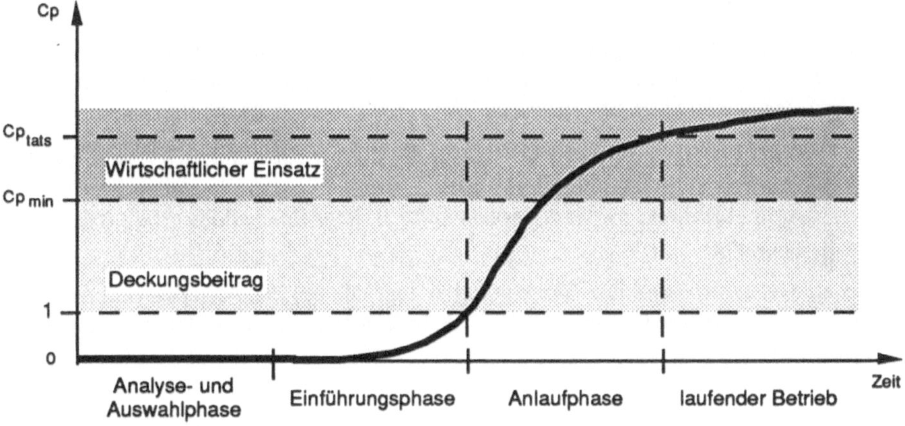

Bild 9.3   Phasen der Einführung eines CAD/CAM-Systems

- Die *Analysephase* (im Rahmen der Grobauswahl, Abschnitt 8.1.4): Es erfolgt eine prospektive Kostenvergleichsrechnung manuell / rechnerunterstützt. Sie kann in erster Näherung auch mit Schätzwerten (**Tabelle 9.1**) durchgeführt werden.

CAD/CAM-Systemklasse	Zahl der CAD/CAM-Arbeitsplätze	Erfahrungswerte
Autonomer Arbeitsplatzrechner (Workstation)		
- PC (16 / 32 Bit)	1	20.000 - 80.000 DM
- Supermikro (32 Bit-Rechner)	1	50.000 - 180.000 DM
Dezentraler Rechner (Host / Terminal) - Supermini (32 Bit-Rechner)	2-20	150.000 - 200.000 DM pro Platz
Zentraler Universalrechner (Host / Terminal) - Mainframe (32 oder 64 Bit-Rechner)	20 und mehr	200.000 DM pro Platz
Belegungszeit des CAD-Systems pro Jahr		2500 Stunden
Abschreibungsdauer TG (lineare Abschreibung)		5 - 6 Jahre 12.500-15.000 Stunden
Wartungskosten pro Jahr		10 - 14,4 % vom Kaufpreis
Einsatzvorbereitung Programmierung		
- CAD/CAM-System auf PC		20.000 - 50.000 DM
- CAD/CAM-System auf anderen Rechnern		50.000 - 80.000 DM
Schulung und Training je Anwender		10.000 - 20.000 DM

Tabelle 9.1   Schätzkosten für CAD/CAM-Systeme unterschiedlicher Konfiguration

- Die *Auswahlphase* (Feinauswahl mit Nutzwertanalysen) enthält statische und dynamische Kostenvergleichsrechnungen zwischen verschiedenen Alternativen sowie Durchführen von Amortisations- und Rentabilitätsrechnungen (prospektive Betrachtungen).

- Die *Einführungsphase* (dauert bis zur Freigabe der Erstanwendung): Hier werden personelle und organisatorische Voraussetzungen für den Einsatz des CAD/CAM-Systems geschaffen, betriebsspezifische Softwarekomponenten erstellt und die Mitarbeiter ausgebildet. Die Kosten gehen in die Investitionen für das CAD/CAM-System ein (prospektive Betrachtung).

- Die *Anlaufphase* (Anstieg der Produktivität bis zum Erreichen von C_{ptats}): Hier wird bereits ein Deckungsbeitrag erwirtschaftet, daher sind die anfallenden Kosten und Nutzen Bestandteil einer retrospektiven Wirtschaftlichkeitsbetrachtung.

- Der *laufende Betrieb* (nach Erreichen des für die Kostenseite mindestens erforderlichen Faktors zur Produktivitätssteigerung): Kosten werden über ein begleitendes Controlling, Nutzen über direkt meßbare Größen und z.B. über Kennzahlen erfaßt (retrospektive Betrachtung).

- Die *Ausweitungsphase*: Die Berechnung erfolgt wie bei der Analyse- und der Auswahlphase, da weitere CAD/CAM-Systeme beschafft und in neue Bereiche eingeführt werden.

9.1.1 Ermittlung der einmaligen und laufenden Kosten

Während Auswahl und Einführung werden die Kosten als Schätzwerte eingesetzt. Während des laufenden Betriebs werden die Kosten über die Kostenrechnung (Accounting) erfaßt.

Alle Kosten der Beschaffung werden anteilig auf einen CAD/CAM-Arbeitsplatz bezogen. Hierdurch läßt sich berücksichtigen, ob alleinstehende Workstations verwendet werden, ob diese an einen zentralen Server angeschlossen werden oder ob ein CAD/CAM-System mit mehreren Arbeitsplätzen beschafft wird (zentraler Rechner mit angeschlossenen Bildschirmarbeitsplätzen, heute eher die Ausnahme). Auch die Tatsache, daß bei einer bestimmten Arbeitsplatzanzahl ein weiterer Server erforderlich wird, kann damit erfaßt getragen werden. Analog geht ein, ab wieviel CAD/CAM-Arbeitsplätzen eine weitere Softwarelizenz erforderlich ist, wenn nur eine bestimmte Zahl von Arbeitsplätzen von einer Softwarelizenz unterstützt wird.

Im folgenden wird zwischen einmaligen und laufenden Kosten unterschieden. Es wird nur der Begriff „Kosten" verwendet, da die für mehrere Abrechnungsperioden zu tätigenden Ausgaben über die kalkulatorischen Abschreibungen zu periodenbezogenen Kosten werden. Wird ein CAD/CAM-System gekauft, so fallen die Aufwendungen zum Anschaffungszeitpunkt an. Es handelt sich um Ausgaben für das CAD/CAM-System. Während der kalkulatorischen Nutzungsdauer (die für DV-Geräte heute aufgrund des hohen Entwicklungstempos nicht länger als drei Jahre betragen sollte) stellen die auf die einzelnen Jahre bezogenen Abschreibungen – unabhängig von der Abschreibungsart – für die einzelnen Jahre Kosten dar.

Einmalige Kosten sind Ausgaben, die bei der Einführung und ggf. bei späteren Ausbaustufen, nicht aber permanent anfallen. Die Summe der Einmalkosten, dividiert durch die Anzahl der Systeme, ergibt die normierten Einmalkosten pro CAD/CAM-System. Beispiele für einmalige Kosten sind in **Tabelle 9.2** zu finden. Ein Teil der Kosten kann als Dienstleistungen (Beratung) anfallen.

Beispiele für zu erfassende *laufende Kosten* sind in **Tabelle 9.3** zusammengestellt. Laufende Ausgaben sind als Kosten dem jeweiligen Abrechnungszeitraum zuzurechnen, in dem sie anfallen.

Die Trennung in zeitpunktbezogene (Ausgaben) und in zeitraumbezogene Betrachtung (Kosten) soll auf Liquiditätsprobleme durch laufende Kosten hinweisen, die vor allem bei kleineren Unternehmen trotz einer rechnerischer Wirtschaftlichkeit auftreten können. Solche Probleme können darin begründet sein, daß

- die Investition für das CAD/CAM-System den Investitionsrahmen des Unternehmens alleine ausfüllt und die Kapitaldienste entsprechend voll in Anspruch nimmt und

- der Kapitalrückfluß in Form der Nutzen des CAD/CAM-Einsatzes nicht in der laufenden, sondern erst in einer späteren Abrechnungsperiode kommt.

Die Vorgehensweise zur Berechnung des Maschinenstundensatzes ist in **Bild 9.4** dargestellt. Weitere Anhaltspunkte finden sich in [VDI2216]. Der Maschinenstundensatz muß jeweils für eine Periode konstanter Abschreibung berechnet werden. Ändern sich Abschrei-

bungssatz und -dauer (z.B. degressive Abschreibung), muß der Maschinenstundensatz bei
unveränderten Eingangsgrößen (z.B. einmalige Kosten) neu bestimmt werden.

<table>
<tr><td>

a. Arbeiten im Vorfeld

- Ist-Aufnahme
- Anforderungsprofil
- Einsatzplanung
- Auswahl CAD/CAM-System
- Nutzwertanalyse
- Prospektive Wirtschaftlichkeits-
  rechnung

**c. Installation und
Integration des
CAD/CAM-Systems**

d. Einsatzvorbeitung

- Umbauarbeiten (inkl. Klimatisierung,
  Zu- und Abführen von Betriebs-
  mitteln)
- Schulung (inkl. Ausfallzeit)
- Programmieren anwendungs-
  spezifischer Software
- Dateneingabe (Basisdaten, Makros)

e. Minderleistung

bis zum Erreichen der vorbestimmten
Produktivitätssteigerungen

</td><td>

b. Investitionen (Kauf oder Leasing)

• Hardware
- Arbeitsplatzrechner / Zentralrechner
- Arbeitsspeicher
- Plattenspeicher
- Magnetbandgeräte / Kassetten / optische Datenträger
- Drucker
- Konsole
- Übertragungseinrichtungen
- Netzwerkhardware
- CAD/CAM-Arbeitsplatz
  • graphischer Bildschirm
  • alphanumerischer Bildschirm
  • Tablett
  • Maus, Magnetstift, Lupe, Rollkugel
  • Digitalisierer (Elektronik, Elektrotechnik)
  • Zeichenmaschine
  • Drucker
- Dokumentation

• Software
- Systemsoftware
- Netzwerksoftware
- Datenbanksysteme
- wissensverarbeitende Systeme
- Anwendungssoftware (CAD/CAM-System-Module)
- anwendungsspezifische Software

</td></tr>
</table>

Tabelle 9.2   Beispiele für einmalige Kosten bei Auswahl und Einführung

Personalkosten	Sachkosten

• Schulung (Weiterschulung) inkl. Ausfallzeiten (A,K)
• Personal
  - Anwender (Konstrukteure, Zeichner) (K)
  - Hardwarebetreuung (K)
  - Softwarebetreuung (K)
• Datensicherung (A,K)
	• Verbrauch an
	  - Material (K)
	  - Energie (K)
	• Wartung und Instandhaltung (Hardware) (K)
	• Softwarepflege (K)
	• Versicherung (K)
	• Verzinsung des gebundenen Kapitals (K)
	• Mieten (Räume, Leitungen, Hardware, Software) (K)
	• Abschreibungen (K)

A = Ausgaben K = Kosten	

Tabelle 9.3   Beispiele für laufende Kosten bei laufendem Betrieb

Kostenart	Berechnung	Dimension
Investition I in das CAD/CAM-System	nach Aufwand	[DM]
Lebensdauer G des CAD/CAM-Systems	entsprechend betrieblicher Abschreibungsdauer	[a]
Abschreibungsformen	Standard: Lineare Abschreibung Sonderfall: Degressive Abschreibung (z.B. Forschungsinvestition)	[-]
Verzinsung Z des durchschnittlich gebundenen Kapitals KA	$Z = (1+p/100)^G \times KA - KA$ $KA = 0,5 \times I$ (bei linearer Abschreibung)	[DM] [DM]
Wartung W für Hardware und Software	10 - 15 % vom Kaufpreis pro Jahr	[DM/a]
Versicherungskosten V	1 % vom Kaufpreis pro Jahr	[DM/a]
Stundensatz L für Mitarbeiter	nach Vollkostenrechnung	[DM/h]
Jährliche Verfügbarkeit HCPU	2.500 h Betriebsstunden	[h/a]
Jährliche Nutzungszeit HAP	$HAP = T \times N \times K \times A$ T = Anzahl Arbeitstage/Jahr N = Anzahl Arbeitsplätze (Bei Workstations N = 1) K = Verfügbarkeit/Tag A = Auslastungsgrad Arbeitsplatz	[d/a] [-] [h/d] [%]
Max. Betriebsdauer/Tag (Workstation/Server/Mainframe)	24 Stunden	
Kosten für Einsatzvorbereitung EV	Schulung, Programmierung, Rechnerraum	[DM]
Betriebsmittelkosten B (Energie, Verbrauchsmaterial)	2,00 DM pro Stunde und Arbeitsplatz	[DM/h]
Betreuungskosten S in % vom Stundensatz eines Mitarbeiters	Personalcomputer: 5 % Workstation: 10 % Server: 20 % Mainframe: 100 %	[DM/h]
Maschinenstundensatz M / Arbeitsplatz	$M = \dfrac{1}{N} \left(\dfrac{I+EV+Z}{G \times HCPU} + \dfrac{W+V}{HAP} + B + S \right)$	[DM/h]

Bild 9.4   Bestimmung des Maschinenstundensatzes eines CAD/CAM-Systems

9.1.2 Ermittlung des Nutzens

Der Einsatz der CAD/CAM-Technologie in Entwicklung und Konstruktion führt neben der Reduktion der Bearbeitungszeit vor allen Dingen zu einer Qualitätsverbesserung von Produkten und Verfahren. Dieser Nutzen unterliegt während der *Anlaufphase* einem zeitlichen Anlaufverhalten. Der durch das CAD/CAM-System bewirkte maximale Nutzen wird erst am Ende der Anlaufphase erreicht. Dieser Zeitraum ist von der Eignung des CAD/CAM-Systems für die spezielle Anwendung sowie ferner von der Güte und der Koordination einer Reihe von innerbetrieblich durchgeführten Einführungsmaßnahmen, u.a. Schulung der Mitarbeiter, abhängig.

Zur Quantifizierung der Produktivitätssteigerung in dieser Phase sind verschiedene Verfahren verfügbar, die sich nach Anwendungsmöglichkeiten und Zielsetzungen unterscheiden (z.B. Kleinstzeitenmethode, Ermittlung der Wirtschaftlichkeit von Variantenprogrammen, [VDI2216, Rein85]. Auf die Kleinstzeitenmethode wird im Rahmen des Berechnungsbeispiels in Abschnitt 9.3.1 eingegangen). Allerdings bezieht sich der Nutzen nur auf die durch CAD/CAM beeinflußbaren Teil des gesamten Konstruktionsprozesses, **Bild 9.5**.

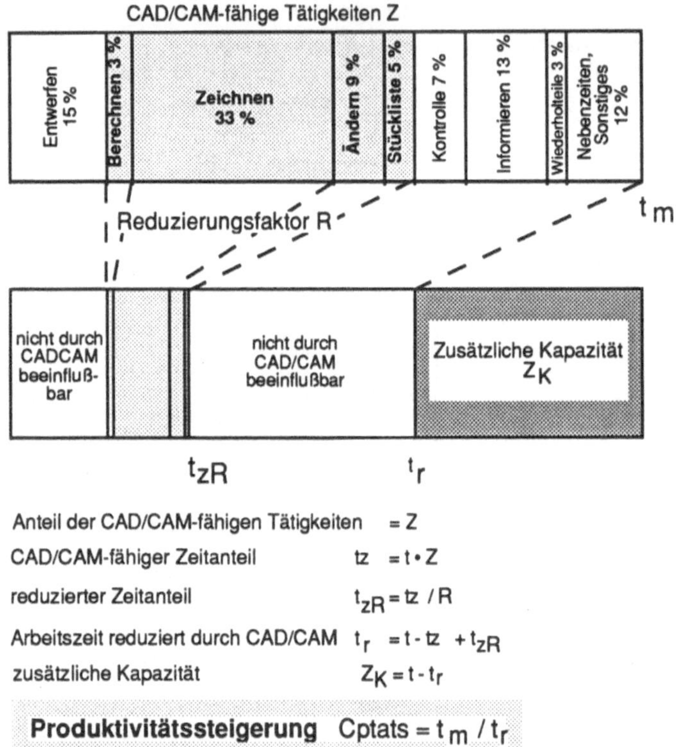

$$\text{Anteil der CAD/CAM-fähigen Tätigkeiten} = Z$$
$$\text{CAD/CAM-fähiger Zeitanteil} \quad t_Z = t \cdot Z$$
$$\text{reduzierter Zeitanteil} \quad t_{ZR} = t_Z / R$$
$$\text{Arbeitszeit reduziert durch CAD/CAM} \quad t_r = t - t_Z + t_{ZR}$$
$$\text{zusätzliche Kapazität} \quad Z_K = t - t_r$$

Produktivitätssteigerung $C_{ptats} = t_m / t_r$

Bild 9.5   Quantifizierung der Steigerung der Produktivität (nach Westermann)

Der Nutzen der CAD/CAM-Technologie kann auf folgende Arten entstehen:

— Ersatz manueller durch rechnerunterstützte, starrer durch flexible Vorgehensweisen

— Ersatz geringwertiger durch höherwertige rechnerunterstützte Vorgehensweisen (z. B. anstelle rechnerunterstützter Zeichnungserstellung rechnerunterstützte Modellierung sowie Simulation von Bearbeitung und späterem Einsatz des Produkts)

— Ersatz isolierter durch integrierte Vorgehensweisen, die zu Änderungen der Aufbau- und Ablauforganisation führen können

In **Tabelle 9.4** werden eine Reihe von quantifizierbaren Nutzen aus dem Einsatz der CAD/CAM-Technologie vorgestellt.

Vertrieb, Angebots- und Auftragsbearbeitung
- Umsatzsteigerung mit vorhandener Produktpalette bei gleichbleibender Marktsituation - Umsatzsteigerung aufgrund neuer Produkte, die erst mit Hilfe der CAD/CAM-Technologie entwickelt und erstellt werden können - Verkürzung der Durchlaufzeit für die Angebotserstellung
Produktentwicklung
- Verkürzung der Durchlaufzeit bei gleichwertigen Ergebnissen (Qualitativer Nutzen aufgrund höherwertiger Entwicklungen bei unveränderter Durchlaufzeit zeigt sich erst in nachfolgenden Bereichen.) - Qualitätssteigerung aufgrund mehrerer bis zur Entscheidungsreife detaillierter Alternativen - Wegfall oder Verminderung von Externvergaben
Konstruktion
- Verkürzung der Durchlaufzeit bei Neuerstellung und Änderung bei gleichwertigen Ergebnissen (Qualitativer Nutzen aufgrund höherwertiger Konstruktionen bei unveränderter Durchlaufzeit zeigt sich erst in nachfolgenden Bereichen.) - Widerspruchsfreie Änderung kompletter Zeichnungssätze - Verstärkte Verwendung vorhandener Teile aus dem Produktarchiv - Verminderung oder Wegfall von Externvergaben - Verminderung oder Wegfall des Aufwandes für Normenkontrolle - Verminderung oder Wegfall des Aufwandes für Prüfarbeiten durch eindeutige Datenhaltung - Verminderung oder Wegfall des Erstellungsaufwandes für Stücklisten, Basisarbeitspläne und Solldaten zur Qualitätskontrolle - schnellere Anpassungsmöglichkeit an Markterfordernisse durch höheren Konstruktionsdurchsatz
Arbeitsvorbereitung
- Verminderung oder Wegfall des Aufwandes zur Übertragung von Listen bzw. Stücklisten und Basis-Arbeitsplänen von der Zeichnungsunterlage in ein entsprechendes rechnerunterstütztes Bearbeitungssystem - Verringerung oder Wegfall des Aufwandes zur Bearbeitung geometrischer Daten (Neueingabe, Änderung) für Verfahrwegerstellung und Qualitätskontrolle - Senkung der Programmierdauer für NC-Verfahrwegprogramme - weniger Rückfragen an den Konstruktionsbereich
Fertigung
- Senken des Ausschusses - Verringerung des Aufwandes für Probeläufe - Reduzierung des Aufwandes für die Qualitätskontrolle

Tabelle 9.4   Nutzen des Einsatzes der CAD/CAM-Technologie

Bei *laufendem Betrieb* treten bei der quantitativen Nutzenerfassung folgende Schwierigkeiten auf:

- Produktivitätssteigerungen in Entwicklung und Konstruktion, wie z.B. die exakte Simulation und Optimierung von Montagevorgängen, werden oft erst in nachfolgenden Bereichen (Arbeitsvorbereitung, Fertigung) sichtbar.

- Bei der Anwendung von CAD/CAM-Systemen entsteht eine Reihe neuer Tätigkeiten, für die es im herkömmlichen Ablauf keine Entsprechung gibt. Dies sind insbesondere Planung und Simulation von Abläufen. Bei solchen Tätigkeiten ist die Vergleichbarkeit mit herkömmlichen Vorgehensweisen nicht gegeben und damit eine direkte Nutzenermittlung unmöglich.

- Abläufe sind nur in der Produktion bekannt und werden nur dort laufend, z.B. über eine Betriebsdatenerfassung, aufgenommen. Eine Erfassung der Abläufe in den produktdefinierenden Bereichen wird meistens nicht durchgeführt. Fehlende Bezugsgrößen erschweren aber die Vergleichbarkeit für die Nutzenermittlung.

- Der Produktentstehungsprozeß erfolgt in Abteilungen, die funktional voneinander getrennt sind. Eine mangelnde Synchronisation beim Durchlauf des Auftrags durch diese Abteilungen führt zu einer diskontinuierlichen Bearbeitung und damit zu einer Vernichtung von Produktivitätssteigerungspotentialen.

Um den durch CAD/CAM-Systeme entstandenen Nutzen an allen Stellen, an denen er auftritt, einfacher erfassen zu können, lassen sich auch *Kennzahlensysteme* verwenden. Dabei kann mit verschiedenen Systemen gearbeitet werden. Das erste Kennzahlensystem erfaßt die Produktivitätssteigerung durch den Einsatz eines CAD/CAM-Systems im Vergleich zur herkömmlichen Vorgehensweise [Hett85, Wild85]. Neben diesen direkt zuzuordnenden Kennzahlen wurde in [Vajn86] ein Kennzahlensystem entwickelt, das sowohl für den Vergleich von herkömmlichen zu rechnerunterstützten Verfahren als auch zur Erfassung der Nutzen beim Ersatz eines rechnerunterstützten Verfahrens geeignet ist. Dabei wird nach Kennzahlen für die Steigerung der Produktivität, der Erhöhung der Flexibilität und der Verbesserung der Qualität unterschieden.

Generell sollten für eine vollständige Nutzenerfassung folgende Vorbereitungen getroffen werden:

- Um Bezugsgrößen für einen Nutzenvergleich zu erhalten, sollten in den Bereichen der Produktdefinition Studien über den Ist-Zustand der Bearbeitung und der Ablauforganisation durchgeführt werden.

- Um eine leichte Vergleichbarkeit von Abläufen zu gewährleisten und um das Risiko zu minimieren, sollte die Einführung der CAD/CAM-Technologie entsprechend der *vertikalen Integration* erfolgen. Dabei wird zunächst *eine* Produktfamilie vollständig rechnerunterstützt bearbeitet. Erst danach wird die Rechnerunterstützung auf weitere Produktfamilien ausgedehnt.

- Es müssen Möglichkeiten zur detaillierten Terminverfolgung von Aufträgen und zur Auftragslokation in allen Bereichen des Produktentstehungsprozesses und nicht, wie bisher, nur in der Produktion vorhanden sein, um den durch eine schnellere Bearbeitung erzielten Nutzen am Ort seines Entstehens erfassen und quantifizieren zu können. Dies ist nur mit einer unternehmensweiten Betriebsdatenerfassung (BDE, Abschnitt 6.3.4) möglich.

- Es muß sichergestellt sein, daß Produktivitätssteigerungen an jeder Stelle des Auftragsdurchlaufs erhalten bleiben. Alle dem Ersteinsatzbereich der CAD/CAM-Technologie nachfolgenden Bereiche müssen an die zu erwartende Produktivitätssteigerung angepaßt werden. Dazu sind im einzelnen qualifikatorische Maßnahmen für die Mitarbeiter (Abschnitt 8.2), planerische Maßnahmen (Anwendung von PPS-Systemen nicht nur in der Fertigung, sondern für alle Schritte der Produktentstehung) sowie technischen Maßnahmen (Rechnerunterstützung, Vernetzung der einzelnen Systeme, Kapitel 5, gemeinsame Benutzungsoberfläche und Datenbank, Kapitel 7) erforderlich.

9.1.3 Wirtschaftlichkeitsrechnung

Ziel einer Wirtschaftlichkeitsrechnung ist es, jeden durch den Einsatz der CAD/CAM-Technologie entstandenen Nutzen zu erfassen und mit betriebswirtschaftlichen Verfahren in Relation zu den Kosten zu bringen.

Die Gliederung des Produktentstehungsprozesses in funktional getrennte Abteilungen mit eigenen Kostenstellen und das Entstehen von Kosten und Nutzen an unterschiedlichen Stellen bereitet bei der Bestimmung der Wirtschaftlichkeit von CAD/CAM-Systemen einige Schwierigkeiten. Mit den Verfahren der Betriebswirtschaftslehre können die Kosten einer Kostenstelle nicht immer mit solchen Nutzen verrechnet werden, die an einer anderen Kostenstelle entstanden sind. Solange die Wirtschaftlichkeit mit einer kostenstellenbezogenen Vorgehensweise bestimmt werden muß, sollte mindestens im produktdefinierenden Bereich die Zahl der Kostenstellen durch geeignete organisatorische Maßnahmen für die Aufbau- und Ablauforganisation (Abkehr von der Funktionaltrennung, Zusammenlegung mehrerer Bereiche, Einführung von EIZ und FFS, Abschnitte 6.3.1 und 8.3.4) verringert werden.

Für die eigentliche Berechnung werden sowohl *statische* als auch *dynamische Methoden* der Investitionsrechnung verwendet. Zu den statischen oder einperiodischen Methoden der Investitionsrechnung gehören [VDI2216, Wöhe86] die

- *Kostenvergleichsrechnung*: Kriterium ist die *Kostenreduktion*, die beim Einsatz eines CAD/CAM-Systems im Vergleich zur herkömmlichen Vorgehensweise erzielt wird.

- *Rentabilitätsrechnung* (Return on Investment, ROI): Dabei wird die Wirtschaftlichkeit aufgrund der erzielbaren *Verzinsung* des Investitionsbetrags beurteilt. Der mittlere Kapitaleinsatz ist der Mittelwert aus dem gesamten Kapitaleinsatz am Anfang und am Ende des Jahres, insofern werden Zusatzinvestitionen berücksichtigt. R_{ROI} wird jährlich berechnet.

$$\text{Rentabilität } R_{ROI} = \frac{\text{durchschnittliche jährliche Kostenersparnis}}{\text{durchschnittliches gebundenes Kapital}} \times 100\,\% \qquad (9.4)$$

- *Amortisationsrechnung*: Beurteilungskriterium ist die *Kapitalrückflußzeit* (= Amortisationsdauer). Sie umfaßt die Länge des Zeitraums für den Rückfluß des eingesetzten Kapitals.

$$\text{Amortisationsdauer } A = \frac{\text{Kapitaleinsatz}}{\text{jährliche Kostenersparnis + Abschreibungen}}\,[\text{Jahre}] \qquad (9.5)$$

Die statischen Verfahren der Investitionsrechnung enthalten vereinfachende Annahmen (durchschnittliche jährliche Kosteneinsparungen, durchschnittlich gebundenes Kapital), die das Anlaufverhalten nicht berücksichtigen und damit den Aussagewert für die Beurteilung von Investitionsalternativen erheblich einschränken können. Trotzdem haben sie ihre Berechtigung bei der prospektiven Bestimmung der Wirtschaftlichkeit, vor allem dann, wenn nur Schätzwerte für Kosten und Nutzen zur Verfügung stehen. Für eine Erfolgskontrolle im laufenden Betrieb (retrospektive Betrachtung) eignen sich die statischen Verfahren nicht.

Exaktere Ergebnisse liefern die dynamische Methoden der Investitionsrechnung. Für die Ermittlung der Wirtschaftlichkeit von CAD/CAM-Systemen geeignet sind von diesen die *Kapitalwertmethode* und deren Varianten in Form von *interner Zinsfußmethode* und *Barwertmethode*. Den dynamischen Berechnungsverfahren liegt folgende Formel zugrunde:

$$KW = \sum_{T=0}^{T=T^*} \frac{(E_T - A_T)}{(1+p)^T} \qquad (9.6)$$

Darin sind

KW = Kapitalwert
E   = jährliche Einzahlungen (Einsparungen)
A   = jährliche Auszahlungen (Ausgaben)
p   = Zinsfuß
T   = Laufzeit (Abschreibungsdauer)

Bild 9.6 zeigt den zeitbezogenen Zusammenhang zwischen Einzahlungen und Auszahlungen. Am nullten Jahr der Betrachtung gibt es keine Einzahlungen. Auszahlungen sind die Investition mit der Einsatzvorbereitung. In diesem Zeitraum fallen noch keine Zinsen an.

Die Einzahlungen verlaufen analog zu dem Anstieg des Produktivitätssteigerungsfaktors Cp_{tats} (vergleiche Bild 9.4). Ist Cp_{tats} kleiner 1, liegt eine negative Einzahlung vor. Die Einzahlungen enthalten die durch den Einsatz des CAD/CAM-Systems anfallenden Ersparnisse (z.B. bewerte Zeitvorteile). Damit gehen die Personalkosten in die Einsparungen ein.

Die Auszahlungen enthalten neben der Investition die laufenden Kosten (Maschinenstundensatz), allerdings ohne Abschreibung und Zinskosten. Da im 0. Jahr die Investition voll eingeht, werden Abschreibungen nicht berücksichtigt. Durch die Abzinsung werden die Zinsen bei den Kosteneinsparungen berücksichtigt. Laufende Kosten können ansteigen, falls eine Zusatzinvestition getätigt wurde (in Bild 9.6 im dritten Jahr).

Dynamische Methoden sollten bei Investitionen in die CAD/CAM-Technologie aus folgenden Gründen bevorzugt angewendet werden:

*   Kosten und Nutzen stehen als Auszahlungs- und Einzahlungsreihen zur Verfügung. Die Reihen können beliebig fein unterteilt und die Länge der Periode, für den die Wirtschaftlichkeit bestimmt werden soll, kann je nach Bedarf festgelegt werden.

*   Der Einfluß des Anlaufverhaltens wird berücksichtigt, d.h. in den ersten Jahren niedrige Kosteneinsparungen, die dann später ansteigen. Gleiches gilt auch für spätere Schwankungen der Produktivität.

*   Durch Abzinsung der Kosteneinsparung (Division durch Zinsfaktor $(1+p)^T$) wird der Tatsache Rechnung getragen, daß Einsparungen in späteren Perioden weniger wertvoll sind als in frühen Perioden.

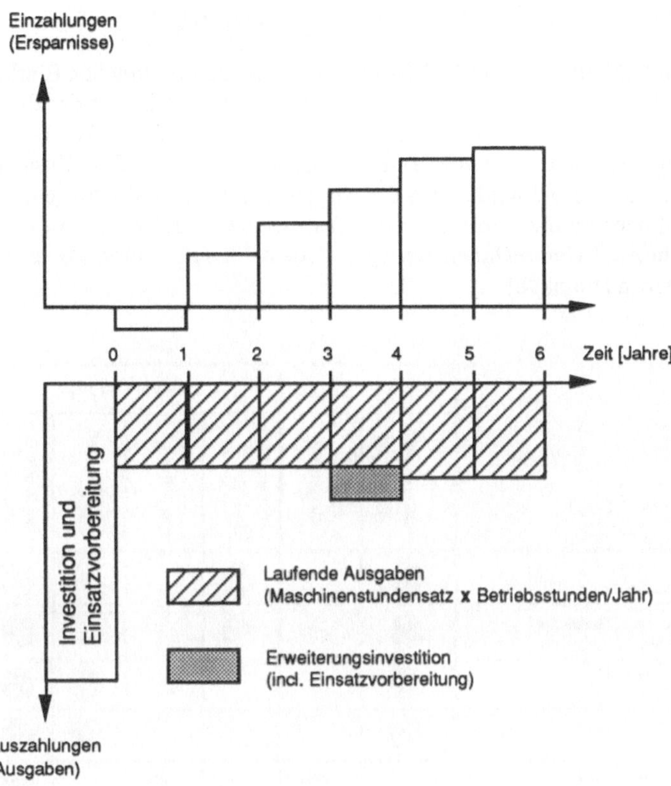

Bild 9.6 Verlauf von Einzahlungs- und Auszahlungsreihen einer CAD/CAM-Investition

Bei der *internen Zinsfußmethode* wird derjenige Zinsfuß p gesucht, bei dem bei fest vorgegebener Abschreibungsdauer T* der Kapitalwert KW = 0 wird. Dieser Zinsfuß ist die Rendite des eingesetzten Kapitals. Die Berechnung erfolgt iterativ durch Vorgabe unterschiedlicher Werte für p. Liegt die Rendite über dem unternehmensspezifischen Zinsfuß, so ist die Investition wirtschaftlich.

Bei der *Barwertmethode* wird der Kapitalwert KW für fest vorgegebenen Zinsfuß p und Abschreibdauer T* berechnet. Wirtschaftlich ist eine Investition, wenn der Barwert größer Null ist.

Die *dynamische Amortisationsdauer TA* ergibt sich bei fest vorgegebenem Zinsfuß p zu dem Zeitpunkt, in dem KW = 0 wird. Auch diese Berechnung muß iterativ durchgeführt werden.

Die dynamischen Methoden eignen sich sowohl für prospektive (Einführungs- und Anlaufphase) als auch für retrospektive Wirtschaftlichkeitsbetrachtungen (laufender Betrieb). Im prospektiven Fall gehen für Ein- und Auszahlungsreihen Schätz- bzw. Rechenwerte ein, im retrospektiven Fall die tatsächlich angefallenen Nutzen und Kosten.

9.2   Einflußgrößen auf die Wirtschaftlichkeit

Die Wirtschaftlichkeit des CAD/CAM-Einsatzes hängt von zahlreichen Einflußgrößen ab. Wichtige Einflußgrößen sind die Kapitel 8 beschriebenen Maßnahmen der Einsatzvorbereitung, Ausbildung der Anwender und die Organisation des CAD/CAM-Betriebs. Es gibt weitere Einflußgrößen, die nur zum Teil technischer Natur sind. Eine Zusammenstellung zeigt **Bild 9.7**. In Bild 9.7 wird neben der Art des primären Einflusses (entweder auf den Kostenverlauf oder auf die Nutzenentstehung) auch eine Charakterisierung der Einflußgrößen im Hinblick auf Unternehmensstrategie, Personal, Organisation sowie Hardware und Software gegeben [Vajn89b].

Einflußgrößen	primär Einfluß auf		Charakterisierung			
	Kostenverlauf	Nutzen-Entstehung	Unternehmens-Strategie	Personal	Organisation	Hardware, Software
System-Konfiguration	●		●			●
einheitl. Hardware/Betriebssystem	●		●			●
Software-Bibliotheken	●				●	●
Lizenzierung Software	●				●	●
Entwicklungs-Geschwindigkeit		●		●		●
Lerntempo Mitarbeiter		●		●	●	
Wartungs-Strategie	●				●	●
Organisations-Änderungen		●		●	●	
Systemeinheit/Systemvielfalt	●		●		●	●
Entwicklung Zusatzsoftware	●			●		●
Verlängerung Nutzungszeit		●	●	●		

Bild 9.7   Einflußgrößen auf die Wirtschaftlichkeit von CAD/CAM-Systemen

Folgende Einflußgrößen werden in diesem Abschnitt beschrieben:

– Betreuung und Weiterbildung der Anwender,
– Akzeptanz durch Führungskräfte,
– Konfiguration von CAD/CAM-Hardware und -Software
– Wartungsstrategie,
– Einheitliches System oder Systemvielfalt und
– Verlängerung der Nutzungszeit.

Grundsätzlich können Einflüsse auf den Kostenverlauf leichter erfaßt und geändert werden als Einflüsse auf die Nutzenentstehung, da die anfallenden Kosten durch die Verfahren der Kostenrechnung weitgehend berücksichtigt werden können. Auf die Schwierigkeiten bei der Nutzenerfassung wurde in Abschnitt 9.1.2 hingewiesen.

9.2.1 Betreuung und Weiterbildung der Anwender

Das reibungslose Arbeiten an CAD/CAM-Systemen erfordert neben einer sorgfältigen Ausbildung (siehe auch Abschnitt 8.2) ein hohes Betreuungspotential. Der Erfahrungswert für ein effektives Arbeiten liegt in der Industrie bei 10 – 15 Anwendern pro Betreuer, unabhängig von Systemart und -größe.

Die Weiterentwicklung der CAD/CAM-Systeme führt dazu, daß rechnerunterstützte Funktionen und Hilfsmittel für immer mehr Tätigkeiten zur Verfügung stehen. Der wirtschaftliche Einsatz bleibt aber nur dann erhalten, wenn die Anwender diese neuen Funktionen und Hilfsmittel auch im Tagesgeschäft einsetzen. Eine sofortige Auswirkung der neuen Funktionen auf den Verlauf der Produktivität ist aufgrund der Lernkurve des Anwenders nicht möglich, es kommt zu einem temporären Abfall der Produktivitätskurve, **Bild 9.8**. Bei neuen Versionen der CAD/CAM-Software ist daher eine sofortige Weiterschulung der Anwender erforderlich. Viele Anwender benötigen zudem nach einiger Zeit eine Nachschulung zur Auffrischung des Kenntnisstandes, der sinnvollerweise anhand von Aufgaben des Tagesgeschäftes durchgeführt wird.

Schulungsmaßnahmen sollten auf der anderen Seite nicht häufiger als einmal pro Jahr stattfinden, um den dadurch bedingten Produktivitätsabfall gering zu halten [Vajn87]. Kommen neue Versionen der CAD/CAM-Software öfters als einmal pro Jahr, sollten diese von der betreuenden Stelle gesammelt und nur einmal im Jahr für Anwendungen freigegeben werden.

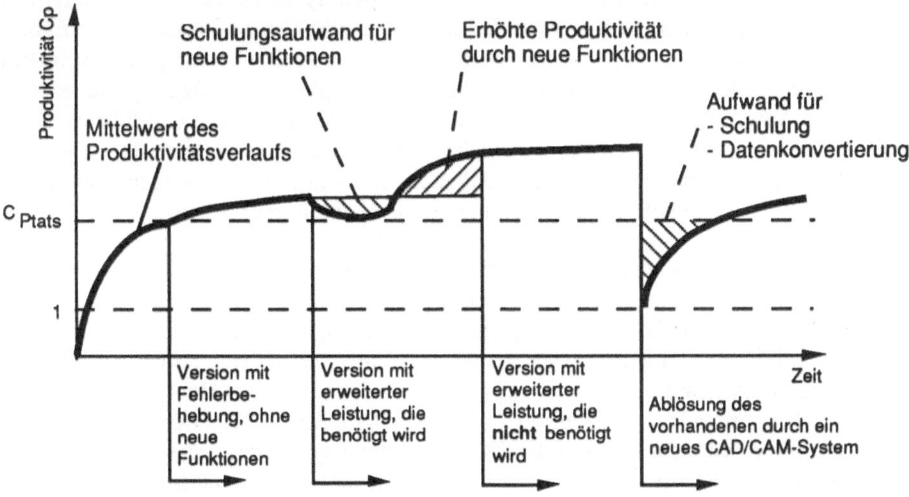

Bild 9.8   Verlauf der Produktivität bei neuen Versionen und bei Ablösung eines CAD/CAM-Systems

9.2.2 Akzeptanz durch Führungskräfte

Höhere Führungskräfte und die Anwender selbst sind in der Regel von der Notwendigkeit des CAD/CAM-Einsatzes überzeugt. Führungskräfte auf der Ebene der Gruppen- und Abteilungsleiter hingegen stehen dem Einsatz oft kritisch gegenüber, wobei gerade diesen eine besondere Bedeutung für den wirtschaftlichen Einsatz zukommt. Von ihrer persönlichen Einstellung zum Einsatz des CAD/CAM-Systems hängt es ab, ob

- alle eingegangene Aufträge mit dem CAD/CAM-System bearbeitet werden,
- Maßnahmen durchgesetzt werden, die zur Aus- und Weiterbildung künftiger Anwender notwendig sind,
- die Mitarbeiter genügend Zeit und Freiraum bekommen, ihre CAD/CAM-Kenntnisse anhand aktueller Aufträge ausreichend zu vertiefen,
- eine rasche Durchdringung ihrer Abteilung mit der CAD/CAM-Technologie sichergestellt werden kann,
- die Motivation der Mitarbeiter, mit dem CAD/CAM-System zu arbeiten, gefördert wird und darauf geachtet wird, daß die Mitarbeiter permanent mit Systemen der Rechnerunterstützung arbeiten, um ihren Kenntnisstand beizubehalten und auszubauen.

Wenn aber die (nicht immer realistische) Erwartungshaltung dieser Führungskräfte an den CAD/CAM-Einsatz nicht sofort befriedigt werden kann, erfolgt die Realisierung, wenn überhaupt, erst mit einer zeitlichen Verzögerung. Bei einer laufenden Anwendung wird in dem Moment, wo nach ihrer Meinung das Tagesgeschäft behindert werden würde, auf die vertrauten herkömmlichen Vorgehensweisen zurückgegriffen. Auch Führungskräfte müssen daher an Schulungsmaßnahmen teilnehmen, um die entsprechenden Kenntnisse und damit die Eigenmotivation zum Einsatz der CAD/CAM-Technologie zu gewinnen.

9.2.3 Konfiguration von CAD/CAM-Hardware und -Software

Wie bereits in Kapitel 5 dargestellt, wird in einem Bereich nach dem Client-Server-Konzept konfiguriert. Dabei arbeiten die Anwender an vernetzten Systemen (Clients), welche von einem Hintergrundrechner (Server) verwaltet werden. Damit können dezentrale Konfigurationen mit einer der jeweiligen Aufgabenstellung entsprechenden Leistungsfähigkeit zum Einsatz kommen. Jedes CAD/CAM-System kann mit exakt der Software ausgestattet werden, die der Anwender benötigt. Diese Individualisierung spart Kosten und führt zu einer hohen Akzeptanz und Effizienz der Anwender. Fällt ein System aus, so ist davon nur der Anwender betroffen, die übrigen werden davon nicht berührt. Erweiterungen sind gezielt in kleinen Schritten möglich, die jeweilige Investition bleibt überschaubar.

Die eingesetzten Komponenten des CAD/CAM-Systems sollten in einem Unternehmen weitgehend standardisiert sein. Die Verwendung von Standard-Hardware hat den Vorteil, daß diese beliebig ausgebaut und ausgetauscht werden kann. Entsprechend sollten nur noch Standard-Betriebssysteme eingesetzt werden, entweder als einheitliches Hardware-Betriebssystem (ein Betriebssystem, das auf allen Rechnern eines Herstellers identisch läuft) oder als universelles und genormtes Betriebssystem, das auf Rechnern vieler Hersteller eingesetzt werden kann (wie z.B. UNIX). In Verbindung mit dem genormten Betriebssystems kann zur Kostensenkung Hardware verschiedener Hersteller eingesetzt werden.

Mit dieser Vorgehensweise wird eine beliebige und schnelle Austauschbarkeit von Hardware und Software innerhalb des Unternehmens gewährleistet. Der Personalaufwand für

Wartung und Pflege richtet sich nur nach der Menge der eingesetzten Systeme, nicht mehr nach ihrer Vielfalt.

9.2.4 Wartungsstrategie

Ein Wartungsvertrag kann für jedes CAD/CAM-System, ob auf Personalcomputer oder Arbeitsplatzrechner, abgeschlossen werden. Die Kosten für eine Vollwartung liegen zwischen 0,8 bis 1,2 % des Kaufpreises pro Monat. Diese Wartung enthält nicht nur den vorbeugenden Austausch und die (kostenlose) Reparatur defekter Komponenten (Service), sondern insbesondere die laufende Erneuerung von Geräten und Programmen im Zuge der Weiterentwicklung (vorbeugende Wartung), Hilfestellung bei Anwendungsproblemen („Hotline") sowie oft eine vom Anbieter garantierte Mindestverfügbarkeit des CAD/CAM-Systems von üblicherweise 95 %. Weitere Abstufungen mit vermindertem Leistungsumfang sind möglich.

Wartungsfreundlichkeit und geringe Reparaturanfälligkeit heutiger Systeme verleiten oft dazu, aus Kostengründen auf die Wartung zu verzichten und nur bei einer Systemstörung Wartungsleistungen anzufordern. Dies rechnet sich aber meistens nur kurzfristig und vordergründig. Der Lieferant garantiert in diesem Fall keine Mindestverfügbarkeit, er führt keine vorbeugende Wartung aus und bevorzugt im Störungsfall grundsätzlich solche Kunden, die einen Wartungsvertrag haben. Es kann also zu erheblichen Wartungskosten aufgrund langer Ausfallzeiten und hoher Ersatzteilpreise kommen. Bei einem Kunden ohne Wartungsvertrag wird bei neuen Versionen der Software für die Aktualisierung in der Regel der komplette Anschaffungspreis einer neuen Software-Lizenz verlangt.

Mit dem Wegfall der Wartung ist auch ein Verzicht auf die laufende Erneuerung von Geräten und Programmen verbunden, die den Anwender von der allgemeinen Weiterentwicklung abkoppelt und die z.B. Vernetzung und Datentausch mit anderen Systemen erschwert bzw. ganz unmöglich macht.

Einige Einsparungsmöglichkeiten können aber in Erwägung gezogen werden. Zunächst wird zwischen Hardware- und Software-Wartung getrennt und geprüft, ob nicht Dritte die gleiche Leistung zu besseren Konditionen anbieten. Wenn die Hardware aus wenigen standardisierten Komponenten zusammengesetzt ist, genügend qualifiziertes Personal zur Verfügung steht und man bereit ist, die wichtigsten Komponenten vor Ort als Ersatzteile zu lagern, kann eine Abrufwartung erfolgen. Im Störungsfall werden die Komponenten ausgetauscht und entweder im Hause oder beim Hersteller ohne Zeitdruck repariert.

9.2.5 Einheitliches System oder Systemvielfalt?

Oft kommen entlang der Prozeßkette oder in den verschiedenen Bereichen eines Unternehmens unterschiedliche CAD/CAM-Systeme zum Einsatz. Mit zunehmendem Einsatz sollte geprüft werden, ob verschiedene Systeme eingesetzt werden müssen oder ob die Arbeiten mit einem einheitlichen CAD/CAM-System erledigt werden könnten.

Die *Vorteile* eines einheitlichen Systems sind geringe laufende Kosten aufgrund des kleinen Betreuungsaufwands sowie einfache Wartung und Pflege. Die Fixkosten werden nicht beeinflußt, da diese primär von der Anzahl der Arbeitsplätze abhängig sind. Zusatzsoftware muß nur einmal erstellt werden. Es sind wenige Mitarbeiter als Know-How-Träger erforderlich.

Nachteilig ist, daß aufgrund einer mangelnden Abstufung oft überdimensionierte Systeme eingesetzt werden, mit denen der Leistungsbedarf eines Bereichs nicht exakt befriedigt werden kann. Die Systeme werden nicht voll ausgenutzt, so daß der Fixkostensatz anteilig hoch sein kann.

Gründe für eine *Systemvielfalt* sind vor allem stark unterschiedliche Anwendungsgebiete, die von einem einzigen CAD/CAM-System nicht abgedeckt werden können, ein unkoordiniertes Vorgehen der Einsatzbereiche bei der Beschaffung oder die Forderung eines Kunden, der sein eigenes System auch beim Zulieferanten sehen möchte, um Probleme beim Datentausch mit dem Zulieferanten zu vermeiden.

Vorteil der Systemvielfalt ist, daß eine optimale Anpassung an die Aufgaben der einzelnen Anwendungsbereiche bzw. an Kunden erfolgen kann. *Nachteile* sind, daß der Datentausch zwischen unterschiedlichen Systemen im Unternehmen mit den heute verfügbaren Schnittstellen nur mit hohem Zeitaufwand möglich ist und daß vorhandene Zusatzsoftware redundant entwickelt und gepflegt werden muß. Zur Betreuung und Wartung werden pro System erfahrungsgemäß zwei Mitarbeiter benötigt.

Eine pragmatische Lösung ist es, im Zuge der unternehmensinternen Standardisierung der Komponenten des CAD/CAM-Systems die Systemvielfalt lediglich durch unterschiedliche Softwarepakete, die aber alle auf dem gleichen Betriebssystem laufen, zu realisieren.

9.2.6 Verlängerung der Nutzungszeit

Bei der Berechnung der Wirtschaftlichkeit geht man üblicherweise von einer durchschnittlichen täglichen Nutzung des CAD/CAM-Systems von 10h/Tag bzw. 2.500h/Jahr aus. Es sollte geprüft werden, ob im Rahmen der Gleitzeit, die in vielen Unternehmen über 12h/Tag geht, eine Verlängerung der Nutzungszeit möglich ist. Die Nutzungszeit ließe sich daher auch auf 12h/Tag bzw. 3.000h/Jahr erweitern.

Eine Flexibilisierung der Gleitzeit und damit eine Erweiterung der Nutzungszeit z.B. auf 14h/Tag bzw. 3.500h/Jahr trägt weiter zur Verbesserung der Rentabilität der Investition bei. Ein möglicher Schritt ist die Einführung einer zweischichtigen Nutzung, so daß die Nutzungszeit auf 16h/Tag bzw. 4.000h/Jahr ansteigt. In vielen Betrieben in den Vereinigten Staaten ist der Zweischichtbetrieb die Regel.

Entsprechend der Verlängerung der Nutzungszeit sinken die Maschinenstundensätze ab, da Abschreibung, Verzinsung des eingesetzten Kapitals sowie Wartungs- und Versicherungskosten jahresfix sind. Die aufgrund der Verlängerung ansteigenden Betriebsmittelkosten drücken sich, wie die Erfahrung zeigt, nur in Nachkomma-Stellen aus.

Vorteile sind eine Verkürzung der Durchlaufzeit, da der spezifische Zeitbedarf pro Auftrag sich nicht ändert, aber ein Kapazitätszuwachs für die Abteilung entsteht. Folgeinvestitionen in weitere Arbeitsplätze werden daher nicht so schnell erforderlich. Die Nutzungsintensität wird entzerrt, auf Kapazitätsschwankungen kann mit einer Verlängerung bzw. Verkürzung der Nutzungszeit reagiert werden. Bei zentralen Konfigurationen kommt es durch die Entzerrung der Nutzung zu einem besseren Antwortzeit-Verhalten. Die längere Nutzung (und damit das weniger häufige An- und Abschalten der Systeme) führt zu einer geringeren Störanfälligkeit und zu einem geringeren Verschleiß - der Auslastungsgrad steigt.

Dem Kapazitätsgewinn stehen erhöhte Personalkosten gegenüber. Die Gesamtstundenkosten (Maschinenstundensatz plus Personal-Vollkosten) sinken nicht in dem Maß wie der Maschinenstundensatz ab, da die Personalkosten durch die verlängerte Nutzung ansteigen. Ein Beispiel dafür ist in **Bild 9.9** dargestellt. Mindestens ein System-Manager oder ein Anwendungsbetreuer muß während der gesamten täglichen Nutzungszeit zur Behebung von Störfällen zur Verfügung stehen. Bei kleinen Installationen ist dies einfach möglich, wenn die Mitarbeiter der betreuenden Stelle im Rahmen der Gleitzeit zeitversetzt arbeiten. Bei größeren Installationen müssen weitere Mitarbeiter bereitgestellt werden.

Voraussetzungen

Anwender:	
Angestellter T5/3 Monatsgehalt	DM 5.061,00
Betreuer:	
Angestellter AT, Monatsgehalt	DM 6.100,00
Vollkostenzuschlag	48 %
Arbeitszeit	173h / Monat
Stundensatz Anwender:	DM 43,30
Stundensatz Betreuer:	DM 52,20
Betreuungskosten	10 % pro Arbeitsplatz
Maschinenstundensatz:	DM 90,00

Nutzungszeit / Tag	Maschinenstundensatz	Maschinenkosten / Tag	Personalkosten / Tag Anwender	Personalkosten / Tag Betreuer	Σ / Tag	Gesamtstundensatz
10	90	900	433	52	1385	135,80
12	75	900	520	63	1483	123,60
14	64	900	606	73	1579	112.80
16	56	900	693	84	1677	104,80

Bild 9.9   Veränderung der Gesamtkosten bei Verlängerung der Nutzungszeit

9.3   Berechnungsbeispiel

Im nachfolgenden Berechnungsbeispiel werden die Nutzen- und die Kostenseite sowie die sich daraus ergebende Wirtschaftlichkeit einer CAD/CAM-Anwendung berechnet.

9.3.1 Bestimmung der Nutzenseite (Produktivitätssteigerungsfaktor C_{Ptats})

Der Produktivitätssteigerungsfaktor C_{Ptats} ist abhängig vom Produktspektrum des Einsatzgebietes. In der Auswahlphase sollte die Bestimmung von C_{Ptats} spätestens bei der Informationsbeschaffung (siehe Abschnitt 8.1.5) durchgeführt werden.

Die Bestimmung der möglichen Steigerung der Produktivität erfolgt hinreichend genau mit der *Kleinstzeitenmethode*. Diese Methode verwendet Meßreihen, mit denen die Zeit zur Generierung bestimmter Elemente (Geometrie, Bemaßung, Beschriftung etc.) auf herkömmliche Art und am CAD/CAM-System erfaßt wird. Durch Ermittlung der Zeiten für die konventionelle Zeichnungserstellung (t_m) und die rechnerunterstützte Modellierung eines Elements (t_r) lassen sich elementspezifische Kleinstzeiten und daraus elementspezifische Produktivitätssteigerungsfaktoren (= t_m / t_r) berechnen. Elementspezifische Kleinstzeiten sind in **Tabelle 9.5** dargestellt.

Elemente	Faktor
Konturelemente	1,8
Normalmaße	6,2
Toleranzmaße	10,4
NC-Bezugsmaße	14,4
Form- und Lagetoleranz	5,6
Schraffur	3,4
Text	1,7 - 9,3
Makros	3 - 5
Varianten	> 5
Symbole	2,5 - 3,5
Abwicklungen	5 - 10
Schnittgenerierung	1,5 - 2
Einzelheiten	4 - 5
Verschieben / Spiegeln	2,8 - 22,2
Drehen	2,9 - 25,4
Löschen	0,3 - 6,2

Tabelle 9.5   Elementspezifische Faktoren zur Steigerung der Produktivität [Vajn82, VDI2216]

Die elementspezifischen Faktoren werden pro technischer Zeichnung aufgrund der jeweiligen Elementehäufigkeit in der Zeichnung gewichtet und aufaddiert. Sie ergeben damit den für diese Zeichnung spezifischen Faktor. Der für das Produktspektrum erzielbare Produktivitätssteigerungsfaktor Cp_{tats} ergibt sich dann wie folgt:

1. Auswahl von 5 – 10 repräsentativen Zeichnungen aus dem Einsatzgebiet, Ermitteln der Häufigkeit des jeweiligen Zeichnungstyps

2. Ermitteln der jeweiligen Elementehäufigkeit in jeder Zeichnung

3. Ermitteln der pro Zeichnung möglichen Produktivitätssteigerung mit Hilfe der Kleinstzeitenmethode

4. Ermitteln von Cp_{tats} durch gewichtete Summierung der pro Zeichnung möglichen Faktoren

Dieses Verfahren berücksichtigt allerdings nur Tätigkeiten der Neukonstruktion und nur solche Tätigkeiten, die sowohl am Reißbrett als auch am CAD/CAM-System durchführbar sind. Da aber das Leistungsspektrum der meisten CAD/CAM-Systeme wesentlich über die reine Zeichnungserstellung hinausgeht, ist bei $Cp_{tats} > Cp_{min}$ immer ein wirtschaftlicher Einsatz gegeben, denn die Vorteile der CAD-Arbeitstechnik sowie erzielbare Zeitvorteile bei Zeichnungsänderungen und bei Zusammenstellungszeichnungen werden hierbei nicht berücksichtigt. Die Auswertung und der Vergleich mit der konventionellen Zeichnungserstellung führt daher auf einen unteren Grenzwert der erzielbaren Produktivitätssteigerung.

9.3.2 Berechnung der Kostenseite (Cp_{min})

Die Berechnung der Kostenseite für Cp_{min} erfolgt nach der in Bild 9.4 in Abschnitt 9.1.1 beschriebenen Vorgehensweise. Sie kann in der Phase der Informationsbeschaffung über ein CAD/CAM-System (Abschnitt 8.1.5) mit Schätzwerten, in der Entscheidungsphase für ein bestimmtes System (Abschnitt 8.1.6) mit aktuellen Werten aus dem Angebot eines Systemanbieters erfolgen. Erste Schätzwerte können aus der Tabelle 9.1 entnommen werden. Für eine genaue Bestimmung der Kosten in der Entscheidungsphase werden in diesem Beispiel folgende unterschiedliche Systemkonfigurationen betrachtet:

Fall 1: CAD-System für die Zeichnungserstellung auf der Basis Personalcomputer (Prozessor z.B. Intel 80486) mit einem großen Bildschirm (Diagonale 19 Zoll) und entsprechender Ausgabeperipherie (Zeichenmaschine, Drucker). Die Investitionssumme beträgt 75 TDM, die Kosten der Einsatzvorbereitung liegen bei 50 TDM.

Fall 2: CAD/CAM-System auf einem Arbeitsplatzrechner (Workstation mit 32-Bit-Prozessor, z.B. Motorola 68040, Digital Equipment Alpha, Hewlett-Packard PA-RISC) mit Ausgabeperipherie wie in Fall 1 und der Möglichkeit der Vernetzung mit weiteren Workstations. Verwendet wird eine CAD/CAM-Software mit einem räumlichen Volumenmodellierer und der Möglichkeit der Variantenprogrammierung. Daten werden lokal auf jedem Arbeitsplatzrechner separat gespeichert. Die Investitionssumme beträgt 120 TDM, die Einsatzvorbereitung kostet 90 TDM.

Fall 3: CAD/CAM-System in einer Client-Server-Konfiguration (siehe Kapitel 5), bestehend aus einem Server (z.B. VAX 7000), sechs vernetzten Arbeitsplatzrechnern als Clients und entsprechender Ausgabeperipherie wie in Fall 1. Der Server wird zur Durchführung von Berechnungen, gemeinsamer Datenspeicherung, Netzwerkverwaltung und zentraler Steuerung der Peripheriegeräte eingesetzt. Es kommt die gleiche CAD/CAM-Software zum Einsatz wie in Fall 2. Die Investitionssumme für das gesamte System beträgt 1.050 TDM, die Einsatzvorbereitung liegt, wie in Fall 2, bei 90 TDM.

Die in diesem Beispiel verwendeten Investitionssummen und Kosten entsprechen dem Stand Ende 1992. Es erfolgt eine lineare Abschreibung der Investitionen, im Fall 1 über drei Jahre aufgrund der hohen Entwicklungsgeschwindigkeit von Personalcomputern, sonst über die heute in den Unternehmen üblichen fünf Jahre. Die Arbeitsschritte zur Berechnung des Maschinenstundensatzes und von Cp_{min} sind aus Bild 9.4 zu entnehmen. Die aktuellen Werte finden sich in **Tabelle 9.6**.

9.3.3 Bestimmung von Produktivitätssteigerung und Einzahlungsreihen

Der Nutzen einer CAD/CAM-Anwendung stellt sich aufgrund von Einführungs- und Anlaufphase nicht sprunghaft ein, sondern steigt entsprechend der Lernkurve der Anwender auf den Endwert Cp_{tats} an. Zum allgemeinen Verlauf einer Lernkurve und den Haupteinflußfaktoren auf die Produktivitätssteigerung vergleiche auch Bild 8.3 in Abschnitt 8.1.8 und Abschnitt 9.2.1. In **Bild 9.10** wird für dieses Beispiel der Verlauf des Produktivitätssteigerungsfaktors über 5 Jahre dargestellt.

- Für Fall 1 (CAD-System auf PC) gilt der Verlauf in der linken Darstellung.

- Für Fälle 2 und 3 (CAD/CAM-System auf einem Arbeitsplatzrechner bzw. in einem Client-Server-System) gilt der Verlauf in der rechten Darstellung. Die höheren Werte für Cp_{tats} gegenüber Fall 1 ergeben sich aus dem verwendeten Modellierer und der Möglichkeit der Variantenprogrammierung. Aufgrund des leichteren Zugriffs auf die im Netz gespeicherten Daten ergeben sich im Falle des vernetzten Systemes noch einmal höhere Werte.

Es wird hierbei angenommen, daß nach 5 Jahren der Wert für Cp_{tats} konstant bleibt.

Einmalige Kosten	Fall 1	Fall 2	Fall 3
Abschreibungsdauer **G**	3 Jahre	5 Jahre	5 Jahre
Betriebsstunden/Jahr **HCPU**	2.500	2.500	2.500
G x HCPU	7.500	12.500	12.500
1 Investition **I**	75 TDM	120 TDM	175 TDM
Einsatzvorbereitung **EV**	50 TDM	90 TDM	90 TDM
2 Gesamtinvestition	**125 TDM**	**210 TDM**	**265 TDM**
Laufende Kosten			
Zinsfuß **p**	12 %	10 %	10 %
Kapitalzinsen **Z**	25.300 DM	64.1 TDM	80.9 TDM
3 Kapitalzinsen / Jahr	8.430 DM	12.820 DM	16.180 DM
4 (I + EV + Z)/(G x HCPU)	20,04 DM/h	21,93 DM/h	27,67 DM/h
Wartung **W** / Jahr (aus ①)	7.500 DM	12 TDM	17,5 TDM
Versicherung **V** / Jahr (aus ①)	750 DM	1,2 TDM	1,75 TDM
Anzahl der Arbeitstage **T**	250	250	250
Konstruktionsstunden / Tag	10	10	10
Auslastungsgrad CAD-AP (Richtwert)	85 %	85 %	85 %
5 CAD-Stunden / Jahr **HAP**	2.125	2.125	2.125
Betriebsmittelkosten **B** pro Stunde HAP	1,75 DM / h	2 DM / h	2 DM / h
6 B pro Jahr	4.375 DM	5.000 DM	5.000 DM
Systemmanager (Vollkosten)	80 DM / h	80 DM / h	80 DM / h
7 Betreuungskosten/h **S**	4 DM / h	8 DM / h	10,66 DM / h
8 (W + V) /HAP + S + B	9,63 DM / h	16,21 DM / h	21,72 DM / h
9 Masch.-Stundensatz **M** (④+⑧)	29,67 DM / h	38,14 DM / h	49,39 DM / h
Laufende Kosten/Jahr (⑨•⑤)	63.1 TDM	81 TDM	104.9 TDM
Personalkosten CAD-Anw. **L**	50 DM / h	50 DM / h	50 DM / h
10 Cpmin = (M + L) / L	**1,6**	**1,76**	**1,99**

Tabelle 9.6   Berechnungsschema für den Maschinenstundensatz und Cp_{min}

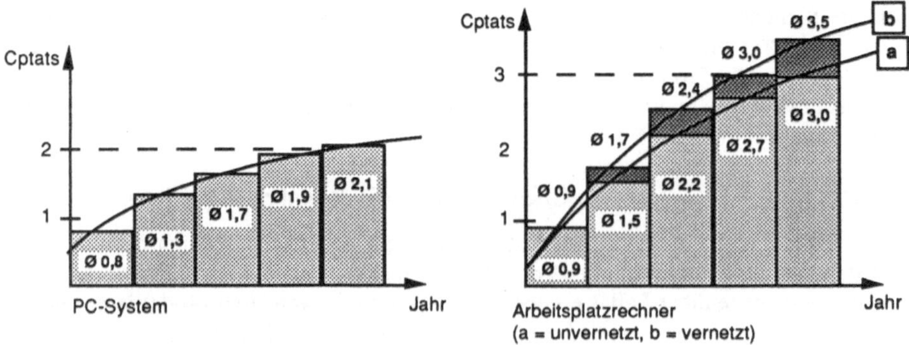

Bild 9.10   Verlauf des Produktivitätssteigerungsfaktors Cp_{tats}

Die Annahmen für die Steigerung von C_{ptats} in den ersten Jahren sind nur dann gültig, wenn eine betriebsspezifisch angepaßte Einsatzvorbereitung mit ausführlicher Schulung durchgeführt wurde. Die Einsatzvorbereitung im Fall 1 fällt in der Regel kürzer und weniger umfangreich aus, da der Leistungsumfang bei CAD-Zeichnungssystemen auf PCs kleiner ist als bei Volumenmodellier-Systemen auf Arbeitsplatzrechnern. Entsprechend niedriger ist der erzielbare Produktivitätssteigerungsfaktor.

Daß die im ersten Jahr auftretenden Werte für C_{ptats} üblicherweise kleiner 1 sind (Anlaufverhalten), kann auf folgende Gründe zurückgeführt werden:

– Die Einsatzvorbereitung ist noch nicht abgeschlossen.
– Die Schulungsmaßnahmen konnten in diesem Zeitraum noch nicht beendet werden, die Mitarbeiter sind noch auf der Lernkurve.

Unter Berücksichtigung der jährlich steigenden Durchschnittswerte für die Produktivitätssteigerung ergeben sich die in **Tabelle 9.7** gezeigten Einsparungen (= Einzahlungsreihe).

Jahr	1	2	3	4	5	
CAD-Arbeitsplatzkapazität [h]						
PC und Arbeitsplatzrechner	2.125	2.125	2.125	2.125	2.125	
Produktivitätssteigerungsfaktor Cptats						
PC	0,8	1,3	1,7	1,9	2,1	
Arbeitsplatzrechner	0,9	1,5	2,2	2,7	3,0	
Arbeitsplatzrechner (vernetzt)	0,9	1,7	2,4	3,0	3,5	
tatsächliche Kapazität [h]						
PC	1.700	2.763	3613	4.038	4.463	
Arbeitsplatzrechner	1.912	3.188	4.675	5.738	6.375	
Arbeitsplatzrechner (vernetzt)	1.912	3.613	5.100	6.375	7.438	
eingesparte Zeit [h]						
PC	- 425	638	1.488	1.913	2.338	
Arbeitsplatzrechner	-213	1.063	2.550	3.613	4.250	
Arbeitsplatzrechner (vernetzt)	-213	1.488	2.975	4.250	5.313	
Interner Stundensatz E/K [DM]						
PC und Arbeitsplatzrechner	50,00	51,50	53,05	54,65	56,30	
Ersparnis aus Zeichnungserstellung [TDM]						Ø -Wert
PC	- 21.3	32.9	78.9	(104.3) *	(125.3) *	**30.2**
Arbeitsplatzrechner	- 10.7	54.7	135.3	197.4	239.3	**123.2**
Arbeitsplatzrechner (vernetzt)	-10.7	76.6	157.6	232.3	299.1	**151.0**

* Die Abschreibung endet nach 3 Jahren

Tabelle 9.7   Einzahlungsreihe für das Berechnungsbeispiel

In Tabelle 9.7 wird von folgenden Voraussetzungen ausgegangen:

• Beim CAD-System auf dem PC (Fall 1) gehen aufgrund der kürzeren Abschreibungsdauer (3 Jahre) nur die ersten drei Werte in die Durchschnittsbildung ein.

• Die Arbeitsplätze des betrachteten Falles sind immer voll ausgelastet, d.h. es werden immer genau so viele Fertigungsunterlagen am CAD- bzw. CAD/CAM-System erstellt, wie innerhalb der in Tabelle 9.6 vorgegebenen CAD-Stunden (H_{CAD}) bearbeitet werden können.

- Der interne Stundensatz in Entwicklung und Konstruktion (Stundensatz E/K in Vollkostenrechnung) liegt mit DM 50,00 in einem mittleren Bereich. Er bildet einen Mittelwert aus den Stundensätzen von Entwicklern, Konstrukteuren und Technischen Zeichnern. Beim Stundensatz wird angenommen, daß er jährlich um 3 % ansteigt.

9.3.4 Bestimmung der Wirtschaftlichkeit

Aus Tabelle 9.6, Zeile 2, werden die Gesamtinvestitionen (Beschaffung und Einsatzvorbereitung) für die drei Beschaffungsbeispiele übernommen. Weitere Werte werden aus Bild 9.10 und Tabelle 9.7 verwendet.

Statische Verfahren

1. Kostenvergleichsrechnung
Eine Kostenreduzierung ist gegeben, wenn $C_{pmin} \leq C_{ptats}$ ist. Mit den Werten für C_{pmin} aus Tabelle 9.6, Zeile 10, und den Werten für C_{ptats} aus Bild 9.10 trifft das zu für alle Fälle im dritten Jahr.

2. Rentabilitäts- und Amortisationsrechnung
Tabelle 9.8 zeigt die Ergebnisse der statischen Rentabilitätsrechnung. Die Kostenersparnis / Jahr ergibt sich aus Tabelle 9.7. Der mittlere Kapitaleinsatz pro Jahr, der bei linearer Abschreibung genau die Hälfte des eingesetzten Kapitals ist (Bild 9.4), ergibt sich aus der Höhe der Gesamtinvestition (Tabelle 9.6, Zeile 2). Es erfolgt keine Folgeinvestition.

	Fall 1a CAD-System auf PC AfA = 3 Jahre	Fall 1b CAD-System auf PC AfA = 5 Jahre	Fall 2 CAD/CAM-System auf Workstations	Fall 3 CAD/CAM-System im Netz
Durchschnittliche jährliche Einsparungen	30.300	64.060	149.400	149.400
Durchschnittliche jährliche laufende Kosten	63.100	49.800	81.000	116.300
Durchschnittliche jährliche Kostenersparnis	- 32.800	14.260	68.000	33.100
Σ Einmalige Kosten = Kapitaleinsatz	125.000	125.000	210.000	265.000
Durchschnittlich gebundenes Kapital	62.500	62.500	105.000	132.500
Abschreibungen / Jahr	41.700	25.000	42.000	53.000
Rentabilität	keine	22,8 %	64,7 %	25 %
Amortisationsdauer [Jahre]		3,2	1,9	3,1

Tabelle 9.8   Statische Rentabilitäts- und Amortisationsrechnung

Zu den einzelnen Werten in Tabelle 9.8: Die *durchschnittliche jährliche Kostenersparnis* ist der Durchschnittswert aller Ersparnisse aus Tabelle 9.7. Bei Fall 1 (CAD-System auf PC) werden nur 3 Jahre (= Abschreibungsdauer!) zur Durchschnittsbildung angesetzt. Der *Kapitaleinsatz* (die Gesamtinvestition) wird aus Tabelle 9.6, Zeile 2, entnommen. Die *Abschreibung* erfolgt linear. Die Abschreibung pro Jahr wird berechnet aus der Gesamtinvestition (Tabelle 9.6, Zeile 2) dividiert durch die Zahl der Jahre.

Fall 1: Da die jährliche Kostenersparnis negativ ist, läßt sich eine Rentabilität nicht bestimmen. Eine Amortisationsdauer kann nicht berechnet werden.

Wird die Abschreibungsdauer bei unverändertem Zinssatz auf 5 Jahre verlängert (grau hinterlegte Fläche in Tabelle 9.8), ergibt sich eine Rentabilität von 22 % und eine Amortisationsdauer von 3,2 Jahren. Die Ergebnisse zeigen deutlich, das PC-basierte Systeme erst bei längerer Nutzungszeit wirtschaftlich eingesetzt werden können (hier bei einer Abschreibungsdauer von 5 Jahren). Dieses Vorgehen ist insofern problematisch, als PC-basierte Systeme aufgrund ihrer hohen Innovationsgeschwindigkeit spätestens nach 3 Jahren abgeschrieben sein sollten (und in der Industrie auch nach dieser Zeitspanne abgeschrieben sind).

Das Beispiel zeigt auch, daß CAD-Systeme nur für die Zeichnungserstellung aufgrund ihrer begrenzten Möglichkeiten nicht wirtschaftlich sinnvoll einsetzbar sind.

Fall 2: Die Rentabilität ist sehr hoch, entsprechend kurz ist die Amortisationsdauer. Diese Lösung wäre aus betriebswirtschaftlicher Sicht zu bevorzugen. Zu klären ist aber, ob die Frage der verteilten Datenspeicherung (jeder Arbeitsplatzrechner verwaltet autark seine eigenen Daten) nicht zu Problemen beim Datenabgleich und damit zu weiteren, nicht ohne weiteres quantifizierbaren Kosten führen könnte.

Fall 3: Rentabilität und Amortisationsdauer liegen betriebswirtschaftlich in einem mittleren Bereich. Diese Lösung ist zwar nicht ganz so günstig wie Fall 2, bietet aber aufgrund des Servers die Möglichkeit zur redundanzfreien Datenspeicherung. Aus Gründen der Eindeutigkeit in der Datenhaltung wäre diese Lösung vorzuziehen.

Dynamische Verfahren

Die dynamischen Verfahren werden beispielhaft auf Fall 1, CAD-System auf PC mit einem Arbeitsplatz, angewendet.

Im nullten Jahr wird investiert. Ab dem ersten Jahr lassen sich Ersparnisse und Ausgaben gegenüberstellen. Dazu werden die Ersparnisse (Einzahlungsreihe E_T) aus Tabelle 9.7 übernommen. Die Ausgaben (Auszahlungsreihe A_T) berechnen sich aus den in Tabelle 9.6 aufgezeigten investitionsbedingten laufenden Kosten in Zeile 8 (Wartung, Versicherung, Betriebsmittelkosten, Betreuungskosten), hochgerechnet auf jeweils ein Jahr. Nach dem 6. Jahr bleiben E_T und A_T konstant (**Tabelle 9.9**).

Mit der Formel für den Bar- bzw. Kapitalwert ergibt sich für eine Abschreibungsdauer von 3 Jahren und einem unveränderten Zinssatz von 12 % für KW aus der Formel (9.6) folgende Zahlenreihe:

$$KW_{PC} = (-125.0) + (-37.3) + 9.9 + 41.4 = -111.0$$

Jahr	0	1	2	3	4	5	6
E_T	-	- 21.3	32.9	78.9	104.5	125.3	125.3
A_T	125	20.5	20.5	20.5	20.5	20.5	20.5
① $E_T - A_T$	- 125	- 41.8	12.4	58.4	84	104.8	104.9
② $(1 + p)^T$	1	1,12	1,25	1,41	1,57	1,76	1,97
① / ②	- 125	- 37.3	9.9	41.4	53.5	59.5	53.2

Tabelle 9.9   Dynamische Rentabilitätsrechnung (Geldwerte in [DM])

Daraus geht hervor, daß sich nach 3 Jahren Abschreibungsdauer (Tabelle 9.6) noch kein positiver Kapitalwert berechnen läßt, da die Summe der (E_T-A_T) in den ersten drei Jahren auch ohne Abzinsung die Erstinvestition nicht abdecken kann. Der interne Zinsfuß liegt damit niedriger als der für die Berechnung angesetzte Wert von 12 %, die Investition wäre somit unwirtschaftlich. Deswegen wird die Abschreibung (bei gleichbleibendem Zins) auf 5 Jahre verlängert. Der Bar- bzw. Kapitalwert beträgt damit

$$KW_{PC} = (-125.0) + (-37.3) + 9.9 + 41.4 + 53.5 + 59.5 = 2.0$$

Zur Ermittlung des internen Zinsfußes wird in Formel (9.6) KW = 0 gesetzt. Es ergibt sich nach fünf Jahren Abschreibungsdauer ein interner Zinsfuß von

$$p = 12,4\ \%$$

Die Investition wäre damit bei 5 Jahren Abschreibungsdauer gerade eben als wirtschaftlich anzusehen (vorgegebener Zinsfuß war 12 %!), vergleiche dazu aber die Anmerkung zur hohen Innovationsgeschwindigkeit von PC-basierten Lösungen in Abschnitt 9.3.4.1.

Die dynamische Amortisationsdauer ist die Zeit, bei der bei vorgegebenen Werten für E_T, A_T und Zinsfuß der Kapitalwert gerade zu Null wird (Nulldurchgang der Formel). Aus den bisherigen Berechnungen erkennt man, daß die Amortisationsdauer größer als 4 Jahre (KW = - 57.5) und kleiner als 5 Jahre sein muß (KW = 2.0). Die Amortisationsdauer liegt bei vorgegebenem Zinsfuß von 12 % bei

$$4\ \text{Jahren und } 11,5\ \text{Monaten bzw. } 4,96\ \text{Jahren,}$$

also wieder weit über der technisch sinnvollen Abschreibungsdauer von 3 Jahren.

Der Vergleich zwischen statischen und dynamischen Methoden zeigt deutlich die Unterschiede in der Vorgehensweise und der Bewertung der Nutzen und Kosten. Die Differenz der Ergebnisse kommt dadurch zustande, daß bei den dynamischen Verfahren der zeitliche Anfall der Zahlungen (alle Investitionsausgaben am Anfang, die höchsten Rückflüsse aber erst im eingeschwungenen Zustand gegen Ende des Planungszeitraums) durch Abzinsungen berücksichtigt wird. Somit liefern dynamische Methoden genauere Informationen über die zu erwartenden Geldzu- und -abflüsse.

10 Literatur

10.1 Im Text zitierte Quellen

[Abel90]   Abeln, O.: Die CA..-Techniken in der industriellen Praxis. Hanser-Verlag, München 1990

[ABFJ92]   Abramovici, M.; Bickelmann, S.; Friedmann, T.; Jungfermann, W.: Technologiereport: Engineering Daten Management Systeme. Ploenzke Informatik, Kiedrich/Rheingau 1992

[ADKI67]   VDI-Fachgruppe Konstruktion (ADKI), Engpaß Konstruktion. Konstruktion 19 (1967) 4

[AFNOR85]   AFNOR Z 68-300, Automatisation industrielle. Spécifications du Standard d'Echange et de Transfert (SET). Association Française de Normalisation, Paris 1985

[AFNOR89]   AFNOR Z 68-300, Automatisation industrielle. Spécifications du Standard d'Echange et de Transfert (SET). Association Française de Normalisation, Paris 1989

[AFNOR91]   AFNOR Z 68-300, Automatisation industrielle. Spécifications du Standard d'Echange et de Transfert (SET). Association Française de Normalisation, Paris 1991

[AhBS91]   Ahrens, D.; Breitling, F.; Sachs, K.-H.: Angebote mit wissensbasiertem System erstellen. ZwF-CIM 86 (1991) 2

[AlHo92]   von Albrichsfeld, C.; Horsch, T.: Echtzeitfähige kollisionsvermeidende Bahnplanung durch Kombination globaler und lokaler Methoden. Robotersysteme 8 (1992) 4

[Alle84]   Allen, G.A.: Introduction to Solid Modelling. Proceedings of the 11th ACM SIGGRAPH Conference, Minneapolis 1984

[AlZh89]   Alting, L.; Zhang, H.: Computer Aided Process Planning: The State of the Art Survey. International Journal of Production Research 27 (1989) 4

[Ames88]   Ames, A.: Automated Generation of Uniform Group Technology Part Codes from Solid Model Data. In: [ASME88]

[AnCa90]   Anderl, R.; Castro, P.: CAD/CAM – Auf dem Weg zu einer branchenübergreifenden Integration. Springer-Verlag, Berlin-Heidelberg 1990

[Ande89]   Anderl, R.: Integriertes Produktmodell. ZwF-CIM 84 (1989) 10

[Ande92]   Anderl, R.: STEP – Grundlagen, Entwurfsprinzipien und Aufbau. In: [CAD92]

[ANSI81]   ANSI Y 14.26 M, Digital Representation for Communication of Product Definition Data. American National Standards Institute, New York 1981

[ANSI89]   ANSI Y 14.26 M, Digital Representation for Communication of Product Definition Data. American National Standards Institute, New York 1989

[AnSP90]   Anders, N.; Schaele, M.; Prack, K.-W.: AVOGEN – wissensbasierte Generierung von Arbeitsvorgangsfolgen. VDI-Z 132 (1990) 4

[AnTr84]   Anderl, R.; Tröndle, K.: Modellaustausch, Notwendigkeit für die Integration von CAD-Anwendungen. VDI-Z 126 (1984) 4

[ArEM89]   Arndt, W.; Ehinger, G.; Mayr, R.: Bibliotheken für Normalien, Katalog- und Werknormteile. CAD-CAM-Report 8 (1989) 10

[ASME85]   Proceedings of the ASME Computers in Engineering Conference, Boston, MA (USA) 1985. American Society of Mechanical Engineers, New York 1985

[ASME86]   Proceedings of the ASME Computers in Engineering Conference, Chicago, IL (USA) 1986. American Society of Mechanical Engineers, New York 1986

[ASME88]   Proceedings of the ASME Computers in Engineering Conference, San Francisco, CA (USA) 1988. American Society of Mechanical Engineers, New York 1988

[AWSL92]   Ahmed, S.; Wong, A.; Sriram, D.; Logcher, R.: Object-Oriented Database Management and Semantic Database Systems. Journal of Object-Oriented Programming 5 (1992) 3

[BaDS89]   Barrenscheen, J.; Drebing, U.; Sieverding, H.: Rechnerunterstützte Erstellung von Anforderungslisten. VDI-Z 131 (1989) 4

[BeHV90]   Bercsey, T.; Horváth, I.; Vajna, S.: Expertensysteme in der rechnerunterstützten Konstruktion (Teil I/II). CAD-CAM-Report 9 (1990) 3/5

[Beit86]   Beitz, W.: Durchgängige, flexible Rechnerunterstützung für den Konstruktionsprozeß. In: [VDI610]

[Beit90]   Beitz, W.: Konstruktionsleitsystem als Integrationshilfe. In: [VDI812]

[BeKL92]   Bernardi, A.; Klauck, C.; Legleitner, R.: PIM: Planning in Manufacturing Using Skeletal Plans and Features. DFKI Research Report RR-92-19, Deutsches Forschungszentrum für Künstliche Intelligenz, Kaiserslautern 1992

[BeKS92]   Beitz, W.; Kurella, U.; Schmidt-Kretschmer, M.: Grundlagen der montage- und demontagegerechten Konstruktion. In: [VDI999]

[Benz90]   Benz, T.: Funktionsmodelle in CAD-Systemen. VDI-Verlag, Düsseldorf 1990

[Bern87]   Bernhardt, E.C. (Herausgeber): Computer Aided Engineering for Injection Moulding. Hanser-Verlag, München 1987

[BeSc91]   Beier, H.-H.; Schwall, E.: Fertigungsleittechnik. Hanser-Verlag, München 1991

[Bezi72]   Bezier, P.: Numerical Control, Mathematics and Applications. Verlag John Wiley & Sons, London 1972

[BGSS86]   Butterfield, W.R.; Green, M.K.; Scott, D.C.; Stoker, W.J.: Part Features for Process Planning. CAM-I Report R-86-PPP-01, Computer Aided Manufacturing - International Inc., Arlington 1986

[BiFr92]   Bickelmann, S.; Friedmann, T.: Engineering-Daten-Management: Was braucht der Anwender, was bietet der Markt? Technische Rundschau 84 (1992) 5

[BiHa53]   Bischoff, W.; Hansen, F.: Rationelles Konstruieren. VEB-Verlag Technik, Berlin 1953

[BKLS92]   Bernardi, A.; Klauck, C.; Legleitner, R.; Schulte, M.; Stark, R.: Feature-Based Integration of CAD and CAPP. In: [CAD92]

[Bläs90]   Bläsing, J.P.: CAQ (Computer Aided Quality Management) – Qualitätssicherung unter CIM-Zielen. Vieweg-Verlag, Braunschweig-Wiesbaden 1990

[BlGö90]   Bläsing, J.P.; Göppel, R.: Prüfplanung in der Verknüpfung von CAD und CAQ. CIM-Management 8 (1990) 2

[BlJo92]   Bley, H.; Jostock, J.: Entwicklungstendenzen im Bereich Werkstattsteuerung. VDI-Z 134 (1992) 1

[Boor78]   de Boor, C.: A Practical Guide to Splines. Springer-Verlag, Berlin-Heidelberg 1978

[Brän91]   Brändli, N.: Datenbanksysteme in der technischen Datenverarbeitung (Teil I/II/III). CAD-CAM-Report 10 (1991) 3/5/9

[Brau89]   Braune, R.: Kinematik-Module in CAD-Systemen. CAD-CAM-Report 8 (1989) 10

[BrDo86]   Brimson, J.A.; Downey, P.J.: Feature Technology: A Key to Manufacturing Integration. CIM Review 2 (1986) 3

[Brün93]   Brüning, H.-C.: Wissensbasierte CAD-Konstruktion mit hierarchischen Restriktionsnetzen. In: [VDI1079]

[BüHe92]   Büttner, J.; Hennig, K.R.: Marktübersicht CAQ-Systeme: Die rechnergestützten Qualitätssicherungssysteme erfüllen noch nicht alle Praxisanforderungen. VDI-Z 134 (1992) 12

[BuKo90]   Bullinger, H.-J.; Kornwachs, K.: Wissensbasierte Systeme: Anwendungen und Auswirkungen im Produktionsbetrieb. Beck'sche Verlagsbuchhandlung, München 1990

[Bürd89]   Bürdek, B.E.: Computer-Grafik und die Ästhetik der Animation. CAD-CAM-Report 8 (1989) 9

[BuWL89] Bullinger, H.-J.; Warschat, J.; Lay, K.: Künstliche Intelligenz in Konstruktion und Arbeitsplanung. Verlag Moderne Industrie, Landsberg/Lech 1989

[BuWR89] Bullinger, H.-J.; Warschat, J.; Richter, R.: Montagegerechter Erzeugnisentwurf auf der Basis
objektorientierter Produktmodellierung. VDI-Z 131 (1989) 11

[CAD92] Krause, F.-L.; Ruland, D.; Jansen, H. (Herausgeber): CAD '92 – Neue Konzepte zur Realisierung anwendungsorientierter CAD-Systeme. Tagungsband GI-Fachtagung CAD '92, Springer-
Verlag, Berlin-Heidelberg 1992

[CADI88] Schlechtendahl, E.G. (Herausgeber): Specification of CAD*I Neutral File for CAD Geometry,
Version 3.3 (3., überarbeitete Auflage). Research Reports ESPRIT Project 322 (CAD*I), Vol. 1,
Springer-Verlag, Berlin-Heidelberg 1988

[CADI89a] Thomas, D.; van Maanen, J.; Mead, M. (Herausgeber): Specification for Exchange of Product
Analysis Data, Version 3. Research Reports ESPRIT Project 322 (CAD*I), Vol. 2, Springer-
Verlag, Berlin-Heidelberg 1989

[CADI89b] Schlechtendahl, E.G. (Herausgeber): CAD Data Transfer for Solid Models. Research Reports
ESPRIT Project 322 (CAD*I), Vol. 3, Springer-Verlag, Berlin-Heidelberg 1989

[CADI90a] Schuster, R.; Trippner, D.; Endres, M.: CAD*I Drafting Model. Research Reports ESPRIT
Project 322 (CAD*I), Vol. 4, Springer-Verlag, Berlin-Heidelberg 1990

[CADI90b] Raflik, M.; Pätzold, B. (Herausgeber): CAD*I Databases, an Approach of an Engineering
Database. Research Reports ESPRIT Project 322 (CAD*I), Vol. 5, Springer-Verlag,
Berlin-Heidelberg 1990

[CADI90c] Goult, R.J.; Sherar, P.A. (Herausgeber): Improving the Performance of Neutral File Data
Transfers. Research Reports ESPRIT Project 322 (CAD*I), Vol. 6, Springer-Verlag,
Berlin-Heidelberg 1990

[CADI91] Grabowski, H.; Anderl, R.; Pratt, M.J. (Herausgeber): Advanced Modelling for CAD/CAM
Systems. Research Reports ESPRIT Project 322 (CAD*I), Vol. 7, Springer-Verlag, Berlin-
Heidelberg 1991

[CaLe90] Cárdenas, A.F.; McLeod, D.: Research Foundations in Object-Oriented and Semantic Database
Systems. Prentice-Hall-Verlag, Englewood Cliffs-New Jersey 1990

[CAMI80] CAM-I, Glossary of Features. Computer Aided Manufacturing - International Inc.,
Arlington 1980

[CAMI89] CAM-I, DMIS (Dimensional Measuring Interface Specification), Version 2.1. Computer Aided
Manufacturing - International Inc., Arlington 1989

[ChHe91] Chuang, S.-H.; Henderson, M.R.: Compound Feature Recognition by Web Grammar Parsing.
Research in Engineering Design 2 (1990/91) 3

[Chil82] Childs, J.J.: Principles of Numerical Control (3. Auflage). Industrial-Press-Verlag, New York
1982

[Chva83] Chvátal, V.: Linear Programming. Freeman-Verlag, Chicago 1983

[ClMe90] Clocksin, W.F.; Mellish, C.S.: Programmieren in PROLOG. Springer-Verlag,
Berlin-Heidelberg 1990

[CoBo80] Conte, S.; de Boor, C.: Elementary Numerical Analysis (3. Auflage). McGraw-Hill-Verlag,
New York 1980

[Coon67] Coons, S.A.: Surfaces for Computer Aided Design of Spaces Forms. Project MAC-TR-41,
Massachusetts Institute of Technology (MIT), Cambridge (USA) 1967

[CoYo90] Coad, P.; Youdon, E.: Object-Oriented Analysis. Prentice-Hall-Verlag, Englewood Cliffs-
New Jersey 1990

[CuDi88] Cunningham, J.J.; Dixon, J.R.: Designing with Features: The Origin of Features. In: [ASME88]

[DiKu87]   Dittrich, G.; Kummer, J.: Graphische Simulation räumlicher Gelenkgetriebe auf Arbeitsplatz-
              rechnern. VDI-Z 129 (1987) 6

[Dill89]   Dillmann, R.: CAD-orientierte Programmiermethoden für Roboteranwendungen: Die Roboter-
              programmierung rückt näher zur Werkstatt. Technische Rundschau 81 (1989) 50

[DIN87]   DIN-Fachbericht 15, Normung von Schnittstellen für die rechnerintegrierte Produktion (CIM)
              – Standortbestimmung und Handlungsbedarf. Beuth-Verlag, Berlin-Köln 1987

[DIN89a]   DIN-Fachbericht 20, Normung von Schnittstellen für die rechnerintegrierte Produktion (CIM)
              – CAD und NC-Verfahrenskette. Beuth-Verlag, Berlin-Köln 1989

[DIN89b]   DIN-Fachbericht 21, Normung von Schnittstellen für die rechnerintegrierte Produktion (CIM)
              – Fertigungssteuerung und Auftragsabwicklung. Beuth-Verlag, Berlin-Köln 1989

[DIN90]   DIN-Fachbericht 14, CAD-Normteiledatei nach DIN (3. Auflage). Beuth-Verlag, Berlin-
              Köln 1990

[DIN4001]   DIN V 4001, CAD-Normteiledatei, Vorgaben für Geometrie und Merkmale (derzeit 25 Teile
              zu verschiedenen Normteilen). Beuth-Verlag, Berlin-Köln 1987-1993

[DIN66025]   DIN 66025 Teil 1/2, Programmaufbau für numerisch gesteuerte Arbeitsmaschinen.
              Beuth-Verlag, Berlin-Köln 1983/88

[DIN66215]   DIN 66215 Teil 1/2, Programmierung numerisch gesteuerter Arbeitsmaschinen, CLDATA.
              Beuth-Verlag, Berlin-Köln 1974/82

[DIN66217]   DIN 66217, Koordinatenachsen und Bewegungsrichtungen für numerisch gesteuerte Arbeits-
              maschinen. Beuth-Verlag, Berlin-Köln 1975

[DIN66246]   DIN 66246 Teil 1, Programmierung numerisch gesteuerter Arbeitsmaschinen, Prozessor-
              Eingabesprache. Beuth-Verlag, Berlin-Köln 1983

[DIN66252]   DIN 66252 Teil 1/2, Graphisches Kernsystem (GKS): Funktionale Beschreibung. Beuth-Verlag,
              Berlin-Köln 1986

[DIN66301]   DIN 66301, Rechnergestütztes Konstruieren; Format zum Austausch geometrischer Infor-
              mationen. Beuth-Verlag, Berlin-Köln 1986

[DIN66304a]   DIN V 66304, Rechnerunterstütztes Konstruieren; Format zum Austausch von Normteile-
              dateien (Vornorm). Beuth-Verlag, Berlin-Köln 1987

[DIN66304b]   DIN V 66304, Rechnerunterstütztes Konstruieren; Format zum Austausch von Normteile-
              dateien (Vornorm mit Beiblatt 1). Beuth-Verlag, Berlin-Köln 1991

[Dres92]   Dressler, E.: Computer-Graphik-Markt 1992. Dressler-Verlag, Heidelberg 1992

[Dyll90]   Dylla, N.: Denk- und Handlungsabläufe beim Konstruieren. Dissertation Technische Universität
              München 1990. Reihe Konstruktionstechnik München, Band 5, Hanser-Verlag, München 1991

[EhDS92]   Ehrlenspiel, K.; Danner, S.; Schlüter, A.: Verbindungsgestaltung für montagegerechte Produkte.
              In: [VDI999]

[EhDy89]   Ehrlenspiel, K.; Dylla, N.: Experimental Investigation of the Design Process. In: [ICED89]

[EhDy91]   Ehrlenspiel, K.; Dylla, N.: Untersuchung des individuellen Vorgehens beim Konstruieren.
              Konstruktion 43 (1991) 2

[EHHK84]   Encarnação, J.; Hellwig, H.-E.; Hettesheimer, E.; Klos, W.F.; Lewandowski, S.; Messina, L.;
              Poths, W.; Rohmer, K.; Wenz, H.: CAD-Handbuch. Auswahl und Einführung von CAD-
              Systemen. Springer-Verlag, Berlin Heidelberg 1984

[EhRu85]   Ehrlenspiel, K.; Rutz, A.: Denkpsychologie als neuer Impuls für die Konstruktionsforschung.
              In: [ICED85]

[EhTr89]   Ehrlenspiel, K.; Tropschuh, P.F.: Anwendung eines wissensbasierten Systems für die Syn-
              these – Beispiel: Das Projektieren von Schiffsgetrieben. Konstruktion 41 (1989) 9

[EnLä90]   Engler, P.; Läuger, D.: 3D-CAD am Neu-Technikum Buchs – Vom Zeichnungsbrett zum räumlichen Konstruieren. Technische Rundschau 82 (1990) 21

[EnSc89]   Engeli, M.; Schneider, U.: Kurven- und flächenorientierte Modellierung mit NURBS. CAD-CAM-Report 8 (1989) 3

[Erns87]   Ernst, B.: Abenteuer mit unmöglichen Figuren. Taco-Verlag, Berlin 1987

[EvAB82]   Eversheim, W.; Abolins, G.; Buchholz, G.: Computer Aided Generation of Workshop Drawings of Sheet Metal Parts. Proceedings of MICAD, Paris 1982

[EvHu93]   Eversheim, W.; Humburger, R.: CAD-Expertensystem-Kopplung zur Konstruktion von Baukastenvorrichtungen. In: [VDI1079]

[Faga87]   Fagan, M.J.: Expert Systems Applied to Mechanical Engineering Design: Experience with Bearing Selection and Application Program. Computer Aided Design 19 (1987) 7

[Faux86]   Faux, I.D.: Reconciliation of Design and Manufacturing Requirements for Product Description Data Using Functional Primitive Part Features. CAM-I Report R-86-ANC/GM/PP-01.1, Computer Aided Manufacturing - International Inc., Arlington 1986

[FeHJ90]   Feller, H.; Held, H.-J.; Jüttner, G.: Mit KI-Methoden Arbeitsvorgangsfolgen planen und optimieren. AV 27 (1990) 2

[Feld89]   Feldhusen, J.: Systemkonzept zur durchgängigen und flexiblen Rechnerunterstützung in der Konstruktion. Dissertation Technische Universität Berlin 1989. Schriftenreihe Konstruktionstechnik, Heft 16

[Fenv90]   Fenves, G.L.: Object-Oriented Programming for Engineering Software Development. Engineering with Computers 6 (1990) 1

[Ferr85]   Ferreirinha, P.: Herstellkostenberechnung von Maschinenteilen in der Entwurfsphase mit dem HKB-Programm. In: [ICED85]

[FGSS90]   Forkel, M.; Göbler, T.; Specht, D.; Spur, G.: Wissensbasierte Unterstützung der Konzeptphase des Konstruierens. In: [VDI861]

[Fige88]   Figel, K.: Optimieren beim Konstruieren: Einsatz von Optimierungsverfahren, CAD und Expertensystemen. Hanser-Verlag, München 1988

[FKM74]   Forschungskuratorium Maschinenbau e.V. (FKM), Rechnerunterstütztes Entwickeln und Konstruieren im Maschinenbau. FKM-Forschungsheft 28, Frankfurt a.M. 1974

[Fran76]   Franke, H.-J.: Untersuchungen zur Algorithmisierbarkeit des Konstruktionsprozesses. Dissertation Technische Universität Braunschweig 1976. Berichte des Instituts für Konstruktionslehre, Maschinen- und Feinwerkelemente, Nr. 13

[Fran82]   Franzke, W.: Systematik mathematischer Optimiermethoden in der Konstruktionsoptimierung. VDI-Z 124 (1982) 22

[Frit82]   Fritsche, B.: Verfahren zur dreidimensionalen Geometrieerfassung und -darstellung bei der rechnerunterstützten Konstruktion von komplexen Bauteilen. Dissertation Ruhr-Universität Bochum 1982. Schriftenreihe des Instituts für Konstruktionstechnik, Heft 82.3

[FrJu92]   Friedemann, T.; Jungfermann, W.: EDM: Weichenstellung für die Zukunft (Teil I/II). CAD-CAM-Report 11 (1992) 7/9

[FrPe92]   Franke, H.-J.; Peters, M.: Konstruktionsumgebung MOSAIK – eine grafisch-interaktive Benutzeroberfläche zur Integration von Konstruktionswerkzeugen. In: [VDI993]

[FRWS93]   Franke, H.-J.; Rehr, W.; Wohlfahrt, H.; Speckhahn, H.; Hillebrand, S.; Kaßner, M.: Softwaresystem REBEKA – hybride Wissensverarbeitung zur Gestaltung geschweißter Druckbehälter. In: [VDI1079]

[Geit91]   Geitner, U.W. (Herausgeber): CIM-Handbuch (2., vollständig überarbeitete und erweiterte Auflage). Vieweg-Verlag, Braunschweig-Wiesbaden 1991

[GI89]   Gesellschaft für Informatik e.V. (GI), Referenzmodell für CAD-Systeme. St. Augustin 1989

[GoOP90]   Gorlen, K.E.; Orlow, S.M.; Plexico, P.S.: Data Abstraction and Object-Oriented Programming
              in C++. Verlag John Wiley & Sons, New York 1990

[Gora62]   Goranski, G.K.: Zur Theorie der Automatisierung der Ingenieursarbeit. Akademie-Verlag,
              Minsk 1962 (in russischer Sprache)

[GoRo83]   Goldberg, A.; Robson, D.: Smalltalk-80: The Language and its Implementation. Addison-
              Wesley-Verlag, Reading 1983

[GrAS89]   Grabowski, H.; Anderl, R.; Schmitt, M.: Das Produktmodellkonzept von STEP.
              VDI-Z 131 (1989) 12

[Grät83]   Grätz, J.-F.: Modellalgorithmen zur dreidimensionalen Geometriefestlegung komplexer Bauteile
              mit beliebiger Flächenbegrenzung in der rechnerunterstützten Konstruktion. Dissertation Ruhr-
              Universität Bochum 1983. Schriftenreihe des Instituts für Konstruktionstechnik, Heft 83.4

[Grät89]   Grätz, J.-F.: Handbuch der 3D-CAD-Technik. Siemens AG, Berlin-München 1989

[Gray76]   Grayer, A.R.: A Computer Link Between Design and Manufacture. Ph.D.-Thesis (Dissertation)
              Universität Cambridge (GB) 1976

[GrEH80]   Grabowski, H.; Eigner, M.; Hahn, D.: Auswahl und Einführung von schlüsselfertigen CAD-
              Systemen. FB/IE 29 (1980) 3

[GrHe83]   Grabowski, H.; Hettesheimer, E.: Organisatorische Aspekte bei der Einführung des rechner-
              unterstützten Konstruierens. VDI-Z 125 (1983) 19

[GrLR92]   Grabowski, H.; Langlotz, G.; Rude, S.: 25 Jahre CAD in Deutschland: Standortbestimmung
              und notwendige Entwicklungen. In: [VDI993]

[GrNo91]   Grabner, J.; Nothhaft, R.: Konstruieren von Pkw-Karosserien. Springer-Verlag,
              Berlin-Heidelberg 1991

[GrNV90]   Grabowski, H.; Nonnenmacher, U.; Vajna, S.: Konzept und Realisierung einer betrieblichen
              Aus- und Weiterbildung für den Einsatz der CAD/CAM-Technologie. Fortschrittberichte der
              VDI-Z, Reihe 20, Nr. 33, VDI-Verlag, Düsseldorf 1990

[Groe92]   Groeger, B.: Die Einbeziehung der Wissensverarbeitung in den rechnerunterstützten Konstruk-
              tionsprozeß. Dissertation Technische Universität Berlin 1992. Schriftenreihe Konstruktions-
              technik, Heft 23

[GrRu91]   Grabowski, H.; Rude, S.: Grundlagen der Konstruktionsmethodik für wissensbasierte CAD-
              Systeme. In: [VDI903]

[GRSS93]   Grabowski, H.; Rude, S.; Suhm, A.; Staub, G.: Lösungsmusterbasierte Produktmodellierung
              in wissensbasierten Konstruktionssystemen. In: [VDI1079]

[GSKW89]   Garbrecht, T.; Steger, W.; Klein, H.; Wilhelm, M.C.; Georgi, B.; Pieper, J.: Entwurf einer
              Schnittstelle: Datenaustausch zwischen CAD-Systemen und Koordinatenmeßgeräten
              für das Messen von Freiformflächen. wt 79 (1989) 5

[Gust93]   Gustav, C.: Informationstechnische Kopplung von CAD und CAP durch eine flexible
              Konstruktionsdatenaufbereitung. Dissertation Universität Kaiserslautern 1993.
              Produktionstechnische Berichte, Band 11

[Haas93]   Haasis, S.: Wissensbasierte CAD/NC-Kopplung. VDI-Z 135 (1993) 8

[Hans66]   Hansen, F.: Konstruktionssystematik. VEB-Verlag Technik, Berlin 1966

[Hans74]   Hansen, F.: Konstruktionswissenschaft – Grundlagen und Methoden. Hanser-Verlag, München
              1974

[Hare80]   Harenbrock, D.: Die Kopplung von rechnerunterstützter Konstruktion und Fertigung mit dem
              Programmbaustein PROREN1/NC. Dissertation Ruhr-Universität Bochum 1980. Schriften-
              reihe des Instituts für Konstruktionstechnik, Heft 80.4

[Heim90]   Heimlich, D.: PC-Rendering: Wunsch oder Wirklichkeit? CAD-CAM-Report 9 (1990) 2

[HeKö89]   Heinz, K.; Köhler, F.: Expertensysteme helfen bei der Erstellung von Montagearbeitsplänen.
VDI-Z 131 (1989) 7

[HeKW85]   Henne, P.; Klar, W.; Wittur, K.-H.: DEX.C3 – Ein Expertensystem zur Fehlerdiagnose im
automatischen Getriebe. In: Tagungsband GI-Kongreß Wissensbasierte Systeme, Springer-
Verlag, Berlin-Heidelberg 1985

[HeLR85]   O'Heigeartaigh, M.; Lenstra, J.K.; Rinnooy Kan, A.H.G.: Combinatorial Optimization.
Prentice-Hall-Verlag, London-New Jersey 1985

[Hend84]   Henderson, M.R.: Extraction of Feature Information from Three Dimensional CAD Data.
Ph.D.-Thesis (Dissertation) Universität Purdue (USA) 1984

[HeOW90]   Held, H.-J.; Orel, P.; Weinbrenner, V.: Wissensbasierte Unterstützung des Konstruktionsprozesses (Teil I/II). CAD-CAM-Report 9 (1990) 3/5

[HeSc86]   Helmerich, R.; Schwindt, P.: CAD-Grundlagen (3. Auflage). Vogel-Verlag, Würzburg 1989

[Hett85]   Hettesheimer, E.: Planung von CAD-Einführungsstrategien unter Berücksichtigung organisatorischer Inhalte und Regelung der Effizienz des CAD-Einsatzes. Fortschrittberichte der VDI-Z,
Reihe 1, Nr. 127, VDI-Verlag, Düsseldorf 1985

[HLMM89]   Hintzen, H.; Laufenberg, H.; Matek, W.; Muhs, D.; Wittel, H.: Konstruieren und Gestalten
(3., verbesserte Auflage). Vieweg-Verlag, Braunschweig-Wiesbaden 1989

[Holt78]   Holtz, R.: GT and CAPP Cut Work-in-Process Time 80 %. Assembly Engineering (1978) 6/7

[Hubk73]   Hubka, V.: Theorie der Maschinensysteme. Springer-Verlag, Berlin-Heidelberg 1973
(1. Auflage). 2. Auflage siehe [Hubk84]

[Hubk76]   Hubka, V.: Theorie der Konstruktionsprozesse. Springer-Verlag, Berlin-Heidelberg 1976

[Hubk84]   Hubka, V.: Theorie technischer Systeme. Springer-Verlag, Berlin-Heidelberg 1984

[HuEd92]   Hubka, V.; Eder, W.E.: Einführung in die Konstruktionswissenschaft. Springer-Verlag,
Berlin-Heidelberg 1992

[HuHe91]   Huber, W.; Hemmi, P.: 3D-Computing in der Konstruktion – Zeit sparen im Innovationsprozeß.
Technische Rundschau 83 (1991) 1

[ICED85]   Proceedings of ICED 85 (International Conference on Engineering Design 1985), Schriftenreihe Workshop-Design-Konstruktion, WDK 12. Heurista-Verlag, Zürich 1985

[ICED89]   Proceedings of ICED 89 (International Conference on Engineering Design 1989), Schriftenreihe Workshop-Design-Konstruktion, WDK 18. Institution of Mechanical Engineers,
Bury St. Edmunds 1989

[ICED91]   Proceedings of ICED 91 (International Conference on Engineering Design 1991), Schriftenreihe Workshop-Design-Konstruktion, WDK 20. Heurista-Verlag, Zürich 1991

[ICED93]   Proceedings of ICED 93 (International Conference on Engineering Design 1993), Schriftenreihe Workshop-Design-Konstruktion, WDK 22, Heurista-Verlag, Zürich 1993

[IFAO86]   Institut für Angewandte Organisationsforschung (IFAO, Herausgeber): CAD-Ausbildung für die
Konstruktionspraxis, Teil 1: Einführung in das zweidimensionale Konstruieren. Hanser-Verlag,
München 1986

[IFAO88]   Institut für Angewandte Organisationsforschung (IFAO, Herausgeber): CAD-Ausbildung für die
Konstruktionspraxis, Teil 2: Einführung in das dreidimensionale Konstruieren. Hanser-Verlag,
München 1988

[ISO3592]   ISO 3592, Numerical Control of Machines, NC Processor Output, Logical Structure and Major
Words. International Organization for Standardization, Genf 1978

[ISO4342]   ISO 4342, Numerical Control of Machines, NC Processor Input. International Organization for
Standardization, Genf 1985

[ISO4343]   ISO 4343, Numerical Control of Machines, NC Processor Output, Minor Elements of
             2000-Type Records. International Organization for Standardization, Genf 1978

[ISO6983]   ISO 6983 Part 1/2/3, Numerical Control of Machines, Program Format and Definition of
             Address Words. International Organization for Standardization, Genf 1982/88/88
             (Teile 2/3 Entwurf)

[ISO8402]   DIN ISO 8402, Qualitätsmanagement und Qualitätssicherung; Begriffe (Entwurf).
             Beuth-Verlag, Berlin-Köln 1992

[ISO8632]   ISO 8632, Information Processing Systems: Computer Graphics Metafile for the Storage
             and Transfer of Picture Description Information (CGM). International Organization for
             Standardization, Genf 1987

[ISO9000]   DIN ISO 9000, Normen zu Qualitätsmanagement und zur Darlegung von Qualitätsmanage-
             mentsystemen; Leitfaden zur Auswahl und Anwendung (Entwurf). Beuth-Verlag,
             Berlin-Köln 1993

[ISO9001]   DIN ISO 9001, Qualitätsmanagementsysteme; Modell zur Darlegung des Qualitätsmanage-
             mentsystems in Design/Entwicklung, Produktion, Montage und Kundendienst (Entwurf).
             Beuth-Verlag, Berlin-Köln 1993

[ISO9002]   DIN ISO 9002, Qualitätsmanagementsysteme; Modell zur Darlegung des Qualitätsmanage-
             mentsystems in Produktion und Montage (Entwurf). Beuth-Verlag, Berlin-Köln 1993

[ISO9003]   DIN ISO 9003, Qualitätsmanagementsysteme; Modell zur Darlegung des Qualitätsmanage-
             mentsystems bei der Endprüfung (Entwurf). Beuth-Verlag, Berlin-Köln 1993

[ISO9004]   DIN ISO 9004: Qualitätsmanagement und Elemente eines Qualitätsmanagementsystems;
             Leitfaden (Entwurf). Beuth-Verlag, Berlin-Köln 1993

[ISO9075]   ISO/IEC 9075, Information Processing Systems, Data Base Language SQL (Structured Query
             Language). International Organization for Standardization, Genf 1992

[ISO10303]   ISO DIS 10303, Industrial Automation Systems, Product Data Representation and Exchange.
             In der ersten Version von STEP bestehend aus den Teilen 1, 11, 21, 22, 31-34, 41-49,
             101-105 und 201-205. International Organization for Standardization, Genf 1992 ff.

[Isra92]   Israel, R.: Anforderungen an Fertigungsunternehmen für die 90er Jahre – Moderne Werkzeuge
             für die computerunterstützte Entwicklung und Fertigung. Tagungsband Informationsmanage-
             ment im Betrieb 2000 anläßlich der Saarbrücker Technologiemesse 1992

[JäSp89]   Jäger, K.-W.; Spielmann, U.: Bewegungssimulation am Beispiel eines Schutzschalters.
             CAD-CAM-Report 8 (1989) 5

[JoCh88]   Joshi, S.; Chang, T.-C.: Graph-Based Heuristics for Recognition of Machined Features from
             a 3D Solid Model. Computer Aided Design 20 (1988) 2

[JoCh90]   Joshi, S.; Chang, T.-C.: Feature Extraction and Feature Based Design Approaches in the
             Development of Design Interface for Process Planning. Journal of Intelligent Manufac-
             turing 1 (1990) 1

[JoLl91]   Jones, F.H.; Lloyd, M.: AutoCAD Database Book, Release 10 & 11 (4. Auflage).
             Ventana-Verlag, Chapel Hill 1991

[Kapl88]   Kaplan, R.: Don't Avoid CIM Cost Justification. Journal of Computer Aided
             Engineering 4 (1988) 6

[KeHe89]   Keck, P.; Herrmann, M.: Simulation von Vorgängen der Blechumformung mit der Methode
             der Finiten Elemente. wt 79 (1989) 4

[Kern93]   Kern, S.: Neue Trends bei Fertigungsleitsystemen. Technische Rundschau 85 (1993) 31

[Kers90]   Kersten, G.: FMEA – eine wirksame Methode der präventiven Qualitätssicherung.
             VDI-Z 132 (1990) 10

[Kess58]   Kesselring, F.: Technische Kompositionslehre. Springer-Verlag, Berlin-Heidelberg 1954

[Kief93]   Kief, H.B.: NC/CNC-Handbuch '93/94. Hanser-Verlag, München 1993

[Kiss88]   Kissling, U.: Technische Berechnungen auf Personal Computer. VDI-Z 130 (1988) 5

[Kiss91]   Kissling, U.: Integration von Berechnungsprogrammen in den Konstruktionsprozeß.
            antriebstechnik 30 (1991) 7

[KlKS90]   Kleine Büning, H.; Kleinjohann, N.; Schmittgen, S.: Wissensbasierte Produktkonfiguration.
            VDI-Z 132 (1990) 10

[KlLB92]   Klauck, C.; Legleitner, R.; Bernardi, A.: Heuristic Classification for Automated CAPP.
            Research Report RR-92-49, Deutsches Forschungszentrum für Künstliche Intelligenz (DFKI),
            Kaiserslautern 1992

[KlMa93]   Klein, B.; Mannewitz, F.: Statistische Tolerierung. Vieweg-Verlag, Braunschweig-Wiesbaden
            1993

[KoBe90]   Koller, R.; Berns, S.: Strukturierung von Konstruktionswissen. Konstruktion 42 (1990) 3

[Koch85]   Koch, R.: Entwicklung eines modularen Systems für die Projektierung und Angebotskalkulation.
            Dissertation Rheinisch-Westfälische Technische Hochschule Aachen 1985

[KoKG90]   Koch, R.; Kistenmacher, F.; Grempe, R.: Informationsmanagement und Archivierung im
            technischen Bereich. VDI-Z 132 (1990) 3

[Koll71]   Koller, R.: Ein Weg zur Konstruktionsmethodik. Konstruktion 23 (1971) 10

[Koll76]   Koller, R.: Konstruktionsmethode für den Maschinen-, Geräte- und Apparatebau. Springer-
            Verlag, Berlin-Heidelberg 1976 (1. Auflage). 2. Auflage siehe [Koll85]

[Koll85]   Koller, R.: Konstruktionslehre für den Maschinenbau. Springer-Verlag, Berlin-Heidelberg 1985

[KoLo90]   Koch, M.; Loseries, F.: CAD und Animation im Produktentwicklungsprozeß.
            CAD-CAM-Report 9 (1990) 10

[Krau87]   Krause, F.-L.: Fortgeschrittene Konstruktionstechnik durch neue Softwarestrukturen.
            ZwF-CIM 82 (1987) 5

[Krau88]   Krause, F.-L.: Informationstechnische Integrationsmodelle für Konstruktion und Arbeits-
            planung. ZwF-CIM-Sonderheft 28.10.1988

[Krau89]   Krause, F.-L.: Wissensverarbeitung für die rechnerunterstützte Produktgestaltung. In: Tagungs-
            band Produktionstechnisches Kolloqium 1989, Fraunhofer-Institut für Produktionsanlagen und
            Konstruktionstechnik (IPK), Berlin 1989

[Krau90]   Krause, F.-L.: Wissensverarbeitung für die rechnerunterstützte Produktgestaltung.
            ZwF-CIM 85 (1990) 3

[Krem89]   Krems, J. (Herausgeber): Expertensysteme im Einsatz; Erfahrungsberichte der 1. Generation.
            Oldenbourg-Verlag, München 1989

[KrKK93]   Krause, F.-L.; Kempf, M.; Koch, S.: System und Entwicklungstendenzen zur wissensbasierten
            Unterstützung in der Produktentwicklung. In: [VDI1079]

[KrKR92]   Krause, F.-L.; Kramer, S.; Rieger, E.: Featurebasierte Produktentwicklung.
            ZwF-CIM 87 (1992) 5

[Lehm89]   Lehmann, C.M.: Wissensbasierte Unterstützung von Konstruktionsprozessen. Dissertation
            Technische Universität Berlin 1989. Reihe Produktionstechnik - Berlin, Band 76, Hanser-
            Verlag, München 1989

[Lewa89]   Lewandowski, S.: Normteilebibliotheken im Konflikt der Interessen.
            CAD-CAM-Report 8 (1989) 1

[Lich87]   Lichwar, D.: RISO – Eine CAD-Software für Rohrleitungssysteme. CAE-Journal 5 (1987) 4

[LiDS86]   Libardi, E.C.; Dixon, J.R.; Simmons, M.K.: Designing with Features: Design and Analysis
            of Extrusions as an Example. ASME Paper No. 86-DE-4, American Society of Mechanical
            Engineers, New York 1986

[Ligh80]   Light, R.: Symbolic Dimensioning in Computer Aided Design. M.Sc.-Thesis Massachusetts
            Institute of Technology, Cambridge (USA) 1980

[Lott86]   Lotter, B.: Wirtschaftliche Montage. VDI-Verlag, Düsseldorf 1986

[Lu91]   Lu, S. C.-Y.: Beyond Rule-Based Expert Systems – Current Research Activities of Artificial
            Intelligence in Engineering in the United States. In: [VDI903]

[LuDS86]   Luby, S.C.; Dixon, J.R.; Simmons, M.K.: Designing with Features: Creating and Using a
            Features Database for Evaluation of the Manufacturability of Castings. In: [ASME86]

[Luen84]   Luenberger, D.G.: Linear and Nonlinear Programming. Addison-Wesley-Verlag,
            Reading-Menlo Park 1984

[Mach92]   Mache, H.-R.: Austauschqualität durch Prüfung. CAD-CAM-Report 11 (1992) 7

[MaHe93]   Mayr, R.; Heine, L.-R.: Die europäische VDAPS ist fertig. CAD-CAM-Report 12 (1993) 6

[MaKF92]   Matthes, J.; Koch, D.; Fischer, D.: Objektorientierte Datenbanken für die Produkt-
            dokumentation. ZwF-CIM 87 (1992) 1

[Mayr92]   Mayrhofer, M.: Der neue QS-Begriff – Umdenken ist gefordert. QZ 37 (1992) 6

[McDe81]   McDermott, J.: R1: A Rule-Based Configurer of Computer Systems. Artificial
            Intelligence 19 (1981) 1

[MeBG90]   Mertens, P.; Borkowski, V.; Geis, W.: Betriebliche Expertensystem-Anwendungen.
            Springer-Verlag, Berlin-Heidelberg 1990

[MeFi89]   Meerkamm, H.; Finkenwirth, K.-W.: "Konstruktionssystem Fertigungsgerecht"
            – ein Expertensystem für den Konstrukteur? In: [VDI775]

[MeFR90]   Meerkamm, H.; Finkenwirth, K.-W.; Räse, U.: Fertigungsgerecht Konstruieren mit CAD-
            Systemen. Konstruktion 42 (1990) 10

[Meis89]   Meiswinkel, R.: Pneumatik-Zylinder als Normteile-Software. CAD-CAM-Report 8 (1989) 4

[MeKr92]   Meerkamm, H.; Krause, D.: Integration von Berechnungen in das Konstruktionssystem mfk.
            In: [VDI993]

[MeSG90]   Melchior, K.W.; Steger, W.; Garbrecht, T.: Informationsfluß und Qualitätsprüfung in
            CAD/CAM-Umgebungen. wt 80 (1990) 2

[MeWi90]   Meyer, B.; Wirries, D.: Effizienzsteigerung durch anwenderspezifische CAD/CAM-Systeme.
            CAD-CAM-CIM-Sonderteil in Hanser-Fachzeitschriften März 1990

[Mikk79]   Mikkonen, J.: Parts Standardization – A Data Base Approach. Control Data Corporation,
            Minneapolis 1979

[Mohr91]   Mohr, G.: Qualitätsverbesserung im Produktionsprozeß. Vogel-Verlag, Würzburg 1991

[Mori90]   Moritzen, K.: Montagegerechtes Entwerfen mit wissensbasierten Systemen.
            ZwF-CIM 85 (1990) 5

[Müll67]   Müller, J.: Operationen und Verfahren des problemlösenden Denkens in der konstruktiven tech-
            nischen Entwicklungsarbeit – eine methodologische Studie. Wissenschaftliche Zeitschrift der
            Technischen Hochschule Karl-Marx-Stadt 9 (1967) 1/2

[Müll70]   Müller, J.: Grundlagen der systematischen Heuristik. Dietz-Verlag, Berlin 1970

[Müll80]   Müller, G.: Rechnerorientierte Darstellung beliebig geformter Bauteile. Hanser-Verlag,
            München 1980

[Müll85]   Müller, J.: Denkpsychologie und Ingenieurmethodik – Wege zur empirisch fundierten
            Methodikforschung. In: [ICED85]

[Müll86]   Müller, J.: Konstrukteure und Psychologen müssen heute enger zusammenarbeiten.
            Feingerätetechnik 35 (1986) 10

[Müll90]   Müller, J.: Arbeitsmethoden der Technikwissenschaften. Springer-Verlag, Berlin-Heidelberg
             1990

[MüLS88]   Müller, P.; Löbel, G.; Schmid, H.: Lexikon der Datenverarbeitung (10. Auflage).
             Verlag Moderne Industrie, Landsberg/Lech 1988

[Nabe92]   Nabe, H.: Schnelle Modelle – Rapid Prototyping mausert sich zu einem neuen Produktsektor.
             wt 82 (1992) 3

[Nebe89]   Nebendahl, D. (Herausgeber): Expertensysteme (Teil 1/2). Siemens AG, Berlin-München
             1989/90

[NeFM93]   Nedeß, C.; Friedewald, A.; Maack, R.: PPS-Systeme im Spannungsfeld technischer und
             betriebsorganisatorischer Veränderungen. CIM-Management 9 (1993) 1

[NeSt91]   Neipp, G.; Stracke, H.-J. (Herausgeber): Einführung in die CIM-Praxis. VDI-Verlag, Düsseldorf
             1991

[Nguy89]   Nguyen, T.-N.: Kopplung von CAD-Systemen mit der Fertigungsmeßtechnik.
             CAD-CAM-Report 8 (1989) 8

[NIST80]   Initial Graphics Exchange Specification (IGES), Version 1.0. National Institute of Standards
             and Technology, Gaithersburg 1980

[NIST90]   Initial Graphics Exchange Specification (IGES), Version 5.0. National Institute of Standards
             and Technology, Gaithersburg 1990

[NIST91]   Initial Graphics Exchange Specification (IGES), Version 5.1. National Institute of Standards
             and Technology, Gaithersburg 1991

[NN90a]   N.N.: Erhöhte Flexibilität in der Konstruktion. Maschine & Werkzeug 91 (1990) 7

[NN90b]   N.N.: 3D-CAD/CAM im Kleinbetrieb. VDI-Z 132 (1990) 8

[NN91a]   N.N.: fischertechnik aus dem CA-Baukasten. CAD-CAM-Report 10 (1991) 4

[NN91b]   N.N.: Marktübersicht FE-Systeme: Neue Systeme drängen auf den Markt.
             CAD-CAM-Report 10 (1991) 9

[NN91c]   N.N.: Der Wissensingenieur ist schon wieder out. VDI-Nachrichten Nr. 8/1991

[NN92a]   N.N.: EDV-gestützte Dimensionierung von Maschinenelementen: Der Zwang zur Logik.
             KEM 29 (1992) 8

[NN92b]   N.N.: Jetzt noch einfacher: Maschinenbau-Software für den Konstrukteur.
             konstruktionspraxis 22 (1992) 8

[NN93a]   N.N.: CAD-Markt in Deutschland: Erst 17 % des Marktpotentials ausgeschöpft.
             VDI-Z 135 (1993) 1/2

[NN93b]   N.N.: Marktübersicht: Animations- und Grafiksysteme. CAD-CAM-Report 12 (1993) 3

[PaBe74]   Pahl, G.; Beitz, W.: Aufsatzreihe "Für die Konstruktionspraxis". Konstruktion 24 (1972) 1
             bis Konstruktion 26 (1974) 12

[PaBe77]   Pahl, G.; Beitz, W.: Konstruktionslehre. Springer-Verlag, Berlin-Heidelberg 1977 (1. Auflage)
             bis 1993 (3. Auflage)

[Pahl85]   Pahl, G.: Denkpsychologische Erkenntnisse und Folgerungen für die Konstruktionslehre.
             In: [ICED85]

[Pahl90]   Pahl, G.: Konstruieren mit 3D-CAD-Systemen. Springer-Verlag, Berlin-Heidelberg 1990

[Papa82]   Papadimitriou, C.H.: Combinatorial Optimization. Prentice-Hall-Verlag, London-New Jersey
             1982

[Paul91]   Paul, G.: CIM-Basiswissen für die Betriebspraxis. Vieweg-Verlag, Braunschweig-Wiesbaden
             1991

[Pete92]   Peters, T.J.: Encoding Mechanical Design Features for Recognition Via Neural Nets.
            Research in Engineering Design 4 (1992/93) 2

[Prüf82]   Prüfer, H.-P.: Parameteroptimierung – Ein Werkzeug des rechnerunterstützten Konstruierens.
            Dissertation Ruhr-Universität Bochum 1982. Schriftenreihe des Instituts für Konstruktions-
            technik, Heft 82.2

[PrWi85]   Pratt, M.J.; Wilson, P.R.: Requirements for Support of Form Features in a Solid Modelling
            System. CAM-I Report R-85-ASPP-01, Computer Aided Manufacturing - International Inc.,
            Arlington 1985

[Pupp88]   Puppe, F.: Einführung in Expertensysteme. Springer-Verlag, Berlin-Heidelberg 1988

[RaFr88]   Ranyak, P.; Fridshal, R.: Features for Tolerancing a Solid Model. In: [ASME88]

[Rasp91]   Rasp, S.: Objektorientierte DBMS: Zeichen der Zukunft. CAD-CAM-Report 10 (1991) 11

[Rech73]   Rechenberg, I.: Evolutionsstrategie – Optimierung technischer Systeme nach Prinzipien
            biologischer Evolution. Fromann-Holzboog-Verlag, Stuttgart 1973

[ReDi90]   Rembold, U.; Dillmann, R.: Autonome mobile Montageroboter für flexible Fertigungszellen
            und deren Umgebung. In: [SFB314/90]

[REFA90]   REFA - Verband für Arbeitsstudien und Betriebsorganisation e.V.: Planung und Gestaltung
            komplexer Produktionssysteme. Hanser-Verlag, München 1990

[REFA91]   REFA - Verband für Arbeitsstudien und Betriebsorganisation e.V.: Computerintegrierte
            Betriebsorganisation. Hanser-Verlag, München 1991

[REFA93]   REFA - Verband für Arbeitsstudien und Betriebsorganisation e.V.: Methodenlehre des Arbeits-
            studiums (Teil 1/2/3, 7./8./7. Auflage). Hanser-Verlag, München 1993/92/93

[Rehf89]   Rehfeld, L.: DIN zur Information – Normalien für die Praxis? CAD-CAM-Report 8 (1989) 4

[Reid93]   Reidegeld, U.: Plottereinsatz in heterogenen Hard- und Softwareumgebungen (Teil I/II).
            CAD-CAM-Report 12 (1993) 2/3

[Rein85]   Reinking, D.: Quantifizierung der Produktivitätssteigerung beim Einsatz von CAD-Systemen im
            Konstruktionsprozess. Fortschrittberichte der VDI-Z, Reihe 10, Nr. 48, VDI-Verlag, Düsseldorf
            1985

[Rich89]   Richter, R.: MOCAD – Ein wissensbasiertes CAD-System zum montagegerechten Erzeugnis-
            entwurf. In: Tagungsband IAO-Forum 1989, Fraunhofer-Institut für Arbeitswirtschaft und
            Organisation (IAO), Stuttgart 1989

[Rich91]   Richter, R.: Rechnergestützte Entwicklung von Formteilen. In: Konstruktion und Fertigung von
            Freiformflächen, Tagungsband Karlsruher Kolloquium, Universität Karlsruhe (TH), Lehrstuhl
            und Institut für Werkzeugmaschinen und Betriebstechnik 1991

[RiLö89]   Rieg, F.; Löw, R.: Maschinenelemente-Programme komfortabel bedient.
            Werkstatt und Betrieb 122 (1989) 10

[RiPf90]   Richter, M.M.; Pfeifer, T.: Technisches Expertensystem zur Fehlerdiagnose eines CNC-
            Bearbeitungszentrums. In: [SFB314/90]

[RKHL89]   Roser, T.; Kaiser, H.; Hirschmann, K.-H.; Lechner, G.: Abbildung von Konstruktionsprozessen
            auf objektorientierte Programmstrukturen. In: [VDI775]

[RoAd76]   Rogers, D.F.; Adams, J.A.: Mathematical Elements for Computer Graphics. McGraw-Hill-
            Verlag, New York 1976

[Rode66]   Rodenacker, W.G.: Physikalisch orientierte Konstruktionsweise. Konstruktion 18 (1966) 7

[Rode70a]   Rodenacker, W.G.: Maschinenbau als Wissenschaft. VDI-Z 112 (1970) 19

[Rode70b]   Rodenacker, W.G.: Methodisches Konstruieren. Springer-Verlag, Berlin-Heidelberg
            1970 (1. Auflage) bis 1991 (4. Auflage)

[RoMa92]   Roloff, H.; Matek, W.: Maschinenelemente (12., neubearbeitete Auflage von W. Matek, D. Muhs, H. Wittel, M. Becker). Vieweg-Verlag, Braunschweig-Wiesbaden 1992

[Ross56]   Ross, D.T.: Gestalt Programming: A New Concept in Automatic Programming. Proceedings of the Western Joint Computer Conference, American Federation of Information Processing Societies (AFIPS), New York 1956

[Ross60]   Ross, D.T.: Computer Aided Design – A Statement of Objectives. Technical Memorandum, Project 8436, Massachusetts Institute of Technology (MIT), Cambridge (USA) 1960

[Roth68]   Roth, K.: Gliederung und Rahmen einer neuen Maschinen-, Geräte-Konstruktionslehre. Feinwerktechnik 72 (1968) 11

[Roth70]   Roth, K.: Systematik der Maschinen und ihrer mechanischen elementaren Funktionen. Feinwerktechnik 74 (1970) 11

[Roth82]   Roth, K.: Konstruieren mit Konstruktionskatalogen. Springer-Verlag, Berlin-Heidelberg 1982

[Rude91]   Rude, S.: Rechnerunterstützte Gestaltfindung auf der Basis eines integrierten Produktmodells. Dissertation Universität Karlsruhe 1991. Fortschrittberichte der VDI-Z, Reihe 20, Nr. 52, VDI-Verlag, Düsseldorf 1991

[Ruf91]   Ruf, T.: Featurebasierte Integration von CAD/CAM-Systemen. Springer-Verlag, Berlin-Heidelberg 1991

[Rutz85]   Rutz, A.: Konstruieren als gedanklicher Prozeß. Dissertation Technische Universität München 1985

[Scha92]   Schaal, S.: Integrierte Wissensverarbeitung mit CAD am Beispiel der konstruktionsbegleitenden Kalkulation. Dissertation Technische Universität München 1992. Reihe Konstruktionstechnik München, Band 8, Hanser-Verlag, München 1992

[ScHe87]   Schaele, M.; Hellberg, K.: Wissensbasierte Generierung von Arbeitsgangfolgen. VDI-Z 129 (1987) 9

[Sche89]   Schelkle, E.: Nichtlineare FEM-Berechnungen in der Automobilentwicklung. CAD-CAM-Report 8 (1989) 11

[Sche90]   Scheer, A.-W.: CIM – Der computergesteuerte Industriebetrieb (4., neubearbeitete und erweiterte Auflage). Springer-Verlag, Berlin-Heidelberg 1990

[Schi93]   Schildknecht, R.: Total Quality Management: State of the Art. QZ 38 (1993) 1

[Schl73a]   Schlottmann, D.: Zur Systematisierung der Konstruktionsarbeit. Wissenschaftliche Zeitschrift der Universität Rostock 22 (1973) 4/5

[Schl73b]   Schlottmann, D.: Maschinenelemente (Grundlagen). VEB-Verlag Technik, Berlin 1973

[Schl82]   Schlottmann, D.: Rationalisierung der Konstruktion durch Baureihen und Baukästen. Schiffsbauforschung 21 (1982) 2

[Schl83]   Schlottmann, D. (Herausgeber): Konstruktionslehre, Grundlagen (erweiterter Nachdruck der 2., durchgesehenen Auflage). Springer-Verlag, Wien-New York 1983

[Schl87]   Schlingensiepen, J.: Rechnereinsatz bei der Rohrleitungsplanung und seine Grenzen. 3R international 26 (1987) 7

[Schl89a]   Schleede, K.: Ein Vergleich der FE- mit der BE-Methode (Teil I/II). CAD-CAM-Report 8 (1989) 2/3

[Schl89b]   Schlingensiepen, J.: Peopleware wird immer mehr gefragt. Konstruktion & Elektronik 36/1989

[Schm89]   Schmidtke, B.: Wälzlagerauswahl mit CADalog. Technische Rundschau 81 (1989) 22

[Schn89]   Schneider, W.: Stand der DIN-Normteil-Aktivitäten – Anforderungen an das CAD-Normteil-konzept der Zukunft. Konstruktion 41 (1989) 1

[Schn91]   Schneider, H.-J. (Herausgeber): Lexikon der Informatik und Datenverarbeitung (3., aktualisierte und wesentlich erweiterte Auflage). Oldenbourg-Verlag, München 1991

[Schu93]   Schulte, M.: Grundlagen der automatischen funktionsorientierten Klassifizierung technischer
             Gegenstände im Rahmen intelligenter Konstruktionsunterstützungssysteme (CAD-Systeme).
             Dissertation Universität des Saarlandes, Saarbrücken 1993. Schriftenreihe Produktionstechnik,
             Band 1

[Schw77]   Schwefel, H.-P.: Numerische Optimierung von Computermodellen mittels der Evolutions-
             strategie. Birkhäuser-Verlag, Basel-Stuttgart 1977

[Schw92]   Schwagereit, J.: Integration von Graph-Grammatiken und Taxonomien zur Repräsentation von
             Features in CIM. DFKI-Document D-92-14, Deutsches Forschungszentrum für Künstliche
             Intelligenz, Kaiserslautern 1992

[ScSc92]   Schilling, H.; Schwade, J.: Vom CAD-System zum CNC-Meßgerät und zurück. QZ 37 (1992) 6

[ScSt93a]   Schlageter, G.; Stucky, W.: Datenbanksysteme: Konzepte und Modelle (3. Auflage).
             Teubner-Verlag, Stuttgart 1993

[ScSt93b]   Schulte, M.; Stark, R.: Definition und Anwendung höherwertiger Konstruktionselemente
             (Design Features) am Beispiel Wellenkonstruktionen. Universität des Saarlandes,
             Schriftenreihe Produktionstechnik, Band 2, Saarbrücken 1993

[ScSW93]   Schulte, M.; Stark, R.; Weber, C.: Feature Structure for the Representation of Design Objects
             as Combinations of Technical Functions and Geometry in CAD. In: Proceedings of the 9th
             International Conference on CAD/CAM, Robotics and Factories of the Future (CARs & FOF),
             Newark 1993

[ScWe93]   Schulte, M.; Weber, C.: Stand und Integration der Forschung auf den Gebieten Konstruktions-
             methodik und CAD. Konstruktion 45 (1993) 10

[Seif82]   Seifert, H.: Der unaufhaltsame Weg des CAD/CAM. VDI-Z 124 (1982) 15/16

[Seif86a]   Seifert, H.: Der Computer im Mittelpunkt von Forschung und Lehre (Teil 1-3).
             CAE-Journal 4 (1986) 3/4/5

[Seif86b]   Seifert, H.: Von CAD zu CIM. VDI-Z 128 (1986) 10

[Seif86c]   Seifert, H. und Mitarbeiter: Rechnerunterstütztes Konstruieren mit PROREN (Band I/II). Ruhr-
             Universität Bochum, Schriftenreihe des Instituts für Konstruktionstechnik, Heft 86.2 (I/II)

[Seif88]   Seifert, H.: Besondere CAD-Merkmale von Werkzeugkonstruktionen für Blech- und Druckguß-
             teile. In: [VDI698]

[Seif89]   Seifert, H.: Der Objektprozessor, ein neuartiger CIM-Baustein. VDI-Z 131 (1989) 6

[Seil85]   Seiler, W.: Technische Modellierungs- und Kommunikationsverfahren für das Konzipieren und
             Gestalten auf der Basis der Modellintegration. Fortschrittberichte der VDI-Z, Reihe 10, Nr. 49,
             VDI-Verlag, Düsseldorf 1985

[Send92]   Sendler, U.: Neuer Geometriekern ermöglicht offene Systeme. ZwF-CIM 87 (1992) 10

[SFB314/90] Sonderforschungsbereich 314, Künstliche Intelligenz - Wissensbasierte Systeme, Arbeits- und
             Ergebnisbericht 1988-3/1990. Universität Karlsruhe/Universität Kaiserslautern/Universität des
             Saarlandes/Fraunhofer-Institut für Informations- und Datenverarbeitung, Karlsruhe, 1990

[Shah89a]   Shah, J.J.: Feature Transformations Between Application Specific Feature Spaces.
             Journal of Computer Aided Engineering 5 (1989) 6

[Shah89b]   Shah, J.J.: Philosophical Development of Form Feature Concept. NSF Design Engineering
             Workshop, Amherst 1989

[Shah91]   Shah, J.J.: Conceptual Development of Form Features and Feature Modelers. Research in
             Engineering Design 2 (1990/91) 2

[ShBh89]   Shah, J.J.; Bhatnagar, A.: Automatic Group Technology Classification from Feature Models.
             Manufacturing Review 2 (1989) 3

[ShMi90]   Shah, J.J.; Miller, D.: A Structure for Supporting Tolerances in Feature Based Geometric Models for CIM. Manufacturing Review 3 (1990) 1

[Shor76]   Shortliffe, E.H.: Computer-Based Medical Consultations: MYCIN. American Elsevier-Verlag, New York-Oxford 1976

[Siek88]   Siekmann, J.H.: Die Spezialgebiete der Künstlichen Intelligenz und ihre Perspektiven. In: Bericht über die Förderung im Schwerpunkt Wissensverarbeitung und Mustererkennung (Künstliche Intelligenz) vom 27. Juni 1988. Bundesministerium für Forschung und Technologie (BMFT), Bonn 1988

[Spät73]   Späth, H.: Spline-Algorithmen zur Konstruktion glatter Kurven und Flächen. Oldenbourg-Verlag, München 1973

[Spec89]   Specht, D.: Wissensbasierte Systeme im Produktionsbetrieb. Hanser-Verlag, München-Wien 1989

[SpKL87]   Spur, G.; Krause, F.-L.; Lehmann, C.M.: Wissensbasierter Entwurf von Drehmaschinen. ZwF-CIM 82 (1987) 5

[SpKr84]   Spur, G.; Krause, F.-L.: CAD-Technik. Hanser-Verlag, München 1984

[SSBK93]   Schulte, M.; Stark, R.; Bernardi, A.; Klauck, C.; Legleitner, R.: Recognition of Design Features from Product Models. In: [ICED93]

[SSRB88]   Shah, J.J.; Sreevalsan, P.; Rogers, M.; Billo, R.; Mathew, A.: Current Status of Feature Technology. CAM-I Report R-88-GM-04.1, Computer Aided Manufacturing - International Inc., Arlington 1988

[Star88]   Stark, J.: Managing CAD/CAM, Implementation, Organization, and Integration. McGraw-Hill-Verlag, New York 1988

[Star94]   Stark, R.: Entwicklung eines mathematischen Toleranzmodells zur Integration in (3D-) CAD-Systeme. Dissertation Universität des Saarlandes, Saarbrücken 1994. Schriftenreihe Produktionstechnik, Band 5

[Stef80]   Stefik, M.: Planning with Constraints (MOLGEN: Part 1 and Part 2). Artificial Intelligence 16 (1980) 2

[StES93]   Steiner, M.; Ehrlenspiel, K.; Schnitzlein, W.: Erfahrungen mit der Einführung wissensbasierter Erweiterungen eines CAD-Systems zur konstruktionsbegleitenden Kalkulation. In: [VDI1079]

[Stoc93]   Stocker, G.: DIN-Fachbericht 14 nun als Norm. CAD-CAM-Report 12 (1993) 5

[Stro87]   Stroustrup, B.: Die C++ Programmiersprache. Addison-Wesley-Verlag, Bonn 1987

[Stum93]   Stumm, J.: Transparente Applikationen für kooperative Prozesse in der Produktentwicklung. ZwF-CIM 88 (1993) 7-8

[Stür90]   Stürmer, U.: Ein semantisches Informationsmodell zur Darstellung funktionaler und wirkstruktureller Zusammenhänge für das Konzipieren im Maschinenbau. Dissertation Technische Universität Berlin 1990. Schriftenreihe Konstruktionstechnik, Heft 17

[StWe91]   Stark, R.; Weber, C.: Wissensbasierte Systeme für die Konstruktion – Grundlagen aus konstruktionsmethodischer Sicht. In: [ICED91]

[Suth63]   Sutherland, I.E.: SKETCHPAD: A Man Machine Graphical Communication System. Proceedings of the Spring Joint Computer Conference, American Federation of Information Processing Societies (AFIPS), New York 1963

[Thom90]   Thome, R.: Wirtschaftliche Informationsverarbeitung. Verlag Franz Vahlen, München 1990

[TöMP91]   Tönshoff, H.K.; Menzel, E.; Park, H.-S.: Wissensbasierte Generierung von Montagevorgangsfolgen. VDI-Z 133 (1991) 4

[Trop89]   Tropschuh, P.F.: Rechnerunterstützung für das Projektieren mit Hilfe eines wissensbasierten Systems. Dissertation Technische Universität München. Reihe Konstruktionstechnik München, Band 1, Hanser-Verlag, München 1989

[TrWe89]   Tröndle, K.; Weckerle, E.: Austausch von CAD-Daten zwischen Unternehmen. VDI-Z 131 (1989) 3

[UnAn92]   Unruh, V.; Anderson, D.C.: Feature-Based Modeling for Automatic Mesh Generation. Engineering with Computers 8 (1992) 1

[Vajn82]   Vajna, S.: Rechnerunterstützte Anpassungskonstruktion. Dissertation Universität Karlsruhe 1982. Fortschrittberichte der VDI-Z, Reihe 10, Nr. 16, VDI-Verlag, Düsseldorf 1982

[Vajn86]   Vajna, S.: Retrospektive Berechnung der Wirtschaftlichkeit von CAD-Anwendungen, Computerunterstützte Technologien in der Fertigungsindustrie. In: Tagungsband CAT '86, Konradin-Verlag, Leinfelden-Echterdingen 1986

[Vajn87]   Vajna, S.: Konzept und Realisierung einer anwendergerechten CAD/CAM-Ausbildung. CAD-CAM-Report 6 (1987) 9

[Vajn88]   Vajna, S.: Die Einführung von EIZ – ein notwendiger Schritt zur Rationalisierung in den produktdefinierenden Bereichen. In: [VDI700]

[Vajn89a]   Vajna, S.: Qualifikation und Organisation – zwei Voraussetzungen für einen wirtschaftlichen CAD/CAM-Einsatz. In: CIM - Integration und Qualifikation, Berufliche Bildung im Technologietransfer, Reihe IAO/FhG, Praxiswissen aktuell, Verlag TÜV Rheinland, Köln 1989

[Vajn89b]   Vajna, S.: Einflußfaktoren auf die Wirtschaftlichkeit von CAD/CAM-Systemen. In: [VDI752]

[Vajn90a]   Vajna, S.: CIM-Modelle im Vergleich. Technische Rundschau 82 (1990) 23

[Vajn90b]   Vajna, S.: CAD/CAM-Strategien für die neunziger Jahre (Teil I-III). CAD-CAM-Report 9 (1990) 5/7/12

[Vajn91]   Vajna, S.: Bestimmung der Wirtschaftlichkeit von CAD/CAM-Systemen (Teil I-VI). CAD-CAM-Report 9 (1990) 1/3/6/8/10 und CAD-CAM-Report 10 (1991) 1

[Vajn92]   Vajna, S.: Gruppentechnologie und CIM. CIM-Management 8 (1992) 6

[Vajn93]   Vajna, S.: 30 Jahre CAD/CAM (Teil I/II). CAD-CAM-Report 11 (1992) 12 und 12 (1993) 1

[VaSc90]   Vajna, S.; Schlingensiepen, J.: CIM-Lexikon. Vieweg-Verlag, Braunschweig-Wiesbaden 1990

[VaSt91]   Vajna, S.; Stenke, W.: Wirtschaftliche Nutzung des digitalen Archivs in CAD/CAM-Systemen (Teil I/II). CAD-CAM-Report 10 (1991) 5/9

[VDA83]   Verband der Automobilindustrie e.V., VDA-Flächenschnittstelle, Version 1.0. Frankfurt a.M. 1983

[VDA86]   Verband der Automobilindustrie e.V., VDA-Flächenschnittstelle, Version 2.0. Frankfurt a.M. 1986

[VDA87]   VDMA/VDA-Einheitsblatt 66319, Industrielle Automation, rechnerunterstütztes Konstruieren. Festlegung einer Untermenge von IGES, Version 3.0 (VDAIS). Beuth-Verlag, Berlin-Köln 1987

[VDA89]   VDMA/VDA-Einheitsblatt 66319, Industrielle Automation, rechnerunterstütztes Konstruieren. Festlegung einer Untermenge von IGES, Version 4.0 (VDAIS). Beuth-Verlag, Berlin-Köln 1989

[VDI/GI92] VDI-Gesellschaft Entwicklung-Konstruktion-Vertrieb und Gesellschaft für Informatik (Herausgeber), Wissensbasierte Systeme für Konstruktion und Arbeitsplanung. VDI-Verlag, Düsseldorf 1992

[VDI2212] VDI-Richtlinie 2212, Datenverarbeitung in der Konstruktion: Systematisches Suchen und Optimieren konstruktiver Lösungen. VDI-Verlag, Düsseldorf 1981

[VDI2216] VDI-Richtlinie 2216, Datenverarbeitung in der Konstruktion: Einführungsstrategien und Wirtschaftlichkeit von CAD-Systemen (Entwurf). VDI-Verlag, Düsseldorf 1990

[VDI2221]   VDI-Richtlinie 2221, Methodik zum Entwickeln und Konstruieren technischer Systeme und Produkte. VDI-Verlag, Düsseldorf 1986

[VDI2222]   VDI-Richtlinie 2222 Blatt 1/2, Konstruktionsmethodik. VDI-Verlag, Düsseldorf 1977/82

[VDI2860]   VDI-Richtlinie 2860 Blatt 1, Montage- und Handhabungstechnik: Handhabungsfunktionen, Handhabungseinrichtungen, Begriffe, Definitionen, Symbole (Entwurf). VDI-Verlag, Düsseldorf 1982

[VDI2863]   VDI-Richtlinie 2863, Programmierung numerisch gesteuerter Handhabungseinrichtungen; IRDATA – Allgemeiner Aufbau, Satztypen und Übertragung. VDI-Verlag, Düsseldorf 1987

[VDI610]   VDI-Berichte Nr. 610, Datenverarbeitung in der Konstruktion '86. VDI-Verlag, Düsseldorf 1986

[VDI698]   VDI-Berichte Nr. 698, Konstruieren in Guß und Blech '88. VDI-Verlag, Düsseldorf 1988

[VDI700]   VDI-Berichte Nr. 700, Datenverarbeitung in der Konstruktion '88. VDI-Verlag, Düsseldorf 1988

[VDI752]   VDI-Berichte Nr. 752, Rechnerunterstützung in der Konstruktion – Funktionalität und Effizienz. VDI-Verlag, Düsseldorf 1989

[VDI775]   VDI-Berichte Nr. 775, Expertensysteme in Entwicklung und Konstruktion. VDI-Verlag, Düsseldorf 1989

[VDI812]   VDI-Berichte Nr. 812, Rechnerunterstützte Produktentwicklung. VDI-Verlag, Düsseldorf 1990

[VDI861]   VDI-Berichte Nr. 861, Datenverarbeitung in der Konstruktion '90. VDI-Verlag, Düsseldorf 1990

[VDI903]   VDI-Berichte Nr. 903, Erfolgreiche Anwendung wissensbasierter Systeme in Entwicklung und Konstruktion. VDI-Verlag, Düsseldorf 1991

[VDI993]   VDI-Berichte Nr. 993, Datenverarbeitung in der Konstruktion '92. VDI-Verlag, Düsseldorf 1992

[VDI999]   VDI-Berichte Nr. 999, Montage und Demontage – Aspekte erfolgreicher Produktkonstruktion. VDI-Verlag, Düsseldorf 1992

[VDI1079]   VDI-Berichte Nr. 1079, Rechnerunterstützte Wissensverarbeitung in Entwicklung und Konstruktion '93. VDI-Verlag, Düsseldorf 1993

[VDMA89]   Verband Deutscher Maschinen- und Anlagenbau e.V. (VDMA), Datenverarbeitung im Maschinenbau, Stand 1988 – Ergebnisse einer Umfrage. Maschinenbau-Verlag, Frankfurt a.M. 1989

[VDZS85]   Vaghul, M.; Dixon, J.R.; Zinsmeister, G.E.; Simmons, M.K.: Expert Systems in a CAD Environment: Injection Molding Part Design as an Example. In: [ASME85]

[Volg91]   Volger, A.H.: Wirtschaftlich konstruieren durch wirksame Berechnungsunterstützung. KEM 28 (1991) 9

[Wagn91]   Wagner, W.; Dreidimensionales Konstruieren – die Arbeitsweise der Zukunft? CAD-CAM-CIM-Sonderteil in Hanser-Fachzeitschriften Mai 1991

[WeSS92]   Weber, C.; Schulte, M.; Stark, R.: Functional Features for Design in Mechanical Engineering. In: Proceedings of the 8th International Conference on CAD/CAM, Robotics and Factories of the Future (CARs & FOF), Metz 1992

[West89]   Westendorf, H.: Rechnerische Simulation stabilen Rißwachstums in inhomogenen elastisch-plastischen Materialien. Dissertation Technische Universität Braunschweig 1989. DVS-Verlag, Düsseldorf 1989

[WeSt92]   Weber, C.; Stark, R.: Qualitätssicherungssysteme gemäß DIN ISO 9000 ff. In: Tagungsbroschüre Qualitätssicherung im Handwerk, Handwerkskammer des Saarlandes, Saarbrücken 1992

[Wier91]   Wierda, L.S.: Linking Design, Process Planning and Cost Information by Feature-Based Modelling. Journal of Engineering Design 2 (1991) 1

[WiHo87]   Winston, P.H.; Horn, B.K.: LISP. Addison-Wesley-Verlag, Reading-Menlo Park 1987

[Wild85]   Wildenmann, H., u.a.: Strategische Investitionsplanung für CAD/CAM. Universität Passau 1985

[Will90a]   Willim, B.: CAD-Daten als Basis für präsentationsreife Animationen.
            CAD-CAM-Report 9 (1990) 6

[Will90b]   Willim, B.: SIGGRAPH '90: Performance, Power, Pleiten. CAD-CAM-Report 9 (1990) 9

[Will92]   Willim, B.: IMAGINA '92: Im Reich der virtuellen Welten. CAD-CAM-Report 11 (1992) 3

[WiPi88]   Wiener, R.S.; Pinson, L.J.: An Introduction to Object-Oriented Programming and C++.
            Addison-Wesley-Verlag, Reading-Menlo Park 1988

[Wirt89]   Wirtz, A.: 3D-CAD-CAQ-Verknüpfung am Neu-Technikum Buchs: Werkstückgeometrie
            vollautomatisch in Meßprogramme umsetzen. Technische Rundschau 81 (1989) 48

[Wlok91]   Wloka, D.W. (Herausgeber): Robotersimulation. Springer-Verlag, Berlin-Heidelberg 1992

[Wöge43]   Wögerbauer, H.: Die Technik des Konstruierens. Oldenbourg-Verlag, München 1943

[Wöhe86]   Wöhe, G.: Einführung in die Allgemeine Betriebswirtschaftslehre (16. Auflage). Vahlen-Verlag,
            München 1986

[WoJR92]   Womack, J.P.; Jones, D.T.; Roos, D.: Die zweite Revolution in der Automobilindustrie – Kon-
            sequenzen aus der weltweiten Studie aus dem MIT (5. Auflage). Campus-Verlag, Freiburg 1992

[Yama88]   Yamaguchi, F.: Curves and Surfaces in Computer Aided Geometric Design. Springer-Verlag,
            Berlin-Heidelberg 1988

[Yara91]   Yaramanoglu, N.: Anwendung von semantischen Netzen als Lösungsraummodelle bei der
            mechanischen Baugruppenkonstruktion. Dissertation Technische Universität Berlin 1991.
            Reihe Produktionstechnik - Berlin, Band 87, Hanser-Verlag, München 1991

[YoCK89]   You, I.C.; Chu, C.N.; Kashya, R.L.: Expert System for Castability Evaluation: Using a Fixed-
            Features Based Design Approach. Robotics & Computer Integrated Manufacturing 6 (1989) 3

[Zang71]   Zangenmeister, C.: Nutzwertanalyse in der Systemtechnik. Eine Methode zur multidimensiona-
            len Bewertung und Auswahl von Projektalternativen. Wittmannsche Buchhandlung, München
            1971

[Zien77]   Zienkiewicz, O.C.: The Finite Element Method. McGraw-Hill-Verlag, London 1977

10.2 Deutschsprachige CAD/CAM-Fachzeitschriften

atp – Automatisierungstechnische Praxis. Oldenbourg-Verlag, München

AV – Arbeitsvorbereitung. Hanser-Verlag, München

CAD-CAM-Report. Dressler-Verlag, Heidelberg

CAD/CAM. Verlag für Computergrafik, München

CIM-Management. Oldenbourg-Verlag, München

Konstruktion. Springer-Verlag, Berlin-Heidelberg

Robotersysteme. Springer-Verlag, Berlin-Heidelberg

Technische Rundschau. Hallwag-Verlag, Bern

VDI-Z. VDI-Verlag, Düsseldorf

Werkstatt und Betrieb. Hanser-Verlag, München

wt – Werkstattstechnik. Springer-Verlag, Berlin-Heidelberg

ZwF-CIM – Zeitschrift für wirtschaftliche Fertigung und Automatisierung. Hanser-Verlag,
München

Sachwortverzeichnis

Expertensysteme steuern die CAD/CAM-Anwendung

von Klaus-Dieter Becker

1992. X, 114 Seiten, 49 Abbildungen (Fortschritte der CIM-Technik; herausgegeben von Uwe Geitner) Kartoniert.
ISBN 3-528-06446-3

Durch Software-Kopplung lassen sich heute häufig Synergieeffekte erzielen, die dem Anwender von CAD/CAM-Systemen große Vorteile bieten. Dieses Buch beschreibt Probleme und Ergebnisse bei der Kopplung von KI und CAD/CAM-Technik. Dabei wird sowohl die Systemtechnik wie auch die Datenorganisation berücksichtigt.

Verlag Vieweg · Postfach 58 29 · 65048 Wiesbaden